石油教材出版基金资助项目

石油高等院校特色规划教材

油气田开发地质学

国景星　李红南　张立强　编著

石油工业出版社

内容提要

本书由油气地质与勘探、油气田地下地质两大部分内容构成。油气地质与勘探部分重点介绍了石油与天然气的生成、油气的运移、储盖层及油气聚集成藏、油气分布特征、油气勘探方法及勘探程序;油气田地下地质部分系统介绍了钻井资料录取与解释、油气藏静态地质研究、油藏描述方法技术,其中的油气藏静态地质研究主要包括油层对比与沉积微相、油气田地下构造、油层压力及驱动类型、油气储量计算等内容。

本教材主要作为高等院校石油工程、船舶与海洋工程、油气地质工程、地质学等专业的本科教材,也可作为成人教育相关专业培训教材,以及油气田勘探与开发地质、油藏工程技术人员和其他相关学科的科研人员的参考书。

图书在版编目(CIP)数据

油气田开发地质学/国景星,李红南,张立强编著.—北京:石油工业出版社,2017.3(2022.8重印)

石油高等院校特色规划教材

ISBN 978-7-5183-1796-7

Ⅰ.①油… Ⅱ.①国…②李…③张… Ⅲ.①石油天然气地质—高等学校—教材 Ⅳ.①P618.130.2

中国版本图书馆CIP数据核字(2017)第030147号

出版发行:石油工业出版社

(北京市朝阳区安华里2区1号楼 100011)

网 址:www.petropub.com

编辑部:(010)64523693

图书营销中心:(010)64523633 (010)64523731

经 销:全国新华书店

排 版:北京市密东股份有限公司

印 刷:北京中石油彩色印刷有限责任公司

2017年3月第1版 2022年8月第3次印刷

787毫米×1092毫米 开本:1/16 印张:23

字数:580千字

定价:49.00元

(如发现印装质量问题,我社图书营销中心负责调换)

前　　言

“油气田开发地质学”是高等院校石油工程专业学生必修的一门专业基础课，是石油工程专业核心课程之一。

本教材是在1999版《油田开发地质学》、2008版《油气田开发地质学》的基础上，认真征求了使用过该教材的师生和油田专家的宝贵意见后，结合近几年来油气勘探与开发最新进展以及新版培养方案要求，进行了较大规模的内容调整、补充、完善编写而成的。在充分考虑石油工程专业学生在前期“地质学基础”课程中学习并掌握的矿物与岩石、地层与古生物、沉积岩与沉积相、地质构造等相关内容的基础上，本教材系统介绍了油气藏的形成与分布以及如何寻找油气或油气田、如何定性或定量描述油气藏等内容，从而使学生在理论学习的基础上，掌握油气勘探与开发特别是开发过程中油气田地下地质研究的方法与技术，实现油气地质勘探与开发地质研究相结合，为将来的实际工作奠定坚实基础。

本教材共分十二章，由中国石油大学（华东）的国景星、李红南、张立强、王纪祥、王金友共同编写完成。其中，绪论、第二章、第六章、第十章由国景星编写；第一章、第七章由王金友编写；第三章、第八章由张立强编写；第四章、第五章由王纪祥编写；第九章、第十一章、第十二章由李红南编写。全书由国景星统稿。

本教材在编写过程中得到了中国石油大学（华东）地球科学与技术学院、石油工程学院专家、学者的热情帮助和指导，在此表示诚挚的谢意。

由于编者水平有限，其中难免有不当甚至错误之处，热诚欢迎使用本教材的师生和广大读者批评指正。

编著者

2016年11月

目　录

绪　论

第一节　油气田开发地质学的任务及内容

“油气田开发地质学”属于石油地质学的范畴，是研究石油和天然气在地壳中的生成、运移、聚集规律，以及如何研究、描述、评价油气藏（田）的基础学科。

本教材集油气地质与勘探、油气田地下地质学的基本知识、基本理论、基本方法等于一体，旨在培养学生综合应用基础地质、石油与天然气地质、油气田地下地质、地球物理勘探及矿场地球物理测井等专业知识，分析和解决油气勘探开发特别是开发过程中地下地质问题的能力。

由于油气开采的方式、方法、技术要求等均围绕油气藏进行，因此“油气田开发地质学”的课程内容以油气藏为核心，大体上分为两大部分。第一部分以基础理论为主，以油气藏形成为重点，论述油气地质学的基本原理，主要包括油气田的地下流体、油气的生成、储集层与盖层、油气运移及油气藏的形成、油气聚集单元及油气分布规律、油田勘探方法及勘探程序等；第二部分以方法及应用为主，以油气藏描述为中心，包括地质录井、精细地层格架的建立及沉积微相分析、油田地下构造研究、油层温度与压力分析、油气储量计算、油藏地质建模与剩余油分布研究等。通过理论、方法技术与实践相结合的方式，培养学生综合运用多种资料分析和解决油气田地质问题的基本技能和方法，为油田开发方案设计、动态分析、提高采收率及经济效益提供地质依据，奠定较为坚实的基础。

第二节　石油天然气工业在国民经济中的作用

石油和天然气在国民经济中占有极其重要的地位，现在已经能够从中提炼出 3000 多种产品，应用于农业、工业、国防、科学技术等各个领域。

石油被誉为“工业的血液”。从石油中提炼的汽油、煤油、柴油等是车、船、飞机的优质燃料，超音速飞机、火箭、导弹、飞船等现代化武器的燃料也离不开石油产品。石油和天然气以发热量大、燃烧完全、运输方便、空气污染少等优点，被誉为“高效、洁净能源”，使其在世界能源消费结构中所占的比例越来越大（表 1、表 2）。

表 1　世界能源消费结构

年份	1960	1970	1980	1990	2000	2005	2010	2015
煤，%	48.9	34.9	29.0	28.5	25.0	27.8	30.0	29.2
石油，%	35.8	42.9	43.3	40.0	40.6	36.4	34.0	32.9
天然气，%	13.4	19.8	19.0	22.5	24.2	23.5	24.1	23.8
水利和核能，%	1.9	2.4	8.7	9.0	10.3	12.3	11.8	11.2

资料来源：数据来自《世界经济》1996 年第 12 期及 BP Statistical Review of World Energy（2004—2016）；2005 年数据来自《上海节能》2006 年第 4 期的《2005 年世界能源消费结构统计评论》（钱伯章）。

表2　中国1990—2015年能源消费状况

年份	1990	1992	1996	2000	2005	2010	2013	2015
煤，%	76.2	75.7	74.7	66.1	68.98	70.8	67.67	63.7
石油，%	16.6	17.5	18.0	24.6	21.60	17.7	17.37	18.6
天然气，%	2.1	1.9	1.8	2.5	2.80	4.05	5.30	5.9
水利和核能，%	5.1	4.9	5.5	6.8	6.50	7.43	8.05	9.8

资料来源：数据来自国家统计局《2004中国统计年鉴》；2005年数据来自《上海节能》2006年第4期的《2005年世界能源消费结构统计评论》（钱伯章）；2010年、2013年、2015年数据来源于《BP世界能源统计年鉴》（2010—2016）。

石油是重要的润滑油料来源。几乎所有的转动机械，从微小精密的钟表到庞大高速的发动机，都需要润滑方能转动，所以人们将润滑油料视为机器的“食粮”。

石油和天然气也是优质的有机化工原料。乙烯、丙烯、丁二烯、苯、甲苯、二甲苯、乙炔、萘等化学工业应用的主要基础原料多来自石油和天然气，这些化工产品广泛应用于工业、农业、日常生活等国民经济的各个部门。

综上所述，在社会主义现代化建设过程中，发展石油天然气工业有着十分重要的意义。

第三节　世界油气勘探发展简史

世界上发现和利用石油与天然气的历史已有3000多年了，但工业规模的油气勘探和开发仅有100多年的历史。总结世界主要油气生产国家勘探经历的情况，可以把世界油气勘探发展史概略地划分为三个阶段。

一、初期阶段

此阶段大体上可以认为是19世纪40年代以前这一漫长的时代。

中国是世界上最早发现、开采和利用石油及天然气的国家之一，根据史料记载已有3000多年的历史。由于天然气比石油更易从地层中逸出，遇到野火、雷鸣就会燃烧，因此，在历史上，人们认识天然气早于石油。早在3000多年前（公元前1122—公元前770年间）周代《易经》就有了“上火下泽”“火在水上”“泽中有火”等记载，阐明了可燃的天然气在地表湖沼水面所出露的气苗。最早的石油记载见于1900多年前班固著《汉书·地理志》：“高奴，有洧水，可蘸。”“高奴”指今陕西省延安县一带，“洧（音渭）水”是延河的一条支流，“蘸”乃古代“燃”字。这是描述水面上有像油一样的东西可以燃烧。科学术语“石油”一词是北宋著名科学家沈括在《梦溪笔谈》中首次提出的：“鄜延境内有石油，旧说高奴县出脂水，即此也。”

在欧洲和中东，人们将大量天然气苗当成“永恒之火”，拜火教盛行。一些油气苗、地沥青和各种沥青矿藏的地面露头，曾被视为奇迹吸引了不少游客。古老的高加索巴库地区是世界上最早发现和利用油气资源的地区之一，15世纪已开采了相当数量的原油。

该阶段，石油和天然气的发现绝大多数属偶然现象，缺乏正确的理论指导，在认识上带有神秘的宗教色彩。直到18世纪末、19世纪初，随着生产和科学技术的发展，才开始出现有关油气成因的假说，人们逐渐从神秘的宗教色彩中解放出来。由于受生产和认识水平的限制，该阶段在油气生成理论方面以无机生油学派占统治地位。

二、中期阶段

该阶段时间上自19世纪40年代至20世纪40年代。

19 世纪后半叶，俄国(1848 年在比比—埃巴特)、美国(1859 年在宾夕法尼亚州)相继钻成了各自的第一口产油井。以后相当长的时间内，找油主要靠定“野猫井”(指以寻找新油气藏为目的而钻的井)的人。这些人并不是地质家，他们主要根据五种办法布井找油：(1)随机钻井；(2)偶然发现油气；(3)发现牧场上同一棵树在过去 50 年中三次着火；(4)溪流学，沿小溪流弯曲处向下往南走 40 步打井；(5)用魔杖或小黑盒占卜。

随着人们对石油和天然气寻找范围的日益扩大，以及科学技术的不断发展和水平的提高，人们在寻找油气的实践活动中，逐渐认识到油气的聚集常与背斜构造有关，因而提出了背斜聚油理论(1861 年由美国著名的油气专家 I. C. 怀特提出)，该理论的出现是油气勘探史上的重大转折。但是，背斜聚油理论在当时的美国并不为广大油气勘探家们所重视和采用。1875 年，背斜聚油理论传到欧洲，得到广泛采用并取得了显著效果；1880 年后在美国和墨西哥等地得到推广。

与此同时，为了适应寻找背斜、发现油藏，特别是覆盖区勘探工作的需要，产生并逐步完善了重力、磁法、电法等地球物理勘探方法。同时，钻井技术普遍提高，1895 年发明了旋转钻，钻探深度可达 1000m 以上。为了在钻井中划分出油、气、水层，电法测井及地质录井方法都有了相应的发展。地震等地球物理方法在研究构造、寻找背斜圈闭方面起了重要的作用。

在油气生成理论上，由于无机成因理论难于解释油气主要分布于沉积岩且在大量背斜圈闭中发现油气聚集等事实，认为石油是由水盆中生物形成的有机成因理论逐渐抬头，最后占据了统治地位。

三、近期阶段

自 20 世纪 40 年代开始，化学工业的发展需要利用石油及天然气产品作为基础原料，所提炼出的 3000 多种产品渗透到国民经济的各个领域；同时，石油和天然气及其产品还是车、船、飞机的优质动力燃料，在世界能源消费结构中已占 60%～70%。正是这种越来越多的生产及生活等需求，进一步刺激了油气的勘探与开发。

伴随着大规模开展的油气田勘探开发工作，人们获得了丰富的地面及地下地质资料，从而对油气生成、运移、聚集等各方面的规律有了进一步认识。同时，科学技术的迅速发展和各种油气勘探方法的质量有了明显的提高，勘探深度和精度达到了相当高的水平。因此，该阶段的主要特点是人们在油气勘探工作中的预见性大大提高。

勘探领域和勘探对象，从中期阶段以背斜聚油理论为指导的背斜构造找油，逐渐扩展到目前以现代油气成因理论、油气成藏原理等为理论指导，向深层、海洋、复杂地区等领域拓展，寻找构造、岩性、不整合及水动力等圈闭的全方位找油，勘探及开发领域更为广泛。

全球共发育数千个沉积盆地(康玉柱，2014)。截至目前，世界上已经大规模勘探开发的含油气盆地约有 200 个。从石油产量上看，世界石油产量从石油工业发展初期 1860 年的 7×10^4t 增长到 2015 年的 39.09×10^8t(表 3)，增长了 55000 倍以上。

表 3　世界及中国石油产量变化

年份	世界石油产量，10^8t	中国石油产量，10^8t
1975	26.6155	0.7594
1980	29.9586	1.0420
1985	28.0960	1.2392

续表

年份	世界石油产量，10^8t	中国石油产量，10^8t
1990	30.2	1.3664
1995	30.7224	1.4945
2000	33.617	1.6186
2005	35.8969	1.8084
2010	36.3089	2.0439
2011	36.3089	2.029
2012	37.3400	2.0748
2013	37.4705	2.0813
2014	38.1004	2.0981
2015	39.0927	2.1550

第四节　我国油气勘探简史

中华民族以勤劳、勇敢和智慧著称，在认识、利用和开采石油及天然气资源方面一直走在世界前列，积累了丰富的知识和宝贵的经验。但是，近百年来，帝国主义的侵略和掠夺，以及封建主义和官僚资本主义的长期统治，扼杀了我国的石油工业，使我国具有光辉历史的石油及天然气工业，在新中国成立前的相当长一段时间内基本上处于停滞状态。

中国近代石油勘探从1878年清政府在台湾省(苗栗)钻探第一口油井开始，已有近130年的历史；1907年在陕西延长打了第一口油井(延1井)，1909年在新疆独山子开凿油井。1913年，美孚公司组成调查团到我国陕西、山东、河南、河北、甘肃、东北等地进行首次石油地质调查，钻了7口井，均未获工业油流。1922年2月，美国地质家斯坦福大学教授E. Blackwelder撰写论文《中国和西伯利亚石油资源》，认为“中国没有中—新生代海相沉积……中国决不会生产大量石油”。

新中国成立前，全国只有两个地质调查队，几十个地质勘探人员，百分之九十以上的面积没有进行过石油地质调查，石油产量少得可怜。1904—1949年的45年间，全国只有几个小油田，石油累计产量不超过310×10^4t(表4)。

表4　我国1904—1949年石油产量表

年份	产量，t	年份	产量，t
1904	122	1941	243082
1905	464	1942	308064
1910	561	1943	320970
1915	2569	1944	300346
1920	1132	1945	175657
1925	3526	1946	101010
1930	65229	1947	65902
1935	125895	1948	89035
1940	172311	1949	121000

但是，帝国主义的侵略、封建主义和官僚资本主义的长期统治并没有使石油地质工作者屈服。20 世纪 20 年代，王竹泉、潘钟祥、孙健初等地质学家，在极其困难的条件下对我国进行了石油地质勘查工作，足迹遍及陕北高原、河西走廊、四川盆地、云贵高原、天山内外和沿海平原，从实践到理论均做了许多有价值的探索。1938 年，孙健初等人到玉门进行石油地质勘查工作，1939 年 8 月 11 日，玉门老君庙 1 号井在井深 88m 处钻遇 K 油层，经完井试油，初试日产原油 10t 左右。此后钻的 2、3、4 号井均钻遇了油层，证实了玉门油田是一个具有工业价值的大油田。

我国地质学家潘钟祥，从中国地质实际出发，对陆相生油问题进行了深入的探讨，在 1941 年美国石油地质学家协会会志（AAPG）第 25 卷 11 期发表的《中国陕北和四川白垩系的非海相生油》论文中指出："石油不仅来自海相地层，也能来自淡水沉积物"，明确提出了陆相生油学说，为我国石油天然气勘探提供了理论依据。

新中国成立后，在中国共产党的领导下，我国石油人坚决贯彻自力更生、艰苦奋斗的精神，使我国的油气勘探事业取得了飞速的发展，在油气勘探与开发方面取得了举世瞩目的成就，为新中国的经济发展作出了巨大贡献（表 4）。回顾新中国的油气勘探开发历史，大致经历了四个阶段。

新中国成立后的前 10 年为第一个阶段。由于受"背斜聚油理论"和"唯海相生油理论"等观点的限制，主要在山前坳陷、盆地边缘找油，故又称山前坳陷、盆地边缘找油时期。其中，1949—1954 年期间，首先在老君庙等油田迅速恢复生产，在酒泉和其他西部含油气区进行了少量的勘探工作，由于经验少、技术水平低，仅发现了几个中小型油气田，成效不大；1955—1958 年期间，开展了全国性的大规模石油普查工作，勘探重点主要集中于我国中西部地区的四川、鄂尔多斯、酒泉、准噶尔、柴达木、吐鲁番、民和等盆地。老一代地质学家李四光、黄汲清、潘钟祥、孙健初等积极从事石油地质调查勘探及组织领导工作。通过该阶段工作，陆续发现克拉玛依、冷湖、油砂山、鸭儿峡、蓬莱镇、南充等油田和川南一批气田，石油工业有了显著发展，但仍没有根本改变进口石油的局面。

第二阶段始于 1959 年，以松辽盆地松基 3 井喷油为标志（1959 年 9 月）。该阶段油气勘探重点由西部转向了东部平原。在环境恶劣、工作条件极端困难的情况下，我国石油人顽强拼搏，相继发现了大庆油田（1959 年）、胜利油田（1963 年）、大港油田（1964 年）、辽河油田（1969 年）等一大批油田，石油产量迅速增长，从根本上改变了我国石油工业落后的面貌。

1975 年任丘古潜山油田的发现，打开了石油勘探的新领域，标志着我国油气勘探工作进入了一个新的阶段。这是首次在古老的中—新元古界白云岩中找到了巨大的地层油藏，使得油气勘探向着更为广阔的领域发展，不仅要在中—新生界陆相地层，而且要在古生界和中—新元古界海相地层中寻找油气藏；不仅要寻找背斜、断层等构造油气藏，而且要注意勘探古潜山、地层超覆、古河道、古三角洲等多种类型地层油气藏。1978 年我国原油产量超过亿吨，迈入世界产油大国行列。

20 世纪 80 年代末，我国石油工业坚持"稳定东部、发展西部、油气并举"的勘探战略，在西北部的塔里木、准噶尔、吐哈三大盆地及东南沿海加强勘探，并取得可喜成绩。1989 年吐哈盆地台参 1 井侏罗系煤系地层喷油，发现鄯善、丘陵等一批大中型煤系油气田；在准噶尔盆地东部及腹地、酒泉盆地东部等地区的侏罗系煤系地层获得重要发现，展现出侏罗系煤系地层的找油气前景；被寄予厚望的塔里木盆地经过多年的艰苦努力，发现了一批含油气构造并探明了多个整装油气田，初步揭示了它作为我国最大含油气盆地灿烂的勘探与开发前景。除此之外，在渤海、南海和东海海域也相继发现了一批大型含油气构造，均具有丰富的油气储量。如渤海的蓬莱 19－3 构造目前已探明原油储量 3×10^8t，并且储量规模正在进一步扩大；位于东海盆地的西湖凹陷被认为是东海海域天然气资源量丰富的地区，预测其天然气总资源量约为(1～2)×10^{12}m^3，将为中国 21 世纪天然气的大规模开发利用提供保证。

与此同时，我国还逐渐培育、锻炼、成长起来一支油气地质勘探和科学研究队伍，在油气地质理论及相关的边缘学科研究领域都作出了很大贡献。例如，在油气生成理论方面，通过对各主要含油气盆地生油(气)特征的研究，逐步创立并完善了"陆相生油"学说，不仅批判了"唯海相生油论"的偏见，摆脱了"中国贫油论"的理论束缚，并且找到一大批重要的陆相大油田，为我国的油气勘探指明了方向；对油气聚集及分布规律有了更系统的认识，随着油气勘探经验的不断积累，从中国区域构造特征出发，不但总结了背斜、断层等构造类型油气藏的形成和分布规律，而且对"新生古储""自生自储"等复杂的地层油气藏油气聚集规律有了系统的认识，初步掌握了我国油气藏的形成及分布规律，为开展更大规模的油气勘探工作奠定了坚实的理论基础。

第五节　世界油气勘探发展趋势

从近代油气勘探至今，世界石油工业的发展已有 100 多年历史，油气勘探尚有很大潜力。根据美国地质勘探局(USGS)、国际能源署(IEA)、英国石油公司(BP)等机构公报的数据，全球常规石油可采资源总量为 4879×10^8t，截至 2013 年底，累计产量 1773×10^8t，剩余探明储量 1756×10^8t，具体见表 5；常规天然气可采资源总量为 470.5×10^{12}m^3，累计产量 82.3×10^{12}m^3，已探明剩余探明储量 185.7×10^{12}m^3，具体见表 6。

表 5　全球常规石油可采资源总量(据邹才能等，2015)

地区	累计产量，10^8t	剩余探明储量，10^8t	待发现资源量，10^8t	可采资源总量，10^8t
中东	503	1094	377	1974
俄罗斯	273	179	316	768
北美	444	77	141	662
拉丁美洲	159	157	204	520
非洲	166	173	113	452
亚太	141	56	88	285
欧洲	87	20	111	218
合计	1773	1756	1350	4879

资料来源：USGS2000，USGS2007，IEA2008，IEA2009，BP2014；剩余探明储量扣除加拿大油砂、委内瑞拉重油，累计产量扣除加拿大油砂。

表 6　全球常规天然气可采资源总量(据邹才能等，2015)

地区	累计产量，10^{12}m^3	剩余探明储量，10^{12}m^3	待发现资源量，10^{12}m^3	可采资源总量，10^{12}m^3
俄罗斯	18.9	52.9	79.9	151.7
中东	4.8	80.3	49.7	134.8
北美	40.9	11.7	16.2	68.8
亚太	5.5	15.2	13.2	33.9
非洲	2.2	14.2	13.4	29.8
欧洲	7.1	3.7	16.2	27.0
拉丁美洲	2.9	7.7	13.9	24.5
合计	82.3	185.7	202.5	470.5

资料来源：USGS2000，USGS2007，IEA2008，IEA2009，BP2014。

展望全球油气资源及勘探开发发展，可以归纳为如下几个方面。

一、新区油气勘探

勘探与开发实践表明，要想使得油气产量相对稳定或稳步增长，必须有可观数量的油气后备储量作保证，其中新区的发现及勘探对储量及产量的增长至关重要。对于石油工业发展较早的国家，新区越来越少甚至已无新区可言，明显感到“能源危机”的威胁；那些石油工业发展较慢或起步较晚的国家逐渐认识到靠发展石油工业来繁荣国民经济是一条有效捷径，故加大勘探与开发力度。因此，近20年来，发现的一系列新探区，如中国东部平原、塔里木盆地和东南沿海，俄罗斯西西伯利亚，北非撒哈拉大沙漠，西非尼日尔河三角洲，西欧北海，加拿大的北极地区，澳大利亚吉普斯兰及美国阿拉斯加，等等。这些新探区的发现和开发，逐渐改变了世界油气资源分布的面貌。中国、墨西哥、挪威、阿尔及利亚、利比亚、尼日利亚等国跃居世界主要产油国的行列。

二、陆上深层油气勘探

随着科学技术的发展，井深超过6000m(20000ft)的超深井钻探日渐增多。例如，美国西北部的阿纳达科盆地是世界上超深井最为集中的探区，1972年在贝卡姆县于7335～7482.1m深处钻开了世界最深产气层，1974年在沃希托县完成了深达9583.2m的世界级超深井；我国在四川盆地于1977年成功地钻成一口7175m深的超深井。这些超深井的钻探，不仅为深层油气的研究提供了地质基础，同时也进一步扩大了油气勘探的领域，以满足世界日益增长的油气需求。从钻探结果来看，在深部地层中发现的气藏和凝析气藏明显超过油藏，因此，随着超深井的日益增多，研究凝析气藏和深部纯气藏的形成及分布规律问题也逐渐引起人们的注意和重视。

三、海洋油气勘探

伴随着海洋地球物理勘探和海上钻井技术装置的不断改善，大陆架浅海区为世界油气勘探提供了一个崭新的、广阔的领域，具有较大的油气勘探前景。水深在200m以内的大陆架面积约有$3000\times10^4km^2$，已有近百个国家开展了海上油气勘探，其中45个国家在海上找到了油气田。波斯湾、北海、墨西哥湾、库克湾、几内亚湾、加勒比海都已发现了储量、产量相当可观的油田或气田。除此之外，包括太平洋、大西洋、印度洋、北冰洋在内的辽阔海域也可能蕴藏着大量油气资源。

世界水深500m或超过500m的深海油气勘探开发始于20世纪70年代。据美国地质调查局和国际能源机构估计，全球深海区最终潜在石油储量有可能超过1000×10^8bbl。2004年深海石油产量约可满足全球石油需求的5%；2010年深海原油产量达4.3×10^8t，可满足全球石油需求的9%。全球水深500～1500m的油气勘探已变成了多数海洋油气经营者重要战略资产的组成部分。如墨西哥湾，其深水区油、气占有量从1990年的4%和1%在10年后快速升到64%和36%，发展速度较快。

中国海域面积超过$300\times10^4km^2$，发育了38个中—新生代盆地，总面积达$140.5\times10^4km^2$，其中近海盆地有11个，面积为$73.4\times10^4km^2$，油气资源十分丰富(康玉柱，2011)。据科学时报2006年6月23日报道，中国海洋石油总公司及加拿大赫斯基能源公司(Husky Energy)宣布，在我国南海北部水深1500m的白云凹陷深水区发现大气田，钻孔揭示纯天然气层厚 56m,含气构造面积 60km^2,预计可采储量(1133～1699)×10^8m^3,这是首次在中国领海内发现的深海气田,也是迄今在我国海域所发现的最大气田之一。所有这些都标志着中国东南沿海广大海域拥有巨大的含油气远景。

四、非常规油气资源

非常规油气资源包括重油、油砂、致密油、页岩油、油页岩油、致密气、煤层气、页岩气、天然气水合物等,约占资源总量的 80%(邹才能等,2014)。全球致密油、重油、天然沥青、油页岩油资源量约为 4120×10^8t(邹才能等,2015)。其中,重油可采资源量 1078.9×10^8t,主要分布于南美和中东地区;天然沥青(或称油砂)可采资源量 1066.7×10^8t,主要分布在加拿大艾伯塔省;致密油可采资源量 472.8×10^8t,美国、俄罗斯和亚太地区最发育;油页岩油可采资源量 1501.3×10^8t,主要分布在美国、俄罗斯和中国。

全球致密气、煤层气与页岩气资源量为 921.9×10^{12}m^3(邹才能等,2015)。致密气可采资源量为 209.6×10^{12}m^3,主要分布在北美、拉丁美洲和亚太地区;煤层气可采资源量为 256.1×10^{12}m^3,主要分布在北美、俄罗斯和亚太地区;页岩气可采资源量为 456.2×10^{12}m^3,超过致密气和煤层气可采资源量之和,主要分布在北美和亚太地区。天然气水合物可采资源量约为 3000×10^{12}m^3。

五、寻找多种类型油气藏,特别是隐蔽油气藏勘探

自 19 世纪 80 年代开始,人们关注的对象以背斜油气藏为主,但是,自从 20 世纪 20 年代末期在委内瑞拉马拉开波盆地发现了著名的玻利瓦尔湖岸大油田(1917 年)、美国得克萨斯州发现了胡果顿大气田(1918 年)后,人们发现其中的油气聚集与背斜构造无关,而是受地层不整合、古潜山、地层超覆及断层等控制。因此,油气勘探不再单纯寻找背斜油气藏,而是发展为寻找多种类型油气藏,特别是大量的、单个规模较小的地层、岩性等隐蔽油气藏,勘探领域更加广泛。而沉积学、岩相古地理学、地震地层学、层序地层学等学科的进一步发展及相互融合,大大促进了多种类型油气藏的勘探。

就我国而言,截至 2014 年底,完成了新一轮全国油气资源潜力系统评价(国土资源报,2015 年 5 月 7 日),最新评价结果认为:

(1)我国油气资源总量丰富。全国石油地质资源量 1085×10^8t、可采资源量 268×10^8t,与 2007 年评价结果相比,分别增加了 320×10^8t、56×10^8t,增长 42%和 26%;已累计探明 360×10^8t,探明程度 33%,处于地质勘探中期。天然气地质资源量 68×10^{12}m^3,可采资源量 40×10^{12}m^3,与 2007 年评价结果相比,分别增加了 33×10^{12}m^3、18×10^{12}m^3,增长了 94%和 82%;已累计探明 12×10^{12}m^3,探明程度 18%,处于地质勘探早期。

(2)天然气资源潜力大于石油。截至 2014 年底,全国石油和天然气分别累计采出 62×10^8t、1.5×10^{12}m^3,剩余可采资源量分别为 206×10^8t、38.5×10^{12}m^3。按照 1111m^3 天然气折算 1t 石油,天然气剩余可采资源量约为石油的 1.7 倍,未来我国将进入天然气储量及产量快速增长的发展阶段。

(3)油气资源主要集中在大型含油气盆地。渤海湾、松辽、塔里木、鄂尔多斯、准噶尔、珠江口等主要含油气盆地的石油资源量、储量和产量贡献超过 80%。鄂尔多斯、四川、塔里木盆地和海域等四大气区的天然气资源量、储量和产量贡献超过 80%。

(4)油气资源勘查开采成本增大。剩余的常规油气资源品质较差,低渗透、埋藏深、深水油

气和稠油、高含硫天然气等低品质资源比重逐年增高。由于这些资源的勘查开采利用难度大，均需要采用高新技术，增大了成本。

(5)全国油气资源勘探开发潜力较大。趋势预测结果表明，2030 年前，全国石油储量仍保持较高水平，年均探明 10×10^8t 以上，产量保持 2×10^8t 以上，稳中有升；天然气储量保持高速增长态势，年均探明 $6000\times10^8m^3$，产量快速增长，预计 2030 年产量可达 $3000\times10^8m^3$。

综观上述发展趋势，我国均处于油气勘探形势极为有利的地位。无论在我国大陆，还是在东南沿海，海相和陆相沉积岩系都非常发育、分布广泛，拥有巨大的含油气远景。特别是海相沉积岩系，近 20 年来在塔里木、鄂尔多斯、四川等盆地中发现了一系列大中型油气田，如塔里木盆地的塔河、轮南、雅合—雅克拉、塔中等大油田，四川盆地的五百梯、罗家寨、普光等大气田。在 2016 年 2 月 17 日召开的"中国石油'十二五'科技创新成就新闻发布会"上获悉：在资源劣质化矛盾突出、市场竞争日益激烈、国际油价低位震荡的严峻形势下，中国石油天然气集团公司依靠科技创新，"石油、天然气每年新增探明储量连续九年保持在 10×10^8t 当量以上"，石油产量连续 21 年维持在 1×10^8t 以上，并在 2014 年创下 1.14×10^8t 的历史新高；天然气产量从 2000 年的 $183\times10^8m^3$ 增加至 2015 年的 $955\times10^8m^3$，16 年增加 5 倍。

总之，我国油气资源非常丰富，发展潜力巨大，让我们努力学习并熟练掌握油气科技文化知识，为把我国建设成为一个现代化的社会主义强国而努力奋斗。

第一章　油气田地下流体的基本特征

在油气田区域内，地下岩石中存在着多相流体，既有石油、天然气等烃类流体，也分布着大量与烃类有关的油田水。勘探开发实践证明：研究石油、天然气及油田水的化学组成和物理性质等基本特征，对于查明油气的生成、运移、聚集和分布规律，评价油气的质量，编定开采、加工方案等，都具有非常重要的意义。

第一节　石　　油

石油是储存于地下岩石孔隙或裂缝中的、以液态烃为主要化学组分的可燃有机矿产。这种矿产成分复杂，现已鉴定出上千种有机化合物，除液态烃类外，还含有数量不等的非烃类化合物和多种元素，有时溶有一些烃类气体、非烃类气体及不等量固态烃。石油无论在成分上还是在相态上都是极其复杂的，各地的石油无确定的化学成分和物理常数。

一、石油的元素组成

(一)主要元素

组成石油的化学元素主要有碳、氢、硫、氮、氧。不同地区、不同时代的石油元素组成比较接近，但也存在一定的差异(表 1－1)。

表 1－1　国内外某些石油的元素组成(据张厚福等，1999，有改动)

石油产地		元素组成，%				
		C	H	S	N	O
中国	大庆油田(萨尔图混合油)	85.74	13.31	0.11	0.15	0.69
	胜利油田(101 混合油)	86.26	12.20	0.80	0.41	
	胜利油田孤岛地区	84.24	11.74	2.20	0.47	
	大港油田	85.67	13.40	0.12	0.23	
	江汉油田(混合油)	83.00	12.81	2.09	0.47	1.63
	克拉玛依油田(混合油)	86.13	13.30	0.04	0.25	0.28
苏联	雅雷克苏	80.61	10.36	1.05		8.97
	乌克兰	84.60	14.00	0.14	1.25	1.25
	老格罗兹尼	86.42	12.62	0.32		0.68
	卡拉·布拉克	87.77	12.37			0.46
美国	宾夕法尼亚	84.9	13.7	0.5		0.9
	文图拉(加利福尼亚州)	84.00	12.7	0.4	1.70	1.20
	科林加(加利福尼亚州)	86.40	11.7	0.60		
	博芒特(得克萨斯州)	85.70	11.00	0.70	2.61	
	堪萨斯州	84.20	13.00	1.60	0.45	0.45
墨西哥		84.2	11.4	3.6		0.8
伊朗		85.4	12.8	1.06		0.74

石油中的碳和氢两种元素占绝对优势，按质量计算，碳元素约占84%～87%，氢元素约占11%～14%，两者约占石油总量的95%～99%。这两种元素主要以烃类形式存在，是组成石油的主体。氧、硫、氮元素也主要以化合物形式存在，总含量一般小于1%～4%，但有时由于硫分增多，总量可高达3%～7%。

(二)微量元素

除上述五种主要元素外，石油亦含有种类极多的微量元素，常见的有Fe、Ca、Mg、Si、Al、V、Ni、Cu、Sb、Mn、Sr、Ba、B、Co、Zn、Mo、Pb等。它们以金属元素为主，而且可从石油燃烧后的灰分中识别出来。各地石油所含微量元素种类和数量各不相同，其含量变化从十万分之几到万分之几。

在这些微量元素中，钒(V)和镍(Ni)两元素分布普遍并具成因意义。通过钒镍比值可区分海相或陆相成因的石油：钒、镍含量低且钒镍比<1者一般为陆相成因的石油；钒和镍含量较高且钒镍比>1者一般为海相成因的石油。由于钒和镍在煤、油页岩及石油中分布稳定，且石油的生成、运移及成藏过程对其含量的影响不大，因此，这两种元素也可作为油源对比的证据之一。

二、石油的化合物组成

石油中的元素主要结合成不同的化合物存在。归纳起来，石油的化合物组成主要可分为烃类化合物和非烃化合物两类。

(一)烃类化合物

烃类化合物是由碳和氢两种主要元素组成。目前石油中已鉴定出的烃类化合物超过420多种，按其结构分为烷烃、环烷烃及芳香烃三类。

1.烷烃

烷烃分子通式为C_nH_{2n+2}，属饱和烃。烷烃的分子结构特点是碳原子以C—C单键呈直链式相连。若无支链，则为正构烷烃。若有支链，则为异构烷烃。

1)正构烷烃

正构烷烃一般占石油质量的15%～25%。目前已鉴定出碳原子数为1～45的正构烷烃，且多数正构烷烃的碳原子数≤35。在常温常压下，甲烷到丁烷呈气态，戊烷到十六烷呈液态，十六烷以上的高分子正构烷烃皆呈固态。正构烷烃的相对密度、熔点及沸点均随相对分子质量的增加而上升(表1-2)。正构烷烃的相对密度都小于1，几乎不溶于水(气态烃除外)。

表1-2　正构烷烃的物理常数(据张厚福等，1999)

名称	分子式	熔点，℃	沸点，℃	相对密度(液态时)	通常状态
甲烷	CH_4	−182.6	−161.6	0.424	气
乙烷	C_2H_6	−182.10	−88.6	0.546	气
丙烷	C_3H_8	−187.1	−42.2	0.582	气
丁烷	C_4H_{10}	−138.0	−0.5	0.579	气
戊烷	C_5H_{12}	−129.7	36.1	0.6263	液
已烷	C_6H_{14}	−95.3	68.8	0.6594	液

续表

名称	分子式	熔点,℃	沸点,℃	相对密度(液态时)	通常状态
庚烷	C_7H_{16}	−90.3	98.4	0.6837	液
辛烷	C_8H_{18}	−56.8	125.6	0.7028	液
壬烷	C_9H_{20}	−53.7	125.6	0.7028	液
癸烷	$C_{10}H_{22}$	−29.7	174.0	0.7179	液
十一烷	$C_{11}H_{24}$	−25.6	195.8	0.7404	液
十二烷	$C_{12}H_{26}$	−9.7	216.2	0.7498	液
十三烷	$C_{13}H_{28}$	−6.0	235.5	0.7568	液
十四烷	$C_{14}H_{30}$	5.5	251.0	0.7638	液
十五烷	$C_{15}H_{32}$	10.0	268.0	0.7688	液
十六烷	$C_{16}H_{34}$	18.1	280.0	0.7749	液
十七烷	$C_{17}H_{36}$	22.0	303	0.7767	固
十八烷	$C_{18}H_{38}$	28.0	317	0.7776	固
十九烷	$C_{19}H_{40}$	32.0	330		固
二十烷	$C_{20}H_{42}$	36.0			固

石油中不同碳原子数正构烷烃在一定范围内是连续分布的。不同类型石油的正构烷烃分布特点如图 1－1 所示,每条曲线上极大值对应的碳原子数为该曲线的主峰碳。

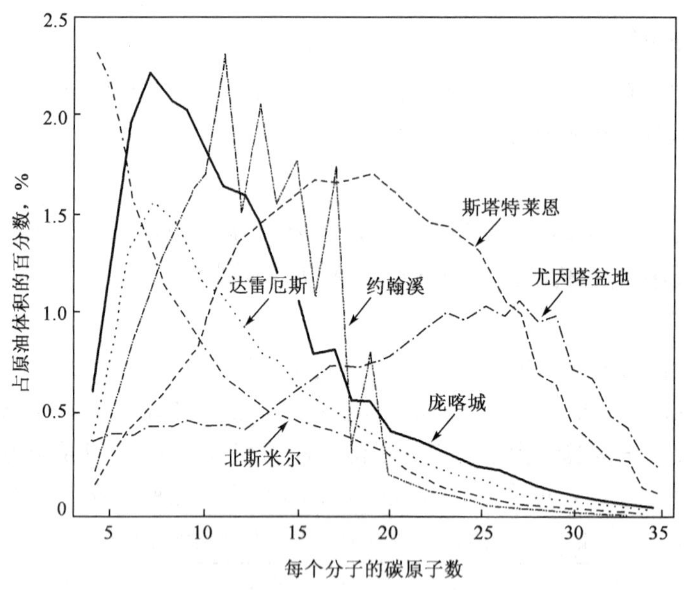

图 1－1　不同类型石油的正构烷烃分布曲线图

不同石油的正构烷烃分布曲线形态是不同的,这与生油原始有机质的类型、形成环境及其成熟度密切相关。一般陆源有机质生成的石油中高碳数(C_{22}以上)正构烷烃含量高,海生低等浮游生物(细菌、藻类)生成的石油中低碳数(C_{22}以下)的正构烷烃居多。有机质热演化程度较高的石油中低碳数正构烷烃居多;相反,演化程度低的石油,正构烷烃碳数偏大。此外,受微生物强烈降解的石油中,正构烷烃常被选择性降解,一般含量较低,低碳数的正构烷烃更少。

2)异构烷烃

石油中的异构烷烃以碳原子数≤10的为主。高碳数异构烷烃以类异戊二烯型烷烃研究意义最大，其特点是在直链上每四个碳原子有一个甲基支链，在结构上宛如由若干个异戊间二烯分子加氢缩合而成。

石油中类异戊二烯型烷烃的含量可达 0.5%。现已发现了 C_9 至 C_{25} 规则的类异戊二烯型烷烃，其中以植烷、姥鲛烷、降姥鲛烷、异十六烷及法呢烷(图 1-2)的含量最高。

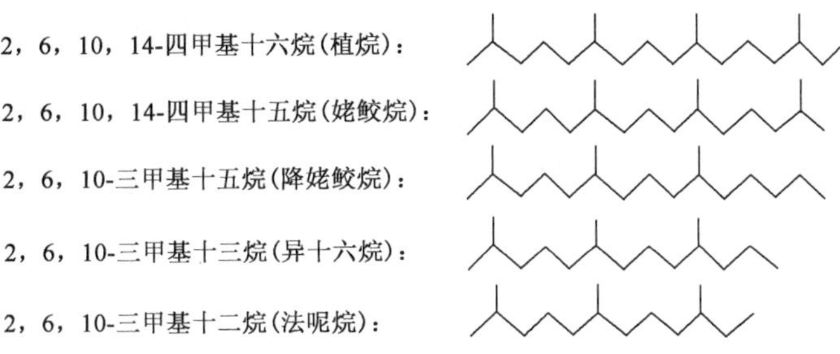

图 1-2　常见类异戊二烯型烷烃结构示意图

由于同源石油中所含类异戊二烯型烷烃的类型、含量相近，且可能来自叶绿素的侧链——植醇，因此，近年来，类异戊二烯型烷烃不仅作为石油有机成因的标志之一，也常用于油源对比，故称为生物标志化合物。

2. 环烷烃

环烷烃是一类具有碳环结构的饱和烃，分子通式为 C_nH_{2n}。按分子中所含碳环数目，环烷烃可以分为单环环烷烃、双环环烷烃及多环环烷烃。

石油中的环烷烃以单环环烷烃和双环环烷烃为主，多为环戊烷或环己烷及其衍生物。多环环烷烃中以四环甾烷和五环萜烷较为重要，其结构与生物体的四环甾族化合物和五环三萜烯类化合物有明显的相似性，也是重要的生物标志化合物，广泛应用于烃源岩成熟度分析和油源对比中。

多环环烷烃的含量随石油成熟度的增加而明显减少，高成熟石油中以 1～2 环的环烷烃为主。环烷烃和烷烃一样，都是比较稳定的饱和烃。环烷烃的密度、熔点、沸点均高于相同碳原子数的烷烃，但其相对密度仍小于 1(表 1-3)。

表 1-3　环烷烃的物理常数(据张厚福等，1999)

名称	结构式	相对密度	熔点，℃	沸点，℃
环丙烷		0.720(-79℃)	-127.6	-32.9
环丁烷		0.703(0℃)	-80	12
环戊烷		0.745(20℃)	-93	49.3
甲基环戊烷	CH_3	0.779(20℃)	-142.4	72
环己烷		0.779(20℃)	-6.5	80.8
甲基环己烷	CH_3	0.769(20℃)	-126.5	100.8
环庚烷		0.810(20℃)	-12	118
环辛烷		0.836(20℃)	11.5	148

石油中所含的环乙烷、环戊烷存在着一定的关系。根据环己烷与环戊烷的比值，可大致估计石油生成时的地下温度。

3. 芳香烃

芳香烃是一类具有苯环结构的不饱和烃，分子通式为 C_nH_{2n-6}。根据结构，芳香烃可分为单环芳香烃、多环芳香烃、稠环芳香烃三类(图 1－3)。

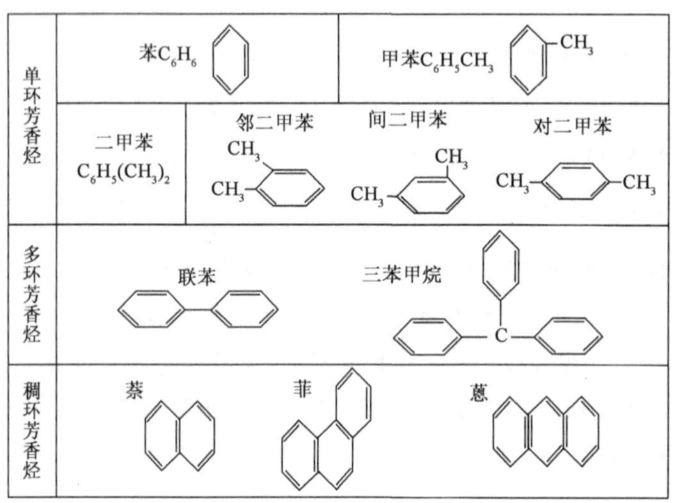

图 1－3　芳香烃的基本结构

单环芳香烃分子中仅含一个苯环，包括苯及其同系物；多环芳香烃分子中含两个或两个以上无共用碳原子的独立苯环；稠环芳香烃是苯环彼此之间通过共用两个相邻碳原子稠合而成的芳香烃，石油中的稠环芳香烃以苯、萘、菲三种化合物含量最多。随着石油成熟度增大，芳香烃系列向低环芳香烃方向演化。

在上述烃类化合物中，富含烷烃的石油是生产汽油、柴油的重要原料，富含环烷烃或芳香烃的石油则是生产润滑油及其他化工产品的宝贵原料。

(二)非烃化合物

石油中的非烃化合物主要是含硫、氮、氧的化合物。这些化合物中除含有碳和氢两种元素外，还含有硫、氮、氧等元素，总含量虽不多，但种类不少。

1. 含硫化合物

石油中的硫很少一部分以元素硫(溶解态)或硫化氢的形态存在，大部分则与碳结合呈硫醇(RSH)、硫醚(RSR′)、二硫化物(RSSR′)、噻吩及其同系物等形态出现。

各油田石油的含硫量差异很大，如我国任丘油田为 0.33%～0.43%，克拉玛依油田平均为 0.05%；有些油田石油的含硫量却可高达 4%～5%，如墨西哥石油含硫量为 3.6%～5.3%。根据含硫量，通常将开采至地表的石油(简称原油)分为高硫原油(＞2%)、含硫原油(2%～0.5%)和低硫原油(＜0.5%)。

石油中的含硫量有环境指示意义。通常海相、近海湖盆相、盐湖相等半咸水—咸水沉积地层中生成并产出的石油含硫量较高，一般大于 1%；内陆淡水湖泊相沉积地层中生成并产出的石油含硫量较低，一般小于 1%。

石油中的硫是一种有害杂质，它容易产生硫化氢（H_2S）、硫化亚铁（FeS）、亚硫酸（H_2SO_3）、硫醇铁（$[RS]_2Fe$）甚至硫酸等化合物，对机器、管道、油罐、炼塔等金属设备具有强腐蚀性，因此它是评价石油质量的一项重要指标。

2. 含氮化合物

石油中氮含量一般比硫含量低得多。多数石油含氮量只有万分之几到千分之几，我国大部分石油含氮量低于 0.5%。世界上也存在少数含氮量大于 0.5%的石油，如美国加利福尼亚古近—新近系石油含氮量高达 1.4%～2.2%。石油通常以 0.25%的含氮量分为贫氮石油和高氮石油。

石油中的含氮化合物包括碱性含氮化合物和非碱性含氮化合物两类。碱性含氮化合物多为吡啶、喹啉、异喹啉和吖啶及其同系物，非碱性含氮化合物主要是吡咯、卟啉、吲哚和咔唑及其同系物。其中以金属卟啉化合物最为重要，其分子中包含 4 个吡咯环，由 4 个次甲基(—CH ═)桥键相间连接而成(图 1 - 4)。石油中钒、镍等重金属都与卟啉分子中的氮呈络合状态存在，形成钒卟啉和镍卟啉。我国原油一般以镍卟啉为主。

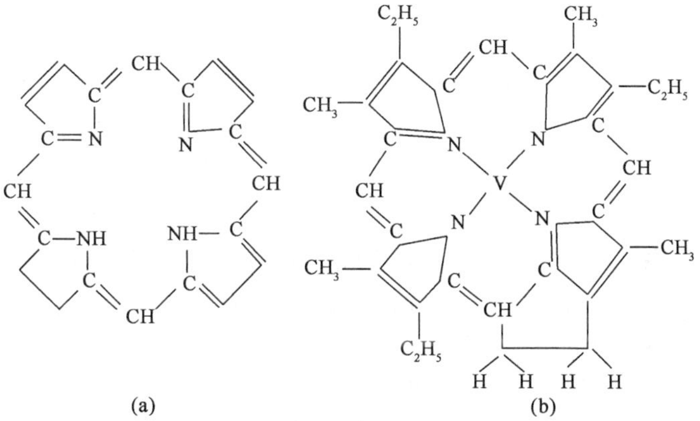

(a) (b)

图 1 - 4　卟啉(a)和钒卟啉(b)的结构式

卟啉化合物在石油中的含量变化较大，有相当一部分石油不含或仅有痕量。石油中卟啉的含量与地层的新老也有一定关系，一般中—新生代地层中形成的石油卟啉含量较多，而古生代地层中含量很低或不含。这可能与卟啉的稳定性差有关。高温（>250℃）或氧化条件下，卟啉即被破坏、分解，所以一般石油中存在卟啉，说明石油形成和经受的温度都不高于 250℃。

动物血红素和植物叶绿素都属卟啉化合物，它们与石油中的卟啉化合物结构相同(图 1 - 5)，表现出比较明显的亲缘关系，因此卟啉化合物对研究石油成因问题有重要意义。

3. 含氧化合物

石油含氧量一般为 0.1%～4.5%，均以结合氧的形式存在，其分子结构是由烃基和含氧官能团组成。含氧化合物可分为酸性和中性两类。前者有环烷酸、脂肪酸及酚，总称为石油酸；后者包括醛、酮等，含量极少。石油酸以环烷酸最重要，约占石油酸的 90%左右。环烷酸在水中的溶解度很小，高分子环烷酸实际上不溶于水，但易溶于石油烃中。

环烷酸很容易生成各种盐类，其中碱金属的环烷酸盐能很好地溶解于水，在与石油连通的地下水（油田水）中常含这种环烷酸盐，可作为找油的一种标志。

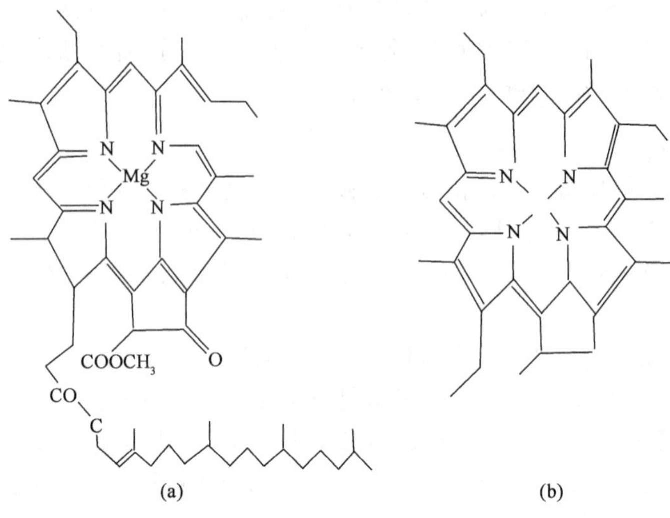

图 1-5 叶绿素(a)与石油中卟啉(b)的结构比较

三、石油的组分组成

石油的化学成分极其复杂，用一般方法来分析化合物组成会产生很大的困难。石油中的不同化合物，对有机溶剂和吸附剂具有选择性溶解和吸附性能。根据这一特性，可以选用不同的有机溶剂和吸附剂将石油分离成性质不同的若干部分，每一部分即为一种组分。石油通常由油质、胶质及沥青质等三种组分组成。

油质是石油的主要组分，它是由烃类化合物(饱和烃及芳香烃)组成的淡色黏性液体。油质的溶解性最强，可以溶于石油醚、苯、氯仿、乙醚、四氯化碳、二硫化碳、丙酮和酒精等有机溶剂中，但不会被硅胶等吸附剂吸附。油质含量的高低是评价石油质量好坏的重要标志。油质含量高者，石油质量较好，其汽油、柴油、煤油产出量较高。

胶质是黏性的或呈玻璃状的半固态或固体物质，颜色从淡黄、褐红到黑色均有，其主要成分为芳香烃及含氧、硫、氮的非烃类化合物。胶质的相对分子质量比油质大，约为 500～1200 左右。胶质的溶解性较差，只能溶解于石油醚、苯、氯仿、乙醚、四氯化碳等溶解性较强的有机溶剂中。胶质的特性是能被硅胶吸附，由此可以把它和油质分开。

沥青质是暗褐色至深黑色的脆性固体物质。它不溶于石油醚及酒精，而溶于苯、三氯甲烷及二硫化碳等有机溶剂，也可被硅胶吸附。沥青质为稠环芳香烃和烷基侧链组成的复杂结构的高分子化合物，其相对分子质量可达 50000 甚至更高。

四、石油的物理性质

石油的物理性质取决于它的化学组成。不同地区、不同层位甚至同一层位、不同构造部位的石油，其物理性质也可能有明显的差别(表 1-4)。

表 1-4 国内部分原油物理性质参数(据张厚福等，1999，有修改)

原油产地	取样年份	相对密度(20℃)	API 度	运动黏度(50℃)mm^2/s	凝点℃	沥青质含量%	胶质含量%
大港枣园油田	1989	0.8819	28.2	845.2	33	0.61	15.7
吐哈胜金口油田	1961	0.8130		2.11	3.0	0	1.88

续表

<table>
<tr><th>原油产地</th><th>取样年份</th><th>相对密度
(20℃)</th><th>API 度</th><th>运动黏度
(50℃)
mm^2/s</th><th>凝点
℃</th><th>沥青质含量
%</th><th>胶质含量
%</th></tr>
<tr><td>中原文留油田</td><td>1983</td><td>0.8321</td><td>37.7</td><td>7.27</td><td>33</td><td>0</td><td>5.4</td></tr>
<tr><td>辽河曙光油田</td><td>1977</td><td>0.8849</td><td>27.7</td><td>52.3</td><td>31</td><td colspan="2">26.3</td></tr>
<tr><td>辽河高升油田</td><td>1980</td><td>0.9441</td><td>17.3</td><td>2435</td><td>13</td><td colspan="2">47.6</td></tr>
<tr><td>华北任丘油田</td><td>1977</td><td>0.8821</td><td>28.2</td><td>43.38</td><td>34</td><td></td><td></td></tr>
<tr><td>克拉玛依白碱滩油田</td><td>1976</td><td>0.8570</td><td>32.8</td><td>15.05</td><td>10</td><td colspan="2">17.2</td></tr>
<tr><td>新疆依奇克里克油田</td><td>1965</td><td>0.8140</td><td>41.4</td><td>2.37</td><td>(6)</td><td></td><td></td></tr>
<tr><td>新疆柯克亚油田</td><td>1990</td><td>0.7690</td><td></td><td>1.82</td><td>−2</td><td>0</td><td>1.85</td></tr>
<tr><td>大庆萨尔图油田</td><td>1962</td><td>0.8615</td><td>32.0</td><td>23.79</td><td>(30)</td><td>0.98</td><td>15.9</td></tr>
<tr><td>冀东高尚堡油田</td><td>1992</td><td>0.8616</td><td></td><td>13.35</td><td>28</td><td>0</td><td>7.11</td></tr>
<tr><td>胜利孤岛油田</td><td>1971</td><td>0.9460</td><td>17.5</td><td>498.0</td><td>−2</td><td></td><td>32.9</td></tr>
</table>

(一)颜色

石油颜色的变化范围很大。在透射光下,大多数石油为黑色,但也有无色、淡黄色、黄褐色、深褐色、黑绿色等。例如,四川黄瓜山油田、大港板桥油田产淡黄色石油,克拉玛依油田产出的石油呈褐至黑色,大庆、胜利和玉门油田的石油均为黑色。

石油的颜色与胶质、沥青质含量有关。胶质、沥青质的含量越高,石油的颜色越深。

(二)相对密度

在我国,石油的相对密度是指 1atm 下 20℃时单位体积脱气原油(采至地表的石油)与 4℃同体积纯水的质量之比,用 d_4^{20} 表示。原油的相对密度一般介于 0.75～0.98 之间,如大庆原油相对密度为 0.857～0.86。国际上通常将 d_4^{20} 大于 0.934 的原油称重质油(又称稠油),小于 0.934 的原油称轻质油(又称稀油)。但不同国家和地区划分油质轻重的标准不完全统一,如我国将 d_4^{20} 大于 0.92 的原油称重质油,介于 0.92～0.88 之间的为中质油,小于 0.88 的为轻质油。

世界石油按相对密度多数属轻质油。d_4^{20} 大于 1 或小于 0.75 的石油,在自然界也有发现。例如伊朗曾产出 d_4^{20} 为 1.016 的原油,我国胜利油田孤岛油区馆陶组曾产出 d_4^{20} 为 1.026 的原油;而苏联苏拉罕曾产出 d_4^{20} 为 0.71 的原油。

在美国,通常用 API 度(AmericanPetroleum Institute)表示原油的相对密度。而西欧一般用波美度表示原油的相对密度。

$$\text{API 度}=\frac{141.5}{d_4^{60°\mathrm{F}}}-131.5;\text{波美度}=\frac{140}{d_4^{60°\mathrm{F}}}-130 \quad (60\ °\mathrm{F}=15.5℃) \qquad (1-1)$$

其中,$d_4^{60°\mathrm{F}}$ 即 1atm 下 60 ℉时单位体积的脱气原油与 4℃同体积纯水的质量之比。因此,API 度和波美度同 d_4^{20} 在数值上相反,API 度和波美度高的石油实际上属于低密度的轻质石油。

石油的相对密度主要取决于化学组成。同一族分中,相对密度随碳数增加而变大;碳数相同的烃类化合物中,烷烃相对密度较小,环烷烃居中,芳香烃最大;与胶质、沥青质相比,烃类化合物的相对密度较小。因此,高分子成分或胶质、沥青质含量高的石油,其相对密度较大。以环烷烃为例,轻质油中的含量可达 30%以上,而重质油中可小于 15%。一般说来,密度小而颜色浅的石油含油质多；密度大而颜色深的石油则富含沥青质。

（三）黏度

石油的黏度是指石油流动时因分子间相对运动的内摩擦力所产生的阻力，用 μ 来表示。它表征着石油的流动性，黏度越大，就越不易流动。黏度直接影响油层内石油流入井中及在输油管线中的流动速度，因此对石油的开采、储存、运输以及炼制产生重要影响。

黏度分为动力黏度、运动黏度和相对黏度三种表示方式。在国际计量单位 SI 制中，动力黏度单位为帕·秒（Pa·s）和毫帕·秒（mPa·s）。

石油动力黏度的变化范围很大，其数值可小于 1mPa·s 或大到数百万毫帕·秒。在我国已探明的石油储量中，大部分石油的黏度都高于 5mPa·s。例如，大庆油田白垩系石油为19～22mPa·s，任丘油田中—新元古界石油为 53～84mPa·s，克拉玛依油田三叠系石油为50mPa·s。依据动力黏度可将石油分为稀油和稠油两大类。所谓稠油，是指原始油层温度下地面脱气后黏度大于 100mPa·s 的石油。稠油的流动性虽差，但在油层条件下仍可流动。

石油黏度的大小取决于石油的化学成分和外界的温度、压力条件。分子质量小的烷烃、环烷烃含量多，石油黏度就低；而胶质、沥青质含量高，黏度就高。随温度升高，石油黏度大幅度降低。稠油热采就是利用石油这一性质。压力加大，黏度也随之增加，但影响程度远小于温度。如 1500～1700m 深处石油的黏度通常为地表的一半，所以石油在地下深处更易流动。另外，原油中溶解气量的增加则会使黏度降低。

石油的黏度同石油的颜色、密度有很好的相关性，一般随着石油高分子成分或胶质、沥青质含量的增多，石油的颜色加深，相对密度增大，黏度增高。

（四）荧光性

石油及其大部分产品，无论其本身还是溶于有机溶剂中，在紫外线照射下能产生荧光的特性，被称作石油的荧光性。

石油的荧光性取决于其化合物组成。石油中的多环芳香烃和非烃引起发光，而饱和烃则完全不发光。发光颜色随石油或沥青物质的性质而变，不受溶剂性质的影响。多环芳香烃、油质发天蓝色光，含胶质较多的石油呈淡黄色，含沥青质多的石油或沥青质则为褐色。发光强度与石油或沥青物质的浓度有关，在低浓度范围下。发光强度与石油类物质的浓度成正比，但浓度超过某一临界值以后，发光强度反而降低，这叫浓度消光。浓度消光是可逆的，用溶剂稀释，发光强度增加。

这种发光现象非常灵敏，只要溶液中有十万分之一的石油或沥青物质即可发光。因此，在油气勘探工作中，人们常利用荧光分析来鉴定岩样中的含油性，并可粗略确定其组分和含量。这个方法简便快速，经济实用。

（五）旋光性

当偏振光通过天然石油时，石油能使其振动面旋转一个角度，石油的这种特性称为旋光性。偏振光振动面的旋转角度称旋光角。石油的旋光角一般几分之一度到几度，且多数为右旋（顺时针方向旋转）。石油的旋光性可用旋光仪来测定。

石油的旋光性与石油中含有结构不对称的含氮化合物、甾烷及萜烷等生物标志化合物有关。因此，旋光性被认为是石油有机成因的证据之一。

(六)溶解性

石油在有机溶剂、水和天然气中的溶解性各有特点。

石油中不同化合物选择性溶解于多种有机溶剂,如苯、氯仿、二硫化碳、四氯化碳、乙醚等。这种溶解性特点,有助于鉴定岩石中的石油含量及性质。

石油在水中的溶解度很低。碳数相同的非烃、芳香烃、环烷烃及烷烃等成分,在水中的溶解度依次变小。除甲烷外,烃类在水中的溶解度均随分子质量的增大而减小(表1-5)。温度升高或水中溶解 CO_2 量增多,石油在水中溶解度增大。若水中含盐度增大,烃类溶解度下降。了解石油在水中的溶解度对认识石油初次运移时所处的物理状态是很有意义的。

表1-5　25℃时某些烃类在淡水中的溶解度

烃化合物	溶解度,10^{-6}	烃化合物	溶解度,10^{-6}
甲烷	24.4±1	2,3-甲基丁烷	19.1±0.2
乙烷	60.4±1.3	2,3-甲基戊烷	5.25±0.02
丙烷	62.4±2.1	异戊烷	48.0±1.0
正丁烷	61.4±2.1	2-甲基己烷	2.54±0.02
异丁烷	48.9±2.1	3-甲基庚烷	0.792±0.028
正戊烷	39.5±0.6	4-甲基辛烷	0.115±0.011
正己烷	9.47±0.2	环戊烷	160.0±2.0
正庚烷	2.24±0.04	环己烷	66.5±0.8
正辛烷	0.431±0.012	苯	1740±17.0
正壬烷	0.122±0.007	甲苯	554±15.0

石油与天然气具有互溶性。天然气溶于石油的能力不仅与温度、压力有关,也与石油的组成有关。相同温压下,以烷烃为主要成分的石油溶解天然气的能力最大。而在同族烃类中,碳数越高,溶解天然气的能力越小。在地下,液态烃溶于气态烃的条件是:较高温度和压力条件下,一定温度范围(如180~250℃)内,圈闭中气态烃多而液态烃少,即气烃为溶剂,而液烃为溶质。

(七)导电性

石油具有 10^9~10^{16}Ω·m 的高电阻率,导电性极差。与矿化油田水(电阻率为0.02~0.1Ω·m)和沉积岩(电阻率为1~10^4Ω·m)相比,可视为非导体。利用这一特性可在视电阻率测井曲线上判断油、水层。

第二节　天　然　气

广义上的天然气是指存在于自然界的一切天然生成的气体,即包括不同成分组成、不同成因、不同产出状态的气体。狭义上的天然气是目前石油及天然气地质学界所研究的、与油田和气田有关的可燃气体,多与生物成因有关,其中最主要的研究对象是聚集成藏的烃类气体和非烃气体。

一、天然气的化学组分

(一)元素组成

天然气的元素组成与石油相似，即天然气也主要由碳、氢、硫、氮、氧及微量元素组成。其中以碳和氢为主，碳约占65%～80%，氢约占12%～20%。

(二)化合物组成

与油田、气田有关的天然气主要是气态烃，同时也含有数量不等的多种非烃气体(表1-6)。

表1-6　国内外某些油(气)田天然气的化学成分

国家	油(气)田名称	产层时代	气体成分百分含量,%							
			CH_4	重烃气	CO_2	N_2	H_2S	H_2	O_2	H_e
中国	大庆油田	K_1	83.82	13.0	0.11	2.58				
	大港油田	Es_3	75.21	23.22						
	圣灯山气田	P_1	94.57	0.99	0.24	2.43		0.02		
	石油沟气田	Tc	97.80	0.40	0.20	1.10	0.1			
	盐湖气田	Q	95.50	0.50		3.5				
美国	莫特儿—道姆	J			12.2	79.7			0.92	7.18
	八月(堪萨斯)	C_2	10.5	1.6	0.1	85.6				2.13
	海尔列(犹他)	J	5.1	2.3	1.1	84.4				7.16
	本得隆起	P	0.1		0.8	89.9				8.6
	霍戈登气田	P	74.3	11.4		14.0				
苏联	格罗兹尼	R	47.0	51.3	1.7					
	伊申巴	R	42.9	47.3	0.3	4.8	4.6			0.03
	杜依马兹油田	D	61.4	25.4	0.2	14.0				
	克拉斯诺卡姆		19.4	48.6	0.4	21.2	0.4			
	西西伯利亚气田	K	97.8～99.1	痕量～0.86	0.1～0.68	0.45～1.69	<0.004	<0.07		
法国	拉客气田	J_3—K_1	68.66	5.57	9.92	0.33	15.52			
荷兰	罗格宁根气田	P_1	81.3	3.5	0.3	14.0				

1. 烃类

天然气中的烃类主要为C_1～C_4的气态烃，其中以甲烷为主，其含量一般大于70%，两个碳数以上的重烃气(常用C_{2+}表示)较少。在地下较高温度压力下，某些类型天然气亦可含有少量呈气态存在的C_4～C_7烷烃及部分环烷烃、芳香烃。烃类气体中，CH_4含量≥95%、C_{2+}含量<5%的烃气，称干气，又叫贫气；CH_4含量≤95%、C_{2+}含量>5%的烃气，称湿气，又叫富气。

2. 非烃类

地层条件下的非烃气总量不多，但种类不少，主要有N_2、CO_2、CO、H_2S、H_2等气体。有时还含有微量的惰性气体，如氦气、氩气、氖气等。多数情况下，非烃气体不能单独成藏，常与其他气体共存于气藏中，少部分则溶于石油及地层水中。

某些非烃气也是重要的资源。如氦气是具有重要经济价值的稀有气体，具有高热导率、低密度、低溶解度、低蒸发潜热和强扩散性等优点。但作为气藏来开采，必须含有一定的浓度而且数量相当大时才有开采利用价值。另外，对某些非烃气体的钻采还应做到提前预测与随钻随测，否则可能会出现重大事故。如某井发生的特大井喷，混有剧毒硫化氢的天然气对当地造成严重的生命财产损失。

二、天然气的产出状态

地壳中的天然气，依其分布特征可分为聚集型天然气和分散型天然气两大类，依其与石油产出的关系可分为伴生气和非伴生气，依其存在的相态又可分为游离态、溶解态、吸附态及固态气水合物等天然气。

（一）聚集型天然气

聚集型天然气呈游离态，即气态单独运移聚集，包括气藏气、气顶气和凝析气三类。这是常规气藏中天然气存在的基本形式，只有大规模的游离气聚集，才能有效地开发和利用。

1. 气藏气

气藏气是指圈闭中具有一定规模的单独天然气聚集，即纯气藏中的气体，基本上不与石油伴生。气藏气通常为烃气，其甲烷含量常在95%以上，重烃气含量极少，属于干气。但在特定条件下，也可遇见以非烃气为主的气藏。如我国华北冀中坳陷赵兰庄构造古近系孔店组—沙河街组四段的高压 H_2S 气藏，H_2S 含量高达92%；济阳坳陷平方王油气田古近系所产天然气中 CO_2 含量高达63%～66%；美国威利斯顿盆地的恰尔松和凯宾·克里克两气田所产天然气，N_2 含量高达80%～90%。

根据世界含气及含油气盆地中约2000个气藏、15000个气样的分析资料，A. H. Воронов 和 B. B. Тихомировдидр(1976)总结出气藏气化学成分的分布特点：绝大多数气藏气以含气态烃为主，含烃量超过80%的气藏约占气藏总数的85%以上；以 N_2 为主的气藏不足10%；以 CO_2 或 H_2S 等酸性气体为主的气藏数量更少，低于1%。另据我国343个气藏的分析统计（表1-7）：甲烷含量高于80%的气藏约占气藏总数的95%，重烃气含量低于5%的气藏约占68.5%，而 H_2S 或 CO_2 含量低于1%的气藏超过80%。

表1-7　中国气藏气组分统计表(据唐泽尧等，1996)

气藏个数与比例	甲烷含量，%					重烃气含量，%				H_2S 含量，%				CO_2 含量，%			
	>95	90～95	85～90	80～85	<80	>10	5～10	1～5	<1	>1	0.5～1	0.1～0.5	<0.1	>5	1～5	0.1～1	<0.1
个数	207	55	36	28	17	39	69	42	193	14	6	34	50	7	50	102	50
比例，%	60.3	16.0	10.5	8.2	5.0	11.4	20.1	12.2	56.3	13.5	5.8	32.7	48.0	3.4	23.9	48.8	23.9

有些存在于油气田中的气藏气，纵横向上与油(气)藏保持一定的联系，与下伏或侧向分布的油气藏或油藏有关，这是在特定地质条件下油气运移作用的结果。

2. 气顶气

气顶气是指与石油共存于油气藏中、呈游离气顶状态聚集的天然气。气顶气在成因和分布上均与石油关系密切，重烃气含量可达百分之几至几十，仅次于甲烷，属于湿气。如我国大庆喇嘛甸油田的气顶气，其甲烷含量一般为85%～94%，重烃气含量为5%～13%；辽河双台子油田的气顶气，其重烃气含量为13%～18%。在国内外某些油(气)田气的化学组成出现反常现象：有的重烃气含量高达30%～50%，如苏联格罗兹尼、伊申巴、克拉斯诺卡姆等油(气)田气的重烃气含量都超过了甲烷。

随着地层压力的增减，气顶气可溶于石油或析出。因此，在油气藏中，气顶气体积的大小与其化学组成及地层压力有关。

3. 凝析气

当地下温度、压力超过临界条件后，轻质液态烃逆蒸发而形成的气体，称为凝析气。采至地面过程中，随着温度、压力下降，这部分气体可凝结析离成轻质油，称凝析油。凝析油占到一定比例(如我国凝析油的质量浓度大于$30g/m^3$)的气藏，叫凝析气藏，如我国黄骅坳陷板桥油田的凝析气藏。凝析气藏通常埋藏深度较大，多分布在3000～4000m或更深处。

凝析气以甲烷为主，含量多为80%～89%，重烃气含量多为8%～18%，非烃气含量一般较低，属于湿气。

(二)分散型天然气

该类天然气存在相态多样，属非常规天然气，主要包括煤层气、溶解气及固态气水合物等类型。

1. 煤层气

煤层气是指煤层或煤系地层中所含吸附或游离态的天然气。煤矿中将其称为瓦斯。煤层气成分以甲烷为主，同时也含有氮气和二氧化碳气体，重烃气体含量很少，有时还可见到极少量的氦气和硫化氢气体。煤层气不仅本身具有经济价值，它的利用还有利于煤矿安全生产。

2. 溶解气

溶解气是指在地层条件下溶解于石油或地下水中的天然气。

石油内溶解气(简称油溶气)，常见于饱和或过饱和油藏或油气藏中，溶解气有时和气顶气共存于油气藏中，在压力变化时可以相互转化，两者具有相同成因和近于一致的组分。不同油田溶解气的化学组成变化较大，其主要特点是重烃气含量高，有时可达40%。油内溶解气的数量不等，少则每吨几至几十立方米，多则每吨可达几百至上千立方米。石油内溶解气含量高时，采出后可收集回注油藏内以保持油层能量。

水内溶解气(简称水溶气)，包括低压型和高压型两类。低压型水溶气含气量一般在1～$5m^3/t$，少数可超过此限，一般不单独采取，但可综合利用。如1975年日本开采浅层碘水时回收水溶气$5.3\times10^8m^3$，占日本当年总产气量的六分之一。高压型水溶气一般出现于异常高压带下的高压地热水中，含气量较高，降压时可出现强烈排气作用。综合利用这种水溶气和热水资源，很有价值。如美国墨西哥湾沿岸的高压型水溶气很丰富，储量可达$8.5\times10^{12}m^3$。澳大利亚和苏联也有大量高压水溶气资源。我国四川的威远高压水溶气田亦是典型实例之一。

3. 固态气水合物

固态气水合物也称冰冻甲烷或可燃冰，是指在高压、低温条件下，甲烷等气体天然地冻结在水分子的扩大晶格中。固态气水合物属于结晶化合物，一般而言，$1m^3$固态气水合物中含有$0.9m^3$水和70～$240m^3$气体，含气量的多少取决于气体的组成。固态气水合物主要发现于冻土层、极地、深海沉积物中。

自1960年苏联在西伯利亚发现了第一个固态气水合物气藏以来，迄今世界上至少有30多个国家和地区在进行固态气水合物的研究与调查勘探。据科学家估算，海底固态气水合物分布范围约$4\times10^7 km^2$，储量够人类使用1000年。但埋藏于深海的固态气水合物开采起来十分困难，一旦出了井喷事故，就会造成海啸、海底滑坡、海水毒化等灾害。由此可见，固态气水合物在作为未来新能源的同时，也是一种具潜在危险的能源。

三、天然气的物理性质

天然气一般无色，可有汽油味或硫化氢味，可燃，易爆炸。由于其化学组成不一，天然气的物理性质也变化很大。

(一)相对密度

天然气的相对密度是指在标准状况下，单位体积天然气与同体积空气的质量之比。天然气的相对密度与其平均分子质量成正比，一般随重烃、CO_2、H_2S等气体含量的增加而增大。大多数天然气的相对密度在0.56～0.90之间，个别含重烃或非烃气较多的天然气相对密度可以超过1.0。

(二)黏度

天然气的黏度反映了其分子间产生内摩擦力的大小，是度量天然气流动能力的一项参数。天然气的黏度远比石油或油田水低，一般在0℃时为0.0031mPa·s，20℃时为0.0120mPa·s。天然气的黏度与压力、温度和气体成分等有关。在接近常压条件下，天然气的黏度与压力无关，随温度增加而变大，随分子质量增加而减小；而在较高压力下，天然气的黏度随压力增高而增大，随温度升高而降低，随分子质量增加而增大。此外，随非烃气含量增加，天然气的黏度增大。

(三)溶解性

天然气能不同程度地溶于石油和水中。在相同条件下，天然气在石油中的溶解度远大于在水中的溶解度。天然气和水互溶性差，而与石油具有较强的互溶能力。

1. 在水中的溶解度

天然气在水中的溶解度较低，一般在0.7～3.5m^3/m^3之间。在温度一定、气体与液体之间不发生化学反应的前提下，天然气在水中的溶解度和气体组分、温度、压力及含盐量密切相关。若水中含盐量增加，则天然气在水中的溶解度下降。在压力小于100atm时，天然气在水中的溶解度随温度升高而下降。但若压力大于100atm时，在75℃以下，天然气在水中的溶解度随温度升高而减小；在75℃以上，天然气在水中的溶解度随温度升高而增大。故高温高压下的地层水溶解气量明显增加(图1-6)。另外，天然气在水中的溶解度还与CO_2含量有关，当地层水被CO_2所饱和时，天然气溶解度明显增加。

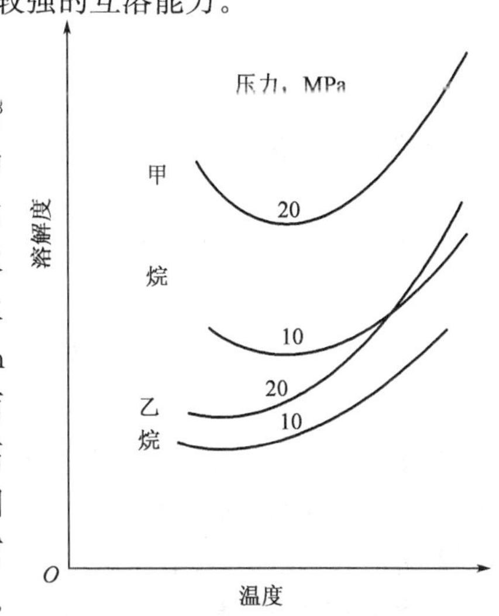

图1-6　天然气在水中的溶解度与温度、压力关系图

2. 在石油中的溶解度

天然气在石油中的溶解度是指在地层温压条件下，

单位体积(m^3)液态石油中所溶有的、在地表温压条件下可析出的气体量(m^3)。

在相同温压条件下,天然气在石油的溶解度远远大于在水中的溶解度,例如甲烷在石油中的溶解度是在水中的10倍左右。天然气在石油中的溶解度与地层压力、气体组成、原油轻组分含量等因素有关。在低于泡点压力(石油中溶解的天然气达到饱和时对应的压力)条件下,降低温度或增大压力,都可增加天然气在石油中的溶解度,直至液体被气体饱和的泡点压力为止。天然气在石油中的溶解度还与气体的成分密切相关,如丙烷的溶解度比乙烷大得多。由此表明,天然气中重烃含量越高,在石油中的溶解度就越大。原油的性质对天然气的溶解度也有明显影响,在相同温压下,天然气在低碳数含量高的轻质油中比在重质油中的溶解度高得多。

(四)蒸气压力

某一温度下,将气体液化时所需施加的最低压力,称为该气体的饱和蒸气压力。一般地,蒸气压力随温度升高而增大(图1-7)。在同一温度条件下,碳氢化合物的分子质量越小,则其蒸气压力越大,因此甲烷比其同系物的蒸气压力大得多,这也正是在天然气的组成中往往甲烷等轻烃化合物含量较多的原因。

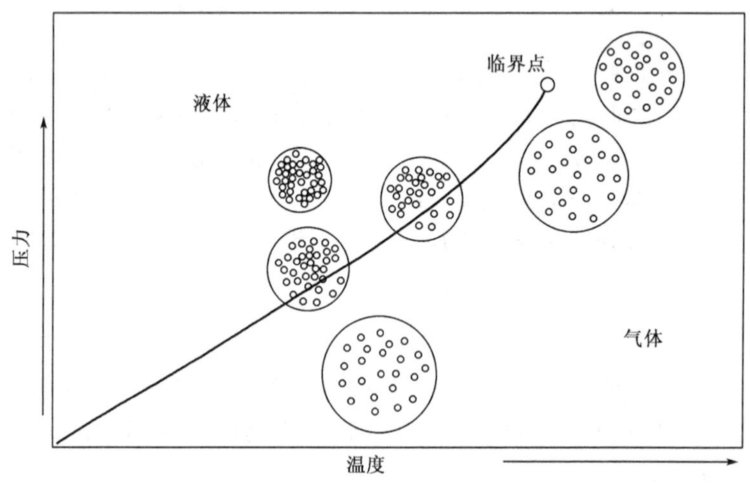

图1-7 纯烃组分烃气的蒸气压力与温度的关系(据Clark,1969)

随着油田开发,地层压力逐渐下降,天然气的组成也会随之改变。一般在自喷阶段,小分子的碳氢化合物是天然气的主要成分;随着地层压力下降,较大分子的碳氢化合物蒸气就随之进入天然气中,因此天然气的密度也会随着油田开采期的延长而略有增加。

第三节 油 田 水

在任何一个油气藏的流体系统中,油田水都是以不同的形式与油气共存于地下岩石孔隙空间中。油田水的形成及其运动规律始终与油气的生成、运移,以及油气藏的形成、保存和破坏有着密切的联系。因此,油田水化学与水动力学即油田水文地质学的研究对于油气勘探和开采有着十分重要的意义。

油田水是指油气田区域(含油构造)内的地下水,包括油层水和非油层水。石油地质研究的重点是油气田范围内直接与油层连通的地下水,即油层水,也称狭义上的油田水。非油层水分布于油气藏的附近，按位置分为上层水、夹层水及下层水(图 1-8)。

一、油田水的来源

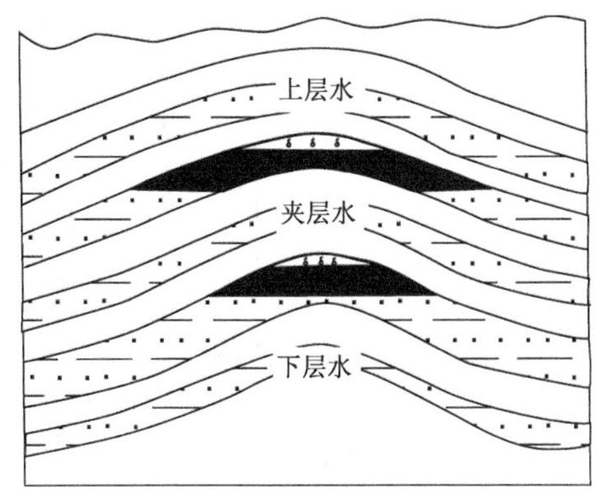

图 1-8　背斜型油气藏中的油田水

油田水的来源是一个极为复杂而尚未取得统一认识的问题。一般认为，油田水主要有四种来源，即沉积水、渗入水、深成水及转化水。

(1)沉积水是指沉积物堆积过程中保存在其中的水。这种水的含盐度和化学组成与古海(湖)水有密切关系。因此，不同环境下形成的油层水矿化度有着明显差别。

(2)渗入水系大气降雨时渗入地下空隙和渗透性岩层中的水。其矿化度低，可淡化高矿化度地下水。在靠近不整合面的油田水中，这种淡化作用特别明显。

(3)深成水又称内生水，指来源于上地幔及地壳深部、由岩浆游离出来的初生水(即原生水)和变质作用过程的变质水。

(4)转化水系沉积成岩和烃类形成过程中，黏土矿物转化脱出的层间水及有机质向烃类转化时分解出的水。这种转化主要因素是温度和压力，并伴随着离子交换等反应。

实际上，油田水可以看作是沉积水、渗入水、深成水及转化水以不同比例混合，经过一系列复杂的物理化学作用，并与油气相伴生的油层水。

二、油田水的化学组成

由于油田水与岩石、油气的长期相互作用，因此油田水的化学成分非常复杂，除了无机组成和溶解气外，还具有一般地下水中不常见的烃类及其衍生物。

(一)无机组成

油田水的无机组成主要由 Na^{+}、K^{+}、Ca^{2+}、Mg^{2+} 等阳离子和 Cl^{-}、SO_4^{2-}、HCO_3^{-}、CO_3^{2-} 等阴离子构成，另外还含有几十种微量元素，如碘、溴、硼、锶、铵、钡等。微量元素的种类及其含量，可以指示油田水的来源和所处环境的封闭程度。

(二)有机组成

油田水中常含有烃类、酚和有机酸。其中，油层水中含液态烃和 $C_1 \sim C_4$ 气态烃，而多数非油层水只含少量甲烷。油层水的液态烃中含有较多的苯系化合物，一般可达 0.01～1.58mg/L，最高可达 5～6mg/L，且甲苯含量与苯含量之比大于 1；非油层水中苯系化合物含量低，且甲苯含量与苯含量之比小于 1。酚在油层水中含量较高，一般大于 0.1mg/L，最高可达 10～15mg/L，且以邻甲酚和甲酚为主；非油层水中的酚含量低，且以苯酚为主(图 1-9)。

油田水中常数量不等的环烷酸、脂肪酸和氨基酸等。其中环烷酸是石油环烷烃的衍生物，常可作为找油的重要水化学标志。

(三)气体成分

油田水溶解了许多烃类气体和非烃气体。烃类气体除甲烷外，尚有乙烷等重烃气体；非烃气种类较多，如二氧化碳、硫化氢、氮气、氦、氩等气体。油田水中一般不含氧气。含重烃气体

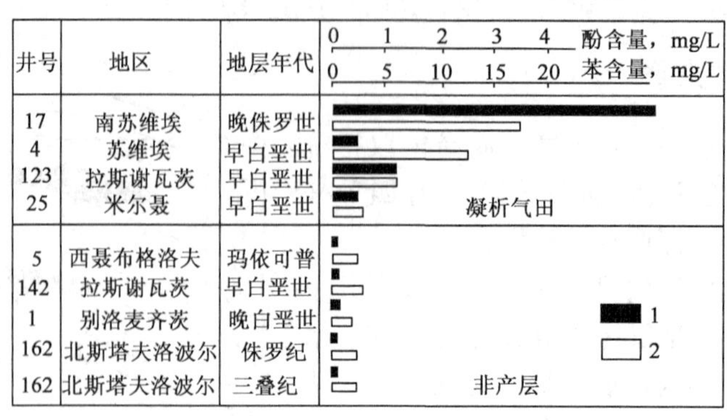

图 1-9 苏联某凝析气田的产层和非产层水中苯、酚含量分布图(据张厚福等,1999)
1—苯含量;2—酚含量

是油田水的主要特征,可作为寻找油气田的标志之一。

三、油田水的矿化度

矿化度是指单位体积油田水中所含中各种离子、元素及化合物总含量,用 g/L、mg/L 表示。多数情况下,油田水的矿化度高于沉积水,具有高矿化度特征。如科威特布尔干油田白垩系砂岩中的油田水矿化度为 154400mg/L,我国酒泉盆地某油田的油田水矿化度为 30000~80000mg/L。

由于来源及形成过程等方面的差异,各地区油田水的矿化度差异较大。陆相油田水矿化度一般比海相低,但变化大。根据我国陆相油田水的资料,矿化度一般低于 50g/L,以低于 10g/L 的占优势。

四、油田水的类型

自 1911 年美国 Palmer 提出第一个油田水分类以来,出现了多种油田水分类方案,大都是以 Na^+、K^+、Ca^{2+}、Mg^{2+} 和 Cl^-、SO_4^{2-}、HCO_3^-、CO_3^{2-} 含量及其组合关系作为分类基础。在各种分类方案中,以苏林(Щулин,1946)分类较为简明,应用广泛。因此,这里着重介绍苏林的水型分类。

苏林认为,天然水中化学成分的形成主要取决于其所处的环境,不同的环境可以形成不同性质、含有不同盐类和化学组成特征的水型。天然水就其形成环境而言,主要有大陆水和海水两大类。大陆水含盐度低(一般小于 500mg/L),其化学组成具有 HCO_3^- 含量>SO_4^{2-} 含量>Cl^- 含量、Ca^{2+} 含量>Na^+ 含量>Mg^{2+} 含量的特点,且 $r(Na^+)/r(Cl^-)$(当量比)>1。海水的含盐度较高(一般约为 35000mg/L),其化学组成具有 Cl^- 含量>SO_4^{2-} 含量>HCO_3^- 含量、Na^+ 含量>Mg^{2+} 含量>Ca^{2+} 含量的特点,且 $r(Na^+)/r(Cl^-)$(当量比)<1。大陆淡水中以碳酸氢钠占优势,并含有硫酸钠;而海水中不存在硫酸钠。天然水中主要离子是依据彼此化学亲和力的强弱顺序而形成不同盐类的。

基于上述认识,苏林主要考虑了天然水的化学成分,同时结合其形成的环境,利用 $r(Na^+)/r(Cl^-)$、$[r(Na^+)-r(Cl^-)]/r(SO_4^{2-})$、$[r(Cl^-)-r(Na^+)]/r(Mg^{2+})$,把天然水划分出 $CaCl_2$ 型、$NaHCO_3$ 型、Na_2SO_4 型及 $MgCl_2$ 型等四种基本类型(表 1-8)。

表 1-8　苏林的天然水成因分表(据张厚福等,1999)

水的类型		成因系数		
		$r(Na^+)/r(Cl^-)$	$\frac{r(Na^+)-r(Cl^-)}{r(SO_4^{2-})}$	$\frac{r(Cl^-)-r(Na^+)}{r(Mg^{2+})}$
大陆水	硫酸钠型(Na_2SO_4 型)	>1	<1	<0
	碳酸氢钠型($NaHCO_3$ 型)	>1	>1	<0
海水	氯化镁型($MgCl_2$ 型)	<1	<0	<1
深层水	氯化钙型($CaCl_2$ 型)	<1	<0	>1

由于各类水型的形成条件不同,它们在油(气)田区域内的分布也存在较大差异。$CaCl_2$ 型水形成于地壳深部封闭性良好、水体交替停滞的还原环境,故 $CaCl_2$ 型水环境利于油气藏保存,油田水往往是高矿化度的 $CaCl_2$ 型水;高矿化度的 $NaHCO_3$ 型水是油气物质存在的还原环境下的产物,成因上与油气田有关,为油田水的基本水型之一;$MgCl_2$ 型水主要为海水在潟湖中蒸发浓缩所致,或为来自深层的 $CaCl_2$ 型水与上部的低矿化度水掺和产生的,故油气田环境下一般无或少有 $MgCl_2$ 型水;Na_2SO_4 型水一般分布于地表或者地下浅层水活跃区,不利于油气藏的保存,因此,油气田一般不存在该水型。当然,个别油田也有 Na_2SO_4 型水,但此时正是油气藏濒于破坏的阶段。所以,油田水中一般以 $CaCl_2$ 型水最多,其次为 $NaHCO_3$ 型水,而 Na_2SO_4 型水和 $MgCl_2$ 型水比较罕见。

油田水的水型对其中的环烷酸含量有一定影响。在 $NaHCO_3$ 型水中,环烷酸与钠结合而成的环烷酸钠能溶于水,因此,环烷酸含量较高;在 $CaCl_2$ 型水中,环烷酸与钙结合而成的环烷酸钙不溶于水,环烷酸相应地减少。

思　考　题

1. 石油的元素组成及化合物组成有何特点?
2. 石油的颜色、相对密度及黏度之间有何关联?
3. 何谓石油的荧光性和旋光性?石油的荧光性和旋光性有何意义?
4. 石油的化学成分与物理性质中,哪些能够指示石油的成因?
5. 海相石油与陆相石油在化学成分上有何区别?
6. 简述天然气的类型及其主要特征。
7. 何谓油田水?其化学组成及物理性质有何特点?
8. 简述油田水的来源及赋存状态。
9. 简述油田水的类型及其与油气藏的关系。

第二章 油气的生成

油气的生成、油气藏形成、油气分布规律，是油气地质学的三大研究课题，三者之间有着密切的联系。油气的生成是形成油气藏的物质基础，掌握了油气生成及其以后在地下的运动规律，进而认识油气藏的形成及分布规律，才能正确地指出寻找油气的方向，有效地部署油气勘探工作。所以，正确解决油气成因问题有着重要的理论意义和实际意义。

油气的生成离不开周围的自然环境，无论是自然界的各种有机物和无机物，还是所处的物理、化学、生物及地质条件，都对油气的生成起着重要的作用。因此，研究油气的生成应该包括生成油气的原始物质、地质环境和物理化学条件、生成油气的过程等。

第一节 油气成因理论发展概况

油气的成因问题，是石油地质学界的主要研究对象之一，也是自然科学领域中争论最激烈的一个重大研究课题。多年来，这一问题一直吸引着国内外地质学家、生物化学家和地球化学家。

根据对生油原始物质截然不同的认识，油气成因理论基本上可归纳为无机生成和有机生成两大学派。无机生成说认为油气是在地下深处高温、高压条件下由无机物转化而来；有机生成说则主张油气是在地质历史上由分散在沉积岩中的动物、植物有机体演化而成。

一、无机生成说

在石油工业发展早期，人们从纯化学角度出发，认为油气是由无机物质生成的。综观不同学者的观点，可以归纳为两大类：泛宇宙说（宇宙说、地幔脱气说等）和地球深部的无机合成说（碳化物说、高温生成说、岩浆说等）。

（一）宇宙说

宇宙说由俄国学者B.Д.索可洛夫于1889年10月3日首次提出。宇宙说主张，在地球呈熔融状态时，碳氢化合物就包含在它的气圈中；随着地球的冷凝，碳氢化合物被冷凝的岩浆吸收，最后，凝结于地壳中而成石油。

由于宇宙说所依据的由无机物制成简单碳氢化合物的实验，至今未找到任何实地证据可以说明该过程在自然界也发生过，相反却找到越来越多的有机生成证据，因此上述假说逐渐被人们忘记了。

（二）地幔脱气说

T. Gold（1993）认为，地球深部存在着大量的甲烷及其他非烃源气资源。这些甲烷在地球形成时就已存在，它们在地球分异演化的早期，从地球深部被加热而释放出来，向上运移在上地幔和地壳中停留或释放到大气圈中。当存在“地幔柱”并有深大断裂时，这些气体便可通过断裂、火山活动等释放，大部分逸散于大气中，仅有一小部分形成天然气藏。

(三)碳化物说

碳化物说由俄国著名化学家Д. И. 门捷列夫于1876年提出。他认为，地球形成时期温度很高，使碳和铁变为液态，互相作用而形成碳氢化合物(碳化铁)，由于其密度较大而保存于地球深处。后来，地表水沿断裂向下渗透，与碳化铁作用产生碳氢化合物：

$$3Fe_mC_n + 4mH_2O \longrightarrow mFe_3O_4 + C_{3n}H_{8m}$$

有些碳氢化合物浸透于岩石，形成油页岩、藻煤及其他含沥青岩石；有些碳氢化合物在地表附近受到氧化，形成地沥青等产物。如果碳氢化合物上升到地壳浅层并冷却，则形成石油，并在孔隙性岩层中聚集便可形成油藏。

(四)高温生成说

Э. Б. 切卡留克(1971)根据合成金刚石的实验，用装满方解石、石英、六水泻盐等矿物的混合物代替石墨反应器，在6000～7000MPa和1800K的高温、高压下，几分钟后由反应器中分离出易挥发组分，包括甲烷、乙烷、丙烷、丁烷、戊烷、己烷及少许庚烷，从而认为在深约150km的上地幔古登堡层内，在温度超过1500K、压力5000MPa下，由于有FeO及Fe_3O_4的参与，H_2O与CO_2还原而成烃类。在强烈褶皱作用时，深部石油进入地壳沉积岩，并由低分子烃转化为高分子烃及环状烃。

(五)岩浆说

1949年10月3日，在宇宙说发表60周年纪念日，苏联学者Н. А. 库德梁采夫提出了石油起源岩浆说，并且强调要发扬几乎被遗忘了的宇宙说。他认为石油的生成与基性岩浆冷却时碳氢化合物的合成有关，该过程是在高压条件下完成的，因而可以促使不饱和碳氢化合物聚合而成饱和碳氢化合物，并列举出无机生成的证据，如在许多天体上存在碳氢化合物，在所谓的烃源岩之下的岩浆岩和变质岩中形成并存在油气藏，等等。于是，再度引起了石油成因两大学派的激烈论争。

不仅如此，库德梁采夫还指出：岩浆中形成石油的过程在不断进行着，古老的油气通过扩散作用早已逸散消失，因此，所有的油藏都是年轻的油藏；并且，石油中含有生物所需要的一切化学元素，依靠石油才在地球上产生了生物。

二、有机生成说

世界油气勘探及开采的大量生产实践和对烃源岩的研究表明，绝大多数油气田都分布在沉积岩中。除此之外，人们还发现：

(1)从前寒武纪至第四纪更新世的各时代岩层中均找到了石油，但石油和天然气在地质时代上的分布极不均衡。这与沉积岩中有机质的分布状况相吻合，并且同煤、油页岩等可燃有机矿产的时代分布也有一定关系。

(2)石油是由多种碳氢化合物组成的非常复杂的混合物，且大多数石油的化学组成十分相似。同时，世界上又没有化学成分完全相同的两种石油，这种成分上的差异性可能与生油原始物质、生成环境的不尽相同以及油气生成后的变化有关。

(3)将石油灰分与岩石圈比较发现，前者大大富集了钒(2000倍)、镍(1000倍)、铜(50倍)、钴(30倍)等元素。同时，在石油与煤的灰分对比中发现，沉积岩的基本元素富集系数都在1～5以下，而钒、镍、铜、钴、铅、锡等稀有元素的富集系数却都超过10～1000，该吻合现象可能正是煤和石油都是有机生成的结果。

(4)由大量油田测试结果可知,油层温度很少超过100℃,有些深部油层温度可以高达141℃。另外,石油中所含卟啉化合物、石油的旋光性,都证明石油是在低温条件下生成的。

(5)上新世至更新世地层中发现工业油藏,表明生成石油并聚集成油藏所需的时间大约不到一百万年。

(6)对青海湖、洞庭湖、墨西哥湾、加利福尼亚滨外大陆架、里海、黑海等近代沉积物进行研究的成果表明,在近代沉积物中确实存在着油气生成的过程,至今还在进行着,而且生成的油气数量也很可观。

上述大量重要事实的客观存在,有力地促进了石油有机生成理论的发展。而近代物理学、化学、生物学及地质学等领域的辉煌成就,色谱、质谱、光谱、电子显微镜和同位素分析等先进技术的广泛采用,为研究和解决油气成因问题创造了良好条件,使石油有机生成的现代科学理论日趋完善。

在油气有机生成学说中,存在着早期有机生油说与晚期有机生油说两种观点。早期有机生油说认为,沉积物所含原始有机质在成岩过程中逐步转化为石油和天然气,并运移至邻近的储集层中;转化过程一般在埋深几米到几十米就开始了,生油时间很短,主要动力是生物化学作用(细菌作用)。晚期有机生油说主张,沉积物埋藏到较大深度,至成岩作用晚期或后生作用初期,岩石中的不溶有机质(即干酪根)达到成熟,通过热降(裂)解方可生成大量液态石油和天然气,即石油是沉积有机物质被埋藏后,达到一定深度和温度,在热力加催化剂的作用下转化而来。

简而言之,原始有机质从沉积、埋藏到转化为石油和天然气,是一个逐渐演化的过程,不能由于晚期有机生油说的贡献大而完全排斥或忽视早期有机生油说的可能性。

三、现代油气成因理论新进展

(一)未熟—低熟油形成理论

未熟—低熟油是指所有非干酪根晚期热降解成因的各种低温早熟的非常规油气,包括在生物甲烷气生烃高峰之后,在埋藏升温达到干酪根晚期热降解大量生油之前(R_o<0.7%),经由不同生烃机制的低温生物化学或低温化学反应生成并释放出来的液态烃和气态烃。

低熟油生成高峰阶段对应的烃源岩镜质组反射率(R_o)值大体上在0.2%~0.7%范围内,相当于干酪根生烃模式的未成熟和低成熟阶段。

自20世纪70年代以来,许多国家和地区相继发现了低熟油气,在我国东部的渤海湾、泌阳、江汉、百色、松辽、苏北及西部地区的柴达木、准噶尔等盆地都发现了低熟油气资源。70年代后期,国外学者从地质分析和实验室研究等多方面入手探讨了低熟油气的成因机理,并提出了不同的假说或模式,如树脂体早期生烃、木栓质体早期生烃、藻类生物类脂物早期生烃、干酪根早期降解生烃以及细菌作用等。

我国地球化学界对低熟油的认识和研究始于20世纪80年代初,目前已取得了可喜的研究进展。王铁冠等在国内外研究成果的基础上,通过对大量中国含油气盆地的实例解剖,分析了木栓质体、树脂体、细菌改造陆源有机质、藻类和高等植物生物类脂物以及富硫大分子(非烃、沥青质和干酪根)等五种不同原始母质的早期生烃机制。

(二)煤成烃理论

人们早就发现,煤和煤系地层能够生成大量天然气并聚集成藏。但是,由于陆相油源岩一般为湖相沉积，煤系产生于沼泽环境，两者有机质的赋存形式不同，油田和煤田在层位及地区分布上存在明显不一致性，因此，长期以来人们认为成煤环境不利于生油。20世纪60年代以来，在世界各地相继发现了一批与中—新生代煤系地层有关的油气田，这表明，煤系地层不仅是世界上天然气的主要来源，而且也能形成相当数量的石油聚集和大油田。80年代后期，人们通过有机岩石学与地球化学相结合的方法和实验模拟，对煤成油问题进行了相当广泛而深入的理论探讨，取得了重大的进展。目前，人们已普遍认识到煤系地层不仅能够生成天然气，而且在特定的地质条件下还可以生油，并能够形成商业性油气藏。

总之，油气的成因是一个非常复杂的理论问题，无论是油气有机成因理论还是无机成因假说，都还有许多问题尚待进一步深入研究。我们相信，现代科学技术和实验手段的不断发展，必将使油气成因理论的科学研究更加完善，也将会对世界油气勘探事业作出更大贡献。

第二节　生成油气的原始物质

油气有机成因说认为，生成油气的原始物质是沉积物中分散的有机质，这些随无机质点一起沉积并保存下来的生物残留物质称为沉积有机质或地质有机质。这些埋藏于沉积物中的生物残留物质经过一定的生物化学、物理化学变化形成石油和天然气。

一、沉积有机质的来源及化学组成

沉积有机质来自生物圈中种类繁多的动物和植物。就生成油气而言，主要以低等水生动植物为主，如细菌、藻类、有孔虫、介形虫、叶肢介、珊瑚、软体动物等等，特别以细菌和藻类最佳。陆生动植物体中的有机质绝大部分被氧化掉或保存在土壤中，有一小部分被河流带到海洋和湖泊中去。从生物物质的发源地来说，沉积有机质主要来源于盆地本身的原地有机质，其次是被河流等从周围陆地携带来的异地有机质，以及少量的经受侵蚀的古老沉积层中的化石有机质——再沉积有机质。从环境和生物类型来看，海洋或湖盆沉积环境中，浮游生物是沉积物有机质的主要来源；在一些浅水地区，有机质主要来源于水底植物。在滨海、三角洲或湖泊的沉积物中，以孢子、花粉及其他植物碎片为代表，由陆地搬运而来，可能是沉积有机质的另一个重要来源——陆源有机质。此外，细菌可被认为是沉积有机质的主要补充来源。

生成油气的沉积有机质主要由类脂化合物、蛋白质、碳水化合物、木质素和丹宁等生物化学聚合物组成，它们都具有比较复杂的化学结构。

(一)类脂化合物

类脂化合物即脂类，是生物体在维持其生命活动中不可缺少的物质之一，主要包括磷脂、甾类和萜类等。动植物中的油脂是最重要的脂类，细菌和藻类也含有丰富的脂类。类脂化合物具有较强的抗腐蚀能力，易在沉积物中保存，而且其化学组成和结构与石油最为接近，只需发生简单的化学变化去掉少量的氧即可转化为石油，故被多数人认为是最主要的生油母质。

(二)蛋白质

蛋白质是生物体中一切组织的基本组成部分，是生物体赖以生存的物质基础。在生物体的细胞中，除水外，80%以上的物质为蛋白质；同时，它是生物体中含氮化合物的主要成分。蛋白质是一种性质不稳定的有机化合物，在酸、碱或酶的作用下，发生水解形成氨基酸而被破坏。

氨基酸通过脱羧基和氨基可以转化为烃类，也可通过缩合反应形成化学结构更为复杂的地质聚合物。蛋白质可能是油气中低碳烃的来源之一。

(三)碳水化合物

碳水化合物又称糖类，是自然界中分布极广的有机物质，几乎所有的动物、植物、微生物体都含有碳水化合物，在植物中含量最多。碳水化合物大多数容易被水解、氧化及生物化学作用所分解，很难保存下来。碳水化合物按其水解产物可分为单糖、双糖和多糖。多糖是天然高分子化合物，其中对沉积有机质最有意义的是纤维素。

(四)木质素和丹宁

木质素和丹宁均具有芳香结构的特征。木质素的性质十分稳定，不易水解，但可被氧化成芳香酸和脂肪酸。在缺氧水体中，在水和微生物的作用下，木质素分解，并可与其他化合物生成腐殖质。丹宁的组织和特征介于木质素与纤维素之间，主要出现在高等植物中。它们可能是石油中芳香烃和天然气的母质之一。

二、沉积有机质的保存与分布

来源于生物体的有机质在埋藏之前，多分布在沉积物上方的水体中。在地表条件下，有机质不稳定，会受到化学分解和细菌分解，大部分成为气态或水溶成分而逸散，还有些要受到生物的吞食。因此，有机质必须在一定的条件下方可得以保存。首先，要有缺氧的水体，这种环境可以使吸附在矿物颗粒表面上的溶解有机质和微粒有机质被保护而免受生物的消耗；其次，要求有机质在水体中滞留时间短，深度适中的水体较巨厚水体更有利于有机质的沉降、堆积和保存；第三，在沉积作用中，沉积颗粒的沉积速度对有机质的保存起着关键性的作用。在有机质供应量一定的情况下，沉积物中有机质的浓度与沉积速度成反比。

沉积环境中生物有机质的供应，主要取决于生物的发育程度，而适宜的温度、充足的光照、湿润的气候和丰富的营养物质的供应是生物发育的先决条件。浅海大陆架、大型富营养湖泊、内陆沼泽等都是有利于生物发育的地理环境。

沉积有机质常呈分散状分布于沉积岩中，总量很大，约为 3.8×10^{15} t(德根斯和伦特，1965)，但是其分布很不均衡。其一，沉积有机质的分布与岩性有密切关系，其中泥质岩有机质平均含量为 2.1%，碳酸盐岩为 0.29%，砂岩为 0.05%(J. M. 亨特，1963)。其二，沉积有机质的分布与地质年代有关，在不同地质时代中，沉积有机质的分布不均衡。总的趋势是年代越老，沉积有机质含量越少。就世界范围看，在三叠纪和志留纪有两个低峰，这可能与气候变冷或大规模海退有关。

三、干酪根

在沉积作用下，沉积有机质埋藏深度逐渐加大，保存下来的有机质经历了复杂的生物化学及化学变化，通过腐泥化及腐殖化过程形成干酪根，成为生成大量石油及天然气的先驱。有机成因说认为，烃源岩成油母质的基本形式是干酪根。近年来，由于热演化研究工作的进展，干酪根热降解生油假说已从地质、有机地球化学等方面得到进一步证实。

(一)干酪根的定义及形成

干酪根(Kerogen)一词最初被用来描述苏格兰油页岩中的有机质，后来泛指现代沉积物和古代沉积岩中不溶于一般有机溶剂的沉积有机质。亨特(1979)将干酪根定义为沉积岩中所有不溶于碱、非氧化性酸和非极性有机溶剂的分散有机质。这一概念已逐渐被石油地质界和地球化学界所接受。

干酪根的形成大致可以分为两步。第一步是有机质转化为地质聚合物。在化学及生物降解等作用下,结构规则的大分子生物聚合物(如蛋白质、糖类等)部分或完全被拆散形成一些单体分子,它们或遭破坏,或通过腐殖化作用构成一些新的结构不规则的大分子——地质聚合物(干酪根的前身,而并非真正的干酪根)。第二步,在成岩作用过程中,地质聚合物变得更大、更复杂,埋藏至数十或数百米后,具大分子的干酪根才真正发育起来。另外,在干酪根的形成过程中,常伴随着氧化作用对有机质的破坏,而氧化作用多由细菌引起,因此,还原环境有助于干酪根的形成。

(二)干酪根的组成与结构

干酪根是沉积有机质的主体,约占总有机质的 80%～90%,但是,在古代和近代沉积物中所占比例不同。在近代沉积物中,干酪根占沉积有机质总量的 95%以上,而在古代烃源岩中占 70%～90%左右。

研究表明,干酪根是一种高分子聚合物,没有固定的化学成分、分子式和结构模型,含脂肪族化合物多,环状化合物占优势。元素组成上,主要为 C、H、O、S 和 N,其中,C、H、O 的平均含量分别为 76.4%、6.3%、11.1%,三者合计占 93.8%,是干酪根的主要成分(表 2-1)。

表 2-1　原油、沥青、干酪根化学元素组成

类别 \ 元素含量,%	C	H	S	O	N
原　油	84	13	2	0.5	0.5
沥　青	83	10	4	2	1
干酪根	79	9	5	3	2

在显微镜下观察干酪根可以发现,干酪根是由颜色、形态和结构各异的四组显微组分所组成:腐泥组包括无定形体和藻质体,其中无定形体为絮状或团块状、薄膜状,主要来源于藻类和其他水生生物及细菌;壳质组呈暗灰色,富含氢,包括孢粉体、角质体、树脂体、木栓质体等,以及来源于陆生植物的孢子、花粉、角质层、树脂、蜡及木栓层等;镜质组呈灰白色,富含氧,由同泥炭成因有关的腐殖质组成,包括结构镜质体和无结构镜质体,来源于植物的和无结构木质纤维;惰质组呈黄白色,富含碳,包括碎质体、菌质体、丝质体、半丝质体,在碳化过程中属不活泼成分,来源于炭化的木质纤维部分。以上四组显微组分的反射率依次增大,生油潜能依次降低。

通过镜下观察,也可测定演化程度。随埋深加大、温度升高,干酪根的透明度减弱、反射率增大、颜色变深。

对干酪根的成分结构研究最详细的是美国尤因塔盆地古近系始新统绿河页岩和爱沙尼亚奥陶系库克页岩。研究结果认为:干酪根的结构极为复杂,呈三维网状系统,由桥键和各种官能团将多个核连接而成;而且,干酪根的元素及化合物组成和结构变化都很大,干酪根的类型和演化程度不同,具有不同的结构模型(图 2-1)。

干酪根在沉积岩(物)中分布非常广泛,据亨特和江梅生对 1000 个样品的研究结果得出的不同类型沉积岩中各类有机质的平均含量如表 2-2 所示。

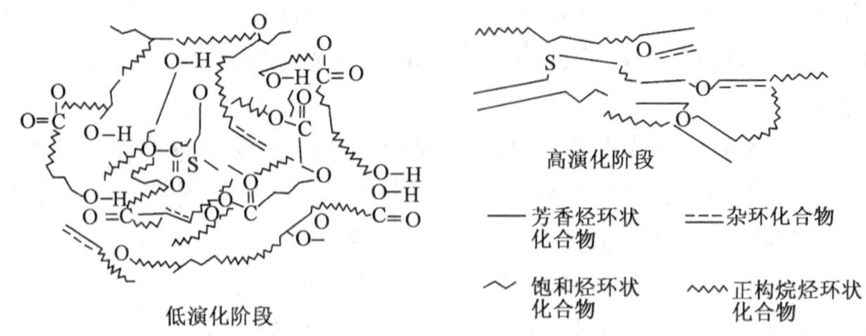

图 2-1 Ⅱ型干酪根结构图解(据 B. P. Tissot 等,1975)

表 2-2 沉积有机质中各组分的平均含量

平均含量,mg/L 有机质类别	烃类	沥青	干酪根
现代沉积物	95	781	17500
泥岩	500	600	20100
碳酸盐岩	340	400	2100

(三)干酪根的类型和演化

不同的沉积环境,有机质类型不尽不同,加之埋藏后所经历的生物及生物化学等作用不同,干酪根的组成存在差异,其性质及生油气潜能各不相同。同时,干酪根是沉积有机质的主体,因而干酪根的类型基本上反映出沉积有机质的类型。

根据组成及性质,可将干酪根划分为腐泥质和腐殖质两大类。腐泥质有机质主要为来源于海湾、潟湖、湖泊等的水生浮游生物和底栖生物,是在缺氧条件下富含类脂化合物和蛋白质的水生浮游生物和底栖生物分解和聚合作用的产物,可形成石油、油页岩、藻煤和烛煤。腐殖质有机质主要来源于高等植物,是在有氧条件下富含芳香结构的木质素、丹宁和纤维素分解、聚合作用的产物,主要形成天然气和腐殖煤,在一定条件下也可以生成液态石油。

以上分类过于简单,无法满足油气勘探的需要。随着分析技术的不断发展,人们提出了更为详细的分类方案,如目前被广泛采用的元素组成分类。根据干酪根样品的碳、氢、氧元素的分析结果,可以将干酪根大致划分为三种类型(图 2-2)。

Ⅰ型干酪根:原始氢含量高,氧含量低,氢碳原子比为 1.25~1.75,氧碳原子比为 0.026~0.12;以类脂化合物为主,直链烷烃多,多环芳香烃及含氧官能团少;母体主要来源于藻类和水生低等微体生物;生油潜能大。美国尤因塔盆地始新统绿河页岩,我国松辽盆地下白垩统青山口组一段、嫩江组一段等典型湖相沉积的干酪根皆属此类。

Ⅱ型干酪根:原始氢含量稍低于Ⅰ型干酪根,氢碳原子比为 0.65~1.25,氧碳原子比为 0.04~0.13;属高度饱和的多环碳骨架,中等长度直链烷烃和环烷烃多,也含多环芳香烃及杂原子官能团;母体来源于海相浮游生物(以浮游植物为主)和微生物;生油潜能中等。例如,法国巴黎盆地侏罗系下托尔统页岩、北非志留系、中东白垩系、西加拿大泥盆系以及我国东营凹陷古近系沙三段的干酪根均属此类。

Ⅲ型干酪根:原始氢含量低和氧含量高,氢碳原子比为 0.46~0.93,氧碳原子比为 0.05~0.30;以多环芳香烃及含氧官能团为主,饱和烃链很少,被连接在多环网格结构上;来源于陆地

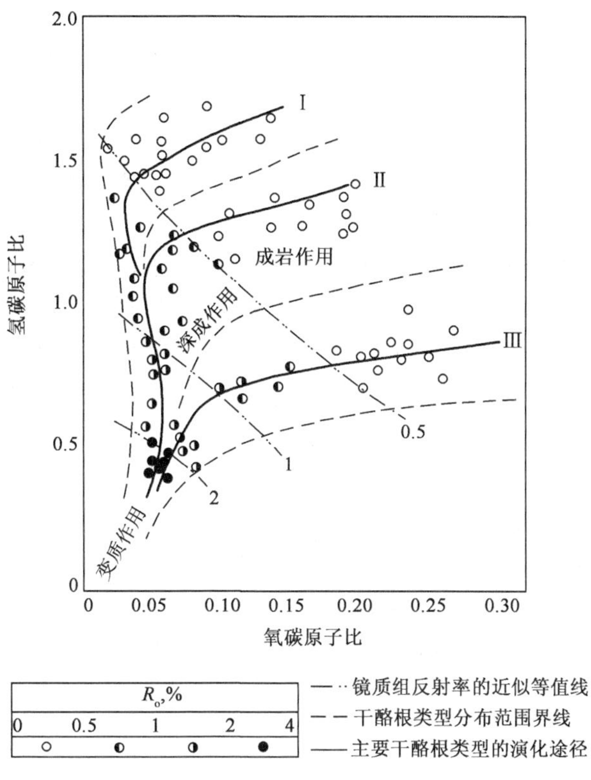

图 2-2 干酪根类型范氏图(据 Tissot 和 Welte,1984,简化)

高等植物,含可鉴别的植物碎屑甚多,可经河流带入海(湖)成三角洲或大陆边缘;与Ⅰ、Ⅱ型干酪根相比,对生油不利,但埋藏到足够深度,进入高成熟阶段后,可以生成数量可观的甲烷气体。我国鄂尔多斯盆地下侏罗统延安组的干酪根即属此类。

除了以上根据碳、氢、氧元素组成的化学分类之外,还可通过对干酪根的光学(透射光、反射光)性质研究进行分类。例如,将有机残渣放在显微镜透射光下观测,可以划分出藻质、无定形、草质、木质和煤质五种组分;在反射光下观测煤或干酪根的显微组分,可划分为壳质组、镜质组及惰质组。

第三节 油气生成的条件

生成油气的原始物质是沉积有机质,而沉积有机质向石油的转化必须经历一个氧不断减少而碳、氢不断增加的过程,即一个去氧、加氢、富集碳的过程。同时,要想实现原始有机质的堆积、保存和转化过程,必须是在还原条件下进行,而还原环境的形成及其持续时间的长短则受当时的地质及能源条件所制约。由此可以认为,油气的生成需要具备两大方面前提:合适的地质环境及动力条件(或物理化学条件)。

一、油气生成的地质环境

(一)大地构造条件

在陆地表面,受大气中氧的自由出入影响,有机质易被氧化破坏而难以保存。只有在比较广阔的长期被水淹没的低洼地区，有机质随无机颗粒一起沉积下来，水体的隔离作用使有机质能够保存下来并向油气转化。因此，地质历史上，长期、持续稳定下沉的盆地是生成油气最重要的地质条件之一。

板块边缘活动带，板块内部的裂谷、坳陷，以及造山带的山前坳陷、山间断陷等大地构造单元，都是有利生油的沉积盆地。在这些沉积盆地中，沉降幅度快速被沉积相应所补偿或接近补偿。若沉降速率远远超过沉积速率，水体急剧变深，生物死亡后的下沉过程中易遭巨厚水体所含的氧气氧化破坏；反之，若沉降速率显著低于沉积速率，水体迅速变浅，甚至上升为陆地，沉积物暴露于地表，其中的有机质易遭受氧化，也不利于有机质的堆积和保存。因此，只有在沉降速率与沉积速率相近或前者稍大时，才能持久保持还原环境。该环境不仅可以长期保持适合于生物大量繁殖和有机质免遭氧化的有利水体深度，保证原始有机质沉积下来，而且还可以造成沉积厚度大、埋藏深度大、地温梯度大、烃源岩层与储集层间互而广泛的接触，有助于原始有机质迅速向油气转化及排烃。

我国许多大型沉积盆地具备上述有利条件，成为油气资源蕴藏丰富的区域。例如，渤海湾盆地、松辽盆地、四川盆地等都是有利的生油盆地，在这些盆地中都相继找到了大量的油气田。以渤海湾盆地为例，古近系在深断陷内沉积厚度达 3000～5000m，沉积速度约 0.12～0.18mm/a，埋深最大可达 4000～8000m，地温梯度平均 3.95～5℃/100m，十分有利于生成丰富的油气资源。

（二）岩相古地理条件

油气勘探实践表明，无论海相还是陆相，都可能具备适合于油气生成的岩相古地理条件。但是，有利于生成油气的古地理环境，必须具备两个条件，首先应具有深度适当、面积较大、有机物来源丰富的水体，其次是有利于有机质保存的低能还原环境。只有具备上述两个条件，才能形成丰富的沉积有机质，并有利于向油气转化。

海相环境中，在浅海大陆架范围内，水深一般不超过 200m，水体较宁静，阳光、温度适宜，生物繁盛，尤其各种浮游生物异常发育，死亡后可较好地堆积和保存下来，主要形成Ⅱ型干酪根，若有陆源有机质加入，则可见到Ⅱ型与Ⅲ型干酪根的混合产物。滨海区，由于海水进退频繁，浪潮作用强烈，不利于生物繁殖和有机质的堆积保存。深海区，生物数量少，而且死后需要经历巨厚水体方能下沉至海底，易遭氧化破坏，均不利于有机质的堆积和保存。因此，在海相环境中，一般认为浅海区是最有利于油气生成的古地理环境，而滨海区和深海区则不利于有机保存和油气的生成。波斯湾、墨西哥湾的中—新生界，西西伯利亚的侏罗系、白垩系，以及我国四川盆地的志留系、二叠系、三叠系都属于浅海环境的产物。

陆相环境中，深水—半深水湖泊相是陆相的沉积环境。一方面，湖泊有一定深度、一定面积的稳定水体，为水生生物的大量繁殖发育提供了有利条件；另一方面，湖泊能够汇聚周围河流带来的大量陆源有机质，增加了湖泊营养和有机质数量；第三，深水—半深水湖区水体底部具备还原环境，有利于有机质的保存及向油气的转化。特别是在近海地带的深水湖盆，由于地势低洼、沉降较快，是陆表水的汇集地区，容易长期积水而形成深水湖泊，保持安静的还原环境，更是最有利的生油坳陷，并以Ⅰ型和Ⅲ型干酪根为主。我国的渤海湾盆地、松辽盆地的有利烃源岩层均属深湖—半深湖相泥岩沉积（表 2-3）。

在浅水湖泊和沼泽区，水体动荡，大气中的氧易于进入水体，不利于有机质的保存；而且该环境的生物以高等植物为主，有机质多属Ⅲ型干酪根，生油潜能低，多适于造煤和生气。

表 2-3　松辽盆地不同相带的生油特征

沉积相	深水湖相	半深水湖相	滨浅湖相	平原河流相
岩性	黑色泥岩	深灰—灰色泥岩	灰色—灰绿色泥岩	灰绿色—红色泥岩
有机碳,%	>2.0	2.0～0.9	0.9～0.3	<0.3
总烃,%	>0.15	0.15～0.015	0.015～0.005	<0.005
生油评价	最有利	有利	不利	非烃源岩

海陆过渡相区,在三角洲发育部位,陆源有机质经河流源源不断地搬运而来,加上原地生长繁殖的海相生物,使得沉积物中的有机质含量特别高,是极为有利的生油区域。除此之外,海湾及潟湖,因为有半岛、群岛、沙堤或生物礁相带与大海相隔,处于半闭塞无底流的环境中,对有机质保存也相当有利。

(三)古气候条件

除了大地构造及古地理环境因素外,古气候条件也在一定程度上直接影响生物的发育。一般而言,年平均温度高、日照时间长、空气湿度大,都能显著增强生物的繁殖能力。因此,温暖湿润的气候有利于生物的繁殖和发育,是油气生成的有利外界条件之一。

以上各项地质条件不仅都对形成适于有机质繁殖、堆积、保存的环境产生影响,而且各项地质条件之间又有密切的联系。其中,大地构造条件是根本的、最主要的条件,它控制着岩相古地理及古气候的特征。所以,在研究任何区域的油气生成条件时,必须首先研究区域大地构造特征。

二、动力条件

油气的生成不仅需要有适宜的地质环境为有机质的繁殖、堆积和保存提供有利的地质条件,而且还需要合适的动力促使有机质向油气转化。这些动力条件主要包括热力作用、催化作用、细菌作用及放射性作用等,其中,温度与时间是有机质向油气演化全过程中至关重要的一对因素。

(一)热力作用

在沉积有机质降解演化为石油及天然气的过程中,温度自始至终都是一个极为活跃的控制因素。在地质环境里,地热是取之不尽、用之不竭的最佳能源。

1. 作用机理

热力作用主要体现在温度和时间两个方面。大量的油田实际和实验室研究结果表明,在有机质向石油转化的过程中,温度是最持久和有效的作用因素,温度不足可用延长反应时间来弥补,温度与时间似乎可以互为补偿:高温短时作用与低温长时作用可能产生近乎同样的效果。但是,若温度过低,即使经过相当长的时间,有机质也很难向石油转化。所以,在油气生成的全过程中,温度与时间是一对同时发挥作用的重要因素。

同时,油田实际和研究结果也表明,只有达到一定温度后,有机质才开始大量转化为石油,该温度界限称为有机质的成熟温度或生油门限。温度主要由地温梯度和埋藏深度所决定,成熟温度所在的深度称为门限深度或成熟点。因此,只有当沉积有机质埋藏到门限深度之后,干酪根才能开始大量生成石油(图 2-3)。

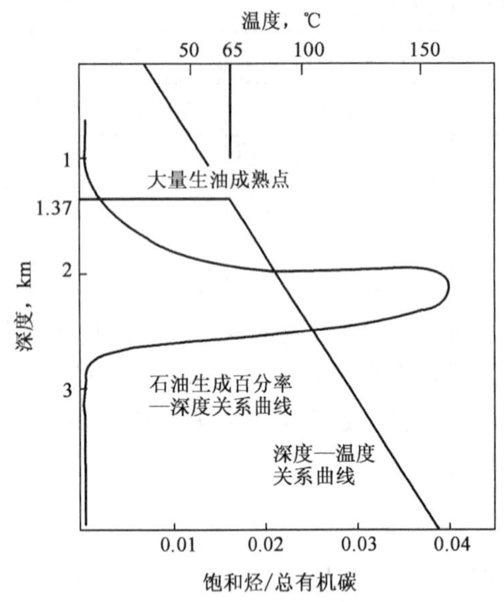

图 2-3　石油大量生成成熟点的确定
(据 P. Albrecht. 1969)

法国康南(J. Connan)研究了世界若干含油气盆地的主要烃源岩层，分析了成熟点的现时温度和地质年龄的关系，编绘了石油大量生成成熟点的 $\lg t$ 与 $1/T$ 的关系图。他认为烃源岩层的时间对数与绝对温度的倒数存在线性关系，即：

$$\lg t = 3.104 \times \frac{1}{T} - 6.498 \qquad (2-1)$$

式中　t——烃源岩层成熟点的地质年龄，Ma；

T——烃源岩层成熟点的现时热力学温度，K。

由此可见，随着沉积有机质埋藏深度加大，地温相应升高，生成烃类的数量应该有规律地按指数增长。除此之外还发现，在不同地区、不同层系中，由于地质条件(干酪根类型、地温梯度等)的差异，成熟温度及响应的成熟点会有所区别(图 2-4)。有机质的类型对成熟先后也有影响，树脂体和高硫Ⅱ型干酪根成熟较早；地温梯度分别为 2℃/100m、3℃/100m、4℃/100m 地区，其成熟点相应约在 3000m、1800m、1300m 深处。时代较老的烃源岩层，门限温度低些；时代较新的烃源岩层，门限温度高些。例如，我国松辽盆地下白垩统(距今约 1.1×10^8a)烃源岩层的门限温度为 51～58℃，而美国洛杉矶盆地中上新统(距今约 0.11×10^8a)烃源岩层的门限温度高达 115℃。

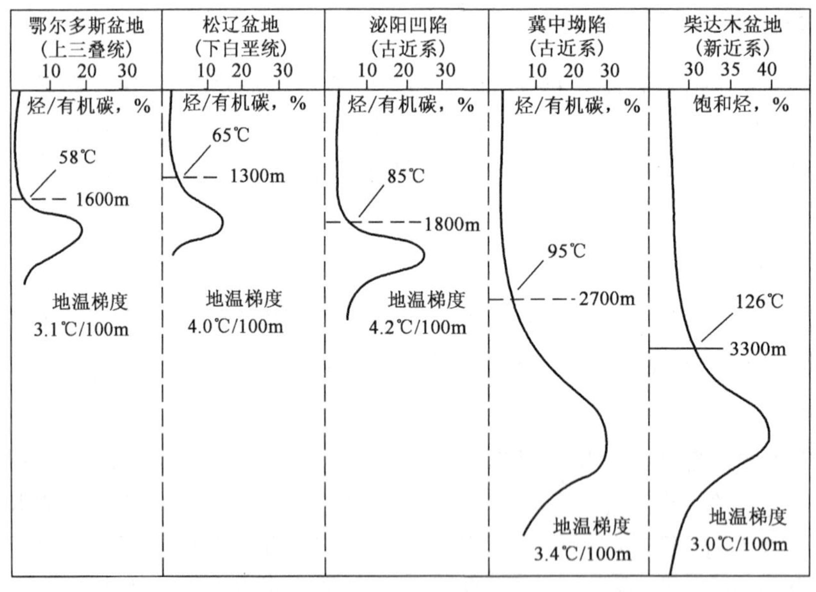

图 2-4　我国不同盆地不同时代烃源岩埋藏深度与油气生成的关系(据黄第藩，1991)

2. 时间—温度指数(TTI)

1971 年，苏联学者洛帕廷(Н. В. Лопатин)首次提出时间—温度指数的概念，用来表示时间与温度两种因素同时对沉积物中有机质热成熟度的影响。但是，因用于建模的资料不准确，计算结果与实际情况不符，遭到有关学者的批评。之后，美国学者韦普莱斯(D. W. Waples)发现洛帕廷所提出的概念可取，并将其发展、完善，于 1980 年正式系统介绍了这一方法，告诉人们如何预测某沉积盆地何时何处烃类已经生成，何时何处液态烃将会裂解为气态烃。现今，这一预测方法已被各国学者广泛采用。

根据温度与时间是石油生成和破坏过程中一对互为补偿的重要因素这一原理，假设成熟度与时间呈线性变化关系、与温度呈指数变化关系。据此可规定两个参数：

(1)温度因子(γ)，反映成熟度对温度的指数关系，即温度每增加 10℃，成熟作用速率增加一倍($\gamma=r^n=2^n$)。指数值 n 可通过以下方法求取：选取 100～110℃作为基准间隔，令 $n=0$，温度每增加 10℃，n 值加 1；每减小 10℃，n 值减 1。

(2)时间因子(Δt)，表示沉积物在每个温度间隔内经历的时间长短(以百万年为单位)。

由此，任意温度间隔 i 内的成熟度(区间成熟度)可表达为：

$$\text{成熟度}_i = \Delta \text{TTI}_i = r_i^n \cdot \Delta t_i = 2_i^n \cdot \Delta t_i$$

该式表明成熟度与温度因子呈指数关系，与时间因子呈直线关系。

有机质的成熟作用效果是累加的，所以某沉积物的总成熟度(TTI)可由各地温间隔成熟度之和求得，即

$$\text{TTI} = \sum_{n_{\min}}^{n_{\max}} r^n \Delta t_n = \sum_{n_{\min}}^{n_{\max}} 2^n \Delta t_n \tag{2-2}$$

式中 $n_{\min}, n_{\max}$——沉积物经受最低、最高地温间隔的指数值。

通过绘制目的层的埋藏史曲线、温度等值线并计算 TTI，可以解决如下问题：

第一，确定烃源岩的成熟度。根据 TTI、R_o 值等，结合干酪根类型，即可判断烃源岩层油气生成进入了哪个阶段(表 2-4、表 2-5)。

表 2-4 R_o、TTI 与油气生成关系表

R_o,%	TTI	油气生成阶段
		不成熟，不能生油
	0.1	
		一般不成熟，在好生油岩中可生成少量石油
0.5	1	
		不太成熟，在好生油岩中生油
0.75	8	
		充分成熟，在所有生油岩中生油
1.35	64	
		过成熟，烃类裂化成轻质油或凝析油
2.0	256	
		生成干气

表 2-5 TTI 与主要生油阶段、油气保存阶段的关系

阶段	TTI	R_o,%	TAI
开始生油	15	0.65	2.65
生油高峰	75	1.00	2.90
生油结束	160	1.30	3.20
保存 40°API(相对密度为 0.8251)石油的极限	500	1.75	3.60
保存 50°API(相对密度为 0.7796)石油的极限	1000	2.00	3.70
保存湿气的极限	1500	2.20	3.75
已知干气产出的最大深度	65000	4.80	>4.0

第二，圈定有利生油气区范围。通过盆地内若干点位制作地质模型，计算各烃源岩层的现时 TTI，勾绘各层 TTI 等值线，圈出进入生油窗的分布范围，以便确定有利的生油区和生气区。

第三，分析圈闭聚油可能性，确定特定层位的油气保存状态。利用生油窗确定的生油时间区间，结合形成圈闭发育历史，可以分析圈闭聚集油的可能性。同时，根据所计算出的各烃源岩层和储集层的现时 TTI，可预测石油、湿气或干气聚集的储集层深度，以指导钻探工作(表 2-5)。

(二)催化作用

催化剂是一种引起某种化学反应或加速某种化学反应速度而本身并不参加反应的物质，在反应完成前后，其成分毫无变化。在有机质向油气转化过程中，自然界存在无机盐类和有机酵母两类催化剂。

黏土矿物是自然界中分布最广的无机盐类催化剂。用黏土做催化剂，在 150～250℃的情况下，可使脂肪酸去羧基或使酒精和酮脱水，产生类似于石油的物质。黏土矿物的催化能力与其吸附性质有关。黏土矿物颗粒表面吸附两种或两种以上物质的原子时，它们便会相互作用而形成新的化合物。

酵母是动植物和微生物产生的一种胶体物质。当存在酵母时，有机质的分解比在细菌活动时还要快得多。有机酵母可促使蛋白质分解成氨基酸，也可促使碳水化合物水解成单糖。从苏联格罗兹尼油田井下剖面的酵母研究发现，酵母的作用不决定于岩石的埋藏深度，而取决于岩石的成分。在富含有机质的岩石中，特别是在富含植物残余的岩石中，酵母的活动性最大。

(三)细菌作用

细菌是地球上分布最广、繁殖最快的一种微生物。按生活习性，可将细菌分为喜氧细菌、厌氧细菌和通性细菌三大类。对油气生成而言，最有意义的是厌氧细菌。在缺乏游离氧的还原条件下，厌氧细菌将有机质分解，产生相应的有机化合物。这些有机化合物经过进一步分解、聚合，可形成干酪根，在这个过程中还可以生成甲烷、氢气、二氧化碳、硫化氢等气体。

细菌作用主要发生在沉积盆地水体的下部、未固结的沉积物及埋藏较浅的沉积岩中。随着沉积物埋深加大，当地温超过 100℃后，细菌作用终止。细菌在油气生成过程中的作用实质是将有机质中的氧、硫、氮、磷等元素分离出来，使碳、氢特别是氢富集起来，而且细菌作用时间越长，这种分解与富集进行得越彻底。

(四)放射性作用

许多沉积岩中都有少量的放射性。其中，黏土岩和泥灰岩通常比砂岩、石灰岩的放射性要高，所以在适合于生油的泥岩、页岩、泥质碳酸盐岩中富集着大量的放射性物质，如铀、钍、钾等。苏联学者 B. A. 索可洛夫认为，沉积有机质在放射性作用下最终会转化为石油，其反应过程如下：

沉积物所含水在 α 射线轰击下可产生大量游离氢和氧，即：

$$2H_2O \xrightarrow{\alpha} 2H_2 + O_2$$

氧与有机质作用产生二氧化碳，即：

$$C + O_2 \longrightarrow CO_2$$

二氧化碳与氢作用产生甲烷，即：

$$4H_2 + CO_2 \longrightarrow CH_4 + 2H_2O$$

甲烷在 α 射线的轰击下发生聚合作用，即：

$$2CH_4 \xrightarrow{\alpha} 2(—CH_3) + H_2$$
$$\downarrow$$
$$—C_2H_6$$

这种聚合作用还会继续下去，直至形成各种气态和液态的碳氢化合物。因此，这些放射性物质的作用也可能是促使有机质向油气转化的能源之一。

由以上分析可知，有机质向油气的转化，是在适宜的地质环境中多种物理、化学及生物因素综合作用的结果，而且各种条件的作用强度不同。细菌和催化剂均是在特定阶段作用较为显著，加速有机质降解生油、生气；放射性作用可不断提供游离氢；温度与时间是一对同时发挥作用的重要因素，而温度是最持久和最有效的因素。

第四节　有机质演化与成烃模式

沉积有机质向油气转化的过程是在埋藏深度逐渐加大、温度逐渐升高的还原环境背景下进行的。在不同的深度范围内，各种能源条件或动力因素作用效果不同，致使有机质转化的反应过程和主要产物有较明显的区别，即原始有机质向石油和天然气的转化过程具有明显的阶段性。据此，可以将有机质向油气转化的全过程大致分为四个互相区别又逐步过渡的阶段（图 2－5）。这种油气成因模式，又称为油气现代成因模式。

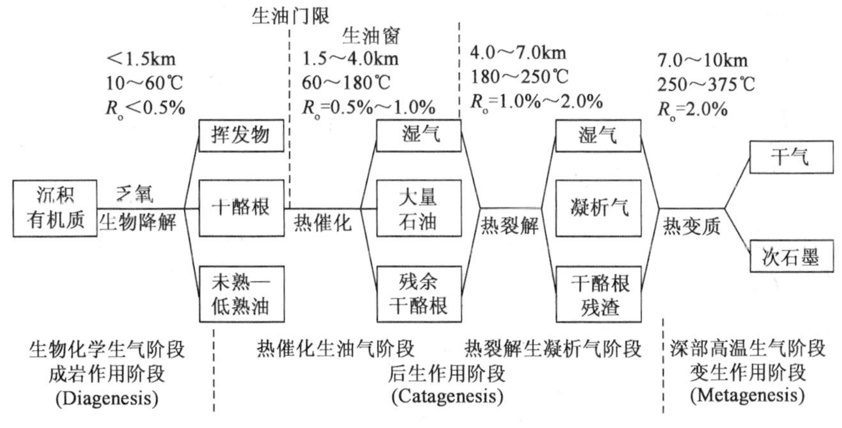

图 2－5　油气成因现代模式（据张厚福等，1989）

一、生物化学生气阶段

生物化学生气阶段指自原始有机质沉积开始到埋藏深度达门限深度为止的整个过程，相当于沉积物的成岩作用阶段。该阶段的深度范围是从沉积界面到数百米乃至 1500m 深处，温度介于 10～60℃之间，与沉积物的成岩作用阶段基本相符，相当于碳化作用的泥炭—褐煤阶段。该阶段埋藏深度较浅，温度和压力较低，厌氧细菌非常活跃，以细菌活动为主，沉积有机质被细菌分解，转化为分子质量更低的生物化学单体（如苯酚、氨基酸、单糖、脂肪酸等），部分有机质被完全分解成 CO_2、CH_4、NH_3、H_2S 和 H_2O 等简单分子。上述这些变化导致沉积物中有机质总量的减少，而新生产物会相互作用形成复杂结构的地质聚合物——干酪根。

该阶段沉积有机质除了形成少量烃类和挥发性气体以及早期低熟油外，大部分转化成干酪根保存在沉积岩中；生成的烃类以甲烷为主，称为生物化学气或细菌气（属干气），缺乏轻质正构烷烃（C_4～C_8）和芳香烃。到本阶段后期，随埋藏深度加大，温度接近60℃时，开始生成少量液态石油（未熟—低熟油），其中的高分子正构烷烃C_{22}～C_{34}范围内有明显的奇数碳优势，环烷烃中四环分子显畸峰，芳香烃亦以高分子化合物为主，显示萘和多核芳香烃双峰。

二、热催化生油气阶段

当沉积有机质的埋藏深度超过门限深度之后，即进入了该阶段，深度约1500～4000m，温度为60～180℃左右，相当于后生作用的前期，与长焰煤—焦煤阶段相当，促使有机质转化的最活跃因素是热力作用和黏土的催化作用。

在有黏土矿物的催化作用下，地温不需太高，便可达到成熟门限，干酪根发生热降解，杂原子（O、N、S）的键破裂产生CO_2、H_2O、N_2、H_2S等挥发性物质逸散，同时生成大量低分子液态烃和气态烃。该过程多次发生。所以，在热催化作用下，有机质能够大量转化为石油和湿气。该阶段是生成石油的主要时期，在国外常称为“生油窗”（图2-6）。例如，渤海湾盆地东营凹陷古近系沙三段的烃源岩层，成熟温度为93℃，门限深度为2200m，主要生油期温度为122～155℃，相应的深度为3000～3800m。

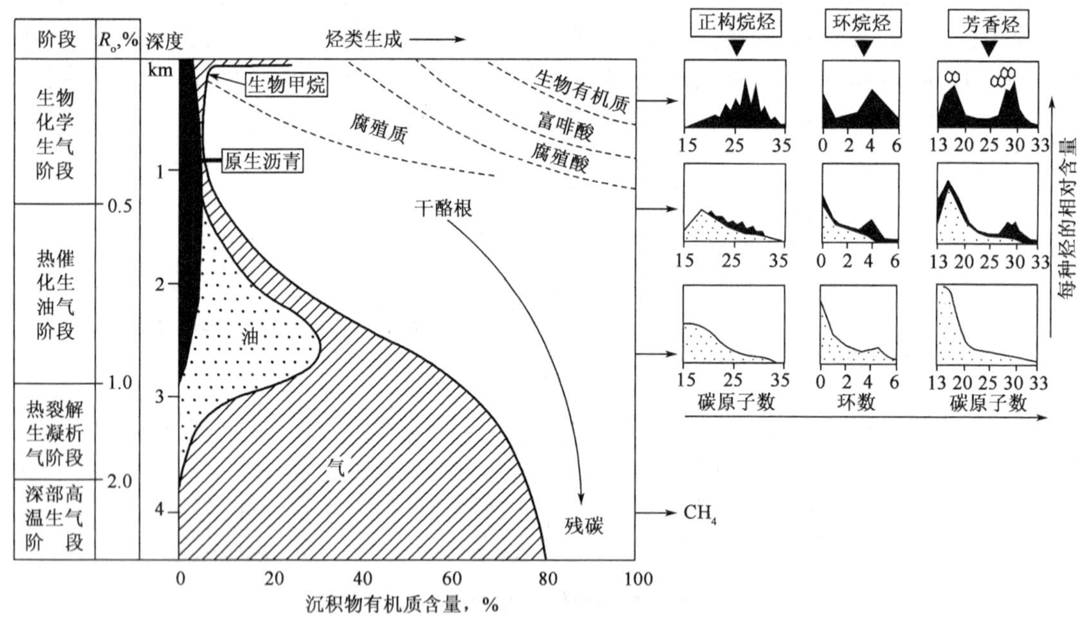

图2-6　油气形成与烃源岩埋藏深度关系的一般模式（据张厚福等，1999，略改）

本阶段产生的烃类已经成熟，在化学结构上显示出同原始有机质有了明显区别，而与石油却非常相似。由图2-6可以看出：正构烷烃碳原子数及分子质量递减，奇数碳优势消失；环烷烃及芳香烃碳原子数也递减，多环及多芳核化合物显著减少。

三、热裂解生凝析气阶段

随着沉积有机质的埋藏深度持续加大，深度超过4000m直至7000m，温度升至180～

250℃，进入后生作用阶段后期，相当于碳化作用的瘦煤—贫煤阶段。该阶段地温超过了烃类物质的临界温度，主导因素是热力作用，烃类反应的性质可分为石油热裂解与石油热焦化两种作用。石油热裂解是指在高温下脂肪族结构破裂为较小分子，变为甲烷及其气态同系物，并使石油所含芳香烃浓缩集中；石油热焦化是指在高温下贫氢石油（一般以含杂元素—芳香烃为主）产生缩合反应，主要形成固态残渣，并使石油中脂肪族相对增加而杂原子减少。

该阶段进入高成熟时期，除继续断开杂原子官能团和侧链，生成 H_2O、CO_2 和 N_2 外，主要反应是大量 C—C 链断裂，包括环烷的开环和破裂，已形成的高分子液态烃急剧减少，C_{25} 以上高分子正构烷烃含量渐趋于零，只有少量低碳原子数的环烷烃和芳香烃；低分子正构烷烃剧增，主要是甲烷及其气态同系物，在地下深处呈气态，采至地面随温度、压力降低，反而凝结为液态轻质石油，即凝析油，并伴有湿气。试验表明，凝析气和湿气的大量生成，主要与高温下石油裂解作用有关，石油焦化及干酪根残渣热解生成的气体量有限。

四、深部高温生气阶段

本阶段为有机质转化的末期，深度超过 6000～7000m，温度超过 250℃，已进入了变质作用阶段，相当于半无烟煤—无烟煤的高度碳化阶段。该阶段以热力作用为主，以高温、高压为特征。已形成的液态烃、重质气态烃强烈裂解，形成热力学上最稳定的甲烷；干酪根残渣释出甲烷后进一步缩聚，最后形成固态沥青。

该过程在实验室、野外观察和深井钻探均得到了证实。中国科学院地球化学研究所对石油进行高温高压试验发现，当压力固定不变时，石油随温度升高向两极明显分化，最后形成气体与固态沥青。演化过程依次为石油→油＋气→油＋气＋固态沥青＋液态沥青→气体＋固态沥青。该试验结果与超深井钻探结果相吻合，如在四川盆地威远隆起震旦系白云岩中见到石油热演化的最终产物甲烷和固态沥青，国外近代大批超深井钻探结果多产天然气和凝析油等等。

将有机质向油气转化的整个过程划分为四个阶段，反映的是有机质向油气演化的一般模式。对不同的沉积盆地而言，由于其沉降历史、地温历史及原始有机质类型不同，其中的有机质向油气转化的过程不一定全都经历这四个阶段（有的可能只进入了前两个阶段，尚未达到第三阶段），而且每个阶段的深度和温度界限也可能略有差别。对于经历多次升降、地质发展史较复杂的沉积盆地，岩石中的有机质可能由于埋藏较浅尚未成熟即遭遇抬升，直到再度沉降埋藏到相当深度后，方可达到成熟温度并生成大量石油，即所谓“二次生油”。

第五节　烃源岩研究

通常把能够生成油气的岩石称为烃源岩（或生油气母岩）。但是考虑到烃源岩研究的目的是确定沉积盆地中是否存在能形成工业性油气聚集的岩石及其时空展布，为勘探提供指导，有很多学者提出“有效烃源岩”的概念，特指既有油气生成又有油气排出、能提供商业性油气聚集的岩石。

由烃源岩组成的地层为烃源岩层。在一定地质时期内，具相同岩性—岩相特征的若干烃源岩层与其间非烃源岩层的组合，称为烃源岩层系。烃源岩是沉积盆地形成油气聚集的必备条件，因此烃源岩研究不仅对探讨油气成因具有理论意义，同时也是指导开展油气勘探的主要依据之一。

烃源岩研究的主要目的就是根据大量地质及地球化学分析结果，在一个沉积盆地（或凹陷）中，从剖面上确定烃源岩层系，从平面上圈定生烃区；其次，对烃源岩的有机质丰度、类型、成熟程度等进行综合研究，作出生烃量的定量评价，以便与圈闭条件配合，分析含油气远景，为油气勘探提供科学依据。

一、烃源岩的地质特征

烃源岩的地质特征包括烃源岩的岩性、沉积环境及厚度特征。

岩性特征是研究烃源岩的最直观标志。虽然岩性并非决定某地层能否生成石油和天然气的本质因素，但是岩性特征是沉积环境及其后经历变化的综合反映，它与生成油气的基本条件（原始有机质和还原环境）有一定的联系。烃源岩一般色暗、粒细，富含有机质和微体生物化石，并且常含指示还原环境的分散状黄铁矿，偶尔可见原生油苗。

按照岩性特征，可将烃源岩分为两大类，一类是黏土岩类烃源岩，主要包括泥岩、页岩；另一类是碳酸盐岩类烃源岩，主要包括暗色石灰岩、泥灰岩、生物灰岩及礁灰岩等（表 2 - 6）。

表 2 - 6　烃源岩主要岩性特征

烃源岩类型	岩石类型	颜色	结构	层理	自生矿物	化石	油气显示
黏土岩类	以泥岩、页岩为主，其次为砂质泥岩、泥质粉砂岩	灰黑色 深灰色 灰　色 灰绿色	泥级—粉砂级	页状，厚层—块状	富含黄铁矿	丰富	无或有原生油苗
碳酸盐岩类	生物灰岩、礁灰岩、泥灰岩、石灰岩	灰黑色 深灰色 褐灰色 灰　色	隐晶—粉晶	厚层—块状，中层状次之	含黄铁矿	丰富	无或有原生油苗

黏土岩类烃源岩主要包括泥岩、页岩、黏土等，是在一定深度的稳定水体中形成的，环境安静乏氧，有机物质伴随黏土矿物大量堆积、保存并向油气转化。我国主要陆相盆地如松辽、渤海湾、准噶尔、柴达木等含油气盆地，主要烃源岩层多为灰黑色、深灰色、灰色及灰绿色泥岩、页岩。碳酸盐岩类烃源岩以低能环境下形成的富含有机质的石灰岩、生物灰岩和泥灰岩为主，常含泥质成分。

对已知含油气区烃源岩的岩相特征研究表明，形成烃源岩最有利的沉积环境是浅海相、三角洲相、半深湖—深水湖相。浅海相的碳酸盐岩沉积和黏土岩沉积都可以成为良好的烃源岩。这些岩石一般形成于广海大陆架和潮下带的局限海，属持续低能环境，盆底长期稳定沉降，气候温暖湿润，生物繁盛，水体安静，水介质属弱碱性，长期的还原环境使丰富的有机质得以顺利堆积、保存并向油气转化。

海岸线以外的前三角洲相属于长期快速沉降地区，以富含有机质的暗色页岩沉积为主，由河流携带来的细粒黏土悬浮物质和胶体物质沉积而成，既含海相生物，也含陆源有机质，它们均迅速埋藏、保存下来。非洲的尼日尔河古近—新近纪三角洲是闻名世界的产油气区，这里的三角洲相暗色泥岩是非常有利的烃源岩层。

深水—半深水湖相有机质来源丰富，波浪小，水流弱，能量低，水底属还原环境，是陆相烃源岩层系发育的有利环境。尤其是在主要烃源岩层系沉积时期，处于近海地带的深水湖盆更为有利。从我国各地质时代陆相烃源岩层分布状况来看，许多大型深水湖相烃源岩层系都分布在地质历史上同古海域联系密切的近海地带。例如，目前位于我国大陆腹地的鄂尔多斯盆地，在晚三叠世面临着辽阔的古南方大海，属近海湖盆。而早白垩世的松辽盆地、古近纪的渤海湾盆地等都可能是大型的近海深水湖盆。这些深水湖盆的共同特征是长期稳定沉降，沉积岩系厚达数千米以上。在长期大幅度沉降过程中，又伴随着振荡运动，形成多旋回的特点，可形成多套烃源岩层系。

总之，在陆相盆地中，深水湖相是最有利的烃源岩相，其中又以近海地带深水湖盆的泥岩型剖面更佳。空间上，烃源岩发育最有利的地区是湖盆中央的深水地区；时间上，烃源岩发育最有利的时期是沉积旋回中的持续沉降阶段。

二、烃源岩的地球化学特征

分析和评价一个沉积盆地中烃源岩的生烃能力，不仅需要研究烃源岩的地质特征，还必须系统研究烃源岩中所含有的有机质数量、类型及其经历的演化特征，即有机质的丰度、类型和成熟度。

(一)有机质的丰度

烃源岩中的有机质是形成油气的物质基础。岩石中有机质的含量是决定生烃能力的主要因素。岩石中有机质的相对含量称为有机质丰度，目前常用的有机质丰度指标主要包括有机碳含量 TOC、氯仿沥青"A"、总烃含量 HC 等。

有机碳含量指岩石中所有有机质含有的碳元素的总和占岩石总重量的百分比。有机质含量与有机碳含量之间有一定的比例关系，即有机质含量＝有机碳含量×转换系数(K)。蒂索等人认为，不同类型干酪根在不同演化阶段的 K 值是不同的。

需要注意的是，由于岩石中的有机质经历了漫长的演化过程，部分有机质转化为油气并运移出去，实测的有机碳含量实质上是残余的有机碳含量。因发生转化部分只占有机质总量的很小比例，且碳又是有机质中占比例最大、最稳定的元素，因此可用剩余有机碳含量反映有机质的丰度。

关于烃源岩中有机碳含量的界线，国内外学者做了大量的工作。对泥质岩类烃源岩有机质含量下限值看法基本一致，一般认为约为 0.4%～0.6%。对于碳酸盐岩烃源岩的有机质丰度下限的标准认识不一。例如，Hunt(1979)认为，碳酸盐岩中有机质类型常较好，具有较强的生烃能力，0.3%的有机碳含量即可作为烃源岩；郝石生(1984)认为，成熟阶段的碳酸盐岩烃源岩下限值应取 0.3%～0.5%，随着成熟度的增加，下限值相应降低。

由此可见，烃源岩有机碳含量下限并无统一标准，在具体研究过程中，应针对研究对象的不同，制定适合于研究区实际的烃源岩划分标准。

同时，由于黏土岩类和碳酸盐岩类对有机质的吸附能力不同，以及碳酸盐岩的晶析作用和各种成岩作用导致有机质大量丢失，故此造成黏土岩类比碳酸盐岩类烃源岩剩余有机碳含量高，应采用不同的评价标准(表 2－7)。

表 2－7　根据有机碳含量划分泥质岩和碳酸盐岩烃源岩级别(据陈建平等，1996)

烃源岩级别 / 有机碳含量，% / 岩石类型	差	中等	好	非常好	极好
泥质岩	<0.5	0.5～1.0	1.0～2.0	2.0～4.0	>4.0
碳酸盐岩	<0.12	0.12～0.25	0.25～0.50	0.50～1.00	1.00～2.00

(二)有机质的类型

不同类型的有机质具有不同的生烃潜力,形成不同的产物。对烃源岩有机质的类型研究一般包括两个方面:干酪根类型和可溶有机质类型。关于干酪根类型,在本章第二节中已有描述,而烃源岩可溶有机质的族组分(饱和烃、芳香烃、非烃和沥青质)的相对含量是烃源岩有机母质性质和演化经历的反映,因此烃源岩中可溶抽提物族组成特征对划分有机质类型也有参考意义。

(三)有机质成熟度

有机质成熟度是指烃源岩中有机质的热演化程度,有机质只有达到一定的热演化程度才能开始大量生烃。勘探实践证明,只有在成熟烃源岩层分布区才有较高的油气勘探成功率。因此有机质成熟度评价不仅是烃源岩研究的一项主要内容,也是决定油气勘探成败的关键。目前用于评价烃源岩有机质成熟度的常规地球化学方法主要有镜质组反射率、热变指数、干酪根的元素组成、正构烷烃分布特征和奇偶优势比、时间—温度指数、岩石热解参数、可溶抽提物的化学组成特征等,以下仅介绍前四种。

1. 镜质组反射率 R_o

镜质组(Vitrinite)是一组富氧的显微组分,由同泥炭成因有关的腐殖质组成。煤岩学中,常用该指标确定煤的变质程度。自引入石油地质学领域以来,已成为确定有机质成熟度、划分油气形成阶段的有效指标之一。在有机质向油气演化的过程中,随着埋深的增加、温度的升高、作用时间的延长,烷基支链热解析出,芳环稠合出现微片状结构,随着芳香片间距逐渐缩小,反射率增大,且该趋势不可逆转。因此,镜质组反射率是一项研究烃源岩经历的时间—古地温史和衡量有机质成熟度的良好指标。

不同类型干酪根具有不同化学结构,达到各个演化阶段所需的地温条件不同,因此在应用镜质组反射率判断有机质的成熟度时,对不同类型的干酪根应有所区别(图 2-7)。一般而言,在生物化学生气阶段,镜质组反射率为低值(低于 0.5%);在热催化生油气阶段和热裂解生凝析气阶段,镜质组反射率约从 0.5%上升到 2%;至深部高温生气阶段,镜质组反射率继续增加。因此,测定烃源岩中有机质或煤夹层的镜质组反射率,可以预测油气的分布。

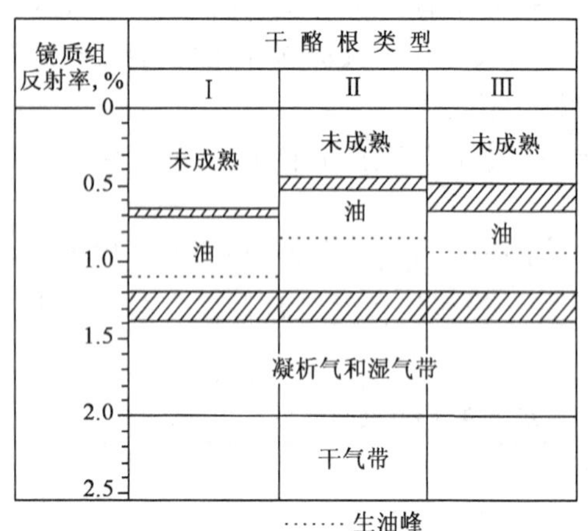

图 2-7 根据镜质组反射率确定的油和气带的近似界限(据 Tissot 等,1984)
根据时间—温度关系以及不同来源有机质的混合情况,界限可略有变化

2. 热变指数 TAI

由孢粉、藻类等直接形成的显微组分的颜色在热演化过程中发生有规律的变化,这种颜色上的变化可在显微镜下通过透射光观测并作为热演化标度。F. L. Staplin(1969,1974)按颜色变化确定了有机质的演化变质程度,提出了热变指数的 5 个级别:1 级——未变化,有机残渣呈黄色;2 级——轻微热变质,呈橘色;3 级——中等热变质,呈棕色或褐色;4 级——强变质,呈黑色;5 级——强烈热变质,除有机残渣呈黑色外,另有岩石变质现象。石油、湿气和凝析气生成阶段的热变质指数约介于 2.5~3.7 之间。

Chevron 石油公司的 TAI 标度与 Staplin 的有些差异。Chevron 石油公司的 TAI 标度范围值从 0(淡黄)到 4(黑),并且与镜质组反射率具有对应关系(表 2-8)。最易测定并且最重要的颜色变化是在 2.4 和 3.1 之间,对应于生油开始至生油高峰;在 TAI 低于 2.4 或高于 3.1 时,该方法无效。

表 2-8 Chevron 石油公司的 TAI 与镜质组反射率 R_o 间的近似关系

TAI	1.6	1.8	2.0	2.2	2.4	2.6	2.8	3.0	3.2	3.4	3.6	3.8	4.0
R_o,%	0.22	0.26	0.30	0.35	0.43	0.60	0.80	1.0	1.2	1.4	1.7	2.7	4.0

3. 干酪根的元素组成

在不同演化阶段,同一类型干酪根的元素组成将随着油气的生成而发生规律性变化,所以可利用干酪根元素组成的范氏图(图 2-2)大致确定干酪根的演化阶段。但是,在地质条件不同的地区,干酪根的类型会有区别,其热成熟特征可能出现于不同范围。因此,该方法在对同一研究层系有较多不同深度分析样品时效果最好。

4. 正构烷烃分布特征和奇偶优势比

由于有机质成熟转化是一个加氢裂解的过程,随着热演化作用的加强,碳链断裂,生成烃类的分子质量越来越小,正构烷烃的低碳数组分含量增高,正构烷烃分布曲线显示主峰碳碳数小、曲线平滑、尖峰特征明显,代表成熟度高。

岩石抽提物中奇、偶碳原子正构烷烃的相对丰度可用来粗略地估计原油的成熟度。它有两种表示方法。一种叫 CPI 值(碳优势指数),是以 $C_{29}H_{60}$ 为中心,将 $C_{24}H_{50}$ 到 $C_{34}H_{70}$ 的百分含量代入下式计算:

$$\mathrm{CPI}=\frac{1}{2}\left(\frac{\sum(C_{25}\sim C_{33})_{\text{奇数}}}{\sum(C_{24}\sim C_{32})_{\text{偶数}}}+\frac{\sum(C_{25}\sim C_{33})_{\text{奇数}}}{\sum(C_{26}\sim C_{34})_{\text{偶数}}}\right) \tag{2-3}$$

另一种表示方法是 OEP 值(奇偶优势比),是取主峰碳前后 5 个相邻之正构烷烃的重量分数,按下式计算:

$$\mathrm{OEP}=\left(\frac{C_i+6C_{i+2}+C_{i+4}}{4C_{i+1}+4C_{i+3}}\right)^{(-1)^{i+1}} \tag{2-4}$$

上述两类方法由于取值范围存在一定差异,可能导致计算结果存在一定差异。但是因其取值多在 $C_{23}\sim C_{34}$ 范围内,结果相差甚微,可以对比使用。

在近代沉积物中,奇数正构烷烃有明显优势,CPI 介于 2.4~5.5 之间。J. E. Cooper 和 E. E. Bray(1963)研究发现:脂肪酸的偶碳优势随着沉积物年龄和深度的增加而减弱,在油层水中脂肪酸则平滑分布(图 2-8);$C_{27}\sim C_{37}$ 正构烷烃的奇碳优势随着沉积物年龄和深度的增加而减弱,在石油中正烷烃平滑分布(图 2-9)。

脂肪酸偶碳优势的消失与正构烷烃奇碳优势的消失之间的并行,暗示沉积物中形成正构烷烃的过程同脂肪酸的演变有关。该过程可能同去羧基、加氢和降解等作用有关。随着埋藏深度加大,至热催化生油气阶段,干酪根热解产生没有奇碳(或偶碳)优势的正烷烃,CPI 值就从近代沉积物中 5.5 高值降低到主要生油带的 1.0 左右。一般认为,岩石有机抽提物中正构烷烃奇偶优势比<1.2,表示干酪根进入成熟阶段开始大量向石油转化。该项指标在鉴定黏土岩类烃源岩时效果较好,对碳酸盐岩则效果较差。

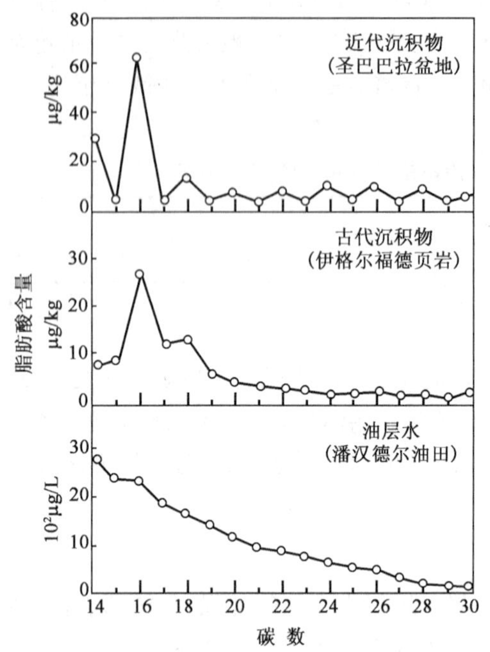

图 2-8 近代、古代沉积物和油层水中脂肪酸的分布
(据 J. E. Cooper 和 E. E. Bray,1963)

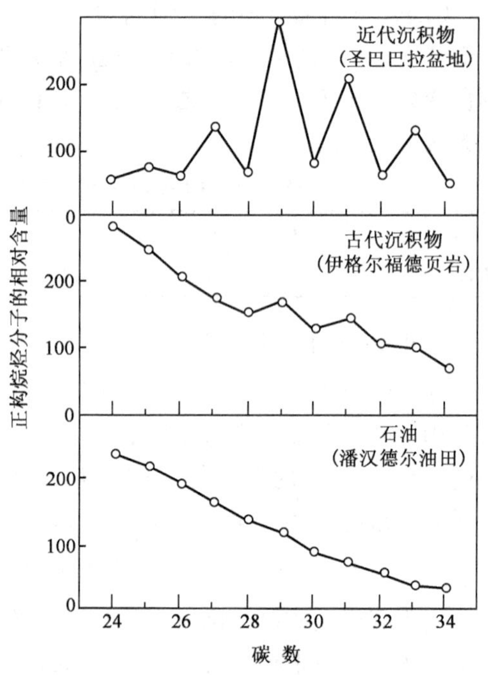

图 2-9 近代、古代沉积物和石油中正烷烃的分布
(据 J. E. Cooper 和 E. E. Bray,1963)

三、油源对比

来自同一烃源岩的油气在化学组成上具有相似性,相反,不同烃源岩生成的油气则表现出较大的差异。油源对比是指依据地质及地球化学特征,确定石油、烃源岩之间成因联系的工作。油源对比包括两个方面:油(气)与烃源岩之间成因关系对比、不同油气层之间成因关系对比。通过油源对比,可以搞清含油气盆地中石油、天然气与烃源岩层之间的成因联系;判断油气运移的方向、距离以及油气的次生变化;圈定可靠的油源区,确定勘探目标,有效地指导油气勘探和开发工作。

在进行油源对比时,选择合适的对比指标是对比的关键和成功的保证。通常把原油和烃源岩共同含有,且不受运移、热变质作用影响的特征化合物及含量比值称为“油源对比指标”。目前所用的方法主要有正构烷烃碳数分布特征、生物标志化合物组成特征和稳定碳同位素组成特征分析。除此之外,在进行油源对比时还应注意,油气在运移过程中,没有或很少有来自不同烃源岩层的油气混杂,这是进行油源对比的前提条件。

(一)应用正构烷烃分布特征进行油源对比

正构烷烃是油气的主要烃类组成,其组成和分布特征受有机质来源(母质类型)、有机质演化程度等多种因素的影响。根据正构烷烃气相色谱图计算单个组分的百分含量,以碳数为横坐标,以百分含量为纵坐标,绘出碳数分布曲线图。一般认为,如果原油与烃源岩有亲缘关系,那么它们的正构烷烃分布特征(碳数分布范围、主峰碳数,特别是碳数分布形式等)应具有相似性。

图 2-10 为塔中地区烃源岩及原油样品色谱分析结果,由图 2-10(c)可以看出,油样 1 和

油样 2 的正构烷烃碳数分布呈现相似的特征：主峰碳为 C_{15} 和 C_{17}，具明显的奇碳优势，这些原油的碳数分布特征与上奥陶统烃源岩的分布形式相同[图 2 - 10(a)]，两者具有良好的亲缘关系，说明该原油来自上奥陶统烃源岩；油样 3 和油样 4 的正构烷烃具一定程度的偶碳优势，正构烷烃碳数分布比较均匀，主峰碳 C_{18} 和 C_{20} 相对靠后[图 2 - 10(d)]，表明其成熟度较高，其碳数分布特征与寒武系—下奥陶统烃源岩的分布形式相近[图 2 - 10(b)]，两者具有较好的亲缘关系。

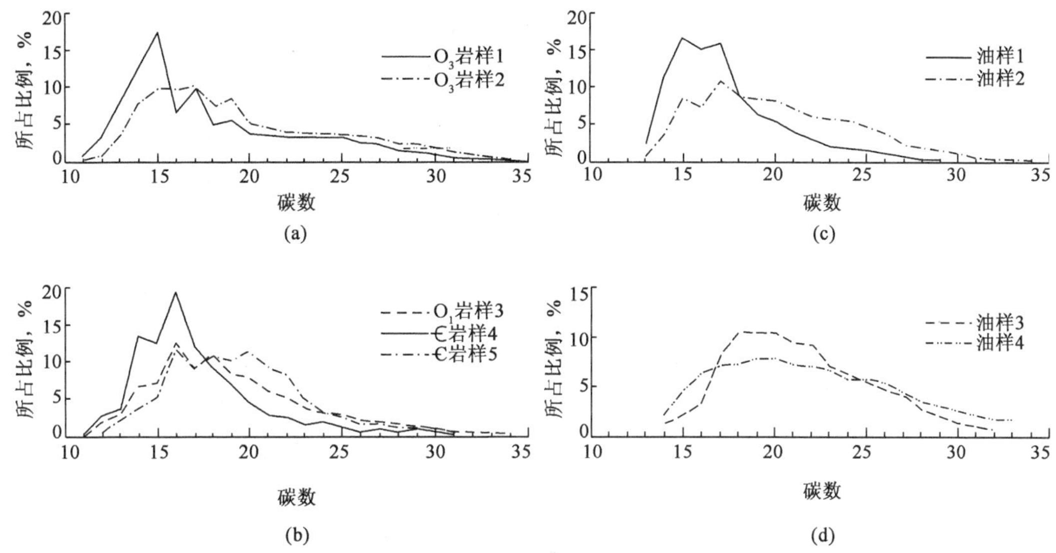

图 2 - 10　塔中地区烃源岩及原油正构烷烃分布对比(据罗宪婴等，2007，有修改)

我国酒泉盆地产自古近系与产自白垩系或变质的志留系的原油，在正构烷烃和异构烷烃分布上虽有一些差异，但形态基本相似。古近原油 OEP 值为 1.06，白垩系和志留系原油 OEP 值为 1.10；绝大部分原油和白垩系烃源岩样品，主峰碳数均为 C_{21}；原油孢粉中还有白垩纪属种。这些特征都表明上述原油的同源性质，都来自下白垩统新民堡群烃源岩(图 2 - 11)。

值得注意的是，正构烷烃对生物降解作用、热力作用极为敏感，并在一定程度上受运移作用影响，因此正构烷烃指标一般对低到中成熟度、生物降解不明显的原油有较好效果。

(二)应用生物标志化合物进行油源对比

生物标志化合物是沉积物中的有机质以及原油、油页岩和煤中那些来源于活的生物体，在有机质演化过程中具有一定稳定性，没有或很少发生变化，基本保存了原始生物化学组分的碳骨架，记载了原始生物母质特殊分子结构信息的有机化合物，也称为分子化石。生物标志化合物的类型繁多，这里主要介绍异戊间二烯型烷烃。

异戊间二烯型烷烃是一组由叶绿素的侧链植醇或类脂化合物衍生的异构烷烃化合物，在结构上有规则地每隔三个次甲基出现一个甲基侧链，很像是由若干个异戊间二烯分子加氢缩合而成，故称异戊间二烯型烷烃。20 世纪 60 年代以来，在原油和沉积物中陆续发现了 C_9 ～ C_{25} 异戊间二烯型烷烃，其中的姥鲛烷(2,6,10,14 -四甲基十五烷)、植烷(2,6,10,14 -四甲基十六烷)最丰富且最稳定。

异戊间二烯型烷烃几乎在每个原油与烃源岩抽提物中都出现，尽管其含量不及正构烷烃

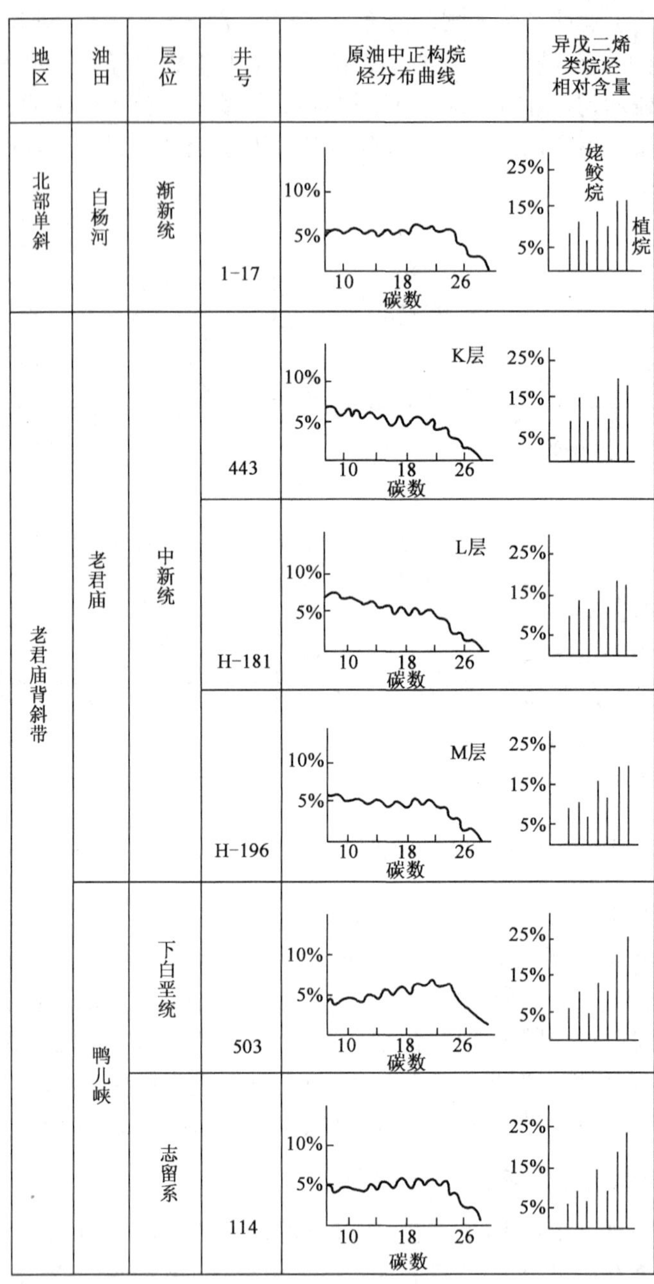

图 2-11　酒泉盆地油源对比

(据玉门油矿石油勘探开发研究院，1978)

高，但因其结构比较稳定，能更好地抵抗微生物的降解，因此是一类重要的对比参数。

Welte 在德国北部盆地利用 6 个样品中的异戊间二烯型烷烃相对分布作了对比图(图 2-12)。由图中可以看出，可以认出 2～3 个油源，We45、WeN8 和 HQM10 三个油样“指纹”特征相近，其油源属侏罗系道格统烃源岩层；We18、Ne57 两个油样特征相近，油源属侏罗系里阿斯统烃源岩层；We69 可能另有油源。

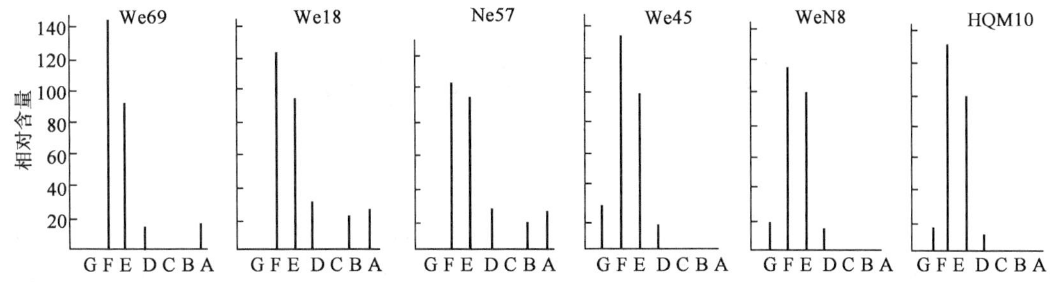

图 2－12 德国北部盆地原油异戊间二烯型烷烃“指纹”(据 Welte 等,1975)

A—2,6,10－三甲基十二烷(法呢烷);B—2,6,10－三甲基十三烷;C—2,6,10－三甲基十四烷;D—2,6,10－三甲基十五烷;E—2,6,10,14－四甲基十五烷(姥鲛烷);F—2,6,10,14－四甲基十六烷(植烷);G—2,6,10,14－S四甲基十七烷

思 考 题

1.油气成因两大学派的根本分歧是什么?两者各自主要观点有哪些?简述油气的成因、主要依据及学派。

2.何谓沉积有机质?沉积物(岩)中有机质数量取决于哪些因素?

3.何谓干酪根?简述干酪根的化学分类及主要特征。

4.影响油气生成的主要因素有哪些?它们是如何影响油气生成的?

5.有机质向油气转化的全过程可以分成哪几个阶段?各阶段有哪些特征?

6.何谓生油门限、生油窗、有机质成熟度?

7.何谓烃源岩、烃源岩系?从哪些方面开展对烃源岩的地质及地球化学特征研究?

8.何谓油源对比?油源对比的基本原理和目的是什么?

第三章　储集层和盖层

从理论上讲，任何岩石都可以作为油气储集层，在组成地壳的沉积岩、岩浆岩和变质岩中都已发现有油气田，但99%以上的油气储量集中在沉积岩中，其中又以砂岩和碳酸盐岩为主。这些具有一定储集空间，能够储存和渗滤流体的岩石均称为储集岩。由储集岩所构成的地层称为储集层，简称储层。若储层中含有工业价值的油、气流，则称为油层、气层或油气层。油气层是油气藏的核心。

覆盖在储层之上，能够阻止油气向上运动的细粒、致密岩层称为盖层。盖层之所以能够封盖油气，是由于它们具备相对低的孔隙度和渗透率。盖层的类型、分布范围对油气聚集和保存有重要的控制作用。

第一节　储集岩的性质

一、储集岩的物性特征

储集岩必备的两个特性为孔隙性和渗透性。孔隙性即岩石具备由各种孔隙、孔洞、裂隙及各种成岩缝所形成的储集空间，能储存流体；渗透性即在一定压差下流体可在其中流动。岩石孔隙性的好坏直接决定岩层储存油气的数量，渗透性的好坏则控制了储层内所含油气的产能，孔隙性、渗透性的好坏通常用孔隙度和渗透率表示，而流体饱和度是反映储层有效性和油气储量计算的重要参数之一。

(一)孔隙度

孔隙度反映岩石中孔隙的发育程度，是指孔隙体积占储集岩石总体积的百分比。这里的孔隙是指岩石中的空隙空间，包括孔隙(狭义)、溶洞和裂缝。其中，狭义的孔隙是指颗粒(晶粒)间、颗粒(晶粒)内和填隙物内的空隙。

1.孔隙的类型

根据岩石中的孔隙大小及其对流体作用的不同，可将孔隙划分为三种类型：

(1)超毛细管孔隙：孔隙直径>0.5mm，或裂缝宽度>0.25mm。在自然条件下，流体在其中可以自由流动，服从静水力学的一般规律。岩石中一些大的裂缝、溶洞及未胶结或胶结疏松的砂层孔隙大部分属于此类型。

(2)毛细管孔隙：孔隙直径介于0.5～0.0002mm之间，或裂缝宽度介于0.25～0.0001mm之间。流体在这种孔隙中，由于受毛细管力的作用，已不能自由流动，只有在外力大于毛细管阻力的情况下，流体才能在其中流动。微裂缝和一般砂岩中的孔隙多属于这种类型。

(3)微毛细管孔隙：孔隙直径<0.0002mm，或裂缝宽度<0.0001mm。在这种孔隙中，由于流体与周围介质分子之间的巨大引力，在通常温度和压力条件下，流体在其中不能流动；增加温度和压力，也只能引起流体呈分子或分子团状态扩散。黏土岩中的一些孔隙即属此类型。

依据孔隙相互之间的关系，将孔隙划分为相互连通的孔隙和孤立的孔隙。

由上可知，岩石中的孔隙按其对流体渗流的影响可分为两类，即有效孔隙和无效孔隙。其中，有效孔隙为连通的毛细管孔隙和超毛细管孔隙，而无效孔隙有两种，一为微毛细管孔隙，二为死孔隙或孤立的孔隙。

2. 孔隙度的类型

根据孔隙的大小和连通情况，将孔隙度分为总孔隙度和有效孔隙度两类。

(1)总孔隙度或绝对孔隙度：岩样中所有孔隙体积之和与岩样总体积的比值，称为总孔隙度(率)或绝对孔隙度。储集岩的总孔隙度越大，说明岩石中孔隙空间越大。

(2)有效孔隙度或连通孔隙度：有效孔隙度(率)是指岩样中能够储集和渗滤流体的连通孔隙体积(有效孔隙体积)与岩样总体积的比值。在生产实践中，连通孔隙才具有实际意义，不包括那些孤立的孔隙(图 3-1)和微毛细管孔隙。

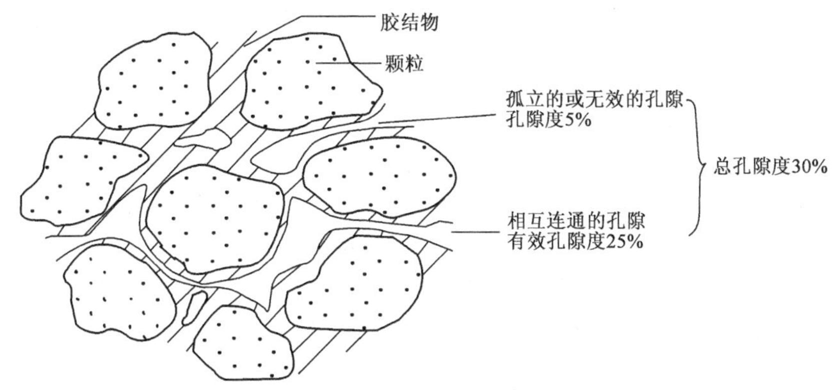

图 3-1　净砂岩的连通孔隙度、孤立孔隙度和总孔隙度示意图

对同一岩样来说，在相同条件下，总孔隙度大于有效孔隙度。对于未胶结的砂层和胶结不甚致密的砂岩，两者相差不大；而对于胶结致密的砂岩或碳酸盐岩，两者会有很大差别。在储层评价及储量计算时，一般采用有效孔隙度(率)作为标准，习惯上简称为孔隙度。储集岩的孔隙度一般在 20%～30%，但也有一些如石灰岩裂缝型储层孔隙度可以达到 70%，孔隙度也可以小于 5%。

(二)渗透率

在一定压力差下，岩石本身允许流体通过的能力称为岩石的渗透性。渗透性的好坏是以渗透率的大小来表示的。渗透率分为绝对渗透率、有效渗透率和相对渗透率。

1. 绝对渗透率

当单相流体通过孔隙介质呈层状流动时，单位时间内通过岩石截面积的液体流量与压力差和截面积的大小成正比，与液体通过岩石的长度以及液体的黏度成反比(图 3-2)：

$$Q = \frac{K(p_1 - p_2)F}{\mu L} \qquad (3-1)$$

式中　Q——单位时间内流体通过岩石的流量，cm^3/s；

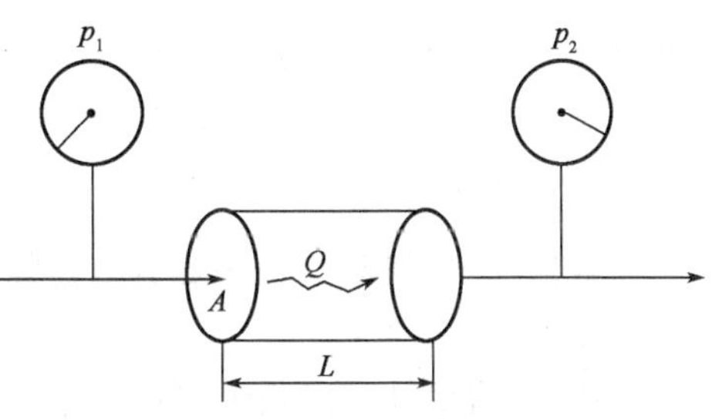

图 3-2　实验室测量渗透率的基本装置示意图

F——液体通过岩石的截面积，cm^2；

μ——液体的黏度，mPa·s；

L——岩石的长度，cm；

p_1-p_2——液体通过岩石前后的压差，MPa；

K——岩石的渗透率，D(达西)，国际标准中渗透率的计量单位为 $10^{-3}\mu m^2$，$1mD=1\times 10^{-3}\mu m^2$。

岩石的绝对渗透率是指岩石孔隙中只有一种流体(单相)存在，流体不与岩石起任何物理和化学反应，且流体的流动符合达西直线渗滤定律时，所测得的渗透率。

对液体来说，渗透率的计算公式为：

$$K=\frac{Q\mu L}{(p_1-p_2)F} \tag{3-2}$$

由达西定律可知：当 p_1、p_2、F、L、μ 均为常数时，流量与渗透率 K 成正比，即流体通过的量取决于岩石本身使流体通过的能力。

2. 有效渗透率

在自然界实际储集岩内，孔隙中流体往往不是单相，而是油、水两相或油、气、水三相并存。在此情况下，各相之间彼此干扰，岩石对其中每相流体的渗滤作用与单相流有很大差别。为了与绝对渗透率区别，人们提出了有效渗透率和相对渗透率的概念。

有效渗透率又称为相渗透率，是指在多相流体存在时，岩石对其中每相流体的渗透率。油、气、水的相渗透率分别用符号 K_o、K_g、K_w来表示。岩石对每一相流体的有效渗透率小于该岩石的绝对渗透率。

3. 相对渗透率

有效渗透率不仅与岩石的性质有关，也与其中流体的性质和它们的数量比例有关。在实际应用中常采用有效渗透率与绝对渗透率之比值，称相对渗透率。

油、气、水的相对渗透率分别为 K_o/K(记为 K_{ro})、K_g/K(记为 K_{rg})、K_w/K(记为 K_{rw})。

实验证明：有效渗透率和相对渗透率不仅与岩石性质有关，而且与流体的性质和饱和度关系密切，随着该相流体饱和度的增加，其有效渗透率和相对渗透率均增加，直到全部为某种单相流体所饱和(图 3-3)，其有效渗透率等于绝对渗透率，相对渗透率等于 1。相反，随着该相流体在岩石孔隙中的含量逐渐减少，有效渗透率则逐渐降低，直到某一极限含量，该相流体停止流动。

如果岩样不均匀，取心的方向不同，相对渗透率曲线也不同(图 3-3)。这是因为渗透率是一个向量，从不同方向测得的岩石渗透率是不同的。按渗流方向与地层层理面的关系，可将渗透率分为垂直渗透率与水平渗透率。垂直渗透率反映地层纵向的渗透性，水平渗透率反映了流体顺层渗滤的能力。渗透率的方向性对指导开发十分重要。

4. 孔隙度与渗透率的关系

一般情况下，绝对渗透率随有效孔隙度的增大而增大，但视岩性、孔隙类型的不同而不同(图 3-4)。

碎屑岩：有效孔隙度与绝对渗透率有较好的正相关关系。

碳酸盐岩：对于一些裂缝发育的泥灰岩、致密石灰岩储层等，裂缝对渗透率的影响大，所

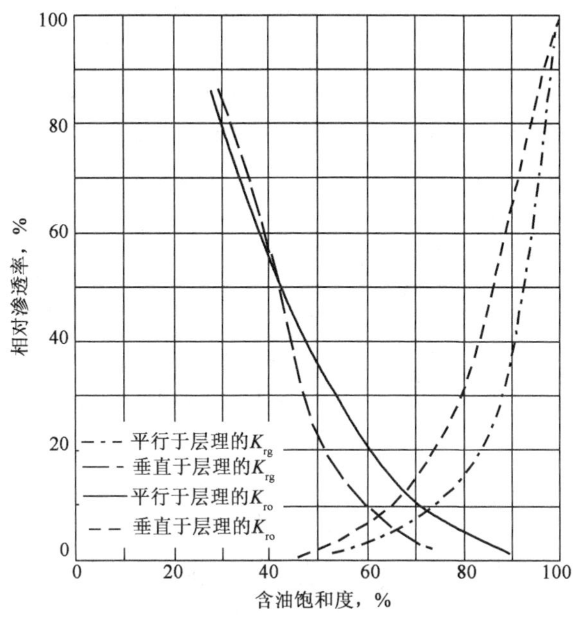

图 3-3　各相异性对相对渗透率的影响(据 Luca Cosentino,2001)

以,虽然实验室分析孔隙度很低,只有 5%～6%,但渗透率却很高。部分生物灰岩等,发育粒内溶孔或体腔孔隙,但孔隙连通性差或喉道细小,往往表现为高孔、低渗(图 3-4)。对于以粒间孔隙为主、洞缝不发育的颗粒灰岩,与碎屑岩具有相似的规律,渗透率随着有效孔隙度的增加而有规律地增加(图 3-5)。

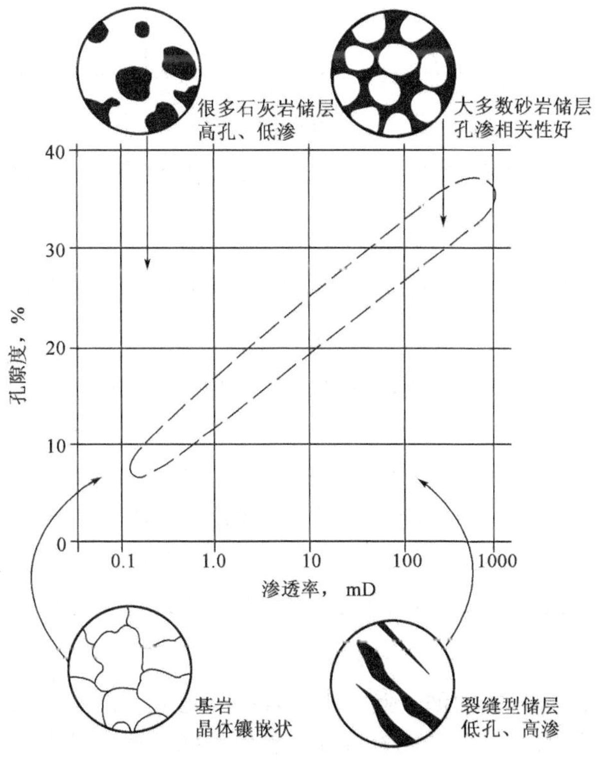

图 3-4　不同储层孔隙度与渗透率的关系图(黑色为孔隙)

岩浆岩、变质岩：储集空间以溶蚀孔、裂缝为主，裂缝的影响较大，孔隙度与渗透率两者相关性差。如果裂缝发育，则渗透率很高；如果裂缝不发育，则为特低孔渗性储层。

孔隙和喉道的不同配置关系，也可以使储层呈现不同的性质。在有效孔隙度相同的条件下，孔隙直径小的岩石比直径大的岩石渗透率低；孔隙形状复杂的岩石比孔隙形状简单的岩石渗透率低。

总之，岩石的孔隙度与渗透率之间有一定的内在联系（图 3－4），但没有严格的函数关系。一般来说，有效孔隙度大，则绝对渗透率也高（图 3－5）。

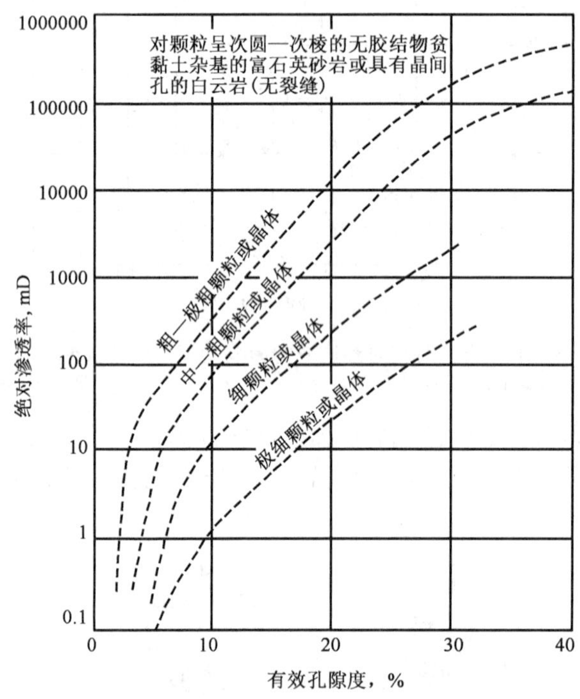

图 3－5　有效孔隙度和绝对渗透率的关系（据 Coalson 等，1990）

（三）流体饱和度

流体饱和度是油气储量计算中的重要参数之一，也关系到流体流动机理和油田生产动态。

1. 流体饱和度的概念

储集岩孔隙空间中，一般为水和烃类等流体所占据。油、气、水在储集岩孔隙中的含量分别占总孔隙体积的百分数称为油、气、水的饱和度，分别用 S_o、S_w、S_g 表示。

若油层中含油、水两相，则 $S_o+S_w=1$；若油层中含油、气、水三相，则 $S_o+S_w+S_g=1$。

在油气藏投入开发之前，所测定的储集岩的流体饱和度称为原始含油饱和度、原始含气饱和度、原始含水饱和度，是储量计算最重要的参数。在开发阶段所测定的流体饱和度，称为目前含油饱和度、目前含气饱和度、目前含水饱和度，是开发方案调整的重要参数。

2. 束缚水饱和度

从油气运移的角度考虑，任何油气储层中均含有一定数量的不可动水，即通常所指的“束缚水”或“残余水”。束缚水主要有亲水岩石颗粒表面的薄膜滞水及微毛细管孔隙中的毛细管滞水等，相应的饱和度称为束缚水饱和度，用符号 S_{wc} 表示。

储集岩孔隙结构、泥质含量和流体性质是影响束缚水的重要因素。岩石的孔隙越小，泥质含量越高，连通性越差，微毛细管孔隙越发育，则渗透性越差，束缚水饱和度越高；水对岩石的润湿性越好，油水界面张力越大，则岩石的束缚水饱和度越高。

二、储集岩的孔隙结构特征

岩石中未被颗粒、胶结物或杂基充填的空间称为岩石的孔隙空间。孔隙空间又可分为孔隙和喉道。一般可以将岩石颗粒包围着的较大空间称为孔隙，而仅仅在两个颗粒间连通的狭窄部分称为喉道。

孔隙结构就是指孔隙和喉道的几何形状、大小、分布及其相互连通的关系，是影响储集岩渗透能力的主要因素。流体沿着复杂的孔隙系统流动时，要经历一系列交替着的孔隙和喉道，会受到流体通道中最小的断面（即喉道直径）的控制。因此，喉道的形状、大小是渗透能力的主要控制因素。

（一）碎屑岩的孔隙和喉道类型

1. 孔隙类型

碎屑岩储集空间按形态分为孔、缝、洞三大类，按孔隙的成因分为原生孔隙和次生孔隙两大类（表 3－1）。

表 3－1　碎屑岩储层孔隙类型及其特征

类	亚类		空间大小	特征
原生孔隙	孔	粒间孔	＜2mm	原生粒间或残留孔隙
		粒内孔		岩屑粒内微孔、喷出岩岩屑内的气孔等、杂基内微孔
	缝	矿物解理缝、层间缝		
次生孔隙	孔	粒间溶孔	＜2mm	长石、岩屑等颗粒边缘、局部溶解
				如方解石等胶结物、黏土杂基局部溶解
		粒内溶孔		如长石、岩屑等粒内溶解
		超大孔		由胶结物及颗粒一起被溶解所致
		铸模孔		颗粒、晶体或生物屑溶解而保留外形
		晶间孔		晚期形成的高岭石、白云石等晶间的孔隙
	洞	溶洞	＞2mm	多与表生淋滤作用有关
	缝	收缩缝	＞0.01mm	成岩收缩作用
		成岩缝及其溶蚀		无方向性，缝细、延伸范围小
		构造缝及其溶蚀		平整延伸，组系分明，相互切割

1）原生孔隙

原生孔隙是沉积岩经受沉积和压实作用后保存下来的孔隙空间，包括粒间孔隙、矿物解理缝、层理层间缝等（图 3－6），以粒间孔隙为主。

2）次生孔隙

次生孔隙是指沉积作用过程之后，岩石成岩作用中受构造挤压或地层水循环作用而形成的孔隙，包括颗粒及粒内溶孔、粒间溶孔、铸模孔、超粒孔、晶间孔等。广义的次生孔隙还包括裂缝，如构造裂缝、成岩裂缝、溶洞等。

次生孔隙一般较大，在形态和分布上比原生孔隙更无规律。在显微镜下，识别次生孔隙的岩石学特征包括部分溶解作用、铸模、不均一填集、特大孔隙、伸长状孔隙、溶蚀的颗粒边缘、组分内孔隙、破裂的颗粒等(图 3-7)。

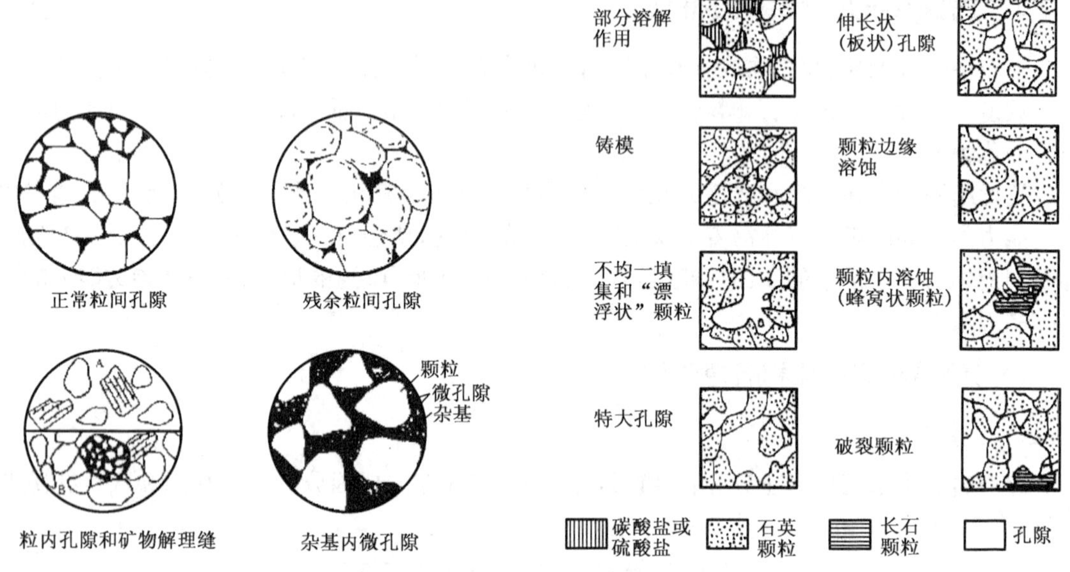

图 3-6 碎屑岩原生孔隙类型

图 3-7 鉴别砂岩次生孔隙的岩石学标志(据 Schmidit 等，1979)

碎屑岩储集空间以粒间孔隙为主(包括原生粒间孔隙和次生粒间孔隙)，其他类型的孔隙相对较少，但在有的储集岩中可成为主要储集空间。

2. 喉道类型

喉道的大小及形态主要取决于颗粒的接触类型和胶结类型，以及砂岩颗粒本身的形状、大小、圆度等。在具有不同接触类型和胶结类型的砂岩中，常见以下四种孔隙喉道类型：

(1)喉道是孔隙的缩小部分[图 3-8(a)]：在粒间孔隙或扩大粒间孔隙为主的砂岩储集岩中，孔隙与喉道难以区分，喉道仅仅是孔隙的缩小部分。这种喉道常见于颗粒支撑、飘浮状颗粒接触以及无胶结物式岩石类型。此类孔隙结构孔隙大、喉道粗，孔喉直径比接近于 1∶1。

(2)可变断面收缩部分是喉道[图 3-8(b)]：当砂岩颗粒被压实而排列比较紧密时，虽然其保留下来的孔隙还是比较大的，然而由于颗粒排列紧密，喉道大大变窄。储集岩孔隙度较高，但渗透率很低。这种喉道属于孔隙大(或较大)、喉道细的类型，孔喉直径比很大。岩石的孔隙有的是无效的。这种喉道常见于颗粒支撑、接触式、点接触类型。

(3)片状(或弯片状)喉道[图 3-8(c)、(d)]：当砂岩进一步压实或者压溶作用使晶体再生长时，其再生长边之间包围的孔隙变得较小，一般是四面体或多面体形。这些孔隙相互连通的喉道就是晶体之间的晶间隙。这种晶间隙视颗粒形状的不同又可分为片状的和弯片状的，其有效张开宽度很小，一般小于 1μm，个别的有几十微米。此类结构的孔隙很小，喉道极细，常见于线接触、凹凸接触式类型。

(4)管束状喉道[图 3-8(e)]：当杂基及各种胶结物含量较高时，原生的粒间孔隙有时可以完全被堵塞。在杂基及胶结物中的许多微孔隙本身既是孔隙又是连通通道。这些微孔隙像

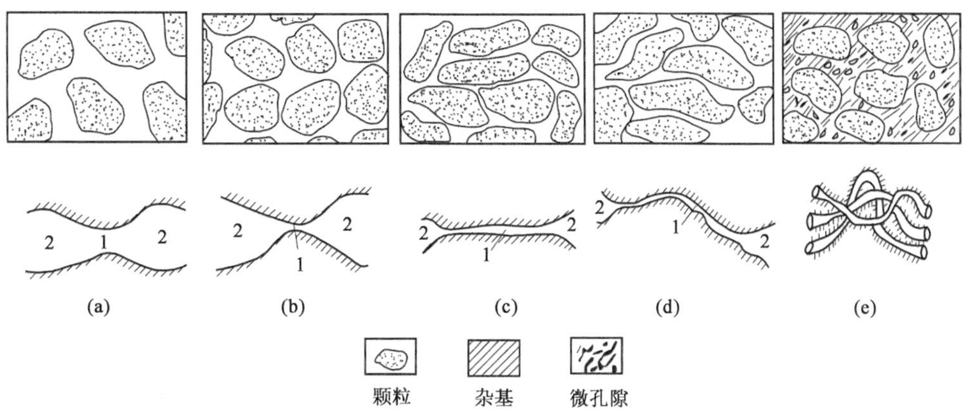

图 3-8　喉道的类型(据罗蛰潭,1986)

(a)喉道是孔隙的缩小部分;(b)可变断面收缩部分是喉道;(c)片状喉道;(d)弯片状喉道;(e)管束状喉道;1—喉道;2—孔隙

一支支微毛细管交叉地分布在杂基及胶结物中。这种结构孔隙度较低,渗透率则极低,常见于杂基支撑、基底式及孔隙式、缝合接触式类型中。

3. 喉道与孔隙的配置关系

喉道与孔隙的不同配置关系,可以使储层呈现不同的性质。例如,以喉道较粗和孔隙直径较大为特征的储层,一般表现为孔隙度大、渗透率高;以喉道较粗、孔隙较上类偏小为特征的储层,一般表现为孔隙度低—中等、渗透率偏低—中等;以喉道较上两类细小、孔隙粗大为特征的储层,一般表现为孔隙度中等、渗透率低;以喉道细小、孔隙亦细小为特征的储层,孔隙度及渗透率均低。

(二)碳酸盐岩的孔隙和喉道类型

1. 孔隙类型

碳酸盐岩的储集空间,通常分为孔隙、溶洞和裂缝三类。与砂岩储层相比,碳酸盐储层储集空间类型多、次生变化大,具有更大的复杂性和多样性。

Choquette 和 Pray(1970)按受组构控制及不受组构控制两项关系划分为三大类型十五种孔隙(图 3-9)。

结合我国普遍应用的孔隙类型的形态及成因分类,可将孔隙类型分为原生孔隙和次生孔隙两大类(表 3-2)。

表 3-2　碳酸盐岩储层孔隙类型表

类		亚　类	常见岩石类型
原生孔隙	孔	粒间孔隙	颗粒灰岩
		粒内孔隙	生物灰岩、鲕粒灰岩
		生物骨架孔隙	生物礁灰岩
		晶间孔隙	结晶白云岩、石灰岩、白云化灰岩
		其他:生物钻孔孔隙、砾间孔隙、鸟眼孔隙	少见
	缝	矿物解理缝、收缩缝	各种岩石类型

续表

类		亚　类	常见岩石类型
次生孔隙	孔	粒内溶孔	颗粒灰岩、白云岩
		粒间(或晶间)溶孔	
		铸模孔(粒模、晶模、生物模)	
		晶间孔隙	结晶白云岩、石灰岩、白云化灰岩
		其他:窗格孔隙、岩溶角砾孔隙	少见
	洞	溶沟、溶洞、洞穴	各种岩石类型
	缝	古风化缝、成岩收缩缝、压溶缝、构造缝、区域裂缝	各种岩石类型

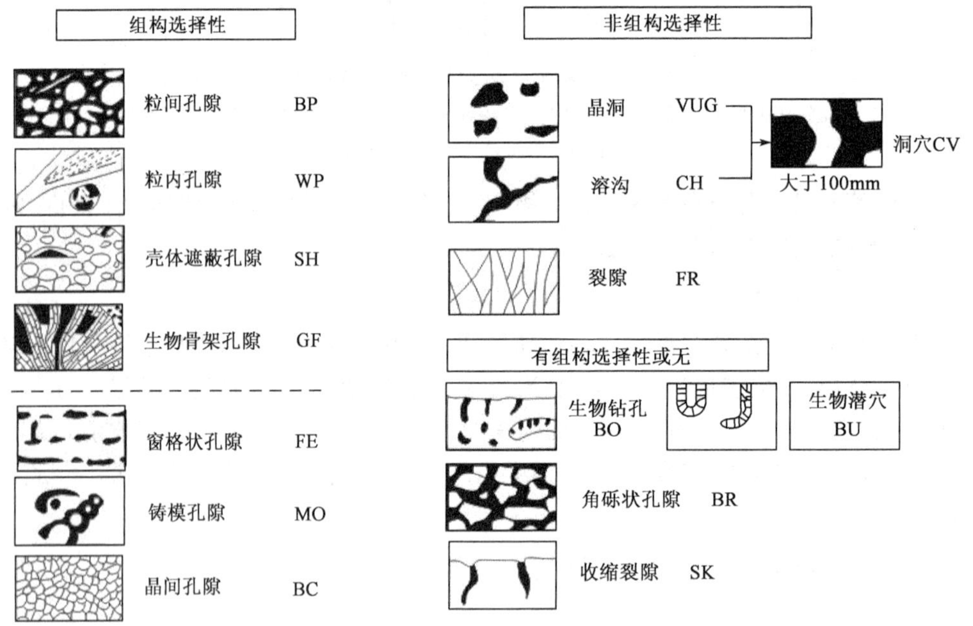

图 3-9　碳酸盐岩孔隙类型示意图(据 Choquette 和 Pray,1970,修改)
黑影部分代表孔隙

1)原生孔隙

碳酸盐岩原生孔隙类型包括粒间孔隙、粒内孔隙(生物体腔孔隙)、生物骨架孔隙、鸟眼孔隙和晶间孔隙等类型。

粒间孔隙是鲕粒灰岩、生物碎屑灰岩和内碎屑灰岩等颗粒灰岩常具有的孔隙类型,是在颗粒含量较高时(一般应大于 50%)碳酸盐岩颗粒之间相互支撑形成的。其特征与砂岩相似,孔隙度的大小与颗粒大小、分选程度、灰泥基质含量和亮晶胶结物的含量有密切关系,颗粒越粗,分选越好,灰泥含量越少,其孔隙度和渗透率越高。世界上有相当多的碳酸盐岩油气储层属于这种孔隙类型。

粒内孔隙是指碳酸盐颗粒内部的孔隙,生物灰岩常具有这种孔隙,故又称为生物体腔孔,如腹足类介壳的体腔孔隙。这种岩石的绝对孔隙度可以很高,但有效孔隙度不一定高,需有粒间孔隙或其他孔隙与之连通才比较有效。

生物骨架孔隙是原地生长的造礁生物(如群体珊瑚、层孔虫、海绵等)的骨架之间所留下的孔隙,孔隙形状随生物生长方式而异。各种生物礁灰岩均发育生物骨架孔隙,具有高孔隙度和渗透率。

晶间孔隙是指碳酸盐岩矿物晶体之间的孔隙。其孔隙大小与晶体粗细、晶体均匀程度及排列方式有关。如砂糖状白云岩，由于晶粒粗而均匀且排列不规则，因而具有较高的孔隙度；而颗粒细小的灰泥灰岩，虽然也有晶间孔隙，其数量也多，绝对孔隙度也大，但由于孔径太小，因此有效孔隙度极低。晶间孔隙可以是沉积时形成的，但更多的是在成岩后生阶段由于重结晶作用、白云岩化作用等形成的。

生物钻孔孔隙是由某些生物的钻孔所形成的孔隙，较为少见，常被充填。

鸟眼孔隙是一种透镜状或不规则状孔隙，常成群出现，平行于纹层或层面分布，多发育在潮上或潮间带，在成岩后期由气泡、干缩或藻席溶解而成，是网格状或窗孔状孔隙的一种类型。

2)溶蚀孔隙

溶蚀孔隙是碳酸盐矿物或伴生的其他易溶矿物被地下水、地表水溶解后形成的孔隙。溶蚀孔隙的类型包括粒内溶孔、粒间溶孔、铸模孔隙、溶沟、溶洞等。

溶洞是指溶解作用超出了原来颗粒的范围，不再受原来组构的控制，形成一些大小不等、形状不规则的洞穴。在溶孔或溶洞的内壁上，常沉淀有晶簇状的方解石或其他矿物的晶体，因此又称为晶洞孔隙。

3)裂缝

裂缝是碳酸盐岩中储集空间的一种重要类型，依据裂缝的成因划分为构造裂缝、成岩裂缝、风化缝等。

(1)构造裂缝：构造应力超过岩石弹性限度后破裂而成的裂缝，是最主要的裂缝类型。其特点是边缘平直，延伸较远，具有一定的方向和组系。

(2)成岩裂缝：由上覆岩层的压力和本身的失水收缩、干裂或重结晶等作用形成的裂缝。成岩裂缝的特点包括分布受层理限制、不穿层、多平行层面、缝面弯曲、形状不规则等。

成分不太均匀的石灰岩，在上覆地层静压力下，富含 CO_2 的地下水沿裂缝或层理流动，发生选择性溶解而形成压溶裂缝，如缝合线。

(3)风化淋滤裂缝：古风化壳上的碳酸盐岩，由于长期出露地表，遭受风化剥蚀和大气淡水淋滤，常形成发育的风化淋滤裂缝。此类裂缝形式多样，形状奇特，可呈漏斗状、蛇曲状、肠状、树枝状等形态，常与各种溶孔、溶洞相伴生。风化淋滤裂缝的发育分布与风化壳界面的深度有密切关系，在风化壳顶面以下一定深度范围，裂缝十分发育；当超过一定深度，其风化裂缝大为减少；而在风化壳顶面附近，由于土壤化，裂缝多被充填。

2. 喉道类型

碳酸盐岩储层中常见的喉道类型有三种(图 3－10)。

(1)管状喉道：孔隙与孔隙之间由细而长的管子相连，其断面接近圆形[图 3－10(a)]。如负鲕灰岩鲕粒内空间相互连通的通道即为此种类型。

(2)孔隙缩小部分成为喉道：孔隙与喉道无明显界限，扩大部分为孔隙，缩小的狭窄部分即为喉道[图 3－10(b)]。孔隙缩小部分是由孔隙内晶体生长，或其他充填物等各种原因形成。喉道与孔隙相比较，其直径(等效)相差不大。

(3)片状喉道：在白云岩或方解石晶体之间的缝隙一般为片状喉道。片状喉道连通着多面体或四面体孔隙[图 3－10(c)]。片状喉道一般很窄，只有几微米到十几微米，是碳酸盐岩中最常见的喉道类型。

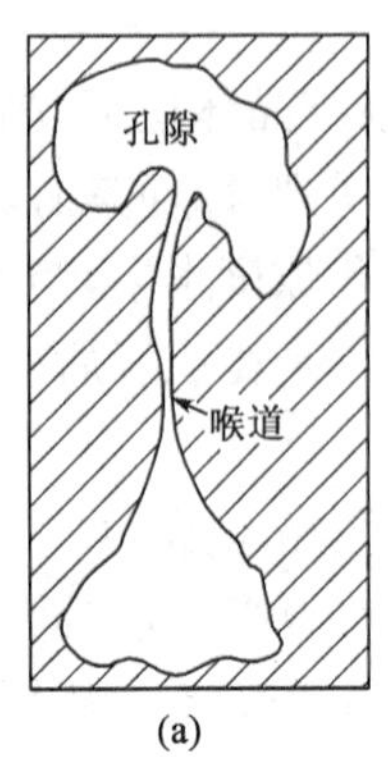

(a)

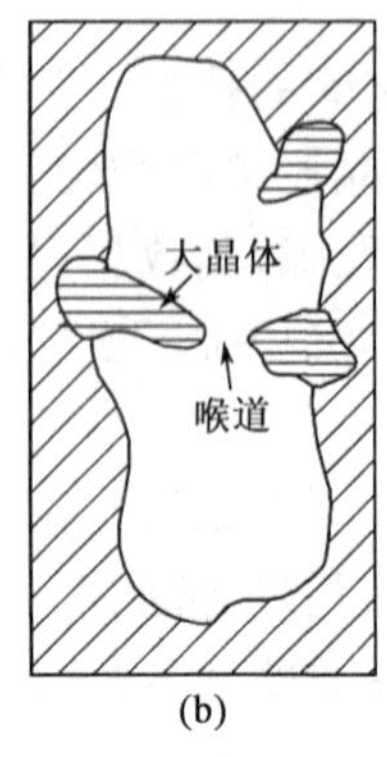

(b)

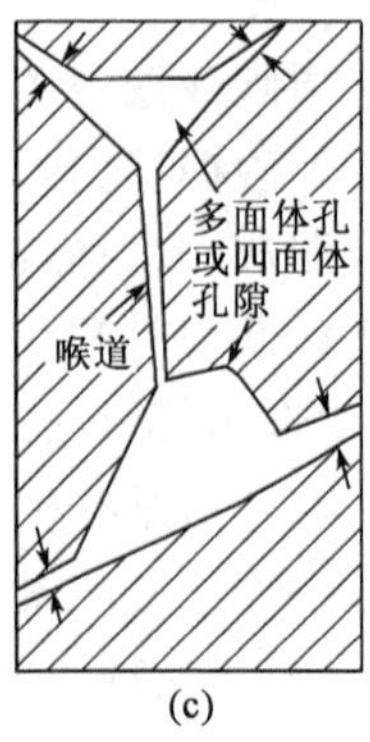

(c)

图 3-10　碳酸盐岩储层喉道类型

(三)压汞法研究储集岩的孔隙结构

测定孔隙结构的方法很多,有压汞法、孔隙铸体法、半渗透隔板法、离心机法、蒸气压力法等等。目前,我国主要采用压汞法,并取得了较好的效果。

1. 压汞法的基本原理及压汞曲线

压汞法的基本原理如下:

(1)对岩石而言,水银为非润湿相,欲使水银注入到岩石孔隙系统内,必须克服孔隙喉道所造成的毛细管阻力。因此,当求出与之平衡的毛细管力 p_c 和压入岩样内汞的体积,便能得到毛细管力和岩样中汞饱和度的关系。

(2)毛细管压力与孔隙喉道半径 R 成反比,即:

$$p_c=\frac{2\sigma\cos\theta}{R} \tag{3-3}$$

式中　p_c——毛细管力,MPa;

σ——水银的表面张力,10^{-3}N/cm;

θ——水银的润湿接触角,(°);

R——孔隙喉道半径,cm。

因此,根据注入水银的毛细管压力就可计算出相应的孔隙喉道半径值。

(3)水银饱和度值可以通过水银体积计算得到:

$$S_{Hg}=\frac{V_{Hg}}{\phi V_f} \tag{3-4}$$

式中　S_{Hg}——水银饱和度,%;

V_{Hg}——孔隙中所含水银的体积,cm³;

V_f——岩样的体积,cm³;

ϕ——岩样的孔隙度,%。

压汞曲线是根据实测的水银注入压力 p_c 与相应的岩样含水银体积 V_{Hg},并计算求得水银饱和度值 S_{Hg} 和孔隙喉道半径 R 之后,所绘制的毛细管压力、孔隙喉道半径与水银饱和度的关系曲线(图 3-11)。

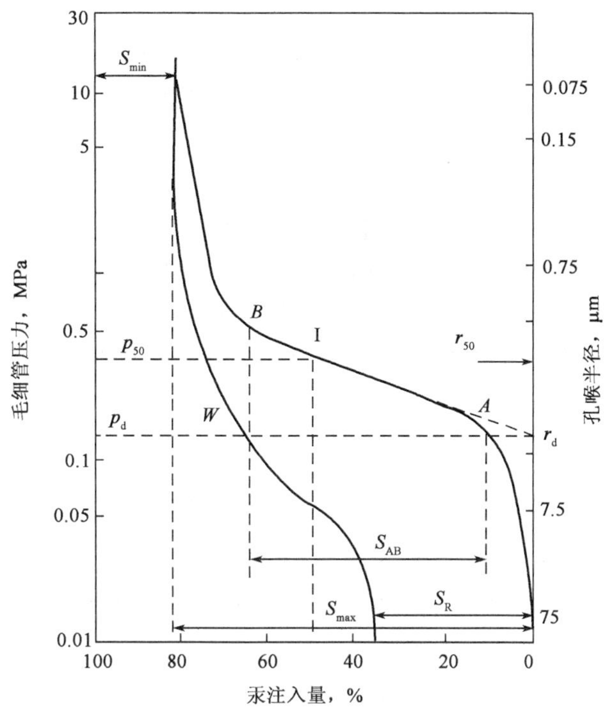

图 3-11 毛细管压力曲线特征

I—注入曲线；W—退出曲线

2. 孔隙结构参数

根据毛细管压力曲线可以求得排驱压力 p_d、最大连通孔喉半径 R_d、中值毛细管压力 p_{c50}、孔隙喉道半径中值 r_{50}、最小非饱和的孔隙体积百分数 S_{min} 等。

1）排驱压力 p_d 与最大连通孔喉半径 R_d

排驱压力是非润湿相流体连续地进入岩样驱替孔隙中的润湿相流体的压力，指孔喉系统中最大连通孔隙所对应的毛细管压力，即沿毛细管压力曲线的平坦部分作切线与纵轴相交的压力值，与之相对应的是最大连通孔喉半径 R_d。

排驱压力既反映了岩石孔隙喉道分布的集中程度，又反映了孔喉的绝对大小，因而是划分岩石储集性能好坏的主要指标之一。一般说来，孔隙度高、渗透率好的岩样，其排驱压力值就低。

2）饱和度中值毛细管压力 p_{c50} 与孔隙喉道半径中值 r_{50}

饱和度中值压力是指在注入非润湿相饱和度为 50%时对应的毛细管压力，与之相对应的是孔隙喉道半径中值 r_{50}。

饱和度中值压力是评价储层性能的重要参数，储层物性越好，p_{c50} 越低。p_{c50} 可以反映孔隙中油、水两相共存时油的产能大小。p_{c50} 越大，表明岩石越致密（偏向于细歪度），产出石油的能力越低；反之，岩石对石油的相对渗滤能力越好，产油能力越高。

3）最小非饱和的孔隙体积百分数 S_{min}

最小非饱和的孔隙体积百分数表示当注入水银的压力达到仪器的最高压力时，没有被水银侵入的孔隙体积百分数。理论上，最小非饱和的孔隙体积百分数越大，束缚孔隙越多，含油

饱和度 S_0 越低，孔隙结构越差。

该值的大小与实验仪器的最高压力、岩石的润湿性、岩石颗粒大小及均一程度、孔隙度、渗透率甚至胶结类型都有密切关系，不一定总是代表束缚水饱和度。

3. 孔隙喉道的频率分布直方图

在毛细管压力—饱和度曲线图中取一定间隔表示喉道大小，按每一间隔点作平行横线，横线与毛细管压力相交的饱和度减去前一段横线与毛细管压力相交的饱和度，即得到与该两条横线相间隔的孔隙喉道体积占总孔隙体积的百分数。根据所得数据，可绘制孔隙喉道的频率分布直方图、频率分布曲线(图 3－12)。孔隙喉道的频率分布直方图、频率分布曲线可以反映孔喉的大小和分布。孔喉半径越大，分布越集中，说明岩石孔隙结构越好。

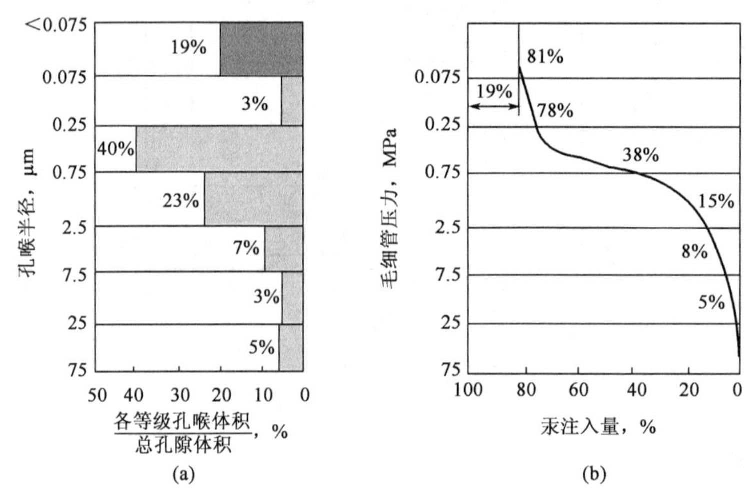

图 3－12　毛细管压力曲线与孔隙喉道分布直方图(a)、频率分布曲线(b)

4. 毛细管压力曲线形态

毛细管压力曲线是反映孔隙喉道分布的累积曲线。毛细管压力曲线呈单一台阶式、多台阶式或不规则形等多种形态，主要取决于歪度以及孔隙喉道的分选性两个因素(图 3－13)。

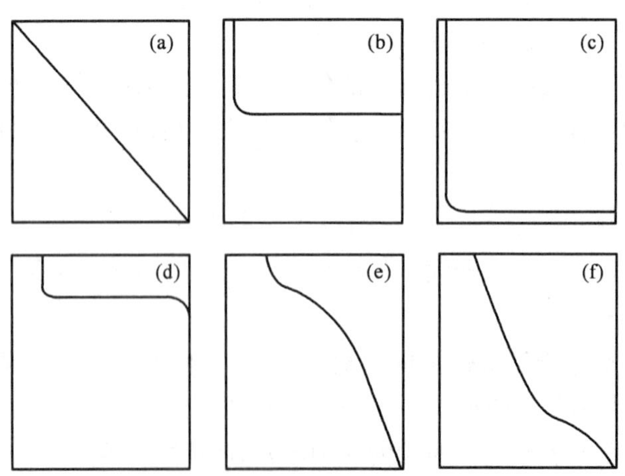

图 3－13　不同分选和歪度下毛细管压力曲线

(a)未分选；(b)分选好；(c)分选好，粗歪度；(d)分选好，细歪度；(e)分选差，略细歪度；(f)分选差，略粗歪度

歪度是指孔喉分布中以粗孔喉为主还是以细孔喉为主。偏于粗孔喉的称粗歪度，反之为细歪度。在储集岩中，粗歪度表明储集性好。孔喉的分选性表示孔喉大小分布的均一程度，岩石的分选性越好，岩石的孔隙结构越均匀，毛细管压力曲线平台就越平且长；岩石的分选差，则毛细管压力曲线呈斜线。

第二节　储集层的类型与演化

一、碎屑岩储层

碎屑岩储层主要包括各种砂岩、砂砾岩、砾岩、粉砂岩等碎屑岩，是世界油气田的主要储层类型之一。科威特的布尔干油田、俄罗斯的萨莫特洛尔油田以及美国阿拉斯加普鲁德霍湾油田等著名油气田的储层均为碎屑岩。我国的大庆、胜利、大港、克拉玛依等油田的储层均属于此类。

（一）碎屑岩储层类型及其特征

碎屑岩储层以砂岩为主，其次为砾岩等。碎屑岩储层的差异性、非均质性等特征在很大程度上归因于沉积环境的多样性。油气层形成的沉积环境可以从陆相冲积扇到深海浊积扇，形成的储集体主要有冲积扇砂砾岩体、河流砂岩体、三角洲砂岩体、滨浅湖相砂岩体、滨海砂岩体、浅海砂岩体、深水浊积砂岩体和风成砂岩体等类型。由于沉积条件的差异，各类砂岩体，在形态、规模、颗粒大小、矿物成分、分选和磨圆程度等方面，都存在较大差异，在储集物性方面差异也较大。表 3-3 概括了碎屑岩主要形成环境中的砂岩体特征及代表性油气田。

表 3-3　砂岩储层形成环境与基本特征

<table>
<tr><th>沉积体系</th><th colspan="2">砂体类型及特点</th><th>油田实例</th></tr>
<tr><td>冲积扇</td><td colspan="2">平面上呈扇形，剖面呈楔状或透镜状；颗粒粗、分选差；扇根和扇中储集性好；主槽、侧缘槽、辫流线和辫流岛渗透率较高</td><td>克拉玛依油田三叠系、大港枣园油田孔店组、胜利王家岗油田孔店组</td></tr>
<tr><td>河流</td><td colspan="2">分为曲流河、辫状河、顺直河和网状河四种类型。包括河道、心滩、边滩（点沙坝）、决口扇等砂体，剖面呈透镜状。河床砂体呈狭长不规则状，可分叉，剖面上平下凹，近河心厚度大；结构、粒度变化大；分选差。非均质性严重，孔渗性变化大，河道砂岩的原生孔隙发育、孔渗性较好</td><td>阿拉斯加普鲁霍湾油田二叠系、利比亚苏尔特盆地 Sarir 及 Messla 等油田白垩系、长庆油田侏罗系、渤海湾盆地新近系</td></tr>
<tr><td>风成砂</td><td colspan="2">沙丘和沙席砂体是砂质纯净、分选极好、磨圆好、以细—中粒砂岩为主。渗透性稳定，一般形成优质储层和区域性输导层。沙丘间为分选较差的砂岩、粉砂岩、泥岩、蒸发岩、石灰岩等</td><td>北海格罗宁根气田赤底统砂岩、美国阿拉巴马 MaryAnn 气田侏罗系 Norphlet 砂岩</td></tr>
<tr><td rowspan="5">湖泊</td><td>三角洲</td><td>分布在湖盆缓坡带，包括分流河道砂、河口沙坝、前缘席状砂等。平面上呈鸟足状、朵状。剖面透镜状，砂质纯净、分选好，物性好</td><td>中国大庆油田白垩系、胜利东营凹陷沙三段，美国犹他州 RedWash 油田古新统</td></tr>
<tr><td>滩坝</td><td>滩砂体层薄、席状，坝砂层厚、带状或透镜状，砂质纯净、分选好，物性好</td><td>胜利纯化油田沙四段、胜利王家岗油田沙四段</td></tr>
<tr><td>扇三角洲</td><td>湖盆陡岸，前缘水下辫状河道砂体发育，物性较好</td><td>辽河曙光油田沙四段</td></tr>
<tr><td>水下扇</td><td>发育在近岸陡坡带，以扇中辫状沟道、扇端席状砂为主</td><td>胜利渤南油田古近系等</td></tr>
<tr><td>浊积砂体</td><td>包括远岸浊积、断槽浊积、滑塌浊积等，砂体形态为扇形、带状、透镜状等</td><td>胜利梁家楼油田沙三段、胜利五号桩油田沙三段等</td></tr>
</table>

续表

沉积体系	砂体类型及特点	油田实例
三角洲	包括河道砂、分支河道砂、河口沙坝、前缘席状砂。三角洲前缘相带砂体发育。在不同动力作用下可呈鸟足状、朵状和弧形席状。砂质纯净、分选好，储集物性好	沙特阿拉伯 Safaniya 油田白垩系、科威特巴尔干白垩系、西西伯利亚乌连戈伊气田白垩系
滨海	包括超覆与退覆砂岩体、滨海沙堤、潮道砂砂体。成分和结构成熟度高，分选和磨圆好，储集物性好。滨海沙堤狭长，平行于海岸线，剖面透镜状，底平顶凸，分选好，储集物性好	东得克萨斯油田古新统 Frio 砂岩、圣胡安盆地 Bisti 油田
深水海底扇	主水道、辫状水道砂体发育。成分和结构成熟度差、分选差。储集物性变化大	英国北海盆地 Forties 油田古新统、洛杉矶盆地中新统

世界上产油最多的砂岩储集体是三角洲分流河道和河口坝砂体，往往多期叠加，纵向厚度大，其次是滨浅海相砂体，海底扇是有巨大潜力但未充分勘探的一种储集类型。

我国主要含油气盆地的碎屑岩储层多为陆相，绝大部分属浅湖相、滨湖相、河流相、(扇)三角洲相及半深湖—深湖相浊积扇相等沉积(表 3 - 4)。与海相盆地相比，陆相盆地具有物源多、沉积体系多、砂岩体类型多、各相带大致呈环形分布等特点。纵向上，不同时期、不同成因的砂岩体相互叠加。因此，对砂岩体的岩性、岩相、厚度、几何形态及古地理恢复等研究尤为重要。

表 3 - 4　我国主要含油气盆地碎屑岩储层的岩相特征(据张厚福，1999)

盆　地	主要碎屑岩储层时代	岩相特征
松辽盆地	下白垩统	浅湖相、三角洲相
济阳坳陷	古近系沙河街组	浅湖相、三角洲相
黄骅坳陷	古近系沙河街组	沿岸沙堤、三角洲相
四川盆地	中侏罗统自流群凉高山组	浅湖相
鄂尔多斯盆地	下侏罗统延安组	河流三角洲相、滨湖相
准噶尔盆地	上三叠统、中侏罗统	冲积扇、河流三角洲
吐哈盆地	中侏罗统	辫状河三角洲相、冲积扇
酒泉盆地	新近系白杨河群	滨浅湖相
柴达木盆地	中新统—上新统	三角洲相、河流相
塔里木盆地	石炭系、三叠系、侏罗系	滨海相、潮滩、三角洲、河流相、滨湖相

(二)碎屑岩储集物性的影响因素

碎屑岩是由成分复杂的矿物碎屑、岩石碎屑和一定数量的胶结物所组成，储集空间以原生粒间孔隙为主。这类储层的储集性质好坏主要取决于沉积环境、成岩作用、成岩环境等因素。

1. 沉积环境

不同的岩石类型有不同的成分、结构和构造特征，对储集物性的影响不同。

1)矿物成分

碎屑岩最常见的颗粒有石英、长石、岩屑、云母及重矿物。石英和长石的含量对储集性质的影响最显著，一般石英砂岩比长石砂岩的物性好。石英是最稳定的矿物之一，是经历了较长搬运距离的砂岩的主要成分，形成成熟度高、“纯净”的优质砂岩储层。

2)碎屑颗粒的粒度和分选程度

搬运距离及能量决定了沉积颗粒的大小、形状和分选程度。分选程度是控制孔隙度等特性的一个重要参数。图 3－14 给出了分选程度对储层质量的影响。分选差的沉积物颗粒大小相差很大，形成的是孔隙度较低的致密岩石结构，束缚水饱和度较高，储存油气的空间较小。对于分选很好的沉积物来说，在大小均匀的颗粒之间会有较大体积的空间，束缚水饱和度较低，具有较高的油气储存能力。

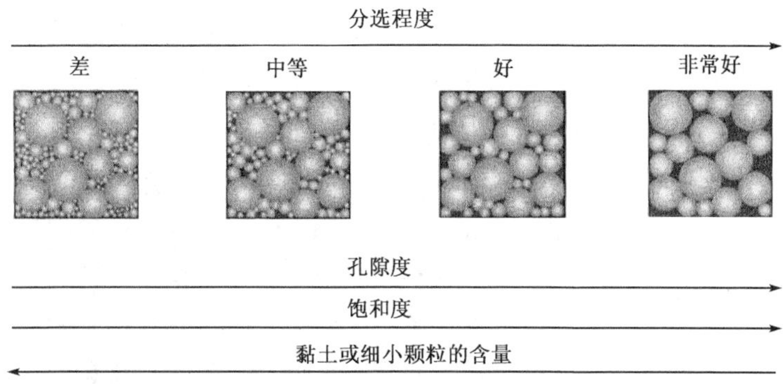

图 3－14　分选程度对岩石物性的影响

从理论上来讲，孔隙度不受颗粒大小的影响，而仅仅是岩石总体积的百分比。然而，在自然界中，与由较小颗粒组成的同等砂岩相比，由分选较好的较大颗粒组成的砂岩孔隙度可能更高。

对未固结湿沙，颗粒分选对孔隙度的影响很明显，其关系式(Beard 和 Wely，1973)为：

$$原始孔隙度=20.91+22.9/So \quad (3-5)$$

式中　So——Trask 分选系数，即累积曲线上 25％处的粒径 R_1 和 75％处的粒径 R_2 之比的平方根。

若组成岩石的颗粒粒径大小不等，不同粒径的颗粒则组成了复杂的排列，大颗粒之间构成的大孔隙会被小颗粒所充填，而使得孔隙变小，岩石孔隙度和渗透率降低。在一般情况下，颗粒的分选程度越好，孔隙度和渗透率也越大(图 3－15)。

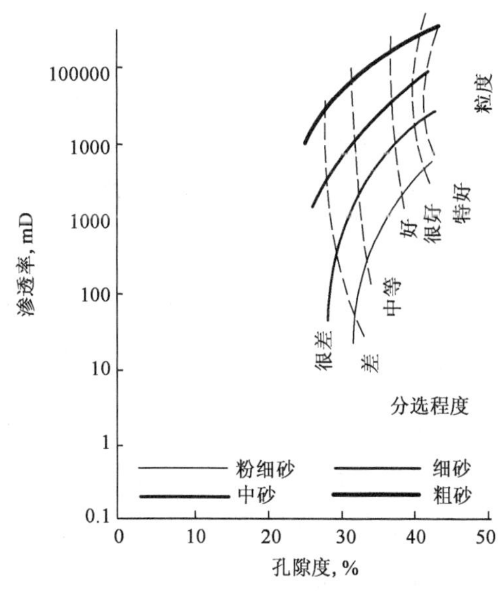

图 3－15　粒度、分选对孔隙度和渗透率的影响
(据 Brayshaw，1996)

3)碎屑颗粒的排列方式

沉积条件决定了岩石碎屑颗粒的排列方式。若沉积水介质较平静，颗粒多呈近立方体排列；若水介质活动性较大，如河流、冲积扇、滨岸等相带，颗粒多呈斜方体堆积。另外，沉积物在上覆地层负荷的压力作用下，颗粒定向排列。

假设碎屑颗粒为均等小球体。立方体排列堆积最疏松，孔隙度最大，理论孔隙度为 47.6％，孔隙半径大，连通性好，渗透率也大；斜方体排列最紧密，孔隙度最小，理论孔隙度为 25.9％(图 3－16)。

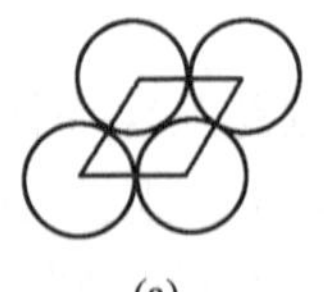
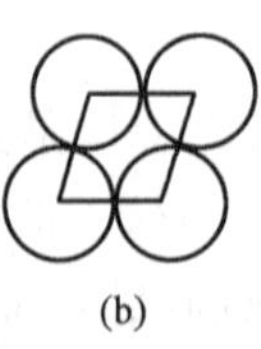

图 3-16　岩石球体颗粒排列的理想形式
(a)最密排列形式；(b)中等密度排列形式；
(c)最不密排列形式

4)杂基含量对砂体原始孔渗性影响

非常纯净的砂岩是很罕见的，一般情况下，储层孔隙系统中都含有不同数量的黏土。黏土是长石等成分的风化产物。黏土的数量及其在储层中的分布是渗透率和孔隙度的主要控制因素。

图 3-17 给出了几种类型的黏土分布。层状黏土和黏土隔层会构成流体流动和压力连通的垂向或水平屏障。分散的黏土会占据孔隙空间，而纯砂岩中的孔隙空间则可为储存油气所用。另外，黏土还可能阻塞孔喉，从而阻碍流体的流动。黏土的存在往往会使储层评价变得更加复杂。在进行油气饱和度的估算时尤其如此。

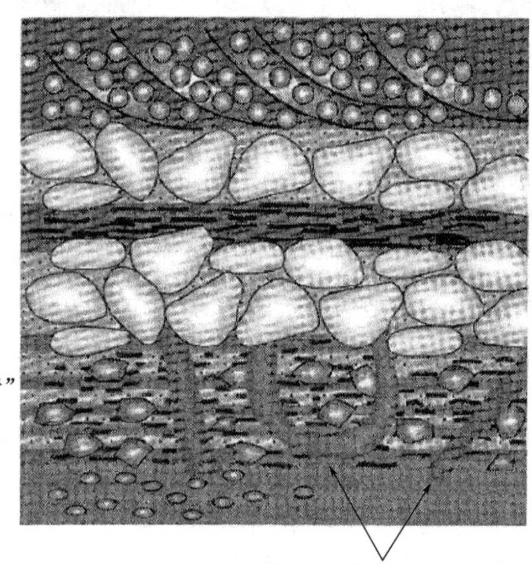

图 3-17　黏土分布的类型

生物的掘穴活动造成的生物扰动作用可能会连通被层状黏土分隔的砂层，从而提高储层的垂向渗透率。但有时这种扰动作用也会使层状油藏纵向上砂泥混层，形成品质较差的砂质泥岩储层。

杂基含量对砂体原始孔渗性影响也很大，尤其对渗透率影响更大。杂基内微孔隙发育，但对渗透率贡献很小。杂基含量多的砂体，孔渗性较低。一般，当杂基含量大于 5%时，黏土杂基含量与孔隙度和渗透率成反比；当杂基含量小于 5%时，原始孔隙度和渗透率很高；当杂基含量超过 15%时，渗透性很低。

此外，岩石的层面、层理类型等对物性也有影响。如具水平层理、波状层理的细砂岩和粉砂岩，往往泥质含量较高，颗粒较细，储集性质不好。在描述岩心时，常见具有平行层理的砂岩饱含油、物性好，而波状和斜波状层理的砂岩含油性和物性都差。

2. 成岩作用

成岩作用对砂体孔渗性有较大的影响。导致孔渗性能降低的成岩作用主要有压实作用和胶结作用，改善岩石储集性能的成岩作用主要为溶解作用。

1)压实作用

一般说来，随埋深增加，岩石所受的压实强度就越大，砂岩的孔隙度明显降低。影响砂岩压实作用的因素很多，主要是碎屑组分的变形类型、地温及地压等，特别是对粒级较小、分选较差的岩石的影响程度更大。对于粗粉砂岩来讲，由于颗粒相对较粗，有一定的抗压实能力，在压实过程中能保存部分原生孔隙；而对于黏土岩以及泥质粉砂岩来讲，抗压实能力差，孔隙度严重降低，很难成为油气储集岩。

2)胶结作用

胶结作用是指在温度和压力升高的条件下，孔隙水中过饱和成分发生沉淀。其成岩效应是堵塞孔隙，使孔隙度降低。胶结物的成分、含量及胶结类型、产状不同，对储集性能的影响有差异。

我国油田碎屑岩储层的胶结物成分，以泥质为主，钙质较少，硅质、铁质、沸石、石膏等则更少。比较起来，泥质胶结的砂岩较为疏松，渗透性较好；而钙质、硅质、铁质胶结较致密，渗透性较差。

当胶结物含量高时，粒间孔隙多被它们充填，孔隙体积和孔隙半径都会变小，孔隙之间的连通性变差，导致储集性质变坏。碎屑岩胶结类型分为四种：基底式胶结、孔隙式胶结、接触式胶结、杂乱式胶结。我国华北盆地古近系砂岩储层胶结类型与孔隙度之间的关系可见表 3－5。

表 3－5　华北盆地古近系砂岩储层胶结类型与孔隙度的关系(据张厚福等，1999)

胶结类型	接触式	孔隙—接触式	孔隙式	孔隙—胶结式	基底式
孔隙度，%	29～34	25～30	24～28	19	<5

胶结物产状类型有孔隙充填、孔隙衬边、孔隙桥塞、加大胶结等。产状对渗透率影响较大，如衬边式胶结或加大胶结，虽然对岩石总孔隙度影响不很大，但它们对孔隙喉道的堵塞会大大降低岩石的渗透率(图 3－18)。

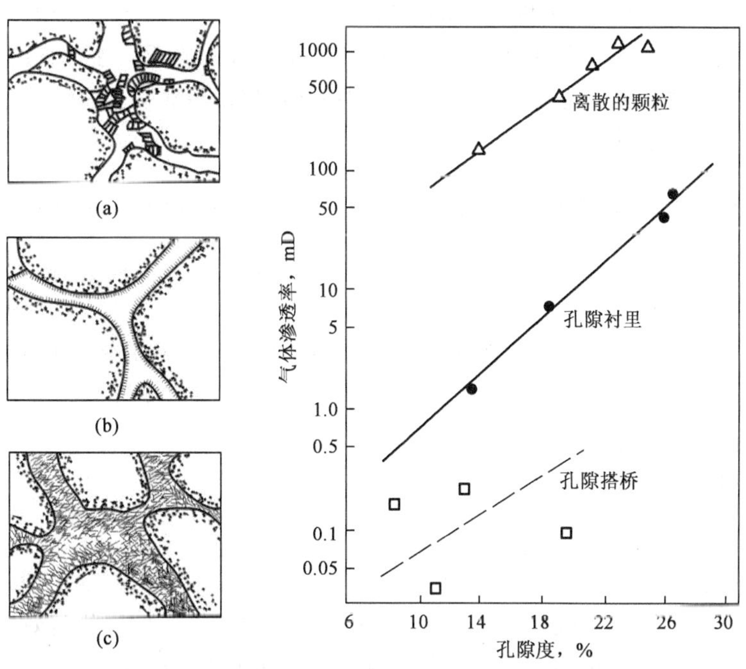

图 3－18　黏土矿物类型及其产状对孔渗性的影响(据 Damsleth，1992)

(a)分散状高岭石；(b)孔隙内衬里式绿泥石或伊利石；(c)孔隙搭桥式纤维状伊利石

3)溶解作用

在我国许多油田，均发现以次生溶蚀孔隙为主的碎屑岩储层。具次生孔隙的砂岩，由于次生孔隙性质的不同，其渗透性可以高于也可以低于具相同原生孔隙体积砂岩的渗透率。当次生孔隙的喉道较大、形状更适于增进孔隙的连通性时，渗透性则较高；相反，若次生孔隙主要是颗粒印模等孤立的孔隙，渗透性则较低。

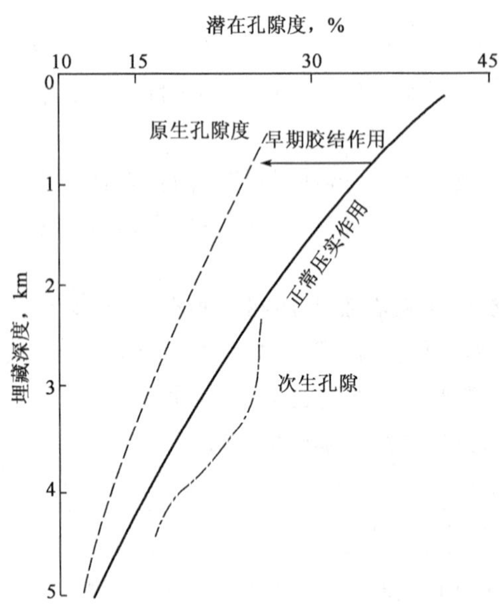

图 3-19　成岩对岩石物性的影响

总的来说，对于碎屑岩，控制岩石储集性能最主要的地质因素是沉积因素，其次是成岩作用（在部分储层中可以成为主要控制因素）（图 3-19），而构造改造作用的影响相对较小。

二、碳酸盐岩储层

碳酸盐岩油气储层在世界油气分布中占有重要地位。碳酸盐岩储层中的油气储量，约占全世界油气总储量的 50%，油气产量达全世界油气总产量的 60%以上。碳酸盐岩储层构成的油气田常常储量大、单井产量高，容易形成大型油气田，如波斯湾盆地沙特阿拉伯的加瓦尔油田，可采储量高达 107×10^{8}t，是目前世界上可采储量最大的油田。世界上共有九口日产量曾达万吨以上的高产井，其中八口属碳酸盐岩储层。如墨西哥黄金巷油区塞罗阿苏耳-4 井，储层为中白垩统的礁灰岩，最高日产量曾达 37140t。波斯湾盆地、利比亚的锡尔特盆地、墨西哥、俄罗斯地台上的伏尔加—乌拉尔含油气区、美国的密歇根盆地、伊利诺伊盆地、加拿大的艾伯塔地区等世界重要产油气区的储层都以碳酸盐岩为主。在我国，碳酸盐岩储层分布也极为广泛，先后找到了华北任丘油田、四川威远气田等许多油气田。

（一）碳酸盐岩储层的类型

碳酸盐岩储层常以储集空间类型及储渗能力进行分类，按储集空间类型可将其分为四种基本类型。

1. 孔隙型碳酸盐岩储层

该类储层的储集空间以各种类型的孔隙为主，常见的多为碳酸盐岩中的粒间孔隙、晶间孔隙、生物骨架孔隙等，其孔隙结构与砂岩十分类似。世界上许多碳酸盐岩油气田的储层属此类，如沙特阿拉伯加瓦尔油田上侏罗统阿拉伯组 D 段砂屑灰岩储层、伊拉克基尔库克油田古近系生物礁灰岩储层等。

2. 裂缝型碳酸盐岩储层

此类储层裂缝发育，储集空间多样，既有发育的裂缝，也有孔隙、溶蚀孔洞。裂缝多为构造裂缝，它们既是油气的储集空间，也是油气的主要渗滤通道。这类储层的有效渗透率一般都大大高于分析渗透率，油层分析渗透率不高但单井产量大都很高，大多数高产、特高产井大都来自裂缝型油藏便是明证。例如，伊朗的加奇萨兰油田，储层为古近—新近系裂缝型阿斯马利灰岩，单井日产油高达 13000t/d。我国川南纳溪气田二叠系、三叠系的石灰岩储层，其基质岩块低孔、低渗，不具储集条件，只是由于具发育的构造裂缝，以及沿构造裂缝形成的溶蚀孔洞，才成为良好的天然气储层。

3. 溶蚀型碳酸盐岩储层

此类储层的储集空间，以各种溶蚀孔洞为主，主要发育各种溶蚀孔隙、溶蚀孔洞和溶蚀裂缝，溶蚀孔洞是主要储集空间，裂缝为渗滤通道。这类储层通常与古风化壳有关，储集空间的剖面分布受到古风化壳顶面距离的控制。在古风化壳界面以下一定深度范围，溶蚀洞缝发育；超过这一深度，则溶蚀洞缝急剧减少。我国著名的任丘油田即属此种类型。任丘油田为前震旦系碳酸盐岩经风化剥蚀形成的古潜山油田，其主体为大套块状白云岩，由于长期出露地表遭受风化剥蚀，形成发育的溶蚀孔洞、裂缝；油层连通好，单井产量高，有多口井日产油上千吨，是我国著名的高产油气田。

4. 复合型碳酸盐岩储层

复合型碳酸盐岩储层的储集空间复杂多样，常常是孔隙、溶蚀孔洞和裂缝或其中两种都有一定程度发育，并且其中任何一类储集空间在储集和渗流能力方面都不占绝对优势。在复合型碳酸盐岩储层中，各种孔隙和孔洞承担油气储集作用，而裂缝则承担连通渗流的通道作用。因此，复合型碳酸盐岩储层常能形成高产大型油气田。实际上，多数碳酸盐岩储层都是属于复合型的。

(二)碳酸盐岩储层的形成与演化

1. 沉积环境对原生孔隙的控制

每一种沉积环境都形成不同的沉积物和沉积岩。图 3-20 为缓坡陆架环境碳酸盐岩基本相带格架(Sarg,1988)，划分为五个相带，即位于正常浪基面以下向海方向的斜坡和盆地相带、波浪与沉积物相互作用的高能外陆架相带、向陆方向的低能中陆架和内陆架相带。颗粒灰岩主要发育在外陆架等高能条件下的生物礁和浅滩环境，低能盆地环境以灰泥岩为主，中陆架和斜坡带主要发育粒泥灰岩、砾屑灰岩等。

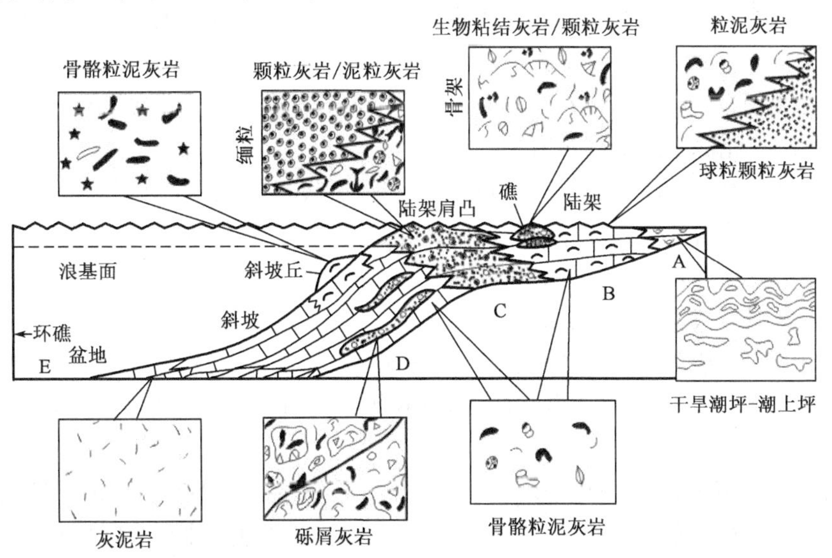

图 3-20　陆架环境的碳酸盐岩沉积相带与岩石类型(据 Sarg,1988,修改)

A—内陆架；B—中陆架；C—外陆架；D—斜坡；E—盆地

不同类型的岩石具有不同的成分、结构和构造，因而也就有不同的储集空间(图 3－20)。尤其是原生孔隙的发育与岩石类型之间存在着直接的关系。最常见的粒间孔隙，发育在各种颗粒灰岩中，如碎屑灰岩、鲕粒灰岩、生物灰岩，在沉积相带上都是属于高能环境，如滨海、浅滩、礁等相带；生物骨架孔隙形成于生物礁生物粘结灰岩中，斜坡上方的塌积岩往往发育有角砾间孔隙。晶间孔隙大小与晶粒大小及均匀性关系密切，各种生物孔隙的大小与生物个体大小和排列状况有关。

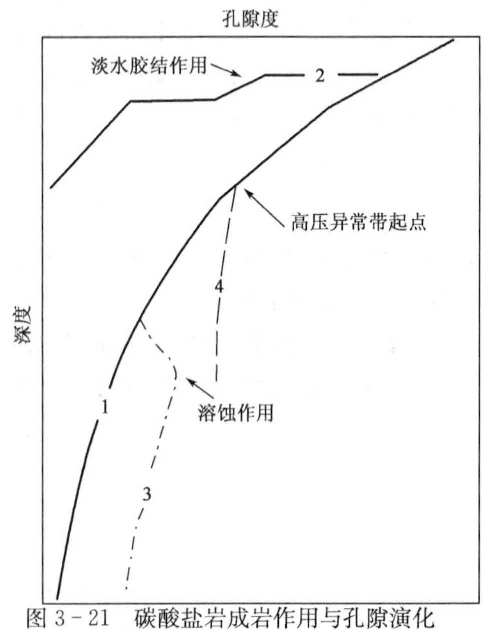

图 3－21　碳酸盐岩成岩作用与孔隙演化
(据马永生，1999，修改)

1—“常规”压实曲线；2—存在早期淡水胶结作用时的压实曲线；3—后期溶蚀作用形成的“理想的”孔隙度与埋深关系曲线；4—存在异常高压时的压实曲线

2. 成岩作用的影响

在碳酸盐岩储层形成的整个过程中，沉积作用阶段是短暂的，沉积物形成以后，它要经历漫长的成岩阶段。成岩作用及其成岩过程对碳酸盐岩的储集性能有着重要的影响，其中使孔渗性能降低的成岩作用主要有胶结作用、压实作用(图 3－21)、压溶作用和充填作用。压实作用对颗粒灰岩、白云岩影响较小，而对泥灰岩等细粒岩石的影响大。有利于孔隙形成的成岩作用主要为白云石化作用和溶解作用。

1)碳酸盐岩溶蚀孔隙的形成

溶解作用有利于孔隙的形成，其中很重要的是礁滩相溶解作用和岩溶作用。国外许多礁滩相孔隙型石灰岩储层都不同程度地经受过溶解作用，从而提高了储层的孔渗性。我国鄂尔多斯奥陶系大气田、华北震旦—奥陶系古潜山油气田、塔里木盆地寒武—奥陶系古潜山油气田等碳酸盐岩储层都经受了岩溶作用的改造，岩石的储集性能大大提高。碳酸盐岩溶孔和溶洞的发育程度，主要决定于岩石本身的溶解度和地下水的溶解能力。

(1)碳酸盐岩的溶解度。碳酸盐岩的溶解度与其成分的钙镁比值、所含黏土的数量、颗粒大小、白云石化、重结晶程度等因素有关。

在地下水富含 CO_2 的情况下，溶解度与钙镁比值成正比关系，即石灰岩比白云岩易溶。碳酸盐岩中黏土等不溶残余物的含量与溶解作用成反比关系，即碳酸盐岩的溶解度随黏土含量的增加而减小。因此，碳酸盐岩的溶解度按下列顺序递减：石灰岩→白云质灰岩→灰质白云岩→白云岩→含泥石灰岩→泥灰岩。

岩石的组构和构造对碳酸盐岩的溶解度也有影响。一般说来，随着颗粒变小，溶解度降低。粗粒结构的碳酸盐岩中，黏土含量较少，粒间孔隙或晶间孔隙较大，地下水比较容易通过，易于产生溶蚀孔洞。

(2)地下水的溶解能力。当地下水中含有 CO_2 时，水溶液呈酸性。随着 CO_2 溶解量的增加，溶液的酸性增强，对碳酸盐岩有较强的溶解能力。当这种酸性水在碳酸盐岩地层中流动时，便逐渐将岩石溶解，形成碳酸氢盐被地下水带走；反之，当水中缺乏 CO_2 时，发生碳酸盐沉淀，堵塞孔隙、胶结岩石。另外，岩石的溶蚀程度还与地下水的温度和压力有密切关系。一般认为，地温每增加 10℃，溶蚀程度可能增加两倍。

(3)地貌、气候和构造的影响。地下水的运动是造成溶蚀作用的重要原因，而地下水的运动却又与地貌、气候和构造等因素有关。地貌上，溶蚀带多在河谷、海岸或湖岸附近地区较为发育。因为这些地区是泄水区和汇水区，地下水浸泡溶蚀时间长，这些地区的碳酸盐岩层内部往往发育有很大的暗河。

在气候上，温暖潮湿的地区，溶蚀作用最为活跃。

从构造角度观察，在古风化壳地带，由于长期沉积间断，岩石出露地表遭受风化剥蚀，地表水沿断层、裂缝渗入地下，产生大量溶孔、溶洞、溶缝、溶道，形成规模巨大、错综复杂的溶蚀空间，称为岩溶带。如果该区经历了多次沉积间断，有若干个不整合面，则相应可形成数个岩溶发育带。从现代岩溶调查来看，岩溶带紧随断层分布，岩溶与断层的关系密切。对于褶皱而言，背斜、向斜的不同部位，岩溶发育程度也是不同的。一般情况下，向斜轴部岩溶最发育，褶皱轴部比翼部岩溶发育，但是在背斜倾没端、向斜翘起端，尤其是各类褶皱构造的交汇部位，岩溶较发育。

2)白云石化作用的影响

白云石化的机理很多，如蒸发泵作用、回流渗透白云石化作用、混合白云石化作用、调整白云石化作用等。一般来说，石灰岩被白云石化作用以后，晶粒增大，岩性变疏松，孔隙度和渗透率大大增加。

白云岩的孔隙度一般随着白云石化作用的强度而变。Powers(1962)指出，当白云石含量超过 75%时，孔隙度随着白云石含量的增加而增加；在白云石含量达到大约 77%的时候，白云石晶体的晶间缝开始变大，而有效的晶间孔隙发育；当白云石含量达到 80%的时候，平均孔隙度可达 19%；当白云石含量再增加的时候，则孔隙度和渗透率相对地衰减；当白云石达到 95%以上时，孔隙度变得很小。

3)其他成岩作用的影响

(1)重结晶作用：碳酸盐岩在成岩后生作用阶段，因温度和压力不断增加，会发生重结晶作用，结果晶体变粗，孔径增大，使晶间孔隙变大，有利于形成溶蚀孔隙。

(2)去白云石化作用：当含硫酸钙的地下水经过白云石发育地区时，将交代白云石，产生次生方解石，形成去白云石化的次生石灰岩。其中方解石晶粒变粗，孔隙度增大，但分布比较局限，常呈树枝状或透镜状出现于白云岩中。

3. 构造作用对裂缝的影响

构造作用的影响主要表现在使岩石破裂而形成裂缝。裂缝的存在对碳酸盐岩储层具有双重作用：一方面，裂缝本身可作为储集空间；另一方面，裂缝可作为成岩水的渗流通道，有利于溶解作用的进行，因而有利于溶蚀孔洞的发育。

(1)控制裂缝的构造因素。裂缝的形成可以简要地概括为：地层岩石在不同的应力作用下，由于承受不住某一种应力而产生破裂，进而在整个岩体内形成裂缝。而引起地下应力变化的因素主要有以下三方面：一是地壳变动，如褶皱作用和断层作用；二是覆盖层遭受侵蚀而变动，当沉积层受到抬升、侵蚀时，其上部膨胀，在最先易碎的脆性岩层中产生裂缝或裂隙；三是压实作用使成岩矿物变化和失水收缩而产生层间缝或收缩缝。因此，控制裂缝的构造因素，主要是作用力的强弱、性质、受力次数、变形环境和变形阶段等。一般情况是受力强、张力大、受力次数多的构造部位裂缝发育，相反则差；同一碳酸盐岩，在常温常压的应力环境下裂缝发育，在高温高压环境下则发育较差。

(2)裂缝发育的内因主要决定于岩石的脆性。脆性大的岩层裂缝发育。岩石脆性受岩石的成分、结构、层厚及其组合、成岩后生变化等因素的影响。各类碳酸盐岩和化学岩的脆性由大到小有这样的顺序:白云岩或泥质白云岩→石灰岩、白云质灰岩→泥灰岩→盐岩→石膏。碳酸盐岩中泥质含量增加时,会降低岩石的脆性,减弱裂缝的发育;相反,硅质含量增加时,会增加岩石的脆性,有利于裂缝的发育。质纯粒粗的碳酸盐岩脆性大,易产生裂缝,并且开缝较多,如生物灰岩中,介壳含量较高、排列又整齐者,裂缝密度较大;结晶灰岩中,结晶粗的脆性比结晶细的大。薄层状的碳酸盐岩中裂缝的密度较大,但裂缝的规模较小,容易产生层间缝,特别是夹于厚层中的薄层更易如此;厚层状碳酸盐岩中裂缝的密度较小,但裂缝的规模较大,且以高角度斜裂缝为主。

(三)碳酸盐岩储层与砂岩储层储集性质的比较

碳酸盐岩储层与砂岩储层比较(表3-6),前者储集空间类型多,影响因素多,次生变化大,致使碳酸盐岩储层比砂岩储层具有更大的差异性、复杂性和非均质性等特点。现将这两类储层的主要特征对比如下,不难看出,碳酸盐岩储层具有以下特点:

(1)孔隙大小、形状变化很大,从完全取决于岩石的组构要素直至与组构完全无关(即非组构性选择孔隙)。组构要素是指岩石中原生和次生的实体组分(如原生沉积颗粒和次生矿物晶体),也包括结构和较小的构造。

(2)孔隙成因极为复杂,次生孔隙占有十分重要的地位。沉积物的收缩和膨胀作用、岩石的破裂作用、沉积颗粒的选择性溶解和非选择性溶解、生物钻孔或有机质的分解等作用,皆可在碳酸盐岩中形成各种孔隙。

(3)储层非均质性极强,孔隙度与渗透率之间的关系变化极大。

表3-6 砂岩与碳酸盐岩储集性质比较(据Choquette和Pray,1970,修改)

方面	砂岩	碳酸盐岩
沉积物中的原始孔隙度	一般为25%~40%	一般为40%~70%
岩石中最终孔隙度	常为原生孔隙度的一半或更多,一般为15%~30%	通常不是原生孔隙,储集岩内一般为5%~15%
储集空间的类型	以粒间孔隙为主,裂缝较少,一般没有溶洞	类型多,变化大,发育大量的溶洞和裂缝
储集空间的大小、形状及分布	分布均匀,储集空间以组构选择性孔隙为主	变化很大,从完全取决于岩石的组构要素(组构选择性)到毫不相关
储集空间的大小、形状的影响因素	与碎屑岩的粒度、分选等有关,孔隙形状依存于颗粒形状	一般孔隙大小与粒度、分选等无关; 形态变化大,从依存于颗粒形状到完全不依存于颗粒形状
储集空间的成因	与沉积环境有关	复杂、多期、多样。受到强烈的成岩作用和后期构造作用的影响。裂缝型储层、缝—洞型储层等与环境没有直接的关系
成岩作用的影响	影响较小,压实作用、胶结作用使原生孔隙度降低	影响大,能形成、消失或完全改变原有孔隙,胶结作用和溶蚀作用重要

续表

方面	砂岩	碳酸盐岩
裂缝作用的影响	一般不重要	对储层性质影响很大
孔隙性和渗透性测量	适合作岩心分析	对非均质性很强的储层，用大直径的岩心也难于对储层进行评价
孔隙度与渗透率的相关性	相关性较好，一般决定于颗粒大小和分选情况	变化大，一般相关性差

三、岩浆岩与变质岩类储层

（一）岩浆岩储层

岩浆岩储层主要是指岩浆侵入岩和火山喷出岩形成的储层，常见的有玄武岩、安山岩、粗面岩、流纹岩，还有火山碎屑岩（包括各种集块岩、火山角砾岩、凝灰岩）。

火成岩油气藏勘探与开发在国外开展较早，而且卓有成效。美国、苏联、古巴、墨西哥、阿根廷、日本、印度尼西亚等都有这类油气藏，我国大多数油田都有这类储层（表 3－7）。从油气聚集的数量来看，喷出岩多于侵入岩，中—基性喷出岩储层占有重要地位。

表 3－7　国内部分岩浆岩油气藏特征

分布地区	层位	岩性	含油气性
东营凹陷滨 338 块	古近系	安山玄武质熔岩和角砾岩组合	有 5 口井日产油百吨以上
沾化凹陷罗 151 区、义北	古近系	玄武岩、辉绿岩、煌斑岩	罗 151 井日产油 83t、气 4445m^3，义 13 井日产油 9.1t
沾化凹陷邵家		玄武岩	邵 18 井曾日产油 159.2t
昌潍凹陷灶府油田	古近系	玄武岩、安山岩及安山玄武岩	
惠民凹陷商 741、临邑等	古近系	玄武岩、辉绿岩、角砾岩等	商 74－8 井日产油 151t
苏北闵桥地区闵中断块	古近系	玄武岩、杏仁状玄武岩、角砾岩	闵 7 井获高产油层
大港枣园、军马站	沙三段	玄武岩等	枣 78 井日产油 368t
下辽河坳陷兴隆台、欧利坨子等	古近系	凝灰岩、粗面岩、玄武岩、安山岩	酸化后日产油数十吨
大港风化店、王官屯	中生界	安山岩、流纹岩	日产油 750t
渤中坳陷石臼隆起	侏罗系	玄武岩、粗面岩	
二连盆地阿北油藏	下白垩统	安山岩	
冀中坳陷廊固凹陷曹五井	古近系	玄武岩、辉绿岩	日产油 18t，气 59000m^3
渤海湾盆地	侏罗—白垩系	玄武岩、安山岩、粗面岩、少量英安岩、霏细岩等	
江汉盆地金家场	古近系	玄武岩、集块岩	
四川盆地周公山	二叠系	玄武岩	周公山 1 井日产气 $25.61\times10^4m^3$
准噶尔克拉玛依油田	石炭系	玄武岩类、火山角砾岩类、凝灰岩	1808 井日产油 53.2t

火成岩的储集空间包括孔隙和裂隙两种类型，根据成因划分为原生孔隙和次生孔隙。原生孔隙有气孔、晶间孔，次生孔隙包括溶蚀孔、杏仁体内孔、晶内孔、收缩孔缝、胀裂孔、构造裂缝等（表 3－8）。

表 3-8　火成岩储集空间类型(据赵澄林,1997,修改)

孔隙类型			形成机制及特点
类		亚类	
原生孔隙		气孔	岩浆内的挥发组分集中之后再散逸出去而留下的空间,其形状为椭圆形、长形、不规则形
		晶间孔	矿物结晶,在晶体间产生的孔隙
次生孔隙	孔隙	溶蚀孔(洞)	淋滤、溶蚀
		杏仁体内孔	气孔充填后留下的空间或充填矿物被溶蚀形成的孔
		晶内孔	多见于斑晶内,主要是熔蚀(溶蚀)作用形成
		收缩孔缝	火山玻璃质或充填某种空间的物质,因其冷凝、结晶而收缩产生的孔隙或裂隙。多见于喷出岩
		胀裂孔	深部结晶的矿物随溶浆运到浅部处,由于温度变化,晶体胀裂形成的孔隙
	裂缝	构造裂缝	构造断裂运动形成,多组,面状延伸
		成岩裂缝	岩浆冷凝、结晶形成
		风化裂缝	近地表风化
		竖直或柱状节理	岩浆冷凝

火成岩的储集空间具有孔隙多样、几何形态各异,孔、洞、缝交织在一起,空间结构复杂,孔隙分布不均、连通性差,裂缝起改善储集物性的重要作用等特点。

(二)变质岩储层

变质岩储层是指由变质岩类构成,并由其中的表生风化或构造破裂形成的裂缝作为主要储集空间和渗流通道的一类储集体。

我国变质岩油气藏最早在 1959 年发现于酒泉西部盆地鸭儿峡背斜构造,为志留系变质岩潜山油藏。1971 年辽河西部凹陷兴 213 井钻遇太古宇变质岩系古潜山风化壳,获日产天然气 803m^3、凝析油 120t。20 世纪 80 年代,先后在中—新元古界的变质石英砂岩储层(曙 2-3-010 井获得日产 97.4t 工业油流)和大民屯凹陷东胜堡太古界古潜山中,获高产工业油气流,从而揭开了渤海湾盆地变质岩古潜山找油的序幕。表 3-9 为我国已发现的代表性的变质岩油气藏,均为以太古宇—元古宇变质岩系为储层的大中型古潜山油气藏,岩石类型以遭受多期变化的混合岩类为主,其次是板岩、千枚岩、片岩、片麻岩、变粒岩等区域变质岩和碎裂岩类,储集条件受制于古风化壳的形成、演化。

表 3-9　中国变质岩油气藏(据赵徵林,1997)

油田	地质时代	储集岩类型	油藏类型
玉门	志留纪	千枚岩、板岩	鸭儿峡志留系古潜山油藏
辽河	元古宙	变质石英砂岩	杜家台元古宇古潜山油藏
	太古宙鞍山群	混合岩类、区域变质岩	兴隆台、东胜堡、静安堡、齐家、牛心坨、茨榆坨等古潜山油藏
胜利	太古宙泰山群	碎裂状片麻岩、混合岩、变粒岩	王庄太古宇潜山油藏,郑 4 井单井日产油上千吨
渤海	元古宙	花岗质混合岩类	锦州 20-2 构造太古宇古潜山油气藏
冀东	太古宙	花岗质混合岩类	冀东太古宇变质岩油藏

变质岩类储层的储集空间为孔隙和裂隙，根据成因和阶段性划分为变晶的、构造的、物理风化的和化学淋滤的储集空间（表3－10），以风化孔隙、裂隙、构造裂缝为主，故这类储层多发育在不整合带，在盆地边缘斜坡以及盆地内古地形突起上，位置较高，风化孔隙更为发育，同时构造条件使裂隙在区域性发育的基础上重复加强，形成有一定方向性和连通性的裂隙密集带，提供了油气储集的良好场所。

表3－10　变质岩储集体中常见的储集空间

类　型	储集空间类型
变晶成因	变晶间孔隙、变余粒间孔隙、解理缝隙
构造成因	构造裂隙、破碎粒间孔隙
物理风化成因	风化裂隙、风化破碎粒间孔隙
化学淋溶成因	溶蚀孔隙、溶蚀缝隙

我国酒泉西部盆地鸭儿峡油田基岩油藏，产油层为志留系变质岩基底，由板岩、千枚岩及变质砂岩组成，其上被下白垩统泥砾岩与砂质泥岩不整合覆盖，下白垩统为盆地主要生油层系。根据岩心测定，基岩孔隙在2.5％以下，渗透率接近于零，但裂隙发育，平均裂缝密度超过40条/m，断层附近裂隙率高、连通性好，高产井主要沿断裂分布，井间有干扰现象。

我国油气区内的储层，既有海相地层也有陆相地层，有碎屑岩、碳酸盐岩，也有其他岩类，从时代上看，从前震旦纪一直到第四纪都有分布（表3－11）。

表3－11　我国部分油气区常规油气储层类型与时代分布

油区＼时代	Q	N	E	K	J	T	P	C	S	O	∈	Z	AnZ
塔里木		▲	▲		▲	▲		▲★	▲	★			
准噶尔		▲	▲		▲	▲	▲	◆					
吐哈					▲	▲		◆					
柴达木	▲	▲★	▲		▲								
玉门		▲							◆				
鄂尔多斯					▲	▲	▲	▲★		★			
四川					▲★	★	★◆	★	★	★		★	
渤海湾		▲	▲★◆	◆	◆					★	★	★	◆
松辽				▲◆									
二连				▲◆	▲								

注：▲—碎屑岩储层；★—碳酸盐岩储层；◆—岩浆岩与变质岩等其他岩类储层。

四、非常规油气储层

（一）非常规油气的类型及特征

非常规油气是指用传统技术无法获得自然工业产量、需用新技术改善储层渗透率或流体饱和度等才能经济开采、连续或准连续型聚集的油气资源。

非常规油气分为非常规石油和非常规天然气两大类。非常规石油包括致密砂岩油、致密灰岩油、重(稠)油、油砂油、页岩油、油页岩油等;非常规天然气主要指致密砂岩气、煤层气、页岩气、天然气水合物等(图 3-22)。

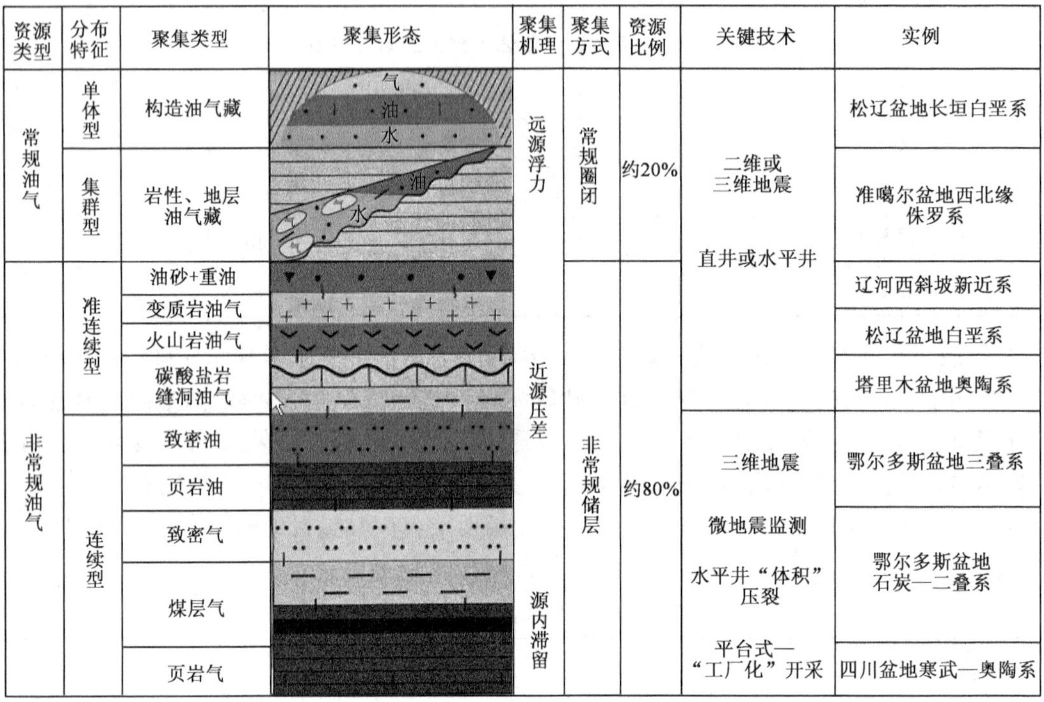

资源类型	分布特征	聚集类型	聚集形态	聚集机理	聚集方式	资源比例	关键技术	实例
常规油气	单体型	构造油气藏	气 油 水	远源浮力	常规圈闭	约20%	二维或三维地震 直井或水平井	松辽盆地长垣白垩系
	集群型	岩性、地层油气藏	油 水					准噶尔盆地西北缘侏罗系
非常规油气	准连续型	油砂+重油		近源压差	非常规储层	约80%		辽河西斜坡新近系
		变质岩油气						松辽盆地白垩系
		火山岩油气						
		碳酸盐岩缝洞油气						塔里木盆地奥陶系
	连续型	致密油					三维地震 微地震监测 水平井“体积”压裂 平台式—“工厂化”开采	鄂尔多斯盆地三叠系
		页岩油						
		致密气						鄂尔多斯盆地石炭—二叠系
		煤层气		源内滞留				
		页岩气						四川盆地寒武—奥陶系

图 3-22 油气资源类型与聚集方式(据邹才能等,2010)

非常规油气主要特征如下:

(1)源储共生或共存。烃源岩与储层一体型油气聚集,是指烃源岩生成的油气没有排出,滞留于烃源岩层系内部形成油气聚集,包括泥页岩气、泥页岩油和煤层气等;源储接触型油气聚集是指与烃源岩层系共生的各类致密储层中聚集的油气,包括致密砂岩油和致密砂岩气等。

(2)非常规油气储层与常规储层相比,非均质性强,孔隙与喉道小,以纳米级孔喉系统为主,局部发育毫米—微米级孔隙,连通性较差。

(3)油气聚集运移距离一般较短,主要靠渗透扩散。运聚动力为烃源岩排烃压力,阻力为毛细管压力,两者耦合控制油气边界或范围。

(4)非常规油气主要分布在盆地中心、斜坡等负向构造单元,大面积连续分布,圈闭界限不明显。

(5)储量丰度低,一般无自然工业稳定产量,达西渗流不明显,主要采用水平井规模压裂技术等方式开采。

(二)致密砂岩储层

致密砂岩储层与常规砂岩储层相比,在沉积环境、成岩演化、孔隙类型、孔喉结构、孔隙连通性、储集性等方面均有较大差异(表 3-12),按成因机理可分为原生沉积型和成岩改造型两种类型。

表 3-12　致密砂岩储层与常规砂岩储层特征对比

储层特征	致密砂岩储层	常规砂岩储层
储层岩石组分	长石、岩屑含量相对较高	石英颗粒含量高，长石、岩屑含量低
成岩演化	中、晚成岩	多为中成岩 B 期以前
孔隙类型	次生孔隙为主	原生、次生混合孔隙
孔喉连通性	席状、弯曲片状喉道，连通差	短喉道，连通好
孔隙度，%	3～10	12～30
覆压基质渗透率，mD	≤0.1	>0.1
含水饱和度，%	45～70	25～50
岩石密度，g/m^3	2.65～2.74	<2.65
毛细管压力	较大	小
储层压力	多为高异常地层压力	一般正常至略低于正常
应力敏感性	强	弱
气原地采收率，%	15～50	75～90

1. 致密砂岩储层岩石学特征

中国陆相低渗—致密储层的主要特点，表现为成分成熟度和结构成熟度低，长石和岩屑含量普遍较高，多为长石砂岩、岩屑长石砂岩、长石岩屑砂岩和岩屑砂岩，石英砂岩少见。颗粒大小混杂，分选和磨圆较差，泥质含量高。沉积物在成岩过程中容易发生压实作用，压实强度较大，储层物性较差。如四川盆地上三叠统须家河组致密砂岩储层，石英含量一般为 24%～70%，长石含量为 0.5%～18%；岩屑含量为 12%～65%，砂岩储层分选性较好—中等，储层物性较差。

2. 致密砂岩储层储集空间

致密砂岩储层的孔隙类型以粒间及粒内溶孔、粒间微孔、微裂缝等次生孔隙为主，原生孔隙少见，储层物性差，孔隙度、渗透率相关性差。

（三）泥页岩储层特征

泥页岩油气是非常规油气藏中的一种，指泥页岩（烃源岩）层系中滞留的油气。所谓泥页岩系，就是泥页岩及其所夹的薄层其他岩石的组合，如大套暗色泥页岩中夹的薄层泥质粉砂岩、粉砂岩、泥质砂岩及泥灰岩或石灰岩等。

1. 泥页岩储层的类型

常见的泥页岩类型有泥质泥页岩、碳质泥页岩、硅质泥页岩、铁质泥页岩、钙质泥页岩等。当泥页岩中混入一定的砂质成分时，便会形成砂质泥页岩。根据含砂颗粒的大小，砂质泥页岩可细分为粉砂质页岩和砂质页岩两类。富有机质泥页岩是形成泥页岩气的主要岩石类型，暗色泥页岩含有大量的有机质与细粒、分散状黄铁矿、菱铁矿等，有机质含量通常为 3%～15% 或更高，常具极薄层理。碳质页岩中含有大量细分散状的碳化有机质，有机碳含量一般为 10%～20%，特征为黑色、染手、含大量植物化石。

中国的泥页岩储层主要包括海相、海陆交互相以及湖相页岩和泥岩，一般分布在生油门限以下具有较强生油能力的烃源岩内，其内含有丰富的有机质，自生自储。如柴达木盆地油泉子油田古近—新近系钙质泥岩、大庆古龙凹陷白垩系青山口组泥岩、胜利油田沾化凹陷四扣洼陷沙三段油页岩等，泥页岩油气藏均发育在该盆地最好的烃源岩内部。中国南方扬子地块海相页岩，分布广泛并夹硅质页岩（如扬子地区牛蹄塘组底部页岩）、暗色泥页岩、钙质泥页岩和砂质泥页岩；华北地区的海陆交互相页岩多为砂质泥页岩和碳质泥页岩；东部渤海湾盆地、柴达木盆地新生界湖相泥页岩钙质含量较高、页理发育；鄂尔多斯盆地中生界湖相泥页岩石英含量较高。

2. 页岩储层的储集空间

根据成因，泥质岩储层的储集空间划分为孔和缝两大类。孔隙包括基质孔隙以及发育在砂岩、粉砂岩条带内的孔隙等。根据统计，平均50%左右的泥页岩气存储在泥页岩基质孔隙中（邹才能等，2010）。

泥页岩储层为特低孔渗储层，以发育多种类型纳米级微孔为特征，包括颗粒间微孔、黏土片间微孔、颗粒溶孔、溶蚀杂基内孔、粒内溶蚀孔及有机质孔等。泥页岩孔隙大小从1～3nm至400～750nm不等（RobertG. Loucks等，2009），平均为100nm，比表面积大，结构复杂，丰富的内表面积可以通过吸附方式储存大量气体（King，1994）。含气泥页岩储层的孔隙度、渗透率具有明显的正相关性。

3. 泥页岩储层的评价参数

泥页岩岩石学特征是影响页岩基质孔隙和微裂缝发育程度、含气性及压裂改造方式的重要因素。页岩中黏土矿物含量越低，石英、长石、方解石等脆性矿物含量越高，岩石脆性越强，在外力作用下越易形成天然裂缝和诱导裂缝，形成树状或网状结构缝，有利于泥页岩气开采。黏土矿物含量高的泥页岩塑性强，吸收能量强，以形成平面裂缝为主，不利于泥页岩体积改造。

据Barnett和HaynesVille等北美主要泥页岩气田的地质特点，泥页岩气优质储层评价标准一般包括泥页岩厚度、有机质含量、热成熟度、矿物组成等14项参数（表3-13），此标准对于开展中国泥页岩气储层评价具有重要指导意义。

表3-13 北美主要泥页岩气优质储层评价标准

主要参数	基本标准
目的层埋深	干气窗的最浅深度
泥页岩厚度	＞30m
热成熟度	＞1.4%
有机质含量	＞2%
干酪根类型	Ⅰ、$Ⅱ_1$
矿物组成	石英或方解石含量大于40%
	黏土含量小于30%
	膨胀能力低
	生物和碎屑成因硅质
裂缝结构和类型	水平或垂直走向
	未充填或硅质、钙质充填

续表

主要参数	基本标准
内部垂向非均质性	越小越好
气体填充孔隙度	>2%
渗透率	>100mD
含不饱和度	<40%
含气饱和度	<5%
杨氏模量	>3.03MPa
泊松比	<0.25

(四)不同类型非常规储层的差异

非常规储层与常规储层相比,非均质性强,孔隙与喉道小,以纳米级孔喉系统为主,局部发育毫米—微米级孔隙,连通性较差。如我国鄂尔多斯盆地延长组致密砂岩油与致密页岩油、上古生界致密砂岩气,四川盆地侏罗系致密砂岩油与致密灰岩油、下古生界海相页岩气等储层中,均发育丰富的纳米级孔喉。

纳米级孔喉系统主体孔径为20～500nm,页岩气储层孔径为5～200nm,页岩油储层孔径为30～400nm,致密灰岩油储层孔径为40～500nm,致密砂岩油储层孔径为50～900nm,致密砂岩气储层孔径为40～700nm(图3-23)。

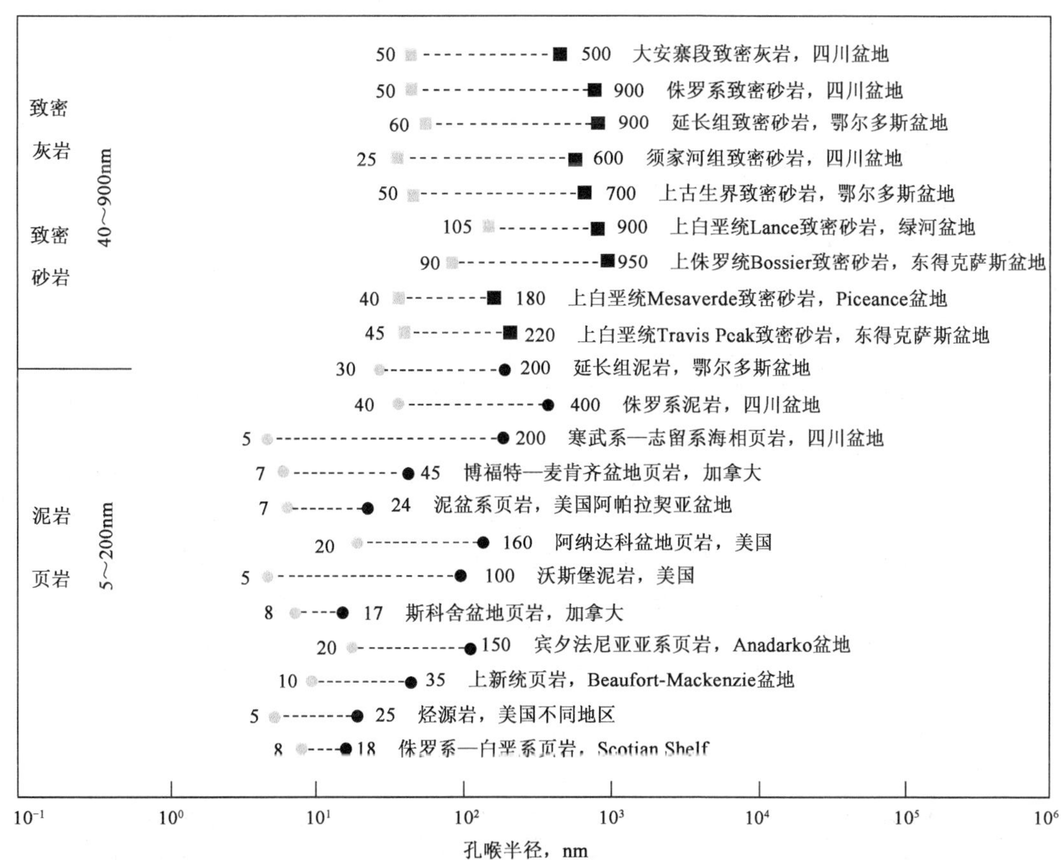

图3-23 全球非常规储层孔喉大小分布(据邹才能等,2010)

在非常规储层纳米级孔喉分类中，根据成因，将孔喉分为原生微孔与次生微孔；次生微孔分为粒内微孔、粒间溶蚀微孔与微裂缝(表 3－14)。孔隙类型包括粒间微孔、晶间微孔、粒间溶蚀微孔、粒内微孔。粒间溶蚀微孔与粒间微孔是致密砂岩、致密灰岩等非常规储层中石油赋存的重要空间(邹才能等，2012a)。作为页岩气赋存与渗流的重要通道，有机质微孔是决定页岩储层中含气量的关键参数，有机质微孔是否发育在很大程度上决定了页岩气工业化评价的结果。

表 3－14　非常规储层微观孔喉成因分类方案

孔隙成因		原生微孔		次生微孔				实例
孔隙位置		粒间微孔	晶间微孔	粒内微孔		粒间溶蚀微孔	微裂缝	
				有机质微孔	无机矿物微孔			
		石英、长石、云母等颗粒间	原生黏土矿物等晶间孔	有机质内部微孔/不存在	矿物颗粒内部	矿物颗粒间	均可发育	
泥页岩	孔隙连通性	孤立或连通	孤立	连通或孤立	连通或孤立	连通	较连通或较孤立	四川 T_3x、S，鄂尔多斯延长组7段
	发育程度	少量	少量	发育	较发育	较发育	少量	
	孔隙大小(孔隙直径)	8～610nm 平均 230nm	60～100nm 平均 30nm	15～890nm 平均 200nm	10～610nm 平均 270nm	10～4080nm 平均 1200nm	50～1800nm 平均 600nm	
致密砂岩	孔隙连通性	孤立或连通	孤立	—	连通或孤立	连通	较连通或孤立	四川 T_3x，鄂尔多斯 T_3y
	发育程度	少量	少量	—	发育	发育	较发育	
	孔隙大小(孔隙直径)	20～250nm 平均 170nm	未见	—	20～4000nm 平均 1000nm	50～5000nm 平均 1500nm	30～570nm 平均 430nm	
灰岩	孔隙连通性	少量	少量	—	发育	发育	少量	四川 J
	发育程度	孤立或连通	孤立	—	连通或孤立	连通或孤立	较连通或孤立	
	孔隙大小(孔隙直径)	30～200nm 平均 80nm	未见	—	50～400nm 平均 200nm	100～400nm 平均 150nm	100～350nm 平均 300nm	

对比常规储层，纳米级孔喉储层中流体主要为非线性渗流，常规分析测试手段无法满足非常规储层精细研究的需求。

非常规储层微观孔喉结构表征技术方法仍处于探索阶段。目前，已经利用纳米材料学科各项研究测试方法(表 3－15)，在孔喉大小、形态、分布、三维展布等方面取得了一系列进展，大大提高了非常规储层纳米级微观孔喉结构的表征精度。

表 3－15　各种非常规储层孔喉表征方法及测量范围

技术方法	测量范围	观测内容
气体吸附法	0.35～200nm	孔喉大小、分布
压汞法	100nm～950μm	孔喉大小、分布
核磁共振法	8nm～80μm	
普通显微镜法	微米—毫米级	微米—毫米级孔喉大小、形态
普通钨丝扫描电镜法	微米—毫米级	微米级孔喉大小、形态
小角散射法	1nm～220nm	泥页岩微孔大小

续表

技术方法	测量范围	观测内容
场发射扫描电镜法	0.1nm 至微米级	纳米级微孔大小、分布
环境扫描电镜法	0.1nm 至微米级	原油赋存状态
纳米-CT 法	>50nm	纳米级微孔形态、联通性
聚焦离子束法	精度 10nm	

第三节　盖　　层

盖层是指位于储层之上能够封隔储层使其中的油气免于向上逸散的岩层。与储层作用相反，盖层的作用是阻碍油气的逸散。在油气源充足条件下，盖层的分布与封盖性能控制油气的运移、聚集与保存。良好的盖层可以阻滞油气渗流运移，降低天然气的扩散散失，使其在盖层之下聚集成藏，是油气成藏的必要条件。

一、盖层类型

根据盖层的岩性、分布范围、成因和组合方式等，可将盖层分为不同的类型。

(一)按岩性分类

按岩性可将盖层划分为泥质岩盖层、蒸发岩盖层、碳酸盐岩类盖层及其他岩类盖层(如致密灰岩、铝土岩等)。

泥质岩包括泥岩、页岩、含砂泥岩、钙质泥岩等，粒度细、致密、渗透性低，具有可塑性、吸附性和膨胀性等特性，是良好的盖层岩性。泥质岩盖层是油气田中最常见的一类盖层，它们分布最广、数量最多，几乎产于各种沉积环境。

蒸发岩主要包括盐岩和膏岩，是一类最佳的盖层。И. В. 维索茨基(1979)认为，世界上天然气储量约 35%与膏盐岩类盖层有关。膏岩在很广的深度范围内都具有良好的封盖能力，如美国密歇根盆地 Belle River Mills 气田(埋深 762m)、亚拉巴马州 Chatom 油田(埋深 4900m)(王正鉴等，1993)等均为膏岩盖层。

碳酸盐岩盖层包括含泥灰岩、泥质灰岩和致密灰岩等，如鄂尔多斯盆地发育碳酸盐岩盖层。

其他岩类盖层：铝土岩、火成岩、煤层等岩性地层也可作为盖层，如鄂尔多斯盆地发育铝土岩盖层，辽河盆地东部凹陷荣兴屯构造发育玄武岩盖层等。

(二)依据分布范围分类

依据分布范围，可将盖层划分为区域性盖层和局部性盖层两类。

区域性盖层指遍布在含油气盆地或坳陷的大部分地区，厚度大、面积广且分布较稳定的盖层。区域性盖层对盆地或坳陷的油气聚集起重要作用，控制油气纵向的展布、烃类相带分布及其油气丰度(戴金星，1996)。

局部性盖层直接位于圈闭储层的上面，横向分布不如区域盖层稳定，分布面积也相对要小得多。局部性盖层控制油气藏的规模与丰度。

据我国储量大于 $100\times10^8m^3$ 的 11 个天然气藏统计，局部性盖层中泥质岩盖层为 8 个，占 79%，膏盐岩类 3 个，占 21%；区域性盖层中泥质岩盖层占 92%，膏盐岩占 4%(陈丽华等，

1998)。

二、盖层封闭油气机理

根据盖层阻止油气运移的方式，可把盖层的封闭机理分为物性封闭、超压封闭和烃浓度封闭。

(一)物性封闭

物性封闭是指依靠盖层岩石的毛细管压力封堵油气，又称毛细管力封闭(Bern，1975)或薄膜封闭(Watts，1988；JonGluyas，2003)。

地下沉积岩中的孔隙通常是被水所饱和的，游离相的油气要通过盖层，就必须排替其中的孔隙水，否则，油气就无法通过盖层运移。由于岩石一般为亲水的，油(气)—水—岩三相接触角小于 90°，产生的毛细管力指向油(气)相。

在特定时刻，油气要通过此盖层进行运移，必须首先排替其中的水，克服毛细管阻力，即油气的浮力必须要达到进入毛细管的最小压力(毛细管压力)。如果油气的浮力小于毛细管阻力，则油气就被遮挡于盖层之下。

盖层岩石的毛细管压力(p_c)是烃—水表面张力(σ)、润湿角(θ)及最大孔喉半径(R_1)的函数：

$$p_c=\frac{2\sigma\cos\theta}{R_1} \tag{3-16}$$

式中 p_c——毛细管压力，MPa；

R_1——盖层岩石中最大连通孔喉半径，cm；

θ——固液相接触角，(°)；

σ——两相界面张力，10^{-3}N/cm。

盖层较储层具有更大的排替压力，即盖层与储层之间存在着排替压力差，其差值大小为：

$$\Delta p_c=2\sigma\cos\theta\left(\frac{1}{R_1}-\frac{1}{R_2}\right) \tag{3-17}$$

式中 Δp_c——盖层与储层的排替压力差，MPa；

R_2——储层中最大连通孔喉半径，cm。

这种排替压力差会产生盖层对储层中的油气封闭作用，这种封闭作用称为盖层毛细管封闭作用，或称为物性封闭。

物性封闭机理是盖层封闭油气最普遍的机理。一般情况下，它只能阻止游离相油气的进一步运移，难以封堵水溶相及扩散方式运移的油气。但当渗透率非常小、排替压力差高以至于除非发生构造变动使之产生裂缝才能破坏盖层的封闭性时，则不仅能阻止游离相，也能阻止水溶相油气的运移。

(二)超压封闭

异常高流体压力(超压)是指地层孔隙流体压力比其对应的静水压力高。这种依靠盖层异常高孔隙压力封闭油气的机理称为流体压力封闭，简称超压封闭。引起泥岩超压的因素很多，如泥岩欠压实作用、有机质的生烃作用、黏土矿物脱水作用以及孔隙流体热增压作用等。

在压实过程中，泥岩段顶底靠近储层处，孔隙水可以充分排出，形成上下压实段；而中间层段，由于顶底孔喉变小，孔隙流体排出受阻，形成欠压实带。上下压实段的毛细管压力大于中间欠压实段的毛细管压力，起着物性封闭作用。中间欠压实段内部存在着异常高的孔隙流体压力，使毛细管压力与孔隙流体压力之和明显大于上下压实段的毛细管压力，其封闭能力更强（郝石生，1995）。超压层往往是物性封闭和超压封闭同时起作用。

超压封闭是一种动态封闭。超压盖层的封盖能力取决于超压的大小，超压越高，其封盖能力越高。一旦超压盖层因某种原因而恢复到正常的静水压力状态，超压封闭作用即被物性封闭作用所取代。

(三)烃浓度封闭

烃浓度封闭是指具有一定的生烃能力的地层为盖层，以较高的烃浓度阻滞下伏油气向上扩散运移。这种封闭主要是对以扩散方式向上运移的油气起作用。

油气扩散的原因是浓度差，即由高浓度处向低浓度处扩散，以求达到浓度平衡。如果岩层具有一定的生烃能力，则岩层出现油气的高浓度，它们也会向上下扩散，向下扩散的油气会阻滞下伏储层油气的向上扩散作用，从而起到一定的封闭作用（图 3－24）。盖层的烃浓度越高，其封闭扩散的能力越强。

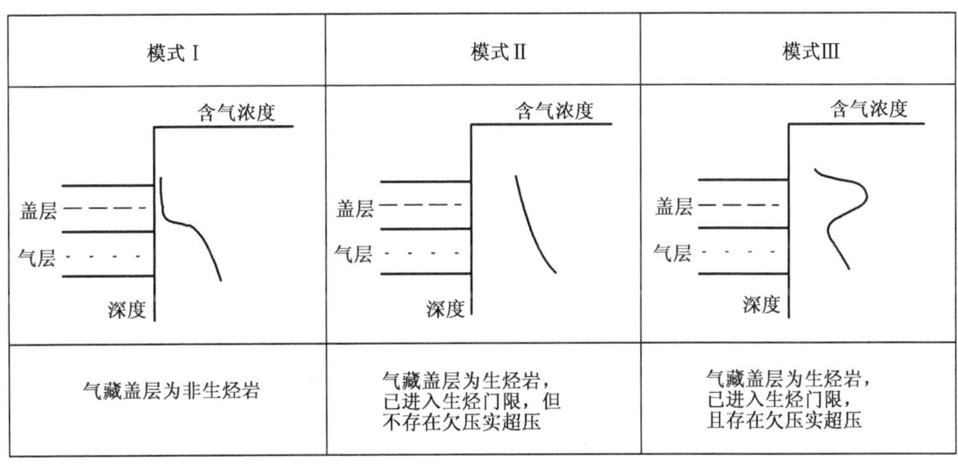

图 3－24　烃浓度封闭示意图（据郝石生，1995）

能起烃浓度封闭的盖层，实际上就是烃源岩，它同样具有物性封闭作用。随生烃量增加，有时也会产生地层异常高压，这样也会表现出超压封闭作用。所以烃源岩作为盖层时，则会有更好的封闭效果。

思　考　题

1. 储集岩具备哪些基本特征？用哪些参数评价或表征？

2. 储集岩的孔隙度与渗透率之间存在何种关系？

3. 碎屑岩的孔隙和喉道类型有哪些？

4. 碳酸盐岩的孔隙和喉道类型有哪些？

5. 利用压汞法研究储集岩孔隙结构的主要参数有哪些？图示说明曲线形态与孔隙结构特征的关系。

6. 碎屑岩储集体类型有哪些？其主要特征有哪些？

7. 碎屑岩储层储集物性的影响因素有哪些？

8. 碳酸盐岩储层有哪些类型？

9. 试对比分析碳酸盐岩与砂岩储层储集性质的差异性。

10. 非常规油气储层的类型有哪些？其主要特征有哪些？

11. 盖层有哪些类型？简述其主要特征。

12. 盖层封闭油气机理有哪些？

第四章　油气运移及油气藏的形成

石油和天然气是流体矿产，具有可流动性，当受到某种驱动力作用时就会在地壳中发生流动。油气在地壳中的任何移动称为油气的运移。油气运移可以使烃源岩层中分散状态的油气进入储层，并且聚集成油气藏，也可以使已经形成的油气藏重新分布或遭受破坏。油气的运移与聚集是一个连续的过程。

第一节　油气初次运移

油气运移是连接油气生成和聚集成藏的重要环节，研究油气运移规律对于油气勘探具有重要意义。

根据运移特征，把油气运移划分为初次运移和二次运移。初次运移是指油气自烃源岩向储层或运载层中的运移。二次运移是指油气进入储层或运载层后的一切运移。二次运移包括油气在储层或运载层中的运移，也包括已形成的油气聚集由于外界地质条件的变化而进行的再次运移（图 4－1）。油气运移的运载层是指具有连通通道、适合油气运移的地质体，包括储层、断层及不整合等。运载层是油气运移的通道，是输导油气的地质体，而储层是能储集并渗滤油气的岩层，也是最常见的运载层。

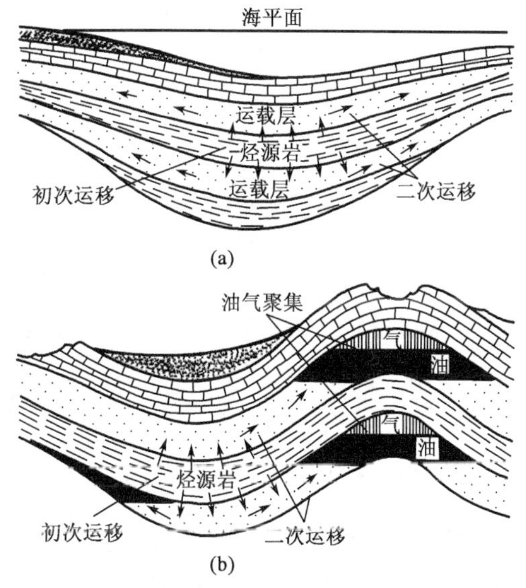

图 4－1　油气运移示意图
（据 B. P. Tissot 和 D. H. Welte，1984）
(a)油气运移早期；(b)油气运移晚期及油气藏的形成

一、油气初次运移的相态

油气初次运移的相态是指油气在地下发生运移时的物理状态，如油气呈油相、气相运移，或溶于水或油而呈水溶相或油溶相运移等。油气在运移过程中可以以一种相态为主，同时又具有其他相态。初次运移相态决定排烃量的大小和效率，是油气资源评价的重要依据。

石油初次运移的相态以游离相（油相）占主导地位，而水溶相、气溶相居次要地位。天然气初次运移的相态主要有水溶相和游离相（气相），某些条件下可以呈油溶相运移。

油气在地下发生初次运移的相态，取决于烃源岩层的岩石类型和组构特点、地层温度和压力、埋藏深度、孔隙度大小及孔隙水多少、有机质类型及其生烃量和生烃性质等多种因素。不同地区、不同岩性、不同深度情况下油气运移的相态是不同的。

随着深度增加，沉积物各种物理参数不断变化。对于泥质烃源岩来讲，在低成熟阶段，埋深较浅,孔隙度较大,地层水较多,生烃量较少且胶质、沥青质含量高,这时油气的初次运移以水溶相运移最有可能,水作为载体。在某些适合大量形成生物化学气的环境中,所生成的生物甲烷气可呈水溶相运移,也可以游离相运移。随着埋深增加,进入生油高峰阶段,油气大量生成,孔隙水不足以溶解掉所生油气,这时油气主要以游离相运移,其中所生的气体多溶于油中,呈油溶气相运移;在生凝析气阶段则主要以气溶油相运移,气作为石油的载体;在过成熟阶段,烃源岩大量生气,这时,天然气则以游离气相运移(图 4-2)。

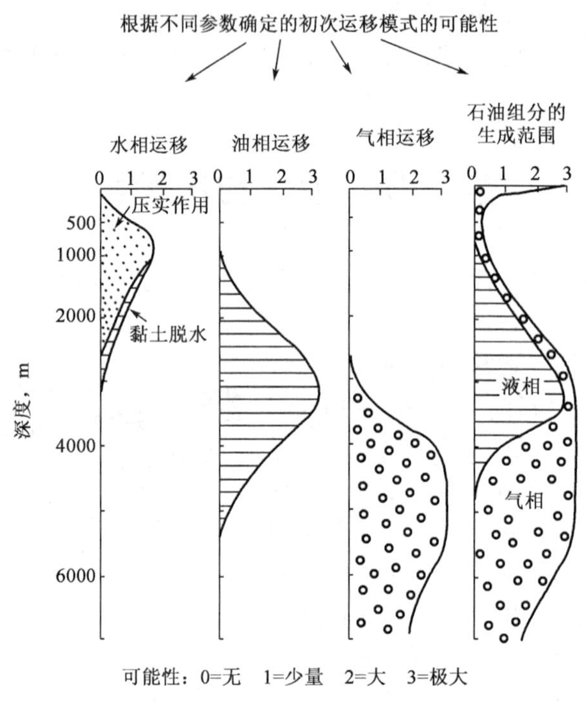

图 4-2 油气初次运移过程中的可能相态(据 B. P. Tissot,1978)

二、油气初次运移的动力

驱使油气从烃源岩向运载层运移的动力主要有正常压实产生的剩余流体压力、欠压实作用产生的异常高压、蒙脱石脱水作用、流体热增压作用、有机质的生烃作用、渗析作用等。

(一)正常压实产生的剩余流体压力

当上覆沉积负荷增加时,烃源岩遭受压实,孔隙体积相应变小,同时排出相应体积的孔隙流体。当达到压实平衡时,岩石骨架颗粒相互支撑,并处于平衡状态,孔隙流体所受到的压力等于其上覆静水柱形成的静水压力,也处于平衡状态。这个过程称为正常压实作用过程。但是,当上覆地层产生新的沉积物时,其重力载荷作用于下伏地层,促使颗粒重新紧缩排列,孔隙体积缩小。在这一变化瞬间,孔隙流体承受了部分由颗粒产生的有效压应力,使流体产生了超过静水压力的剩余压力,称为剩余流体压力。剩余流体压力是产生在正常压实过程中的异常压力,随着孔隙流体的排出又很快消失,因此又称为瞬时剩余压力。

正是在剩余流体压力作用下,包括油气在内的孔隙流体才得以排出,排出流体后孔隙流体压力又恢复到了静水压力,沉积物又达到新的压实平衡。沉积物的压实过程就是由平衡到不平衡再到平衡的周而复始的动态过程，孔隙流体压力则是由静水压力到瞬时剩余流体压力再到静水压力的连续过程，在此过程中流体不断排出。正因如此，在一个不断沉降、不断沉积、不断压实的连续过程中也可以产生剩余压力。

在剩余流体压力作用下，孔隙流体排出的方向与剩余流体压力递减的方向一致。由于新沉积物横向厚度均等时，横向剩余压力相等，因此在均一岩性的层序里，压实流体的流动方向是垂直向上。如果新沉积层厚度横向有变化，那么在水平方向上剩余流体压力值也就有横向上的变化。据 Magara(1978)研究，水平剩余压力梯度只是垂直方向的 1/200～1/20。可见，大部分流体沿垂直方向运移，只有很少一部分流体沿水平方向运移，而且是由比较厚的点向比较薄的点运移。从宏观上讲，由于沉积厚度由盆地中心向盆地边缘减薄，因此压实流体将从盆地中心向盆地边缘运移。

在砂泥岩互层剖面中，由于压实使泥岩孔隙度减小得比砂岩快，即在相同负荷下泥岩比砂岩排出流体多，这样泥岩孔隙流体所产生的瞬间剩余压力比砂岩的大，因此，流体的运移方向是由泥岩到砂岩。尽管砂岩同样要被压实，但由于所产生的瞬间剩余压力比上下泥岩的小，其压实流体不能进入泥岩，只能在砂岩层中作侧向运移(图 4-3)。

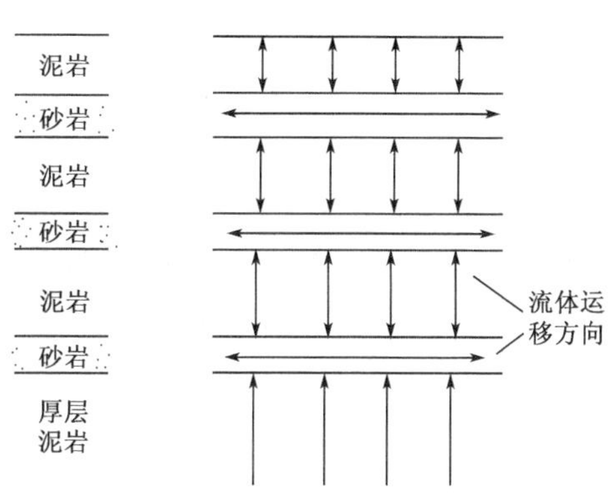

图 4-3　砂泥岩互层剖面中压实流体的运移方向

对于一个碎屑岩沉积盆地，从微观上看，在剩余流体压力作用下，压实流体总是由泥岩向砂岩运移，在泥岩内部也可存在一定范围的横向运移；从宏观上看，压实流体总是由深部向浅部、由盆地中心向盆地边缘运移。

(二)欠压实作用产生的异常高压

泥质岩类在压实过程中许多微小的孔隙，特别是顶底部边缘部分逐渐封闭，使孔隙流体排出受阻或来不及排出，孔隙体积不能随上覆负荷增加而减小，孔隙流体承受了部分上覆沉积的有效压应力，使孔隙流体具有高于其相应深度静水压力的异常高压，而岩石则承受较低的有效压应力，这种现象称为欠压实。

沉积物的负荷压力是由岩石颗粒和孔隙流体共同承担的，因此颗粒有效支撑应力与孔隙流体压力呈消长关系。欠压实带的孔隙变化、孔隙流体压力与颗粒有效支撑应力的关系可用图 4-4 所示。

由烃源岩欠压实形成的异常高压可以促使流体运移。其原理是：在封闭的烃源岩中，当孔隙流体压力超过岩石破裂强度时，岩石便产生裂缝，使流体得以排出；随着流体排出，孔隙超压被释放，微裂缝重新闭合，此后流体压力再次积蓄升高，使岩石再次破裂而排液。这样周而复始直到欠压实和异常压力消失为止。可见，异常压力的形成与排液释放也具有幕式特征。只是由欠压实产生的异常压力在强度上比正常压实过程中产生的剩余压力要大得多。当地层中异常高压达到或超过其破裂强度时，烃源岩就要产生微裂缝，烃类呈涌流排出。

欠压实带中异常高压驱动油气水的排出方向是从欠压实中心向上下排出的。图 4-5 表示欠压实段中剩余孔隙流体压力及孔隙度的垂向分布。图中的 Δp_a 表示剩余流体压力值，

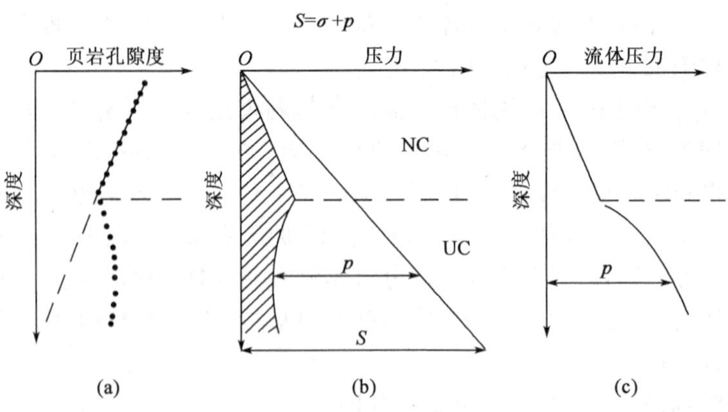

图 4-4 正常压实带(NC)和欠压实带(UC),上覆沉积物负荷压力(S)、流体压力(p)和颗粒支撑的有效用力(σ)关系图(据 Magara,1978)

Δp_{amax}表示最大剩余压力值。流体由最大剩余压力点向上下运移。由于烃源岩内部与边部及邻近的运载层相比更易于产生欠压实,因此在欠压实作用下,流体的运移方向是由高剩余流体压力区向低剩余流体压力区运移、由烃源岩内部向边部运移、由烃源岩向邻近的储层或运载层运移。

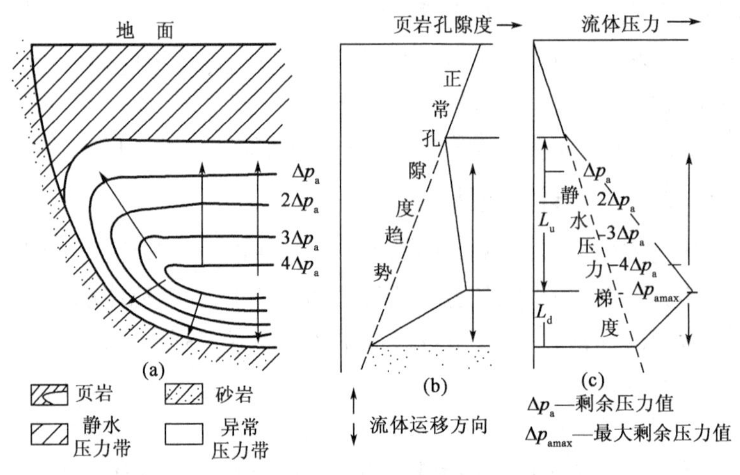

图 4-5 欠压实带中流体的排出方向(据 Magara,1968)

(三)蒙脱石脱水作用

蒙脱石脱水作用是指蒙脱石向伊利石转变的成岩过程中释放层间水的作用。蒙脱石是一种膨胀性黏土矿物,含有较多的层间水,一般含有四个或四个以上的水分子层。这些水分按体积计算可占整个矿物的 50%,按质量计可占 22%。这些层间水在压实和热力作用下会有部分甚至全部成为孔隙水。

蒙脱石脱水过程与温压条件有关。一般认为蒙脱石大量向伊利石转化的温度范围是 99～143℃。在温度作用下蒙脱石将脱去相当于总含水量 10%～50%的层间水,如此多的水进入孔隙中将对油气运移产生重大影响。

蒙脱石脱水作用在油气运移中的作用主要可归纳为三点：

(1)蒙脱石脱水可以在烃源岩中产生异常高压，特别是在发生欠压实或封闭时，将加剧异常高压的形成，促使烃源岩产生裂缝，为油气初次运移提供了动力和通道。Bruce(1984)的研究成果证明，蒙脱石脱水有利于流体异常高压的形成。图 4－6 表示的是 A、B 两口井的地层压力突变带与蒙脱石大量脱水转化带(图中阴影带)的关系。

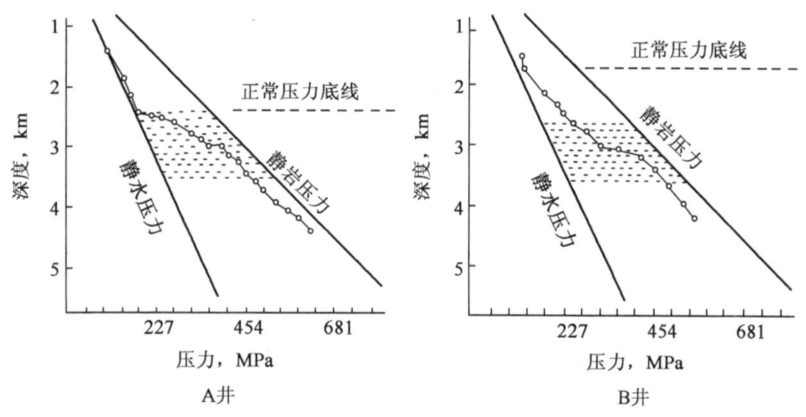

图 4－6　蒙脱石脱水与流体异常高压的关系(据 Bruce,1984)

(2)当烃源岩中的蒙脱石脱水时，水的相变和膨胀作用可以使烃类从矿物表面解脱到粒间孔隙水中而相对集中；同时，由于蒙脱石的层间水变为自由水，矿物颗粒体积相应收缩，从而提高了有效孔隙度和渗透率；蒙脱石脱水后对烃类的吸附能力也将大大减小。

(3)蒙脱石脱水可以提供占泥岩总体积 10%～15%的水量，特别是脱水段在成油门限深度以下更为有利，这样可以提供烃源岩成熟后的深部水源。

由于烃源岩中比运载层中含有更多的蒙脱石，因此蒙脱石脱水作用将促使流体从烃源岩向邻近运载层运移。在封闭孔隙系统中，蒙脱石脱水将造成烃源岩局部范围的异常高压，导致岩石破裂而排烃。

(四)流体热增压作用

流体热增压作用(亦称水热增压作用)，是指地下流体由于温度升高而体积膨胀，增加封闭地层系统的孔隙流体压力的作用。

随着温度的增加，地下水的比容(即单位质量水的体积)增加。如图 4－7 所示，地温梯度线与水的等密度线相交，交点的密度值随压力或埋深增加而减小(比容增大)，即水随温度增加而膨胀。例如，地温梯度是 2.5℃/100m 时，水的比容从 0 MPa 压力时的 1cm^3/g(A 点)增加到 81.5 MPa 压力时的 1.1cm^3/g(B 点)，水的体积膨胀了 10%，这是一个很大的数值。

不同地区，地温梯度不同，水的膨胀情况也不同。图 4－8 表示在三个地温梯度下水的膨胀情况。在 20000ft (6096m)的深度，地温梯度为 1.8℃/100m 时，水膨胀约 3%；地温梯度为 2.5℃/100m 时，水膨胀约 7%；地温梯度为 3.6℃/100m 时，水膨胀约 15%。

上述情况说明：随着地温梯度的增加，水的比容增大，而地温梯度的大小又常与埋藏深度成正比。因此，随埋藏深度的增加，水的比容也增大，水的这种膨胀将促使流体在地下深处发生运移，当然也有助于烃类的运移。

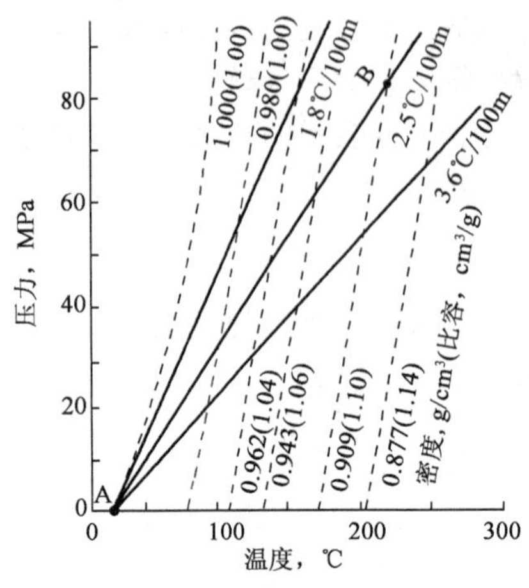

图 4-7　水的压力—温度—密度(比容)的关系曲线(据 Baker,1978)

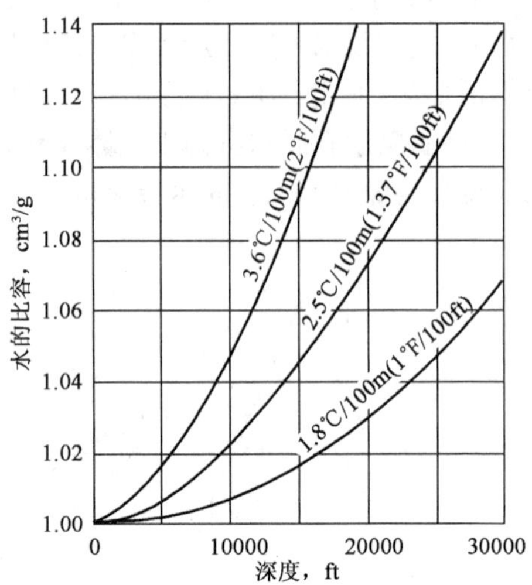

图 4-8　正常压力带的三个地温梯度(3.6℃/100m、2.5℃/100m、1.8℃/100m)情况下比容与深度关系(据 Magara,1978)

在砂泥岩剖面中,砂泥岩孔隙中的流体都会一样地发生热增容(压)效应。但是,由于砂岩渗透性好,本身是一个相对开放的子系统,因此砂岩内往往不会导致压力的异常升高;而泥岩不同,流体往往排泄不畅,容易产生异常高压,因此,泥岩中的流体总是向邻近的砂岩中运移。

当烃源岩层处于欠压实状态时,欠压实段具有异常高的孔隙度及孔隙水含量,因为水的热导率较低,不利于地下深处的热流向上传导,导致欠压实地层往往具有异常高的地温。这种异常高的地温及异常大的水体积,必然表现出更大的热膨胀体积。因此,欠压实段的热增压现象较正常压实段更明显。

(五)有机质的生烃作用

干酪根成熟后能形成大量油、气、水,其体积大大超过原干酪根本身的体积。这些不断新生的流体进入孔隙中,必然不断排挤孔隙的原有流体,驱替其向外排出。根据 Harwood(1977)的计算,含 1%有机碳的烃源岩,其生成烃类和水净增的液体体积大约是 $44\sim50m^3/10^4m^3$,相当于孔隙度为 10%的页岩总孔隙体积的 4.5%～5%,因此引起孔隙流体压力大幅度的提高(李明诚,1989)。当流体不能及时排出时,则会导致孔隙流体压力增大,出现异常压力排烃作用。因此,烃源岩生烃过程也孕育了排烃的动力,石油的生成与运移是一个必然的连续过程。

(六)渗析作用

渗析作用是指水由盐度低的一侧通过半渗透膜向盐度高的一侧运移的作用,随着浓度差消失,渗析作用逐渐停止(图 4-9)。渗析作用是自然界普遍存在的现象。

众所周知,溶液的盐度越高,蒸气压力越低,水的活动性也就越低;反之,水的活动性越高。因此,水体由低盐度、高活动性的地方流向高盐度、低活动性的地方,形成渗透流。这种作用的大小一般用渗透压力来衡量。

在砂泥岩互层剖面中,在压实作用下,流体总是从泥岩排向相邻砂岩,这样在砂岩中就会积留下更多的盐分,造成泥岩孔隙水的盐度比相邻砂岩低得多;在泥岩内部,由于边部较中部

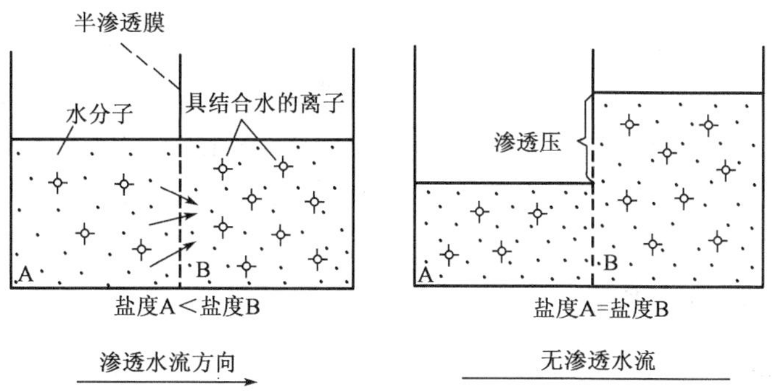

图 4-9　渗析作用示意图

压实得快，孔隙迅速减小，在边部会过滤下更多的盐分，造成泥岩边部的盐度大于中部；在欠压实泥岩中含有更多的流体，盐度更低。因此在渗透作用下，流体由泥质岩向邻近的砂岩、由泥岩内部向边部运移(图 4-10)。

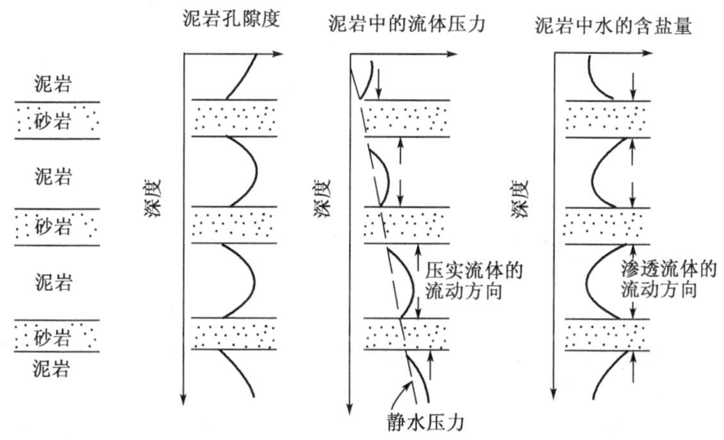

图 4-10　砂泥岩间互层层组中，泥岩的孔隙度、流体压力和孔隙水含盐量的分布曲线及流体运移方向(据 Magara，1978)

(七)胶结和重结晶作用

在成岩过程中，胶结和重结晶作用同样能使孔隙度降低，堵塞排液通道，形成成岩封闭，其结果和压实作用一样，随着孔隙度减小流体得以排出，当孔隙流体排出不畅时也产生异常压力或加剧原有的异常压力，最终导致岩石破裂而排烃。特别是对以化学成岩为主的碳酸盐岩烃源岩来说，这种作用更为重要，被认为是碳酸盐岩烃源岩初次运移的有效动力。

(八)扩散作用

扩散作用是指由浓度差产生的分子扩散。烃源岩中烃类的扩散作用是在岩石微孔的水介质中进行的，而且烃源岩中的含烃浓度高于周围岩石，所以烃类的扩散作用方向是由烃源岩指向围岩。扩散作用适合于低碳数烃，尤其对气态烃具有更重要的意义。

(九)毛细管压力

在地下亲水介质的多相流动中，毛细管压力对烃类运移一般都表现为阻力，但在以下两种情况下，毛细管压力对初次运移起积极作用。

在烃源岩与运载层接触面上，由于烃源岩的孔隙远远小于运载层孔隙，因此就形成由烃源岩指向运载层的毛细管压力差，驱使烃类由烃源岩向运载层中运移。

在亲水烃源岩内部，由于孔喉两端毛细管曲率半径不同，所产生的毛细管压力也不同，喉道一端的毛细管压力大于孔隙一端，两者之差指向孔隙。因此，在毛细管压力差作用下，烃类比较容易被从喉道中挤到大的孔隙中去，使烃类在较大孔隙中相对集中，有利于连续烃相的初次运移。

(十)初次运移的动力演变

促使油气初次运移的动力多种多样，在烃源岩的不同演化阶段，主要排烃动力是不同的。这种差异受到多种因素的影响，主要是烃源岩的成岩作用及有机质演化程度，因为它们将导致初次运移动力条件、通道条件、烃类相态和数量的改变。总体来讲，在中—浅层，压实作用为主要动力；在中—深层，异常压力为主要动力。由于油气大量生成主要发生在中—深层，因此，异常压力更显得重要。表4-1反映了泥质烃源岩排烃动力的演变。

表4-1　泥质烃源岩不同阶段的排烃动力(据张厚福等,1999)

埋藏深度,m	温度,℃	有机质热演化阶段	油气运移动力
0～1500	10～50	未成熟	正常压实、渗析、扩散
1500～4000	50～150	成熟	正常压实—欠压实、蒙脱石脱水、有机质生烃、流体热增压、渗析、扩散
4000～7000	150～250	高成熟—过成熟	有机质生气、气体热增压、扩散

三、油气初次运移的通道

运移通道是影响油气初次运移的主要因素之一，通道的类型、大小、性质、形成时期、分布特征等将影响烃类运移的相态、流动类型、运移数量、时期及运移效率，因此它是油气运移研究及油气资源评价中的重要问题。

油气初次运移的主要通道包括较大的孔隙与微层理面、构造裂缝与断层、微裂缝、有机质或干酪根网络。

(一)较大的孔隙与微层理面

孔隙和微层理面是有机质未成熟—低成熟阶段的主要运移途径。较大的孔隙是指烃源岩中孔径大于100nm以上的孔隙，包括微毛细管中的大微孔和少量的毛细管孔隙，虽然后者只占泥质烃源岩孔隙的极少数(平均不到5%)，但它不仅能顺利地让扩散流通过，而且还能发生体积流动，因此是最重要的排烃通道。游离相油气运移主要通过这类通道排出烃源岩。微层理面是层内沉积物垂向变化的界面，具有较好的渗透性，是烃类在泥质烃源岩内横向运移与调整的重要途径，在有机质成熟—过成熟阶段，它可以与微裂缝和干酪根网络构成良好的三维运移通道系统。

(二)构造裂缝与断层

这里所指的构造裂缝主要是在地应力差作用下烃源岩中产生的裂缝。但对一个断陷盆地来说，一般认为浅于2000m以水平应力为主，而深于2000m则以垂直应力为主(李明诚，2004)，此时可产生近于垂直层面的张裂缝或剪切裂缝；对于以水平应力为主的挤压盆地来说，则可产生平行于层面的张裂缝或剪切裂缝。张裂缝的宽度一般大于100μm，属毛细管孔径，烃类只要克服其毛细管阻力就能顺利通过。

烃源岩中的断层也是初次运移的重要通道。断层可以由构造裂缝连接发展而成，同时断层的活动又可以在其邻近区形成宽度不等的裂缝带。断层还可以造成烃源岩与其他地层对接并置，使烃类流体横穿断层面进入运载层。此外，地震泵效应进一步增强了断层的通道作用，即在断层张开和闭合的过程中，由于体积的扩张和压缩，流体压力也随之降低和升高，致使断层两盘的流体流入和排出，断层的活动就像是插入烃源岩中的吸管，将烃类和流体吸入和排出。

（三）微裂缝

微裂缝一般是指宽度小于 100μm 的裂隙，实际测量的宽度大多为 10～25μm，最小的宽度可为 3～10μm，是成熟—过成熟阶段的主要运移途径。异常高流体压力能导致烃源岩形成微裂缝的观点已被人们所普遍接受。

Rouchet(1981)指出，当裂隙周围介质的孔隙压力等于裂隙中的孔隙压力时，裂隙可长时期保持开启；当周围介质孔隙流体压力低于裂隙中的初始压力时，这类裂隙会由于其流体渗流到周围的孔隙中而迅速闭合。Ungerer 等(1983)的研究结果也表明，在微裂缝张开之后，原先封闭的流体就沿裂缝排出，随后在上覆地层负荷作用下裂缝闭合。此后又可建立新的高压，继而形成新的微裂缝与排烃过程(图 4－11)。

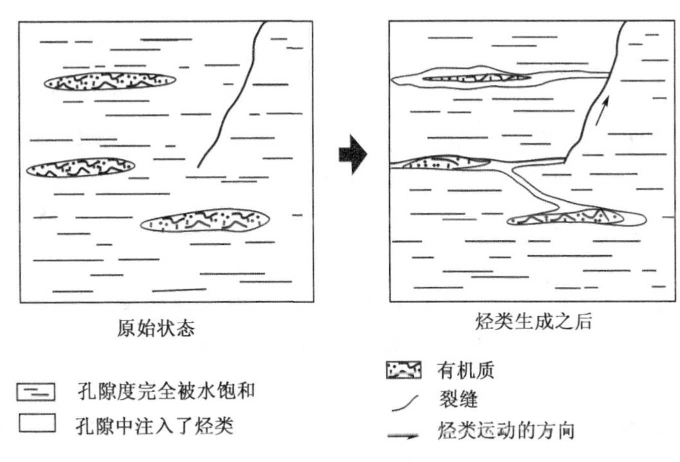

图 4－11　干酪根生成烃类过程中微裂缝的形成与烃类的注入(据 Ungerer 等，1983)

如果说烃类的生成是产生异常高压和微裂隙的重要原因，而微裂隙又是初次运移的重要通道，那么生烃和排烃这两种作用必然是一个连续的地质过程。研究表明，油气沿此类微裂隙的运移是呈幕式涌流方式进行的，流体排出后压力释放，微裂隙闭合，又进入新一轮的蓄压—破裂—排烃过程，如此周而复始。

（四）有机质或干酪根网络

Momper(1978)等认为，烃源岩层中的有机质并非呈分散状，而主要是沿微层理面分布。McAuliffe(1979)进一步证实，烃源岩中还存在有三维的干酪根网络。相对富集的有机质又可使微层理面具有亲油性，有利于烃类运移；若在微层理面之间再有干酪根相连，那么在大量生油的阶段，不但微层理面本身可以作为运移通道，而且还可以在三维空间上形成相互连通的、不受毛细管阻力的亲油网络，从而成为初次运移的良好通道。

四、油气初次运移的主要时期和烃源岩有效排烃厚度

(一)初次运移的主要时期

初次运移的时期是指烃源岩从开始排烃到终止排烃的整个时期。受烃源岩成岩作用、有机质演化、油气运移相态及排烃等条件的制约,油气初次运移必定存在一个主要时期,即主运移期。

确定油气初次运移主要时期应着重结合烃类生成时期、运移相态及排烃动力条件等进行综合分析。

从泥岩成岩作用过程看,有机质成熟期处于晚期压实阶段,具有一定的通道条件和动力条件,是主要的初次运移时期。

井波和夫和星野一男(1977)按泥质沉积物的物理状态将其成岩过程划分为黏性压实阶段、塑性压实阶段和弹性压实阶段。青柳宏一和浅川忠又主张将上述三个阶段易名为早期压实阶段、晚期压实阶段和重结晶阶段。

早期压实阶段埋深一般小于 1500m,地温低于 60℃。颗粒很少接触,沉积物呈黏性流动,主要成岩因素是压实下的颗粒重排,孔隙度为 80%~30%,有大量的水被逐出。此阶段虽有良好排烃通道,但由于烃类尚未生成,不能成为主要排烃期。

晚期压实阶段埋深为 1500~3000m,地温在 60~100℃。颗粒接触增强,沉积物呈塑性固体特征,主要成岩因素为压实、固化和矿物转化,孔隙度为 30%~10%,有较少的孔隙水和矿物层间水被挤出。此阶段有机质处于成熟期,油气大量生成,蒙脱石大量释放层间水,水热增压作用和欠压实作用加强,烃源岩层常具有异常高压,并产生幕式压裂,形成微裂隙。同时,相邻的砂岩层在此深度上的孔隙度大多在 15%~20%之间,能够较好地吸纳初次运移出来的油气。所以,无论是从油气生成上看,还是从运移的动力和通道条件上看,都是有利于初次运移的主要时期。

重结晶阶段埋深大于 3000m,地温在 100℃以上。颗粒互相交代,自生矿物质形成,孔隙被充填,从而形成坚固格架,主要成岩因素是胶结和矿物转化,压实作用微弱,所剩之水不易排出,几乎长期被封存,泥质沉积物的孔隙度为 10%~5%,甚至小于 5%,运移条件很差。此时烃类进入热裂解阶段和深部高温生气阶段,液态烃很少,主要依靠异常压力通过微裂隙运移,而大量生成的甲烷呈气相或单分子扩散形式运移,运移的规模也较小。

从烃源岩提供的动力条件看,在有机质成熟阶段,压实作用、欠压实作用、黏土矿物脱水作用、有机质生烃作用、水热增压作用等成为重要运移动力,是幕式压裂和幕式排烃的主要时期。因此,油气初次运移的主要时期就是有机质热演化成熟阶段。

(二)烃源岩有效排烃厚度

由于受到渗透率、排烃动力、烃源岩均一性及厚度等因素的影响,烃源岩中排烃是不均匀的,只有在一定厚度范围内才能有效地排烃。在烃源岩与储层(或输导层)相邻的部位排烃效率高,而越向烃源岩中心部位排烃效率越低,有的甚至根本不能排出而成为死烃。烃源岩中能够有效排出烃类的厚度称为有效排烃厚度。

图 4-12 表示阿尔及利亚地区的储层上覆泥盆系页岩烃源岩中,烃类、胶质、沥青质的含量随与储层距离的增加而逐渐增加,越靠近储层,含量越少,说明与储层相接触的一定距离内烃源岩层中的烃类有效地排出了,而远离储层的烃源岩层中的烃不能有效排出。这段厚度距

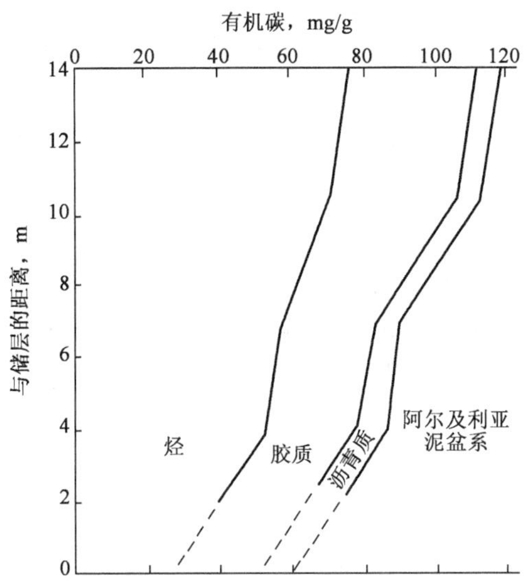

图4-12　阿尔及利亚地区储层上覆泥盆系页岩烃源岩中烃类、胶质、沥青质含量分布图(据B. P. Tissot,1971)

离就是烃源岩排烃的有效厚度,在该实例中烃源岩层有效排烃厚度约为28m(上下距储层各14m)。

一般认为烃源岩有效排烃厚度为10～30m(Tissot,1978;Magara,1978)。王捷等(1985)对东营凹陷利14、梁28和宁17等7口井沙河街组三段烃源岩单层厚度(7.5～42.5m)的研究,认为进入成熟门限的烃源岩向上、下排烃的有效厚度分别为18.5m和4m,排油效率分别为54.6%和24.1%,以向上排烃为主。

第二节　油气二次运移

与初次运移相比,二次运移的介质条件发生了很大的变化,如孔隙空间变大,具有良好的孔隙性和渗透性,毛细管力相对较小,储层中自由水较多,温度、压力和盐度相对较低等,故二次运移与初次运移必然存在许多差异。

一、油气二次运移的相态及临界饱和度

(一)油气二次运移的相态

目前普遍认为二次运移中石油主要呈游离相,也可以有水溶相、气溶相。

石油以游离相运移有诸多的有利因素。第一,储层孔隙条件允许。储层与烃源岩相比有较大的孔径和孔隙空间。据我国东部陆相含油气盆地储层的物性统计,最小平均孔隙直径也有1μm,烃类分子完全可以不受孔径的限制而自由通过。第二,毛细管阻力小。由于储层的孔隙直径较大,因而石油在水润湿的孔隙中运移受到的毛细管阻力要比在烃源岩中小得多。第三,油在圈闭中的聚集最终表现为油相的聚集,在此过程中无需相态的转换,对于天然气也是如此。因此,游离相必然成为油气二次运移的最主要相态。

石油以水溶相和气溶相运移进入运载层后,由于温度、压力降低,盐度增高等条件的变化,

石油在水和气中的溶解度会降低，从而变为游离相。这些出溶的石油慢慢聚集成大小不等的油珠，分散在整个二次运移通道中，除非有机会连接成较大的油体，这些分散孤立的微石油才有可能继续进行二次运移。

对天然气二次运移来说，存在水溶相、油溶相、气相和扩散相等四种相态，但是它们的重要性与初次运移有明显的差别。

天然气水溶相在初次运移中很重要。在二次运移中，由于周围环境的变化，水溶相要产生许多变化。进入运载层后，由于水量的增加，包含天然气的水溶液会先变得不饱和，天然气不会立即出溶；由于温度、压力和盐度等因素变化的影响，终将有一部分天然气从水中出溶变成游离相，并分散在运移通道中。这些微小孤立的气泡要继续进行二次运移，也将遇到水溶相石油相同的问题。

天然气在运载层中呈扩散相运移是不同于液态石油运移的最大特征。只要存在浓度差异，天然气的分子扩散就可以发生。在初次运移和二次运移中，扩散相不需要相态的转变，特别是在流体渗流停滞或在聚集圈闭状态下，天然气的扩散相运移更为重要。同样，对于油气保存而言，扩散作用将导致天然气的散失也是必然的。

天然气进入运载层后不需要进行相态的转变，直接可以在运移通道中形成微聚集，并能很快地达到一定的体积或一定的饱和度而继续二次运移。这一点与石油以游离相态进行二次运移的重要性是相同的。

(二)油气二次运移的临界饱和度

油气要以游离相在运载层中运移，必须达到或超过其临界饱和度。关于油气二次运移的临界饱和度大小，不同学者研究的结果不尽相同，但差别不大。Levorsen(1954)对亲水的砂岩中进行油水两相吸排水的实验结果表明，油相饱和度低于10%时，油相不能流动。C. D. McAliffe(1979)认为，如果从运载层到圈闭的运移通道上油气残余饱和度低于20%～30%，游离相油的二次运移就会受到限制，甚至不可能发生；当沿运载层的上部或下界面含油饱和度达到20%～30%时，游离相的油才能在浮力作用下发生二次运移。W. A. England(1987)等也认为，运载层中至少要达到20%～30%的含油饱和度才能形成连通的运移通道，这部分饱和度主要是以残留油的形式沿运移通道损失了。对于大多数运载层，油相发生二次运移的临界饱和度为10%～30%是适合的。

对于天然气二次运移的临界饱和度，也有与石油相似的认识。Levorsen(1967)用双相渗滤实验验证，非润湿相的气饱和度要达到5%～10%时才能产生气相运移；T. T. Schwalter(1979)也认为，气运移临界饱和度应达到10%以上；郝石生(1994)认为，以10%作为气临界饱和度适用于大多数储集岩。

二、油气二次运移的阻力和动力

(一)油气二次运移的阻力

油气以不同相态进行二次运移将具有不同的阻力：以游离相运移时，阻力主要是毛细管压力和与岩石颗粒间的吸附力；以水溶相运移时，阻力主要来自水与孔隙内壁的摩擦力；以分子扩散运移时，阻力主要来源于分子间以及分子与孔隙内壁间的碰撞；在一定的地层条件下，浮力也可表现为阻力。下面主要分析游离相油气所受到的毛细管压力和吸附力阻力。

1. 毛细管压力

地下岩石孔隙系统多为水润湿，游离相油气在其中运移必然要受到毛细管力的作用。由于岩石的孔隙和喉道半径不同，油气受到的毛细管压力大小不同，这种差异及其与浮力等二次运移动力因素的关系将对二次运移产生影响。以图 4－13 为例，a 处浮力不足以使油珠表面变形而进入喉道；在 b 处，当浮力或其他外力增大时，油珠变形，其上端进入喉道，由于油珠上、下端半径不同（分别代表喉道半径和孔隙半径），两端毛细管压力也不相同，上端毛细管压力大于下端，毛细管压力差方向指向下端孔隙，此时相对于上浮油珠来说，毛细管压力差就是阻力；c 处油珠上、下端曲率半径相同，两端毛细管压力也相等，毛细管压力差为零，无毛细管阻力；d 处油珠下端（喉道处）毛细管力大于上端（孔隙处），毛细管压力差指向上端孔隙，此时毛细管力对于上浮油珠非但不是阻力，而且还是驱动油珠上浮的附加动力。

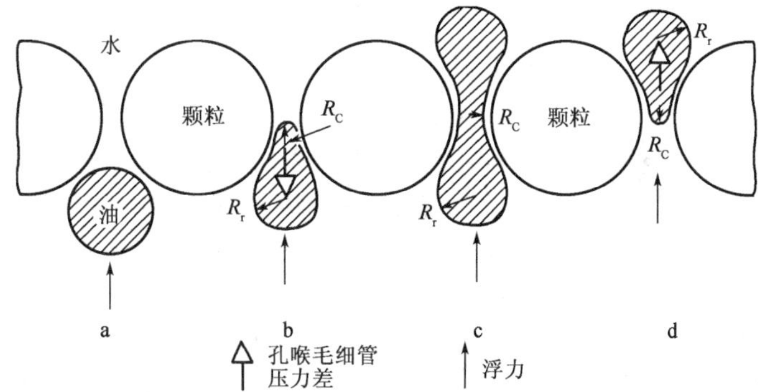

图 4－13　油气在储层中运移时的毛细管阻力（据 Berg，1975，有修改）

在地层条件下，油气通过岩石孔隙系统进行二次运移都要经历上述四个状态，这是一个连续的过程，无论毛细管压力差表现为阻力还是动力，油气的二次运移都是毛细管力与浮力等运移动力大小对比的结果。油气二次运移的最大毛细管阻力就取决于岩石最小喉道和最大孔隙所产生的毛细管压力差。然而油气在岩石中会选择向阻力最小的通道运移，也就是沿最大孔隙和喉道所组成的路径运移。

在一定的岩石孔隙系统中，由于油水界面和气水界面张力会随温度、压力的变化而变化，从而具有不同的毛细管压力。

2. 吸附力

吸附是流体与固体分子之间作用的一种界面现象，它是由界面上的分子具有不饱和力场和不稳定电场而产生。岩石的岩性、矿物组成、结构、粒度及烃类性质都是影响吸附力的重要因素。油气与岩石颗粒接触的两相界面越大，吸附作用越强，吸附量也就越多。泥质烃源岩等细粒沉积物由于颗粒比表面积大，较粗碎屑储集岩具有更大的吸附力，并且烃源岩中含有的有机质比一般矿物具有更强的吸附性，因此烃源岩中因吸附而残留的油气比粗碎屑储集岩多。烃类的吸附性还与烃类性质和分子结构有关，一般来说，随分子质量的增大，吸附能力也增加。岩石颗粒对烃类的吸附力始终是油气运移的阻力。

（二）油气二次运移的动力

在地层条件下，油气二次运移的动力有浮力、水动力、构造应力、分子扩散力和分子渗透力等，不同的流体类型和相态具有不同的动力作用机制。

1. 浮力

在地层条件下，由于油、气、水存在密度差，因此游离相的油、气将受到浮力的作用，其大小可用阿基米德定律求得：

$$F_{wo}=V(\rho_w-\rho_o)g$$

式中 F_{wo}——油在水中的浮力，Pa；

V——油相体积，cm^3；

g——重力加速度，$980cm/s^2$；

ρ_w——地层水的密度，g/cm^3；

ρ_o——石油的密度，g/cm^3。

油气在运移过程中必须首先克服毛细管阻力。如图4－13b所示，一滴油珠在水湿润的地下环境中通过孔隙喉道运移，毛细管压力与浮力相对抗，直到变形的油珠内部曲率半径上、下端相等，只有当油气浮力大于毛细管阻力时油气才能移动。

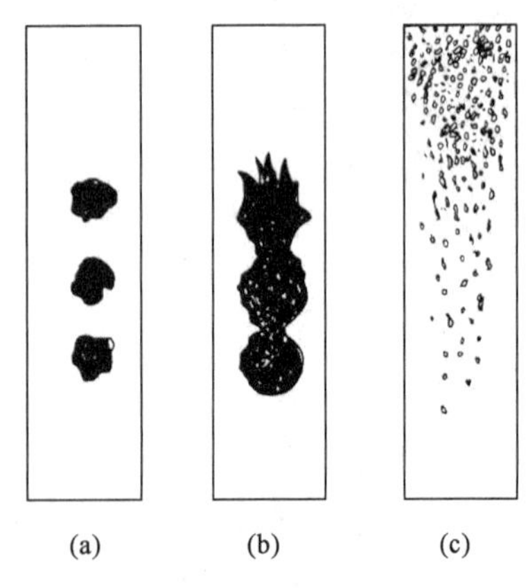

图4－14 奇尔曼·A.希尔的一个实验的三个连续阶段，说明浮力的作用与油滴数量的关系（据A. I. Levorsen）

关于这个问题，美国学者奇尔曼·A.希尔所做的简单实验，能够得到有力的说明。图4－14表示的是一个长方形盒子的前视图。该盒子长约1.83m，厚约10cm，宽约30cm，内装满浸水的砂子，正面为透明玻璃，用以观察浮力的作用。图4－14(a)为第一阶段：将三堆油注入水浸砂中，每堆油大小约10cm，各据一方，互不连接，此时由于油堆体积不大，浮力不足，阻力阻止了油滴向上浮起，油堆停滞不动。图4－14(b)为第二阶段：又加入了一些油，使三堆油互相连接汇合，此时可见，其上部有指状油流开始向上浮起，这是因为油堆体积增大，浮力随之增大，油堆足以克服阻力而上浮运移。图4－14(c)为第三阶段：几小时后，整个油堆都上浮运移到盒子的顶部聚集，在下部只残留了很少很小的油滴，其直径只相当几个孔隙大小。

油气自烃源岩运移到运载层后，首先储存在底部，并逐渐由分散状汇集成块状，成为具有一定体积的油气体。在静水条件下，当聚集的油气体积足够大，其受到的浮力足以克服毛细管阻力时，油气体才开始垂直上浮，并逐渐到达运载层顶部。如果把石油体积V_o变换成单位面积的高度，这样可得到石油上浮的临界高度Z_o（单位为cm）：

$$Z_o=[2\sigma(1/r_t-1/r_p)]/[(\rho_w-\rho_o)g]$$

同理，可以求得气上浮的临界高度。

需要注意的是，油气所受浮力的大小与其密度和温压条件有关，油气运移所需要的临界高度也不同。油气与水的密度差越大，浮力越大，油气越容易上浮。相对于油而言，由于气、水的密度差远大于油、水密度差，因此在相同水环境和油气柱高度下，气所受到的浮力作用要大于油。

在静水条件下，如果岩层是水平的，则油气到达运载层顶部后，在盖层的封闭下油体沿顶界面分散，将不再运移；如果岩层是倾斜的，油气在聚集相当于临界高度时，将在浮力作用下继续向上倾方向运移，直至到达圈闭聚集起来。此时，沿上倾方向浮力的大小将受到地层倾角的影响。地层倾角越大，沿上倾方向浮力也越大。

2. 水动力

储层内是充满水的，油气进入储层(或运载层)后与水共同构成孔隙流体，水的流动必然对油气产生影响，特别是对于水溶相的油气是重要的运移动力。

在水动力作用下，水溶相的油气将与动水一起运移，其运移特征受到水动力和地层条件的影响。

在压实水动力作用下，油气运移的大方向与油气在浮力作用下运移的大方向基本一致，因此促进了油气在浮力作用下的二次运移及在地层中的原始聚集与分布。但在局部地区或局部构造，水的流动可以沿水平地层作水平运动，也可以沿倾斜地层向下倾或沿上倾方向运动。因此，水动力在油气运移过程中的作用是起动力作用还是阻力作用，也要看水流动方向与油气浮力方向是否一致而定。

在水平地层情况下，水动力方向与浮力方向垂直，油气体在浮力作用下上浮至运载层顶界面被盖层封闭，此时，油气是否运移要视水动力与运载层毛细管力阻力之间的对比。若水动力大于油体所受的毛细管阻力，油气将沿水动力方向运移；若水动力小于毛细管阻力，油气将无法运移(图 4－15)。

在地层倾斜情况下，当存在来自上倾方向的水流时，水动力与浮力方向相反，对运移起阻碍作用；当存在来自下倾方向的水流时，水动力与浮力方向相同，将加速油气运移。所以在地层条件下，油气的运移是水动力、浮力、毛细管阻力作用的结果，如图 4－16 所示。

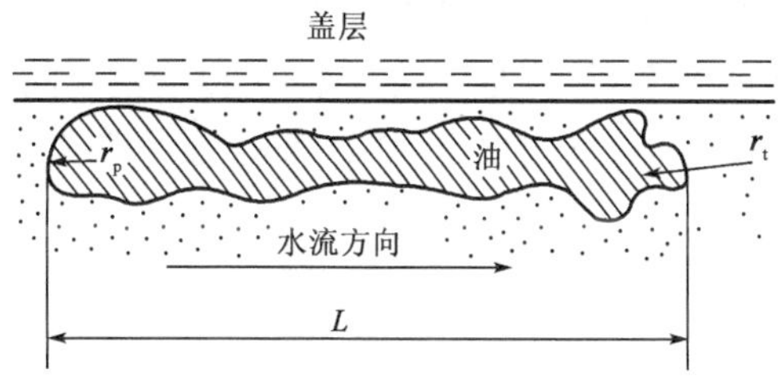

图 4－15　水平地层中油气在水动力推动下的运移(据张厚福，1999)

r_t—岩石喉道半径；r_p—油体(岩石孔隙)半径；L—油体长度

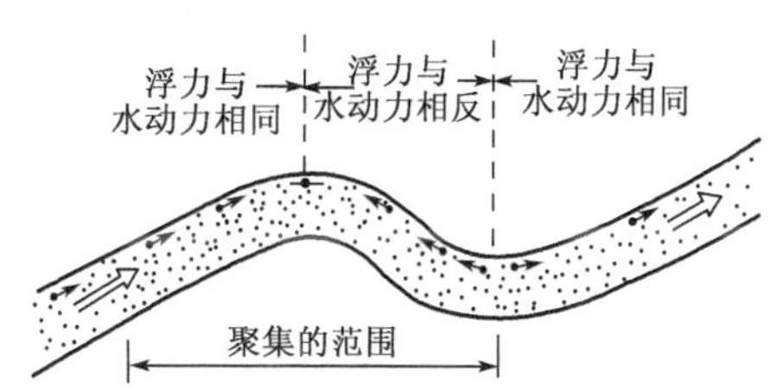

图 4－16　背斜地层中水动力与浮力的配合情况示意图(据张厚福，1999)

⟹ 低流体位能及水流方向

•→ 浮力使石油进入和流动方向

3. 构造应力

由地壳运动产生的地应力称为构造应力。构造应力与孔隙流体压力互相作用、互相传递，形成岩石统一的压力系统。构造应力直接或间接为油气二次运移提供动力和通道，主要表现在：构造应力作为二次运移的直接驱动力；构造应力为浮力作用和水动力驱动提供条件，并形成运移通道；构造作用产生的异常压力可以造成地下流体势的改变，促使油气运移。

4. 分子扩散力

只要存在浓度差，烃类的分子扩散就可以发生，分子扩散力对初次运移和二次运移都是重要的运移动力。分子扩散受浓度梯度控制，他总是从高浓度区向低浓度区扩散。这种扩散既包括与油气运移方向一致的，也包括其他方向的，后者将导致油气的散失，特别是在油气藏形成以后，天然气通过上覆盖层的扩散将导致气藏的破坏。相对于浮力、水动力、构造应力，分子扩散力只是一种次要的动力，其效率比油气渗滤小几个数量级，但在弱水动力条件的致密地层中，分子扩散就成为二次运移的主要动力和方式。

三、油气二次运移的通道和方向

(一)油气二次运移的通道

油气二次运移的主要通道有连通孔隙、裂隙、断层和不整合面。

1.连通孔隙

储层的连通孔隙是油气二次运移的基本通道。连通孔隙的多少取决于岩层有效孔隙度的大小，砂质岩的有效孔隙度可占总孔隙度的80%以上，那些不连通孔隙中的烃类只能发生分子扩散。流体通过连通孔隙的能力一般用渗透率衡量，而渗透率的大小取决于岩石的孔隙喉道结构，即孔隙与喉道在数量、大小与分布的配置关系。喉道半径越大，孔隙半径与喉道半径的差值越小，渗透率越大，越有利于油气运移。在碳酸盐岩储集岩中，除了原生孔隙外，还发育各种次生孔隙和溶洞，如有裂缝将它们连通起来，将成为良好的运移通道。

2.裂隙

裂隙是岩石中没有造成位移的缝隙，在岩石中分布广泛，可将其视为一种特殊的孔隙，它对改善岩层特别是那些致密地层的渗透性极为重要。裂隙成因有多种，如褶皱和断裂等构造作用、岩石在早期成岩过程中的收缩、晚期成岩过程中的溶蚀、地层中异常高压与地应力的叠加等作用等。构造裂隙具有一定的方向并构成一定的组系，往往是穿层分布，可以切割不同岩性地层，是油气穿层运移的良好通道。成岩裂隙往往不具有方向性，延伸距离短，受层面限制，形状不规则，缝面弯曲，是良好的顺层运移通道。

3.断层

断层可以作为油气二次运移的良好通道。断层不像孔隙那样大小不一、迂回曲折，可以认为油气沿断层运移比在岩石孔隙中运移更容易。在许多垂向上远离深部烃源岩层的浅层油气藏的形成过程中，断层起到重要的通道作用。周期性活动的断层，会导致油气多次运移，改变油气分布格局。

4.不整合面

不整合面作为油气运移的通道应属于裂缝与孔隙形成的网络系统，可作为油气二维侧向运移的运载层，是油气二次运移的重要通道。不整合面作为运移通道的首要条件是其下伏地层是否具有渗透性，其上必须被不渗透的岩层所封闭。不整合面代表着地层曾经历过区域性的地壳运动或沉积间断，往往使下伏地层特别是抗风化溶蚀能力弱的岩石遭受风化剥蚀和溶解淋滤，形成区域性稳定分布的高孔高渗古风化壳或古岩溶带，这对油气长距离运移或形成大油气田非常有利。但是若不整合面上覆地层不具备封闭性，则不整合面就只能成为类似一般具孔渗性的地层单元。

不整合面的分布具有区域性，在时空上具有稳定性，不仅能大面积汇集油气并形成长距离的运移通道，还能把不同时代、不同岩性的烃源岩层和储层连通起来形成多种类型的不连续的生储盖组合。

(二)油气二次运移的优势通道与运移方向

1. 优势通道和有效通道

油气运移宏观上受到区域构造背景与流体势场的控制，在微观上受运移通道的控制。二次运移不可能在整个运载层中发生，在非均质的地层中油气总是沿渗透率最大、毛细管阻力最小的通道运移，因此，油气运移存在一个优势通道问题。所谓优势通道，是指油气自然优先流经的二次运移通道，它决定油气二次运移的主要方向。

地下油气并非在所有的运载层中都发生二次运移，多数油气是沿优势通道运移的，部分是沿非优势通道运移的，更多的在地质历史上并未发生二次运移。为了研究二次运移的有效性，提出了有效通道的概念，把那些真正发生了运移作用的运载层称为有效通道。显然，优势通道是有效通道的一部分，而优势通道肯定是有效通道。

2. 油气运移方向及其控制因素

控制油气运移方向的因素很多，概括起来有以下几点。

(1)运载层：油气运移是发生在运载层中的，因此运载层是控制运移方向的根本因素。从运载层来讲，主要有运载层的类型与分布、运载层的连续性和渗透性等。

(2)运载层及相关地层的构造起伏：主要是指运载层和上覆盖层的构造起伏及断层面的构造起伏对运移通道的控制作用。油气向运载层倾斜斜率最大的方向运移，因而可能会在构造脊线的部分聚敛并向上倾方向运移。

(3)封盖层的形态与分布：油气只有在盖层封闭下才能在浮力作用下沿运载层顶界面(盖层的底界面)作横向运移，一旦失去盖层的封闭，油气将进行垂向运移及散失，因此盖层是形成横向运移通道的重要条件。对于盆地规模的油气运移来说，区域性盖层的起伏形态决定了油气运移方向，盖层的分布决定油气聚集范围。

(4)盆地结构和形状：Pratsch(1982)根据盆地结构和形状，总结出不同盆地油气二次运移的优势方向，如图 4－17 所示。在构造图中，等高线的走向分布往往与流体的等势线分布近似平行，垂直等势线的方向是油气二次运移的主要方向。由于构造形态的变化，凹面一侧流线聚敛，凸面一侧流线发散，在等高线密集的一侧流线集中，相反的一侧流线发散。显然，流线聚敛和密集的一侧就是油气运移主路线所在。

(5)断层的阻挡和连通：封闭性断层是油气横向运移重要的阻挡条件。当遇到封闭断层时，油气要么聚集成藏，要么改变运移方向；而当断层开启时，断层可以成为垂向运移通道或成为两盘地层油气运移的连通条件。对于断层发育的含油气盆地，必须重视断层对油气运移和分布的控制作用。

总之，盆地中油气二次运移方向受到多种因素的控制，需要综合分析。但总体来说，油气在地下的运移是沿着渗透性最好、阻力最小、从高流体势区向低流体势区运移。从盆地整体上看，油气运移的方向总是由盆地中心向盆地边缘和盆地中的古凸起运移、由深部地层向浅部地层运移。因此，位于生油凹陷附近的凸起带及斜坡带，常成为油气运移的主要指向，特别是长期继承性的凸起带最为有利。我国油气田勘探的实践证明，一些含油气丰富的油气田，都是位于生油凹陷附近油气运移的主要方向上。例如，松辽盆地的大庆油田、渤海湾盆地东营凹陷中的胜坨油田、东辛油田等，都是分布在主要生油区的周围，在油气运移的主要方向上。

石油在运移过程中，存在被矿物颗粒选择性吸附的现象，其化学组成和物理性质都会发生变化，这与实验室内色层分析极为相似，可以利用石油的地球化学指标和物理性质有规律的变

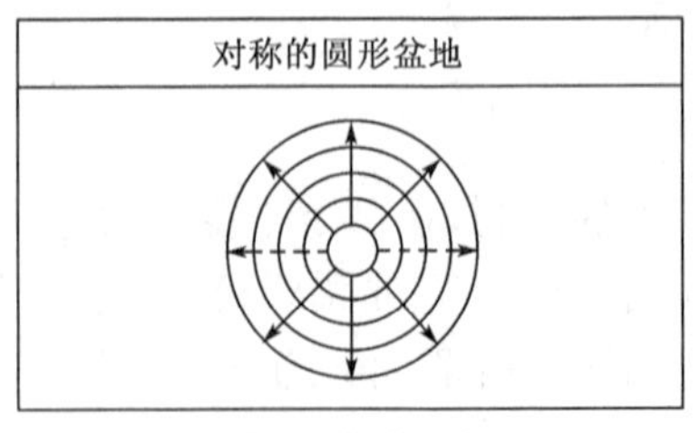

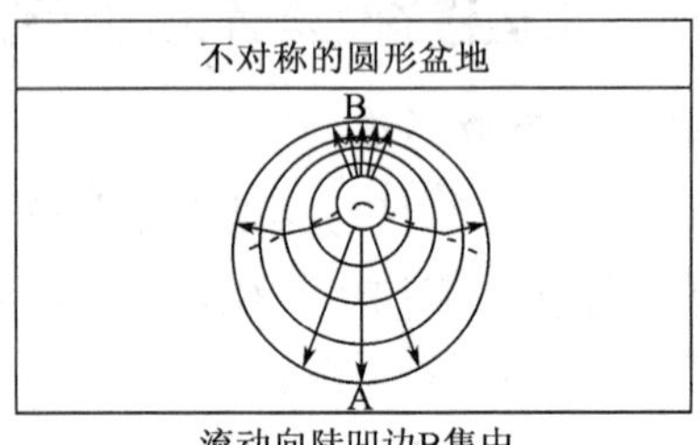

流动无优势方向　　流动向陡凹边B集中

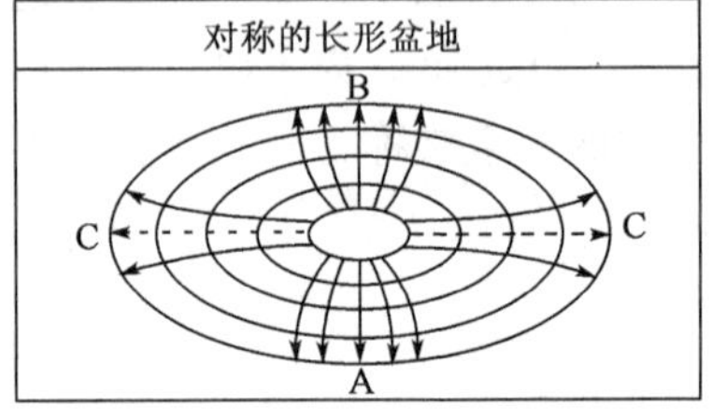

不对称的长形盆地
B
C
C
A

流动向长边的翼部A和B集中

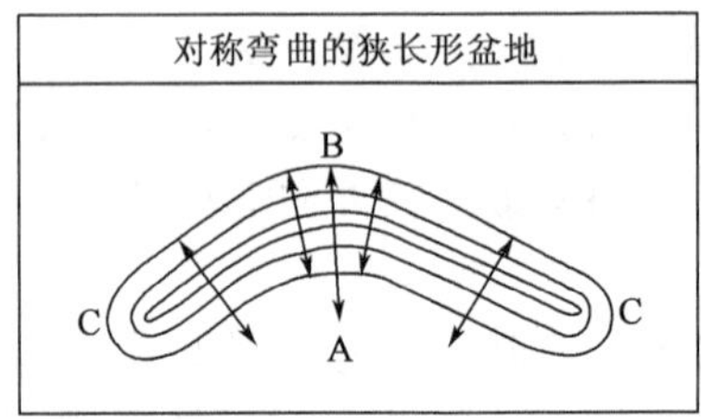

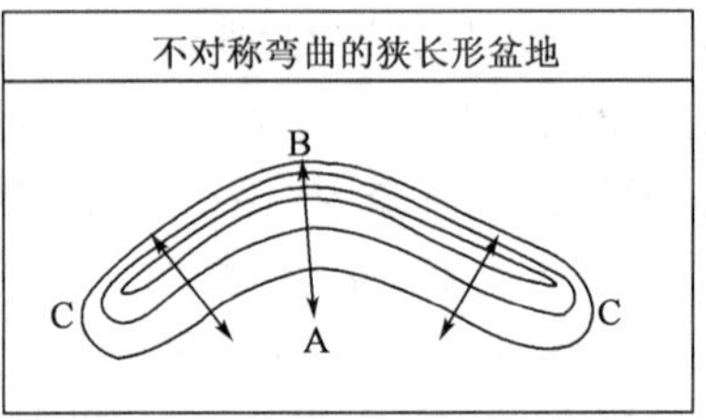

图 4-17　根据盆地的几何形态确定油气运移大方向(据 Pratsch,1982)

化来追索油气运移路线。

沿运移方向高分子烃类化合物、芳香烃、卟啉,以及沥青质、胶质和重金属(V、Ni)等的含量都相应减小,造成主峰碳数降低、正构烷烃的轻重比值增加、芳香烃的轻重比值增加。这是因为石油中的非烃化合物(含氧、硫、氮的有机质)最易吸附于矿物的表面或溶解于水中,芳香烃比正构烷烃和环烷烃的极性强,在水中的溶解度也大,所以随着石油的运移,非烃和芳香烃含量逐渐减少。石油中^{13}C比^{12}C具有较强的吸附性,沿运移方向,^{13}C与^{12}C的含量比值减少。芳香烃中^{13}C与^{12}C的含量比值高于烷烃和环烷烃,随着在油气运移方向上芳香烃的减少,必然导致^{13}C与^{12}C的含量比值减少。也有人认为,重同位素^{13}C比轻同位素^{12}C吸附能力强,^{12}C相对运移快,故在运移前方^{12}C含量相对较高,致使^{13}C与^{12}C的含量比值减小。

随着油气在运移过程中化学成分有规律的变化,其物理性质也必然变化:沿运移方向,原油的相对密度、黏度、含蜡量和凝点逐渐变小。

必须指出,上述原油性质的变化,只是当沿油气运移方向层析作用起主导作用时才能发生的现象。假如在运移过程中氧化作用占主导地位,则不仅上述有规律性的变化不存在,而且还会出现相反变化规律,即原油性质从凹陷内部向边缘由轻变重;沿油气运移的方向,原油的相对密度、黏度有规律地增大。

(三)油气二次运移的输导体系

油气运移通道在地下相互联系,构成了油气运移的通道网络,它们往往不是单一的运载层。所谓输导体系,是指油气从烃源岩运移到圈闭过程中所经历的所有路径。运载层的相互组合就构成了输导体系。与运载层相比，输导体系不仅包括油气运移的各种路径，更加强调各种运载层之间的配置关系，因此输导体系是各种运载层及其相互关系的总和。

根据油气运移的主通道以及影响油气运移通道的主要因素，可以将输导体系划分为储层、断裂、不整合及复合输导体系等四大类。

并非所有的输导体系都能输导油气。由于运载层运载能力、组合关系及其他地质条件的影响，有的输导体系并没有发生油气运移，不能成为有效运移通道，在实际工作中必须加以甄别。研究输导体系的有效性，识别有效运移通道，对于明确油气二次运移方向、认识油气分布规律具有积极意义。

四、油气二次运移的主要时期和距离

（一）油气二次运移的主要时期

二次运移是初次运移的继续，两者是同时存在的连续过程。二次运移包括三个阶段，即油气到达圈闭之前在运载层中的运移、油气在圈闭范围内的运移、油气藏遭破坏和改造造成油气再分布的运移，这三个阶段在地质历史时期是连续的，各个阶段都有各自的条件和主要运移期。此处讨论的二次运移主要时期是指油气进入圈闭前大规模运移的时期。

影响油气二次运移主要时期的因素是多方面的，主要有烃源岩大量生排烃、运移通道形成和构造运动等，必须将它们结合起来综合分析才能得到客观的结论。

烃源岩大量生排烃是二次运移的前提，二次运移必然发生在大量生排烃时期之后或同时。也就是说，一个盆地中油气进行大规模二次运移的最早时期不会早于主生排烃期。

运移通道是二次运移的条件，油气汇集并形成优势运移方向的时期就是二次运移的主要时期。

构造运动不仅是油气运移的直接动力，而且为浮力和水动力发挥作用提供条件，更主要的是，为形成运移通道创造条件。由于在盆地演化过程中可能发生多次构造运动，在主要生排烃期后的第一次大规模构造运动决定了二次运移的主要时期。

油气二次运移是连接烃源岩与油气藏的中间环节和过程，二次运移的主要时期也就是油气聚集形成油气藏的主要时期。确定油气二次运移的主要时期，不仅是一个理论问题，也是油气田勘探和油气资源评价的重要依据。

（二）油气二次运移的距离

油气二次运移的距离取决于运移通道、区域构造条件、岩性岩相变化条件、上覆盖层与断层的发育，以及油气二次运移动力条件。在岩性岩相变化较大的地区，同时又缺乏其他合适的运移通道时，油气不可能进行远距离的运移。例如位于泥质烃源岩层中的砂岩透镜体油气藏等，油气无需经过远距离的运移。如果具备优越的、区域性分布的运移通道条件和盖层条件，同时又具备良好的运移动力条件，油气有可能进行较远距离的运移（大于几十千米，甚至超过100km）。对一个盆地而言，油气运移的最大距离不会大于生烃凹陷中心到长轴方向盆地边缘的距离。

我国的含油气盆地具有多构造旋回、分割性强、多属陆相地层、岩性岩相变化大等特点。从目前所发现的油气田情况看，它们大多靠近沉积中心（生烃凹陷）分布，因此二次运移的距离一般不大，根据圈闭到烃源岩区的距离估计一般在几千米至几十千米。表4－2是我国几个主要含油气盆地油气二次运移距离的统计数据。

表 4-2 我国部分含油气盆地油气运移距离(据张厚福,1989)

盆地名称	运移距离,km	
	一般距离	最大距离
松辽盆地	<40	
鄂尔多斯盆地	<40	60
渤海湾盆地	<20	30
江汉盆地	<10	15
南襄盆地	<10	20
酒泉盆地	5～20	30
准噶尔盆地	30～50	80

第三节 圈闭与油气藏的概念及度量

一、圈闭的概念及度量

(一)圈闭的概念

圈闭指储集层中能够阻止油气运移,并使油气聚集、形成油气藏的一种场所。

圈闭通常由三部分组成:

(1)储集层:这是圈闭的主体部分,为油气储存提供空间。

(2)盖层:位于储层之上,阻止油气向上逸散。

(3)遮挡物:阻止油气继续侧向运移,构成油气聚集的屏障。

盖层和遮挡物都是阻止油气散失的封闭条件,盖层是在垂向上阻止油气散失,而遮挡物是在侧向上阻止油气散失。因此,圈闭实际上是由具有孔隙空间的储集体和能够使储集体封闭起来的封闭条件形成的。

作为圈闭形成要素的遮挡物,可以是盖层本身的弯曲变形,如背斜,也可以由断层、岩性或物性变化、地层不整合等构成。因此,根据圈闭的成因(主要是根据圈闭的遮挡条件),可将圈闭分为构造型、地层型、岩性型等类型。

圈闭是地下能够捕获分散烃类形成油气聚集的地质体,具备储存油气的能力,也可理解为地下可储存油气的容器,但并不是每个圈闭中都聚集了油气,只有足够数量的油气进入圈闭,充满圈闭或占据圈闭的一部分,才可形成油气藏。石油和天然气在运移过程中,如果遇到阻止其继续运移的遮挡物,则停止继续运移并在遮挡物附近聚集,形成油气藏。

(二)圈闭的度量

圈闭的大小和规模往往决定着油气藏的储量大小,圈闭的大小由圈闭的最大有效容积来度量。圈闭的最大有效容积是指该圈闭能容纳油气的最大体积,是评价圈闭的重要参数之一。在储层为正常静水压力条件下,可用下面几个参数描述圈闭的大小。

1. 溢出点

油气充满圈闭后,开始向外溢出的点,称为该圈闭的溢出点(图 4-18),它是该圈闭能够储存油气最大量的点，低于该点油气就会向外溢出。

2. 闭合面积

一般将通过溢出点的构造等高线所圈出的面积，称为该圈闭的闭合面积（图 4－18）。严格来说，闭合面积应该是通过溢出点的水平面与储层顶、底面或（和）其他封闭面（如断层面、地层不整合面、岩性封闭面）所交切形成的封闭空间的平面投影面积。显然，在储层厚度一定时，闭合面积越大，圈闭的有效容积也越大。

3. 闭合高度

从圈闭中储层的最高点到溢出点之间的海拔高差，为该圈闭的闭合高度，简称闭合度（图 4－18）。

需要说明的是，构造闭合高度与构造起伏幅度是两个完全不同的概念。闭合高度的测量，是以溢出点的海拔平面为基准的；而构造幅度的测量，则是以区域倾斜面为基准。构造起伏幅度相同的背斜，当区域倾斜不同时，可以具有完全不同的闭合高度，如图 4－19 所示。

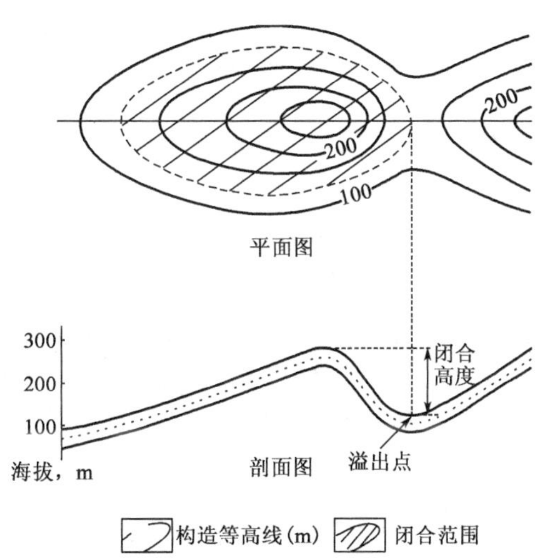

图 4－18　度量背斜圈闭的主要参数示意图

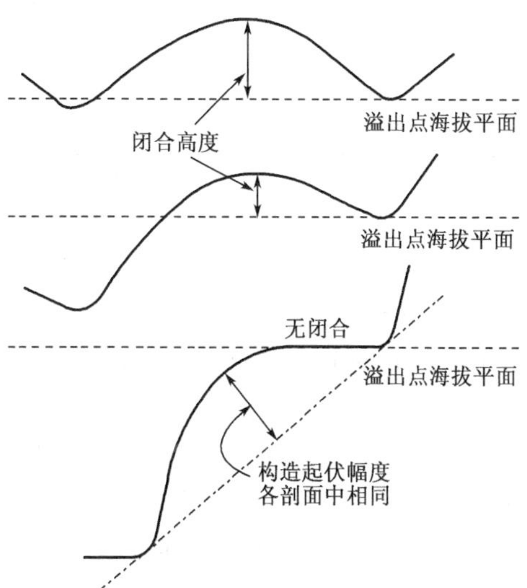

图 4－19　构造闭合高度与构造起伏幅度
（据张厚福等，1999，修改）

显然，一个圈闭的大小（最大有效容积）与圈闭的面积、闭合高度、储层的厚度或有效孔隙度成正比。大容积的圈闭是形成大油气藏的基础，通常具有闭合面积大、储层厚度和有效孔隙度大的特点。

二、油气藏的概念及度量

（一）油气藏的概念

油气在地下的运移过程中，当岩石的物理性质和几何形态阻止油气进一步运移时，油气就会在圈闭中聚集起来，形成油气藏。如果在圈闭中只聚集了石油，则称油藏；若只聚集了天然气，则称气藏；若两者同时聚集，则称为油气藏。

油气藏是油气在单一圈闭中的聚集，具有统一的压力系统和油水界面。它是地壳上油气聚集的基本单元。油气藏是含油气盆地中油气聚集的最小单元。换言之，油气藏是具有统一流体动力学系统的最小油气聚集单元。

在图 4－20 中，同一背斜中有三个储层，分别组成三个圈闭，有三个不同的压力系统及不同的油水边界，即存在三个油藏。图 4－21 中，断层将储层错开，由断层泥遮挡，形成了靠断层遮挡的两个油藏。

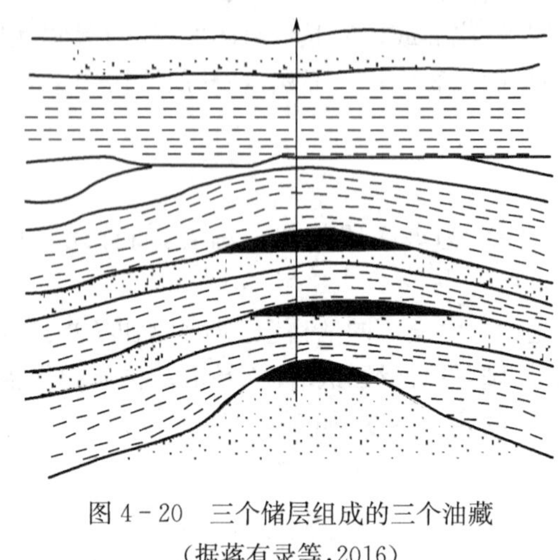

图 4－20　三个储层组成的三个油藏
（据蒋有录等，2016）

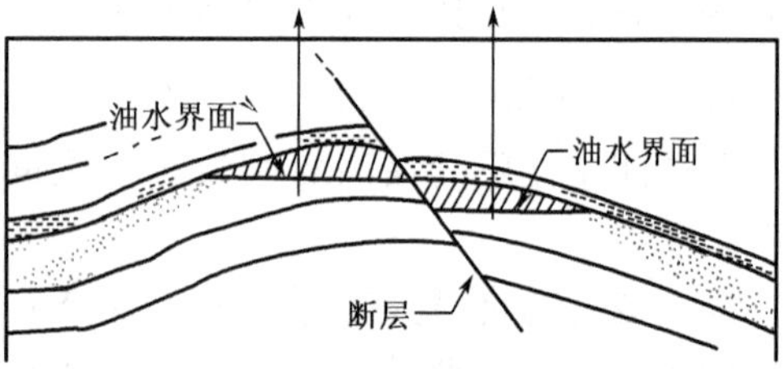

图 4－21　被断层遮挡形成的两个油藏

如果圈闭中油气聚集的数量足够大，具有开采价值，则称为商业油气藏。如果油气聚集的数量不够大，没有开采价值，就称为非商业性油气藏。

是否为商业性油气藏，取决于所发现油气藏的储量和产量大小、所在的地理位置、技术条件、经济等因素，通常以单井日产油气量来衡量。显然，不同埋深油气产层的标准不一样，陆地和海洋的标准也不一样（表 4－3）。在一个经济发达地区发现的具有最低商业价值的油气藏，若在偏远的沙漠区就可能没有商业开采价值。过去认为没有开采价值的非商业性油气藏，随着开采技术的进步，也可以成为有开采价值的商业性油气藏。因此，商业性油气藏是随着政治、技术、经济等条件而变化的。

表 4－3　商业性、非商业性油气流标准（据翟光明等，1996）

类　别		石油产量，t/d		天然气产量，$10^4m^3/d$	
级别		商业性	非商业性	商业性	非商业性
产层埋深，m	<500	0.3～0.5	<0.3	0.05～0.1	<0.05
	500～1000	0.5～1.0	0.3～0.5	0.1～0.3	0.05～0.1
	1000～2000	1.0～3.0	0.5～1.0	0.3～0.5	0.1～0.3
	2000～3000	3.0～5.0	1.0～3.0	0.5～1.0	0.3～0.5
	3000～4000	5.0～10	3.0～5.0	1.0～2.0	0.5～1.0
	4000～5000	>10	5.0～10	>2.0	1.0～2.0

（二）油气藏的度量

油气藏的大小反映了圈闭中聚集的油气数量的多少，与圈闭描述参数相似，可用含油气面积、含油气高度等参数进行描述。下面以典型背斜油气藏为例说明。

1. 油水界面、油气界面和含油气高度

在一个典型油气藏中，由于重力分异作用，油、气、水的分布具有一定的规律：气占据最上部，称为气顶；油居中，呈环状分布，称为油环；水在下，从而形成油气界面、油水界面。在一般

情况下，这些分界面是近于水平的。但在水动力作用下，油水界面也可能是倾斜的。由于毛细管力的作用，这些分界面也不是截然的分界面，而是一个过渡带，过渡带的厚度主要取决于含油气层的物性和油气性质，物性好则过渡带薄。

油气藏中油水界面至含油气最高点的垂直距离称为含油气高度，或叫油气柱高度，是表示油气藏大小的重要参数。若为油藏，称为含油高度（油柱高度）；若为气藏，称为含气高度（气顶高度），如图 4-22 所示。

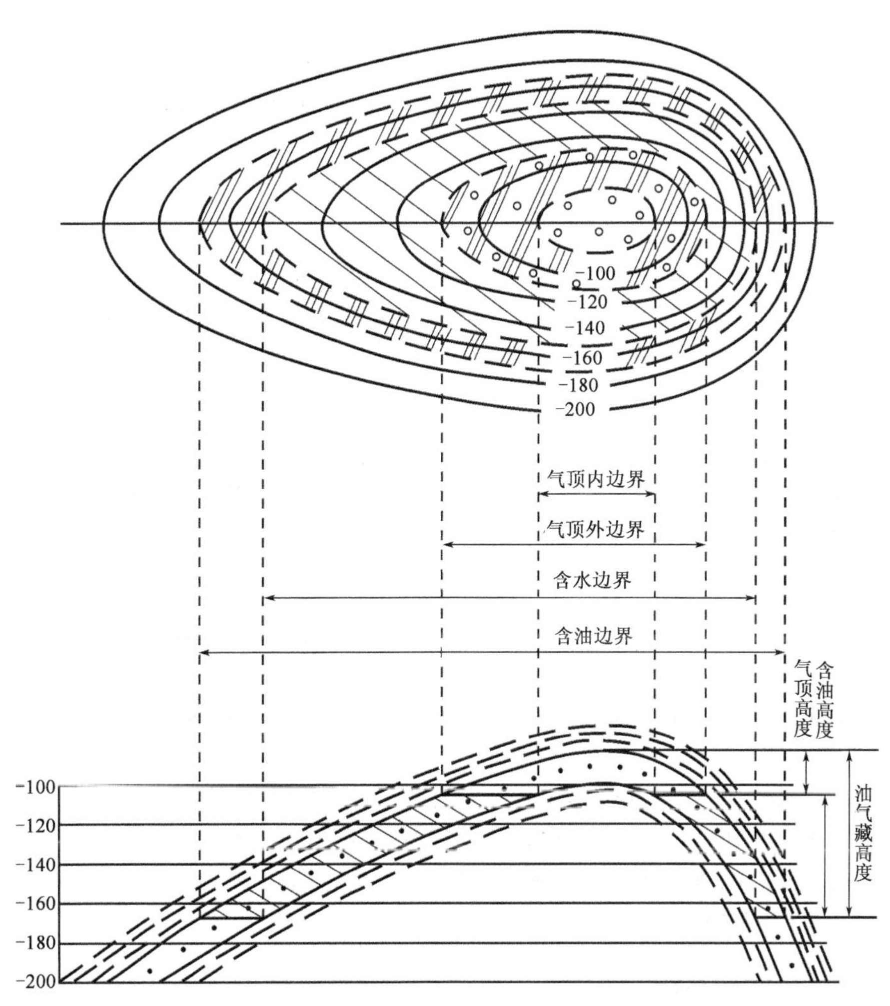

图 4-22　背斜油气藏中油、气、水分布示意图（据张厚福等，1999）

等值线单位为 m

2. 含油（气）边界和含油（气）面积

油水界面和油气界面通常是水平的，油水界面与储层顶面的交线称为含油边界，又叫含油边缘，它圈定了该油藏最大含油范围，此边界以外无油；油气界面与储层顶面的交线称为含气边界或气顶边界；当含油高度大于储层厚度时，油水界面与储层底面的交线称为含水边界，又叫含水边缘，或叫内含油边缘，此边界以内储层中无自由水，储层完全为油充满。通常含油边界和含水边界与储层顶、底面的构造等高线平行，含油边界和含气边界所圈定的面积分别称为含油面积和含气面积，如图 4－22 所示。

3. 底水、边水

如果油气藏高度小于储层厚度，内含油（气）边缘就不存在了，油气聚集于圈闭的顶部，油气藏的下部全为水，这种水称为底水；如果储层厚度不大，或构造倾角较陡，油气藏高度大于储层厚度，这时油气充满圈闭的高部位，水围绕在油气藏的四周，即在内含油（气）边缘以外，这种水称为边水，如图 4－23 所示。

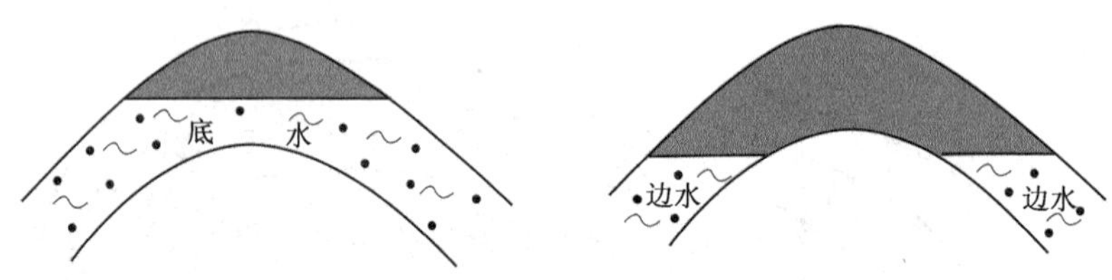

图 4－23　底水、边水与油气藏分布关系示意图

在地层较平缓的构造中，油水接触面较宽广；在地层倾斜较陡的构造中，油水接触面较狭窄。

4. 充满系数（度）

一般将含油（气）高度与圈闭闭合高度的比值定义为充满系数（度）。另外，也有人将含油（气）面积与闭合面积之比定义为充满度，或者将含油（气）体积与闭合有效容积之比定义为充满度。一般情况下，在富含油气区，该系数高；在贫含油气区，该系数低。

第四节　油气藏形成的基本地质条件

油气藏是地壳上油气聚集的基本单元，是油气勘探的对象；油气藏的形成是石油地质研究的核心问题。

油气藏的形成过程，就是在各种成藏要素的有效匹配下，油气从分散到集中的转化过程；能否有丰富的油气聚集，形成储量丰富的油气藏，并且被保存下来，主要取决于是否具备烃源岩层、储层、盖层、运移、圈闭和保存等成藏要素及其优劣程度。

归纳起来，油气藏形成的基本条件主要有以下四个方面。

一、充足的油气来源

油气来源是油气藏形成的物质基础。油气的丰富程度，取决于盆地内烃源岩系的发育程度及其有机物质的丰度、类型和热演化程度。

地壳运动的多周期性和沉积的多旋回性，控制了烃源岩系的发育，可使盆地内形成多套烃源岩层系。衡量油气来源丰富程度的主要标志，是生烃凹陷面积的大小及凹陷持续时间的长短。生油气凹陷的面积大，持续时间长，可以形成巨厚的多旋回性的烃源岩层系及多生油期，具备丰富的油气来源，这是形成储量丰富的大油气藏的物质基础。

世界上 61 个特大油气田分布在 12 个大型含油气盆地中（表 4－4），拥有世界石油及天然气一半以上的储量。这些盆地都是继承性稳定下沉的沉积盆地，发育巨大体积的沉积岩系，具有面积大、持续时间长的生油气凹陷，具备充足的油气来源。

表 4-4 世界 12 个大含油气盆地 61 个特大油气田的情况简表(据张厚福等,1999)

盆地名称	盆地面积 10^4km^2	沉积岩系			烃源岩		油气可采储量	特大油气田数
		时代	厚度	体积 10^4km^3	时代	岩性及厚度		
波斯湾	240	Pz、Mz、Cz,以 J、K、E、N 为主	5000~12000m,平均 3000m	704.1(其中 J 以上 417)	J_3、K_2、E_3、N_1 为主	碳酸盐岩为主,最厚 4000m,主要生油层厚 1000~1500m	油 541×10^8t	28 个
西西伯利亚	230	Mz、Cz,以 J、K 为主	最厚 4000~8000m,平均 2600m	600	J_2—K,以 J_3、K_2 为主	泥岩(前三角洲)500~1000m	油 60×10^8t	8 个
美国墨西哥湾	110	Mz、Cz	最厚 12000m,平均 4000m	545	J_3—N_1,以 K_3、N_1 为主	泥岩为主,部分为碳酸盐岩,厚 500~1000m	油 53.4×10^8t	1 个
马拉开波	8.5	Mz、Cz(K—N)	最厚 10000m,平均 4600m	395.7	K—N,以 E_2 为主	K 为石灰岩、黏土岩,厚 150~200m;E 为泥岩,厚 2000m	油 73×10^8t	2 个
伏尔加—乌拉尔	65	以 Pz_2 为主	一般小于 2000m,在乌拉尔山前可达 8000m,平均 3100m	218.2	D_2—P_1	以泥岩为主,总厚 200~500m	油 42.7×10^8t	2 个
利比亚锡尔特	35	Pz—Mz、Cz,以 K、E、N 为主	Pz 厚 1500m;K 以上最厚 5000m,平均 2500m	80	K—E,以 K_2、E 为主	以石灰岩、泥灰岩为主,部分为泥岩,厚 1000~2000m	油 40×10^8t,气 $7790\times10^8m^3$	4 个
阿尔及利亚东戈壁	41	Pz—Mz	4000~5000m	160	S	页岩,厚 200m	油 9.9×10^8t,气 $29940\times10^8m^3$	3 个
北海	62	Pz—E	总厚 8000m,E 厚 3000m	300	J 和 E,部分 C_3	泥岩	油 34×10^8t,气 $184080\times10^8m^3$	4 个
尼日尔河三角洲	6	Cz	一般 4000~6000m,最大 12000m	0	E	泥岩,厚 1000~2000m	油 27×10^8t,气 $11200\times10^8m^3$	大油气田 6 个
美国西内部	60.2	Pz、Mz	9000m	85	∈、C、P	泥岩为主,厚 200~400m		1 个(气)
松辽	22.6	K—N	最厚 6000m,平均 3000m	77.5	K	泥岩,厚 500~1000m		1 个
渤海湾	25	Z—Mz、Cz	Cz 最厚 6000m,其中 E 厚 4500m	125	E 为主	泥岩大于 500m,最厚 1000~1500m		1 个

统计表明：拥有丰富油气资源的含油气盆地，其面积绝大多数在 $10\times10^4km^2$ 以上；沉积岩体积多在 $50\times10^4km^3$ 以上；烃源岩系的总厚度最小是 200～300m，一般在 500m 以上，最厚的可达 1000m。

有些盆地面积虽然较小，但沉积岩厚度大，圈闭的有效容积大，烃源岩层总厚度大，油源丰富，也可形成丰富的油气聚集。例如，美国西部的洛杉矶盆地，面积仅 $3900km^2$，在中新世晚期到更新世短短的时间内，就沉积了厚度达 6000m 以上的沉积岩，在沉积凹陷的中心部位，泥质烃源岩系厚达 2000～3000m，油源极为丰富；在油源区及其附近，砂岩储层发育，储层与烃源岩层互层或指状交错，还有断层连通，十分有利于油气运移，且发育有一系列背斜构造，圈闭条件好，圈闭面积及高度也较大，因此，形成数目众多的油气田，且含油厚度特别大，一般可达 1000m 以上，长滩油田最厚可达 1585m。该盆地每平方千米发现的石油可采储量近 $20\times10^4km^3$，居世界各含油气盆地之首。

我国油气资源分布表明：盆地面积大、沉积岩厚度大、沉积岩分布广泛是油气生成和聚集的有利条件。

由此可以看出，油气来源的丰富程度主要取决于烃源岩的体积、烃源岩中有机质的数量和类型、烃源岩有机质的成熟度、烃源岩的给油率(烃源岩排出油气的能力)。

二、有利的生储盖组合

油气勘探实践证明，烃源岩层、储层、盖层的有效匹配，是形成丰富的油气聚集，特别是形成巨大油气藏必不可少的条件之一。

地层剖面中，紧密相邻的包括烃源岩层、储层、盖层的一个有规律的组合，称为一个生储盖组合。根据生、储、盖三者在时间上的相互配置关系，可将生储盖组合划分为正常式、侧变式、顶生式，以及自生、自储、自盖式四种类型，如图 4－24 所示。

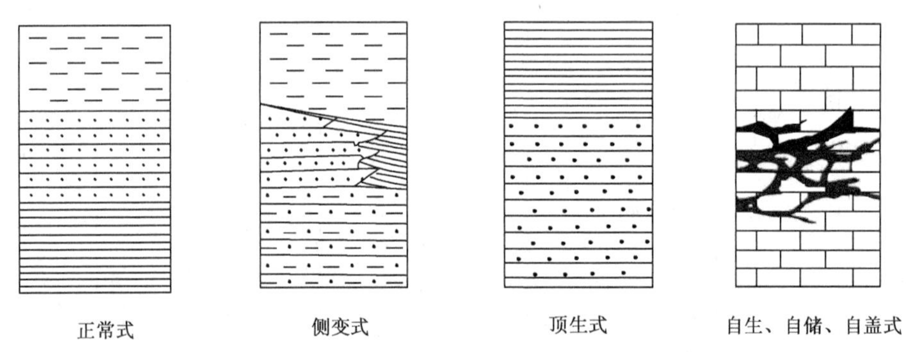

图 4－24　生储盖组合类型示意图(据张厚福等，1999)

(1)正常式生储盖组合：指在地层剖面中烃源岩层位于组合下部，储层位于中部，盖层位于上部。这种组合类型又根据时间上的连续性分为连续式和间断式两种。油气从烃源岩层向储层以垂向运移为主。正常式生储盖组合是我国许多油田最主要的组合方式。

(2)侧变式生储盖组合：由于岩性、岩相横向发生变化，烃源岩层和储层同属一层，两者以岩性的横向变化方式相接触，油气以侧向同层运移为主。新疆准噶尔盆地西北边缘油气田多属此类组合。

(3)顶生式生储盖组合：烃源岩层与盖层同属一层，而储层位于其下的组合类型。例如华北任丘油田，古近系沙河街组泥岩既是烃源岩层又是盖层，直接覆盖在具有孔隙、溶洞、裂缝的中—新元古界白云岩储层之上。

(4)自生、自储、自盖式生储盖组合：石灰岩中局部裂缝发育段储油、泥岩中的砂岩透镜体储油和一些泥岩中的裂缝发育段储油都属于这种组合类型，其最大特点是烃源岩层、储层和盖层都属同一层。四川盆地川南二叠系某些石灰岩气藏、柴达木盆地油泉子油田泥岩裂隙油藏等，均属此种组合方式。

根据烃源岩层与储层的时代关系，可将生储盖组合划分为新生古储、古生新储和自生自储三种类型。较新地层中生成的油气储集在相对较老的地层中，为新生古储；较老地层中生成的油气运移到较新地层中聚集，属古生新储；而自生自储指烃源岩层与储层都属于同一层位。以上三种类型的盖层都比储层新。

根据生储盖组合之间的连续性可将其分为两大类，即连续沉积的生储盖组合和被不整合面所分隔的不连续生储盖组合。

有利的生储盖组合指烃源岩层中生成的丰富油气能及时地运移到良好储层中，同时盖层的质量和厚度又能保证运移至储层中的油气不会逸散。这是形成大油气藏的必备条件。不同的生储盖组合，具有不同的输送油气的通道和不同的输导能力，油气富集的条件也就不同。从生储盖组合的类型来看，最佳的组合形式主要有互层式、指状交叉式、透镜式及不整合式。

(1)互层式组合：烃源岩层与储层直接接触的面积大，储层上、下烃源岩层中生成的油气，可以及时地向储层中输送，对油气生成和富集都最为有利。当有背斜存在时，则油气可从四周向背斜中聚集，形成储量丰富的油气藏，如图 4-25 所示。

(2)指状交叉式组合：烃源岩层与储层的接触局限于指状交叉地带，在此地带的输导条件好，有利于排烃和聚集，与互层式相似。在面向盆地远离交叉带的一侧，由于附近缺乏储层，输导能力受到一定限制；在另一侧，则只有储层，缺乏烃源岩层(油源)，油气来源也受到一定限制，故其输导条件和油气富集条件都较互层式差，如图 4-26 所示。

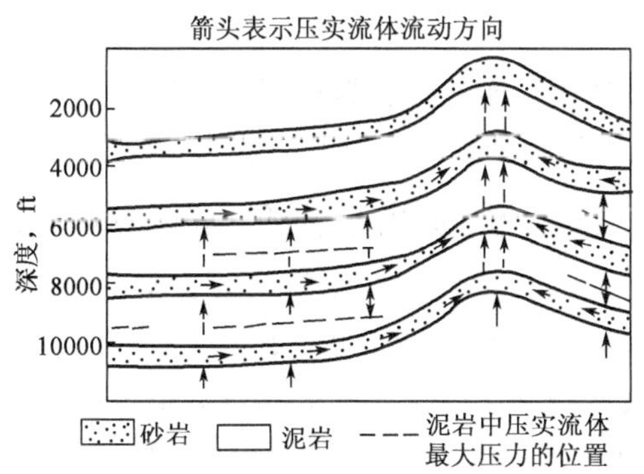

图 4-25 互层式组合油气运移和聚集示意图(据 R. J. Cordell)
箭头表示压实流体流动方向

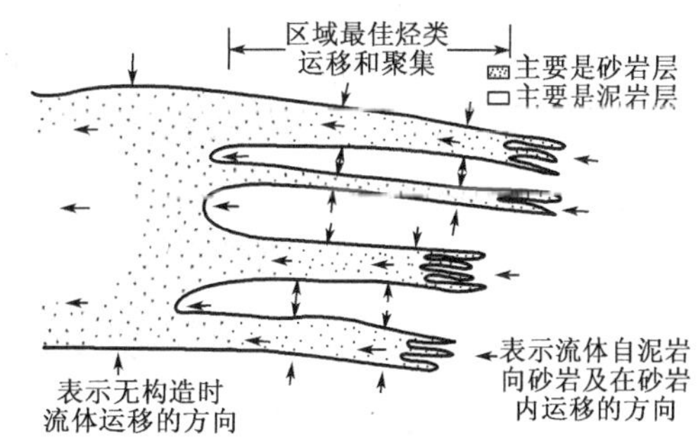

图 4-26 指状交叉式组合油气运移和聚集示意图(据 R. J. Cordell, 1976, 1977)

有利的生储盖组合中烃源岩层的最佳厚度应该是该区的有效排烃厚度。单层厚度为30～50m的烃源岩层具有较高的排烃效率。阿尔及利亚上、下排油带厚度各为 14m，共 28m。我国胜利油田上排油带为 16m，下排油带为 2m，共 18m。在松辽盆地，古 17 井下排油带厚度为 12.2m；而龙 6 井上排油带厚度为 7.3m，下排油带厚度为 3.5m，滞油带厚度为 3.6m。

生储盖组合中，单纯块状砂岩发育或单纯块状泥岩发育的地区，对石油聚集都不利。只有在砂岩厚度百分率介于 20%～60%之间，即砂岩储层单层厚约 10～15m、泥岩烃源岩层单层厚约 30～40m，两者呈略等厚互层的地区，砂岩与泥岩接触面积最大，最有利于石油聚集。所以，有利生储盖组合中储层的物性要好(孔隙度、渗透率要大)，应占有最佳百分比(厚度)，一般为 20%～60%，以 30%为最好。

盖层的封闭条件：有利生储盖组合中盖层的封闭能力越强越好，或者说盖层能封住的最大油柱高度越大越好。

三、有效的圈闭

油气勘探实践证明，在具有油气来源的前提下，并非所有圈闭都聚集有油气，而是有的圈闭聚集油气，有的圈闭只含水，属于所谓“空” 圈闭，这表明它实际上对油气聚集而言是无效的。圈闭的有效性就是指在具有油气来源的前提下圈闭聚集油气的实际能力。影响圈闭有效性的主要因素有以下几方面。

(一)圈闭位置与油源区的相应关系

勘探实践证明，沉积盆地中生油坳陷控制油气分布，一般长期继承性发育的深凹陷是盆地内最有利的生油区。油气生成后，首先运移至油源区内及其附近的圈闭中，聚集起来形成油气藏。多余的油气则依次向较远的圈闭运移聚集。如果油源有限，不能满足盆地内所有圈闭的总有效容积时，则距油源区远的圈闭通常成为无效的圈闭。所以，一般情况下，圈闭所在位置距油源区越近，越有利于油气聚集，圈闭的有效性越高。

陆相沉积盆地中储层在纵向、横向上变化大，油气运移距离短。因此，在生油区内及其附近的圈闭是最有利的，油气藏富集程度高。而远离生油区的圈闭富集程度低或往往是无效的。在松辽盆地的中央深凹陷油源丰富，大庆长垣位于深凹陷内，油气生成后就近聚集其中，形成特大油田；而远离中央凹陷的若干构造，其含油气情况明显变差。这表明在陆相沉积盆地内，有利的生油区控制了油气的分布范围，查明圈闭所在位置与油源区的相应关系，对指导油气勘探有重要的实际意义。

在海相地层发育的沉积盆地中，一般储层岩性较稳定，连通性也较好，油气能较长距离地运移。因此，圈闭所在位置与油源区的相应关系，就不像在陆相沉积盆地内那么重要了。

(二)圈闭形成时间与油气运移时间的关系

石油和天然气是在圈闭形成以后才能在其中聚集起来。在一个沉积盆地内，如果有的圈闭是在最后一次区域性油气运移以后形成的，它形成时，油气早已运移走了，这种圈闭对油气的聚集显然无效。只有那些在油气区域性运移以前或同时形成的圈闭，对油气的聚集才是有效的。

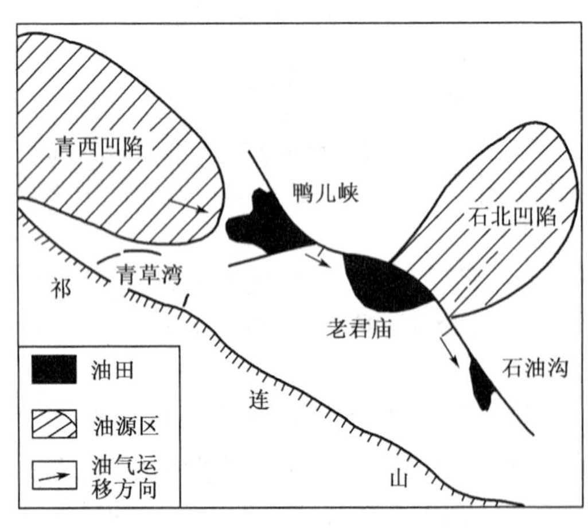

图 4-27　酒泉盆地青草湾—老君庙油气聚集区域示意图(据蒋有录等，2016)

如图 4-27 所示，酒泉盆地老君庙和青草湾两个背斜都位于南部构造带，其古近—新近系中具有相似的背斜圈闭。钻探结果，老君庙背斜具有丰富的油气藏，而青草湾背斜则未发现油气聚集。在对比了两个背斜构造的地质发展历史后发现，除与岩性变化有关外，背斜圈闭形成时间与区域性油气运移时间的对应关系，是一个极为重要的原因。酒泉盆地最后一次区域性油气运移时间是上新世，此时老君庙背斜已经形成，油气聚集其中，形成丰富的油气藏。而青草湾背斜圈闭在上新世末期才形成，这时区域性的油气运移已结束，缺乏油气来源，而且其海拔高度又低于老君庙背斜，也不能使油气重新运移其中。因此，青草湾背斜圈闭对油气聚集是无效的，没有形成油气藏。

对于构造运动频繁、复杂的盆地，应进行具体分析。如盆地经过若干次构造运动，则决定盆地内地质构造现状的最后一次构造运动控制了最后一次区域性油气运移时间。

(三)圈闭位置与油气主要运移路线的关系

油气自生油凹陷向外运移并不是均匀发散式运移，而是有些方向相对较集中，油气沿优势通道运移，而另一些方向数量较少，甚至没有油气经过。

根据大量研究认为，油气运移的空间小于储集体体积的 10%。因此无论从平面上还是纵向上油气实际发生运移经过的运移路径是有限的，这种油气沿优势通道运移的特性必然使有些方向的油气很富集，而另一些方向的油气较贫乏。

显然，位于油气主要运移路径上的圈闭聚集油气的概率远远大于在非主要运移路径上的圈闭，因此前者往往是有效的，而后者往往是无效的。

(四)水压梯度和流体性质对圈闭有效性的影响

在静水压力条件下，同一储层内海拔高度相同的各点，都具有同样大小的压力，圈闭内的油水(或气水)界面呈水平状态。在动水条件下，储层中所含的地层水从供水区流向泄水区，圈闭内的油水(或气水)界面也顺水流方向倾斜，其倾角的大小取决于水压梯度和流体的密度差。如图 4-28 所示。

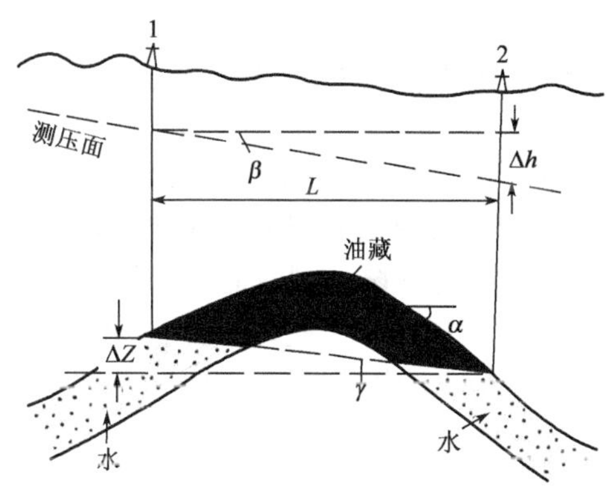

图 4-28 水压梯度与圈闭有效性的关系
L—1、2 号井间的距离；Δh—1、2 号井间测压面高差；ΔZ—1、2 号井间油(气)水界面高差；α—储层顺水流方向一翼的倾角；β—测压面的倾角；γ——油水界面的倾角

在水压梯度和流体密度差的作用下，圈闭对油聚集的有效性与对气聚集的有效性是不同的。如果水压梯度不变，则流体密度直接影响圈闭的有效性。由于天然气比石油的密度小，油水界面的倾角大于气水界面的倾角。换言之，在相同的水动力条件下，对同一圈闭而言，气水界面倾角可能小于圈闭水流方向一翼的岩层倾角($\gamma_g < \alpha$)，天然气能聚集而成气藏，该圈闭对气体的聚集就是有效的。而油水界面的倾角则可能等于或大于圈闭水流方向一翼的岩层倾角($\gamma_o \geqslant \alpha$)，石油就会被水冲走，结果该圈闭被水充满，对石油聚集无效，油藏被完全破坏。所以，从水动力学观点来看，同一圈闭往往对天然气聚集有效，而对石油聚集可能无效。

四、必要的保存条件

在地质历史中已经形成的油气藏能否存在，取决于在油气藏形成以后是否遭受破坏改造。因此，必要的保存条件是油气藏存在的重要前提。影响油气藏保存条件的主要因素有地壳运动、岩浆活动及水动力环境。

（一）地壳运动

地壳运动对油气藏保存的影响主要以下几种形式：

（1）地壳运动可以导致油气藏完全破坏。如地壳运动破坏了圈闭条件，储层遭到剥蚀风化，油气大量散失，造成大规模的地面油气显示，破坏了原有的油气藏。柴达木盆地的油砂山就是地壳运动使原有的油气藏遭受严重破坏，古近—新近系储油层出露地表，遭到剥蚀风化；塔里木盆地志留系沥青砂也是地壳运动使古油藏遭受破坏的结果。

（2）地壳运动产生一系列的断层，也会破坏圈闭的完整性，油气沿断层流失，油气藏被破坏。如果断层早期是开启性的，后期是封闭性的，则早期断层起通道作用，油气散失；而后期形成遮挡，则重新聚集油气，形成次生油气藏或残余油气藏。如东营凹陷在渐新世东营组沉积末期以块断活动为主要特征，产生了大量断层，这些众多的断层破坏了原有圈闭及油气藏的完整性，使油气重新分布，同时也导致次生油气藏的形成。

（3）地壳运动也可以使原有油气藏圈闭溢出点抬高，甚至使地层的倾斜方向发生改变，其结果造成原有油气藏及其圈闭完整性被破坏，油气重新分配，或导致油气藏的再形成。

（二）岩浆活动

岩浆活动对油气藏保存条件的影响表现在两个方面：

（1）当高温岩浆侵入油气藏时，会把油气烧掉，破坏圈闭，在这种情况下，大规模岩浆活动对油气藏的保存是不利的，最终导致油气藏的破坏。

（2）当岩浆活动发生在油气藏形成以前时，岩浆的破坏作用只产生在其活动的当时，而在冷凝之后，不仅失去了破坏作用，反而在其他有利条件配合下，它本身也可成为良好的储集体或遮挡条件。

如济阳坳陷，在始新世末期，岩浆活动比较活跃，沿主断裂产生了中基性岩浆喷发，在滨南平方王地区见到玄武岩和安山岩，厚 0.5～6m，在义和庄南部见到玄武岩及安山玄武岩，厚 6～65m；潍北凹陷见到玄武岩，厚 5～117m 或者更厚。但是，济阳坳陷的含油气丰富程度并未受到严重破坏。因此，在研究岩浆活动对油气藏保存条件的影响时，必须深入细致地研究岩浆活动的时期、方式、范围，以及它们与油气藏形成时间和位置之间的关系。

（三）水动力环境

水动力环境对油气藏的保存条件有重要影响。活跃的水动力环境可以把油气从圈闭中冲走，导致油气藏破坏。因此，一个相对稳定的水动力环境，是油气藏保存的重要条件之一。

思　考　题

1. 简述油气初次运移的相态、动力、方向、通道、距离及时期。
2. 简述油气二次运移的相态、动力及阻力、方向、通道、距离及时期。
3. 简述圈闭、油气藏的基本概念及度量。
4. 简述油气藏形成的基本地质条件。

第五章　油气聚集类型及分布规律

第一节　油气藏的类型

世界上已发现的油气藏数量众多、类型各异。为了认识各类油气藏的基本特征和分布规律，更有效地指导油气勘探工作，应对其进行科学的分类。国内外石油地质学家们从不同的研究和使用角度出发，提出了多种油气藏分类方案。

油气藏分类的依据很多，对油气勘探有重要意义的主要是依据圈闭成因、油气藏形态、遮挡类型、储层类型、储量及产量的大小、烃类相态及流体性质等的分类。其中影响较大的分类有以下几种：

(1)圈闭成因分类法：以美国石油地质学家 A. I. Levorsen 为代表，将油气藏分为构造油气藏、地层油气藏和混合油气藏三大类型。

(2)按储层形态分类：以苏联学者 И. О. Брод 为代表，将油气藏分为层状油气藏、块状油气藏和不规则状油气藏。

我国石油地质学家根据中国陆相盆地油气藏形成和分布特点，提出了一系列油气藏分类方案。如中国石油大学的张万选、张厚福(1981，1989)将油气藏分为构造油气藏和地层油气藏；中国地质大学的陈荣书等(1994)根据形成圈闭的主导封闭因素将油气藏分为构造油气藏、地层油气藏、水动力圈闭油气藏和混合油气藏；胡见义等(1991)以圈闭成因为分类标准，以圈闭形态、遮挡条件和储集岩类型作为划分亚类和细分类的依据，将我国陆相盆地油气藏分为构造型油气藏、非构造型油气藏、混合型油气藏和水动力型油气藏四类。张厚福等(1999)以圈闭成因为主要依据，将油气藏分为构造油气藏、地层油气藏、岩性油气藏、水动力油气藏、复合油气藏等五大类。

本教材参照张厚福等(1999)的分类，即以圈闭成因为主要依据，将油气藏分为构造油气藏、地层油气藏、岩性油气藏等三个基本大类，再进一步细分为若十类型，见表 5－1。

表 5－1　油气藏基本类型分类表

大　类	类　型
构造油气藏	背斜油气藏
	断层油气藏
	岩体刺穿油气藏
	裂缝性油气藏
地层油气藏	潜山油气藏
	地层不整合遮挡油气藏
	地层超覆油气藏
岩性油气藏	岩性上倾尖灭油气藏
	透镜体油气藏
	物性封闭油气藏
	生物礁油气藏

构造油气藏是指地壳运动使地层发生变形或变位而形成的构造圈闭中的油气聚集。

地层油气藏是指因储层纵向沉积连续性中断而形成的圈闭，即与地层不整合有关的圈闭中的油气聚集。

岩性油气藏是指由储层的岩性横向变化而形成的圈闭中的油气聚集。

一、构造油气藏

地壳运动使地层发生变形或变位而形成的圈闭，称为构造圈闭。在构造圈闭中的油气聚集，称为构造油气藏。这种油气藏，过去和现在都是最重要的一种类型。构造运动可以形成各种各样的圈闭，形成的油气藏也就各种各样。按照构造圈闭的成因，可将构造油气藏划分为背斜油气藏、断层油气藏、岩体刺穿油气藏以及裂缝性油气藏等。

（一）背斜油气藏

在构造运动作用下，地层发生弯曲变形，形成向周围倾伏的背斜，称背斜圈闭。油气在背斜圈闭中聚集形成的油气藏，称为背斜油气藏。这类油气藏在世界油气勘探史上一直占最重要的位置，也是油气勘探家们最早认识的一种油气藏类型。19 世纪中后期美国地质学家 I. C. White(1885)提出的“背斜学说”，在油气勘探史上起了重要的推动作用。直到目前为止，在世界石油和天然气的产量及储量中，背斜油气藏仍居首位。J. D. Moody 等人(1972)统计了世界上最终可采储量在 7100×10^4t(5×10^8bbl)以上的 189 个大油田，其中背斜油藏占总数的 75％以上。

世界上由背斜油气藏组成的十个著名的特大背斜油田和气田分别见表 5－2 和表 5－3。

表 5－2　世界十个特大背斜油田概况(据张厚福等，1999)

油田名称	国家或地区	盆地名称	发现年份	产层时代	产层岩性	最高年产量，10^6t	可采储量 10^8t
加瓦尔	沙特阿拉伯	波斯湾	1948	侏罗纪	石灰岩	259.5	104.7
布尔干	科威特	波斯湾	1938	白垩纪	砂岩	144	90
萨法尼亚—卡夫奇	沙特阿拉伯—中立区	波斯湾	1953	白垩纪	砂岩及裂缝灰岩	55	42.28
萨莫特洛尔	苏联	西西伯利亚	1966	白垩纪	砂岩	111	20.6
罗马什金	苏联	伏尔加—乌拉尔	1948	泥盆纪	砂岩	81.5	20
鲁迈拉	伊拉克	波斯湾	1953	白垩纪	砂岩		18.9
阿布奎克	沙特阿拉伯	波斯湾	1941	侏罗纪	石灰岩	54.79	17.1
费德洛夫	苏联	西西伯利亚	1971	白垩纪	砂岩		15
大庆	中国	松辽	1959	白垩纪	砂岩	50	
麦尼法	沙特阿拉伯	波斯湾	1957	白垩纪	砂岩及碳酸盐岩		15.2
总　计							355.7

表 5-3 世界十个特大背斜气田概况(据张厚福等,1999)

气田名称	国家或地区	盆地名称	发现年份	产层时代	产层岩性	可采储量 10^8m^3
乌连戈伊	苏联	西西伯利亚	1966	白垩纪	砂岩	49420
尤比列伊	苏联	西西伯利亚	1968	白垩纪	砂岩	19810
亚姆堡	苏联	西西伯利亚	1969	白垩纪	砂岩	19768
北极	苏联	西西伯利亚	1968	白垩纪	砂岩	17829
麦德维吉	苏联	西西伯利亚	1967	白垩纪	砂岩	16800
奥伦堡	苏联	伏尔加—乌拉尔	1967	石炭纪—早二叠世	石灰岩	16400
格罗宁根	荷兰	德荷	1959	二叠纪	砂岩	16296
扎波利扬	苏联	西西伯利亚	1965	白垩纪	砂岩	16012
哈西勒迈尔	阿尔及利亚	三叠		三叠纪	砂岩	15120
舍基特利	苏联	塔吉克	1968	早白垩世	石灰岩	14840
总计						202295

背斜圈闭的形态较简单、易于形成;油气可以从各个方向向圈闭中运移,即背斜圈闭聚集油气的能力强;背斜圈闭在地球物理资料上特征明显,容易发现。按照背斜成因,可将背斜油气藏分为挤压背斜油气藏、基底升降背斜油气藏、底辟拱升背斜油气藏、披覆背斜油气藏、滚动背斜油气藏等五种类型。

1. 挤压背斜油气藏

挤压背斜油气藏指由侧压应力挤压为主的褶皱作用而形成的背斜圈闭中的油气聚集,常见于褶皱区,两翼地层倾角陡,常呈不对称状;闭合高度较大,闭合面积较小。由于地层变形比较剧烈,背斜圈闭形成的同时,经常伴生有断裂。我国酒泉盆地老君庙油田的 L 层油气藏可作为典型实例,如图 5-1 所示。它是一个不对称的背斜圈闭,南翼倾角 20°～30°,北翼倾角 60°～80°;长轴与短轴之比为 3∶1,并被逆掩断层及横断层所切割。

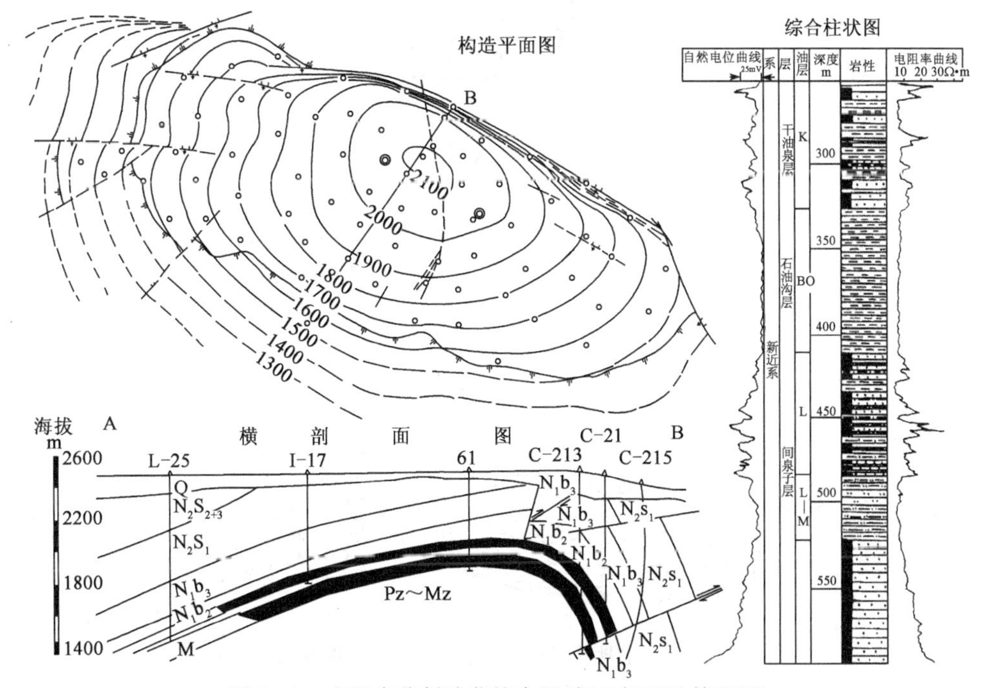

图 5-1 老君庙背斜油藏综合图(据玉门石油管理局)

2. 基底升降背斜油气藏

基底升降背斜指在沉积过程中，由基底的差异沉降作用而形成的平缓、巨大的背斜构造。一般在地台区常见这种以基底活动为主形成的背斜圈闭。基底活动使沉积盖层发生变形，形成背斜圈闭。其主要特点是：两翼地层倾角平缓，闭合高度较小，闭合面积较大（与褶皱区比较）。我国大庆长垣萨尔图等油田中的油气藏，即属于这种类型，如图5-2所示。

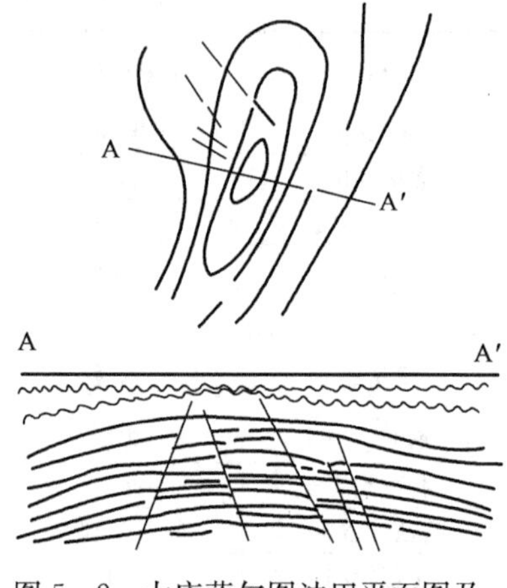

图5-2 大庆萨尔图油田平面图及剖面图（据大庆石油管理局）

3. 底辟拱升背斜油气藏

这种圈闭的形成是地下塑性物质活动的结果。坳陷内堆积的巨厚盐岩、石膏和泥岩等可塑性地层，在上覆不均衡重力负荷或侧向水平应力作用下，塑性层蠕动抬升，使上覆地层变形形成底辟拱升背斜圈闭。大多数与油气聚集有关的底辟拱升背斜形成物质是盐岩或者盐岩与石膏、泥岩组成的混合层，尤以盐丘占主要地位。这种背斜的轴部往往发育堑式或放射状断裂系统，顶部陷落，断层将其复杂化。有的在宏观上甚至呈背斜形态，但具体到油气聚集的基本单元往往已没有完整的背斜圈闭，而是被断层分割成众多的半背斜和断块圈闭。

我国江汉盆地王场油田的油藏可作为此类的典型代表。该油田为一长轴背斜，走向北西，两翼近对称，隆起幅度高达800m；在剖面上地层倾角上缓下陡，上部20°，下部达60°～70°；地下核部为盐岩隆起；根据地震资料，在6000～7000m深处，构造已全部消失（图5-3）。

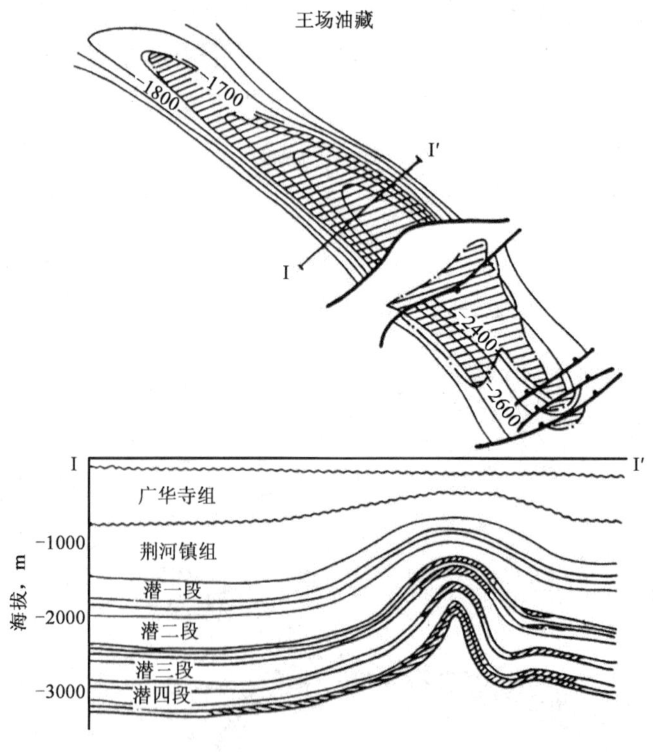

图5-3 江汉盆地王场构造平面及剖面图（据胡见义等）
等值线单位为m

在国外，很多著名油田的油气藏属于此类。图 5－4 为中东地区科威特的最大油田——布尔干油田，该油田属于侏罗系潟湖相巨厚的柔性盐层长期拱升活动形成的背斜构造圈闭；该油田可采储量为 90×10^{8}t，是世界第二大油田。

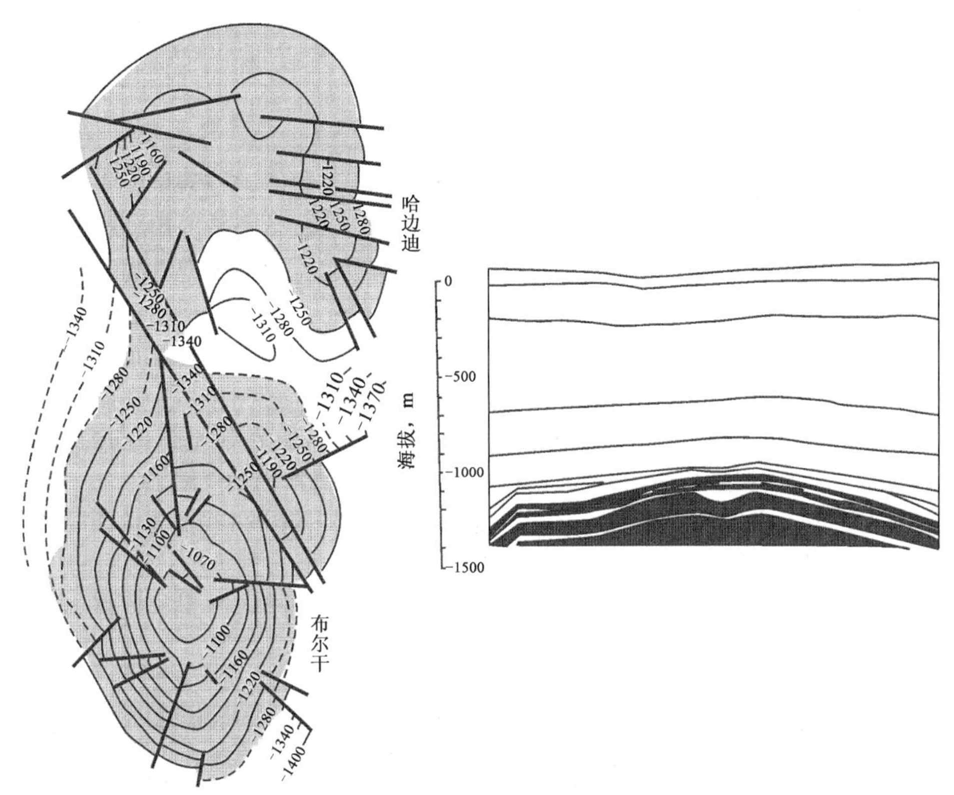

图 5－4　布尔干油田油藏的构造图及横剖面图(据李国玉，1997)

等值线单位为 m

4. 披覆背斜油气藏

这类背斜的形成与地形突起和差异压实作用有关。在沉积基底上常存在有各种地形突起，由结晶基岩、坚硬致密的沉积岩或生物礁块等组成。当其上有新的沉积物堆积后，这些突起部分的上覆沉积物常较薄，而其周围的沉积物则较厚，因而在成岩过程中，由于沉积物的厚度和自身重力差异，沉积基底所受到的压缩也是不均衡的，结果便在地形突起(潜山)的部位，上覆地层呈披覆隆起形态，形成背斜圈闭，常呈穹隆状，顶平翼稍陡，幅度下大上小。塑性较大的泥质岩所形成的背斜较明显，倾角稍大些；而较硬的砂岩及石灰岩所形成的背斜常不如前者明显，倾角较平缓。潜山上部的背斜，常反映下伏潜山的形状，但其闭合度总是比潜山高度小，并向上递减，倾角也是向上减小。

这种背斜构造，也有人称为披盖构造或差异压实背斜。如渤海湾盆地济阳坳陷的孤岛油田和孤东油田，都是以这类油藏为主；它们的“基底”主要是由奥陶系石灰岩或白云岩组成的剥蚀突起(潜山)，其翼部超覆沉积有古近系，顶部则被新近系馆陶组及明化镇组覆盖，形成较大规模的披盖构造；特别是馆陶组拥有典型的与剥蚀及差异压实作用有关的背斜油气藏(图 5－5)。

5. 滚动背斜油气藏

在世界各地中—新生代碎屑岩沉积盆地中，发现许多与同生断层有关的滚动背斜圈闭及

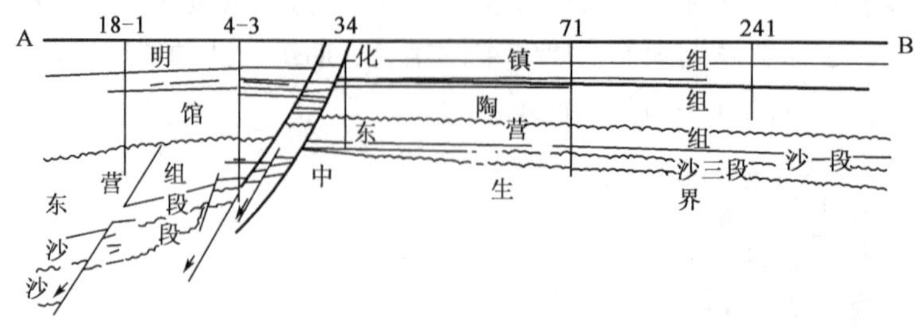

图 5-5　孤东油田馆陶组油藏构造横剖面图(据胜利石油管理局)

其油气藏,多分布在三角洲地区;其主要特点是背斜都很平缓,主要是沉积过程中同生断层作用的结果。这些滚动背斜位于向坳陷倾斜的同生断层下降盘,多为小型宽缓不对称的短轴背斜,近断层一翼稍陡,远离断层一翼平缓。轴向近于平行断层线,常沿断层成串珠状成带分布。背斜高点距离断层较近,且高点向深部逐渐偏移,其偏移的轨迹大体与断层面平行。这些滚动背斜一般具有良好的油气聚集条件,因为它们距油源区近,面向生油凹陷,发育在大型三角洲沉积中,储集砂体厚度大、物性好,并形成良好的生储盖组合,加之构造属于同沉积构造,同生断层可作为油气运移的通道,因此,这类背斜常可形成富集高产的油气藏。

我国渤海湾盆地已发现有相当数量这类油气藏。东营凹陷中一些受同生断层控制的构造带上的油田,如坨庄—胜利村油田(图 5-6)、永安镇油田皆属这种类型。惠民凹陷的临盘油田、歧口凹陷的港东油田,都是受同生断层控制形成的滚动背斜构造中的油气聚集。

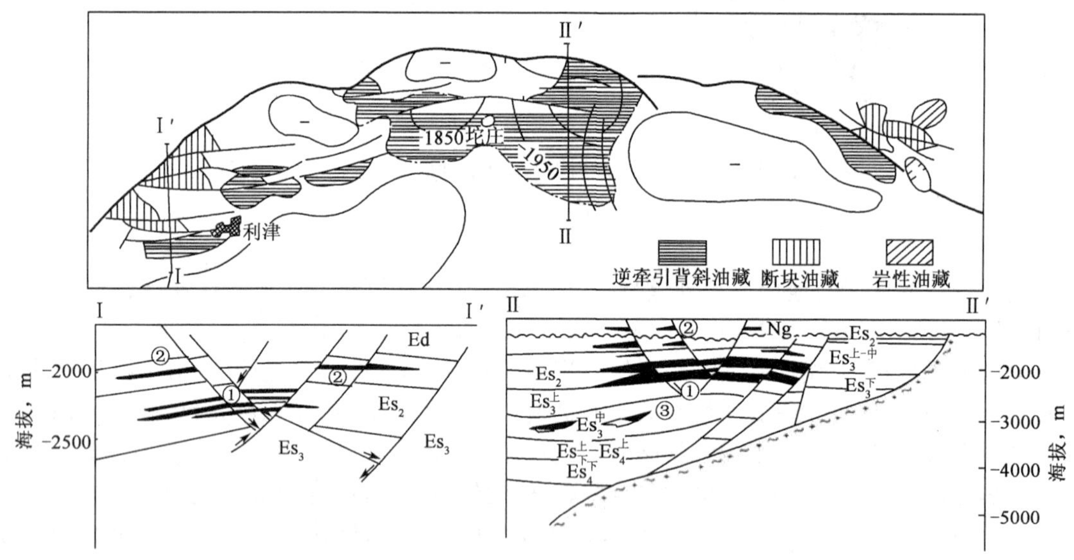

图 5-6　坨庄—胜利村油田构造图及横剖面图(据胜利石油管理局)

在国外有很多这类油气藏,且常高产。如尼日利亚的尼日尔河三角洲地区就有近 200 个这种类型油气藏,尼日利亚第一个海上油气田——奥坎油田就是典型的滚动背斜型油气藏;在美国墨西哥湾等地区也发现相当多的这种类型油气藏。

(二)断层油气藏

断层圈闭是指沿储层上倾方向受断层遮挡所形成的圈闭。在断层圈闭中的油气聚集,称为断层油气藏。这类油气藏是世界各含油气盆地中广泛分布的一种类型。断层油气藏在我国的分布也很广泛。尤其在我国东部地区的断陷盆地中，形成了为数众多的断层油气藏。例如在渤海湾盆地，大量油气藏都是属于这种类型。

1. 断层在油气藏形成中的作用

断层破坏了岩层的连续性。断层的性质、破碎和紧结程度，以及断层面两侧的岩性组合接触关系等，与油气运移、聚集和破坏都有密切关系。同一断层，在深部和浅部所起的作用可能不同；在历史发展过程的不同时期内，可能起着封闭或破坏两种相反的作用。因此，断层对油气藏形成的作用，应从多方面考虑，特别是要深入地分析断层的发展历史与聚油期之间的关系、断层两侧的地层组合关系以及断层面的封闭性和开启性，这样才能正确认识断层的作用，找出断层与油气聚集的规律。从油气运移和聚集来看，断层对油气藏的形成，有封闭作用及破坏作用等两方面的作用。

1）封闭作用

所谓封闭作用，是指由于断层的存在，油气在纵向、横向上都被密封而不致逸散，最后聚集成油气藏。

在纵向上，断层的封闭作用取决于断层带的紧密程度，而断层带的紧密程度主要取决于断层的性质及产状、断层带内地下水中溶解物质的沉淀、断层泥的产生、沿断裂带运移的原油氧化形成的固体沥青等作用。

在横向上，断层封闭与否取决于断距的大小及断层两侧岩性的组合接触关系。断层起封闭作用的最基本条件是断层两侧的渗透性岩层不直接接触，俗称“砂岩不见面”；相反，如果断层两侧的渗透性岩层直接接触，则断层不能起封闭作用（图 5－7）。形成断层圈闭的另一基本条件是断层位于储层的上倾方向。因此，在研究断层封闭性时，必须注意断层面倾向与地层倾向间的组合关系。

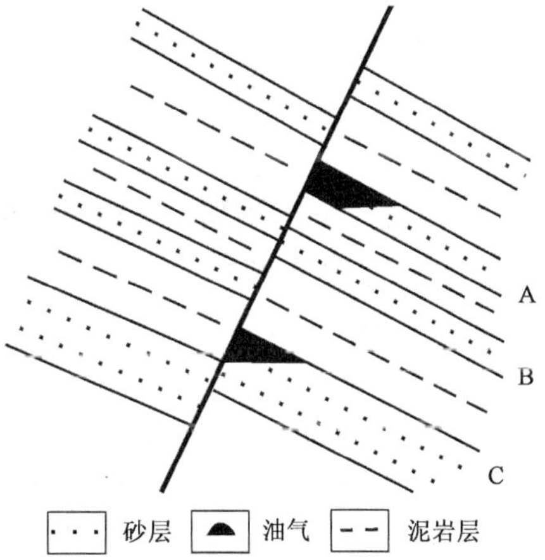

从本质上来说，断层的封闭能力取决于断层面两侧对置岩层的排替压力差。

从断层与储层的平面组合关系来看，要想形成断层圈闭，就必须形成一个圈闭的空间。在断层本身是封闭的这一前提下，从平面组合关系或者说从构造图上来看，形成圈闭的必要条件是：断层线与储层构造等高线构成闭合状态，或断层线与岩性尖灭线、不整合线等构成闭合状态。

图 5－7　断层两侧岩性接触情况对断层圈闭封闭性的影响

A 层完全封闭；B 层不封闭；C 层部分封闭

2）破坏作用

由于断裂活动开启程度高，常常会破坏原生油气藏的平衡状态，断层就成为油气运移的通道。如果遇到断层断至上部某一地层中而消失，且其上部有良好的盖层，则可形成次生油气藏。这种次生油气藏的层位往往与断层的部位相吻合。如大港油田，断层断开的最高部位在地下 600～700m 深处，浅层次生油气藏也在此深度以下形成。又如东辛油田，纵向上含油气井段跨度在 2000m 以上，最浅的含气层位明化镇组也是主要断层活动结束的层位。这两个实例说明在这些地区，断层是沟通深部原生油藏与浅部次生油藏的重要通道。

有的断层断至地面，油气可以完全逸散而破坏了油气藏。例如柴达木盆地的油砂山油田，本来为一完整的背斜油藏，后因垂直构造轴线形成一条大断距的断层，将东侧油层抬高暴露于地面，油藏则全部遭到破坏；西侧油层下降，被断层封闭，仍保留了商业性油藏(图 5-8)。

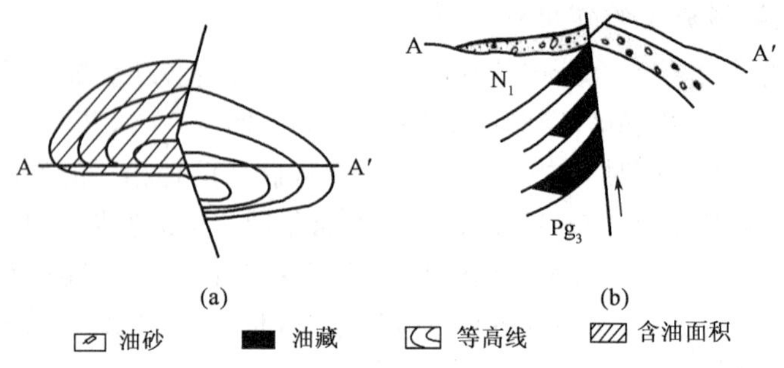

图 5-8　油砂山油田构造图(a)及剖面图(b)(据青海石油勘探局)

因此，断层对油气藏形成所起的作用具有两重性。一个沉积盆地内的断层起封闭作用，还是起破坏作用，应该从断层发育史与沉积和聚油期关系来研究。

不论哪一级断层，在整个地质历史发展过程中，变化是很复杂的，所起的作用也是多种多样的。可以根据断层的性质、断开层位的高低、断层两侧地层岩性厚度的变化，以及断层的活动情况等，来分析它们对油气藏形成所起的作用。如有的断层发生在聚油期以前，后期停止活动；有的断层发生在聚油期以后；有的断层与聚油期同时发生；有的断层是早期起封闭作用，后期起通道或破坏作用；有的断层是上部封闭下部不封闭，或者相反，等等。总之，每条断层对油气藏形成所起的作用，要具体情况具体分析，要根据其发展历史全面地进行评价。

2. 断层油气藏的类型

断层圈闭的类型多种多样。根据断层与储层的平面组合关系可将断层油气藏分为断鼻油气藏和断块油气藏。根据断层圈闭的平面形态，可将断层油气藏分为多种形态组合类型。根据断层性质，可将断层油气藏分为正断层遮挡油气藏和逆断层遮挡油气藏。在我国东部中—新生界裂谷盆地中，断层油气藏几乎均为正断层遮挡油气藏；而西部盆地多发育逆断层遮挡油气藏。

1)正断层遮挡油气藏

正断层遮挡油气藏多出现在拉张盆地中。根据断层倾向与储层倾向之间的关系，可将其分为同向正断层遮挡油气藏和反向正断层遮挡油气藏。

与正断层有关的油气藏，可以分布在下降盘，也可以分布在上升盘。分布在下降盘的油气藏，多出现在地层倾向与断层面倾向相同的同向正断层的下降盘[图 5-9(b)]，此时，储层沿上倾方向与上升盘的非渗透性岩层相接触。在与正断层有关的油气藏中，更常见的情况则是位于地层倾向与断层面倾向相反的反向正断层上升盘的油气藏[图 5-9(a)]。由于这种圈闭在剖面上形似屋脊，因此人们形象地称为屋脊断块，这是同生断层发育区分布比较普遍的一种构造形式。屋脊断块又分为正常式屋脊断块和掀斜式屋脊断块两种。在渤海湾盆地东辛油田中的断层油气藏中，屋脊断块油藏约占 90%以上。

2)逆断层遮挡油气藏

这类油气藏主要分布在挤压盆地的边缘地区。在逆断层遮挡形成的圈闭中，油气藏可以存在于断层面之下，也可以存在于断层面之上。图 5-10 为我国准噶尔盆地某油藏的剖面图，可以作为这种类型的典型实例。

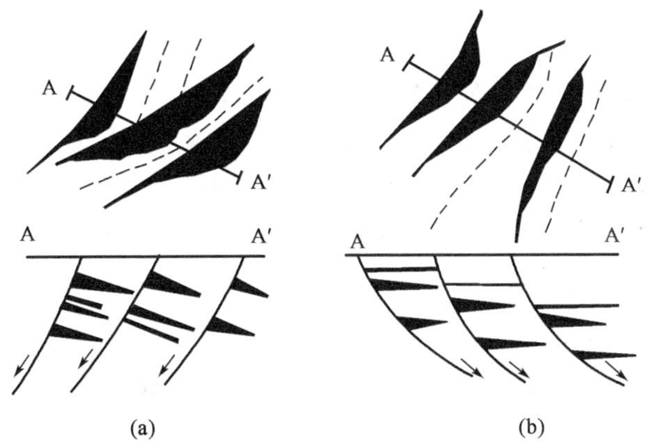

图 5-9 反向正断层遮挡油气藏(a)与同向正断层遮挡油气藏(b)示意图(据蒋有录等,2016)

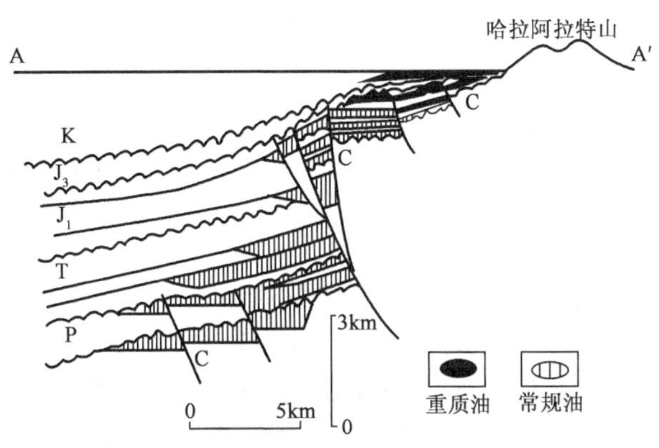

图 5-10 准噶尔盆地油藏剖面图(据胡见义,2002)

(三)岩体刺穿油气藏

地下岩体(包括盐岩、泥膏岩、软泥以及各种侵入岩浆岩)侵入沉积岩层,使储层上方发生变形,其上倾方向被侵入岩体封闭而形成岩体刺穿(接触)圈闭。油气在岩体刺穿圈闭中的聚集称为岩体刺穿油气藏。岩体刺穿油气藏的基本特点是油气在上倾方向一侧被刺穿岩体所限,其下倾方向油(气)水边界仍与规则等高线保持平行。

刺穿岩体按性质的不同,可以分为盐体刺穿、泥火山刺穿及岩浆岩体刺穿等三种类型。目前世界上在这三种岩体刺穿圈闭中都已经发现了油气藏。从分布的广泛性来看,盐体刺穿更为重要。

地下深处的盐体,侵入并刺穿上覆的沉积岩层,形成盐体刺穿圈闭,其中聚集了油气,则称为盐体刺穿油气藏。例如罗马尼亚喀尔巴阡山前带的莫连尼油田的油藏,就属这类油气藏。该油田是盐体侵入并刺穿了上覆古近系渐新统和新近系上新统的砂岩储层,形成了盐体刺穿圈闭及其油气藏(图 5-11)。此外,在美国墨西哥湾地区、苏联恩巴地区、德国北德意志盆地、西欧北海盆地、西非加蓬等地区都广泛分布有这种类型的油气藏。

泥火山刺穿油气藏是由于泥火山刺穿作用,形成了圈闭条件,聚集了油气所形成的油气藏。例如苏联阿普歇伦半岛的洛克巴丹油气田中的油气藏,就属此类。我国新疆准噶尔盆地独山子油田,也有泥火山活动。此外,在尼日尔河三角洲、缅甸的阿拉康海岸,以及特立尼达岛等地,也都有泥火山的活动及与之有关的油气藏。

盐体刺穿圈闭和泥火山刺穿圈闭的形成需要两个基本条件：首先地下深处存在相当厚度的膏盐或软泥层，厚度越大，形成这种构造的可能性也就越大；其次是上覆岩层存在压差变化比较显著的薄弱带，促使可塑性的膏盐或软泥层发生流动。

岩浆岩体刺穿油气藏是指地下深处的岩浆侵入并刺穿上覆沉积岩层，形成岩浆岩体刺穿圈闭，后来油气在其中聚集而形成的油气藏。例如在墨西哥曾发现过一个如图 5－12 所示的油田。其中的油气藏是属于岩浆岩体刺穿油气藏。这类油气藏比较少见。

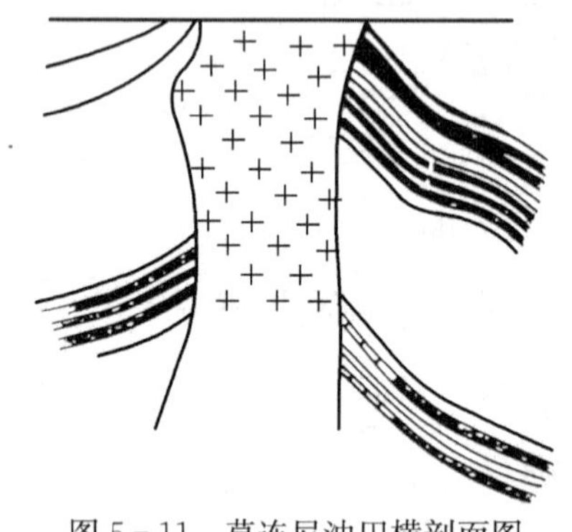

图 5－11　莫连尼油田横剖面图（据 И. О. Брод，1950）

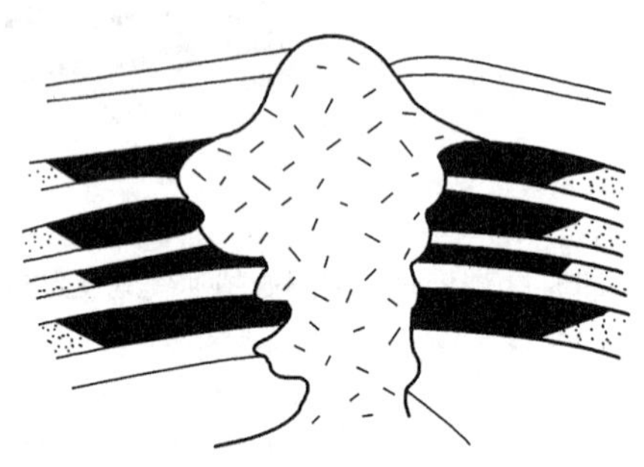

图 5－12　墨西哥的岩浆岩体刺穿油田横剖面图（据 И. О. Брод，1950）

（四）裂缝性油气藏

所谓裂缝性油气藏，是指油气储集空间和渗滤通道主要为裂缝或溶孔（溶洞）的油气藏。在各种致密、性脆的岩层中，原来的孔隙度和渗透率都很低，不具备储集油气的条件。但是，由于构造作用，加上其他后期改造作用，使其在局部地区的一定范围内，产生了裂隙和溶洞，具备了储集空间和渗滤通道的条件，与其他因素（如盖层、遮挡物等）相结合，则可形成裂缝性圈闭。油气在其中聚集，则形成裂缝性油气藏。岩层的裂隙可以是多种因素造成的，但构造作用最重要，因此，将裂缝性油气藏归入构造油气藏类。

裂缝性油气藏由于其形成条件的特殊性，常常具有如下特点：(1)常呈块状，油水界面受裂缝体系的控制，而不受岩层层面的控制；(2)钻井过程中经常发生钻具放空、钻井液漏失和井喷等现象；(3)实验室测定的油层岩心渗透率与试井测得的油层实际渗透率相差悬殊，即一般在实验室根据岩心测定的渗透率很低，而试井实际测得的渗透率却很高；(4)同一个油气藏，不同油气井之间产量相差悬殊，这是裂缝性储层的孔隙性、渗透性分布不均，同一储层的不同部位，储集性能相差悬殊所致。

裂缝性油气藏在世界石油和天然气产量、储量中占很重要的地位。中东波斯湾盆地和美国、苏联、墨西哥等国家都在碳酸盐岩中找到了巨大的裂缝性油气藏。我国四川盆地也发现了相当数量的碳酸盐岩裂缝性油气藏。伊朗加奇萨兰油气田的古近—新近系阿斯马利灰岩油气藏及我国柴达木盆地油泉子油田中新统裂缝性油藏可作为这类油气藏的典型代表。

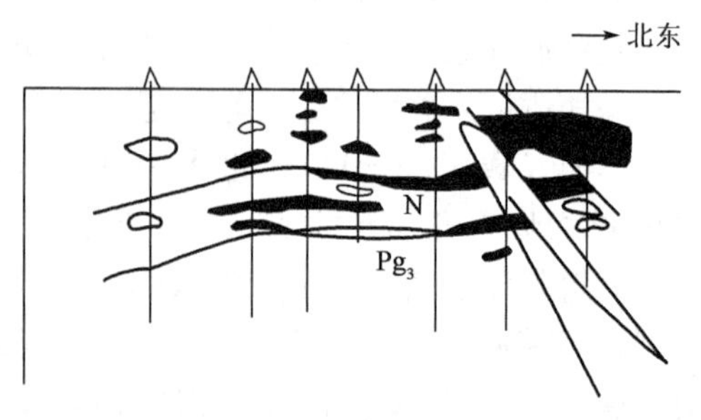

图 5－13　油泉子油田剖面图（据青海石油勘探局）

柴达木盆地油泉子油田即为中新统裂缝性油藏（图 5－13），它位于柴达木盆地中央平缓背斜带，是一个不对称的似箱形背斜。北翼陡，倾角为 60°～80°；南翼平缓，倾角约 25°左右。储层为中新统底部的裂缝性泥岩夹薄层石灰岩、泥灰岩和砂岩透镜体。石油主要聚集在一定深度范围的泥岩的垂直裂缝和水平裂缝带内，与层位没有明显关系。单井产量相差悬殊，一般单井日产量为0.5～4t；但少数高产井日产量可达数百吨。这主要与裂隙带的发育情况有密切关系。一般在裂缝发育带，形成油气富集带，产量高；反之，产量低。

二、地层油气藏

地层圈闭是指储层由于纵向沉积连续性中断而形成的圈闭，即与地层不整合有关的圈闭。在地层圈闭中的油气聚集，称为地层油气藏。

地层圈闭与前述构造圈闭不同：构造圈闭是地层变形或变位而形成的；而地层圈闭则主要是储层上、下不整合接触的结果，储层遭风化剥蚀后，又被不渗透地层所超覆，形成不整合接触。

地层圈闭既是一种地层现象，又是一种构造现象。不整合对地层圈闭及油气藏的形成起主导作用，但通常必须与其他构造因素或岩性因素结合在一起，由不整合面和储层顶面的构造等高线构成封闭区。根据圈闭的成因和储层与不整合面的空间关系，地层油气藏大致可以分为两类和三种基本类型：一类是位于不整合面之下的地层不整合油气藏，另一类是位于不整合面之上的地层超覆油气藏。前者又可细分为潜山油气藏和地层不整合遮挡油气藏，其中潜山油气藏占有重要的地位。而那些储层在不整合面之上和之下未与不整合面直接接触，由其他因素形成的油气藏，均不属于地层油气藏。

如图5-14所示，B、C是位于不整合面之上的地层超覆油气藏，D、E为不整合面之下的地层不整合油气藏，分别为地层不整合遮挡油气藏和潜山油气藏；A、F分别为岩性尖灭油气藏和背斜油气藏。

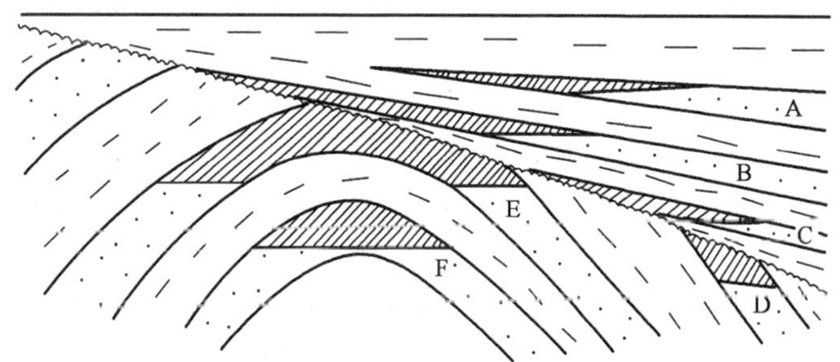

图5-14　地层油气藏主要类型及其与非地层油气藏之间的区别示意图

(一)潜山油气藏

潜山通常是指被不整合埋藏于年轻沉积盖层之下的盆地基底的基岩突起，包括古地形突起(残丘)和古构造被剥蚀形成的具有一定构造形态的突起。潜山的形成必须经过较长时期的侵蚀，并被后来新的沉积层埋藏，它相对于周围是一个局部的突(隆)起。潜山油气藏是指这些基岩突起被上覆不渗透地层所覆盖形成圈闭条件，油气聚集其中而形成的油气藏，也可称为“古地貌”油气藏。

潜山圈闭的形成与区域性的沉积间断及剥蚀作用有关。在地质历史的某一时期，地壳运动使一个区域上升，遭受强烈风化、剥蚀的破坏。坚硬致密的岩层抗风化的能力强，在古地形上呈现为大的突起；而抗风化能力较弱的岩层，则形成古地形中的凹地。后来，在该区域尚未被剥蚀成为平原时，又重新下降，同时又被新的沉积物所掩埋覆盖，这样就在原来古地形的基础上，形成了一系列的潜伏剥蚀突起或潜伏剥蚀构造，也称为“古潜山”。这种古地形突起，由于遭受多种地质营力的长期风化、剥蚀，常形成破碎带、溶蚀带，具备良好的储集空间。当其上为不渗透性地层所覆盖时，则形成了地层圈闭，成为油气聚集的有利场所。

组成潜山的岩石，可以是石灰岩、白云岩、砂岩、火山岩、岩浆岩(侵入岩)及变质岩等，它们的共同特点是：坚硬突出，经过长期的风化、剥蚀和地下水的循环作用后，都具有良好的储集性能，为油气储集创造了良好条件。

潜山油气藏中聚集的油气，主要来源于其上覆沉积的烃源岩，因此，潜山油气储层的时代通常比烃源岩的时代老，即所谓的“新生古储”。油气运移通道主要包括沟通潜山和烃源岩的油源断层及不整合面两种类型。油气沿不整合面和油源断裂源源不断地运移至潜山圈闭中聚集成藏。

按照潜山的形态，可将潜山划分为断块山、古地貌山和褶皱山三大类(图 5－15)，它们的形成都受差异风化因素影响，断块山和褶皱山还受断层和古构造控制。

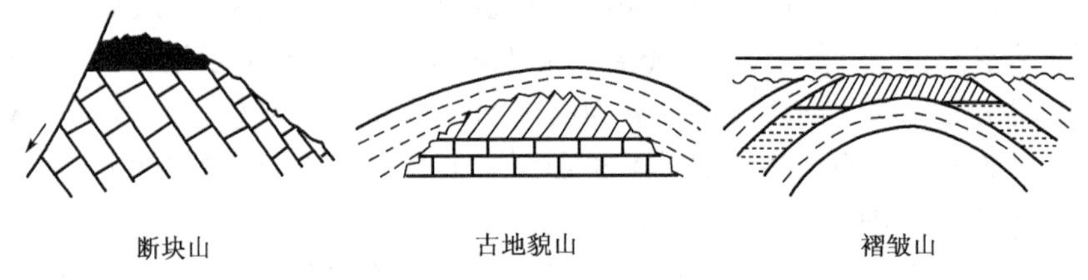

图 5－15　潜山及潜山油气藏类型示意图

我国任丘油田是一个典型的潜山油气藏。该油田是我国在 20 世纪 70 年代在渤海湾盆地冀中坳陷发现的高产大油田之一。该潜山主要由中—新元古界雾迷山组硅质白云岩组成，围翼为寒武系、奥陶系的碳酸盐岩地层。该潜山自晚奥陶世到早古近纪漫长的地质时期中，一直出露于地表，长期遭受风化、剥蚀、溶解以及历次地壳运动的作用，使得裂隙、孔洞都很发育，具备极好的储集性能。后来被古近系巨厚的泥质沉积所覆盖，成为良好的盖层，形成了圈闭条件。古近系沙河街组烃源岩生成的石油，进入该圈闭中聚集起来，形成了储量丰富的高产大油田，如图 5－16 所示。

王庄潜山油气藏位于渤海湾盆地东营凹陷西北部的郑家地区。在陈家庄凸起的南斜坡背景上，由于古断层的发育和风化剥蚀，形成了一个太古界变质岩残丘，后被沙河街组四段以泥质岩为主的非渗透性地层所覆盖而形成油气藏(图 5－17)。变质岩中微裂缝发育，也有一定数量的溶蚀孔洞及微孔隙，还有矿物裂缝和节理缝。发育的缝、洞和孔隙既是油气的渗滤通道，又是储集空间。

北非阿尔及利亚的哈西—迈萨乌德油田是著名的褶皱型潜山油气藏的实例。该油田位于阿尔及利亚撒哈拉大沙漠东部，距地中海 560km，油气聚集在一个顶部遭受剥蚀的大背斜中，是一个潜伏剥蚀构造圈闭。产油层为寒武系砂岩，深约 3300m，油田含油面积 1300km^2，油藏高度 270m。石油地质储量 34.7×10^{8}t，单井平均日产量为 800t 左右，全油田日产油量为 52000t 以上，是特大高产油田，如图 5－18 所示。

(二)地层不整合遮挡油气藏

广义的地层不整合遮挡油气藏是指位于不整合面之下，由不整合遮挡形成的地层油气藏，包括上述潜山油气藏。这里所说的地层不整合遮挡油气藏是狭义的，指主要在盆地或在古隆

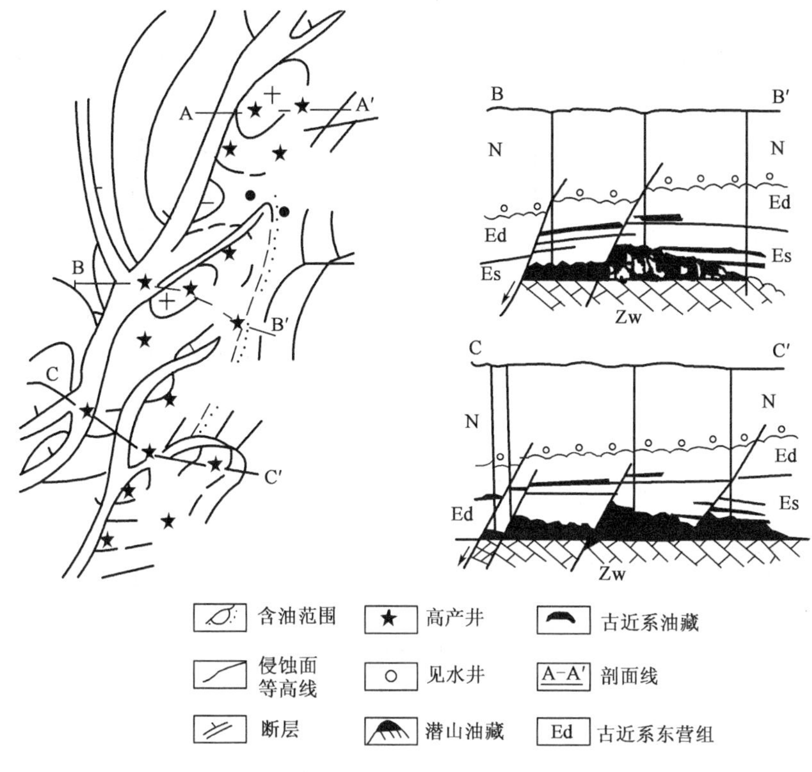

图 5-16　任丘油田平面图及剖面示意图(据华北油田)

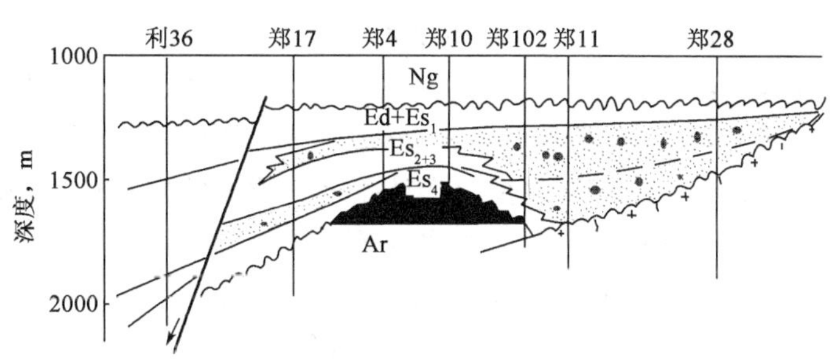

图 5-17　王庄潜山油藏剖面图(据李丕龙等,2004)

起边缘,在一定的构造背景下,储层上倾方向被剥蚀,后来又为新沉积的非渗透性岩层遮挡,在不整合之下形成了地层不整合圈闭,油气在其中聚集就形成地层不整合遮挡油气藏。与潜山圈闭不同,该类圈闭的不整合面一般没有明显的古地形突起。

地层不整合遮挡油气藏主要分布在盆地边缘粗碎屑岩中。这可能是由于盆地边缘沉积岩系之间沉积间断较多,碎屑储层上倾部位容易遭受剥蚀,当它们被上覆不渗透地层所覆盖时,就形成了良好的圈闭条件。在褶皱区的沉积盆地中,褶皱、断裂作用显著,不整合现象普遍,同样会发育这种类型的圈闭条件。

同其他类型油气藏一样,地层不整合遮挡油气藏的形成也需要生、储、盖、圈、运、保等基本成藏条件。圈闭的遮挡物主要有两类,一种是不整合上覆的不渗透性泥质岩层,另一种是原油经氧化而形成的稠油封堵层。由稠油封堵形成的油藏,其原油普遍遭受氧化,油质较重,而远离稠油封堵带油质逐渐变轻。

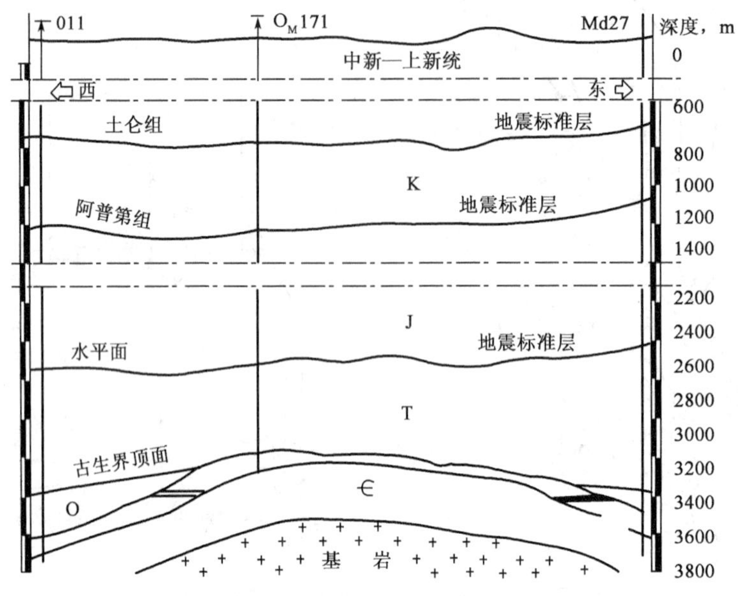

图 5－18 哈西—迈萨乌德油田剖面图(据 Balducchi 和 Pommier，1970)

地层不整合遮挡油气藏与潜山油气藏均位于不整合面之下，但其形成特点却存在着较大的差异。地层不整合遮挡油气藏多发育在盆地边缘，储层为沉积岩。与潜山油气藏主要为“新生古储”不同，地层不整合遮挡圈闭中聚集的油气主要来源于下倾方向的同期烃源岩系，也可以来自于古油气藏被改造后重新聚集的油气。该类油气藏主要由盆地边缘的不渗透性泥质岩层和原油经氧化而形成的稠油封堵，储层多为具有原生孔隙的砂砾岩。而潜山油气藏是一种特殊类型的“基岩”油气藏，含油气层位于区域不整合面之下，属于盆地的基底岩系，具有一定的构造或古地形突起形态，油气源主要来自上覆及侧向较新的烃源岩系；潜山油气藏的储层可以是沉积岩，也可是岩浆岩或变质岩，除少数为具原生孔隙的碎屑岩外，大多数是原生孔隙不发育、致密坚硬的岩类，由于各种后生作用的改造，使其发育了次生孔隙而具备储集能力。

我国渤海湾盆地东营凹陷西南斜坡区的金家油田沙河街组油气藏是地层不整合遮挡油气藏的典型代表。该油田位于东营凹陷南部缓坡带，南接鲁西隆起，古近系由南向北倾斜。渐新世末的构造运动形成了沙河街组一段与沙河街组二段、沙河街组三段之间及馆陶组与下伏地层之间的不整合。馆陶组底部发育10～50m厚的泥岩，与鼻状构造背景配合，形成了一系列的地层不整合油气藏。由于油气藏埋藏较浅(800～1200m)，原油遭生物降解及氧化而变稠(图5－19)。

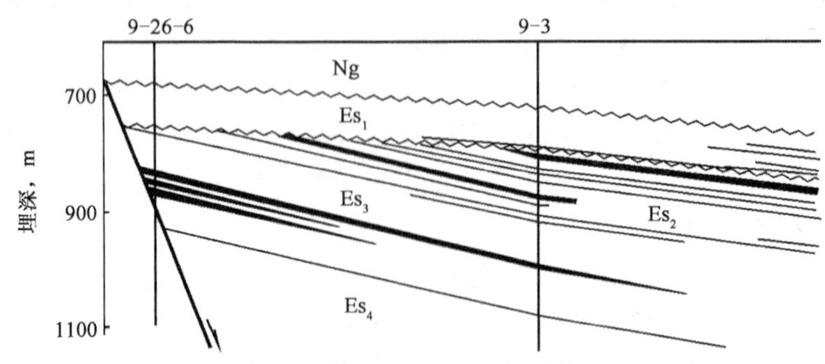

图 5－19 东营凹陷金家油田油藏剖面图(据李丕龙等，2003)

(三)地层超覆油气藏

地壳运动可引起海水或湖水的进退，这种水体进退的结果，在地层剖面上就表现为“超覆”和“退覆”两种现象。

地层超覆是指当水体渐进时，沉积范围逐渐扩大，较新沉积层覆盖了较老沉积层，并向陆地扩展，与更老的地层侵蚀面呈不整合接触。从剖面上看，超覆表现为上覆层系中每一地层都相继延伸到下伏较老地层边缘之外，并且在同一柱状剖面中，由下向上沉积物越来越细。地层退覆是在水体渐退时发生的，较新沉积层的范围越来越小。在实际的地质环境里，单纯的水进岩系层位迁移和单纯的水退岩系层位迁移都是少见的，常见的是水进与水退交替出现，在剖面上则表现为超覆不整合面与退覆削蚀面相交，如图 5－20 所示。岩石结构上则是由下向上颗粒由粗变细再变粗，构成一个完整的沉积旋回。

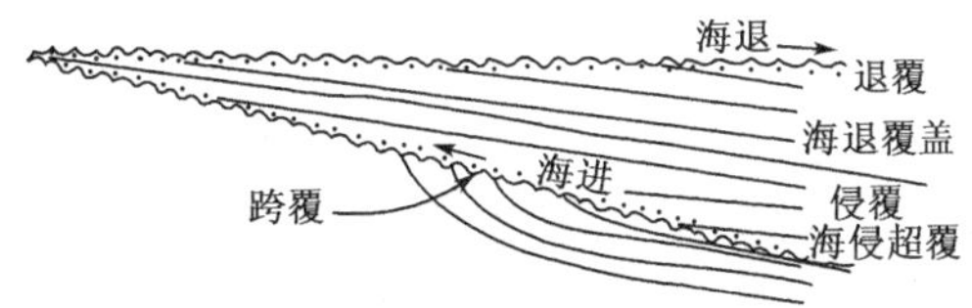

图 5－20　超覆与退覆示意图(据张厚福等，1999)

水体渐进时，水盆逐渐扩大，沿着沉积坳陷边缘部分的侵蚀面沉积了孔隙性砂岩，分选较好，储集性质也好；随着水盆继续扩大，水体加深，在砂层之上超覆沉积了不渗透泥岩，其结果是形成地层超覆圈闭。这种圈闭都是在水陆交替地带形成的，特别是在水进阶段，盆底以稳定下降为主，伴随轻微振荡，常与浅海大陆架或大而深的湖泊的还原环境有联系。因此，在砂层上下及向深处侧变成泥质沉积，往往富含有机质，是良好的烃源岩层，同时又是良好的盖层，从而形成旋回式和侧变式的生储盖组合。油气生成后，就近运移至地层超覆圈闭中聚集起来，形成地层超覆油气藏。在海相沉积盆地的滨海区、大而深的湖相沉积盆地的浅湖区，都可找到地层超覆油气藏。济阳坳陷中的陈家庄油田就是地层超覆油气藏的典型实例，如图 5－21 所示。

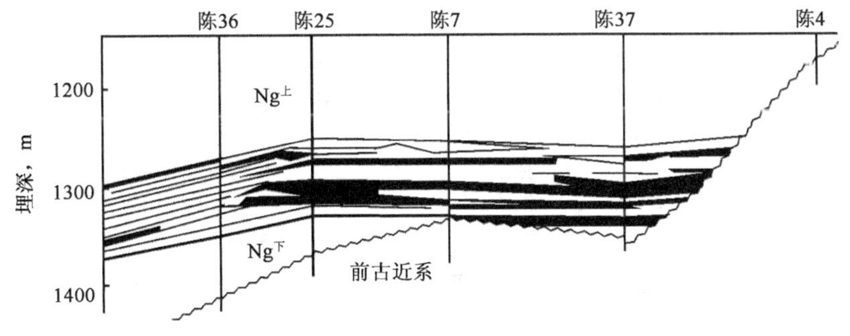

图 5－21　济阳坳陷陈家庄油田油藏剖面图(据李丕龙等，2003)

三、岩性油气藏

岩性圈闭是指储层岩性或物性变化所形成的圈闭，若其中聚集了油气，则称为岩性油气藏。储层岩性的纵横向变化可以在沉积作用过程中形成，也可以在成岩作用过程中形成，但大多数岩性圈闭是沉积环境的直接产物。沉积环境不同和成岩作用的差异，导致沉积物岩性或物性发生变化，形成岩性上倾尖灭体、透镜体及物性封闭圈闭等。

在岩性变化大的砂泥岩沉积剖面中，常见许多薄层砂岩互相参差交错。有的层状砂岩体顶底均为不渗透泥岩所限，在横向上亦渐变为不渗透泥岩，砂岩体呈楔状尖灭于泥岩中，形成砂岩上倾尖灭圈闭，如图5-22(a)所示；有的砂岩体呈透镜状，周围均被不渗透层所限，形成砂岩透镜体圈闭，如图5-22(b)所示；岩石在成岩和后生作用期间，次生作用可使储层的一部分变为非渗透性岩层，或使非渗透性岩层中的一部分变为渗透性岩层，形成岩性圈闭，如在低渗透砂岩中出现局部高渗透带，如图5-22(c)所示。在碳酸盐岩地区，易于发生溶蚀和次生作用，故容易在成岩阶段形成岩性圈闭。

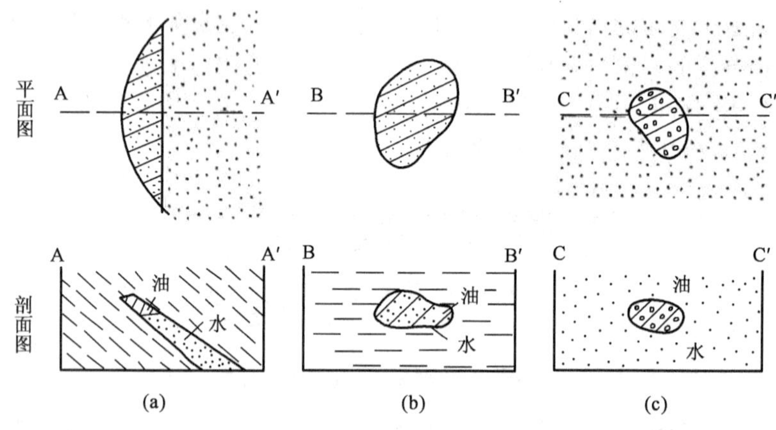

图5-22　砂、泥岩剖面中的岩性圈闭及其油气藏(据张厚福等，1999)

(a)砂岩尖灭体油气藏；(b)砂岩透镜体油气藏；(c)低渗透砂岩中之高渗透带

除砂岩相变形成岩性圈闭外，碳酸盐岩(如粒屑灰岩)也可由于岩性改变而形成岩性圈闭，如生物礁油气藏。

岩性圈闭是岩性变化的结果，在成因上都与沉积环境的变化有关。因此，它们常常成群成组地出现，形成较大的多层系分布的岩性圈闭。在实际勘探工作中，若发现一个砂岩尖灭体或透镜体油气藏，就可能在其附近找到更多类似的油气藏。

(一)岩性上倾尖灭油气藏

储层沿上倾方向尖灭而造成圈闭条件，油气聚集其中而形成的油气藏即为岩性上倾尖灭油气藏。图5-23为济阳坳陷滨32井区水下冲积扇岩性上倾尖灭油藏。

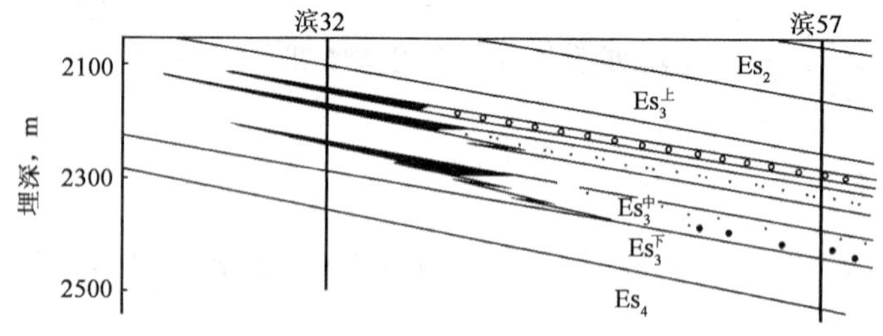

图5-23　济阳坳陷滨32井区水下冲积扇岩性上倾尖灭油藏剖面图(据李丕龙等，2003)

(二)透镜体油气藏

透镜状或其他不规则状储层，周围被不渗透性地层所封闭而形成透镜体圈闭，其中聚集了油气就形成了透镜体油气藏，最常见的是泥岩中的砂岩透镜体油气藏。透镜体油气藏的规模一般都不大。

渤海湾盆地古近系沙河街组三段的大套泥岩中，发育许多砂岩透镜体油气藏。如东营凹陷东辛构造带西南部的营 11 地区，分布有我国东部盆地最大的砂岩透镜体油气藏。含油层位为沙河街组三段中部的浊积砂体，油藏位于沙河街组三段烃源岩中，原始地层压力较高、油质较轻，反映了原生油藏的特点（图 5－24）。

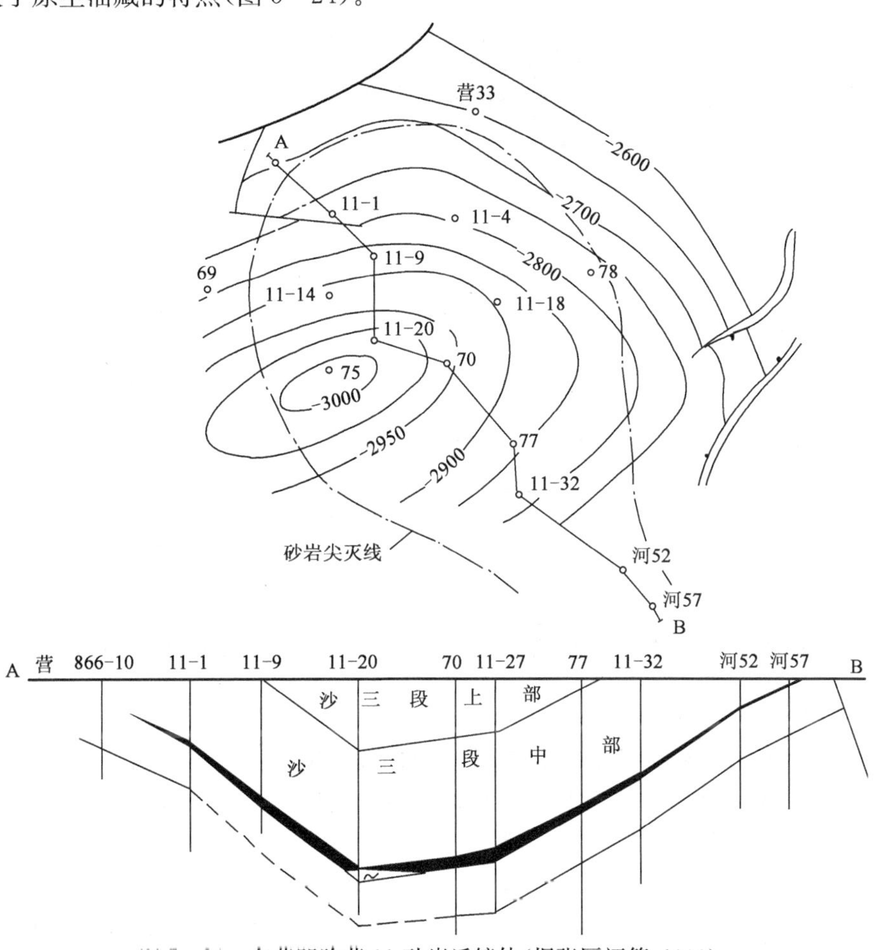

图 5－24　东营凹陷营 11 砂岩透镜体（据张厚福等，1999）

等值线单位为 m

（三）物性封闭油气藏

物性封闭圈闭又称成岩圈闭，是指各种次生成岩作用使原始沉积的岩层孔隙性发生变化形成的圈闭类型。主要包括两种情况：一是胶结作用导致渗透层上倾部位的孔隙度及渗透率降低，因渗透层在上倾方向物性变差而形成遮挡条件，从而形成物性封闭圈闭；二是次生变化如白云岩化、溶解作用等，使原来不具有渗透性的岩层的一部分孔隙度、渗透率增大，形成低渗透层中的高孔、高渗段，从而形成物性封闭圈闭。在这些物性变化形成的圈闭中的油气聚集就是物性封闭油气藏。

物性封闭油气藏广泛发育于各类砂砾岩扇体中，如水下扇体由于扇根物性致密，在扇体上倾方向形成遮挡。东营凹陷永 921 砂砾岩扇体就是典型的物性封闭油气藏（图 5－25），该砂砾岩体为近岸水下冲积扇沉积，扇根由于砾石颗粒大、成分混杂、分选极差而物性很差，成为不规则的遮挡物，形成物性封闭圈闭及油气藏。

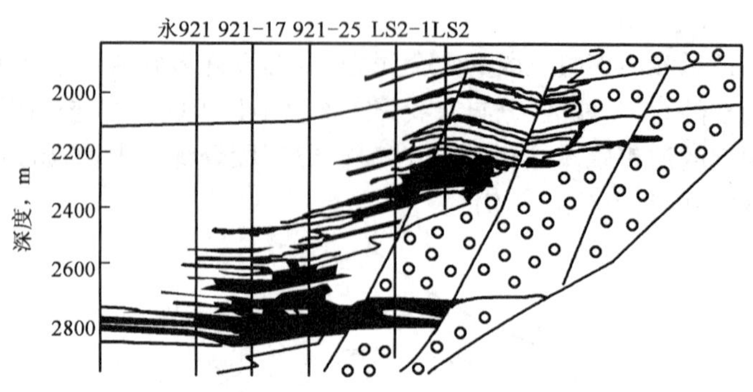

图5-25　永 921 砂砾岩扇体物性封闭油藏剖面图(据胜利油田,2004)

在低渗透岩层中往往存在高渗透带砂体油气藏,储层中渗透性变化很大,油气聚集在渗透性好的部分,而渗透性不好的部分则为水所充满,也属于物性封闭油气藏。这种油气藏的形状和分布都很不规则。美国阿巴拉契亚含油气盆地下石炭统“百尺砂岩”中的油气藏可作为典型实例,如图 5-26 所示。

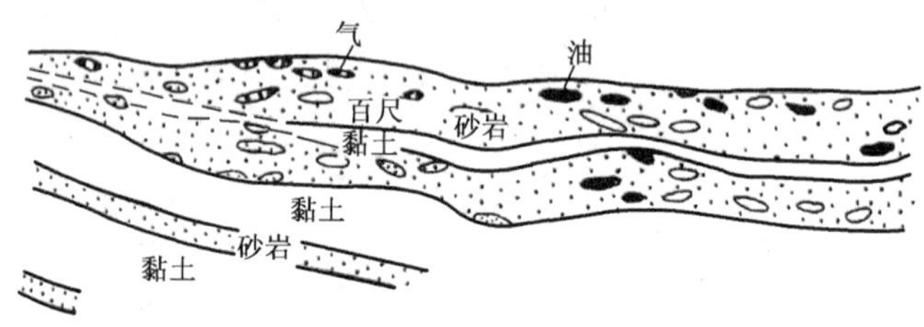

图 5-26　阿巴拉契亚盆地下石炭统的“百尺砂岩”油藏剖面图(据 И. О. Брод)

(四)生物礁油气藏

生物礁圈闭是指具有良好孔隙性和渗透性的生物礁储集岩体被上覆及周围非渗透性岩层封闭而形成的圈闭,在其中形成的油气聚集称为生物礁油气藏。生物礁圈闭及油气藏的形态与礁组合中储集体的形态有关。

生物礁是由珊瑚、层孔虫、苔藓虫、藻类、古杯类等造礁生物组成的原地埋藏的碳酸盐岩建造。生物礁中除造礁生物外,尚掺有海百合、有孔虫等喜礁生物。不同地质时代有不同的造礁生物。生物礁有大有小,小的只有几米厚和几平方米的面积,大的可达几百米厚和几百千米长。

生物礁相主要包括后礁相、生物礁主体相及前礁相;生物礁相向海方向过渡为盆地相,发育灰色到黑色页岩和石灰岩。从油气藏形成的条件分析,以生物礁主体和前礁相最为有利,这两个带具有丰富的油气来源和良好的储集条件。勘探实践也证明,油气主要都是集中在这两个岩相带中。

黄金巷环礁带油田群中的油气藏就是生物礁油气藏的典型实例(图 5-27)。黄金巷环礁带油田群位于墨西哥坦皮科湾,分为老黄金巷、新黄金巷和海上黄金巷三部分。整个黄金巷环礁带呈椭圆形,长轴为北西—南东向,长约 150km,宽约 70km;陆上分支向西凸出呈弓背状,长约 180km,礁的宽度一般为 2km。该油田群以拥有三口万吨高产油井而闻名,其中一口名为赛罗·阿泽尔 4 号井,其初产量达 3.7×10^4 t/d,为世界单井日产量最高的油井。从 20 世纪 50 年代中期开始,到 1968 年为止,陆上已发现 50 多个生物礁油田,海上发现 20 多个油气田。整个黄金巷环礁带,到 1967 年为止,已产油 1.6×10^8 t 以上。

图 5-28 为斯奈德生物礁油气藏，位于美国得克萨斯州西部斯库瑞—斯奈德生物礁区。该生物礁是由在同一地方生长、死亡和埋藏起来的生物的坚硬部分构成的。礁体本身是介壳碎屑、灰质泥及灰质砂等混合物，并由方解石胶结起来。孔隙的大部分为溶孔。生物礁属上石炭统，生长在宾夕法尼亚亚系施特劳恩灰岩底盘上。生物礁上部的砂层略显背斜形态，这可能是由压实作用不均衡造成的，而到更接近地面的浅处，则见不到任何显示。该生物礁油藏含油面积约 $295km^2$，可采储量达 1.6×10^8t 以上。

我国珠江口盆地东沙隆起西南部的流花 11-1油田，其储量在 1×10^8t 以上，是我国海上发现的第一个大油田，也是我国最大的生物礁油田。

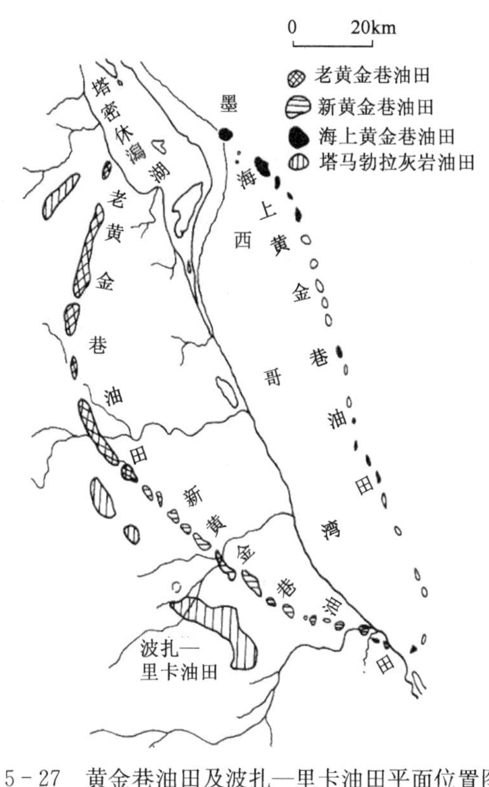

图 5-27 黄金巷油田及波扎—里卡油田平面位置图（据 G. V. Chilingarian 和 D. R. Allen，1970）

四、其他类型油气藏

除以上构造、地层、岩性等基本类型的油气藏外，还有一些特殊类型的油气藏，如水动力油气藏、复合油气藏，以及根据流体性质划分的凝析气藏、固态气体水合物等。

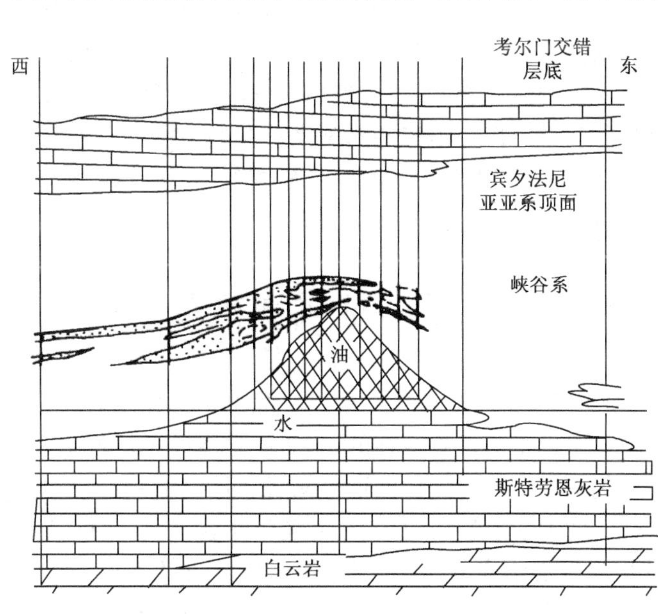

图 5-28 得克萨斯州西部斯库瑞—斯奈德生物礁区北斯奈德油藏剖面图（据 A. I. Levorsen）

（一）水动力油气藏

由水动力与非渗透性岩层联合封闭，使静水条件下不适合油气聚集的地方形成聚油气圈闭,称为水动力圈闭,其中聚集了商业规模的油气后,称为水动力油气藏。根据水动力封闭的特征及目前已有的勘探成果,可将水动力油气藏分为构造鼻或阶地型水动力油气藏和单斜型水动力油气藏两种基本类型。

(二)复合油气藏

储油气圈闭往往受多种因素的控制。当某种单一因素起绝对主导作用时,可用单一因素归类油气藏;但当多种因素共同起大体相同的作用时,就称为复合圈闭。如果储层上方和上倾方向是由构造、地层、岩性和水动力等因素中两种或两种以上因素共同封闭而形成的圈闭,可称为复合圈闭。若在其中聚集了油气,则称为复合油气藏。

按照构造、地层、岩性、水动力等油气藏类型的圈闭条件所构成的组合,可形成各式各样的复合油气藏类型,但从勘探实践来看,大量出现的主要是构造—地层、构造—岩性等复合油气藏。

(三)凝析气藏

在地下深处高温高压条件下的烃类气体,采到地面后,温度、压力降低,反而凝结为液态,成为凝析油,这种气藏就是凝析气藏。凝析气藏的形成必须具备两个条件:首先,在烃类物系中气体数量必须超过液体数量,才能为液相反溶于气相创造条件;其次,地层埋藏较深,地层温度介于烃类物系的临界温度与临界凝结温度之间,地层压力超过该温度时的露点压力,这种物系才可能发生显著的逆蒸发现象。凝析气藏的埋藏深度较大,多分布在地下 3000～4000m 或更深处。

(四)固态气体水合物

固态气体水合物指在特定的压力与温度条件下,甲烷气体分子天然地被封闭在水分子的扩大晶格中,呈固态的结晶化合物,也叫冰冻甲烷或水化甲烷。有时乙烷、丙烷、异丁烷、二氧化碳及硫化氢也可与甲烷一起形成固态混合气体水合物。这些气体可以是来自洋底沉积物之下深度不大的生物成因气,也可以是沿海底断裂来自深处的非生物成因气。

这类固态气体水合物可以成为深部气藏的良好盖层,也可以形成气体水合物气田。固态气体水合物多分布在极地、永久冻土带及大洋海底。

第二节　油气聚集单元

油气藏是地壳上油气聚集的基本单元。受单一局部构造控制的同一面积内若干个油气藏可组成一个油气田;油气田也不是孤立存在的,常受一定地质条件限制成群、成带出现,构成油气聚集带;有些油气聚集带往往具有同样的油气来源,处在同一含油气区内,发生了油气生成和聚集的过程;具有统一的地质发展历史、一个或若干个含油气区,可以组成一个含油气盆地。

20 世纪 90 年代以来发展起来的“含油气系统”,将油气藏形成的静态要素及作用有机地结合起来进行研究,用系统论的思想研究油气藏的形成,从生、储、盖、运、圈、保等油气藏形成的静态条件研究发展到动态分析油气藏的形成过程。

一、油气田

油气田指受构造、地层或岩性因素控制的,同一面积内的油藏、气藏、油气藏的总和。如果只有油藏，称为油田；如果只有气藏，称为气田。

“油气田”的概念包括下列含义：

(1)油气田是指石油和天然气现在聚集的场所，而不论它们原来生成的地方在何处。

(2)油气田的控制因素可以是单一的构造、地层或岩性因素，如穹隆、背斜、单斜、盐丘或泥火山刺穿构造等构造单位及生物礁、潜山、古河道、古沙洲等非构造单位，也可以是多种的地质因素。

(3)一个油气田总占有一定面积，在地理上包括一定范围。这个面积大小相差悬殊，小者只有几平方千米，大者可达上千平方千米。

(4)同一面积，是指不同层位的产油气层叠合连片的产油气面积。在叠合连片范围内不同层位的产油气层，可以存在于同一构造或地层因素所控制的单一地质体中，也可以存在于受多种因素控制的复合地质体中。有些油气田的若干单个产油气面积并不直接相连，只是位置接近，而且产油气层位、储层类型和特征、圈闭形成机理都相似，也常可看作一个油气田。

(5)一个油气田范围内可以包括一个或若干个油藏或气藏。

根据控制产油气面积的地质因素，可将油气田分为构造油气田、地层油气田、岩性油气田和复合油气田等四大类型。构造油气田是指产油气面积上受单一的构造因素(如褶皱或断层)所控制的油气田，其中最主要的类型是背斜油气田和断层(断块)油气田。在通常情况下，褶皱常伴生断层，但以褶皱为主称为背斜油气田；有时则主要受断层控制，称断层或断块油气田。地层油气田是指受不整合控制的同一含油面积内油气藏的总和。岩性油气田是指受沉积条件控制的同一含油面积内的岩性油气藏的总和，主要包括砂岩透镜体油气田、岩性尖灭油气田和生物礁油气田。复合油气田是指在油气田范围内不同层位和深度的油气藏是受构造、地层和岩性等诸因素中两种或多种因素控制的油气田。复合油气田主要有盐(泥)丘型复合油气田、礁型复合油气田、潜山型复合油气田、构造—地层叠合型复合油气田等类型。

二、油气聚集带及含油气区

油气田常成群成带出现，构成油气聚集带。所谓油气聚集带，指同一个二级构造带或岩性岩相变化带中，互有成因联系，油气聚集条件相似的一系列油气田的总和。

油气聚集带的形成是二级构造带同油源区和储集岩相带有机配合的结果。沉积盆地内的油源区生成的石油和天然气，首先向上下及周围毗邻的储集岩相带发育区运移，因此这里的二级构造带往往是油气运移的主要指向，成为有利的油气聚集带。渤海湾盆地东营凹陷及黄骅坳陷沙河街组下部生油区生成的油气，就近运移至油源区附近的二级构造带中优先聚集起来。在东营凹陷，坨庄—胜利村、东辛两个构造带集中了其63%的地质储量(图5-29)。

在地壳上不同大地构造单位的沉积盆地中，由于区域地质构造条件的差别，可以形成各种二级构造带，因此，油气聚集带也就随所处大地构造位置的不同而呈现各种类型，常见的有背斜型油气聚集带、单斜型油气聚集带、生物礁型油气聚集带、潜山型油气聚集带、刺穿构造型油气聚集带、复合型油气聚集带等。

松辽盆地大庆长垣构造带上，发育有喇嘛甸、萨尔图、葡萄花等7个背斜油气田，构成长垣背斜油气聚集带。由于它是受单一背斜的闭合面积所控制的若干个相邻的、在成因上有密切联系的背斜构造，虽然含油气面积不完全连片，习惯上也把它当作一个油田。大庆油田储层主要为湖泊三角洲砂岩体，储油物性较好，剖面上多套含油层系垂向叠加，平面上含油面积连片分布，如图5-30所示。

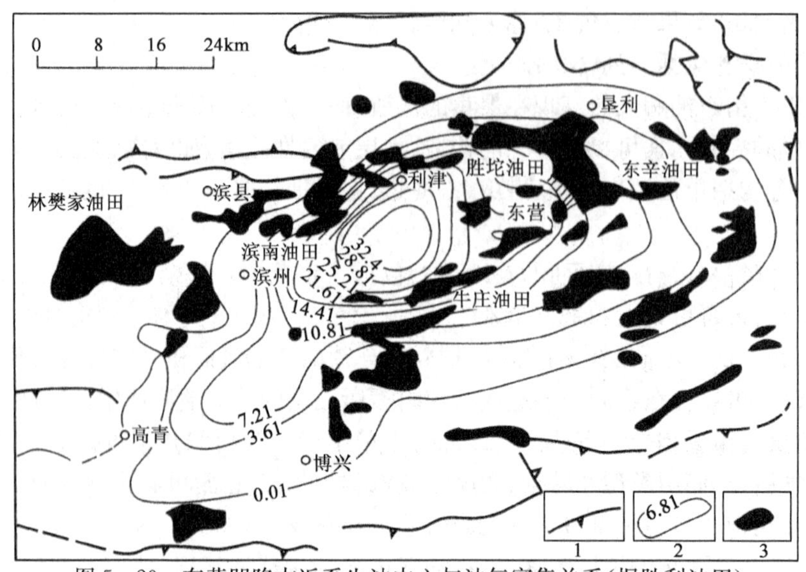

图 5-29　东营凹陷古近系生油中心与油气富集关系(据胜利油田)

1—断层线;2—生烃强度等值线,$10^6 t/km^2$;3—油田

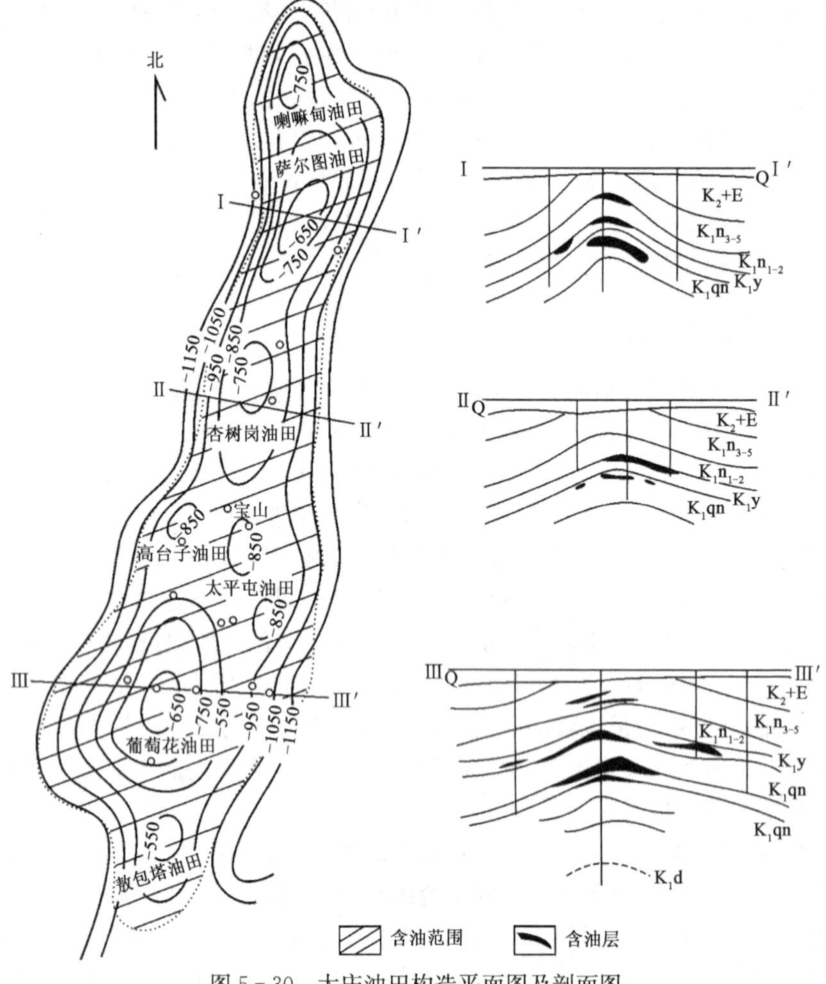

图 5-30　大庆油田构造平面图及剖面图

等值线单位为 m

美国堪萨斯州格林乌德县及勃特勒县的鞋带状油田由许多个岸外沙坝组成，这些沙坝形成许多狭长的透镜体，每个透镜体的厚度为15～30m，长3～10km，宽达2.4km，一个接一个地排成长达40～72 km的带状，如图5-31所示。每个透镜体都是一个油藏，因而形成规模可观的油气聚集带，习惯上也称油田。

油气田的分布受油气聚集带控制，研究油气聚集带的分布规律及其特点，对油气勘探具有重要意义。从地质发展的观点分析，有利的油气聚集带应当是：

(1)沉积盆地油源区或其附近的长期继承性隆起背斜型油气聚集带。该带离油源区近，储集岩相带发育，构造圈闭形成早，在隆起过程中，已生成的油气便可就近聚集。

(2)在地质历史发展过程中，一般形成较早的油气聚集带含油气较为有利。

(3)沉积盆地边缘的大单斜带，往往是有利的储集岩相带发育区，且易形成各种地层和断层圈闭，在区域性油气运移的有利指向区，有利于形成大单斜油气聚集带。

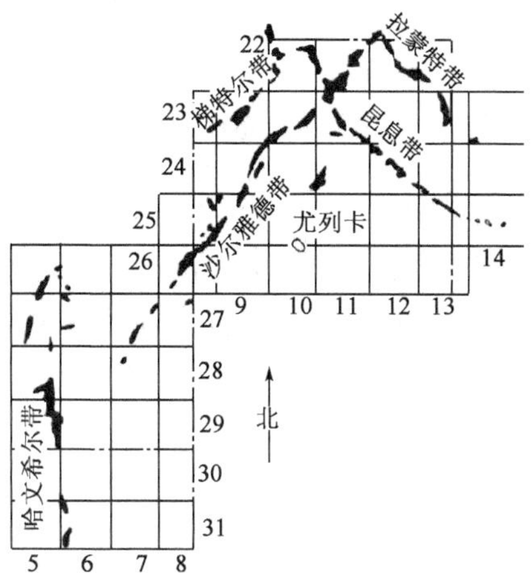

图5-31 堪萨斯州由透镜体油藏组成的鞋带状油气聚集带平面分布图（据张厚福等，1999）

(4)生物礁、盐丘、潜山及滨海沙洲发育地带，可以形成各种相应类型的油气聚集带。

有利的油气聚集带多位于沉积盆地中长期沉降的低洼区内，有利于石油和天然气生成与聚集。这种低洼区多分布在沉积坳陷中，坳陷内的地质发展历史和沉积岩系发育特征具有统一性，油气生成和聚集过程也有共同的规律性。在石油地质工作中，将属于同一大地构造单位，有统一的地质发展历史和油气生成、聚集条件的沉积坳陷，称为含油气区。

三、含油气盆地

(一)含油气盆地的基本概念

在某一地质历史时期内，地壳上那些曾经稳定下沉，并接受了巨厚沉积物的统一沉降区称为沉积盆地。在沉积盆地中，如果发现了具有工业价值的油气田，这种沉积盆地就可视为含油气盆地。凡是地壳上具有统一的地质发展历史，发育着良好的生储盖组合及圈闭条件，并已发现油气田的沉积盆地，称为含油气盆地。可见，含油气盆地首先必须是一个沉积盆地，在漫长的地质历史期间，曾不断下降接受沉积，具备油气生成和聚集的有利条件，存在着油气田。

含油气盆地包含以下几个方面的含义：

(1)具有统一的地质发展历史。

(2)在地壳上曾经是一个长期发育的低洼区，发育巨厚的沉积岩层，并且在相当长的地质历史时期中保持一定水下环境的持续下沉状态，以形成巨厚的沉积岩和对生油有利的环境。

(3)经受一定程度的构造运动，以推动油气运移和圈闭形成。当然，构造运动不能过度强烈，否则会破坏油气生成和聚集。

(4)含油气盆地的范围大小不一，差别很大，面积从几十平方千米到上万平方千米。如世界上最大的含油气盆地——波斯湾盆地，面积达2961700km^2；我国最大的含油气盆地——塔里木盆地，面积为 557000km^2；我国西部的民和盆地，面积仅 9000km^2；美国西部的洛杉矶盆地，面积仅 3900km^2。

(5)含油气盆地内部可以进一步划分为不同的大地构造单元。各单元的沉积过程和油气生成、聚集条件在具全盆地共性的基础上，可以有一定的差异性。如渤海湾新生代含油气盆地，不同凹陷的含油气层系和油气富集程度都存在很大差异。

(二)含油气盆地的结构与构造

1. 含油气盆地的结构

盆地的基底、周边和沉积盖层是组成盆地结构的三大要素。基底是含油气盆地赖以存在的基础，它由盆地形成之前的岩系组成；既可以由古老的结晶岩或变质岩组成，也可以由沉积岩系组成，还可以由两者混合组成。沉积盖层即在基底之上发育的沉积岩层。周边就是盆地周围的边界。盆地周边同其边界地质体的接触关系主要有超覆接触和断层接触两种。

盆地周边的性质决定了盆地的基本类型，按照盆地周边的性质，把盆地分为坳陷盆地和断陷盆地(又可分为单断和双断)。含油气盆地的基底和周边的地质特征对盆地的形态、沉积岩系及地质构造的发育都有着严密的控制作用。

2. 含油气盆地的构造

含油气盆地整体上是一个统一的沉降区，但就其内部来说，无论是基底还是沉积盖层，并非都是一个简单的光坦凹面或平面，其基底不仅有起伏，沉积盖层也常有各种变形。由于基底和盖层的性质不同，含油气盆地的构造特征也较复杂，因此，其内部又可进一步划分为若干个次级构造单元，见表 5-4。

表 5-4　盆地内各级构造单元与含油气单元划分表

<table>
<tr><th>基本构造单元</th><th>一级构造单元</th><th>二级构造单元</th><th>三级构造单元</th></tr>
<tr><td rowspan="3">盆
地</td><td>隆起
坳陷
斜坡</td><td rowspan="3">长垣
背斜带
断裂带
单斜带
尖灭带
超覆带
挠曲带
潜山带
……</td><td rowspan="3">穹隆
长轴背斜
短轴背斜
鼻状构造
断块
向斜
潜山
……</td></tr>
<tr><td>亚一级构造单元</td></tr>
<tr><td>凸起
凹陷
斜坡</td></tr>
<tr><td>含油气盆地</td><td>含油气区</td><td>油气聚集带(二级构造带)</td><td>油气田</td></tr>
</table>

在一般盆地内，基底起伏形成的隆起与坳陷属一级构造单元。隆起以相对上升占优势，沉积盖层较薄且往往发育不全，沉积间断较多，在毗邻坳陷的翼部容易出现地层超覆和岩性尖灭带，有利于油气聚集。坳陷是盆地内基底埋藏最深的区域，沉积盖层发育齐全，厚度大，岩性岩相稳定，是有利于油气生成的区域，成为含油气盆地的油源区。盆地边缘的斜坡区，也属于一级构造单元，同毗邻坳陷的隆起翼部相似，也是有利的油气聚集区。盆地内最低一级构造单元为背斜、单斜和向斜，俗称三级构造(或局部构造)，是形成油气田的构造单元。由局部构造组成的构造带，即二级构造单元，控制油气聚集带的形成。

一般含油气盆地多包括上述三级构造单元。但是，在某些地质构造较复杂的大型含油气盆地内，在隆起、坳陷与二级构造单元之间，还可划分出次级单元凸起与凹陷，因不带普遍性，可列为亚一级构造单元。

(三)含油气盆地的类型

含油气盆地的分类方案较多，不同学者从不同的角度，以不同的大地构造理论为指导，对盆地类型进行了划分。有代表性的分类主要有以下几种：

(1)以活动论为基础的分类(板块构造学说)。迪肯森(1976)从板块构造观点出发，将盆地分为裂谷环境盆地和造山环境盆地两大类，并指出:在时间顺序上，某一盆地在不同时期可以发生在不同类型的环境中，也可以出现逐渐过渡的情况。裂谷环境盆地以离散板块运动和地壳张裂作用为主，地壳变薄引起了下沉作用，又可分为内克拉通盆地、边缘拗拉谷、原始大洋裂谷、冒地斜沉积棱柱体、陆堤、新生大洋盆地、扭张性盆地、弧间盆地等类型。造山环境盆地以挤压板块运动和造山形变作用为主，又可分为海沟、斜坡盆地、弧前盆地、周缘前陆盆地、弧后前陆盆地、破裂前陆盆地、扭压性盆地、残余海洋盆地等类型。

(2)以固定论为基础的分类(槽台学说)。布罗德(1965)以槽台学说为基础，同时考虑到盆地的地貌形态，将含油气盆地分为地台平原盆地、山前盆地、山间盆地等三大类，并进一步划分为七种类型。

(3)以地球动力学为基础的分类。刘和甫(1986,1987)认为从盆地形成的动力学系统来看，主要有拉张、挤压、剪切等三种应力环境，因此他按地球动力学特征，将沉积盆地划分为裂陷盆地、压陷盆地、走滑盆地等三大类12种类型。

(4)含油气盆地的历史地质学分类。该分类是根据区域构造性质及沉积发育史特征对含油气盆地进行分类。由于沉积盆地的基底可以是均一的或复杂的，于是含油气盆地在区域构造性质上可以是单一型的，也可以是复合型的;沉积盆地在发展历史上显现出的阶段性发育特征，也就使含油气盆地在沉积发育史上，表现为少时代单相烃源层系组合和多时代多相烃源层系组合的两种不同类型。具体分类方案见表5-5及图5-32。

表5-5　含油气盆地的历史地质学分类表(据张厚福等,1999)

<table>
<tr><td colspan="4">沉积发育史
区域构造性质</td><td>少时代单相烃源岩层系组合</td><td>多时代多相烃源岩层系组合</td></tr>
<tr><td rowspan="5">单一型含油气盆地</td><td rowspan="3">地台内部坳陷</td><td colspan="2">台向斜</td><td></td><td>松辽、四川、鄂尔多斯、密歇根、伊利诺斯、西西伯利亚</td></tr>
<tr><td rowspan="2">断陷</td><td>单断坳陷</td><td></td><td>济阳、冀中、黄骅</td></tr>
<tr><td>双断坳陷（地堑）</td><td></td><td>下辽河、临清、莱茵、红海、德聂伯一顿涅茨</td></tr>
<tr><td colspan="3">山前坳陷</td><td>酒泉、阿巴拉契亚、东喀尔巴阡</td><td></td></tr>
<tr><td colspan="3">山间坳陷</td><td>吐鲁番、民和、洛杉矶、文图拉、费尔干、西欧北海</td><td></td></tr>
<tr><td rowspan="2">复合型含油气盆地</td><td colspan="3">山前坳陷—地台边缘斜坡</td><td></td><td>波斯湾、墨西哥湾、西加拿大、撒哈拉、伏尔加一乌拉尔</td></tr>
<tr><td colspan="3">山前坳陷—中间地块</td><td></td><td>塔里木、准噶尔、柴达木、马拉开波、潘农、南里海</td></tr>
</table>

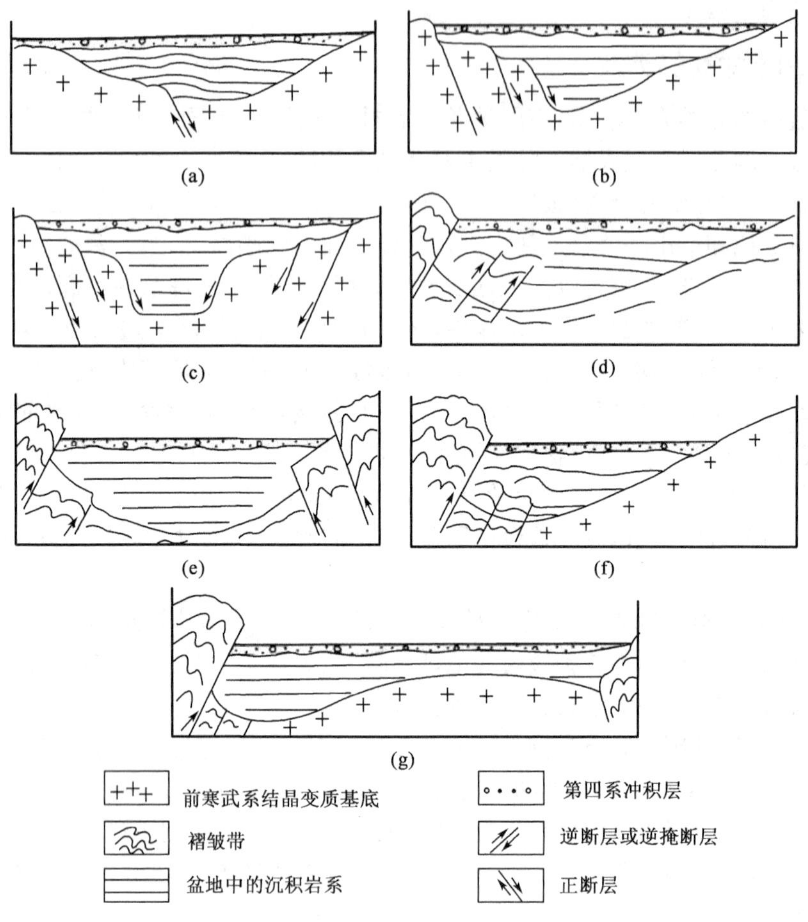

图 5-32　含油气盆地类型模式图(据张厚福等,1999)

(a)台向斜型含油气盆地;(b)单断坳陷型含油气盆地;(c)双断坳陷型含油气盆地;(d)山前坳陷型含油气盆地;(e)山间坳陷型含油气盆地;(f)山前坳陷—地台边缘斜坡型含油气盆地;(g)山前坳陷—中间地块型含油气盆地

四、含油气系统

含油气系统的概念是由 W. D. Dow 于 1972 年在 AAPG 年会上提出,1974 年在 AAPG 会刊上正式发表,当时称为"石油系统"。这一概念主要是用于预测威利斯顿盆地三种主要类型的石油分布。W. D. Dow 以油—源相关性为基础,提出生—储油系统,认为每个石油系统包含一套烃源岩和一组储集岩,被盖层封闭而与其他石油系统分隔。

1987 年,L. B. Magoon 提出的含油气系统(petroleum system)概念,首次使用了"要素"(elements)这一术语,它指油气源岩、运移通道、储集岩、盖层及圈闭,并解释这些要素"必须有适当的时空配置,才能使石油聚集"。

在 1991 年 AAPG 年会上,Dow 和 Magoon 主持了一个讨论会,主题为"含油气系统:源岩—圈闭"。1994 年 Dow 和 Magoon 主编的《含油气系统——从源岩到圈闭》正式出版,该书收集了有关含油气系统的研究文章,较系统地介绍了含油气系统的概念、分类、研究内容、研究方法及其应用。

(一)含油气系统的基本概念

含油气系统是盆地中一个自然的烃类流体系统，其中包含一套有效烃源岩、与该烃源岩有关的油气、油气聚集成藏所必需的一切地质要素及作用。

地质要素包括油气源岩、储集岩、盖层及上覆岩层这些静态因素，而地质作用指的是圈闭的形成及烃类的生成、运移、聚集这一发展过程。这些基本要素和作用必须在时间上和空间上配合好，以便烃源岩中的有机质能转化为石油聚集。只有同时具备基本要素和作用，才能构成含油气系统。含油气系统分布于已知所有这些基本要素和作用的地区，或者认为很有希望或很有可能出现的地区。

(二)含油气系统的研究内容

含油气系统有其特定的区域、地层展布及时间范围，其研究内容包括含油气系统基本要素、展布范围、关键时刻、持续时间、保存时间等。含油气系统研究的关键图件有含油气系统的埋藏史曲线图、含油气系统在关键时刻的平面展布图和剖面图、含油气系统事件图。

1. 关键时刻

关键时刻是指含油气系统中大部分油气生成—运移—聚集的时间。它以地层的埋藏史曲线图为依据，计算时间—温度指数(TTI值)，从而显示大部分烃类的生成时间。从地质角度看，油气的运移和聚集发生在短暂的时间段内，它通常在烃源岩处于最大埋深稍晚的时刻，即为关键时刻。

2. 含油气系统展布范围

关键时刻的含油气系统，其区域展布范围由活跃烃源岩及所有来自该烃源岩的常规和非常规油藏、气藏及油气显示的界线所圈定。

3. 基本要素

含油气系统的基本要素包括烃源岩、储集岩、盖层及上覆岩层。烃源岩、储集岩、盖层是含油气系统存在的最基本要素，上覆岩层除了提供烃源岩成熟所需负荷之外，还对下伏岩层中运移通道及圈闭的几何形态产生明显的影响。

4. 持续时间

持续时间是指形成一个含油气系统所需的时间。含油气系统需要经过足够的地质时期才能具备所有的基本要素，完成形成油气藏所必需的地质作用。如果烃源岩的沉积是最初要素，而且烃源岩成熟所需的上覆岩层是最后要素，那么最初要素和最后要素之间的时间差就是该含油气系统的持续时间。

5. 保存时间

保存时间是指烃类在该系统内被保存、改造或破坏的时间段，它从油气生成—运移—聚集作用完成之后开始。

在保存时间内发生的作用包括油气的再次运移、物理或生物降解作用，直至烃类完全被破坏。

在保存时间内，再次运移的油气可聚集在持续时间之后沉积的储层中。若保存时间内构造活动轻微，则油气藏仍保留其原来位置；只有在保存时间内发生褶皱、断裂、抬升或剥蚀作用才会出现油气的再次运移。

如果所有的油气及其基本要素在保存时间内遭到破坏，就没有含油气系统存在过的证据；如果含油气系统中的油气生成、运移、聚集一直延续至今，则无保存时间，可以认为大部分石油都被保存，而只有少量石油被降解或破坏。

6. 可靠性等级及命名

Magoon根据生油并形成聚集的可靠性，将含油气系统分为已知的、假想的和推测的三个等级。可靠性等级实质上是一个油源可靠性问题，它指明了一个油气藏中的油气源于某一成熟烃源岩的可靠程度。

已知的含油气系统指油气藏与烃源岩之间有良好的地球化学匹配关系；假想的含油气系统指利用地球化学资料可以确定烃源岩存在，但油气藏与烃源岩之间缺乏对比依据；推测的含油气系统指仅根据地质及地球物理资料推测得到。

已知的用(!)表示，假想的用(＊)或(·)表示，推测的用(?)表示。

含油气系统的名称包括烃源岩名称，然后是主要储层名称(中间用连接号连起来)，最后是表示其可靠性等级的符号，如塔里木盆地库车坳陷侏罗系—新近系(!)含油气系统等。

(三)含油气系统的分类

有的学者认为含油气系统是介于含油气盆地(或含油气区)与油气聚集带(或成藏组合)之间的一个油气地质单元。虽然含油气系统的概念已成为一种油气调查和勘探的研究方法，但所采用的依据不同，应用的方法不同，致使含油气系统的分类很多，且尚无统一的、很好的分类方案。

G. Demaison和B. J. Huizinga(1991)根据烃的充注因素、运移排烃方式、捕集方式提出了含油气系统的成因分类。成因分类是从含油气系统成因的角度出发，包括充注因素(分为过充注、正常充注、欠充注)、运移排烃方式(分为垂向排烃、侧向排烃)、捕集方式(分为高阻捕集和低阻捕集)三种地质因素的作用。根据这些因素的不同组合将油气系统划分为12种类型，可一目了然地知道其含油气远景。例如，过充注垂向运移高阻含油气系统远景大，如洛杉矶、北海、渤海湾等盆地；过充注侧向运移高阻含油气系统远景大，如西西伯利亚、准噶尔等盆地；正常充注垂向运移高阻含油气系统远景较大，如尼日尔三角洲；欠充注侧向运移低阻含油气系统远景小，如丹佛盆地。

第三节　油气资源分布特征及控制因素

一、我国油气资源分布特点

我国油气资源的分布直接受区域大地构造特征所控制。根据大地构造特征，中—新生代以来中国板块可分成西部聚敛区、东部扩张区、中部过渡区三种不同的构造格局，相应地可将我国的含油气盆地划分为三大类，归属三个含油气大区：西部造山带挤压型盆地(有些具压扭型)，属西部含油气大区；东部裂谷带拉张型盆地(有些具张扭型)，属东部含油气大区；中部克拉通过渡型盆地，属中部含油气大区，位于前两大区之间。

(1)西部造山带挤压型盆地(有些具压扭型),属西部含油气大区。印度洋板块向北推挤,挤压聚敛作用明显,导致地壳增厚,造成一系列北西西向挤压造山带与大型盆地相间排列。在造山带前缘,前陆盆地与中间地块或陆块组成大型复合型盆地,油气资源丰富,如准噶尔、塔里木、柴达木及藏北羌塘等盆地;在造山带内部则形成山间盆地,如吐哈盆地、河西走廊盆地群。

(2)东部裂谷带拉张型盆地(有些具张扭型),属东部含油气大区。由于太平洋板块向西俯冲和中国大陆仰冲,地壳减薄,地幔上拱,热力构造作用明显,以大陆裂谷式或大陆边缘裂谷式、断陷—坳陷型为特色,基性岩浆活动频繁,形成一系列北北东向或北东向岩浆弧为主的扩张隆起带和扩张沉降带,在这些沉降带中发育了松辽、渤海湾、江汉等含油气盆地及南黄海—苏北、北部湾、莺歌海、琼东南、珠江口、东海、台湾西部、南海中央、太平—礼乐滩等东南沿海大型沉积盆地。

(3)中部克拉通过渡型盆地,属中部含油气大区,位于前两大区之间。自北向南有二连、鄂尔多斯、四川、楚雄等大型盆地,由于印度洋板块向北推挤,在这些盆地西缘形成了一系列近南北向的挤压推覆构造带,如贺兰山、桌子山、龙门山、哀牢山等,向东从山前带很快过渡到稳定的克拉通大型盆地,既有挤压机制,又有拉张(或张扭)机制。

我国油气资源的分布有以下特点:

(1)我国的含油气盆地数量众多、类型较全。面积大、沉积岩分布广、厚度大的盆地是油气生成和聚集的有利场所,成为我国最重要的一些含油气区域。

(2)我国油气资源的地理分布,主要在华北、西北和东北等北方地区。

(3)海相与陆相生储油气层系在我国都很发育,构成多时代生储油气层系重叠的多层结构。产油气地层时代延续很长,从中—新元古界至第四系几乎都拥有丰富的油气资源,但分布不均衡。石油资源主要分布在中新生界,天然气资源主要分布在古生界。

(4)全国常规石油与低渗和重质油均有分布,低渗和重质油接近一半。

(5)从不同地理条件来看,平原丘陵区为 504×10^8t,占 53%;复杂地形区(包括高原、黄土塬、山地、沙漠、沼泽、海滩、海域)为 440×10^8t,占 47%。

(6)我国油气资源的深度分布基本适中,油气资源主要分布在浅于 3500m 的范围内,深于 3500m 的资源量还有潜力值得注意。

二、世界油气资源分布特点

地壳上油气资源的分布非常普遍,无论是在大陆或海洋、沙漠或湖沼,都有着油气田的分布。但是,地壳上的油气分布是不均衡的,在空间分布和时间分布上都不均衡。

(一)油气储量在地理上的分布

全球常规石油可采资源总量为 4879×10^8t(表 5-6),中东 1974×10^8t,占 40%;俄罗斯 768×10^8t,占 16%;北美 662×10^8t,占 14%;拉丁美洲 520×10^8t,占 11%。这四个大区占全球可采资源总量的 81%。

表 5-6 全球常规石油可采资源总量(据邹才能等,2015)

地区	累计产量,10^8t	剩余探明储量,10^8t	待发现资源量,10^8t	可采资源总量,10^8t
中东	503	1094	377	1974
俄罗斯	273	179	316	768
北美	444	77	141	662

续表

地区	累计产量，10^8t	剩余探明储量，10^8t	待发现资源量，10^8t	可采资源总量，10^8t
拉丁美洲	159	157	204	520
非洲	166	173	113	452
亚太	141	56	88	285
欧洲	87	20	111	218
合计	1773	1756	1350	4879

全球常规天然气可采资源总量为 470.5×10^{12} m^3（表 5－7），其中俄罗斯 151.7×$10^{12}$$m^3$，占 32％；中东 134.8×$10^{12}$$m^3$，占 29％；北美 68.8×$10^{12}$$m^3$，占 15％；亚太 33.9×$10^{12}$$m^3$，占 7％。这四个大区占全球可采资源总量的 83％。

表 5－7　全球常规天然气可采资源总量(据邹才能等，2015)

地区	累计产量，$10^{12}$$m^3$	剩余探明储量，$10^{12}$$m^3$	待探明储量，$10^{12}$$m^3$	可采资源总量，$10^{12}$$m^3$
俄罗斯	18.9	52.9	79.9	151.7
中东	4.8	80.3	49.7	134.8
北美	40.9	11.7	16.2	68.8
亚太	5.5	15.2	13.2	33.9
非洲	2.2	14.2	13.4	29.8
欧洲	7.1	3.7	16.2	27.0
拉丁美洲	2.9	7.7	13.9	24.5
合计	82.3	185.7	202.5	470.5

全球非常规石油资源，致密油、重油、天然沥青、油页岩油资源量约为 4119.7×10^8t（表 5－8），其中重油可采资源量 1078.9×10^8t，主要分布于南美和中东地区；天然沥青（或称油砂）可采资源量 1066.7×10^8t，主要分布在加拿大艾伯塔省；致密油可采资源量 472.8×10^8t，美国、俄罗斯和亚太地区最发育；油页岩油可采资源量 1501.3×10^8t，主要分布在美国、俄罗斯和中国。

表 5－8　全球非常规石油可采资源分布情况(据邹才能等，2015)

地 区	致密油，10^8t	重油，10^8t	天然沥青，10^8t	油页岩油，10^8t	可采资源总量，10^8t
北美	109.1	53.5	870.3	1011.1	2044.0
南美	81.4	823.5	0.2	39.1	944.2
非洲	58.5	10.9	70.5	77.7	217.6
欧洲	19.5	7.4	0.3	56.3	83.5
中东	0.1	118.5	0.0	46.8	165.4
亚洲	100.8	44.8	70.2	152.1	367.9
俄罗斯	103.4	20.3	55.2	118.2	297.1
合计	472.8	1078.9	1066.7	1501.3	4119.7

全球非常规天然气资源中，致密气、煤层气与页岩气资源量为 921.9×$10^{12}$$m^3$（表 5－9）。致密气可采资源量为 209.6×$10^{12}$$m^3$，主要分布在北美、拉丁美洲和亚太地区；煤层气可采资源量为 256.1×$10^{12}$$m^3$，主要分布在北美、俄罗斯和亚太地区；页岩气可采资源量为 456.2×$10^{12}$$m^3$，与致密气和煤层气可采资源量相当，主要分布在北美和亚太地区。天然气水合物可采资源量约为 3000×$10^{12}$$m^3$。

表 5-9 全球非常规天然气可采资源分布情况(据邹才能等,2015)

地区	致密气,$10^{12}m^3$	煤层气,$10^{12}m^3$	页岩气,$10^{12}m^3$	可采资源总量,$10^{12}m^3$
北美	38.8	85.4	108.8	233.0
拉丁美洲	36.6	1.1	59.9	97.6
欧洲	12.2	7.7	15.5	35.4
俄罗斯	25.5	112.0	17.7	155.2
中东和北非	23.3	0.0	72.2	95.5
撒哈拉以南非洲	22.2	1.1	7.8	31.1
亚太	51.0	48.8	174.3	274.1
合计	209.6	256.1	456.2	921.9

截至 2013 年底,全球共发现 1119 个大油气田,占全球可采储量的 78%和产量的 74%。

世界大油气田在波斯湾、马拉开波、西西伯利亚、伏尔加—乌拉尔、墨西哥海岸等大型含油气盆地之中相对集中,如图 5-33 所示。

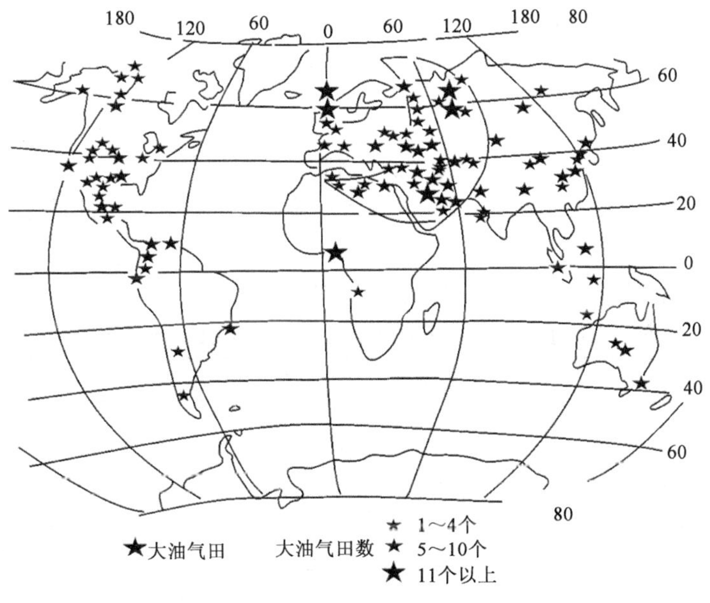

图 5-33 世界大油气田地理分布图

目前已发现的油气储量沿纬度的分布也是不均一的,世界石油储量的 56%分布在 24°~42°纬度带内。就北半球而言,石油主要分布在 24°~30°和 36°~42°纬度带上,前者占世界石油储量的 33.3%,后者占 18%;天然气主要分布在 24°~36°和 36°~72°纬度带内,前者占世界天然气的 42%。

(二)油气储量在地史上的分布

石油和大然气在地史上分布是很广泛的,从最老的太古宇到最新的第四系,都发现有工业性的油气藏,而且有资料表明,从中—新元古界到第四系都发现有原生的油气藏。但是世界上已知的石油储量在地史上的分布是很不均衡的,主要集中在侏罗系和白垩系(表 5-10)。其中,侏罗系石油储量约占世界石油储量的 42.0%,白垩系石油储量约占世界石油储量的

35.6%。古近—新近系石油的储量也比较丰富，可占世界石油储量的11.6%。天然气的分布也主要是集中在侏罗系和白垩系中，前者天然气的储量可占世界天然气储量的33.1%，后者约占28.4%。志留系和泥盆系中天然气储量也比较丰富，志留系中天然气的储量约占世界天然气储量的14.5%，泥盆系中天然气储量约占世界天然气储量的9.0%。

表5-10　世界油气储量在地史上的分布

地层单位	石油，%	天然气，%
古近—新近系	11.6	7.6
白垩系	35.6	28.4
侏罗系	42.0	33.1
三叠系	2.8	1.4
二叠系	0.6	0.6
石炭系	1.1	5.0
泥盆系	4.6	9.0
志留系	1.5	14.5
奥陶系	—	0.2
寒武系	—	—

(三)油气储量沿埋藏深度的分布

油气田勘探的实践证明，从地表到地下深处都发现有油气藏。已探明油藏的最大深度近6000m，凝析气藏的最大深度达7000m，气藏最大深度可达8000m。但油气储量沿埋藏深度的分布也不是均一的。

世界巨型以上油气田的油气储量的深度分布如表5-11所示。

表5-11　世界巨型以上油气田储量的深度分布(据P. M. Shannon和D. Naylor，1989)

深度，m	大油田所占储量，%	大气田所占储量，%	
＜1220	5.1	25.7	96.8
1220～3050	79.0	46.1	
3050～3660	8.1	25.0	
3660～4270	7.6	1.9	
＞4270	0.2	1.3	

统计结果表明，油藏平均埋藏深度为1465m，80%的油气储量分布在深度600～3000m之间，储量最高峰在800～1900m之间。随着埋藏深度的增加，油气藏将被凝析气藏和干气藏所代替。在5000m以下，主要为气层，油层仅占油气层总数的1/5。目前，国内外深层油气勘探发展很快，先后找到了一批深层的油气藏。预计不久的将来，深层将为人类提供更多的油气资源。

(四)油气产量的分布

从产油气层的岩石类型来看，以砂岩、石灰岩及白云岩最为重要，占世界油气总储量的99%以上，只有极少量储存在其他类型岩石中，在砂岩和碳酸盐岩中几乎各占一半。

从单井日产量来讲，各国也是很不平衡的。截至2014年底，全球石油剩余探明储量约2268×10^{8}t，在产油井约98.6万口(表5-12)，2013年石油产量约37.47×10^{8}t。按2013年的最终数据，美国平均单井日产油量不到2t(多井低产型)；俄罗斯平均单井日产油量11t(中井中产型)；沙特阿拉伯平均单井日产油量近460t(少井高产型)；我国平均单井日产油量近8t(接近中井中产型)。

表5-12　2014年世界石油剩余探明储量、产量及在产油井数

国家或地区	石油剩余探明储量，10^8t	在产油井数，口	2013年石油产量，10^4t
世界总计	2268.39	985881	374705.0
OPEC总计	1652.29	35246	153240.0
亚太	63.08	92708	37502.0
西欧	14.51	6327	13887.5
东欧及苏联	164.40	143944	67415.0
中东	1100.18	17721	114424.5
非洲	173.29	11531	40546.0
西半球	752.93	713650	100932.5
美国	51.93	552683	37325.0
俄罗斯	109.59	124581	52114.5
沙特阿拉伯	364.09	2895	48362.5
中国	33.77	72961	20886.5

资料来源：Oil & Gas Journal，2014-12-01。

注：(1)估算探明剩余石油储量统计截至2014年底；

(2)在产油井数截至2013年12月31日，其中不包括关闭井、注入井和服务井；

(3)石油储量换算系数为1bbl(桶)=0.137t，石油产量换算系数为1bbl/d=50t/a。

综上所述，世界油气资源的分布，在时间及空间上既具有普遍性，又具有明显的不均衡性。油气资源的分布，总体上具有一定的规律，这主要受大地构造条件及岩相古地理条件的控制。对含油气盆地中的油气生成、运移、聚集、保存等条件进行深入研究，就能够正确地作出含油气远景评价，有效地指导油气勘探。

三、油气分布的控制因素

地壳上油气分布无论在空间上还是在时间上都是不均衡的，油气的产量各地更是相差很大。

从宏观上看，油气分布的这种不均衡主要是各地的大地构造条件、古地理条件及古气候条件不同而引起的。这些条件的不同，导致了地壳活动程度、活动方式的不同，形成的沉积盆地类型及盆地沉降速度、地热历史也不同，生物繁殖、有机质保存及其向油气转化程度不同，等等。这些条件的差异性决定了油气在地壳上大的区域范围内以及大的地层时间单元内分布的不均衡性。也就是说，各沉积盆地的形成条件、构造性质等决定了盆地内油气资源的丰富程度。

具体到某一盆地内部，由于各构造单元的地质条件存在差异，盆地内部各构造单元油气富集的程度也各不相同。盆地内部的油气分布受多种因素控制，具体如下。

(一)盆地内烃源层的沉积中心对油气田分布范围的控制

盆地内烃源层的沉积中心决定了烃源区的分布，而烃源层和有效生烃凹陷又基本控制了油气田分布的范围。

沉积盆地在整个地质历史过程中，各地区的升降运动总是不均衡的，在烃源层系沉积时也不例外，有的地区下降较深，有的地区隆起较高，形成相对的凹陷区、斜坡区和隆起区。

对陆相地层的油气生成来说，相对凹陷的沉积中心区，常造成深水—半深水湖相环境，对有机物质的堆积、保存以及向油气转化有利；而相对隆起区，常因湖水较浅，还原环境不易形成，对油气的生成不利。因此，烃源层的沉积中心就决定了烃源区的分布。

一个沉积盆地往往有几个时期的烃源层，从油气的有机生成观点来看，长期发育的继承性凹陷且沉积中心与沉降中心一致者，对油气的生成最有利，常常构成盆地内主要的生烃区。

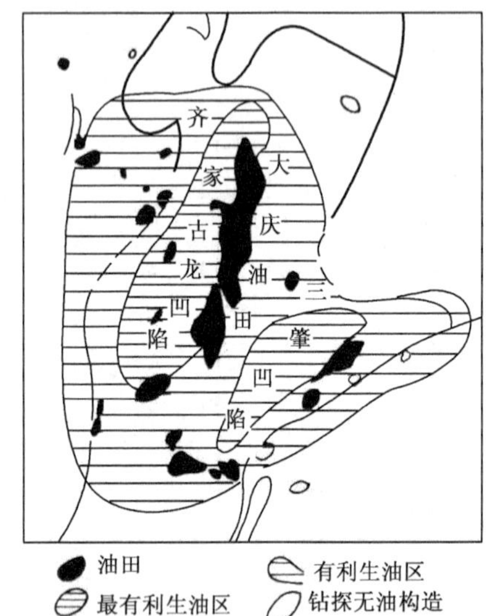

图 5-34　松辽盆地油气田分布与生油区的关系
（据石油勘探开发科学研究院，1977，修改）

烃源层和有效生烃凹陷对油气田（藏）分布的控制作用，从纵向上看，各油气田的含油气层普遍位于烃源层系之内或与其间互相邻，也就是说，主要生储盖组合在剖面上控制了主力油气藏的分布；从平面上看，油气田一般分布在有效生烃区之内或其邻近地区，而远离有效生烃区的地带往往很少有油气田分布。

如松辽盆地中央坳陷中的齐家古龙凹陷和三肇凹陷，在地质历史上为多个烃源层系的沉积中心所在地区，油源极其丰富，形成了世界上的特大油田。分布于齐家古龙凹陷与三肇凹陷之间的大庆长垣集中了松辽盆地 80% 以上的地质储量，见图 5-34。

（二）盆地内的二级构造带控制着油气聚集

二级构造作为盆地内次级构造单位，对生储盖组合（主要对储层）的形成和分布、油气区域性运移和聚集都有明显的影响或控制作用，是盆地内油气区域性运移和聚集的总地质背景。

盆地内生储盖组合的形成和分布，除了受地壳的旋回性运动控制外，还与各个时期的古地理条件有着密切关系。一些长期继承性隆起较高的二级构造，因长期处于相对较高的古地理位置，对地层的沉积有很大的影响，常常导致烃源层不发育但储层较发育的不完整的生储盖组合。

一些二级构造在盆地的发展过程中，某一时期或长期继承性处于相对隆起状态，但仍在水面之下接受沉积。这样的古构造条件，虽然地层发育较完整，但对沉积岩的岩性和厚度有一定的影响，一般在古构造上或古单斜带的上倾方向岩性较粗，厚度较小；而在古构造的翼部、端部或单斜带之下倾方向岩性较细，厚度较大。这样，在古构造的顶部和古单斜带之上倾方向，由于湖水的冲刷作用，碎屑物质分选好，泥质部分被冲洗带走，常形成良好的储层发育区。当然，也有一些二级构造因隆起较高，盖层常遭剥蚀，对油气田的形成和保存有很大的影响。

油气生成后，就开始了油气的运移作用。初期随着烃源层的固结成岩作用，油气向压缩性较小的砂质岩储层运移，当油气进入储层后运移作用仍继续进行，且表现出明显的方向性，即油气向着区域性的低位能区和毛细管阻力最小的方向运移。一般情况下，二级构造位置相对隆起较高，为区域性的低位能区。因此，若二级构造位于凹陷区（生烃区）的包围之中，油气就可能从四面八方向二级构造进行区域性运移，如松辽盆地的大庆长垣(图 5－34)；若二级构造位于凹陷的一侧或斜坡上，油气则从凹陷的一侧向二级构造作定向的运移，如酒泉西部盆地老君庙背斜等。再者，因为二级构造带上储层发育，储油物性好，油气运移时阻力较小，所以油气会优先向储层发育、连通性好、阻力小的二级构造运移。最后，随着二级构造的发育和形成，常产生一些区域性分布的断裂和不整合，这给油气向二级构造运移提供了良好的通道，油气可以沿着断裂和不整合面运移到二级构造中去。由此可以明显地看出，二级构造控制着油气的区域性运移和聚集。

(三)盆地内大型断层控制着油气生成、运移和聚集

对于我国东部裂谷盆地，盆地内生长性断层下降盘一侧是油气生成、聚集的有利场所。我国东部地区裂谷盆地断块构造很发育，形成许多凸起和凹陷。控制断块边界的都是一、二级断层。

首先，生长性断层下降盘控制着生烃凹陷的形成。这类断层边沉积边活动，使地层厚度在下降盘明显增大，深凹槽紧靠断层的一侧。其次，生长性断层下降盘控制了多种类型储集岩体的形成。在东部裂谷盆地内一、二级生长断层垂直落差常常很大，一般有几百米，甚至上千米。在上升盘与下降盘之间形成明显的断层崖，上升盘为物源供给区，下降盘在断崖一侧形成深槽，陆源碎屑沉积较厚，沉积相类型或沉积模式千变万化，但在断崖陡坎下普遍发育水下冲积扇，几乎是这种盆地的普遍规律。这种水下冲积扇规模不一，小的仅几十平方米，大的可达一百平方千米以上，砂层厚几十米到 1000 余米，在断崖边呈断续分布。第三，生长性断层下降盘控制着储油圈闭的发育。生长性断层下降盘一侧最易形成滚动背斜、滑动断阶、塑性拱张背斜等储油圈闭，并可形成二级构造带。由于这些圈闭形成时间早、面向生烃凹陷，又有断层伴生作为油气运移通道，因此这些圈闭是盆地内油气运移聚集的主要指向。当生长断层发育期与主要排烃期一致时，它可使烃源层与潜山、断阶等圈闭大面积接触，凹陷中生成的油气可就近侧向进入圈闭，形成富集高产的大油田。断层长期多期活动，又可破坏原生油藏，使油气向上运移至浅层重新聚集成大面积次生油藏。

在我国西部、中部地区，逆掩断层带是油气生成、运移、聚集的有利场所。近几十年来，在一些大型逆掩断层带中发现了规模较大的油气田，引起人们对逆掩断层带与油气生成、运移、聚集关系的重视。勘探实践表明，逆掩断层带中油气资源是相当丰富的，是油气勘探的重要地区。

(四)盆地内三角洲地区是油气分布的有利地区

三角洲是由河流供给的沉积物在海或湖的滨岸地带所形成的沉积体系。油气勘探实践证明，三角洲地区是油气分布的有利地区。世界上有许多与三角洲相有关的油气田，其中不少是大型和特大型油气田。如科威特的布尔干油田和委内瑞拉马拉开波盆地的玻利瓦尔湖岸油田，可采储量分别为 94×10^{8}t 和 42×10^{8}t，为世界第二和第三特大型油田，它们都属于三角洲沉积类型。三角洲之所以拥有丰富的油气聚集，是各种有利的成藏条件良好配合的结果。

第一，三角洲体系中能形成体积巨大的烃源岩。河流携带大量的有机质和矿物质进入海(湖)盆，为前三角洲区水体提供丰富的营养物质，有利于各类生物大量繁殖，从而为形成良好烃源岩提供物质基础。

第二，三角洲区地壳活动性较大，沉积速率高，常形成欠压实泥岩，热导率低，地温梯度较高，有利于有机质保存和成熟。上述条件的结合，使得前三角洲区成为良好的烃源岩发育区，可提供丰富的油气来源。

第三，三角洲区分布多种良好的砂岩体，如分流河道砂体、河口坝砂体、三角洲前缘砂体

等。由于三角洲区的前积和水侵作用交替发生，不同类型沉积物有规律地排列，加上同生断层发育，可形成各种有利的生储盖组合，具有良好的输导油气能力，为充分排烃、就近聚集创造了有利条件。

第四，三角洲区因砂泥岩频繁交替造成地层超覆、岩性尖灭，巨厚的超压泥岩和同生断裂发育可以形成与底辟、滚动背斜有关的多种聚油圈团(包括背斜、断层、逆牵引背斜、底辟、不整合及多种复合圈闭)。

三角洲区能否形成巨大的油气聚集，在很大程度上取决于是否存在具有巨大容积的圈闭；否则，只能形成中小油气藏(田)。

(五)盆地内三级构造同其他因素配合控制着油气聚集

1. 三级构造上储层的发育情况与油气富集的关系

三级构造只是控制油气田的具体范围，但这个范围内油气富集的程度在很大程度上受储层岩性带的控制。

我国中—新生代陆相沉积盆地，碎屑岩储层的形成和分布主要有三种形式：一是层状砂岩，即以层状砂的形式广泛分布在盆地之中；二是在环状和半环状砂岩相带的背景上发育各种规模的砂砾岩体；三是砂岩透镜体。它们的形成条件不同，储油性质也不同。在三种发育形式中，以砂砾岩体的储油性能最好。

在其他条件(如油源)相同的情况下，储层的有利储油岩性带是油气富集的先决条件，三级构造是必要条件，两者结合是油气富集的决定因素。一般情况下，位于有利生油区之内，或被有利生油区包围，或邻近有利生油区的三级构造和有利的储油岩性带叠合的地区，往往易形成储量丰富的、高产量的大型油气田。

2. 三级构造上盖层发育情况与油气富集的关系

盖层是油气藏形成和保存的重要条件之一，它与油气的富集、大油气田的形成和分布有着极密切的关系。

从岩性上看，页岩、泥岩、盐岩、石膏和无水石膏，均为理想的盖层。在褶皱和断裂活动较微弱的地区，石灰岩和白云岩等碳酸盐岩也可作为良好盖层；但在褶皱和断裂活动强烈的地区，石灰岩和白云岩等碳酸盐岩，因性脆容易产生裂缝和断裂，往往不能成为良好的盖层。

不渗透性盖层的发育和分布，在很大程度上决定了油气富集程度。一般来说，在其他条件相似的情况下，盖层厚度越大、分布越广，对油气的富集越有利。当泥岩盖层小到一定程度时，往往不能形成大储量、高产量的大油气田。在其他条件相似、盖层厚度相近的情况下，油气富集程度与盖层质量有关，如泥岩盖层中黏土质成分含量高，粉砂、砂质含量很低者封闭程度高；石膏、盐岩盖层封闭程度高；石灰岩、白云岩盖层封闭程度高；盖层受断裂破坏轻微者封闭程度高。

思 考 题

1. 简述构造油气藏的类型及特征。
2. 简述地层油气藏、岩性油气藏的类型及特征。
3. 简述油气田、油气聚集带、含油气区、含油气盆地的基本概念及相互关系。
4. 简述含油气系统的基本概念及主要研究内容。
5. 简述油气资源分布的主要特点及控制油气分布的主要地质因素。

第六章　油气田勘探

油气田勘探是指在油气藏(田)形成模式与分布规律理论的指导下,运用地质、地球物理、钻井等各种手段和方法进行资料的采集、处理与综合分析,判断油气藏(田)形成的基本条件是否存在,不断缩小勘探靶区,最终发现、探明和评价油气田。因此,可以说油气勘探是一项寻找和评价油气田的系统工程。同时,不同地区的地质条件只有相似性而无相同性,使得勘探方法上没有固定的模式可循,必须根据沉积盆地或研究区的特点不断摸索、积累经验,因此,油气勘探工作要靠丰富的想象力和创造力,要勇于探索、敢于创新。

第一节　油气田勘探的任务及理论依据

一、油气田勘探的基本任务

油气田勘探的基本任务就是寻找油气田、查明油气田。具体来讲包括两个方面,一是按照科学的勘探程序和规范,进行综合勘探,用尽可能少的人力、财力、时间,高水平、高效率地寻找油气田;二是快速、准确地查明油气田的基本情况,最大幅度地增加油气后备储量,并为开发方案的编制提供依据,为油气田全面开发作好充分准备。

二、油气田勘探的理论依据

油气田勘探的理论依据主要有:(1)沉积盆地是油气生成、运移和聚集的基本单元;(2)盆地内有效生油区或有效生油凹陷基本控制了油气(田)的分布;(3)圈闭带或二级构造岩相带基本控制着油气的聚集。

尽管影响油气分布的因素较多,但总的看来,沉积盆地、有效生油区和圈闭带在理论上、实践上对油气勘探工作部署有着重要的指导意义。

三、油气田勘探的标志

任何矿床,在其周围都会产生不同于其他地区的特殊现象或标志。这些现象和标志可能是地质方面的、地球化学方面的,也可能是地球物理方面的。人们通过认识、总结这些标志,再应用于寻找各种矿床的实践中去,从而提高预见性和勘探成功率。找油、找气的标志来自于对长期油气勘探实践经验的总结,也来自于石油地质学理论研究的成果。找油气标志可分为两类:一类是油气的直接显示,包括地面(表)及井下的直接显示,如油苗、气苗、油气苗的遗迹、井下的含油岩石、气测异常等等;另一类则是油气田形成的环境标志,如巨大的沉积盆地,还原或半还原的沉积条件,生油层、储层、盖层的存在及其有效组合,以及油气运移、聚集、圈闭和保存的有利地质因素等。随着勘探技术的发展和各种各样油气田的发现,人们认识的找油、找气标志也越来越多。油气田勘探中各种地质、化探、物探、钻探工作的任务和目的,就在于调查并发现有利的找矿标志,圈定远景区带,进而用钻探工程去追索、探测、发现油气藏(田),然后评价其工业价值。

第二节 油气勘探方法与技术

油气勘探方法与技术是指油气勘探过程中所采用的一切技术手段。随着科学技术水平的提高，油气勘探方法与技术无论在数量上还是在质量方面均不断变化和改进。目前，油气勘探方法与技术主要包括九类：地质调查、地球物理勘探方法、地球物理测井、石油天然气地球化学勘探、钻井与录井、油气资源遥感技术、测试与试油技术、计算机技术、地质实验技术（包括分析化验和模拟实验）。

一、地质调查

地质调查可分为两大类：油气地面地质测量和油气专题（或综合）地质研究。

油气地面地质测量是最古老的地质调查技术，同时也是获得区域地质资料最直接、最可靠、经济的方法。其主要目的有如下四个方面：一是在露头区观察、丈量地层剖面，重点了解地层时代、生储盖条件；二是进行油气苗调查，分析油气苗的成因及油源；三是参照遥感解译成果，确定盆地边界，了解盆地的地质结构、大断层分布等；四是了解地面地理条件，为部署物探、化探作准备。

油气专题（或综合）地质研究是在油气勘探的各个时期，根据勘探工作需要而进行的各方面的专题（或综合）地质分析研究，例如地层、构造、岩相古地理、生油层与储油层、水文地质、地貌等方面的专题研究。

二、地球物理勘探方法

地球物理勘探方法是利用物理原理和技术来解决地质问题的方法。随着科学技术水平的发展，近年来地球物理勘探方法获得了飞跃发展，其作用越来越重要，成为不可缺少的油气勘探方法。地面地球物理勘探技术或简称物探技术，可分为地震勘探技术和非地震勘探技术两大类。

地震勘探技术是目前应用最广、用途最多、精度较高的物探方法。在平面上，它可给出区域构造和局部构造较精确的资料；在剖面上，它提供多层甚至于全部主要地质界面特征信息。近些年来，随着地震勘探技术的提高，地震勘探成果的应用在广度和深度上都有较大的发展，已逐步从作简单的构造图发展到进行地层、沉积、构造、储层物性、烃源岩层评价，超压预测，油气藏流体研究和动态监测等方面。

非地震勘探技术是重力勘探、磁力勘探、电法勘探的总称。重力勘探、磁力勘探、电法勘探是研究区域构造的重要方法，常互相配合使用，可以大致了解和划分大地构造单元，甚至圈定有利的局部构造。特别是电法勘探，在查明区域构造单元和局部构造方面起一定作用，具有速度快、效率高、成本低等优点。

三、地球物理测井

地球物理测井（简称测井）是在井中进行的地球物理勘探方法，其主要特点是垂向上提供数量大、信息连续的资料，为认识地下岩性、物性、含油气性，研究沉积相，探测裂缝，确定异常地层压力，进行油气储量计算，检测钻井工程质量等提供可靠的依据。

测井技术的发展非常迅速，经历了光点记录、模拟磁带记录、数字记录等巨大飞跃。目前，测井技术呈现出如下发展趋势：

(1)测井地面系统综合化、便携化、网络化。地面系统要具有多种作业功能，不仅可以挂接成像测井仪器和常规测井仪器进行裸眼井测井，还能挂接生产测井、测试、射孔、取心等工具进行套管井测井，满足全系列测井服务的要求。

(2)井下仪器集成化、高分辨、深探测、高可靠、高时效、低成本。井下仪器测量探头阵列化变单点测量为阵列测量，以适应储层非均质性研究的需要，为提高储层含油饱和度解释精度奠定基础。

(3)随钻测井小型化、集成化，应用范围和测量项目日益完善。目前随钻测井已能进行几乎所有的电缆测井项目，其应用范围不断扩大。

(4)生产工程测井向油藏动态监测方向发展和完善。

(5)测井解释软件趋于综合化、网络化、可视化。

目前，声波成像测井、井下电视测井、电阻率成像测井等已经被广泛应用于确定地层倾角、探测裂缝、定量评价薄层、确定孔洞位置等方面，为地层解释、储层评价等提供了更为直观、逼真、可靠的资料。

四、地球化学勘探

地球化学勘探(简称化探)是建立在有机化学、物理化学和生物化学的理论基础上，利用先进的分析仪器，研究有机质向油气转化及油气形成后在扩散和渗滤过程中与周围介质间的各种化学、物理化学和生物化学作用，利用研究所得到的各种指标(地球化学异常)评价区域含油气远景或局部构造的含油气性、圈定油气富集区、确定勘探目标和层位的勘探技术。

根据研究内容的差异，地球化学勘探可以分为两大类：一类是研究岩石以及油气水的原生地球化学特征，其主要目的是研究与生油有关的地球化学作用及指标；另一类是研究地下油气藏中高浓度集中的油气向周围介质(土壤、岩石、地下水)扩散和渗滤，从而在周围介质中产生的次生地球化学变化。在地面研究这些影响和变化，即可识别和确定地下可能存在的油气藏的位置。

根据取样位置的差异，油气化探可以分为空中化探、近地表化探和井中化探。根据分析介质的差异，油气化探可以分为气态烃测量、土壤测量和水化学测量等方法。以气态烃测量中的游离烃测量法为例，通过对土壤中采集到的游离状态的气态烃($C_1 \sim C_5$)进行色谱分析，依其烃类组成特征来寻找油气。

五、钻井与录井

钻井是油气勘探工作中必须采用的重要手段，由调查、发现油气藏一直到油气藏的开采都要利用钻井。根据任务，油气勘探阶段的钻井可分为以下几个主要类型：地质井、参数井、预探井、评价井及科学探索井等。

地质井又称地质浅井、构造井等，是指在盆地普查阶段(勘探初期)，以了解盆地浅部、盆地边缘的地下地质构造、地层发育及分布，以及浅层油气情况等为目的而部署的钻探深度较小的探井。

参数井(又叫地层探井)是在区域勘探阶段部署的，是为了了解不同构造单元地层剖面、石油地质特征、获取地球物理解释所需参数等而钻的井。要求在主要可能生储油层段取心(断续取心或间断取心)。

预探井是在地震详查的基础上,以局部构造(圈闭)或构造带等为对象,以发现油气藏、取得储层物性资料、计算控制储量和预测储量 为目的而钻的探井。

评价井又称详探井,是在已获工业性油气流的圈闭上,在地震精查或三维地震的基础上,为了详细查明油气藏(层)特征,评价油气田的规模、产能、经济价值,落实探明储量等而部署的探井。

科学探索井(简称科探井)是为了探索或开辟新区、新层系和新领域,验证某种新的思路,解决某些重大地质疑难问题而部署并钻进的井,强调其科学研究意义。它可以部署在新区、新领域,以查明其地层层序、生储盖及其组合,评价其含油气远景,或者部署在已知油田上,以验证某些认识或取得新资料。该类井钻探深度大、获取资料齐全、要求高。

录井技术是油气田勘探工作中不可缺少的一项基础工程,其主要任务是在探井中及时、准确地获取能够直接或间接反映地下地质情况的各种信息,为油气田的勘探与开发奠定基础。录井技术主要包括岩心录井、岩屑录井、钻井液录井、钻时录井、荧光录井、气测录井、地球化学录井等,它们从不同角度反映地下地质情况,为建立综合地层剖面、发现和评价烃源岩、研究生储盖及其组合、发现油气层、评价储层、预测产能等提供依据。

六、油气资源遥感技术

油气资源遥感技术是利用遥感技术获得的大量数据,以图像处理、统计分析和地理信息系统等手段,在现代石油地质理论指导下,解译和分析地质构造,圈定油气富集区,具有概括性、综合性、宏观性和直观性的特点。随着遥感技术进入一个以星载光谱仪和多参数成像雷达为前导的新时期,图像的空间分辨率和光谱分辨率都大为提高,探测波段越来越窄细,数据量多得可以拟为"海量",油气资源遥感技术也必有新的进展。目前油气资源遥感主要有两大技术:一是遥感石油地质构造信息提取和分析技术;二是烃类微渗漏遥感直接检测技术。

七、测试与试油技术

为了认识和鉴别油气层,掌握油气层的客观规律,为油气田开发和开采提供可靠依据,在发现油气层后,需要获取油气层产量、压力、产液性质、地层渗透率、流体样品等资料,该类工作称为地层测试。油层测试与试油工作是油气勘探与开发中及时、准确、直接评价油气层的重要手段。试油方式因井而异。一般而言,预探井可采取中途测试和原钻机试油,要自上而下分层试油,逐层逐段搞清含油气性质;评价井采用完井试油,可选择典型井段试油。

测试和试油取得的数据主要有:(1)原油分析数据,如相对密度、黏度、凝点、馏分等;(2)天然气分析数据,如相对密度、临界温度与压力、组分及含量等;(3)地层水分析数据,如相对密度、pH 值、离子类型及含量、矿化度、水型等;(4)高压物性分析数据;(5)油气水产量、气油比、压力资料、温度资料等。

第三节　油气勘探的程序

石油工业是一个进行油气勘探、开发、综合利用的连续生产过程,勘探阶段是石油工业的最初阶段,也是发展石油工业的决定性阶段。油气田勘探是根据油气在空间上分布的不均衡性及油气分布的基本规律,采用各种恰当的、先进的勘探方法和技术,在尽可能短的时间内,经济、高效地探明油气储量。

一、勘探程序的概念

油气勘探工作是一个以发现油气田为主要目的的系统工程，是一个连续的、循序渐进的过程；同时，该过程并非能一步完成，需要分阶段、逐步地进行，从确定有效生油区、选择油气分布最佳地区，直到发现和探明油气田，各阶段的工作对象、勘探任务、勘探方法、部署原则、主要成果等各不相同。为了高水平、高效率地寻找和查明油气田，完成油气勘探任务，必须按照一定的勘探程序和规范进行勘探。通常把这种勘探各阶段既相对独立又有一定连续继承性的相互关系以及工作上的先后顺序称为勘探程序。

勘探程序是人们从长期勘探工作的实践中总结出来的普遍规律，符合客观事物的发展规律以及人们对客观事物的认识规律，是一切从事油气勘探工作的人员必须遵守的、统一的准则。明确划分勘探阶段对实际工作会带来许多方便：(1)明确各个阶段的工作范围、所要完成的主要任务，做到目标明确；(2)根据任务和目标，选择科学、合理的工种或方法，合理调配勘探力量，提高工作效率；(3)分阶段及时进行总结、评价，或对下一阶段工作指明方向，或作出暂停勘探工作的指示。

无数事实证明，违反勘探程序、不切实际地超越勘探程序势必走弯路，并造成人力、物力、财力的巨大浪费。

二、国外油气勘探程序简介

不同的国家、不同的企业和学者，由于经济制度、勘探管理体制、地下地质条件、自然地理条件等方面的差异，考虑的着重点不同，对勘探阶段的划分结果有所差异。

根据地质目标的差异，苏联将勘探程序划分为调查和勘探两个阶段。其中，调查阶段的任务是发现油气田，并对油气田作出初步地质经济评价。各阶段主要工作见表6-1。

美国的油气勘探工作是在各大石油公司垄断的状况下进行的，勘探重点以区块和圈闭为中心，区域勘探部署工作少。另外，由于美国的陆地勘探程度很高，近年来油气勘探方向主要是海洋和隐蔽油气藏，其海上油气勘探程序大致划分为四个阶段：盆地评价阶段、钻探前的评价阶段、钻探井阶段和钻评价井阶段，各阶段主要工作要求见表6-1。

三、我国油气勘探程序

(1)原地质矿产部油气勘探阶段划分。原地质矿产部将油气勘探划分为普查阶段和勘探阶段。普查阶段，根据任务不同，划分为区域概查、面积普查、构造详查三个小阶段。普查阶段的主要任务是采用地面地质调查技术，配合一定数目的基准井、参数井和区域探井，发现油气田。勘探阶段的任务是探明油气田，因原地质矿产部在油气勘探中主要承担区域地质调查任务，在发现油气后，经过短暂勘探，便交给原石油工业部进行进一步的勘探工作。

(2)胜利探区勘探程序。根据渤海湾盆地济阳坳陷特点及多年的油气勘探经验，胜利探区的有关专家提出了适合我国东部地区断陷盆地油气勘探的模式，其勘探程序可分为四个阶段：①定凹，即在盆地内确定有利的生油坳陷(凹陷)；②定带，即在有利的生油坳陷(凹陷)内确定有利的二级构造带；③定区，即在二级构造带上选择最有利的断块区优先勘探；④定块，即在有利断块区选择主力断块重点解剖。

(3)原中国石油天然气总公司的油气勘探程序。该程序将整个油气勘探过程划分为三个阶段：区域勘探阶段、圈闭预探阶段、油气田(藏)评价勘探阶段，各阶段工作对象及主要任务见表 6－1。

表 6－1　中国、苏联、美国油气勘探程序对照表

<table>
<tr><td rowspan="2">国家</td><td colspan="2">中国</td><td colspan="2" rowspan="2">苏联</td><td colspan="2" rowspan="2">美国</td></tr>
<tr><td colspan="2">原中国石油天然气总公司</td></tr>
<tr><td rowspan="4">勘探阶段及任务</td><td>区域勘探阶段</td><td>在一个大的区域或盆地内开展勘探，划分和优选有利含油气盆地或生油气区，提交远景资源量</td><td rowspan="3">调查阶段</td><td>区域地质地球物理工作时期：对盆地进行区域调查，研究和预测油气聚集带</td><td>盆地评价阶段</td><td>进行 40～80km 间距的地震勘探，并结合重力、磁力资料进行区域构造分析和盆地评价(盆地分类及远景资源量预测)</td></tr>
<tr><td rowspan="2">圈闭预探阶段</td><td rowspan="2">首先，在优选出的有利含油气区带中，通过勘探识别圈闭，评价和优选圈闭，提交圈闭潜在资源量；其次，对优选出的圈闭进行勘探，发现油气藏(田)，提交预测储量</td><td>钻探地区的准备时期：对各构造层中的各类圈闭进行钻探前准备，对提供钻探的圈闭要计算出 C_2 级储量(新区为 D_1 级储量)</td><td>钻探前的评价阶段</td><td>在有利区进行 3km×6km 的地震勘探，进行高精度重力、磁力调查，钻一定数量的参数井，提出钻探前油气资源评价报告</td></tr>
<tr><td>油气藏调查钻探时期：任务是在新区发现油气田或在老区发现新的油气藏，进行地质经济上的初步评价，计算 C_1 级和 C_2 级储量</td><td>钻探井阶段</td><td>钻探井，作出有无商业性油气流的评价</td></tr>
<tr><td>油气田(藏)评价勘探阶段</td><td>对已获得工业油气流的圈闭进行勘探，详细查明油气藏(田)特征，提交控制储量和探明储量，并为顺利投入开发作准备</td><td>勘探阶段</td><td>进一步探明油气田，获取必要的参数资料，计算 C_1、B 级储量，为油田开发作好准备(准备出开发面积等)</td><td>钻评价井阶段</td><td>根据已发现油气流和储量估算情况，作出是否进一步加密测网决定；充分准备后，钻评价井，确定是否建钻井平台</td></tr>
</table>

(4)本书采用的油气勘探程序。根据勘探对象、任务、勘探方法及油气资源—储量目标等方面的差异，将勘探过程划分为四个阶段：区域勘探阶段、圈闭预探阶段、油气藏(田)评价勘探阶段和滚动勘探开发阶段。其中，前三个阶段采纳了原中国石油天然气总公司的油气勘探程序划分思路，适合于常规油气田的勘探；第四个阶段主要根据近些年来我国东部复杂油气聚集区带及隐蔽油气藏勘探的实践经验而提出和添加的。

第四节　区 域 勘 探

区域勘探是在一个盆地或盆地内相对独立的单元(如坳陷或凹陷)进行的最初的、最基础的油气勘探工作，主要了解盆地的结构及石油地质条件，查明该盆地或坳陷是否为含油气盆地或有利含油气区。

一、区域勘探的任务及勘探方法

区域勘探阶段的主要任务是对整个盆地、坳陷(凹陷)进行整体地质调查,查明区域地质(地层发育及构造特征等)及石油地质基本条件(生油、储集、聚集条件),进行早期含油气远景评价和资源量估算,评选出最有利的坳陷(凹陷)和构造带,预测可能存在的油气圈闭类型,提出预探方案,为进一步开展油气勘探工作作好准备。

二、区域勘探的工作部署

工作部署是指油气勘探各阶段所要采用的工作方法和实施步骤,目的是保证高效地发现油气田、查明油气田。

(一)区域勘探的技术方法

(1)地面地质测量及构造测量:这是了解区域地质情况最直接、最可靠的方法。通过填绘地质图、测绘构造图、地层综合柱状图等,以期建立盆地内完整的地层剖面,了解区域构造运动特征,研究盆地的形成及发展史,预测可能的生储油岩系。

(2)地球物理勘探与化探:包括地震概查和普查、非地震类物探以及化探。主要目的包括:确定盆地边界与范围,划分盆地的一级构造单元,评价各生油凹陷资源远景,查明区内二级构造的形态、类型及分布范围,等等。

(3)区域探井的钻探(钻参数井):在盆地构造单元划分及含油气区远景预测的基础上,部署区域探井,以了解各一级构造单元的地层层系、地层接触关系、岩性与岩相特征,建立完整的地层剖面,同时查明烃源岩、储层、盖层的特征和可能的生储盖组合,并为地球物理资料解释提供参数和依据。

(4)区域综合大剖面:以地球物理大剖面(重力勘探、磁力勘探、电法勘探部署在地震测线两侧,形成一定宽度的普查带)为基础,结合钻井(包括参数井和剖面井,见图6-1)、地球化学等方法,以进一步验证重力勘探、磁力勘探成果,定量解释基岩起伏及埋藏深度,划分一级构造单元,详细研究构造分区、地层特征,发现可能的二级构造和局部构造。

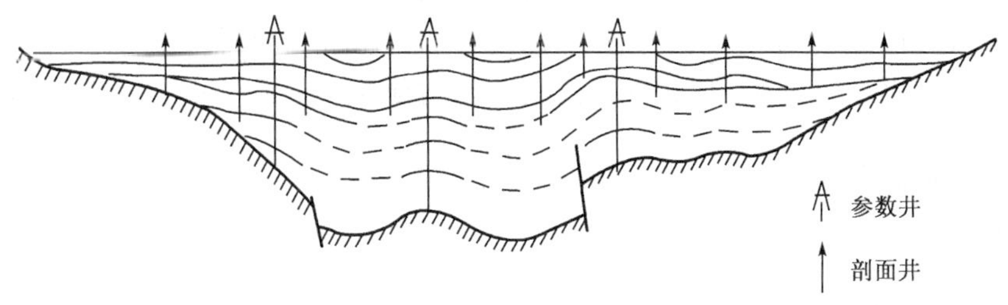

图6-1 区域综合大剖面示意图

(二)区域勘探的工作部署原则

大量的勘探实践证明,区域勘探阶段工作部署应遵循如下三条原则:(1)从区域出发,整体解剖,着重调查区域地质构造及石油地质基本条件,即优先解决区域构造单元问题,了解坳陷或凹陷,再通过参数井等钻探寻找有效生油区;(2)重视各种类型的生储盖组合,正确选择目的层系;(3)因地制宜地选择工种,加强综合勘探,即针对具体勘探对象,选择多种勘探方法并进行优化组合，做到即能满足勘探需要、保证勘探效果，又能兼顾降低勘探成本，实现勘探决策科学化。

(三)区域勘探的工作程序

根据我国多年来区域勘探工作的经验和教训，并参考美国、苏联的油气勘探程序方案，把区域勘探工作分为建立项目、物探普查、钻参数井和盆地(凹陷)评价四个阶段。

(1)建立项目。区域勘探项目的建立和设计是从全国、全区油气勘探的长远战略安排出发的，考虑在保持当前生产水平的同时，抽出力量进行工作以保证油气后备储量不断增长。主要任务包括两个方面：一是通过盆地对比，选择最有利盆地优先进行勘探；二是作好所选盆地勘探的总体设计。

(2)物探普查。首先，进行全区重力、磁力普查及地震概查，初步了解盆地结构、构造特征、沉积岩厚度及其分布；其次，开展全区普查；第三，划分构造单元，发现可能的二级构造，作出构造分析；最后，提出参数井钻探方案。

(3)钻参数井。参数井在设计及钻探过程中，应安排适当取心，并对所取得的录井、测井、测试、分析化验等资料进行综合研究，不仅为物探、化探解释提供参数和依据，还需要进行单井综合地质评价，为盆地或凹陷的下一步勘探提供建议。

(4)盆地(凹陷)评价。以石油地质理论为指导，以计算机技术为支撑，综合应用地面地质、物探、钻(录)井、测井和分析化验等多种资料和信息，详细分析盆地的地层、沉积、构造、生储盖层及其组合等特征，建立盆地的地质模型，模拟各种地质过程及烃类演化，在此基础上，估算盆地的油气资源量及其空间分布，对二级构造带逐个进行评价，优选出有利的油气聚集带(含油气区带)，作好圈闭预探的准备。其中，评价的核心是油气的生成条件，如生烃母质类型、有机质丰度及其热演化史和成熟度，等等。

第五节　圈 闭 预 探

圈闭预探是指经区域勘探查明了区域地质构造和石油地质基本特征，并根据油气资源规模等优选出的有利勘探目标之后，在优选出的有利油气区带或局部构造上，以地震及钻井为主要手段，识别、落实圈闭，发现油气田的全过程。圈闭预探的主要任务是发现油气田。

一、圈闭预探的任务

圈闭预探的主要任务是在选定的有利构造或圈闭上，进行以发现油气田为目的的一系列工作，如通过地震详查，进一步查明地下构造的形态和断裂情况；通过钻井发现油气田，探明圈闭的含油气性，推算含油气边界，提供评价钻探的对象等。如果经预探后未发现工业油气藏，便可以作出“暂缓勘探”或“停止勘探”的否定性评价。

该阶段需要解决的主要地质问题有：(1)编制各主要标准层或目的层的构造图，搞清圈闭类型及分布；(2)圈闭形态及发展史；(3)储层的岩性、岩相、厚度、物性及分布；(4)油气水性质、分布及控制因素，分析可能的油气藏类型。通过上述工作，对圈闭进行评价，提交预测储量(对有利含油气区带，还要提交控制储量)，初步确定工业价值，为下一步是否进行评价勘探提供部署依据或作为开发规划的参考。

二、圈闭预探的工作部署

(一)圈闭预探的工作部署原则

根据油气在盆地内的分布规律可知,油气聚集主要受二级构造带、岩相带等控制。因此,圈闭预探应着眼于整个二级构造带、岩相带;同时,由于二级构造带或岩相带面积大,分布有若干规模不等、含油气性不同的三级构造或圈闭,预探工作应该从含油气远景最好的重点三级构造开始,以尽快获得突破,并带动整个二级构造带的预探;第三,圈闭勘探阶段应始终重视圈闭的描述和评价,即部署和设计预探井时必须经过圈闭描述评价,预探井钻探完成后必须对未见油气圈闭作出再评价,对获工业油气流的圈闭,经过圈闭精细描述评价,计算预测储量。

(二)圈闭预探的工作程序

圈闭预探阶段的工作一般包括如下四个环节。

1. 确定预探项目

在区域勘探后期局部构造评价的基础上,通过论证并选择最有远景、最易勘探的圈闭优先进行预探。论证包括四个方面:(1)根据石油地质条件论证圈闭的有利性;(2)应用概率理论论证其勘探的风险性及预期效果;(3)分析预探井所采用的工艺技术及措施的可行性;(4)根据预计工作量、油气远景对比分析,作出投资概算,预测经济效益。

2. 地震详查

在选出的圈闭上,迅速开展地震详查,测网密度一般为 1km×1km、1km×2km,对所得资料及时处理,进行岩性、地震地层学、层序地层学研究,查明构造内储层的分布情况,提交详查报告。该阶段的主要任务是提高圈闭准备质量,保证预探顺利进行。

3. 钻预探井

通过合理部署预探井并科学钻探,以期高效发现油气田。本阶段工作主要有以下四个环节:

(1)井位的确定及探井设计。应从二级构造带出发,选择主要的三级构造作为具体的钻探对象,第一口预探井应设计在圈闭的最利于聚集油气的部位,同时,考虑到构造内可能存在的油气藏类型,可同时设计几口井,组成一个布井系统。常见的井网系统有十字剖面系统、平行剖面系统、放射状剖面系统、环状剖面系统(图 6-2)和网状剖面系统。采用何种井网系统主要取决于构造的平面形态、预测的油气藏类型、埋深、地下地质的复杂程度等。一般而言,十字剖面系统适用于穹隆和短轴背斜,平行剖面系统适合于长垣、背斜带、单斜带、断裂带等,放射状剖面系统系统适合于地台区较大型的不规则隆起。除此之外。还应注意井的数目和井

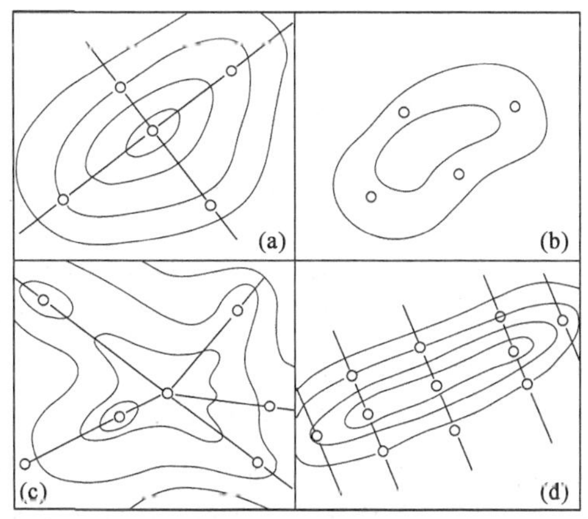

图 6-2 几种常见的预探井布井系统
(据张一伟,1981)
(a)十字剖面系统;(b)放射状剖面系统;
(c)环状剖面系统;(d)平行剖面系统

的类型。预探井的数量主要取决于油气藏的类型和地层、构造的复杂程度,以及对含油面积的研究程度。一个新油气田的发现一般要钻 5～7 口井。预探井一般分为三类:①独立井,为第一批预探井,其位置和深度在设计时已经确定,是必须钻的井;②附属井,属第二批预探井,也是必须钻的井,但其位置、深度可以根据独立井资料进行调整;③后备井,属第三批预探井,是否进行钻探以及其位置、深度需要根据前两类井的结果而定。

(2)科学打探井,包括钻井液的配置,钻井过程中的取心和录井资料及时送样分析,完井工作中的测井、固井及射孔、地层测试与试油,等等。

(3)取全取准油、气、水层资料,准确划分油、气、水层。

(4)进行单井油层评价。在地质与构造总结评价、测井解释总结、钻井与固井质量总结、综合录井总结、岩石物性、流体性质等专题研究基础上,进行单井油层评价和储量计算,并进行单井资金总结和经济效益分析。

4. 圈闭描述与评价

圈闭描述是以现代油气成藏理论为依据,以计算机为手段,充分利用地面物探、化探、钻井、测井和分析化验等资料,进行圈闭成藏条件分析与基本特征的综合描述。圈闭描述贯穿于圈闭预探阶段的全过程,分为钻探前的早期描述和钻探后的后期描述。早期描述是对识别出的圈闭进行初步描述,为圈闭初步评价优选提供参数,如圈闭、断层数据和烃类检测显示等。后期描述是圈闭描述的重点,描述内容包括:(1)圈闭基本条件描述,如构造描述、储层描述、保存条件描述、烃类检测等;(2)圈闭发育与成藏模拟,如圈闭发育史、断裂发育史、模拟圈闭成藏史,预测圈闭的含油可能性、规模和油气藏类型等;(3)圈闭的资源量或储量计算。

圈闭评价的基本内容主要包括:(1)根据单井评价、地震资料等,对圈闭本身条件进行评价,如闭合面积、闭合高度、封闭条件等;(2)确定主力含油气层系及可能的油气藏类型;(3)预测油气层、油气藏的产能;(4)计算控制储量(或三级概算储量);(5)提供油气田评价钻探方案。圈闭评价的方法很多,归纳起来有三大类:(1)圈闭石油地质条件综合评价法,可将圈闭分为石油地质条件有利、较有利和不利三类;(2)圈闭排队优选方法,包括统一标准排队优选法和相对标准排队优选法;(3)风险分析法,是把地质家的“直觉”、“感性认识”或“判断”加以数字化,用数的概念表示“风险”,给决策人提供便于比较的决策指示。

三、预探井部署实例

(一)长垣及大隆起的预探井部署

长垣及大隆起都是盆地或凹陷内的正向二级构造,具有构造面积大、地层倾角较平缓、闭合高度较小、断层较少等特征,油气藏类型以层状背斜油气藏为主。长垣及大隆起预探井的布井和钻探可以分两步进行。

首先,在重点的三级构造(高点)上部署单井,主要查明整个二级构造带的含油气情况,以及油气受哪一级构造的控制。若各井全部落空,则说明含油气情况复杂,大型背斜油气藏存在的可能性不大;若个别高点见油,则表明三级构造控制油气的可能性大,含油气远景有限;若全部高点见油,则说明油气资源丰富,二级构造带控制油气的可能性很大,可能找到大油田。

第二步,以证实二级构造带整体含油和解剖三级构造为目的,选择二级构造带的关键部位(鞍部、倾没端)和所有三级构造布井。若鞍部与高点一样也含油,则证明二级构造带整体含油。重点三级构造的解剖，除了可以查明背斜油藏之外，还需查明是否存在其他类型油气藏以及油气藏的大致边界。

以大庆长垣预探为例。大庆长垣位于松辽盆地生油坳陷的北部，有着丰富的油源。长垣由 7 个高点组成，自南向北依次为敖包塔、葡萄花、太平屯、高台子、杏树岗、萨尔图、喇嘛甸。1959 年 9 月 26 日，位于高台子高点上的松基 3 井首先见油。之后，预探井的部署以整个大庆长垣为对象，以局部构造为重点，甩开钻探与重点解剖相结合，构建 3 横 1 纵的平行与十字剖面相结合的布井系统。用单井控制面积小的简单构造，在较大的构造上加横剖面(图 6-3)。经过半年时间，所钻的六个高点全部喷油，基本上完成了该大型二级构造的预探工作。

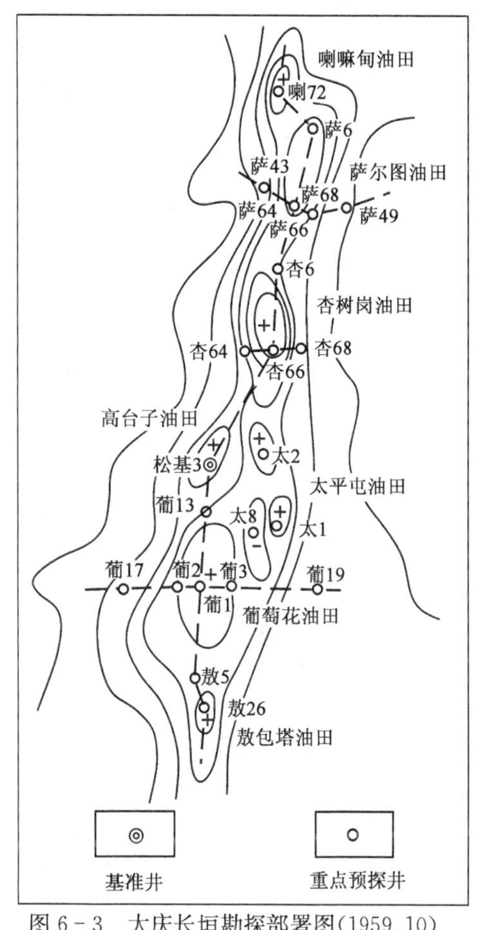

图 6-3 大庆长垣勘探部署图(1959.10)

(二)与背斜构造带有关的预探井部署

背斜构造带的分布多与褶皱区的山前坳陷或山间坳陷相关，走向多与褶皱山系平行，多是由一系列短轴或长轴背斜等三级构造组成，各三级构造的闭合面积较小，闭合高度较大，断裂较发育，油气藏类型以背斜、断层遮挡和裂缝型为主。根据断层、裂缝等发育程度，可将背斜构造带分为简单背斜构造带、受断裂复杂化的背斜带和裂缝发育背斜带。

简单背斜构造带油藏的预探部署与长垣相似，多采用甩开单井、平行剖面系统或平行加十字剖面系统。但是其预探井布置与长垣相比，存在一定差异，一是平行剖面多为短剖面，剖面上井距较近；二是沿长轴方向井数有时略有增加。

受断裂复杂化的背斜带，预探井部署比较复杂。勘探此类构造时，首先应详细分析地质和地震资料，研究断裂分布、发育及其封闭性。如图 6-4所示，一条逆断层将储层切割成具有两个独立的油水系统的断层遮挡油藏，该断层的断距较大，部署探井时应分别对待。上盘部署了 3 口井，其中 1 号井钻在构造的最高部位，如有可能则尽量钻到下盘目的层。如果因某种原因，1 号井不能钻穿下盘时，则要部署 4 号井来完成任务。

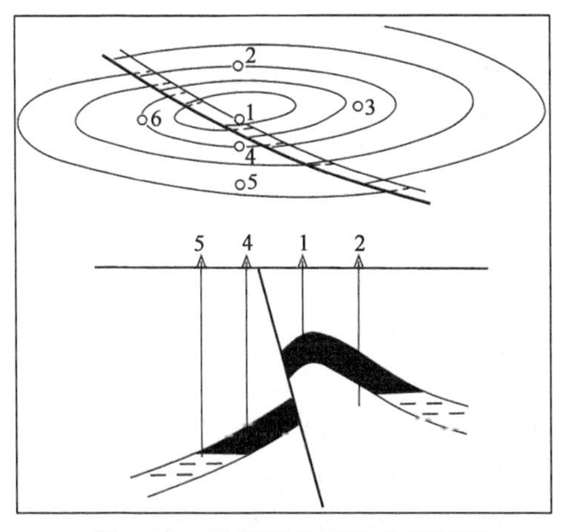

图 6-4 被断层切割的背斜预探
(据张一伟,1981)

对于裂缝发育背斜带，由于裂缝多分布于高点、长轴方向等，预探井部署应沿长轴、钻高点；垂直于长轴方向上，井距不宜过大，井网系统多为平行加十字剖面系统。

第六节　油气藏(田)评价勘探

油气藏(田)评价勘探,简称评价勘察,是指自预探井发现工业性油气流之后,在初步证实的工业性油气藏面积上,以钻井和地震为主要手段,直到探明油气田的全过程。

一、评价勘探的任务

油气藏(田)评价勘探的主要任务是,在预探所证实的工业性油气藏面积上,进一步详细探明油气田含油气边界、外部形态特征,搞清油气水性质及分布特征,提交控制储量和探明储量,对油气藏进行综合评价及经济效益预测分析,为编制油气田开发方案提供所需的地质基础资料及相关参数。具体而言,需主要解决如下几个问题:(1)油气藏(田)的构造形态、断裂情况;(2)油气层的层数、有效厚度、埋藏深度;(3)油气层的岩性、物性、电性特征及其变化规律;(4)油、气、水在地面和地下条件下的物理、化学性质及其变化情况;(5)油气层的压力和压力系统、油层温度;(6)油气藏类型、油气水的分布规律及层间差异、油气藏驱动类型;(7)油气产能、测试期间产量和压力变化情况。

二、评价勘探的工作程序

评价勘探项目提出之后,经上级主管部门审批后方可实施,具体实施包括以下三个环节。

(一)地震精查

评价勘探项目建立之后,为了提交各类圈闭的构造要素和分层构造图及主要层段的构造图,开展储层横向预测,并在此基础上提供评价井井位,需要迅速开展地震精查。

地震精查测网密度要达到0.5km×1km或0.5km×0.5km,满足1∶50000或1∶25000成图要求。在地震测量的基础上,积极开展构造解释和储层横向预测,一是查明油气藏准确形态、落实断层、高点等,提交油气藏顶界面精细构造图或近油气层的标准层构造图;二是作出主要含油气层系的厚度分布图、储层孔隙度预测图等。

(二)评价井钻探

为了完成评价勘探的任务,在地震精查所提供的构造图基础上,按照评价井布井原则,合理部署评价井,并科学、高效地进行钻探,获取尽可能全的资料。

1.评价井的设计

评价井设计要以构造综合解释、储层预测、油气水预测为基础,设计内容包括评价井井数、井位、完钻深度、井身剖面、井眼轨迹、取样要求等方面的地质设计以及配套的钻井工程设计。

评价井设计所需资料包括:(1)两条以上地震剖面,其中一条是过设计井的剖面;(2)比例尺为1∶10000或1∶25000的含油气层段构造平面图、含油气范围预测图;(3)储层岩性分布图、物性参数分布图及油层综合评价图;(4)油气层对比图、栅状图、油藏剖面图。

除此之外,为了全面查明油气藏、获取各项资料并对油气层质量进行评价,需要科学、合理地处理取心、试油及勘探速度三者之间的关系,因此把评价井分为三种类型:快速钻进井、分层试油井和重点取心井。其中,快速钻进井主要进行全套测井、岩屑录井、井壁取心以及大段合层试油或主力油层试油；分层试油井重点进行系统地分层试油，提高测井和录井解释水平，了解各含油层系中的分层情况；重点取心井由能控制油层特点的少部分井来承担，获取储油层的岩性、孔隙度、渗透率等主要参数，用以评价油气层质量，提高测井解释精度等。

2. 评价井部署原则

为了全面完成查明油气藏（田）的任务，保证油气田顺利投入开发，评价井的布置应遵循以下原则：一是采用从已知推向未知的原则，布置加密井，除了在构造有利位置及预测有利含油（气）位置部署评价井外，还应在鞍部、构造较低部位等部署适当的评价井，逐步扩大探明储量面积，全面查明油气藏（田）；二是评价井应尽可能落在以后的开发井网上，井距一般在 1～2.5km之间。

3. 评价井的钻探

钻评价井的主要目的是获取油气藏具体的各项参数，具体包括如下几个方面：(1)确定油（气）水界面及油、气、水边界，探明含油气范围；(2)查明各油气层的岩性、厚度及物性特征，明确储集层“四性”（岩性、物性、含油性、电性）关系；(3)收集油气藏内部流体特征资料；(4)获取油气层的试油试采资料，如温度、压力及压力系统、产能等资料，科学划分开发层系，确定合理的开采方式。

（三）油气藏（田）评价

油气藏（田）评价的主要内容可以概括为三个方面：(1)油气藏地质评价，包括圈闭特征、储层特征、流体特征，建立油气藏构造模型、储层结构模型、储层参数模型、流体分类模型；(2)储量与经济评价，包括储量计算与评价、产能评价，确定合理的采油速度；(3)开发特征评价，如油层的温度特征、压力特征、驱动类型、生产特性，制订合理的开发措施和开发方案。

在以上工作的基础上，应对油气藏进行全面、系统的描述。描述内容主要包括圈闭描述、沉积地层描述、储层描述、盖层描述、流体特征描述、油气藏开发特征描述、油气藏综合评价等。

三、典型油气藏（田）评价井部署

（一）长垣的评价井部署——以大庆长垣萨尔图油田为例

大庆长垣的预探工作完成后，由于构造面积很大，其评价勘探工作是以局部构造高点为对象而逐步开展的。首先进行勘探的是萨尔图构造，其闭合面积和闭合高度大，油层总厚度和单层厚度均较大，储量丰富。在该构造上优先钻评价井，不但可以迅速拿下相当的生产面积，建立一定产能，而且还可以为后续其他油气藏的评价勘探提供经验。

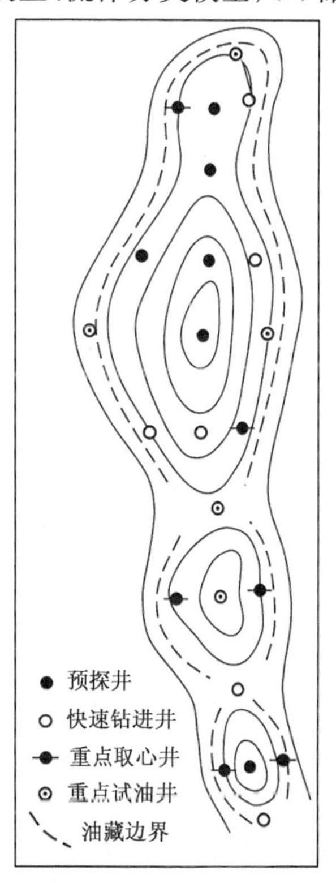

图 6－5　大庆长垣构造评价井布井示意图(据张一伟，1981)

萨尔图构造为一短轴背斜，油藏类型以层状背斜为主(图 6－5)。根据这些特点，在整个构造面积上部署了十条平行剖面，剖面间距相差不大，但是井距因构造及油层变化的复杂程度而有所不同，一般介于 2.5～4.0km 之间。通过钻探迅速探明了含油边界，确定了油藏规模，而且取得了油层变化和物性、产能资料，圆满完成了任务。

(二)岩性油气藏的评价井部署——以泌阳凹陷的双河油田为例

双河油田位于南襄盆地泌阳凹陷西斜坡的鼻状构造带上,由东南向西北,构造形态渐变为平缓,构造幅度相应变小甚至消失。主要目的层为核桃园组三段,属湖底扇砂体沉积,砂岩体共有九个油组。水下扇砂体由东南向西北延伸,砂岩尖灭线与其相反方向倾没的双河鼻状构造的等高线呈正向交切,形成了砂体上倾尖灭油藏(图 6-6)。油田九个油层组含油范围自下向上由西北向东南迁移,圈闭内所有砂岩均含油,叠合含油面积为 $30km^2$,含油高度一般为 100~200m,单层含油高度一般为 30~60m,油田规模较大,每个油层都有自己的油水界面。

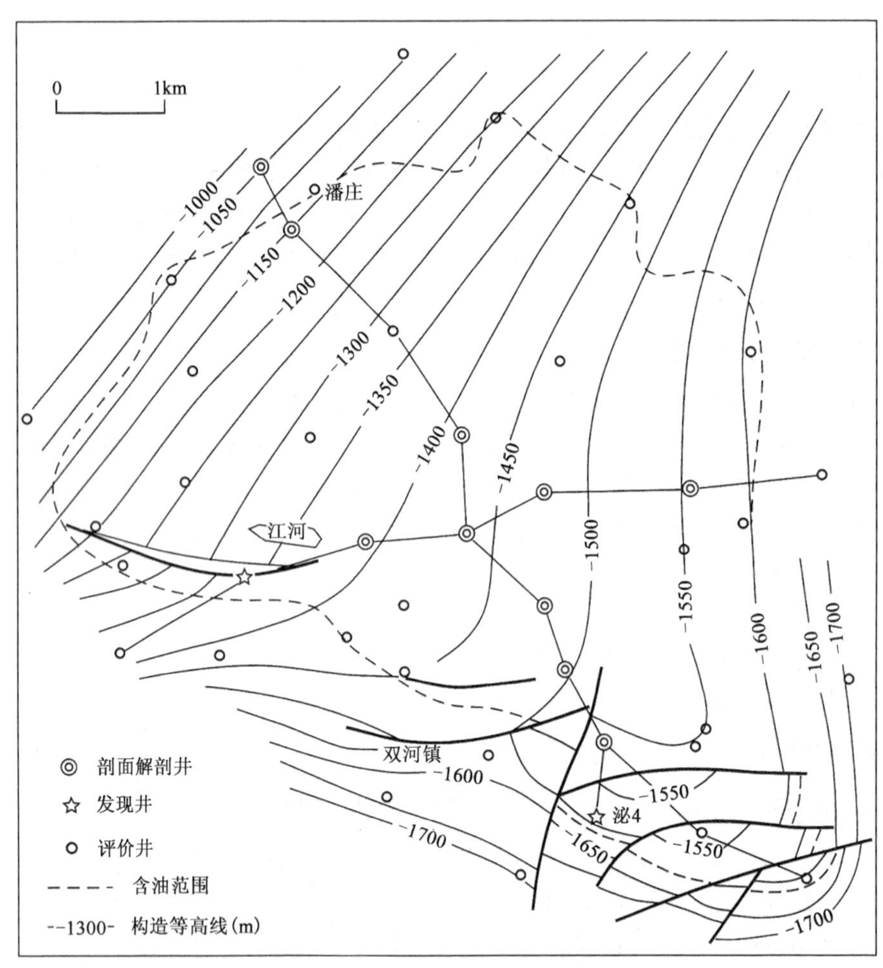

图 6-6 双河油田勘探分析方法图(据胡朝元、张一伟等,1985)

勘探初期,根据凹陷南部边缘油苗和部分重力勘探、磁力勘探资料,对凹陷进行区域性地震普查,发现了双河镇鼻状构造带。为了确定凹陷含油性,钻了少数探井,进行"定凹选带"。第一口探井(泌 1 井)定在"凹中隆"上,查明了生油条件,见到了油流;在第四口井(泌 4 井)发现油田后,用稀井距(600m)的三角形井网进行评价。历时一年,完成评价钻探实施,基本探明油田范围,搞清了油藏类型,明确了双河和江河地区油层是互相连通的,且含油面积大,油层厚,油层组多,是一个大型的砂岩上倾尖灭油田。

对于该类大型岩性圈闭，在首获工业油气流之后，一般用较大井距(约 1～2km)和十字剖面布井方法甩开勘探(图 6－6)，即可达到快速、有效的评价效果。

但是，对于小型岩性油田的勘探，只能采用由里向外、小井距的办法，进行评价井钻探，才能取得好效果。

对于复杂的断块油藏(田)，在短时间内很难搞清楚油、气、水的分布，为迅速建成生产能力，加快勘探资金的周转，可以采用滚动勘探开发程序，边开发边勘探，才能达到速度与效益的综合平衡。

第七节　滚动勘探开发

一、滚动勘探开发的概念及优点

一般而言，评价勘探工作结束，探明储量已经落实，油气田即可转入开发阶段。但是，国内外油气勘探实践表明，对于那些因构造、地层或岩性等因素复杂化的构造带或岩相带，在被证实含油气之后，若按照常规勘探程序，经圈闭预探、评价勘探，搞清油气田特征、提交探明储量，则必须在预测的含油气面积内钻大量的评价井，以准确地获取有关油气藏的各种参数，制订出合理的开发方案，必将导致勘探周期过长，评价井井数过多，大量资金和物资等均消耗在评价井的钻探上。为此，提出了超越勘探与开发截然分开的勘探开发新思路——滚动勘探开发。

所谓滚动勘探开发，是指对于复式油气聚集带(区)或复杂油气田，从评价勘探到油气田全面投入开发阶段，在采取整体控制的基础上，勘探一块，开采一块，评价勘探与油田开发紧密结合、交叉进行的一套工作方法。

例如辽河兴隆台油田一区，含油面积 5km^2，1970—1971 年按常规探明油藏情况要求，共钻了 34 口探井，结果仍未搞清一些重要的地质情况，不能编制正式开发方案，只勉强规划部署了 31 口开发井，风险性较大。

再如，东营凹陷的东辛油田有着“马鞍形”的发展历史，除其他原因外，主要与是否进行滚动勘探开发直接相关。该油田在 1961 年发现后，经过五年的预探，到 1966 年 10 月完成了 33 口探井，提高了控制程度。接着进行了滚动勘探开发，到 1973 年建成 130×10^{4}t 的生产能力。通过注水和查层补孔，1976 年产量达到 172.7×10^{4}t。1977—1981 年期间，滚动勘探开发暂停，产量逐年下降，至 1981 年达到“马鞍形”的最低点，产量仅为 137×10^{4}t。1982—1984 年加强了滚动勘探开发工作和油田调整，出现了第二个产油高峰，达到 222×10^{4}t(图 6－7)。通过对东辛油田的辛 11、辛 50 等断块区进行分析总结后发现，若按将勘探、开发两个阶段截然划分的做法，即使是在最理想的情况下，也要多打 10%以上的探井。钻完探井后，可钻的开发井只有 40%，导致开发工作比较被动。除此之外，勘探时间上至少要延迟一年以上。

实践表明，对于复杂油气田(区)，采用评价勘探与油田开发相结合而交叉进行的工作方法，有三个突出的优点：一是减少探井井数，节约勘探投资，降低勘探成本，同时也为开发井的部署提供更多更有利的井位；二是缩短了勘探周期，提高了勘探速度和工作效率，使油气田尽快投入生产，回收成本，见到效益；三是探井、生产井交叉进行，加强分析对比及评价，可明显地提高勘探工作的成功率和经济效益。

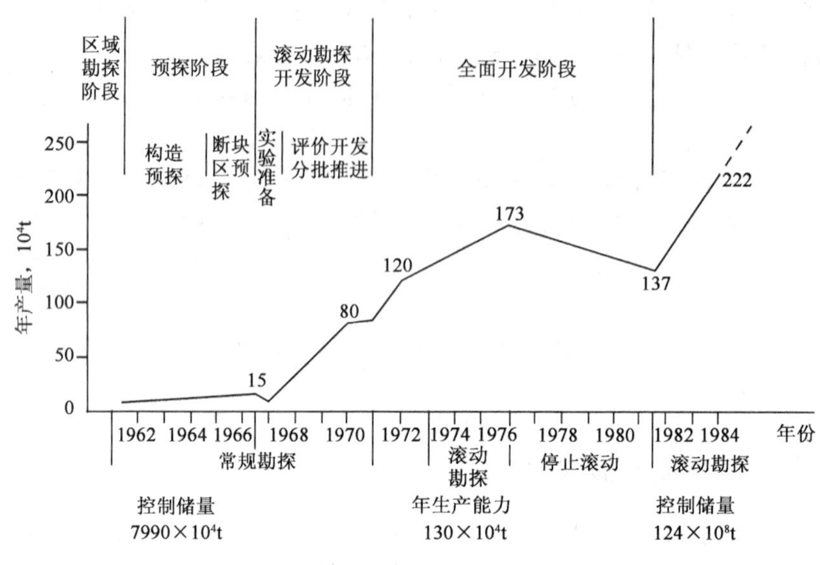

图 6－7　东辛油田滚动勘探开发历程

二、滚动勘探开发的程序

一般而言，滚动勘探开发是在经过区域勘探、圈闭预探的基础上展开的。由于各油田地质条件的差异，在具体实施滚动勘探开发过程中，并无统一模式。一般可粗略划分为两个时期：早期滚动勘探开发和晚期滚动勘探开发。前者是指在地震精查或三维地震解释成果的基础上，在预探或短期的评价勘探之后，在落实基本探明储量的油气富集区块，开辟生产实验区，用生产井代替部分评价井，深化对油气藏地质特征的认识，同时研究油田的驱动类型、开采方式，计算未开发探明储量和可采储量，编制一次开发方案。晚期滚动勘探开发则是在对已经提交未开发探明储量的地区实行一次开发方案实施过程中，利用少量的评价井对开发过程中所认识到的新层系和新区块进行评价勘探，旨在继续扩边连片，为开发提供新的接替区。

下面以胜利油田在东营凹陷的中央背斜带复杂断块油气田的勘探开发经验为例，介绍滚动勘探开发的具体做法。东辛油田的勘探开发主要经历了四个阶段：(1)1960 年至 1961 年4 月为区域勘探阶段；(2)1961 年 5 月至 1966 年 10 月为预探阶段，其中 1961 年 5 月至 1964 年 10 月为构造(背斜)勘探阶段，1964 年 11 月至 1966 年 10 月为断块区勘探阶段；(3)1966 年 11 月至 1971 年为滚动勘探开发阶段；(4)1972 年至 1980 年为全面开发阶段。

滚动勘探开发程序包括四个主要阶段，即滚动勘探阶段、滚动评价阶段、滚动开发阶段、全面投入开发继续滚动阶段，前三个阶段总体上相当于前面提到的早期滚动勘探开发时期。

(一)滚动勘探阶段

滚动勘探阶段指在复杂断裂带发现工业油气流并经过进一步的预探工作、进一步确定油气富集区块后，落实圈闭，加深地质认识，力争获得高产工业油流。该阶段的主要任务包括：(1)部署高精度二维地震或三维地震，确定主要断层的分布和断块构造形态；(2)根据相邻断块区资料，预测含油层系、目的层和钻探深度；(3)预测断块的圈闭面积、可能的含油面积和地质储量；(4)确定最有利的第一批评价井井位，实施钻探，取全、取准全套资料。

(二)滚动评价阶段

评价井获工业油气流之后即进入滚动评价阶段，主要目标是基本落实储量并提供可开发的地区，其主要任务包括以下几个方面。

1.早期油藏评价

早期油藏评价是在评价井见油之后，充分利用所掌握的资料深化对地下地质条件的认识，并对资料的符合程度加以验证。评价内容包括五个方面：(1)断层和构造形态的落实程度；(2)主要目的层在纵向和横向上的分布及变化；(3)油藏产能参数；(4)预测含油面积和地质储量；(5)油藏驱动类型。通过上述评价，提出滚动开发设想方案，在设想井网中确定出最优先实施的第二批评价井和取心井，进行断块经济效益测算。

2.评价井钻探

在滚动开发设想方案的基础上，重点抓好第二批评价井的部署与钻探工作，以进一步解决相关地质问题、落实储量，同时也可验证早期油藏评价和滚动开发设想。要求取全、取准各项资料，一般要求取心、中途测井和地层倾角测井等。

3.跟踪对比和滚动作图

第二批评价井完钻后，要做好钻井跟踪对比工作。根据所获得的各项资料，检验钻井与地震剖面的符合程度，对构造和断层、油层变化以及储层参数、含油面积、地质储量和驱动能量进行重新认证，检查构造图、断面图和剖面图的正确性。如果对比结果与原有认识基本一致，则将设想方案略加调整即可转为正式方案逐步加以实施。若对比结果与原有认识有较大出入，则需根据新的资料再次进行前期评价，重新编制各种图件，对原设想方案重新加以部署和调整。

(三)滚动开发阶段

当第二批评价井钻探达到预期目的并与原有认识基本一致时，即转入滚动开发阶段。该阶段以完成上报探明储量和尽快建成生产能力为目标，主要任务包括：(1)编制断块的分层构造图、砂体连通图、油藏剖面图、断面图及小层数据表；(2)分析落实各项地质参数和油藏参数，计算出断块含油面积和地质储量；(3)根据动态资料和数字模拟确定注采井网、注水方式和开采方式；(4)编制正式的滚动开发方案，并依此为基础，编制地面建设方案、采油工艺方案，进行经济效益测算，然后统一加以实施，以尽快建成生产能力。

(四)全面投入开发后继续滚动阶段

在富集区块全面投入开发一段时间以后，要针对开发过程中暴露出来的问题，进行再认识(第四次评价)，目的是提高储量的动用程度和水驱控制程度，改善开发效果，提高油田的采收率。其内容主要包括精细的构造描述和储量复算、注采井网对储量的控制程度及适应性分析、储层水淹特征及剩余油分布规律分析、地面管网和工艺技术的调整等多个方面。经过此次评价，即可编制综合调整方案。同时，对富集区块以外的新区块及开发过程中所认识到的新领域、新层系、新区块进行勘探和评价，为已开发区块提供新的储量接替区。

思 考 题

1. 现代油气勘探的主要理论依据、技术方法有哪些?
2. 油气勘探一般包括哪几个阶段? 简述各阶段的勘探对象、任务以及工作部署。
3. 何谓预探井? 如何针对不同类型的构造带或局部构造部署预探井?
4. 何谓滚动勘探开发? 简述其工作程序及特点。

第七章 钻采地质资料录取与解释

钻井是油气田勘探开发活动中最为直接的工程手段，而钻井地质是一项与钻井工程密切相关的重要工作。

钻井地质工作内容包括三个方面：(1)钻井前，确定井位，开展钻井地质设计；(2)钻井过程中，进行地质录井，取全、取准直接或间接反映地下地质情况的资料数据(表7-1)，为油气层评价和油藏研究提供重要依据；(3)钻井后，进行完井地质总结，全面、系统地收集和整理钻井中所取的各项资料，综合判断钻探地层剖面、构造及油气水层等地下地质情况，编制完井地质报告及相关图件。

表7-1 探井取全、取准10类资料92项数据(据王守君等，2013)

资料类别	项目内容
1.井位资料	(1)井位；(2)井别；(3)井位坐标；(4)海拔高度
2.岩屑资料	(5)岩性；(6)结构；(7)荧光；(8)含油程度；(9)化石；(10)缝缝；(11)洞洞
3.岩心(包括井壁取心)资料	(12)取心井段、进尺、心长、收获率；(13)壁心设计颗数、实取颗数、收获率；(14)岩性；(15)结构；(16)构造；(17)缝缝；(18)洞洞；(19)接触关系；(20)化石；(21)地层倾角；(22)荧光；(23)含油程度；(24)含气情况；(25)破碎、磨损情况
4.钻井液及压力资料	(26)泵冲次；(27)钻井液体积，进出口温度、密度、电阻率；(28)出口流量、入口流量；(29)性能；(30)钻井液处理；(31)槽面显示；(32)漏失；(33)井涌、井喷；(34)地层压力；(35)泥(页)岩密度
5.钻时、气测及工程资料	(36)钻时；(37)气测值；(38)组分；(39)全脱气分析；(40)放空；(41)后效气；(42)大钩负荷；(43)钻压；(44)扭矩；(45)立管压力；(46)转盘转速；(47)井深；(48)二氧化碳、硫化氢气体、氢气；(49)主录井图；(50)碳酸盐含量
6.测井资料	(51)标准测井；(52)综合测井(感应或侧向系列，密度、中子系列)(53)放大曲线；(54)地层倾角测井；(55)垂直地震测井；(56)电缆测试；(57)工程测井；(58)其他测井
7.试油或测试资料	(59)完井方法；(60)射孔资料；(61)洗井液和诱喷；(62)求产；(63)压力；(64)温度；(65)原油含水、含砂；(66)井间干扰或层间干扰
8.特殊作业资料	(67)酸化；(68)压裂；(69)无电缆射孔；(70)打水泥塞；(71)封隔器、地层测试器试油资料
9.分析化验资料	(72)岩石矿物；(73)油层物性；(74)古生物；(75)“三敏”实验；(76)无机分析；(77)力学实验；(78)岩屑热解色谱分析；(79)罐装气分析；(80)酸解烃分析；(81)生油指标；(82)地面原油性质；(83)天然气性质；(84)地层水性质；(85)高压物性；(86)开发试验；(87)扫描电镜、绝对年龄
10.井身资料	(88)完钻井深度；(89)井身结构；(90)井身质量；(91)工程大事纪要；(92)侧钻资料

地层测试，是对已发现的(或可能的)油气层进行产量、压力、产液性质、储层参数等的测试，并收集地层流体样品的一系列工作。

第一节 钻井地质设计

在钻探之前，需要编制一个钻探的总体设计，包括钻井井位设计、钻井地质设计、钻井工程设计、完井与试油设计等。

钻井地质设计是根据钻探总体设计的要求编制的。它是完成总体设计任务的一个部分，也是顺利完成钻探任务必不可少的一环。

一、井别及井号

根据《油气勘探工作条例》和《油气勘探程序与地震地质解释评价工作流程、要求》，结合勘探或开发阶段钻探目的差异，对井别划分和井号编排提出以下规定。

(一)井别划分

1. 探井分类

我国探井分类主要有地质井、预探井、评价井及水文井。其中，参数井、预探井和评价井在第六章中已描述过，下面仅对地质井和水文井加以说明。

地质井指在盆地普查阶段，由于地层、构造复杂，用地球物理勘探方法不能发现和查明地层、构造时，为了确定构造位置、形态和查明地层层序及接触关系而钻的井。

水文井指为了解水文地质问题和寻找水源而钻探的井。

2. 开发类井的分类

(1)开发井指在地震精查构造图可靠、评价井所获地质资料比较齐全、探明储量的计算误差在规定范围以内时，根据编制的该油气田开发方案，为完成产能建设任务按开发井网所钻的井。

对探明储量风险较大，或地质构造复杂、储层岩性变化大的油气藏，可减少开发方案内所拟定的开发井密度。先钻一套基础井网作为开发准备井，为落实探明储量、准备产能建设、获得试采资料、进行油藏工程研究作好开发准备，逐步将油气田转入正式开发。

(2)调整井。油气田全面投入开发若干年后，根据开发动态及油气藏数值模拟资料，为提高储量动用程度、提高采收率，需要分期钻一批调整井。它是根据油气田调整开发方案加以实施的。

(二)井号编排

1. 探井井号编排

(1)地质井以一级构造单元统一命名。取井位所在一级构造单元名称的第一个汉字加大写英文字母“D”组成前缀，后面再加一级构造单元内地质井布井顺序号(阿拉伯数字)。

(2)参数井以基本构造单元——盆地统一命名。取井位所在盆地名称的第一个汉字加“参”字组成前缀，后面再加盆地内参数井布井顺序号(阿拉伯数字)。如江汉盆地第一口参数井命名为“江参 1 井”，胶莱盆地第 2 口参数井称“胶参 2 井”。

(3)预探井以井位所在的十万分之一分幅地形图为基本单元命名或以二级构造带名称命名。当以二级构造带或次一级构造命名时，采用二级构造带或次一级构造名称中的某一汉字加该构造带上预探井布井顺序号。预探井井号应采用 1～2 位阿拉伯数字。例如，“泉 4 井”是吐哈盆地台北凹陷七泉湖构造带 3 号构造上的一口预探井。

(4)评价井一般以发现工业油气流之后已提交控制储量的油气田(藏)名称为基础，取井位所在油气田(藏)名称的第一个汉字命名。没有控制储量的，以预测储量所命名的油气田(藏)名称为准进行井号命名。当油气田(藏)名称中的第一个汉字与该盆地内其他井别井号命名的字头或其他油气田(藏)名称中的字同音或同字时，应取第一个以外的汉字作为评价井的字头，后面再加上该油气田(藏)内评价井布井顺序号命名。

评价井井号不能按井排编号,应采用3位阿拉伯数字。例如,松辽盆地中央坳陷三肇凹陷宋芳屯鼻状构造上的宋芳屯油田,在芳22断块获工业油气流后部署的第一口评价井,命名为"芳221井"。

(5)水文井以一级构造单元统一命名。取井位所在一级构造单元名称的第一个汉字加汉语拼音字母"S"组成前缀,后面再加一级构造单元内水文井布井顺序号。

(6)定向井的井号命名应在上述规定基础上,在井号的后面加小写的英文字母"x",再加阿拉伯数字。如永921x2井表示在永921井井口处钻探的第二口定向井。

2. 开发井井号编排

开发井按井排编号,按油气田(藏)名称的第一个汉字-井排-井号命名,如孤东7-30-295井、孤东7-25-234井等。

3. 海上钻井井号编排

海上探井按区-块-构造-井号命名方案。采用经度一度、纬度一度面积分区,每区用海上或岸上的地名命名。区内按经度10分、纬度10分分块。每区划分为36块。每块内根据物探解释对局部圈闭进行编号。每个圈闭所钻的预探井为1号井,评价井为2号井、3号井等。如BZ28-7-1井即渤中(Bozhong)区28块7号构造1号井。

海上油田开发井按油田的汉语拼音字头-平台号-井号命名。如埕北(Chengbei)油田用两座钻井平台A、B进行开发,每个平台设计钻开发井27口,A平台的井号编排为CB-A-1至CB-A-27;B平台的井号编排为CB-B-28至CB-B-54。

二、直井地质设计

由于不同井别的钻井目的和任务不同,其地质设计的内容和要求也完全不一致,但设计时所考虑的因素、设计的步骤及方法大体上相似。

(一)设计内容

设计内容一般包括以下12项:

(1)基本数据。基本数据包括井号、井别、井位、设计井深、目的层、完钻层位及原则。其中,井号、井别按钻探任务书或定井位数据表进行填写。

井位包括井位坐标、经纬度、地面海拔(对于海上钻井,要填写水深)、地理位置、构造位置、地震测线位置。

(2)区域地质简介,指设计井所处的构造、地层概况及邻井成果。

(3)设计依据及钻探目的。

①设计依据:有《勘探方案审定纪要》或单井钻探任务书,部署设计井时用的目的层构造图、过井地震剖面及其他勘探资料、邻井实钻录井、试油等各项资料。

②钻探目的:按钻探任务书或定井位数据表填写。钻探目的一般与井别有关,如预探井是以发现油气藏为目的。

(4)设计地层剖面及预计油、气、水层位置,包括层位、底界井深、厚度、分段岩性简述(参数井)、预计油气层位置及故障提示。

(5)地层孔隙压力预测和钻井液性能及使用要求,包括邻井实测压力成果、设计井地层压力预测、钻井液类型及性能要求等。

(6)取资料要求。

①岩屑录井:取样井段、密度、数量要求。

②钻时、气测、综合录井:包括测量内容、测量井段、测点密度及特殊要求。

③循环观察要求:当钻遇明显油气显示和其他重要地质现象时,应设计停钻循环观察,以便准确判断油气层。

④钻井液录井及氯离子滴定:提出钻井液测量井段、测点密度及要求。参数井、重点预探井进行氯离子滴定,其余各井根据实际情况而定。

⑤荧光录井:提出荧光录井的湿照、干照、滴照、定级密度等要求。

⑥地球化学录井:包括井段、采样间距、分析参数等。

⑦钻井取心及井壁取心:设计取心井段、进尺、取心目的及原则等。在设计取心进尺时,应留有部分机动取心进尺,或在设计中说明可能随时取心的要求及目的。

⑧地球物理测井:包括表层测井、中途对比测井、完井测井及中途完井测井的测量井段、项目、比例及要求,还包括特殊测井项目及增加测井项目。

⑨实物剖面或岩样汇集(参数井、重点预探井):包括制作井段及要求。取心井段的岩性剖面可选岩心,全井段岩性剖面可选岩屑及井壁取心。

⑩选送样品要求:包括岩心、岩屑选送样原则、分析化验项目及要求,特殊样品选送样原则、分析化验项目及要求。参数井、重点预探井和轻质油井、天然气井,要设计酸解烃、罐装气样品的选送。气测异常显示段要作全脱气分析。

⑪特殊录井要求:包括项目、井段、间距等。

(7)中途测试要求:包括预测测试层位、目的、方法及收集资料的要求。

(8)井身质量、井身结构要求:包括井斜度、水平位移允许范围、套管尺寸及下深、固井水泥返高等,根据地质条件提出要求或原则。

(9)技术说明和要求:包括施工过程中可能出现的重大地质问题、与设计出入甚大时应采用的相应的预备方案和措施、本井的特殊技术要求等。

(10)地理及环境资料:气象资料包括井位所在地的季风、预计施工期的气温、风情、雨量、汛期、海潮及水位资料;地形资料包括井位所在地的地面、地形特征或海底地貌及航道,同铁路、公路、河流及建筑物的最近距离。

(11)风险分析及经济评价。

(12)附表、附图。附表包括邻井地层分层数据表、邻井实钻地层深度与地震反射层深度对照表。附图包括设计井位区域构造图、地理位置图、主要目的层局部构造井位图、通过设计井的十字地震时间剖面、通过设计井的地质解释横剖面及设计井柱状剖面图。

一般预探井、详探井的设计内容可根据地质情况和勘探程度适当精简。

(二)井深及地层剖面的设计

设计井深及地层剖面时,首先根据地形地质图、构造图及正钻井与完钻井资料作出通过设计井的横剖面图,由此图按钻穿的最终目的层定出井深及该井穿过的地层剖面,即由完钻井的实际资料向设计井推测剖面岩性和厚度。此时,应考虑因所处构造位置不同和断层的影响,可能产生的岩性和厚度变化。由于地层厚度和倾角的变化,设计深度与实际情况可能有所不符,因此在设计井深时,常常附加5%～10%的后备深度。如目的层井深是2000m,设计井深可定为2100m。在钻井过程中,应随时根据实际资料对原设计进行检验和修正。

例如，某构造上已完钻1井、3井、4井、5井等四口探井(图7-1)，现设计2井以了解构造顶部含油气及地层情况。

经1井、3井、4井、5井等4口井地层对比得知，Nm底界深度与构造图基本吻合，各井Ng厚度接近一致。5井位于断层上盘，在Nm下段及Ng共有三组油层。4井在Ng遇两组油层并与5井Ng油层相当。1井位于构造翼部，含油性差，仅有Ng下部一组油层，厚度已减小。

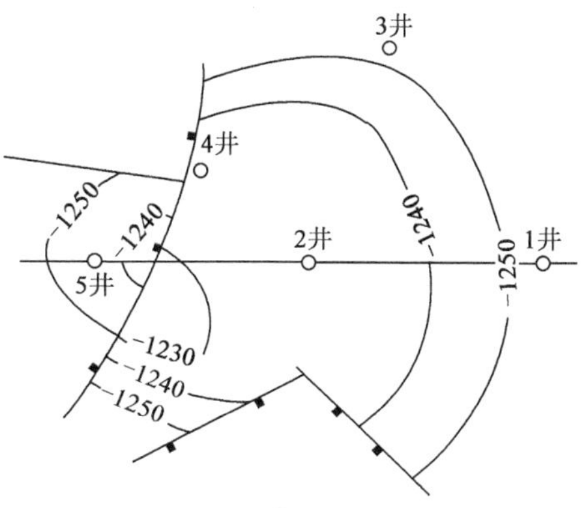

图7-1 某油田构造图(单位:m)

设计时，首先通过设计井及1井、5井两口井作横剖面图(图7-2)。据2井在构造上的位置确定Nm底界海拔为-1235m。据邻井Ng厚度(250m左右)推断2井Ng底界海拔为-1485m。2井油层井段由横剖面推断为-1285～-1310m及-1380～-1420m，Ng共有两组油层；设计井要求钻穿Ng，考虑到地层厚度变化的可能性，设计井海拔定为-1550m。

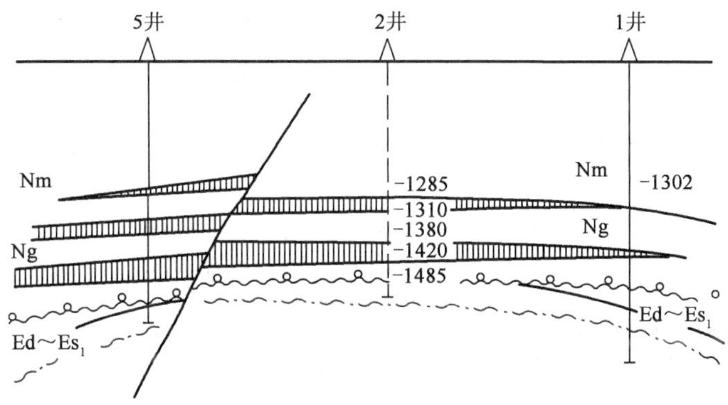

图7-2 探井设计井深及地层剖面

对钻井较少的新探区，设计井深及地层剖面时要充分利用地震资料及附近的露头资料，特别是通过设计井的地震剖面和构造图。例如预探井的设计，往往是将仅有几口的钻井资料同过井地震剖面结合起来，通过层位标定、追踪闭合等手段，来获取设计井深及地层剖面。设计井深是否准确，关键在于通过设计井的地震剖面层位的解释精度。

三、定向井地质设计

1905年定向钻井技术首先在非洲的特兰士瓦尔(Trnasvaal)与兰德(Rand)的采矿业上应用。1920年该技术开始在石油钻井中采用。设计这种井的首要任务是打准目标，按目标要求，井的轨迹不仅要有合适的斜度，还要有准确的方位，这也是“定向”应包括的内容。

我国从1955年开始钻定向井(玉门油矿鸭1井)，取得了成功。此后，定向钻井技术水平不断提高，已可钻成水平井、多目标井、大斜度井、长水平位移的高难度井。胜利油田从1973年打第一口定向井辛17-33井以来，目前已能钻多目标井、套管开窗井、追踪井、“多底井”，一般定向井平均建井周期已可接近钻直井水平。

(一)定向钻井的概念

定向井是指按照预先设计的井斜方位和井眼轴线形状进行钻进的井。它是相对于直井而

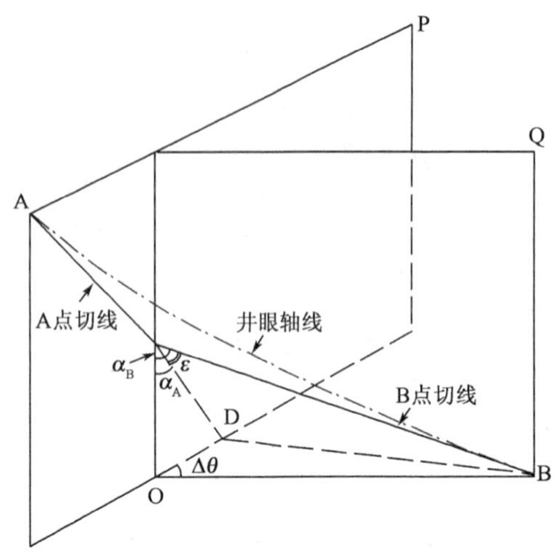

图 7-3　全变化角(据中国石油天然气总公司人事教育局,1992)

言的,而且是以设计的井眼轴线形状为根据。

1. 定向井的井身参数

(1)井斜角:指井眼轴线的切线与铅垂线的夹角,一般用 α 表示。

(2)井斜方位角:指井眼轴线的切线在水平面上的投影与正北方向之间的夹角,一般用 β 表示。

(3)垂深:指井眼轴线某一点同井口之间的垂直距离。

(4)水平位移:指井眼轴线某一点在水平面上的投影至井口的距离。

(5)全变化角(狗腿角 ε):指某井段相邻两测点间,井斜与方位的空间角变化值,简称全角,如图 7-3 所示。该角也就是某井段相邻两测点的切线所在空间的夹角。

如果井眼轴线形状只在某个铅垂剖面中变化,即井斜角变化而井斜方位角不变化,这种井称为二维定向井;如果井眼轴线既有井斜角的变化,又有井斜方位角的变化,则称为三维定向井。

2. 定向钻井的应用

定向钻井的应用可以概述为纠正已钻斜的井眼成一个垂直的井身、对落鱼(断具折断后留在井下的部分)等井下障碍物进行侧钻、在不可能或不适宜安装钻机的地面位置的下方钻油井、在向上倾斜的构造(up structure)的方向斜钻、在老井中重钻新的产层、改正井底距离并获得适当的泄油面积、压住井喷、从一个地面或海上平台位置钻多口(丛式)井、勘探钻井等(图 7-4)。

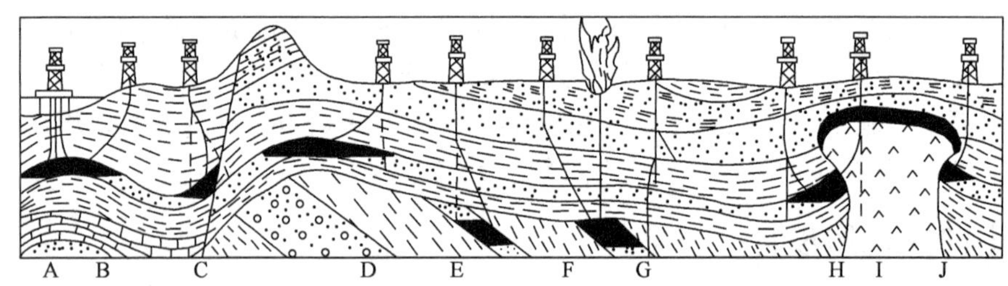

图 7-4　定向钻井的目的(据 Le Roy 等,1977)

A—海上平台钻丛式井;B—海岸钻井;C—断层控制;D—不可能进入的地点;E—地层油气藏圈闭(构造);F—控制的救灾井;G—纠直和侧钻;H、I、J—盐丘钻井

(二)定向井井身剖面设计

定向井地质设计的依据和内容与直井设计类似,由于地面与地下井位不一致,且有一定的方位、水平距的要求,因此在井身剖面设计上与直井有明显的区别,以下只介绍与直井设计的不同之处。

1. 基本的井身剖面类型

定向井设计，首先是选择基本的定向井井身剖面类型及计算其井斜角度和方位。经常采用的有三类井身剖面，如图 7－5 所示，而井身剖面的选择要依据地质构造类型、钻井液、套管程序和空间条件而定。

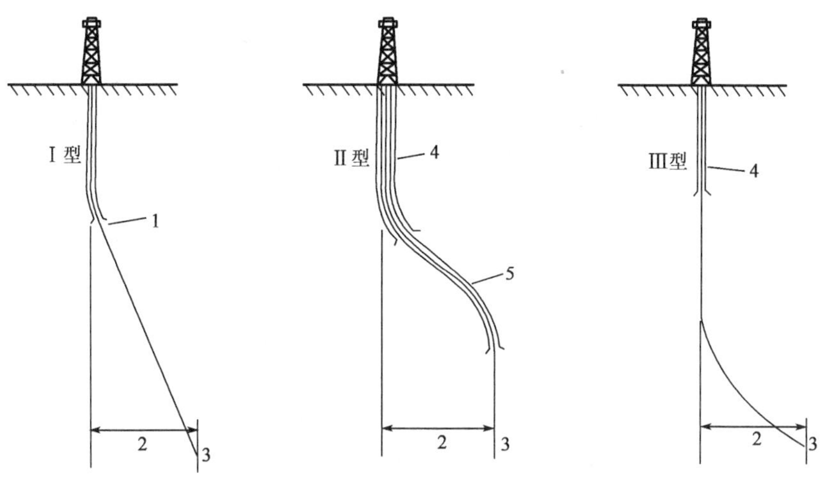

图 7－5　三种基本的井身剖面类型(据 Le Roy 等，1977)

1—套管鞋；2—井底位移；3—井底靶位深度；4—表层套管；5—技术(中间)套管

(1) Ⅰ型井身剖面。在该井身剖面中，初始造斜角是在相当浅的深度得到的，从初始造斜，保持该井斜角钻进直到靶心。其表层套管下过造斜井段并注入水泥。Ⅰ型井身剖面通常用在中深井和要求大水平位移的深井钻井中。

(2) Ⅱ型井身剖面，又叫 S 形曲线井身剖面，井眼也是在相当浅的深度造斜。表层套管下过造斜井段并注入水泥，再继续钻到水平位移到达要求时为止。然后减小井斜角或到垂直位置以便能够钻到靶心。要把一层技术套管下到第二个垂直井段中，并在垂直方向继续钻进直到总深度达到要求时为止。Ⅱ型井身剖面用于需要下技术套管来控制地层可能有复杂问题时的钻井中。

(3) Ⅲ型井身剖面。Ⅲ型井身剖面中开始造斜的位置在地面以下很深处(即造斜点较深)。其井斜角大、水平位移小，且井眼的造斜部分是很少下套管的。这种井身剖面特别适合于钻穿断层或盐丘地区、重钻或再校准井眼的井底段。

因此，定向井设计是根据地下、地面条件，给出地下井位、靶区范围及靶心的垂直深度等资料，来选取最优的井身剖面类型，确定井眼轨迹，规定各段的井斜要求。

2. 定向井设计流程

沿着一个设计的井身路线(轨迹)把井眼偏斜至某个地下靶心的工艺技术称为有控制的定向钻井。

定向井的设计首先要规定井底靶区，即井眼必须在指定的深度和位置钻达的区域。靶区的大小和形状通常取决于地质构造和产层的位置。其次是在选择最优的地面井位时，应该考虑到地层自然造斜趋势的有利条件。地层产状对井身的偏斜有明显的影响。例如，当地层倾角较小时，钻头钻穿软硬交错的地层，往往导致井身路线垂直于地层层面；但是，如果地层倾角超过 45°～60°，钻头趋于平行地层层面钻井。井眼方位的变化趋势也受地层产状（地层倾角和走向）的影响。如果要求的井眼方位正是地层上倾方位，它符合钻头的自然造斜趋势，就能够容易地造斜。所以一个最优的地面井位的选择，应以所有的地下资料为基础，以便能够利用地层产状的有利条件，同时减少不希望发生的井眼偏斜。

第二节　地 质 录 井

地质录井（简称录井）的主要任务是根据井的设计要求，取全、取准反映地下情况的各项资料，以便判断井下地质及含油气情况，指导该井顺利钻进，完成其他特定的地质任务（如探断层或油气藏边界、研究烃源岩层等）。

一口井的录井工作质量不仅直接影响到能否迅速搞清本井地下地层、构造及含油气情况，而且关系到对整个构造的地质情况的认识、含油气远景评价和油田开发方案设计等重要问题。地质录井作为油气勘探开发中的一项关键技术，现在已成为勘探者必不可少的决策依据。目前，随着油田的不断发展及科学技术的进步，录井技术已经由过去单一的、以徒手操作及定性描述的岩屑（岩心）录井，逐渐发展成为以综合录井仪为主的多种录井方法配合使用并逐步定量化发展的综合技术（表 7 - 2），按其发展阶段和技术特点可分为常规录井技术、综合录井仪录井技术和其他录井新技术。常规录井技术主要包括钻时录井、岩心录井、岩屑录井、钻井液录井、气测录井等。常规录井以其经济实用、方便快捷和获取现场第一手实物资料的优势，在整个油气田的勘探开发过程中一直发挥着重要作用。

表 7 - 2　我国录井技术发展阶段（据刘宗林，2006）

阶段	第一阶段 20 世纪 80 年代中期以前	第二阶段 20 世纪 80 年代中期—90 年代中期	第三阶段 20 世纪 90 年代中期—2000 年	第四阶段 21 世纪以来
特征	各项数据信息的收集基本以人工为主，为建立“铁柱子”、发现新油田发挥了重要的作用	以综合录井仪的推广应用为标志，录井技术进入了一个新的发展阶段（利用和学习国外先进录井技术）	新一代综合录井仪及多项新的录井技术加入录井领域，录井技术的发展明显加快	以录井信息化为主要特征，以建立综合录井体系为标志。更具实时性、准确性和多样性
项目	岩屑（岩心）录井、气测录井	岩屑（心）录井、气测录井、综合录井仪录井	岩屑（心）录井、气测录井、综合录井仪录井、岩石热解地球化学录井、定量荧光录井、罐装样轻烃录井、P—K 录井	新增加：LWD、SWD、核磁共振技术、光谱技术、衍射技术等

一、钻时录井

钻时是指每钻进一定厚度的岩层所需要的时间，单位为 min/m。钻时是钻速的倒数，现场通常用钻时表示钻进速度的快慢。在新探区，从井口开始每米记录一次钻时，到达目的层则可适当加密到 0.5～0.25m 记录一次。钻时录井的特点是简便、及时，因而得到现场地质和工程技术人员的广泛应用和重视。

（一）影响钻时的因素

（1）岩石性质（岩石的可钻性）。松软地层比坚硬地层钻时低，如疏松砂岩比致密砂岩钻时低，多孔的碳酸盐岩比致密石灰岩、白云岩钻时低。

(2)钻头类型与新旧程度。为了快速优质钻进，应当根据地层软硬不同，选择不同类型的钻头。一般钻软地层用刮刀钻头，钻硬地层用牙轮钻头。在钻时录井中，要记录钻头下入的井深，钻头的类型、尺寸、新度，并仔细观察起出钻头的磨损情况，以判断所钻地层的岩性。

(3)钻井措施与方式。在同一岩层中，钻压大、转速快、钻井液排量大时，钻头的破岩效率高，钻时就低。涡轮钻的转速一般比旋转钻高约10倍，故涡轮钻的钻时低。相反，钻井措施不当，进尺就少、钻时高。

(4)钻井液性能与排量。低黏度、低密度、大排量的钻井液钻进快，钻时低。一般清水钻进要比钻井液钻进的速度高一倍以上。

(5)人为因素。司钻的操作技术与熟练程度，对钻时快慢也有影响。有经验的司钻送钻均匀，能根据地层性质采取适当措施：钻遇泥岩与软地层时轻压快钻，而对硬地层则重压慢钻，如此能加快进尺、降低钻时。

尽管影响钻时的因素较多，但在这些因素中，人为等因素总是或者至少在某个井段内是相对稳定的，因此钻时大小还是可以较好地反映地下岩性的变化。

(二)钻时曲线的绘制与应用

1.钻时曲线的绘制

以纵坐标代表井深，以横坐标代表钻时，按记录间隔标出相应的钻时点，将各点连接成一条折线，即为钻时曲线(图7-6)。深度比例尺一般取1∶500，以便与测井标准曲线对比和岩屑归位。横向比例尺可根据钻时变化的幅度而定。为方便解释，在曲线相应位置的旁边用符号或文字标出接单根、起下钻、跳钻、蹩钻、卡钻和更换钻头的位置、钻头尺寸及类型等内容。

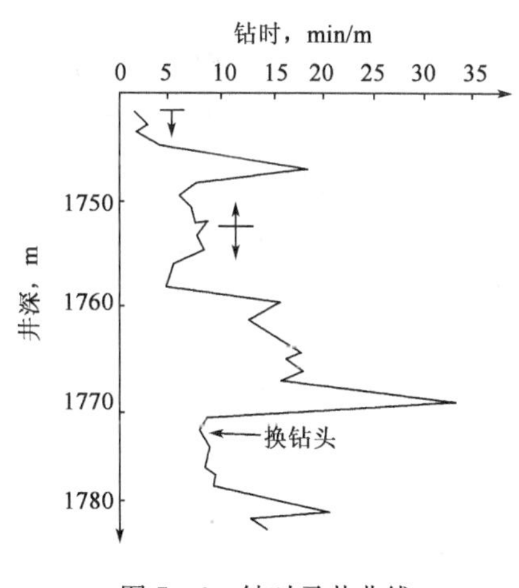

图7-6 钻时录井曲线

2.钻时曲线的应用

应用钻时曲线可定性判断岩性，解释地层剖面。当其他条件不变时，钻时的变化反映了岩性的差别。疏松含油砂岩的钻时最快，普通砂岩较快，白云岩、石灰岩较慢，玄武岩、花岗岩最慢。对于碳酸盐岩地层，利用钻时曲线可以判断缝洞发育井段。如突然发生钻时加快、钻具放空现象，说明井下可能遇到缝洞渗透层。放空尺寸越大，反映钻遇的缝洞越大。应该指出的是，同一类岩石，随其埋藏深度和其胶结程度等不同，反映在钻时曲线上也各不相同。

在无测井资料或尚未测井的井段，根据钻时曲线，结合录井剖面，可以进行地层划分和对比。

二、岩心录井

钻进过程中用取心工具取出的井下岩石称为岩心。岩心是最直观、最可靠地反映地下地质特征的第一性资料。通过岩心分析，可以考察古生物特征，确定地层年代，进行地层对比；研究储层的岩性、物性、电性、含油气性及其相互关系；掌握烃源岩层特征及其地球化学指标；观察岩心的岩性、沉积构造，判断沉积环境；了解构造和断裂情况，如地层倾角、地层接触关系、断层位置；检查开发效果，查明开发过程中所必需的资料和数据，为增产措施提供地质依据。因此，应努力提高取心收获率与岩心分析质量。

(一)取心井段的确定

由于取心成本高、钻速慢、技术较复杂，所以在勘探开发过程中不可能对每口井都进行取心，对一般取心井也不能大量取心。为了既要取得勘探开发所必需的基础资料和数据，又要加速油气田的勘探开发进程，在确定取心井段时通常应遵循以下原则：

(1)新探区第一批井，应适当安排取心，以便了解新区的地层、构造及生储油条件等基本的石油地质问题。钻井过程中，若发现良好的油气显示，原来没有设计取心任务的井，应修改设计，增加取心。

(2)勘探阶段的取心工作应注意点面结合，以充分利用取心井资料，获得全区地层、构造、含油性、储油物性、岩—电关系等项资料。

(3)开发阶段的开发井一般不取心，某些担负兼探任务的井可在目的层适当取心，而检查井则根据取心目的而定。如注水开发井，为了查明注水效果，常在水淹区取心。

(4)特殊目的的取心井，根据具体情况具体确定。如为了了解断层情况，取心井应穿过断层；为了研究地层岩性、地层时代而临时决定取心。

(二)取心资料收集和岩心整理

1.取心资料收集

取心钻进前、后，地质人员应丈量方入，准确算出进尺。取心过程中，记钻时、捞取砂样，一方面可以与邻井对比确定割心位置；另一方面，当岩心收获率很低时，可以帮助判断所钻地层岩性。此外，要特别注意观察钻井液槽面的油气显示情况。

2.丈量“顶、底空”

当钻头提至井口后，应立即推向一边，然后丈量“底空”(岩心筒底部或下部无岩心的空间长度)，判断井内是否有余心。底空量完后，将岩心筒吊下钻台，将分水接头卸下，量“顶空”(岩心筒顶部或上部无岩心的空间长度)，初步判断岩心收获率。

丈量“顶、底空”的目的是更确切地了解岩心在井下的位置，以在岩心归位时判断岩心所处深度。

3.岩心出筒

岩心出筒应保证岩心完整和上下顺序不乱，并依次排列在丈量台上。岩心全部出筒完要进行清洗。但油浸级以上的油层岩心不能用水洗(不做含油饱和度试验的致密油砂除外)，只须用刀刮去岩心表面的钻井液，并注意观察含油岩心渗油、冒气和含水情况，并详细记录，必要时应封蜡送化验室进行分析。

4.岩心丈量

在丈量岩心时，首先判断出筒的岩心中是否有“假岩心”，然后才能开始丈量。“假岩心”常出现在岩心筒的顶部，可能是井壁垮塌物或余心碎块与泥饼混在一起，进入岩心筒而形成的。假岩心不能计算长度。岩心清洗干净后，对好断面使茬口吻合，磨光面和破碎岩心摆放要合理，由顶到底用尺子一次丈量，长度读至厘米。用红铅笔划一条丈量线，自上而下作出累计的半米及整米记号，每个自然断块画一个指向钻头的箭头。

5. 计算岩心收获率

岩心收获率是表示岩心录井资料可靠程度和钻井工艺水平的一项重要技术指标。

为取得完整的连续剖面岩心，提高岩心收获率是关键。收获率为 90%～100%的岩心，其地质应用效果是低收获率的同样长度岩心根本无法比拟的。由于种种因素的影响，岩心收获率往往达不到 100%，所以每取一筒岩心都应计算一次收获率。一口井岩心取完后，应计算出总的岩心收获率。

$$\text{岩心收获率}=\frac{\text{本筒岩心长度}}{\text{本筒取心进尺}}\times 100\% \tag{7-1}$$

$$\text{岩心总收获率}=\frac{\text{累计岩心长度}}{\text{累计取心进尺}}\times 100\% \tag{7-2}$$

6. 岩心编号

将丈量完的岩心按井深自上而下、由左向右(以写井号一侧为下方)依次装入岩心盒内，然后进行涂漆编号。编号密度原则上按 20cm 一个，应在本筒的范围内，按其自然段块自上而下逐块编号。

编号的写法以带分数的形式表示。其中整数表示取心次数(筒次)，分母表示本筒岩心的总块数，分子表示该块岩心的块号。例如，$3\frac{5}{10}$即表示第三次取心中共有 10 块岩心，此块为第 5 块。岩心盒内筒次之间用隔板隔开，并贴上岩心标签，注明筒次、深度、长度及块数，以便区别和检查。

(三)岩心的观察与描述

岩心的观察描述是一项很细致的地质基础工作，既要全面观察，又要重点突出，特别是含油、气岩心的观察描述，应及时进行，以免油、气逸散挥发而漏失资料。

1. 岩心含油、气的观察与试验

岩心的含油、气、水的观察，从取心钻进开始，直到岩心描述工作结束。

1)含气试验

清洗岩心时，应做含气试验(浸水试验)，方法是将岩心置入水下 20mm 进行仔细观察。如有气泡冒出，应记录气泡大小、连续性、延续时间、声响程度、产出部位及与缝洞的关系、有无硫化氢味等，并及时用红铅笔将冒气处圈出。

2)含油试验

无论是亲油或亲水油层，由于含油岩心浸泡在水基钻井液中，岩心柱上会形成钻井液浸入环，甚至将岩心中大部分石油排出，只剩下轴心含油；有的岩心含轻质油，出筒后因易挥发，柱面难见油显示；有的岩心放于岩心盒内一段时间后，才见原油慢慢浸出岩心表面。所以单凭观察岩心柱面含油情况还不够，必须对可能含油的岩心做含油试验。具体方法如下：

(1)滴水试验法：用滴管滴一滴水在含油岩心平整的新鲜面上，滴时不宜过高，观察 10min 之内水滴的形状和渗入速度，一般分为五级(图 7－7)。

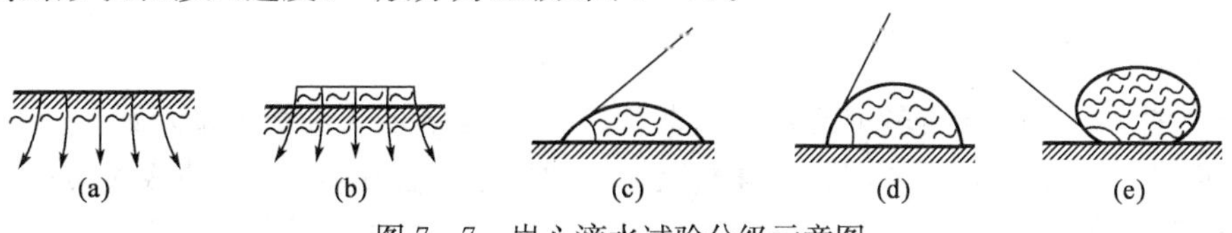

图 7－7　岩心滴水试验分级示意图

一级：立即渗入[图 7－7(a)]，判断是水层。

二级：水滴成膜状，10min 内渗入[图 7-7(b)]，判断是含油水层。

三级：水滴呈凸镜状，浸润角小于 60°[图 7－7(c)]，判断是油水层。

四级：水滴呈半球状，浸润角介于 60°～90°之间[图 7－7(d)]，判断是含水油层。

五级：水滴形状不变，呈圆球或半球状，浸润角大于 90°[图 7－7(e)]，判断是油层。

(2)四氯化碳试验法：将岩样捣细，放入试管中，加入约 2 倍于岩样的四氯化碳(CCl_4)，摇晃浸泡 10min，如含油则溶液变为棕色、棕褐色或黄褐色；如含油极微，溶液仍为原色，可将溶液倒在洁白滤纸上，待 CCl_4 挥发后则残留淡黄、淡绿或棕色痕迹。

(3)丙酮—水试验法：对怀疑含油或凝析油的岩心，取样 1g 研碎放入试管中，加入 2mL 丙酮溶液。待摇晃均匀后过滤，再加入 3mL 的蒸馏水，如含油则溶液变为浑浊的乳白色。

(4)荧光试验法：该方法也称荧光录井。由于沉积岩中的沥青和原油及某些矿物在紫外线照射下有不同的发光能力，所以可按发光的不同颜色来确定物质的性质。

在钻井现场常用的荧光分析方法有以下四种：

①直照法：将岩心在荧光灯下直接照射。直照法是最直接、最简便的方法，在录井过程中可以及时发现油层。

②点滴法：取 1～2g 研碎的岩样放在滤纸上，滴上 1～2 滴氯仿溶液，待氯仿挥发后，在荧光灯下直接观察滤纸上留下的发光痕迹，根据发光颜色、产状来确定沥青含量与沥青性质。

③系列对比法：称 1g 研碎岩样，倒入干净试管内，加入 5mL 氯仿溶液。将试管口封闭，摇动浸泡 8h 后，在荧光灯下与标准系列对比得出级别。根据荧光级别，可按表 7－3 查出沥青标准含量。

④毛细管分析法：在系列分析试管内取出 2mL 溶液，倒入另一个干净试管内，放入处理过的滤纸条，将其下端浸入溶液，待溶液挥发完后，在荧光灯下观察滤纸条发光颜色、强度、发光带特点及宽度等，以确定沥青性质及含量。

表 7－3　荧光分析沥青含量标准表

级别	含量，%	级别	含量，%	级别	含量，%
0.5	0.000155	5.5	0.0075	10.5	0.240
1.0	0.000310	6.0	0.0100	11.0	0.320
1.5	0.000465	6.5	0.0150	11.5	0.480
2.0	0.000663	7.0	0.0200	12.0	0.640
2.5	0.000945	7.5	0.0300	12.5	0.945
3.0	0.001250	8.0	0.0400	13.0	1.250
3.5	0.001975	8.5	0.0600	13.5	1.875
4.0	0.002560	9.0	0.0800	14.0	2.500
4.5	0.003750	9.5	0.1200	14.5	3.750
5.0	0.005000	10.0	0.1600	15.0	5.000

2. 岩心含油级别的确定

含油级别是岩心中含油多少的直观标志，因此可根据岩心含油级别来判断油、水层或油层的好坏。但这并不是绝对标志，例如，含油级别高的砂层往往是油层，含油级别低的砂层往往是干层、水层。而相反的情况也可出现，如气层、轻质油层、严重水浸的油层等岩心往往含油级别很低，甚至看不出含油。

根据储集层储油特性不同，可将岩心含油级别分为孔隙性含油、缝洞性含油，并分别划分含油级别。

1)孔隙性含油

孔隙性含油是以岩石颗粒骨架间分散孔隙为原油储集场所。岩心含油级别是以岩性层为单位，主要依靠岩石新鲜断面的含油面积、含油饱满程度、含油颜色、油脂感等特征来确定，一般划分为饱含油、富含油、油浸、油斑、油迹及荧光 6 级，具体划分标准见表 7-4。

表 7-4 孔隙性岩心(石)含油级别划分(据《地质监督与录井手册》编辑委员会,2001)

含油级别	含油面积,%	含油饱满程度	颜色及均一性	油脂感及油味	滴水
饱含油	>95	含油均匀、饱满，常见原油外渗，仅局部见不含油斑块	看不到岩石本色；原油多为黄色或棕褐色，分布均匀	油脂感强，可染手，油味很浓	珠状，不渗
富含油	70～95	含油均匀较饱满，新鲜面有时见原油外渗，含较多的不含油的斑块或条带	难以看到岩石本色，多为浅棕—黄褐色；原油充填分布较均匀	油脂感较强，可染手，油味浓	珠状或半珠状，基本不渗
油浸	40～70	含油均匀但不饱满，少部分呈条带状、斑块状分布	含油部分基本看不到岩石本色	油脂感较强，一般不染手，油味较浓	半珠状，微渗
油斑	5～40	含油不饱满、不均匀，多呈斑块状、条带状分布	可见岩石本色，仅含油部分呈灰褐色、深褐色	无油脂感，不污手，油味淡	含油处半珠状，缓渗
油迹	<5	肉眼可见零星状含油痕迹，氯仿浸泡及滴照荧光明显	基本为岩石本色，仅局部油迹处呈浅灰褐色	无油脂感，不污手，可闻到油味	滴水缓渗一渗
荧光	无法估计	肉眼观察无含油痕迹，滴照有荧光显示，浸泡定级≥7 级	全为岩石本色	无油脂感，不污手，一般闻不到油味	除凝析油外，基本都渗

2)缝洞性含油

缝洞性含油是以岩石的裂缝、溶洞、晶洞作为原油储集场所。岩心以缝洞的含油情况为准，将含油级别划分为油浸、油斑、荧光 3 级(表 7-5)。

表 7-5 缝洞性岩心(石)含油级别划分(据《地质监督与录井手册》编辑委员会,2001)

含油级别	缝洞壁被原油浸染	缝洞壁及充填物含油产状	油脂感	颜色及油味
油浸	>40%	缝洞壁见岩石及充填物本色部分较少	强，污手	含油颜色较深，油味较浓
油斑	<40%	缝洞壁绝大部分见岩石及充填物本色	弱或较弱，微污手或不污手	含油颜色较浅，油味较淡或无油味
荧光	肉眼观察无含油痕迹，干照、滴照可见荧光显示，浸泡定级≥7 级	缝洞壁岩石及充填物本色清晰可见	无，不污手	无

3. 岩心描述内容

(1)岩性,如颜色、岩石名称、矿物成分、结构构造、胶结物及胶结程度、特殊矿物及其他含有物等。

(2)相标志,如沉积结构、沉积构造(各种层面构造及层理构造)、生物特征、地球化学标志(如有机质含量和微量元素)等,用来恢复沉积环境。

(3)储层物性,如孔隙性、渗透性、孔洞缝发育情况与分布特征等。

在裂缝性油气田探区,油气分布主要受缝洞控制。因此,有必要通过岩心寻找缝洞的分布规律,对其产状、密度、连通性及油气情况进行详细研究。

裂缝是按照小层进行描述统计,对缝宽小于 0.1mm 及分支缝长度小于 5cm 的裂缝一般不作统计。相邻岩心段被同一条裂缝贯穿只统计一次,并只统计张开缝和方解石充填缝。缝合线和其他物质充填缝不统计,只描述其发育和分布情况。

裂缝发育程度可用以下参数表示:

$$裂缝密度=\frac{裂缝总条数}{岩心长度}\quad (条/m) \tag{7-3}$$

$$裂缝有效密度=\frac{张开缝条数}{岩心长度}\quad (条/m) \tag{7-4}$$

$$裂缝开启程度=\frac{张开缝条数}{裂缝总数}\times 100\% \tag{7-5}$$

孔洞描述统计,包括孔洞个数、类型、连通性、分布情况、含油气情况及充填情况,还包括充填物、充填程度、结晶程度等。孔洞发育程度可用以下参数表示:

$$孔洞密度=\frac{孔洞总个数}{岩心长度}\quad (个/m) \tag{7-6}$$

$$孔洞连通程度=\frac{连通孔洞个数}{孔洞总数}\times 100\% \tag{7-7}$$

缝洞组合,指缝洞关系及其分布状况。以层为单位,逐层统计缝洞发育参数,对缝洞组合关系必须详细描述。

(4)含油气性及岩心的含油级别,主要依据岩心的含油面积和含油饱满程度来确定。由于各地区的地质情况不同,所以含油级别的区分也略有差异。

(5)岩心倾角测定、断层的观察、接触关系的判断。

(四)岩心录井草图的编绘

为了便于及时分析对比,指导下一步工作,应将岩心录井取得的各种资料、数据用规定的符号绘制岩心录井草图(图 7-8)。

绘制岩心录井草图时应注意以下事项:

(1)图中用的岩心数据(如岩心收获率、编号、分段长度等)必须与原始记录完全一致。深度比例尺与测井放大曲线比例尺一致(一般为 1:50 或 1:100)。

(2)图中的岩性剖面在绘制时用筒界作控制。岩心收获率低于 100%时,从上往下绘制,底部留空,待再次取心收获率大于 100%时(即套有前次余心),向上补充(自下而上绘制),即套心一律画在前次取心之下部。因岩心膨胀或破碎而收获率大于 100%时,应根据岩心实际情况在泥质岩段或破碎处合理压缩成 100%绘制。

井深 m	取心井段, m (次数) 心长, m / 进尺, m (收获率, %)	岩心编号	破碎带位置	样品位置 岩心位置 磨损面位置	色号	岩心剖面	分层厚度 m	筒累计厚度 m	化石构造及含有物	备注
2104	2103.75 (1)				8		0.25	0.25		
					9		0.20	0.45		
							0.30	0.75		
							0.05	0.80		
	1.75 / 1.85				8		0.20	1.00		
2105							0.30	1.30		
			△				0.35	1.65		
	94.59						0.10	1.75		
	2105.60 (2)				13		0.25	0.25		
2106							0.20	0.45		
					9		0.10	0.55		
							0.40	0.95		
					8		0.15	1.10		
2107	3.70 / 3.90		△		9		1.45	2.55		
2108							0.15	2.70		
					13		0.70	3.40		
2109	94.87						0.30	3.70		
	2109.50 (3)									

图 7-8 一般岩心录井草图

(3)化石及含有物、取样位置、磨损面等,用统一图例绘在相应深度。以黑框及白框表示不同次取心,框内斜坡指向位置为磨损面位置,框外标记样品位置,样品编号可逢 5、逢 10 编号,根据样品顶界距本筒顶界的距离来标定样品位置。

(4)岩心编号栏内根据分段情况写起止号。分层厚度(分段长度)即岩性段的长度。

(五)岩心综合录井图的编制

岩心综合录井图是在岩心录井草图的基础上,综合其他资料编制而成的。它是反映钻井取心井段的岩性、含油性、电性和物化性质的一种综合图件,其格式如图 7-9 所示,其比例尺与岩心录井草图相同。

由于地质和钻井技术及工艺等方面的种种原因,并非每次取心收获率都能达到百分之百,而往往是一段一段不连续的,因此需要恢复岩心的原来位置;而未取上岩心的井段,则依据测井、岩屑录井、钻时录井等资料来判断钻取岩心井段的地层在地下的实际面貌,如实地反映在岩心综合录井图上。通常把这项工作叫岩心"装图"或"归位"。岩心装图要在测出放大曲线之后,参照测井曲线进行。

×××-×-×井岩心综合图

地理位置				岩心收获率	%
构造位置				含油岩心长	m
开钻日期		取心层位		含气岩心长	m
完钻日期		取心井段		荧光岩心长	m
完井日期		岩心长度/进尺		钻井船	
编绘人		校对人		审核人	

编绘单位：　　　　1∶100　　　　编绘日期：

图例及符号

地层层位	孔隙度 %	渗透率 mD	饱和度 %	自然伽马GR,API 0　150 自然电位SP,mV 0　100	井深 m	次数 心长,m 进尺,m 收获率,%	样品位置	磨光面	颜色	岩性剖面	荧光显示	含有物	深感应RILD,mS/m 0.2　20 球形聚集RFOC,Ω•m 0.2　20	岩性油气综述

图7-9　岩心综合录井图(格式)(据《勘探监督手册》编委会,2002)

岩心装图原则：以每筒岩心为基础，用标志层控制，在磨光面或筒界面适当拉开，泥岩或破碎处合理压缩，使整个剖面岩性、电性相互符合，解释合理。

装图方法和步骤一般应包括以下几项：

(1)校正井深。

岩心录井是以钻具长度来计算井深，而测井曲线是以电缆的长度计算井深。由于钻具和电缆的伸缩系数不同，所以岩心录井剖面与测井曲线之间可能在深度上有出入。装图时首先要找出钻具井深和测井井深之间的深度差值，并在装图时加以校正。

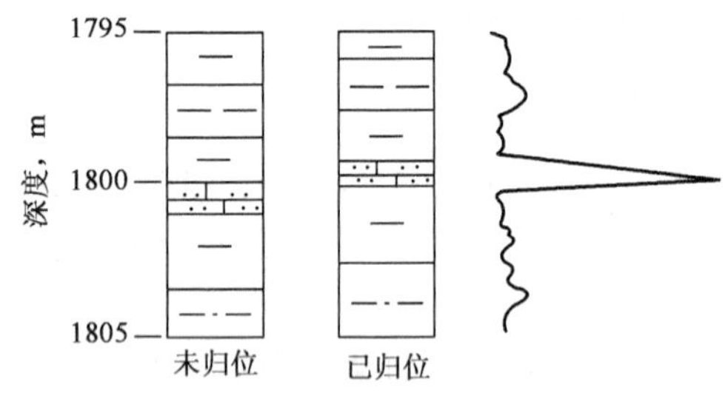

图7-10　岩心深度校正示意图

校正方法是将测井图和岩心录井草图比较，选用数筒连根割心、收获率高的筒次中的标志层，算出标志层的深度差值(又称岩电差)。根据其规律性，选择适当数值作为钻具深度和测井深度的差值。以测井深度为准，确定剖面上提或下放数值，根据上提或下放数值校正取心井段。如图7-10所示，灰质砂岩层在岩性和电性上容易与泥质岩和一般砂岩区别，在电性上呈高尖峰，根据电性上的反映找到相应的岩性，准确地卡出灰质砂岩，此时两者的深度差即测井与录井的深度差值。灰质砂岩底界的测井深度为1800m，钻井取心深度为1800.5m，此时深度差为0.5m，剖面应上提0.5m。同一连续取心段一般只有一个岩电差，不同取心段或连续井段很长，有两个以上岩电差时，各岩电差应随井深增加而增加。

(2)岩心归位。

根据归位原则，先从最上面的一个标志层开始，上推归位至取心井段顶部，再依次向下，达到岩性与电性吻合，把收获率高的筒次首先装完。收获率低的筒次，在本筒顶、底界内，根据标志层、岩性组合分段控制归位。

(3)岩心位置的绘制。

岩心位置以每筒岩心的实际长度绘制，当岩心收获率为100%时，应与取心井段一致；当岩心收获率低于100%或大于100%时，则与取心井段不一致。为了看图方便，可将各筒岩心位置用不同符号表示出来，如图7-11中第三筒为空白，第四筒画上斜线。

(4)样品位置标注。

样品位置就是在岩心某一段上取分析化验用的样品的具体位置。在图上标注时，用符号标在距本筒顶的相应位置上。样品位置是随岩心拉、压而移动的，所以样品位置的标注必须注意综合解释时岩心的拉开和压缩。

三、岩屑录井

地下的岩石被钻头钻碎后，随钻井液带到地面，这些岩石碎块称为岩屑。在钻井过程中，地质人员按照一定的取样间距和迟到时间，连续收集与观察岩屑并恢复地下地质剖面的过程，称为岩屑录井。通过岩屑录井可以掌握井下地层层序、岩性，初步了解地层含油、气、水情况。由于岩屑录井具有成本低、简便易行、了解地下情况及时和资料系统性强等优点，因此，在油气田勘探开发过程中被广泛采用。

(一)获取有代表性的岩屑

岩屑录井首先是要获得有代表性的岩屑，为此必须保证取样井深和岩屑迟到时间准确。要做到取样深度准确，必须丈量好下井钻具；为了准确地捞取岩屑，必须按一定间距测定岩屑迟到时间。岩屑迟到时间是指岩屑从井底返到井口的时间。

1. 丈量好钻具

一口井的岩屑是按已设计的深度区间捞取，如果下井钻具丈量不准确，井深就不准，这样捞取的岩屑就不具代表性。因此，在录井过程中，要丈量好钻具，做到钻具组合、钻具总长、方入、下接单根清楚，钻具管理工程、地质、场地三对口，严把钻具倒换关，确保井深准确无误。

2. 岩屑迟到时间测定

为了保证岩屑录井质量，生产中采取每隔一定的时间间隔测算一次迟到时间，作为该间距内的迟到时间。间距的大小各地区根据实践因地制宜。常用测定迟到时间的方法有以下三种。

1)理论计算法

理论计算法公式如下：

$$T=\frac{V}{Q}=\frac{\pi(D^2-d^2)}{4Q}\cdot H \tag{7-8}$$

式中 T——迟到时间，min；

V——井眼与钻杆之间的环形空间容积，m^3；

Q——钻井液泵排量，m^3/min；

D——井径，即钻头直径，m；

d——钻杆外径，m；

H——井深，m。

用理论计算的迟到时间与实际的迟到时间往往不符。主要是因为实际井径常比理论井径大，计算时也未考虑岩屑在钻井液中的下沉。因此，现场多以此作为参考，或在1000m以内的

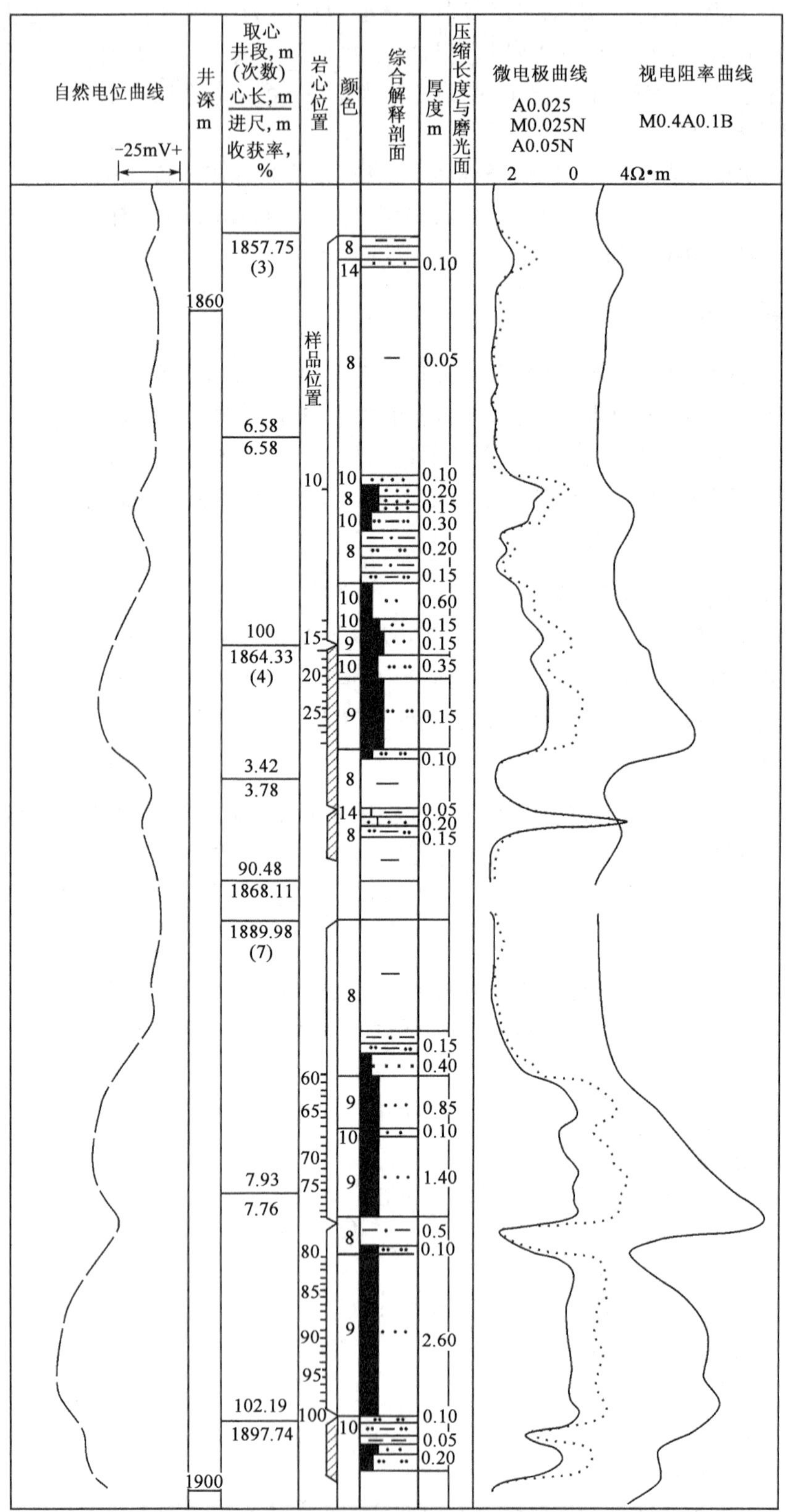

图 7-11　岩心归位示意图

浅井中使用。

2)实物测定法

选用与岩屑大小、密度相近似的物质(常用红砖块或白瓷碎片),在接单根时投入钻杆内。记下投入后开泵的时间,然后在井口钻井液出口或振动筛处,密切注意并记下投入物开始返出的时间。这两个时间之差就是实物循环一周需要的时间(t),它包括了实物沿钻杆下行到井底的时间(t_0)和从井底通过钻杆外环形空间返出井口的时间(T)。岩屑迟到时间 $T=t-t_0$。因为钻杆、钻铤内径都是规则的(如果是内径不同的混合钻具,可分段计算),其中 t_0 可按下式计算求得:

$$t_0 = \frac{V_1 + V_2}{Q} = \frac{\pi d_1^2}{4Q} \cdot H_1 + \frac{\pi d_2^2}{4Q} H_2 \tag{7-9}$$

式中 V_1、V_2——钻杆和钻铤的内容积,m^3;

d_1、d_2——钻杆和钻铤的内径,m;

H_1、H_2——钻杆和钻铤的长度,m;

Q——钻井液排量,m^3/min。

该法求迟到时间一般比较准确,现场多采用这种方法。

3)特殊岩性法

与邻井对比,利用大段单一岩性中的特殊岩层(如大段砂岩中的泥岩、大段泥岩中的石灰岩或油层组顶部的第一个油层等)在钻时上表现出特高或特低值,记录钻遇的时间和上返至井口的时间,两者之差即为真实岩屑的迟到时间。

以上介绍的岩屑迟到时间测定方法,仅是指地层某一深度、某一泵排量的迟到时间,实际上,井不断加深,迟到时间也随之增长。在钻进过程中,往往由于机械或其他原因需要变泵,遇到这种情况,应对迟到时间进行及时校正。

(二)岩屑录取

(1)捞取岩屑:按录井间距和迟到时间准确捞取岩屑。每口井必须统一捞样位置,捞样位置通常有两处:一处在架空槽内加挡板取样,另一处在振动筛前加接样器取样。

(2)清洗岩屑:从槽内或振动筛前捞取的岩屑均黏附了一层钻井液,因而必须将所取岩屑清洁干净。清洗方法因岩性而定,以不漏掉或破坏岩屑为原则。洗样时还要注意嗅油气味,观察含油岩屑的有关情况。该密封的样品,洗净后立即装罐密封。混液样品,不能清洗。

(3)荧光直照:为了及时发现油气层,岩屑洗净后,必须立即进行荧光湿照和滴照。肉眼不能鉴定含油级别的储层岩样要用氯仿浸泡定级。对发现荧光的真岩屑,要按规定选样作系列对比级含油特征观察。岩屑晾干后还需进行荧光直照,称为干照。

(4)烘晒岩屑:岩屑最好采用自然晾干或晒干的方法。若环境条件不允许,可以烘烤,但要保证岩屑不被烘烤过度而变质。

(三)岩屑描述方法及步骤

1.真假岩屑的识别

钻井过程中由于裸眼井段长、井眼大小不均、钻井液性能的变化、钻具在井内频繁活动、排量的突然变化等因素的影响,真假岩屑常相互混杂,给岩屑的描述带来困难。因此必须区分新钻、残留和垮塌的岩屑,区分时可从以下几方面综合考虑:

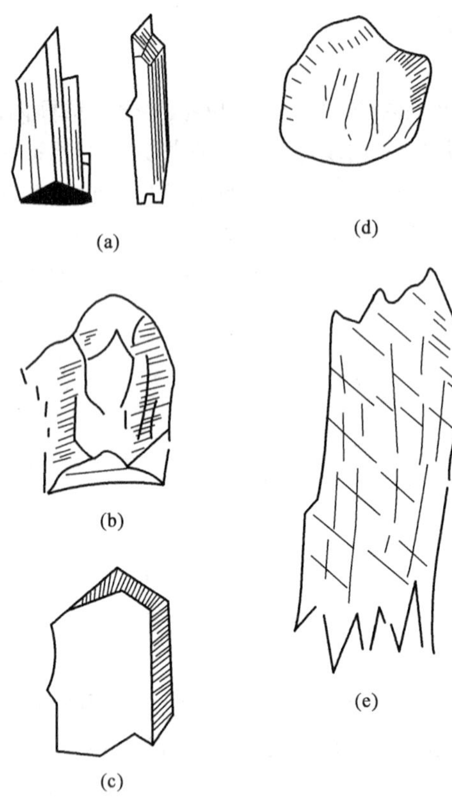

图 7-12　各类岩屑形状示意图
(a)新钻页岩；(b)新钻石灰岩；(c)新钻泥岩；(d)残留岩屑；(e)垮塌岩屑

(1)观察岩屑的色调、形状和大小。对于碳酸盐岩或部分泥质岩类的地层，用牙轮钻头钻进时，新钻岩屑一般色调新鲜，直径在 2～5mm 之间，多呈片状或棱角状，具锐利的边沿；残留岩屑色调模糊，一般小于 2～5mm，多呈半棱角或圆滑的粒状；垮塌的岩屑一般大于 2～5mm，呈块状或参差状(图 7-12)。对砂岩来说，牙轮钻头的岩屑呈粒状，而刮刀钻头的岩屑则呈片状。又如质软、易碎易溶的石膏层，其岩屑多呈细粒或粉末状。由此可见，岩屑的形状和大小，受岩石性质、钻头类型、钻井条件等诸多因素的影响。

(2)注意新成分的出现。在连续取样中，如果发现有新成分岩屑出现，且以后逐渐增加，则标志着新地层的出现。

(3)从岩屑中各种岩屑的百分比变化来识别。对于由两种或两种以上岩性组成的地层，必须从岩屑中某种岩性的岩屑百分含量增减来判断是否进入了某一地层，从而确定岩屑的真伪。

(4)利用钻时、气测等资料验证。除使用上述几种方法判断外，还应参考钻时资料，它对于区别砂、泥岩和灰质岩类比较准确，油气层在气测曲线上常有显示。

2. 岩屑描述

岩屑所能观察到的现象不如岩心详尽，重点是岩石定名和含油气情况的描述。定名要准确，油层及砂质岩类应重点描述，不可漏掉油气显示和 0.5m 以上的特殊岩层及其主要特征。岩屑描述的方法一般如下：

(1)大段摊开，宏观观察，目的是大致找出颜色和岩性有无界限。然后再逐包仔细观察岩屑的连续变化，找出新成分，目估百分比变化情况。

(2)远看颜色，近查岩性。因为岩屑中颜色混杂，远看视野开阔，易于区分颜色界线。用这种方法划分出来的层次，都是明显或较厚的层。有些薄层或疏松层，岩屑数量极少，这就需要逐包细查，发现那些不明显的新成分、细微的结构变化等。

(3)干湿结合，挑分岩性。岩屑颜色的描述一律以晒干后的色调为准。但岩屑润湿时，颜色和一些微细的结构、层理等格外清晰而明显，易于区分。因此，常在岩屑未晒干之前就粗看一遍，记下某些岩性特征和层界，作为正式描样的参考。

(4)分层定名，按层描述。通过上述方法所观察到的岩性变化，参考钻时曲线，进一步在岩屑中，上追顶界，下查底界，卡分出层来，对每层的代表岩样进行描述。

3. 利用岩屑判断岩层缝洞发育情况

岩层中的缝洞不能通过岩屑直接看到，一般只能根据一些特殊标志间接地加以推断。岩石的缝洞中总会有些物质充填，通过对充填物的观察，可在一定程度上了解岩石缝洞发育情况。常见的充填物主要是一些次生矿物，如方解石、白云石、石膏、重晶石、石英等。岩屑中次生矿物的多少，反映了岩石中缝洞的发育程度。次生矿物越多，缝洞就越发育。

实际工作中，只要挑出岩屑中的全部次生矿物，求出占岩屑的百分比(即缝洞发育系数)，由此绘制出缝洞发育系数曲线，便可判断缝洞发育程度及其缝洞发育段：

$$\text{缝洞发育系数}=\frac{\text{次生矿物总量}}{\text{岩屑总量}}\times 100\% \tag{7-10}$$

根据次生矿物的自形程度能判断缝洞的开启程度。一般而言，自形晶越多，自形程度越高，透明度越好，说明结晶自由空间大，岩层缝洞充填物少，开启程度好。相反，若他形晶发育，则表明缝洞开启程度差。求出自形晶矿物含量占次生矿物总量的百分比，即缝洞开启系数，绘制缝洞开启系数曲线，便可找出开启程度较高的层段：

$$\text{缝洞开启系数}=\frac{\text{自形晶矿物含量}}{\text{次生矿物总量}}\times 100\% \tag{7-11}$$

缝洞开启系数越大，有效缝洞越发育。例如川南地区某井，钻至乐平统长兴灰岩某一层段(2706～2711m)，钻时由原来的182min/m突然降为56min/m，岩屑中呈透明自形晶方解石含量高，缝洞开启系数为70%。此处发生井喷，测井证明为缝洞发育最好的渗透层段。

根据缝洞开启系数，将缝洞储层分为四类(表7-6)。

表7-6　缝洞储层分类表

储层类别	好	较好	一般	差
缝洞开启系数，%	>50	20～50	10～20	<10

此外，次生矿物的类型，主要是其矿物成分，是未来选择增产措施的重要依据。因此对岩屑中的次生矿物的特征，包括次生矿物的种类、各类次生矿物的相对含量、结晶程度(晶粒大小、自形程度)等，都要一一加以描述。另外，由于某些矿物晶格能量大，在受限空间内也能长出自形晶，如黄铁矿、方铅矿，因此，对各种次生结晶矿物也要区别对待。

(四)岩屑录井草图的编绘与应用

一般岩屑录井草图的内容主要包括录井剖面、钻时曲线及槽面显示等(图7-13)。

岩屑录井草图的深度比例尺为1∶500，按描述的井深，把相应的颜色、岩性、化石、构造、含有物及油气显示等用统一规定的符号绘出。

岩屑录井草图主要有以下用途：

(1)将岩屑录井草图与邻井进行对比，可及时了解本井岩性组合特征、钻遇层位、修正地质预告；推断油、气、水层可能出现的深度，卡准取心层位。经常进行对比，可帮助及时卡准完钻层位和完钻井深。

(2)为测井解释提供地质依据。岩屑录井草图可消除单纯测井解释的多解性，提高测井解释的精度。

(3)为钻井工程提供资料。在处理工程事故如卡钻、倒扣、泡油等时，经常应用岩屑录井草图，以便分析事故发生的原因，制定有效的处理措施。在进行中途测试、完井作业过程中，也要参考岩屑录井草图。

(4)岩屑录井草图是编绘完井综合录井图的基础，岩屑录井草图的质量直接影响着综合录井图的质量。

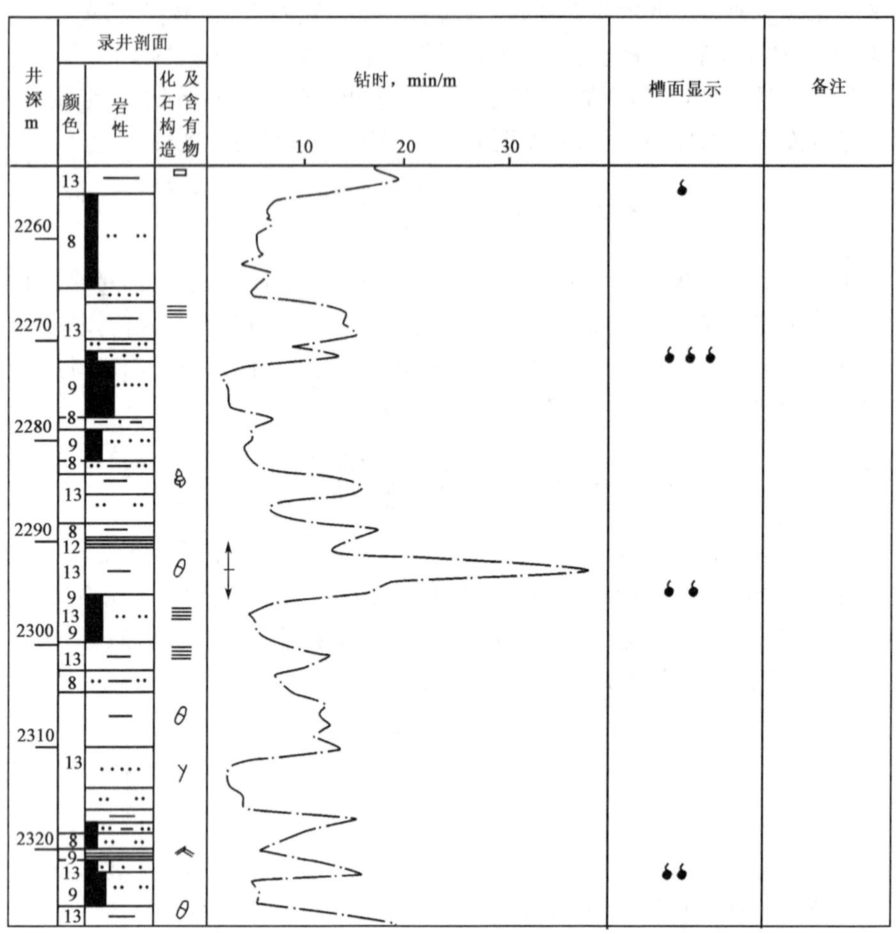

图 7－13　一般岩屑录井草图

(五)岩屑综合录井图的编绘

岩屑综合录井图是以岩屑录井草图为基础，结合测井曲线进行综合解释完成的。深度比例尺多为 1∶500，油田内的开发井一般只作油层井段 1∶200 的综合录井图。

由于岩屑录井和钻时录井的影响因素较多，因此还须进一步依据测井曲线进行岩屑定层归位。具体步骤如下：

(1)校正深度。与取心深度误差校正类似，选取在钻时曲线、测井曲线上都具有明显特征的岩性层来校正。深度校正主要是依靠钻时曲线与测井曲线之间的深度差值把岩性剖面上提或下放。

(2)复查岩屑、落实剖面。岩屑录井剖面的岩性与测井曲线解释的岩性如有不符现象，就应分析测井曲线和复查岩屑，找出原因进行修正。测井解释中不存在的岩层、复查中发现岩屑及钻时的变化并不明显的层段，应该取消；若岩屑及钻时的变化很清楚、很可靠的层段仍要保留。井壁取心与岩屑、电性有矛盾时，可按条带处理，或考虑是否为测井曲线不易分辨的薄夹层。

(3)综合剖面的解释。以落实剖面为岩性基础，以测井曲线为深度标准，结合取心等资料绘制剖面。

四、钻井液录井

钻井液除了用来带动涡轮、冷却钻头钻具外，更重要的作用是携带岩屑、保护井壁、防止地层垮塌、平衡地层压力、防止井喷井漏。钻井液主要可分为水基钻井液、油基钻井液、合成基钻井液及气体钻井液等四类。根据地质条件合理使用钻井液，是防止钻井事故发生、降低钻井成本和保护油层的重要措施。

由于在钻遇油、气、水层和特殊岩性地层时，钻井液性能将发生各种不同的变化，所以根据钻井液性能的变化及槽面显示，可以推断井下是否钻遇油、气、水层和特殊岩性，这种方法称为钻井液录井。

(一)钻井液性能

目前普遍使用的钻井液是水基钻井液。钻井地质人员必须了解钻井液的基本性能及其测量方法，才能在不同的地质条件下合理使用钻井液。

钻井液性能包括以下几方面：

1. 钻井液密度

钻井液密度主要是用来调节井内钻井液柱的压力。通常要求在保证平衡地层压力的情况下，钻井液密度尽可能低些。这样有利于钻井液性能稳定和快速钻进，有利于发现和保护油气层。调节钻井液密度的原则是对一般地层不塌不漏，对油气层压而不死、活而不喷。

2. 钻井液黏度

钻井液黏度是指钻井液流动时的黏滞程度，常用时间"秒"来表示。钻井过程中，若钻井液黏度太高，则流动性差、泵压高、排量低，影响钻速；其次是脱气困难，钻头易泥包，起下钻时易发生抽吸作用，以致引起喷、塌等事故。若钻井液黏度太低，则携带岩屑困难，易在漏失地层发生井漏。因此，钻井液黏度的高低要看具体情况而定。通常在保证携带岩屑的前提下，黏度低些为好。

3. 钻井液切力

钻井液从静止状态开始流动时，作用在单位面积上的力或者钻井液静止后悬浮岩屑的能力，称为钻井液切力。钻井液静止 1min 后测得的切力称初切力，静止 10min 后测得的切力称终切力。从工程要求考虑，初切力越低越好，终切力宜适当。切力过大，则流动阻力大、起泵困难，砂子不易沉除，钻头易泥包，钻井液易气侵，其危害性与黏度过高类似。而终切力过低，则携带和悬浮岩屑的效果差，停泵时岩屑下沉，易发生卡钻事故，同时岩屑混杂，难以识别真假。

4. 钻井液失水量和泥饼

当钻井液柱压力大于地层压力时，钻井液水将渗入地层的现象，称为失水。失水的多少称作钻井液失水量，一般用 mL 计量。

钻井液失水的同时，黏土颗粒在井壁岩层表面逐步聚结而形成泥饼，此过程称为钻井液的造壁过程。泥饼厚度以 mm 计量。

钻井液失水量小，泥饼薄而致密，有利于巩固井壁和保护油层。若失水量太大，在孔隙性的渗透层易形成泥饼，产生缩径现象；在某些泥岩地层处，出现岩层膨胀、井壁垮塌等情况，进而引起起下钻遇阻、遇卡，影响安全钻进。失水量太大，使钻井液滤液大量渗入油层，降低井眼周围油层的渗透性，对油层造成伤害，最终降低原油产量。

5. 钻井液含砂量

钻井液含砂量是指钻井液中直径大于0.074mm的砂子占钻井液体积的百分数。含砂量一般要求不大于2%。含砂量太高，会磨损钻井设备，易沉砂卡钻，增大钻井液密度，影响泥饼质量，对固井质量也有不利影响。

6. 钻井液 pH 值

钻井液 pH 值表示钻井液的酸碱性。钻井液性能的变化与 pH 值有密切关系。例如 pH 值偏低，将使钻井液水化性和分散性变差，切力、失水量上升；pH 值偏高，会使黏土分散度提高，引起钻井液黏度上升。pH 值过高，会使泥岩膨胀分散，造成掉块或井壁垮塌，且腐蚀钻井设备，所以对钻井液的 pH 值应要求适当。

7. 钻井液含盐量

钻井液的含盐量是指钻井液中含氯化物的数量。通常是测定氯离子的含量代表含盐量，单位为 mg/L。它是了解岩层及地层水性质的一个重要数据。

(二)钻井中影响钻井液性能的地质因素

了解钻井过程中影响钻井液性能的地质因素，对于判断油、气层和岩层的变化十分重要。钻遇各类地层时钻井液性能的变化如表7-7所示。

表7-7　钻遇各种地层钻井液性能变化表

钻井液性能	油层	气层	盐水层	淡水层	黏土层	石膏层	盐层	疏松砂岩
密度	减小	减小	减低	减小		不变到略增	增大	略增
粘度	增加	增大	增→减	减小	增大	剧增	增大	略增
失水量	不变	不变	增大	增大	减小	剧增	增大	
切力	略增	略增	增大	减小	增大	剧增	增大	
含盐量	不变	不变	增大	减小			增大	
含砂量								增大
泥饼				增大		增大	增大	
酸碱值				增大	减小	减小	减小	
电阻率	增大	增大	减小	增大	减小	增大	减小	

1. 高压油、气、水层

当钻穿高压油、气层时，油气侵入钻井液，造成钻井液密度降低，黏度增高，钻井液出口处钻井液外涌，钻井液槽内液面升高，并可见到油膜、油花或气泡显示。当钻遇淡水层时，钻井液密度、黏度和切力均降低，失水量增大。钻遇盐水层时，钻井液黏度增高后又降低，密度下降，切力和含盐量增加。水侵会使钻井液量增多。

2. 盐侵

当钻到可溶性盐类，如盐岩($NaCl$)、芒硝(Na_2SO_4)或石膏($CaSO_4$)时，会使钻井液性能发生变化。由于盐岩和芒硝这些含钠盐类的溶解度大，钻井液中 Na^+ 浓度增加，导致黏度和失水量增大。盐侵严重时，还会削弱黏土颗粒的水化和分散程度，使黏土颗粒凝结，钻井液黏度降低，失水量显著上升。

钻遇石膏层时要发生钙侵，使钻井液黏度和切力急剧增高，有时甚至使钻井液呈豆腐块状，失水量上升。当氢氧化钙入侵时，还将使钻井液的 pH 值增大。

3. 砂侵

砂侵主要是由黏土中原来含有的砂子及钻进过程中岩屑的砂子未沉除所致。含砂量过高，则增加钻井液的密度、黏度和切力。

4. 黏土层

钻进黏土层或页岩层时，因地层造浆，钻井液密度、黏度增高。

5. 漏失层

钻遇漏失层，轻则钻井液池液面下降，严重时会丧失循环。一般情况下，钻进漏失层时要求钻井液有高黏度、高切力或采取专门措施堵漏，阻止钻井液流入地层。

(三)钻井液录井资料的收集

钻井时，钻井液不停地循环，当钻井液在井中与各种不同的岩层及油、气、水层接触时，钻井液的性能就会发生某些变化，由此可以大致推断地层及含油、气、水情况。当地层压力大于钻井液柱压力时，地层中的流体进入钻井液，随钻井液循环返出井口，并呈现不同的状态和特点，这就要求进行全面的钻井液录取资料收集。这些资料的收集有很强的时间性，如错过了时间，就可能使收集的资料残缺不全，或者根本收集不到。

1. 钻井液显示分类

钻井液显示可分为以下五类：

(1)油花、气泡：油花或气泡占槽面少于 30%，全烃色谱组分值上升，岩屑有荧光显示，钻井液性能变化不明显。

(2)油气侵：油花或气泡占槽面 30%以上，全烃色谱组分值较高，钻井液出口密度下降，黏度上升，有油、气味，钻井液性能变化明显。

(3)井涌：返出钻井液的流量时大时小，钻井液涌出至转盘面以上，喷高不超过 1m 或钻井液出口处液量大于钻井液泵排量。

(4)井喷：钻井液喷出转盘面 1m 以上，喷高超过二层平台时称强烈井喷。

(5)井漏：钻井液量明显减少。

2. 资料录取内容

(1)钻井液性能资料，包括钻井液的类型、测点井深、密度、黏度、失水量、泥饼、切力、pH 值、含砂量、氯离子含量、钻井液电阻率等。

(2)钻井液荧光沥青含量资料，包括取样井深及荧光沥青百分含量等。

(3)钻井液处理资料，包括处理药品名称、浓度、数量，处理时井深、时间，处理前后性能的变化情况。

(4)钻井液显示基础资料。正常钻进中收集显示出现时间、井深、层位、显示类型；下钻要注意收集钻达井深、钻头位置、开泵时间、出现显示时间、延续时间、高峰时间、显示类型、消失时间、钻井液迟到时间。

(5)观察试验资料：

①钻井液出口情况观察。要经常注意观察钻井液从井口流出量的变化及涌势，并注意声响。

②钻井液槽面的观察。一是要注意油、气、水侵，二是要注意钻井液中的油气芳香味及硫化氢味。要连续观察记录，显示不明显时要作荧光分析。

③井涌、井喷资料的收集。

④井漏资料的收集。

五、气测录井

气测录井是在钻井过程中直接测定钻井液中可燃气体种类和含量的一种录井方法。利用它能及时发现油气显示，并能预报井喷，在探井中被广泛采用。

气测录井分为半自动气测和色谱气测两种。半自动气测是利用各种烃类气体的燃烧温度不同，将甲烷与重烃分开。这种方法只能得到甲烷及重烃或全烃的含量，分析数据少，划分油、气、水层时有一定困难。色谱气测是利用色谱原理将天然气中各种组分（主要是甲烷至戊烷）分开，分析速度快，数据多且准确。

（一）半自动气测资料解释

由于半自动气测提供了全烃和重烃数据，因而只能按全烃和重烃的变化特点，定性地去识别储层中的流体性质。

1. 区分油、气、水层

油层气体的重烃含量比气层高，而且包含了丙烷以上成分的烃类气体。气层的重烃含量不仅低，而且只含有乙烷、丙烷等成分，没有大分子的烃类气体。所以油层在气测曲线上的反映是全烃和重烃曲线同时升高（图 7－14），两条曲线幅度差较小；而气层在气测曲线上的反映是全烃曲线幅度很高，重烃曲线幅度很低，两条曲线间的幅度差很大。虽然烃类气体难溶于水，但某些水层中仍含有少量溶解气，因而在气测曲线上也会出现一定显示。

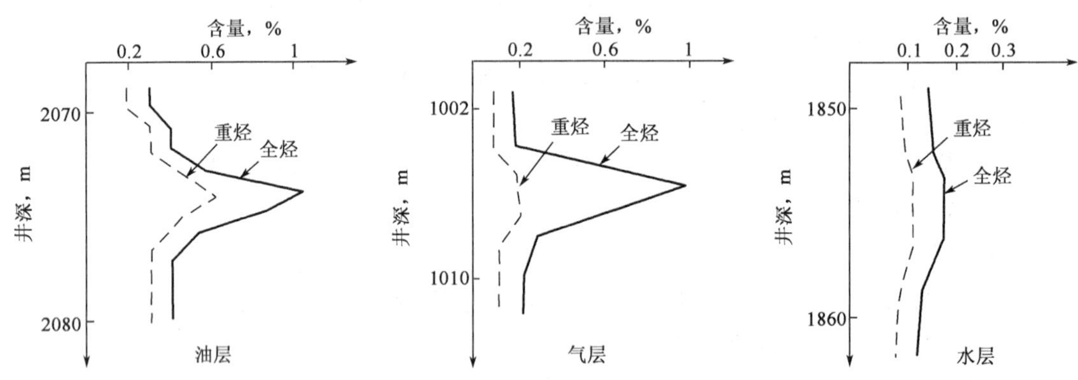

图 7－14　油层、气层和水层的气测曲线

有的全烃和重烃同时增高，有的全烃增高，重烃无异常。但水层在气测曲线上的显示幅度远比油层低。

2. 区分轻质油层和重质油层

由于烃类气体在石油中的溶解度是随分子质量的增大而增加，所以在不同性质的油层中重烃的含量也不完全一样。轻质油的重烃含量要比重质油的重烃含量高，因此，含轻质油（稀油）的油层其重烃异常幅度要比含重质油（稠油）的油层明显得多（图 7－15）。

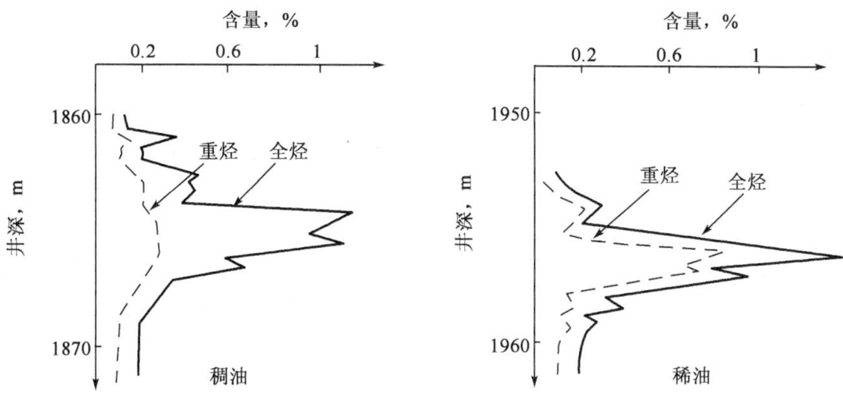

图 7-15　不同性质的油层在气测曲线上的反映

(二)色谱气测资料解释

在探井中根据半自动气测成果可以发现油气显示，但是不能有效且准确地判断油气性质。色谱气测就可弥补这一缺陷，由它可以推断油、气层性质，划分油、气、水层，提高解释精度。

1. 烃比值图版法

根据气相色谱资料，先求取甲烷(C_1)与各重烃(C_2、C_3、C_4、C_5)的比值，标在单对数坐标纸上(横轴为等距坐标，代表各组分比值类型；纵轴为对数坐标，表示比值的大小)，将同一测点各组分比值连起来，就是烃比值曲线。根据某一地区大量资料的统计结果，在图版中划分油区、气区和非生产区(图 7-16)。根据实测样品点烃比值曲线所处的区域和形态来判断油气性质。

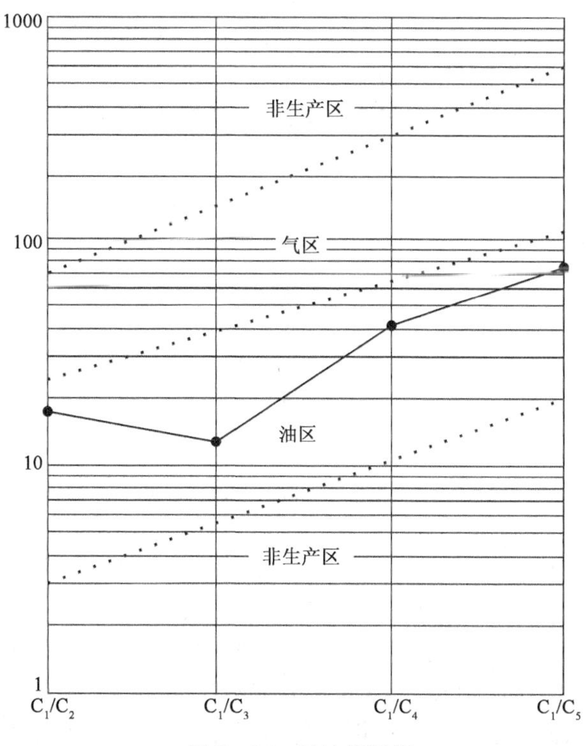

图 7-16　烃比值图版

(据《地质监督与录井手册》编辑委员会，2001)

2. 三角形组分图版解释法

三角形组分图版是根据一个油田一定含油层位的试油结果及相应天然气组分含量，选用$C_2/\sum C$、$C_3/\sum C$和$C_4/\sum C$（C_2、C_3、C_4、$\sum C$分别代表乙烷、丙烷、丁烷和全烃）等三个参数，按三角形坐标绘制的，并根据试油结果划分出油、气、水区间。进行解释时，首先根据测量结果，计算烃类气体各组分含量之和（$\sum C$）及各烃类气体占全烃的百分数。然后根据计算结果确定上述各参数在图中的位置和形状。

例如，根据某层组分，已求出$C_2/\sum C=16.5\%$，$C_3/\sum C=11.5\%$，$C_4/\sum C=4.5\%$。如图 7－17所示，根据上述数据，即组成一个“内三角形”。它代表了该值在三角形坐标图版中的三角形的大小和形状。

按内三角形的大小、形状和区间范围确定流体性质。内三角形的大小和形状由天然气成分含量变化所决定，而天然气成分含量变化又反映了油气性质，因而内三角形的大小和形状与油气性质有关。图 7－17 中的虚线椭圆形界限为根据试油结果圈定油气层的分布范围。通过外三角形原点与内三角形相应的顶点各连一条直线，三条直线交点即表示该值在图中的位置。如图中所示，该点落在Ⅰ区，为油层。

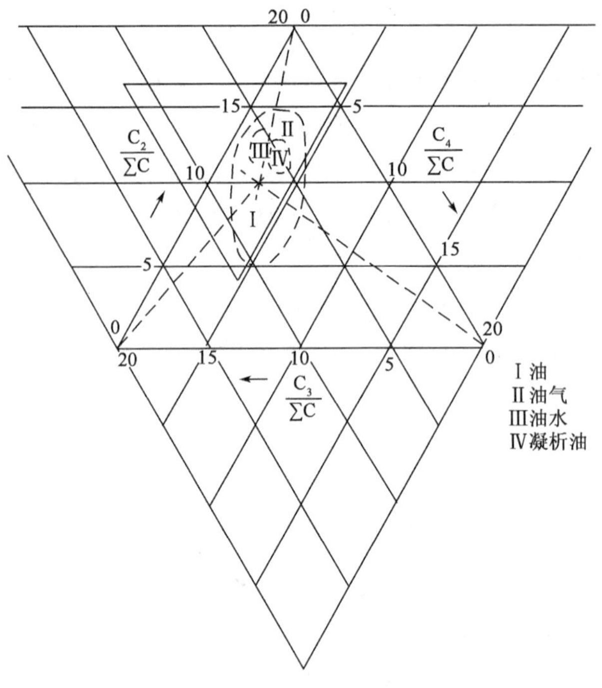

图 7－17　色谱气测三角形组分解释图版（据华北油田，1977）

根据内三角形的大小和正倒位置，判断油、气、水层；再根据内、外三角形的相对顶角连线的交点是否落在工业产区，判断其工业价值。内三角形有正、倒和大小之分，内三角形与外三角形顶角方向一致为正三角形，反之为倒三角形。内三角形的大小按内三角形与外三角边长之比值来划分。大于外三角形边长 75％的为大三角形，在 25％～75％的为中三角形，小于25％的为小三角形。解释原则为：大—中倒三角形为油层；大正三角形为气层或轻质油层；中正三角形为气水同层；小正、倒三角形为油水层或油气过渡带。

六、综合录井仪录井

综合录井仪录井(简称综合录井)是在地质录井基础上发展起来的一项集钻井液录井、气测录井、地层压力录井和钻井工程录井为一体的综合性录井技术。它是在石油钻井作业中,以循环钻井液作为信息载体,使用各种测量仪器或其他方法,来获取井下地质、油气、压力等方面数据随深度变化的一种的综合录井作业。综合录井仪录井不仅包括了传统的部分录井内容,还包括了钻井参数、钻井液参数及地层压力的预测。

作为一项随钻录井技术,综合录井技术进入商业性服务已有50多年的历史。由于具有获取信息及时、多样、分析解释快捷的特点,目前世界上许多石油公司已将综合列为钻井必须配置的一项技术服务。其中,美国Baker Hughes Inteq、法国Geoservice和美国Halliburton为首的三大公司代表着当今综合录井技术的发展趋势。

(一)综合录井在油气勘探开发中的应用

1. 开展地层评价

在勘探过程中,利用综合录井收集的大量资料可以有效地进行随钻地层评价。综合录井使用MWD、FEMWD(随钻地层评价仪)获取的电阻率、自然伽马、中子孔隙度、岩石密度等资料,配合岩屑、岩心、井壁取心,泥(页)岩密度、碳酸盐含量等资料,参考钻时、转盘扭矩等参数变化,可以建立单井地层剖面、岩心剖面及单井沉积相和岩相古地理分析。

2. 进行油气资源评价

综合录井配套的各种技术和仪器设备可以在现场提供从单井油气层发现、解释到储层的分析与评价、烃源岩层的油气资源评价等一整套手段和方法,在钻井现场及时、准确地进行油气资源评价。从单井评价到区域评价都可以快速进行并能及时作出评价报告,供石油公司使用。

3. 监控钻井施工

综合录井是钻井工程和地质录井融为一体的专业录井技术,因此,在钻井施工中,可以实现钻井实时监控、优选参数钻井以提高机械钻速、开展地层压力监测及利用随钻技术为定向井及水平井施工服务。

4. 使用先进的计算机技术为勘探服务

计算机技术的高速发展为综合录井技术增添了强有力的技术支持,为油气勘探提供了更为广泛的服务。

(二)综合录井仪的测量仪器组成

下面以法国地质服务公司(Geoservice)生产的TDC(Total Drilling Control)型综合录井仪为例,介绍综合录井仪的测量仪器及录取资料项目。

(1)钻井参数部分:①Z装置;②泵冲数和转盘转数测量仪;③泵压、套压和转盘扭矩测量仪;④钻井液池体积测量仪;⑤钻井液流量测量仪。

(2)钻井液参数部分:①钻井液密度测量仪;②钻井液温度测量仪;③钻井液电阻率测量仪。

(3)地质气测参数部分:①天然气总含量检测仪;②气相色谱仪(热解气相色谱仪);③热真

空蒸馏脱气器;④硫化氢含量监视仪;⑤二氧化碳测量仪;⑥碳酸盐含量测量仪;⑦泥岩密度测量仪;⑧荧光灯;⑨双目立体显微镜。

综合录井仪可录取和收集到6类资料、31条曲线、3种样品及有关资料59项。

七、其他录井方法

其他录井方法目前主要包括岩石热解地球化学录井、P-K录井、罐顶气轻烃录井、定量荧光录井等,均属实验室移植技术的推广应用。其特点是灵敏度高,定量化,获取的资料不仅用于发现和评价油气层,还可以用于生、储、盖层的研究评价。

(一)岩石热解地球化学录井

岩石热解是20世纪70年代末发展起来的一种烃源岩评价方法。岩石热解地球化学录井是根据有机质热裂解原理,利用岩石热解仪随钻对岩石样品进行分析,进而对烃源岩和储层进行评价的录井方法。该方法基于实验室Rock-Eval评价烃源岩层的基础上,经移植改造用于地质录井现场并拓展到对储层分析评价。目前,岩石热解地球化学录井技术已在全国各油田普遍应用,并获得了较好的勘探效益。

(二)P-K录井技术

P-K录井技术起源于美国,1984年开始在美国及中东一些地区投入商业应用。新疆石油管理局地质录井公司于1988年从美国EXLOG公司引进四台PNMR型PK仪,于1996年与上海神开科技工程有限公司联合研制出SK—2P01型PK仪。经过后期改造,成为目前国内最先进的PK仪。

P-K分析系统是依据脉冲核磁共振原理,通过测定岩石孔隙水中氢原子核的弛豫时间及岩样信号,利用程序中的公式确定岩石的孔隙度(P)、渗透率(K)、自由流体指数(FFI)及束缚水饱和度(IW)等参数。PK仪可分析岩屑、岩心及井壁取心等岩样,具有用量少、速度快、成本低、可全井段分析等优点,目前已在大庆、胜利、河南等油田推广应用。

(三)罐顶气轻烃录井

20世纪70年代末,罐顶气轻烃分析方法在国外出现。80年代以来,我国的江汉石油学院、南海西部石油公司等单位先后开展了这方面的分析和应用研究工作,并在生储层评价应用方面取得了较好的效果。1996—1997年,胜利录井公司开展了“罐顶气轻烃录井技术”推广应用工作,研究和总结出了罐顶气轻烃录井油气层评价原则,提出了新的油气层判识标准,逐步发展为一种录井手段。

罐顶气轻烃录井的过程比较复杂。在钻井过程中,根据迟到时间,以一定比例(岩屑∶钻井液∶空间=7∶2∶1)按岩屑录井方法采集,装罐密封后倒置保存。罐顶气位于罐装样顶部空间,是与下部液体达到气液相平衡的烃类、空气的混合气体。抽取罐顶气进行气相色谱分析,由C_1至C_7轻烃产生的若干参数即可对烃源岩层及储油层进行评价。

第三节　完井地质报告的编写

井完钻以后,必须全面、系统地整理和分析在钻井过程中所取得的各项资料,综合判断地下地质情况和油、气、水层,并及时编写完井地质报告。不同井别的编写内容和要求不同。参数井、预探井应详尽论述，对区域含油气性和构造的含油气性详细分析评述，做到论据充分、图文并茂，对下一步钻探工作提出看法和建议；详探井应侧重对储层分布、构造、油矿地质进行综合分析评价，图表以简明、实用为原则；开发井只填写井史资料，保存井身结构图和全套地球物理测井曲线。

完井地质报告是一口井钻完后的文字总结，根据原中国石油天然气总公司《探井地质资料录取整理有关规范(1990)》的要求，探井的完井地质报告包括以下内容：

一、前言

(1)探井所在地理及构造位置。

(2)各项地质资料的录取情况、工作量情况、地质任务和其他特殊任务的完成情况。

(3)各种重大工程事故对录取地质资料的影响。

(4)对全井录井工作的评价。

(5)开展综合录井的探井，要体现综合录井仪资料录取情况和事故预报情况，并附事故预报图。

(6)简述钻井工程情况和完井方法。

二、地层简述

(1)阐明本井钻遇的地层层序、缺失地层、钻遇的断层情况等。

(2)按井深及厚度分述各组、段地层的岩性特征、电性特征及岩电组合特征、接触关系等。使用综合录井仪的井，要结合综合录井资料叙述各段地层的可钻性。

(3)结合邻井资料论证不同层段的岩性、厚度及在纵横向上的变化规律。

(4)根据可供对比的标准层和标志层特征，结合各项分析化验资料和古生物资料及岩电组合特征，阐明分层依据。

(5)根据录井、地震和分析化验等资料，叙述不同地质时期的沉积相变化情况(参数井)。

三、构造概况

(1)区域构造概况及构造发育史。

(2)叙述本井经钻探后构造的落实情况，结合地震及邻井等资料，对局部构造位置、构造形态、构造要素、圈闭闭合高度、闭合面积进行描述评价。预探井要进行圈闭评价。

四、油、气、水层综述

(1)统计全井油、气、水显示的总层数及总厚度。

(2)分组段统计油、气、水显示的层数、厚度，并统计各组段综合解释出的油、气、水层数和厚度。

(3)利用岩心、岩屑、电性、钻时、气测、荧光、钻井液、井壁取心、中途测试、分析化验等资料，对主要油气显示层的岩性、物性、含油性等情况进行评价，提出综合评价意见。使用综合录井仪的探井，要绘制各种油气解释图版。

(4)碳酸盐岩地层，要叙述地层的缝洞发育情况及井喷、井涌、放空、漏失等显示。

(5)叙述油、气、水层与隔层的组合情况，以及油、气、水层在纵、横向上的变化情况。

(6)油、气、水层的压力分布情况及纵向上的变化情况。

五、生、储、盖层评价

(1)烃源岩层,包括暗色泥岩的颜色、厚度、分布情况及占地层总厚度的百分比。

根据烃源岩分析化验资料与区域成熟烃源岩指标进行对比评价。资料充足的,要定出本井生油母质类型和生油门限深度,还应进行油气源对比分析。

对于参数井,要重点叙述该部分。

(2)储层,叙述各目的层段内的储层发育情况和砂岩厚度与地层厚度之比。

叙述储层岩性特征、物性特征和储集空间特征等,有能力的应作粒度分析曲线,还应包括储层的分类及纵、横向的分布、变化情况。有分析资料的,应划分储层的沉积相带。

对于预探井、评价井,应重点叙述储层部分。

(3)盖层,包括盖层岩性、厚度、分布情况。有实验条件的,要叙述排替压力和孔隙的孔喉半径。

(4)生储盖组合情况,包括生储盖组合类型及平面分布规律。

评价生、储、盖的组合情况是否有利于油气的储集、保存,在圈闭存在的前提下,是否有利于油气藏的形成。

参数井、重点预探井要重点叙述生储盖组合情况。

六、地层压力检测

概述区域地层压力特征,简述本井现场地层压力检测情况,统计出本井压力检测测出的异常地层压力井段,结合邻井异常地层压力段,分析异常地层压力的纵横向变化,综合评价区域异常地层压力的变化规律。

对本井异常地层压力的及时预告进行系统总结,推算出及时预告所取得的直接或间接经济效益。

使用综合录井仪的井,要叙述本部分内容。

七、结论与建议

应针对钻井过程出现的主要问题进行总结,如:

(1)对本井地层的沉积特征、构造位置、油气显示特征等方面提出评价性看法。

(2)对所钻遇的油气藏类型进行分析、评价,并进行初步的储量计算。

(3)对本井区含油气远景进行评价,并提出今后的勘探方向。

(4)提出试油层位或井段,说明试油依据、程序、方法。

(5)提出建设性意见。

第四节　地 层 测 试

地层测试按时间先后分为中途测试、完井测试和生产测试,按测试方式又分为钻柱测试、电缆地层测试、开发试井、产吸剖面测试及井间示踪剂测试等。地层测试的成果可为油气井的开采价值、油气藏类型、油气层特性及油气水性质等分析提供可靠的科学依据。

一、钻柱测试

钻柱测试(DST，Drill Stem Testing)，是将测试器接在钻柱上，下至油气层部位进行测试。钻柱测试按测试方式可分为常规测试和跨隔测试。常规测试是最简单的一种，封隔器下部只有一个测试层。跨隔测试是在一口井有多层的情况下对其中的某一层进行测试，因此，必须有两个或两组封隔器将测试层上部和下部都隔开。

(一)测试原理

在一般情况下，由于井筒内充满了钻井液，地层中的流体无法引流到地面进行流量及压力等测试。在测试器内安装测试阀，下井时测试阀是关闭的，钻井液无法进入到测试阀以上的钻柱内。当测试器下到井底并对准测试层时，打开测试器外壁的封隔器，将测试层上部测试管柱与井壁之间的环形空间封隔，使其上部环空中钻井液不能进入测试层段，于是在测试器内测试阀的上、下形成一个人为的压差。当打开测试阀时，地层流体会在此压差的作用下举升出地面，从而达到地层测试的目的(图 7－18)。

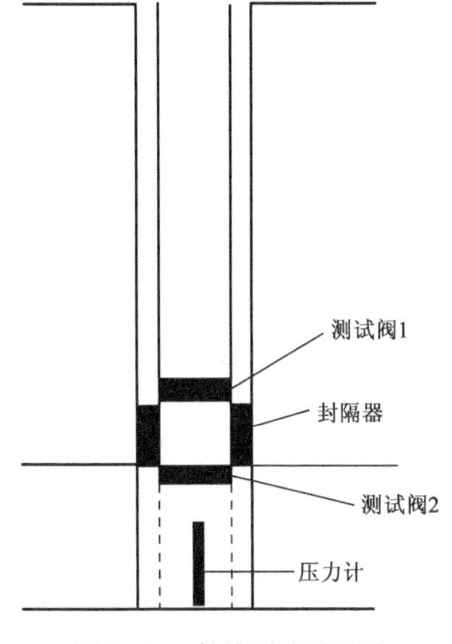

图 7－18　钻柱测试原理图

井下钻柱测试器实际工作时，测试阀可多次打开。测试器在井下工作状态可分为四个步骤：下入井内、开井、关井、从井内取出。

(二)测试成果与解释

钻柱测试的主要成果包括压力卡片，油、气、水产量，以及地层条件下的流体样品。

1. 压力卡片

压力卡片是指随测试时间变化的压力曲线，它记录了整个测试过程的压力变化。

1)压力卡片的获取

图 7－19 为二开二关油井压力卡片，纵坐标表示压力，横坐标表示时间。A 段表示随工具下井深度增加而增加的钻井液静液柱压力。工具下到井底后，钻井液静液柱压力达到最大，B 点压力为初始静液柱压力。封隔器坐封后，打开测试器，流体从地层流入测试工具，被测试层段处的压力急速下降，直到 C_1 点，C_1 点压力是初流动开始时的压力。若不采用水垫(在钻杆中部分充水)或氮气垫(在钻杆中充氮气)，C_1 点的压力值应与空钻杆内的大气压力接近。从 C_1 点开始，流体将不断从地层通过筛管进入钻杆，在此期间压力逐渐上升，初流动结束时压力为 C_2 点。此段曲线形状决定于地层的渗透率、流体黏度与密度以及测试层的厚度。随即开始初关井压力恢复，初关井压力为 D 点。如果关井时间足够长，D 点压力将是地层静压力(通常不会达到地层静压力)。随即进行第二次流动和关井压力恢复测试。二次开井后，压力迅速下降，终流动开始压力为 E_1 点，E_1 点应和 C_2 点的压力近似相等。从该点开始，流体将从地层流入钻杆，压力上升，该段最大压力为终流动结束压力(E_2 点)。终流动结束前，取样器取到终流动时的流体样品。终关井后压力恢复，终关井压力为 F 点。测试器关闭，提松封隔器，使压力恢复到静液柱压力(G 点)。在 G 点后将测试器起出，压力逐渐降低为 H 段，直到将测试工具起至地面，整个测试过程至此结束。

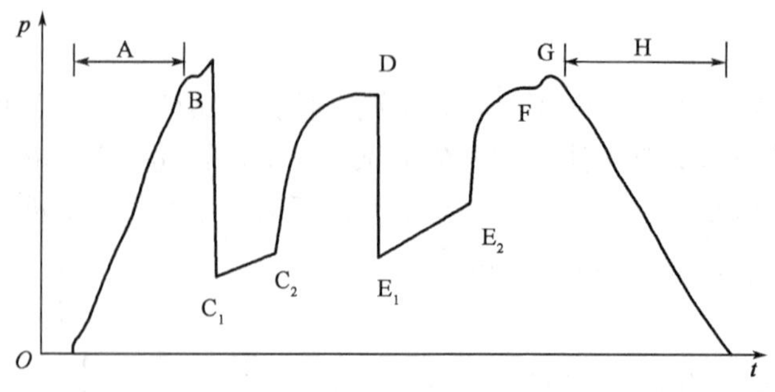

图 7-19　二开二关油井压力卡片

除通常所用的二开二关井测试外，尚可进行任意次数的流动和关井测试。

2）压力卡片的定量解释与应用

压力卡片是在地层动态条件下取得的，所解释的参数可较真实地反映地层实际的流动能力和井周围的地质情况。在 DST 测试器下入井内预定层位后，若将测试阀打开，即开始了生产流动期的测试，压力将降落；若将测试阀关闭，则开始了压力恢复期的测试，压力将上升。这一开一关的两个阶段组成了一个测试周期。导出该周期压力变化规律的关系式，便可以求得一系列的地层参数，如地层流动系数、非渗透边界距离、原始地层压力、地层压缩系数、表皮系数等。下面简要介绍前三个参数。

（1）地层流动系数的计算。地层流动系数可反映地下流体流动的难易程度，它是评价油层好坏的重要参数，计算公式如下：

$$\frac{Kh}{\mu_o}=\frac{2.12\times10^{-3}Q_oB_o}{m\rho_o} \tag{7-12}$$

式中　K——地层有效渗透率，mD；

h——地层有效厚度，m；

μ_o——地层原油黏度，mPa·s；

Q_o——流动阶段的折算产油量，t/d；

B_o——地层原油体积系数；

m——Horner 图中直线段的斜率，MPa/周期；

ρ_o——地面脱气原油密度，t/m^3。

在测得地层原油的黏度 μ_o 值后，就可把 Kh 值计算出来，Kh 称为地层系数。在得知地层的有效厚度后，就可以把 K 值计算出来。K 值是地层的有效渗透率，是评价地层允许流体通过能力最重要的参数或指标。

（2）非渗透边界距离的估算。如果在井的附近存在封闭性断层或地层岩性尖灭，试井时压力恢复曲线的直线段将会发生上翘现象，这表明压力的传播受到阻挡。一般上翘直线段的斜率要比原直线段的斜率高出一倍左右（图 7-20）。而非渗透边界离井的距离可由相应公式计算得出。

（3）原始地层压力的推算。在以压力 p_{ws} 为纵轴、以 $(t+\Delta t)/\Delta t$ 的对数为横轴的半对数坐标系下作压力恢复曲线，对后期所出现的直线段进行外推，外推直线与横坐标为 1 时垂直线交点的值即为原始地层压力。它意味着关井测压至无限长时间的压力就是原始地层压力。当然，这不是说实际关井测压要测无限长的时间。实际测试时，要根据地层的实际情况，只要后期的测试点能尽量多一些并真的是一条直线，就可以外推来确定原始地层压力。

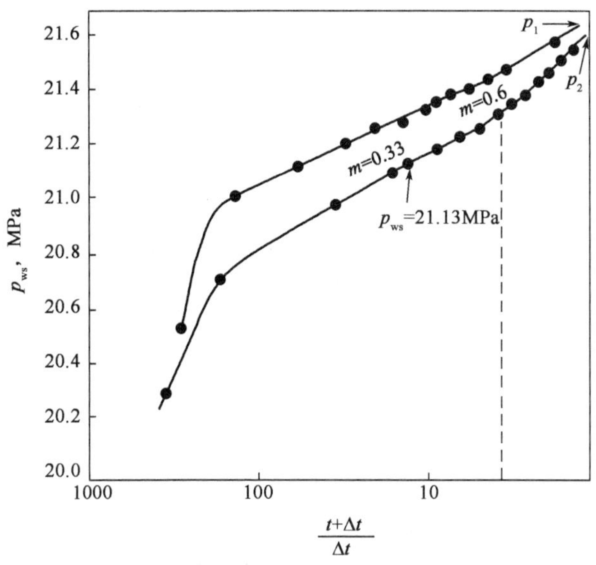

图 7-20　WZ10-3-2 井 Horner 图(据陈元千,1990)

2. 油、水、气产量

1)油、水产量的确定

如果测试井的液体能自喷到地面,通过油嘴和分离器的控制,即可确定油、水产量;若测试井液体不能自喷,可根据钻杆内液面的高度计算测试井的产量。

2)产气量的确定

测定气量一般使用孔板流量计,其依据是气体经过孔板时,流速增加,当气流速度小于临界速度时,孔板前后的压差越大,流经孔板的气量越大,所以测定孔板前后的压降,就能算出气量。测试层产气量较小时,可使用垫圈流量计,测试范围从几十到几千立方米。

3. 地层条件下的流体样品

各类钻柱测试器均可取得地层条件下的流体样品,通过分析,可得到地层条件下的压力、体积、温度等参数。

二、电缆地层测试

电缆地层测试是用电缆将测试器下至测试层进行测试,主要用于多油层的地层测试。如斯伦贝谢公司推出的重复式地层测试器 RFT(Repeat Formation Tester),在裸眼井及套管井中均可进行测试。

电缆地层测试相比于钻柱测试,有以下特点:(1)可在井下进行多次测试,以及时发现高产层;(2)测试效率高,一次测试可在 1.5～3h 内完成;(3)油井处在完全控制之下,排除了测试中发生井喷的可能性;(4)对地层破坏性小。但是,电缆地层测试器也存在不足,如所取的液样少、计算的地层渗透率的精度相对较低等。

(一)测试原理

RFT 的测试原理与钻柱测试相似,就是利用地层与测试管路间的巨大压差,将地层流体引入到测试器内,从而对地层压力及流量等进行测试。

RFT 井下仪器包括:(1)由地面控制的仪器推靠系统;(2)液压系统,包括地层密封器、过滤器、探针等;(3)取样筒,一个容积为 3780cm³,另一个容积为 10409cm³。取样时可以使用水垫及阻流器控制流速。图 7-21 为 RFT 工作原理图。

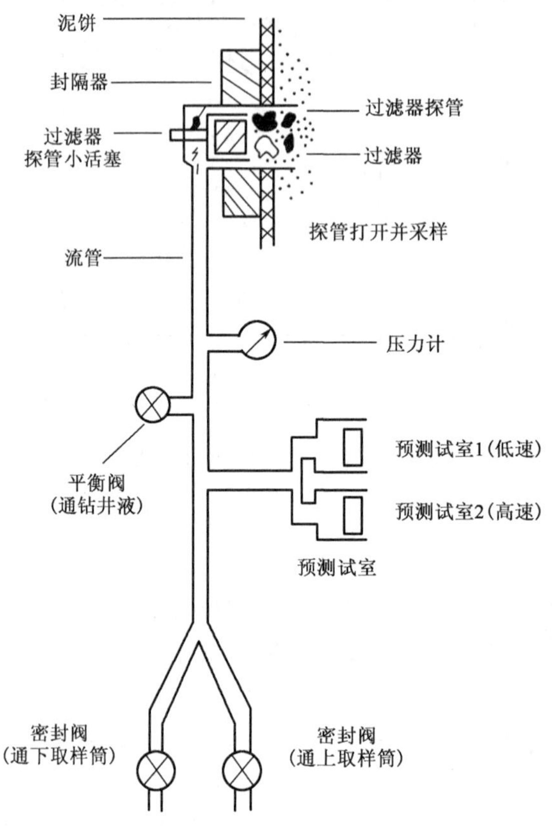

图 7-21　RFT 工作原理图(据郭海敏,2003)

(二)测试成果与解释

1. 电缆测试曲线的定量解释与应用

利用电缆测试器获得的测试时间及压力等资料,可用于解释地层渗透性、确定压力剖面及估算流体密度、分析油藏动态等。

1)解释地层渗透率

在测试中,当测试器及地层流体性质等相似时,不同渗透性的地层具有不同的压力测试曲线形态,它们存在明显的差异。这是因为地层的渗透率不同,必然导致地层流体进入测试器的流速不同,如高渗地层流速大,测试压力恢复快,反之相反,进而导致测试压差(Δp)出现明显的不同。

图 7-22 为中等渗透性地层(渗透率约为 200mD)的压力测试曲线,因地层渗透率中等,地层流体进入测试器的流速也为中等流速,因此,测试器内压力计测到的压差也为中等值。

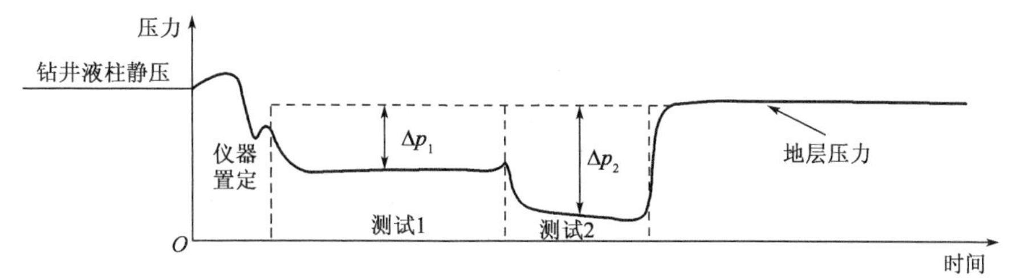

图 7-22　在中等渗透性地层中的测试响应(据郭海敏,2003)

2)确定压力剖面及估算流体密度

应用电缆地层测试曲线可推算原始地层压力。当地层渗透率较高时,压力恢复很快,最后的恢复压力与地层压力相同;对于低渗透层,压力恢复较慢,需要用压力恢复曲线外推求地层静压力(原理与前述的钻柱测试相同)。

当对不同深度进行测试时,便可得到不同深度的原始地层压力,将所有测点处的地层压力沿深度连线,即可得到原始地层压力随深度变化的压力剖面(图 7-23)。

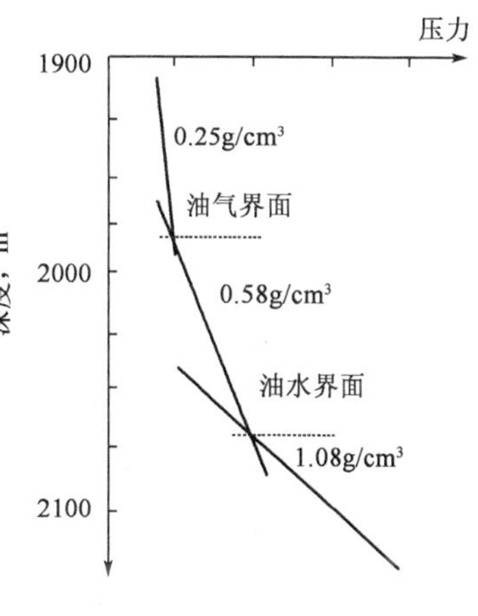

图 7-23　某井的压力剖面
(据吴胜和,2011)

此外,利用地层压力与深度建立的压力剖面,可以进一步估算储层流体密度。在图 7-23 的压力剖面上,有三条压力梯度线;应用公式可计算各压力梯度线所对应的流体密度。同时,应用流体密度的大小可以判断油气层性,对应的压力梯度线的交会点即为流体界面。

3)分析油藏生产动态

将不同时期的地层测试压力剖面与原始地层压力剖面进行比较,可以预测产层的流体性质变化,分析油层的递减或动态变化,估计井内层间干扰。

比较两口井之间压力的变化,可以确定地层的连通性或不连续性。如果油藏开采过程中压力递减是均匀的,则所得的压力分布平行于原始流体压力梯度线;相反,若压力递减不均匀,这时不再是单一的压力梯度。

图 7-24 为油藏开采一段时间后的压力分布图,除中间的油层外,油藏压力已衰减,油气界面下移,油水界面上升,含水区段的不渗透层可能限制自然水驱或注水水驱的效率。

2. 回收的流体

流体取到地面后,首先准确计量油、气、水的体积,然后采用分析仪器测定地层流体的黏度和油的密度。当地层测试回收流体的数量超过 1000mL 时,便能进行准确的定量分析,如计算气油比、估算地层水回收量与产水量、预测地层的产液性质。

三、开发试井

开发试井也称油气井测试,是油田开发过程中的一种作业,是指用专门的仪表定时测量生产井与注入井的压力、产量(油气量)与含水量的相对变化等,其目的是:(1)确定井的生产能力,监测井的生产状况;(2)测定生产层的油藏参数;(3)分析油藏动态,并作出预测。按测试时流体在储层中的流动性质及所依据的基本理论,可将开发试井分为产能试井(稳定试井)和不稳定试井。开发试井有一套完整的理论,此处仅对不稳定试井作一般性介绍。

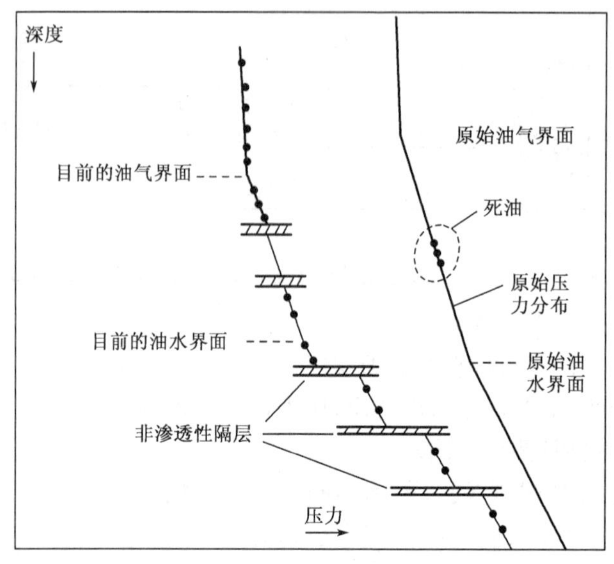

图 7－24　递减对油藏压力剖面的影响(据郭海敏,2003)

不稳定试井是在油气井关井停产后,引起油气层压力重新分布的这个不稳定过程中,测得井底压力随时间变化的资料,并据此分析油气层各种性质。不稳定试井可在单井上进行,也可在多井井组上进行。

(一)单井不稳定试井

单井不稳定试井是通过改变油(气)井的工作制度,如关井到开井或开井到关井,引起地层中的压力重新分布,以测量井底压力随时间的变化。单井不稳定试井包括压力恢复试井和压力降落试井,基本原理与钻柱测试相似。

压力恢复试井是生产井在稳定生产的条件下,关井测量并绘制出井底压力随时间的恢复曲线。利用它的直线段斜率可以推算出生产层的渗透率、地层压力和井的完善系数等。压力恢复试井的基本原理与前述的钻柱测试中“应用压力资料预测地层参数”的原理相似。

压力降落试井是生产井在关井后达到相对稳定状态后重新开井生产,测量并绘制出井底压力随时间的降落曲线。注入井停注后也可测得压力降落曲线。压力降落曲线的趋势和压力恢复曲线相反,原理和作用基本相同。

(二)多井不稳定试井

多井不稳定试井是通过改变一口井的工作制度,测量另一口或数口井的压力变化。由于测试至少需要两口以上的井组成一个井对(或井组),故称为多井不稳定试井,与单井不稳定试井仅测试井周围地层情况不同的是,多井不稳定试井涵盖了测试井组范围内的井间信息,如井与井之间的连通状况等。

1. 试井方法

1)干扰试井

在测试过程中,一般以一口井作为“激动井”,另一口或数口井作为“观测井”或“反映井”(图 7－25)。通过改变激动井的工作制度,造成地层压力的变化(常称为“干扰信号”);在观测井中下入高灵敏度的测压仪表,记录因激动井改变工作制度所造成的压力变化。

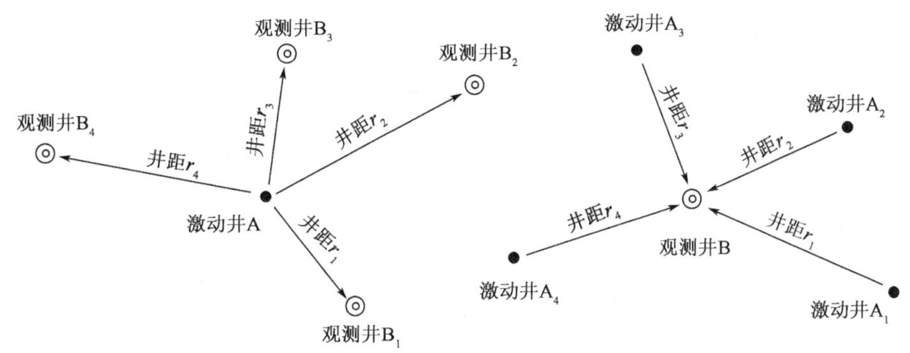

图 7-25 多口井参与的干扰试井示意图(据庄惠农,2004)

2)脉冲试井

脉冲试井是干扰试井的新发展。与一般干扰试井所不同的是,脉冲试井的激动井在测试期间需要多次改变工作制度。由于激动井间歇地关井和开井,在地层中造成脉冲激动,从而在观测井中可用高灵敏度的微差压力计测得相应的压力响应,如图 7-26 所示。

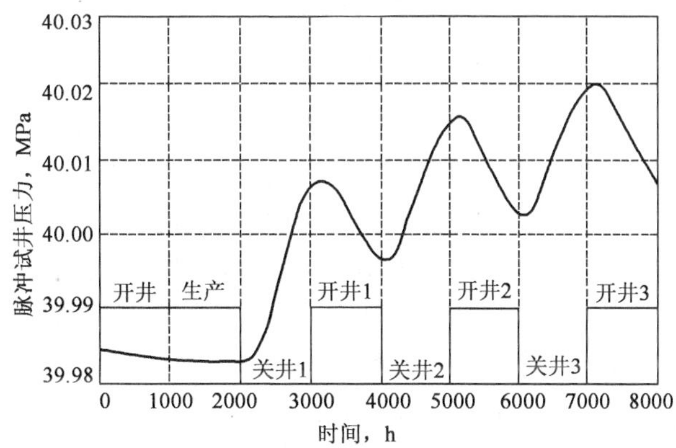

图 7-26 脉冲试井压力变化图(据庄惠农,2004)

每关井和开井一次叫一个脉冲周期,开井(脉冲)时间与关井时间可以不等,一个脉冲周期即开井—关井—开井一次,可产生一个压力响应波峰。

2. 多井不稳定试井的应用

(1)了解井间油层的连通性。根据激动井与各观测井的压力变化,可直观地检测井与井间同一油层是否连通以及连通的程度。另外,还可利用激动层与观测层的压力变化,检测垂向上层间的连通性。

(2)识别井间断层的封闭性。当井间存在断层时,可观察断层两侧是否出现压力干扰现象,用以判断断层的封闭性。

(3)求取储层参数。多井不稳定试井可以求取的储层参数有井间区域流动系数 Kh/μ、井间区域储能参数 ϕhC_t、井间的导压系数 $K/(\mu\phi C_t)$、井间的连通渗透率 K、井间区域的单储系数 ϕh。

(4)分析油层的平面非均质性特征。利用多口观测井的试井资料,求出各观测井的地层渗透率,在动态及静态资料对比研究的基础上,便可了解地层平面不同方向的渗透性及变化特征,进而综合分析地层平面非均质性的特征。

四、井间示踪剂测试

井间示踪剂测试技术已有60多年的历史了。我国在20世纪80年代之后，伴随着三次采油技术在油田中的应用和油田调整挖潜的需要，井间示踪剂测试技术已得到了广泛的应用与发展，并获得了良好的效果。

(一)测试原理

示踪剂是指那些易溶，在极低浓度下仍可被检测，用以指示溶解它的流体在多孔介质中的存在、流动方向和渗流速度的物质。

井间示踪剂测试是向井内注入携带有示踪剂的流体，然后再用流体驱替这个示踪剂段塞。在邻近的生产井中检测示踪剂的开采动态，如示踪剂在生产井的突破时间、峰值的大小及个数、注入流体的总量等参数。这既可标注已注流体的运动轨迹，还可以进一步研究和认识注入流体的分布及运动规律，从而为油层的连续性、油层非均质特征、油层动用状况、油层的潜力分布及剩余油饱和度等油藏工程问题提供更加可靠的信息。

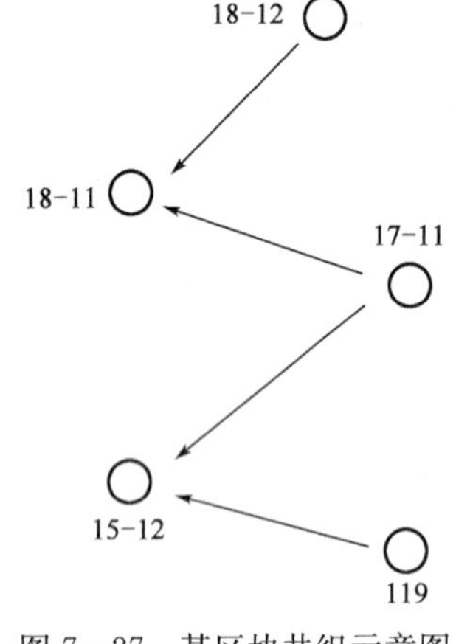

图7-27　某区块井组示意图

(二)主要应用

1. 了解注入流体去向

通赶对示踪剂的监测准确，可以简单地判断注入流体的去向。若在一个区块的各注水井中注入不同的示踪剂，在受益井内取样分析各种示踪剂的到达时间，可得到对应注水井的水驱速度(用井距除以示踪剂到达时间)，从而判断油井的水淹方向。图7-27为某油田某区块井组示意图，表7-8为井间示踪剂响应数据表。显而易见，15-12井的主要来水方向是119井，因为其水驱速度是17-11井的3.2倍。同理，18-11井的主要来水方向是17-11井。

表7-8　井间示踪剂响应数据表(据吴胜和等,2011)

受益井	注入井	井距,m	示踪剂首次突破时间	天数	水驱速度,m/d
15-12	17-11	420	1990年11月10日	107	3.9
	119	240	1991年1月9日	19	12.6
18-11	17-11	330	1990年8月31日	36	9.2
	18-12	250	1990年8月13日	83	3.0

2. 分析油层的连通性及渗流差异

1)储层平面连通性

根据生产井中示踪剂的产出情况(即产出还是不产出)，可判别井间砂体的连通情况(即连通还是不连通)。

若监测井示踪剂不见效，则指示着井间存在渗流屏障(封闭断层或岩性尖灭等)。渗流屏障的存在，会阻止示踪剂从注入井到生产井的流动，导致监测井不见效。如某井组T6137井为示踪剂注入井，周围四口监测井分别为T6128井、T6129井、T6143井及T6144井(图7-28)。

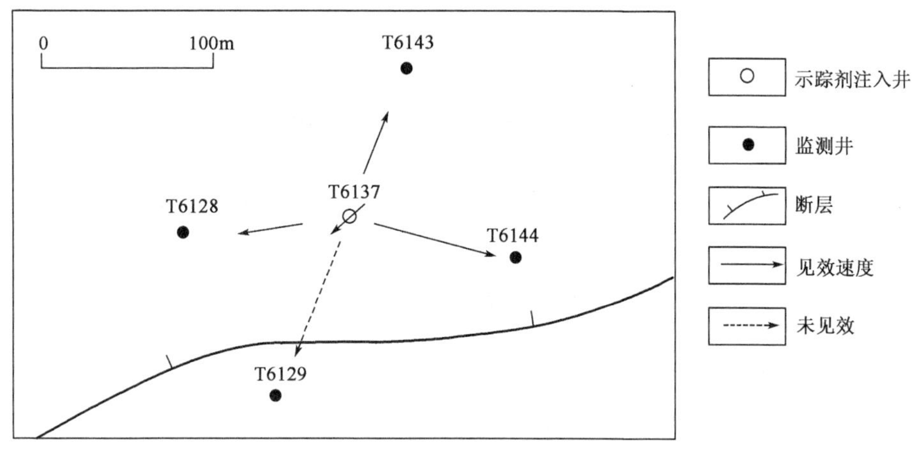

图 7-28　某井组示踪剂井组监测成果图(据吴胜和等,2011)

T6143 井与 T6128 井均 4 天见效,T6144 井 11 天见效,而位于注水井西南部的 T6129 井不见效。由此可以判断,T6137 井和 T6129 井之间存在渗流屏障,阻止了示踪剂的流动。结合井间测井资料对比及地震资料分析,进一步证实在 T6137 井和 T6129 井之间存在一条封闭性断层。若监测井示踪剂见效,说明井间砂体连通。

特别地,在复杂地层内部,通过分层的井间示踪剂测试,可帮助进行油层对比或油砂体对比(前提是排除断层的影响)。

2)储层平面渗透率方向性

根据示踪剂产出的突破时间,可确定井间连通砂体的连通程度。针对某个测试层,在注入井注入携带示踪剂的流体,当该流体向周围井流动时,若该层不同方向的监测井监测到示踪剂的时间不同,即不同方向的示踪剂突破时间存在差异,则揭示了不同方向渗透性的差异。生产井的示踪剂突破时间越长,则该方向示踪剂渗流越慢,说明该方向储层的渗透率相对较低;反之,则渗透率相对较大。在如图 7-28 所示的注采井组中,三口见效井至注入井 T6137 井的距离相当,但见效天数相差较大,说明不同的方向渗流能力存在差别,反映不同砂体连通程度的差异。

当某一生产井出现过早突破之后,示踪剂又生产了很长时间,且注入井注入流体至示踪剂在生产井中突破的时段内的注入体积很小,则表明储层渗透率很高且层段很薄,可能存在窜流通道(规模很小的特高渗层或裂缝)。

3)储层层间渗透率差异性

在测试条件(压力、注水强度等)一致的情况下,对多个层进行井间示踪剂测试。若同一监测井不同层的示踪剂突破时间不同(如某一层几天见效,而另一层一个月甚至几个月才见效),说明注入水在不同层的流动速度不同(层间渗流差异),这反映了不同层的储层质量有一定的差别。

4)层间窜流通道

注入井向某一层注入示踪剂,结果在另一层的生产井中监测到该示踪剂,则说明注采井组层(系)存在层间窜流通道,指示着层间裂缝或开启性断层的存在。

此外,井间示踪剂测试技术还可以测得被注入流体所波及的油层部分的含油饱和度(井间剩余油饱和度)。

思 考 题

1. 不同勘探、开发阶段钻井类别有哪些？如何进行井号编排？
2. 简述各类钻井在地质研究中的作用。
3. 何谓定向井？为何要钻定向井？定向井地质设计与直井设计有何不同？
4. 简述常规地质录井方法及其在油气田勘探开发中的应用。
5. 试对比分析常规地质录井方法的优缺点。
6. 何谓岩心录井？如何进行岩心资料收集与整理？
7. 岩心观察与描述的主要内容有哪些？
8. 什么是岩屑录井？如何判别真假岩屑？
9. 简述岩屑迟到时间的确定方法及其优缺点。
10. 钻遇油气显示时应收集哪些资料？
11. 何谓钻井液录井？简述影响钻井液性能的地质因素。
12. 地层测试方式有几种？对油气田勘探开发有何作用？
13. 电缆地层测试与钻柱测试有何区别，其主要成果有哪些？

第八章　油层对比与沉积微相

地层划分是对同一地层剖面在纵向上进行分段，划分出具有不同特征的地层单元。地层对比是依据地层剖面的共性，识别相同的地层界线，找出平面上不同剖面间在同一时间形成的地层单元(或等时地质体)。

地层划分与对比是石油勘探与油田开发中非常重要的地质基础工作。按研究范围，地层对比工作分世界范围的、大区域的、区域的和油层对比四类。前两类是以古生物群、岩石绝对年龄测定和古地磁等方法为主的大区域对比方法，属于地层学的研究范畴。依据油气田勘探、开发不同阶段的不同任务，地层划分与对比一般分为区域地层划分与对比和油层划分与对比。

区域地层划分与对比，是在油气勘探阶段，在一个油区范围内进行全井段的对比，为研究地层时代、岩层旋回特征、岩层接触关系，确定生储盖组合、寻找地质构造、预测油气勘探的有利地区等提供依据。

油层划分与对比是指油田进入评价和开发阶段后，在一个油田范围内，对区域地层对比时已确定的含油层系内的油层进行细分和对比，为合理划分开发层系、井网部署、进行油田开发过程中的动态分析，以及油田储量计算提供地质依据。

第一节　油 层 对 比

油层对比实质上是地层对比在油藏内部的继续和深化，它和区域地层对比不论在对比所依据的基础理论上，还是在基本方法上都没有本质的区别，只不过油层对比要求的精确度更高，对比单元划分得更细，用于对比时的基础资料更丰富，选用的方法综合性更强。如果说区域地层对比是确定地层层位关系的对比，那么油层对比则是确定相同层位内的油气层连续和连通关系的对比。

一、油层对比单元的划分

多油层、多旋回是我国陆相碎屑岩油气层的特征。根据油层特性的一致性与垂向上的连通性，一般可将油层对比单元从大到小划分为含油层系、油层组、砂岩组、单油层四级。油层单元级次越小，油层特性一致性越高，垂向连通性越好。

单油层又称小层或单层，是含油层系中的最小单元。单油层的岩性和储油物性基本一致，具一定的厚度和分布范围。单油层间应有隔层分隔，其分隔面积应大于其连通面积。

砂岩组又称砂层组、复油层，由若干相互邻近的单油层组合而成。同一砂岩组内的油层，其岩性特征基本一致，其上、下均有较稳定的隔层分隔。

油层组由若干油层特性相近的砂岩组组合而成，以较厚的非渗透性泥岩作为盖层、底层，且分布于同一岩相段之内，岩相段的分界面即为其顶界、底界。

含油层系是若干油层组的组合。同一含油层系内的油层，其沉积成因、岩石类型相近，油水特征基本一致。含油层系的顶底界面与地层时代分界线具一致性。

例如，大庆油田某区将萨尔图、葡萄花含油层系逐级划分为5个油层组、15个砂岩组、45个单油层，如表8-1所示。

表8-1　大庆油田某区萨尔图、葡萄花含油层系划分表

油层对比单元	油层组	砂岩组	单油层
油层组名称	萨Ⅰ组	$S_{Ⅰ}1-5$	$S_{Ⅰ}1$、$S_{Ⅰ}2$、$S_{Ⅰ}3$、$S_{Ⅰ}4+5$
	萨Ⅱ组	$S_{Ⅱ}1-3$、$S_{Ⅱ}4-6$、$S_{Ⅱ}7-9$、$S_{Ⅱ}10-12$、$S_{Ⅱ}13-16$	$S_{Ⅱ}1$、$S_{Ⅱ}2$、$S_{Ⅱ}3$、$S_{Ⅱ}4$、$S_{Ⅱ}5+6$、$S_{Ⅱ}7$、$S_{Ⅱ}8$、$S_{Ⅱ}9$、$S_{Ⅱ}10$、$S_{Ⅱ}11$、$S_{Ⅱ}12$、$S_{Ⅱ}13$、$S_{Ⅱ}14$、$S_{Ⅱ}15+16$
	萨Ⅲ组	$S_{Ⅲ}1-3$、$S_{Ⅲ}4-7$、$S_{Ⅲ}8-10$	$S_{Ⅲ}1$、$S_{Ⅲ}2$、$S_{Ⅲ}3$、$S_{Ⅲ}4$、$S_{Ⅲ}5+6$、$S_{Ⅲ}7$、$S_{Ⅲ}8$、$S_{Ⅲ}9$、$S_{Ⅲ}10$
	葡Ⅰ组	$P_{Ⅰ}1-4$、$P_{Ⅰ}5-7$	$P_{Ⅰ}1$、$P_{Ⅰ}2$、$P_{Ⅰ}3$、$P_{Ⅰ}4$、$P_{Ⅰ}5$、$P_{Ⅰ}6$、$P_{Ⅰ}7$
	葡Ⅱ组	$P_{Ⅱ}1-3$、$P_{Ⅱ}4-6$、$P_{Ⅱ}7-9$、$P_{Ⅱ}10_1-10_2$	$P_{Ⅱ}1$、$P_{Ⅱ}2$、$P_{Ⅱ}3$、$P_{Ⅱ}4$、$P_{Ⅱ}5$、$P_{Ⅱ}6$、$P_{Ⅱ}7$、$P_{Ⅱ}8$、$P_{Ⅱ}9$、$P_{Ⅱ}10_1-10_2$
合计，个	5	15	45

二、油层对比的依据

(一)岩性特征

沉积岩的岩性特征反映了其形成时的古地理环境。在一个剖面上，岩性的变化意味着沉积环境的差异。根据岩性特征来对比地层，依据包括岩性或岩层组合、岩相、岩性标准层等。

1. *岩性或岩石组合*

岩性包括岩石类型、成分、结构和颜色等特征。利用岩性或岩石组合特征进行地层划分与对比的基础是：同一沉积盆地中同时期形成的岩石，若沉积环境和沉积物来源基本一致，其岩性和岩石组合也相似；反之，随沉积环境变化，岩性和岩石组合也会变化。但岩性对比容易出现不同的对比样式(图8-1)，容易造成穿时。

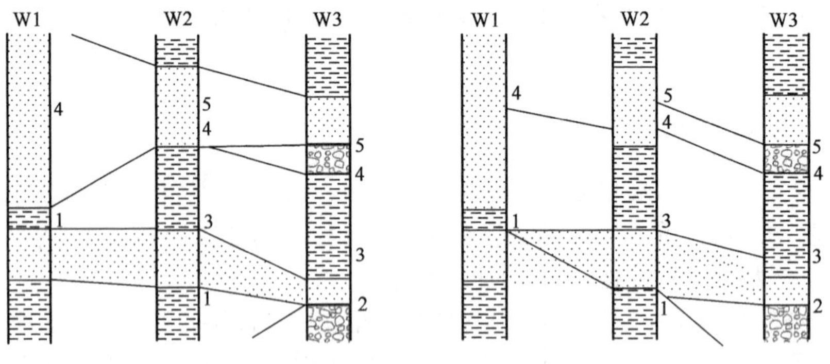

图8-1　岩性对比的不同样式

2. *岩相*

因沉积条件的差异、沉积物来源不同，不同地区的沉积物存在相变现象。如盆地边缘向中央地区，沉积物由砾岩、砂岩相变为细粒的黏土岩类，岩石颜色由灰白色、土黄色等弱氧化色变为黑色、深灰色等还原色。因而，在使用岩性资料对比地层时，应综合岩相横向变化的资料，进行综合判断对比。

3. 岩性标准层

岩性标准层简称标准层，是指具有岩石特征明显、岩性稳定、厚度不大、分布广泛等区域性对比标志的岩层，根据标准层特征的明显程度和稳定范围的不同可分为主要标准层（区域标准层）和辅助标准层。例如济阳坳陷古近系沙河街组一段底部的（含）螺灰岩为该盆地的重要标准层之一，大庆油田白垩系嫩江组的黑色叶肢介页岩为该区区域标准层。

油层对比标准层要求厚度较薄，岩性、电性特征明显，在三级构造范围内稳定分布（稳定程度达 95%以上），用它基本可以确定油层组界线。

在陆相盆地中，常见的油层对比标准层有：(1)陆相碎屑岩中的湖相稳定泥岩段、油页岩段、薄层碳酸盐岩以及化石层等特殊岩层；(2)在陆上冲积沉积中的化石层、古土壤层、火山灰、钙结壳等；(3)煤层；(4)碳酸盐岩剖面中的石膏夹层和泥岩夹层。

标准层代表等时面，地层对比首先是标准层的对比。在剖面上，标准层越多，分布越普遍，对比就越容易进行。根据标准层分布稳定程度及可控制对比范围，可分为：

一级标准层：可控制油田范围对比的时间—地层单元。

二级标准层：为局部范围内可用的对比标志，统称辅助标准层。辅助标准层（标志层）要求岩性、电性特征较突出，在三级构造局部地区具有相对稳定性（稳定程度介于 95%～50%之间），在已确定油层组界线的基础上，能配合次一级旋回特征划分砂岩组和单油层。

岩性对比只适用于具有相同地质条件的较小范围，即岩相横向变化不大，或岩性虽然变化较大但有规律可循的地区。

(二)沉积旋回

沉积旋回是指地层垂直剖面上具相似岩性的岩石有规律地重复出现。地壳运动是控制沉积旋回形成的最根本因素。当地壳下降时，发生水进，水体逐渐加深，就形成岩性由粗到细的正韵律沉积；反之，当地壳上升时，水体变浅，发生水退，则形成由细到粗的反韵律沉积（图 8-2）。

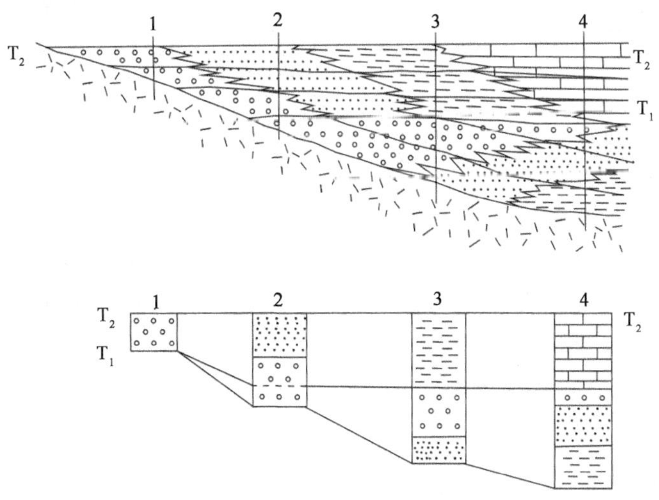

图 8-2　根据沉积旋回对比地层

T_1、T_2—等时面；1、2、3、4 为地层剖面

在同一盆地内，地壳升降运动的过程大致是相同的，反映在沉积岩的沉积旋回性质上也大致相同。地壳运动的发展是不可逆的，不同时期形成的沉积旋回可能具有相似性，却不可能相同，在垂直方向上每个沉积旋回是有差异的。在确定了某一剖面上的沉积旋回特征及顺序后，

便可以作为同一盆地一定范围内进行地层对比的标准。

沉积旋回的另一个重要特征是旋回的级次性，根据其影响范围分为一级沉积旋回、二级沉积旋回、三级沉积旋回、四级沉积旋回等。不同级次的沉积旋回对比贯穿油田勘探到油田开发的全过程。

四级沉积旋回又称韵律，指包含一个单油层在内的不同粒度序列岩石的一个组合。在这个组合中，单油层粒度最粗，它的厚度、结构及层理随沉积相带的变化而有所不同。在三角洲前缘相带，单砂层厚度可达 10m 左右，砂岩以中细砂和粉砂为主，分选较好，低角度交错层理、波状层理、水平层理发育，韵律复杂。在半深湖和深湖相带，单砂层的厚度一般小于 3m，以粉砂岩为主，水平层理发育，韵律不明显。

三级沉积旋回指同一岩相段内几种不同类型的单层或者若干个四级沉积旋回组成的旋回性沉积，它与砂岩组大体相当，上、下泥岩隔层分布比较稳定。上、下泥岩层可作为对比时确定旋回界线的依据。

二级沉积旋回指由不同岩相段组成的旋回性沉积。它包含一个或若干个油层组，油层分布状况与油层基本特征相近，上、下有适当厚度（10m 左右）的泥岩与相邻油层组完全分隔。二级沉积旋回在二级构造带范围内可以对比，其幅度相当于一个地层“段”，一般都有标准层或辅助标准层用来控制旋回界线（图 8－3）。

一级沉积旋回指一套包含若干油层组在内的旋回性沉积，在盆地内一级构造单元范围内可以对比，其幅度相当于一两个地层“组”。一级沉积旋回中岩性较粗的部分相当于一个含油层系，每套含油层系一般都有古生物或微体古生物标准层用来控制旋回界线。

油层对比中的沉积旋回级次划分，是在区域地层对比基础上的发展与深化，区域地层对比与油层对比旋回级次存在如表 8－2 所示的对应关系。

表 8－2　沉积旋回级次对照表

区域地层对比		油层对比	
沉积旋回级次	地层单元	沉积旋回级次	油层单元
一	系	一	含油层系
二	组	二	若干油层组
三	段	三	砂岩组
四	砂层组	四	若干单油层

在油层对比中，划分沉积旋回的方法是：首先初步划分各井的沉积旋回，进而追踪对比全区沉积旋回的演变规律，统一沉积旋回的划分与油层的分层。在追踪对比过程中，应与沉积条件相结合，重点研究两种沉积旋回特性交界带，从地质成因上认识沉积旋回特性演变规律。

（三）地球物理特征

地球物理特征主要是由岩层的岩性特征及其所含流体的性质等因素所决定的。由于地层岩性特征和地层内含的流体性质不同，岩层的地球物理特征也不同。

1. 地震反射标准层

在油气勘探过程中，通过地面露头或钻井确定地层年代后，由地震反射波组追踪对比是常

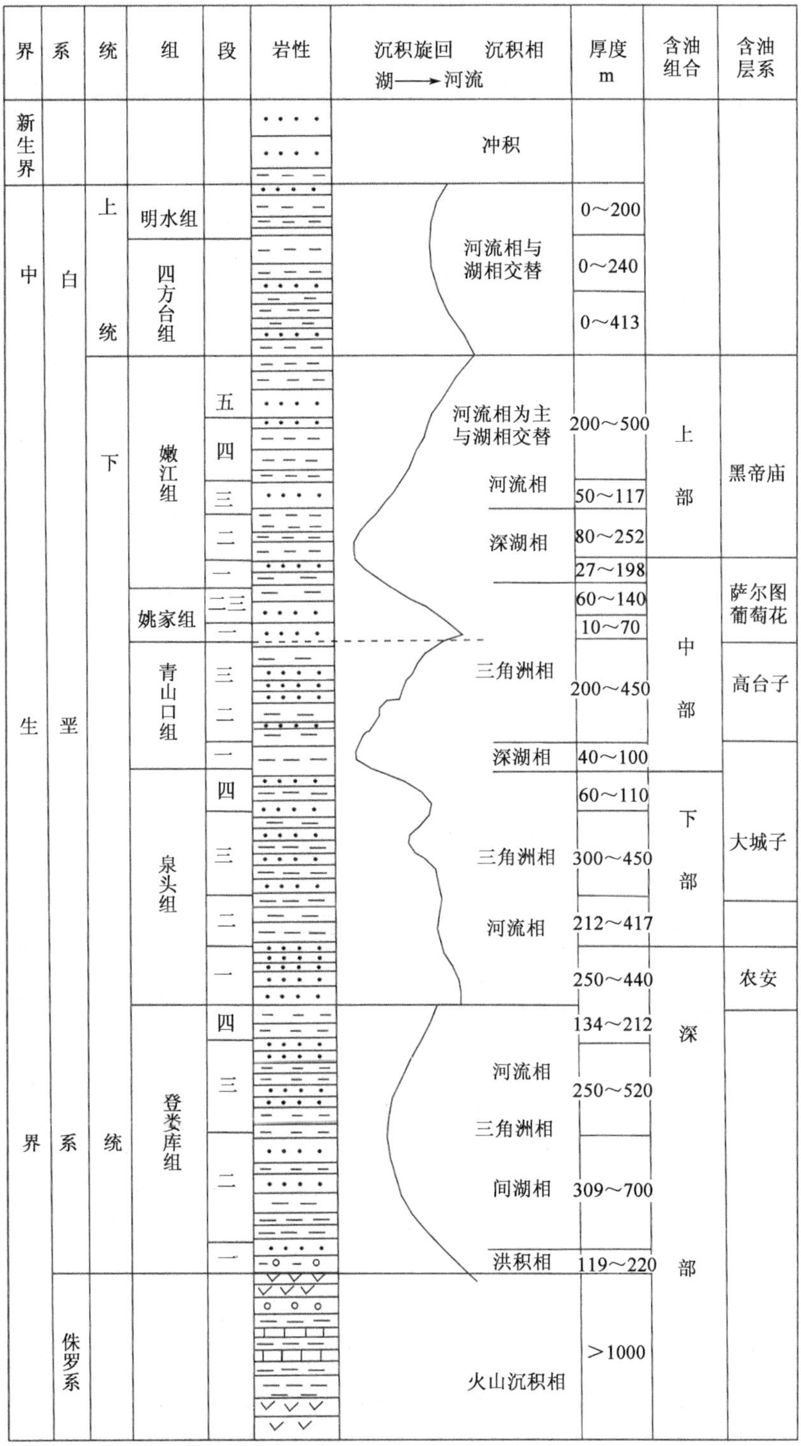

界	系	统	组	段	岩性	沉积旋回 沉积相 湖→河流	厚度 m	含油组合	含油层系
新生界						冲积			
中生界	白垩系	上统	明水组			河流相与湖相交替	0～200		
			四方台组				0～240		
							0～413		
		下统	嫩江组	五		河流相为主与湖相交替	200～500	上部	黑帝庙
				四					
				三		河流相	50～117		
				二		深湖相	80～252		
				一			27～198	中部	萨尔图 葡萄花
			姚家组	二三			60～140		
				一			10～70		
			青山口组	三		三角洲相	200～450		高台子
				二					
				一		深湖相	40～100		
			泉头组	四			60～110	下部	大城子
				三		三角洲相	300～450		
				二		河流相	212～417		
				一			250～440	深部	农安
			登娄库组	四			134～212		
				三		河流相 三角洲相	250～520		
				二		间湖相	309～700		
				一		洪积相	119～220		
	侏罗系					火山沉积相	＞1000		

图 8－3　松辽盆地地层综合柱状图

用的也是最有效的方法。随着钻探工作的开展，不一定要求每口井都进行古生物分析才能对比，而主要是依靠反射波组追踪实现地层对比。地震资料对比地层的优势在于其横向分辨率高，在区域地层对比中起着举足轻重的作用。

2. 测井资料

测井曲线不仅能够清楚反映出岩性特征、岩性组合特征、沉积旋回及岩相特征，而且有它自己的特殊对比标志(电性标志层)用于油层对比。测井曲线的优势在于其纵向分辨率高，在油层对比中发挥着主力作用。

利用测井资料进行地层对比时，首先必须搞清岩性与电性的关系，研究各级次沉积旋回在测井曲线上的显示特征，作出各类岩性的定性解释。在取心井段长、收获率较高的井中，对照取心、井壁取心和岩屑，研究它们在测井曲线上的反映特征，作出定性和定量的解释，编出典型电性曲线图版，根据图版上各类岩性曲线特征去解释其他未取心井的测井曲线，得出岩性剖面，即可用来对比。

研究岩性与电性关系的具体方法是：选择取心井段长、岩心收获率达 90%以上的取心井，将这些井的测井资料、岩心资料进行逐段、逐层对比，研究各种岩性、各级沉积旋回在测井曲线上的显示及其代表的形态特征。选取典型曲线，编制单层及不同组合类型油层的典型测井曲线图版(图 8-4)，然后应用测井曲线形态特征去识别含油岩层的岩性及其组合规律，进行油层对比。

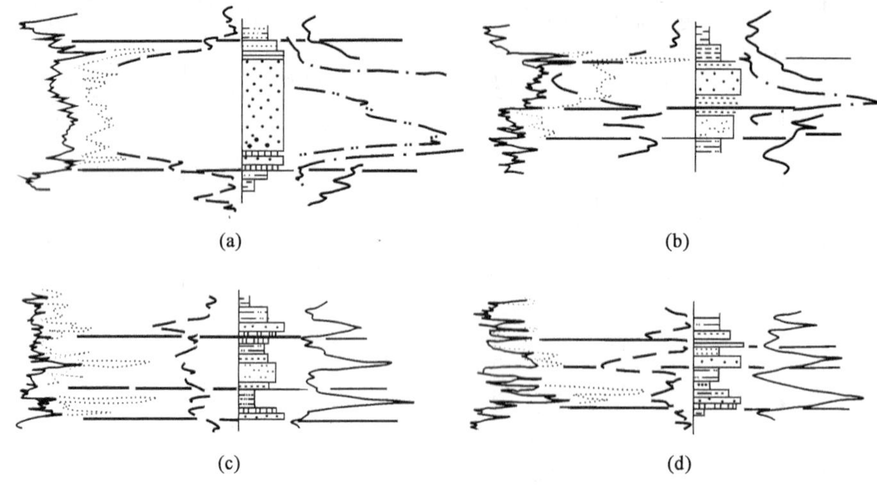

图 8-4　不同组合类型油层的典型测井曲线图版

(a)、(b)块状组合；(c)、(d)层状组合

选用测井资料进行油层对比，必须选择适用的多种测井资料加以综合运用。因为任何一种测井资料都很难将油层的特性全面反映出来，只有选取合适的多种测井资料，才能使它们的优点与弱点互为弥补，比较全面地将油层的岩性、电性、物性和含油性综合反映出来。

如大庆油田在油层对比时，一般选用 1∶200 的 2.5m 底部梯度视电阻率曲线、自然电位曲线、微电极曲线。这三种曲线在反应油层的各种特性时各具优缺点(表 8-3)，若综合应用则能互相弥补不足，并能比较全面地将油层的岩性、物性、含油性及标准层岩性分界面反映出来。

表 8-3　各种测井曲线所反映的岩性及其组合特征的比较

曲线名称	优　点	缺　点
2.5m 底部梯度视电阻率曲线	(1)能反映各级沉积旋回的组合特征及各单层分界面； (2)能明显反映标准层特征	(1)小于 1m 的薄层与过渡性岩层反映不明显； (2)高阻层以下的岩层易受屏蔽影响

续表

曲线名称	优　　点	缺　　点
自然电位曲线	(1)能反映各级沉积旋回组合特征； (2)能定性反映油层的储油物性	(1)不能区分渗透性相似而岩性不同的岩层； (2)幅度值受岩层厚度、钻井液性能影响较大
微电极曲线	(1)能清楚地反映各个薄层的界面； (2)能反映砂岩、泥岩、泥质粉砂岩、粉砂岩、含钙岩层的岩性特征； (3)能反映各类岩层的储油性能	反映各级沉积旋回的组合特征不够清楚

(四)层序地层学界面特征

层序地层学对比法是目前在全球范围内广泛应用的对比法。层序地层学存在不同的学派，其层序与层序边界是不同的。在现有的三个主流学派中，以 EXXON 公司的 P. R. Vail 为代表的沉积地层层序学派认为，两个不整合面或与其相对应的整合面之间的地层单元为层序；以 Galloway 为代表的成因地层层序学派认为，最大海泛面是最好的地层对比标志层，他将层序划分为最大海泛面之间的地层单元，称为成因地层层序；而 Johnson 等认为海侵面是最好对比的一个标志层，强调以海进海退的一个旋回沉积层作为一个层序，他把两个海侵面之间的地层单元称为海侵—海退层序(即 T—R 旋回)(图 8－5)。P. R. Vail 为代表的沉积地层层序学派应用最为广泛。

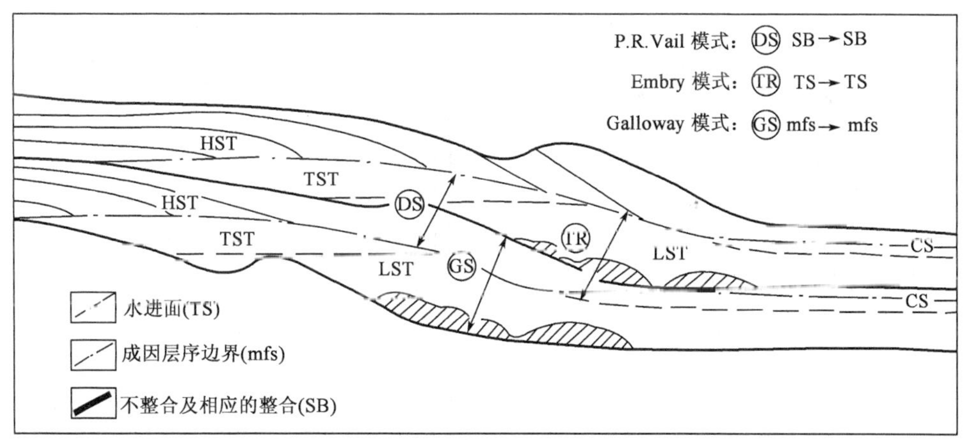

图 8－5　层序地层学派及对比边界

层序地层学对比法充分利用地震、钻井、测井、岩性、古生物、分析化验等各种资料，识别不整合面(层序边界)(图 8－6)、最大海泛面和初始海泛面(体系域边界)、海泛面(准层序组和准层序边界)等关键界面，划分层序、体系域、准层序组、准层序等层序地层单元，并利用这些单元的边界标志在横向上进行对比、追踪，建立起等时地层格架(图 8－7)。

该方法的优点是充分考虑等时、岩性、相变等因素，是目前最好的地层对比方法。图 8－8 是渤海湾盆地东营凹陷某地震剖面，通过剖面层序界面识别及反射波追踪，实现了该区等时地层对比(图 8－9)。

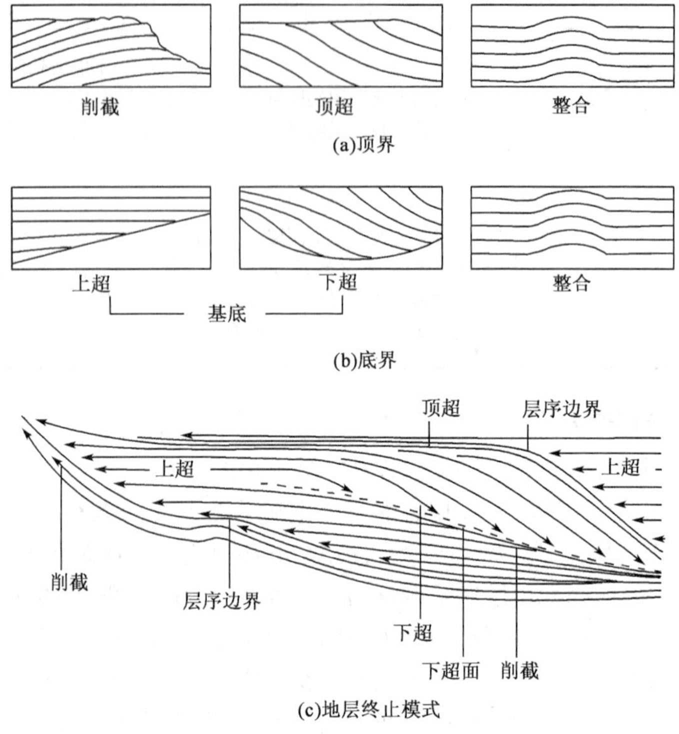

图 8-6　地震层序界面的识别标志

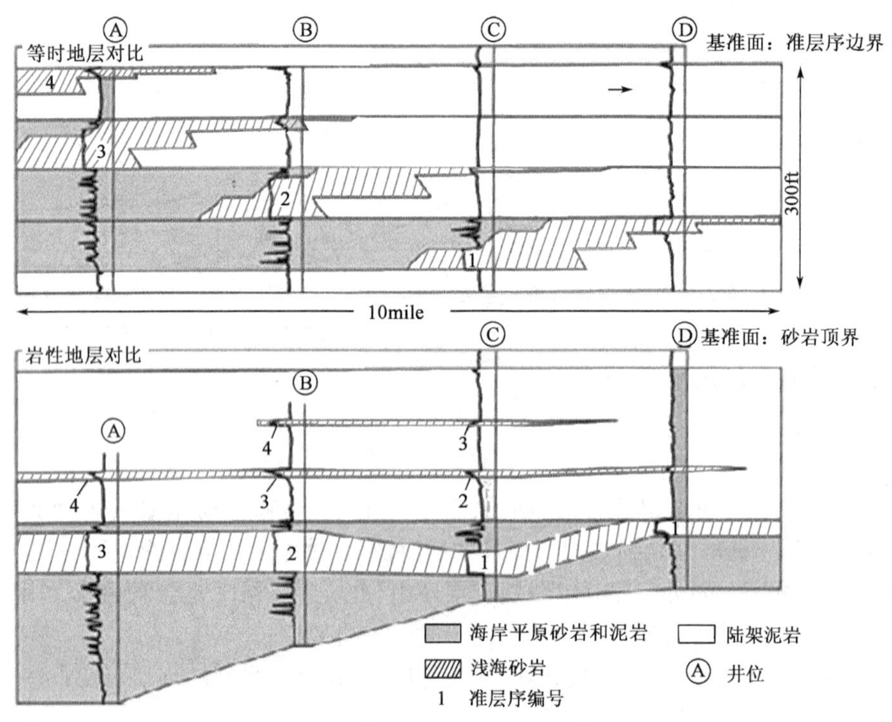

图 8-7　以海泛面为界面的等时地层对比与岩性对比的差异

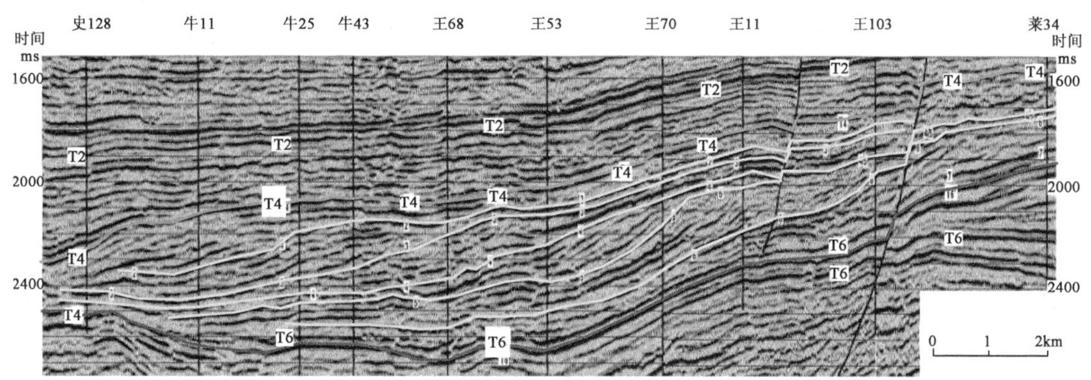

图 8-8　渤海湾盆地东营凹陷某连井地震剖面

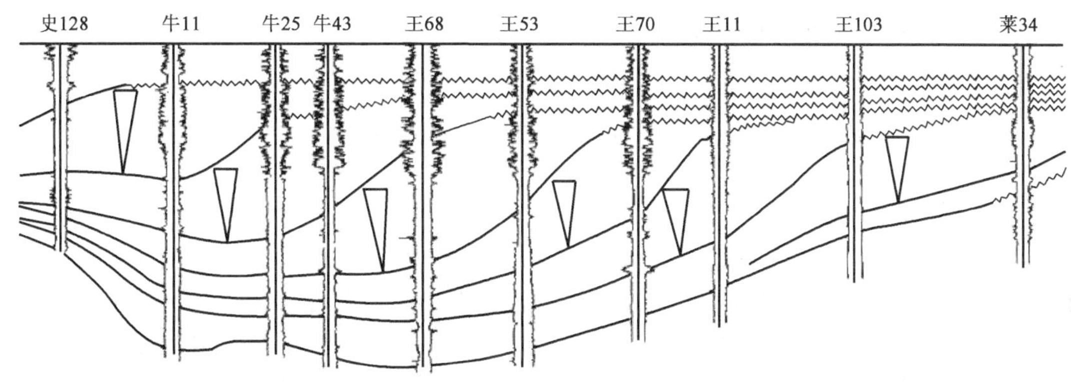

图 8-9　渤海湾盆地东营凹陷地层对比图(据胜利油田,2005)

三、油层对比的方法及思路

油层对比所应用的方法和区域地层对比方法基本相似。区域地层对比是在油区范围内对比大套地层;而油层对比是在一个油田范围内对比油层,其研究面积远比区域地层对比小,划分和对比的精细程度远比区域地层对比高。由于油层组的划分一般与地层单元一致,因此,可以应用地层对比方法。而砂岩组和单油层由于单元小,古生物、矿物等在剖面的小段内变化不显著,故难以作为对比标志。因此,进行砂岩组与单油层的对比主要是在油层组的对比线和标准层控制下,根据岩性、电性所反映的岩性组合特点及厚度比例关系进行对比。

(一)油层对比的过程

1. 典型井(或典型井段)的选择

典型井应该是位置居中、地层层序正常、油层较全、资料齐全的取心井,古生物、重矿物分析化验资料以及测井资料齐全,曲线标志清楚。典型井可以作为地层对比时的控制井。确定标准层,建立柱状剖面作为对比标准剖面。

2. 骨架剖面的建立

通过典型井,建立井间"十"字剖面;向两侧建立辅助的"田"字剖面,然后从骨架剖面向两侧建立辅助剖面以控制全区。

对比时，首先将井位、井深按比例画出。当井距变化很大时，可以变比例尺或采取等间距。其次，将分层界限和岩性画在井身剖面上，特别要标出时间标志层、旋回层及特殊层段。最后，将相应的标志层、旋回层和特殊层段用对比线相连。

3. 面积控制及区块统层

以骨架剖面上的井作控制，向四周井作放射井网剖面进行对比，或作面积闭合的地层对比，要求分层的闭合误差达到最小。对比结束后，要求统一各井的分层数据，作为地层研究的基础资料。

(二)油层对比的方法

形成于陆相湖盆沉积环境的砂岩油气层，大多具有明显的多级次沉积旋回和清晰的多层标准层，岩性和厚度的变化均有一定的规律可循。依据这些特点，我国许多类似的油田均采用了在标准层控制下的沉积旋回—厚度对比油层的方法，即在标准层控制下，按照沉积旋回的级次及厚度比例关系，按步骤从大到小逐级对比，直到每个单层。

1. 利用标准层对比油层组

首先应研究标准层的分布规律及二级沉积旋回的数量及性质，二级沉积旋回的数量决定了油层组的多少，二级沉积旋回的性质应参考一级沉积旋回的性质而定，标准层用于确定对比区内油层组间的层位界限。

图 8-10 列举了三口井的部分油层剖面，剖面的底、顶均为大段泥岩，顶部的灰黑色泥岩和介形虫泥岩(①号层)，在区域内分布稳定，是区域对比标准层。底部厚约 20～30cm 的黑灰色介形虫泥岩(③号层)亦为区域标准层。中下部的灰黑色泥岩为辅助标准层(②号标准层)。整个剖面划分为两个油层组。

2. 利用沉积旋回对比砂岩组

在油层组内，根据岩石组合性质、演变规律、沉积旋回性质、测井曲线形态组合特征，将其进一步划分为若干个次一级沉积旋回。次一级沉积旋回内粗粒部分的顶部均有一层分布相对稳定的泥岩层，可作为砂岩组的分层界面(图 8-10)。

3. 利用岩性和厚度对比单油层

在油田范围内，同一沉积时期形成的单油层，不论是岩性还是厚度都具相似性。井间单油层，可按岩性和厚度相似的原则进行对比，韵律内单油层的层数和厚度可能不尽相同，在连接对比线时，应视具体情况进行层位上的合并、劈分或尖灭处理(图 8-11)。

4. 连接对比线

油层对比不仅表示油层的层位关系，而且还要将油层的厚度变化、连通状况表示在对比图上。这项工作是通过连接对比线来完成的。由于砂层的连续性和厚度稳定性的变化很大，因此，用简单方法很难将砂层的真实面貌表示出来。常用的对比线连接形式如图 8-10 所示。

(三)油层对比成果图

通过油层对比，编制各种反映油层分布的图件，主要解决油层的分布状况与油层内部储集物性及孔隙结构的变化等问题。油层的分布包括厚度变化趋势、形态分布特征、上下层位的连通状况。

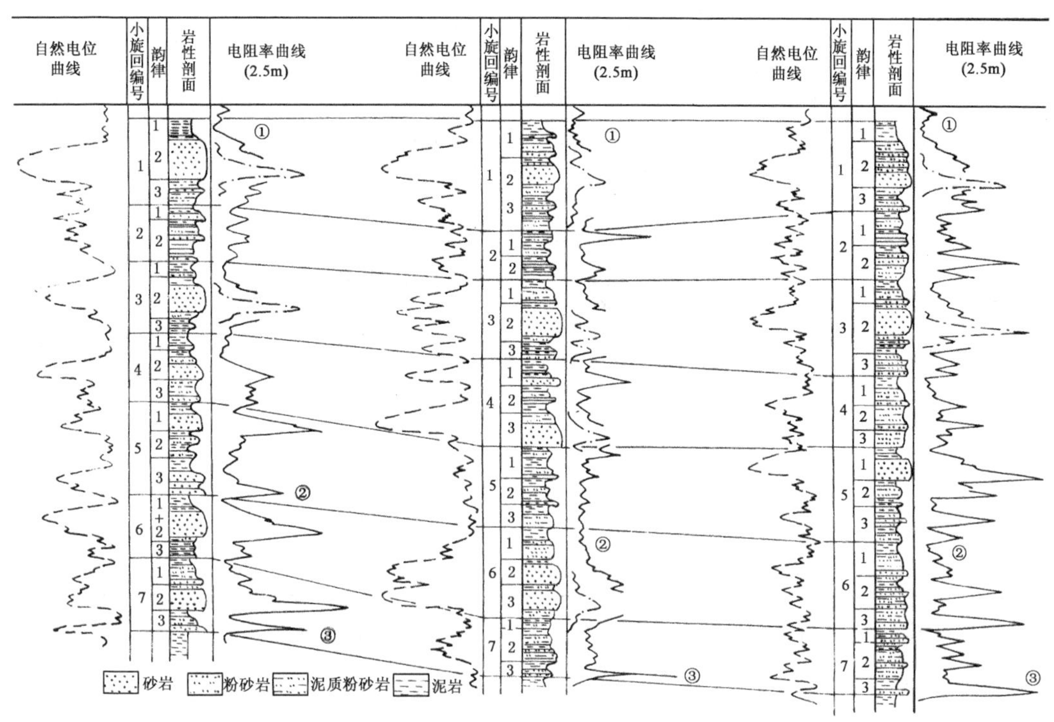

图 8-10　油层组及砂层组对比示意图

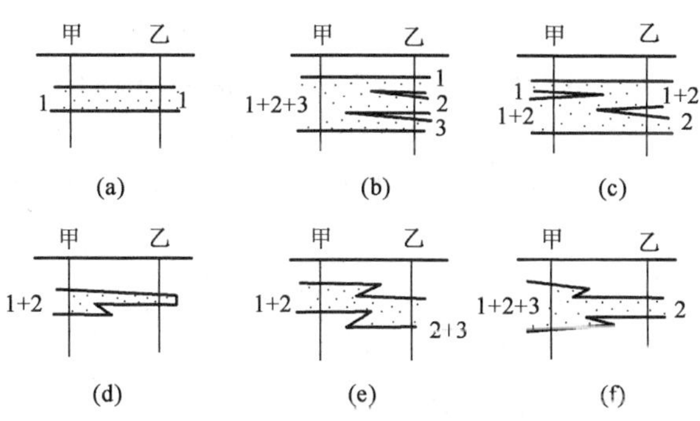

图 8-11　砂层连线的形式

(a)单层与单层连线;(b)单层与多层连接;(c)交错层位连线;(d)单层间的单向尖灭连线;(e)单层间的相互尖灭连线;(f)单层间的双向尖灭连线

1. 小层数据表的编制及应用

根据油层的对比结果，把每口井的分层数据和每个单层的对比数据，记录在统一的表格上(表 8-4、表 8-5)。小层数据表是油田地质研究工作的基础资料，是编绘油层剖面图、小层平面图、油层栅状对比图，计算油气储量，进行动态分析和制定开发方案的主要依据。

(1)小层划分数据表：以井为单元，将单井剖面自然分段小层的数据填入表中。小层划分数据表格式见表 8-4。

(2)单层对比数据表：以单层为单元，以小层划分数据表为基础，将各井同一单层的数据填入表中，作出单层对比数据表，其格式如表 8-5 所示。

表 8-4　××油田××区××井单层划分数据表(格式)

油层组	自然分段小层数据									统一划分单层数据			
	小层编号	砂岩井段 m	沙层厚度 m	有效厚度 m		渗透率 mD	产能系数 mD·m	有效孔隙度 %	真电阻率 Ω·m	单层编号	砂层厚度 m	有效厚度 m	厚度权衡渗透率 mD
				一类	二类								

表 8-5　××油田××区××层单层对比数据表

项目 \ 对比井号	1	2	3	4	5	6	7	8	9	10
有效厚度,m										
砂层厚度,m										
渗透率,mD										
平面分布										
纵向连通										

平面分布栏内应注明各井点油层的连通、断失、尖灭等情况,纵向连通栏应注明油层上下连通、劈分、合并等情况。

2. 油层对比成果图的编制及应用

油层对比成果图有油层剖面图、小层平面图、栅状对比图等。

1)油层剖面图

油层剖面图是沿某一方向的油层对比图,它反映了油层与上下层的连通情况及延伸情况等。它与构造剖面图的区别在于不反映构造形态。基本绘图步骤为:

(1)选择剖面方向。根据实际工作需要,绘制的油层剖面图可平行或垂直于构造轴线,或按井排编绘。

(2)确定剖面结构。绘制时,首先画一水平线将井身依照井间距离按比例垂直画出,标明井号。其次将某一层位拉平作为基线,注明井深。根据小层划分数据表的砂岩井段数据将其他层位依次按比例画在井身上。

(3)标注小层数据。根据小层划分数据表将各层位的小层数据,即小层号、有效厚度、渗透率等数据标注在相应的各井小层旁,并注明射孔井段。

(4)连接小层对比线。将各井相同层位连接起来,对有效厚度层、非有效厚度的砂层和有效厚度层中非有效厚度部分,分别用不同的线段进行连线。

(5)根据各井小层渗透率的大小,分别在各层注明渗透率分级符号。

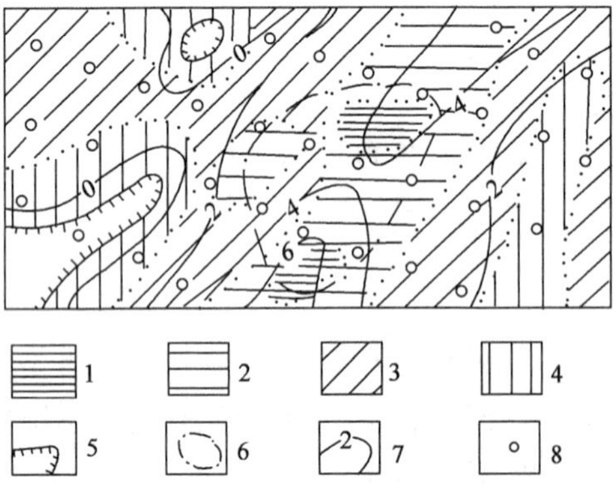

图 8-12　小层平面图

1—特高渗透区;2—高渗透区;3—中渗透区;4—低渗透区;5—砂层尖灭区;6—砂层连通区;7—有效厚度(m)等值线;8—资料点

2)小层平面图

小层平面图是反映单油层分布特征和储油物性变化的基本图件,它是由单砂层分布图、单油层等厚图、渗透率等值线图叠合而成的(图 8-12)。

编制小层平面图的步骤如下：

(1)上数据。按所选取的绘图比例尺，将各井点绘制于图上，将各井的渗透率、油层有效厚度、砂层厚度等数据标注于相应井位旁。

(2)勾绘等值线。确定砂岩尖灭线及有效厚度零线，并按三角网法勾绘渗透率、有效厚度等值线。一般砂岩尖灭线均由有砂层与无砂层井点间通过，有效厚度零线由砂岩尖灭线与有有效厚度的井点间通过。

(3)对渗透率分区染色。在图上对高、中、低渗透率分区染色，突出渗透率的变化。

3)栅状对比图

栅状对比图是反映油层在空间变化情况的立体图，在油层研究中应用广，一般以砂岩组为单元进行编图，反映井间砂岩组内各单油层连通关系和基本数据(图 8-13)。

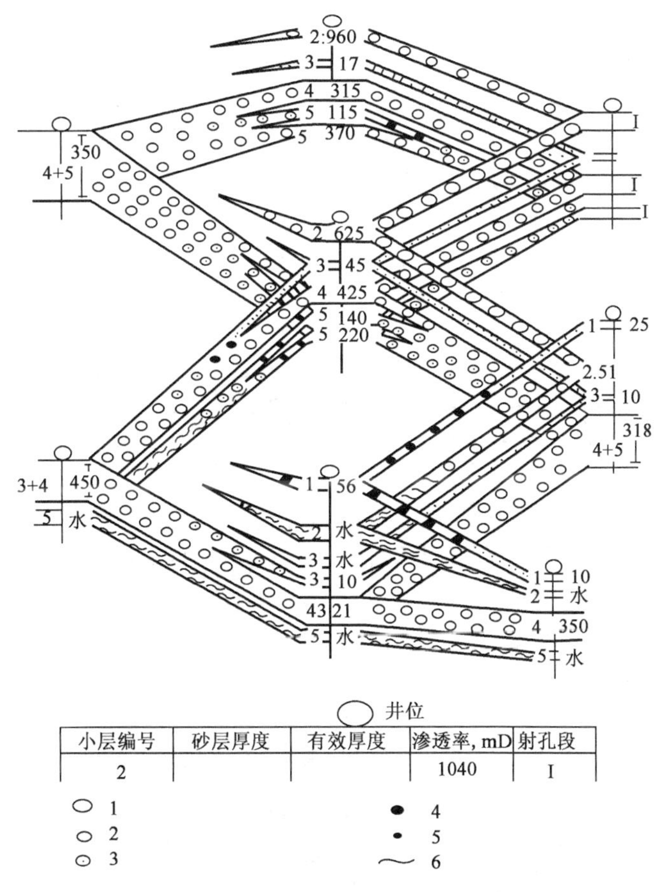

图 8-13　油层连通图(据杨寿山，1978)

1—渗透率大于 500mD；2—渗透率 300～500mD；3—渗透率 100～300mD；4—渗透率 50～100mD；5—渗透率小于 50mD；6—水层

(1)编制小层连通数据表。油层连通图应综合反映各个小层的连通状况。

(2)选择作图比例尺。纵、横比例尺视研究目的和编图区的范围及单层厚度而定。

(3)绘制井位图。若平面井点分布不匀，可将密集井疏散开，常用的方法是用等度投影法将直角坐标改成菱形坐标网。为了避免南北向井点对比线过陡，可以上下或左右适当移动个别井位或将井位图旋转适当角度，以对比关系清晰为准。

(4)绘各井的砂岩组柱状剖面。按确定的纵向比例尺，在井位点旁绘该井地层柱，标出各单层的顶、底界线，将小层号、砂层厚度、有效厚度、渗透率等数据标注在图上。

(5)连接井间小层对比线。根据单井小层数据表中单层连通关系连接对比线，连线时注意从图幅下端各井连起，逐次向上连接各井，连线相遇即行断开以避免交错，绘出显示立体关系的小层对比图。

(6)注释射孔井段、渗透率分级符号。渗透率可用符号或色谱，按分级界限注释于图上。

(四)对比过程中的地质异常现象分析

根据沉积盆地沉积成层原理，井间各层对比线的变化应该是协调的。如果出现异常，则需要分析其原因，常见的构造和沉积因素有地层的超覆、剥蚀、断层、相变等，另外还要考虑钻遇构造的不同部位、定向井等因素的影响(图 8－14)。

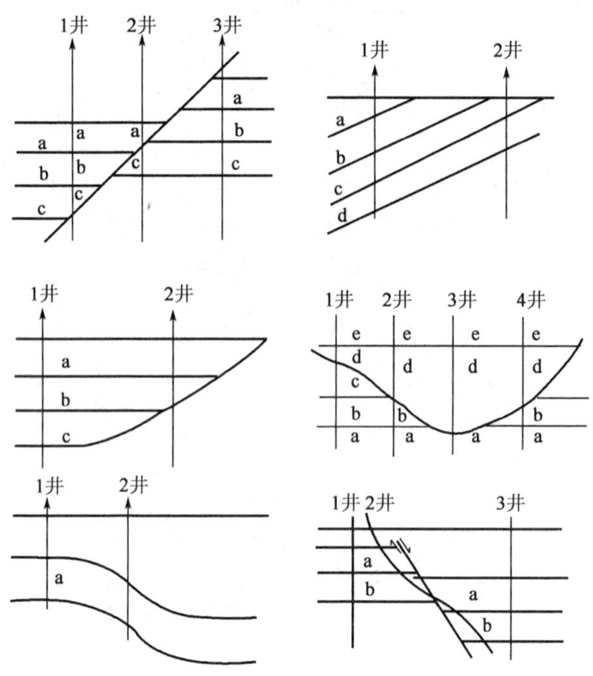

图 8－14　对比过程中需要考虑的地质异常现象

经常出现的异常井段有两类：一类是沉积层序问题，即地层层序出现重复、缺失或层序倒转，这类地质现象往往与构造运动有关，如断层造成地层的重复和缺失，倒转背斜可造成地层的重复等；另一类是由不整合引起的厚度异常，不整合引起的厚度变化是有规律的，而且具有区域性特征。

一般下列情况按有断层进行对比：(1)当个别井或个别井段缺失地层、标准层或标志层时，可能与断层有关；(2)个别井或个别井段的地层和油层的厚度明显减薄，或某段曲线形态缺失，可以按断层进行对比。在对比时可采用由正常井段逼近异常井段的方法，找出断缺或重复井段(图 8－15)。在对比过程中，不同断盘的对比要消除因定向井等其他因素造成的地层厚度变化的影响；在平面上要考虑地层纵、横向厚度变化趋势，考虑井位校正；考虑不同层位视电阻率高低变化等。

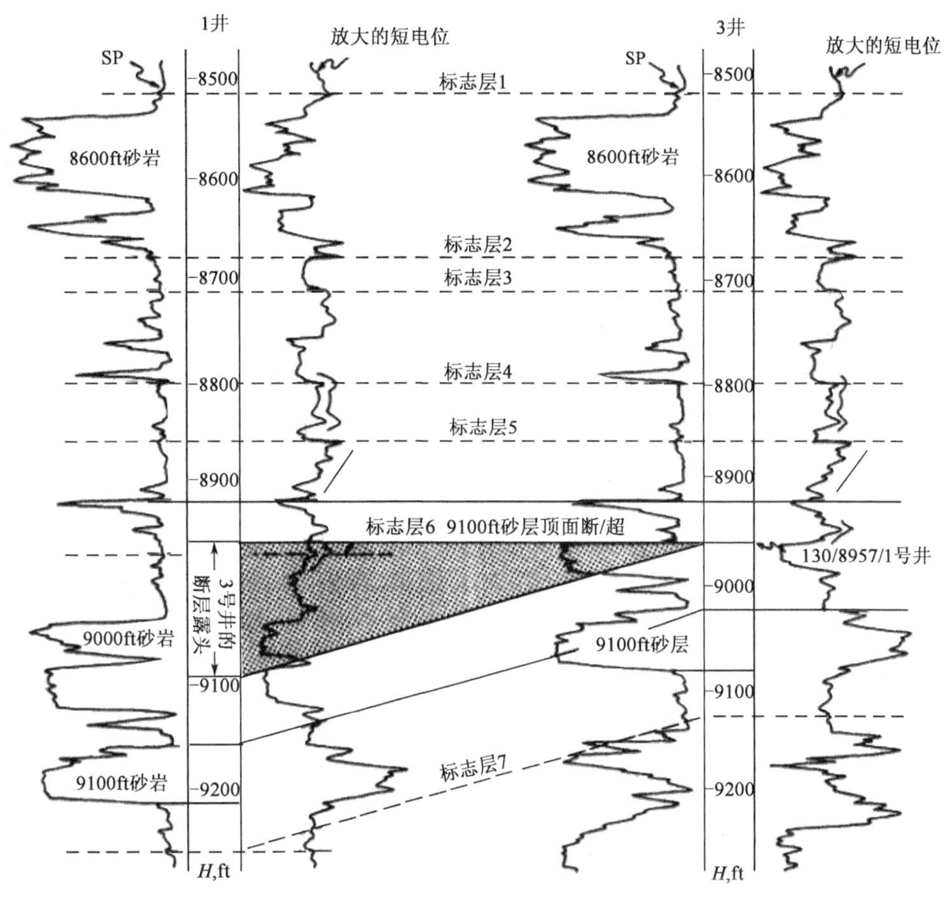

图 8－15　断层引起的地层缺失

由沉积引起的厚度变化，往往厚度的变化是有规律的。在连接对比线时，需要考虑井间岩相的变化，还要考虑地层沉积样式是垂向加积还是侧向进积。

总之，在对比过程中如发现异常的对比线，则应认真分析，要求经过修正后，应使面积闭合误差达到最小。

四、河流—三角洲地区的油层对比

在河流—三角洲地区，油层对比一般不宜采用岩性对比的方法，因为其沉积环境侧向变化大，沉积物的岩性及厚度横向变化快，"岩性相似，厚度相近"的对比原则就不大适用。如河流—三角洲的泛滥平原相、三角洲平原相及其次一级亚相内的河流切割、充填作用较强，地层的厚度变化剧烈，若简单地按照厚度进行层位的机械劈分或按岩性笼统合并，就容易导致分层错误，往往会将不同时期的沉积层当成同时沉积层处理（图 8－16）。鉴于此，对河流沉积相的油层划分和对比一般采用切片对比法和等高程沉积时间单元对比方法。

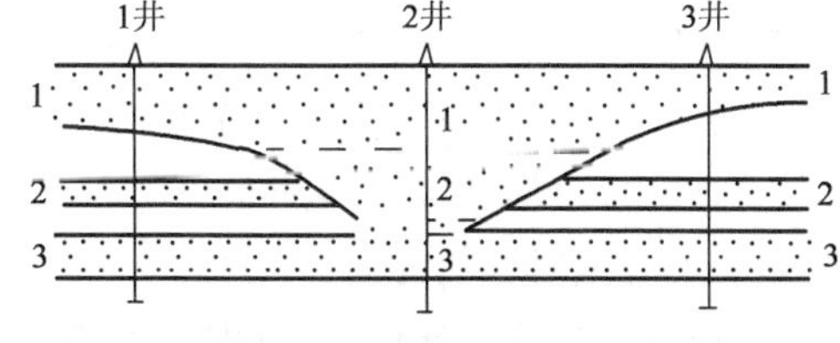

图 8－16　厚砂层不同劈分法示意图

(一)切片对比法

河流沉积中,由于河道频繁改道,河道砂体在泛滥沉积中随机出现,任何一个等时单元在侧向上总是出现河道砂体与泛滥沉积的交互相变。切片对比法根据简单的沉积补偿原理,以任何一个基本平行标准层而遵循区域厚度变化趋势的层段切片,取其界面作为等时线进行控制对比。

具体做法如下:

(1)在两个标准层间控制的大套河流连续沉积带内,等分或不等分地按总厚度变化趋势分成若干个片(约相当于亚组),切片界线就是对比的等时界线。

(2)切片厚度不宜太小,一般要求多数井都有一定层数的河道砂体与泛滥沉积的相组合,以防部分井以河道砂体为主,部分井则几乎全为泛滥沉积,这样可以消除砂岩、泥岩差异压实带来的对比误差。各井切片界线并不一定是合理的旋回界线,但切片界线以内的砂泥岩沉积的等时性还是可以基本确定的。

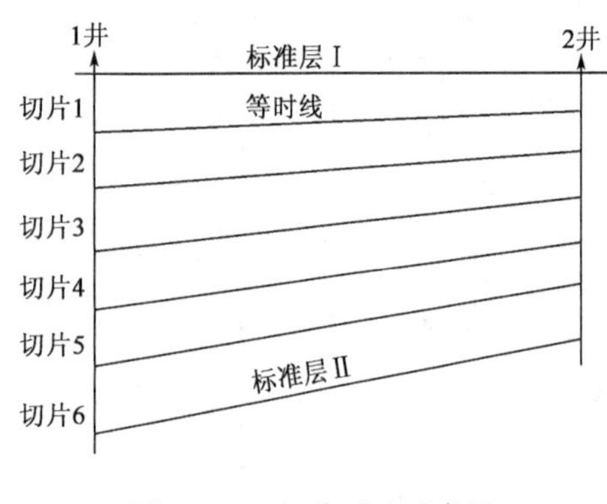

图 8-17　切片对比示意图

(3)区域厚度变化较大时,要利用地震剖面,选择连续性较好的反射界面,判别区域性厚度变化趋势,切片时应遵循这一基本趋势,如图 8-17 所示。

(4)切片界线尽可能与古土壤旋回性结合起来。

(二)等高程沉积时间单元对比法

所谓沉积时间单元,是指在相同沉积环境背景下所形成的同时期沉积。从理论上讲,一套含油层系内的沉积从时间上是可以无限细分的,而沉积时间单元的大小则需视研究目的而定。在油田上,由于研究油砂体必须细分到单层,因此,在细分沉积相时,沉积时间单元也应当是一个一次连续沉积的单砂层。

河道内的全层序沉积,其厚度反映古河流的满岸深度,其顶界反映满岸泛滥时的泛滥面。同一河流内的河道沉积物,其顶面应是等时面,而等时面应与标准层大体平行。也就是说,同一河道沉积,其顶面距标准层(或某一等时面)应有大体相等的“高程”;反之,不同时期沉积的河道砂体,其顶面高程应不相同。这就是等高程对比的依据。

等高程沉积时间单元对比的具体做法如下:

(1)在砂层组的上部或下部选择标志层。标志层应尽量靠近其顶(或底)界面。

(2)分井统计砂层组内主要砂层(如大于 2m)的顶界到标志层的距离。

(3)在剖面上按照砂岩顶面到标志层距离近似为同一沉积时间单元的原则,将到标志层不同距离的砂岩划分为若干沉积时间单元。

图 8-18 为砂岩组内划分沉积时间单元的示例。从图中可知,该区砂岩组内厚度大于 2m 的主体砂岩,顶面到标志层的距离主要有五种类型。因此,在划分时可将该砂岩组内的单层划分为五个沉积时间单元。

(4)全区综合对比统一时间单元,然后进行对比连线。

对于跨时间单元的厚砂层的处理,应分析是一个沉积时间单元河流下切作用形成的,还是两个沉积时间单元的砂层叠加面成的，或是既有河流的下切又有叠加综合而成的。

(1)综合判断沉积韵律。若砂层只具有一个完整的正韵律，则反映该砂层为一次河流下切作用形成的，故应为一个沉积时间单元(图 8－18)。

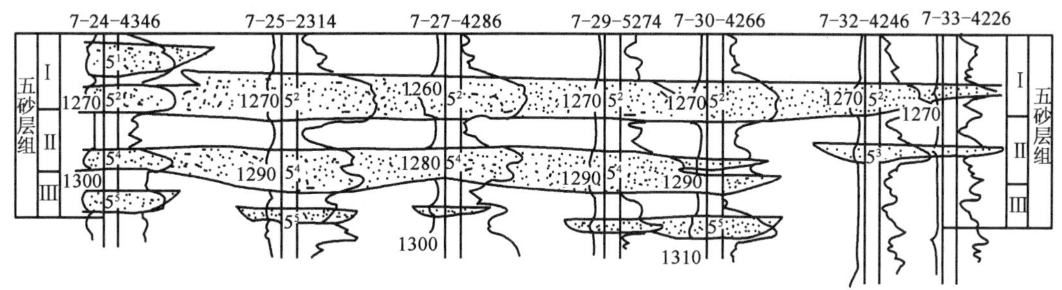

图 8－18　某砂层组油层对比剖面图

图中 1270～1300 为井深，单位为 m；5^1～5^5 为小层号

(2)若砂层由多个正韵律组合而成，而底部较粗，则为多个沉积时间单元组合而成的叠加砂层。

(3)若砂层中存在稳定的泥质薄夹层，则可将该砂层划分为不同的时间单元。

(4)通过邻井对比，以多数井的划分为准。

(5)可用动态资料进行验证，如见水层位、见水特征等。

应用等高程沉积时间单元对比法在目前所能划分的大多是层位大体相同、与上下层之间有明显泥岩夹层的那些砂层。对于河流或分流砂体，或因切割叠加厉害而测井曲线又难以详细划分的砂层，以及层位相差不多而平面上又无明显分界、砂体形态和延伸方向又大体相同的砂层，都只能当作同一沉积时间单元处理，而实际上它们很可能是多个沉积时间单元的侧向复合体。

五、碳酸盐岩储集单元对比

研究碳酸盐岩储层的分布特征，不能沿用碎屑岩储层的研究方法。在碳酸盐岩油气藏中，形成具工业开采价值的产层，必须具备两个条件：储层中应存在孔隙发育的渗透层段；储层的上、下存在抑制油气散失的封闭条件。因此，在碳酸盐岩储层研究中，以岩层是否具备储集、封闭条件为依据，根据纵向上岩性的组合序列，将地层划分为若干个基本单元。

在碳酸盐岩储层的划分与对比中，将这种在剖面上按岩性组合划分的、能够储集与保存油气的基本单元称为储集单元。

显然，一个储集单元应包含储层、产层、盖层和底层。其中产层和盖层最为重要，前者将决定储集单元的产油能力，后者决定储集单元油气的保存能力。

(一)储集单元的划分

以四川某气田单井剖面上储集单元划分(图 8－19)为例，储集单元的划分应考虑以下原则：

(1)同一储集单元必须具备完整的储、产、盖、底的岩性组合。在正常情况下，碳酸盐岩的沉积旋回是由正常浅海碳酸盐岩开始到蒸发岩结束，完整的碳酸盐岩—蒸发岩的沉积旋回自下而上的次序为石灰岩→白云岩→硬石膏→盐岩→钾盐→石灰岩或白云岩。其中硬石膏和盐类是良好的盖层、底层，而石灰岩和白云岩是良好的储层。

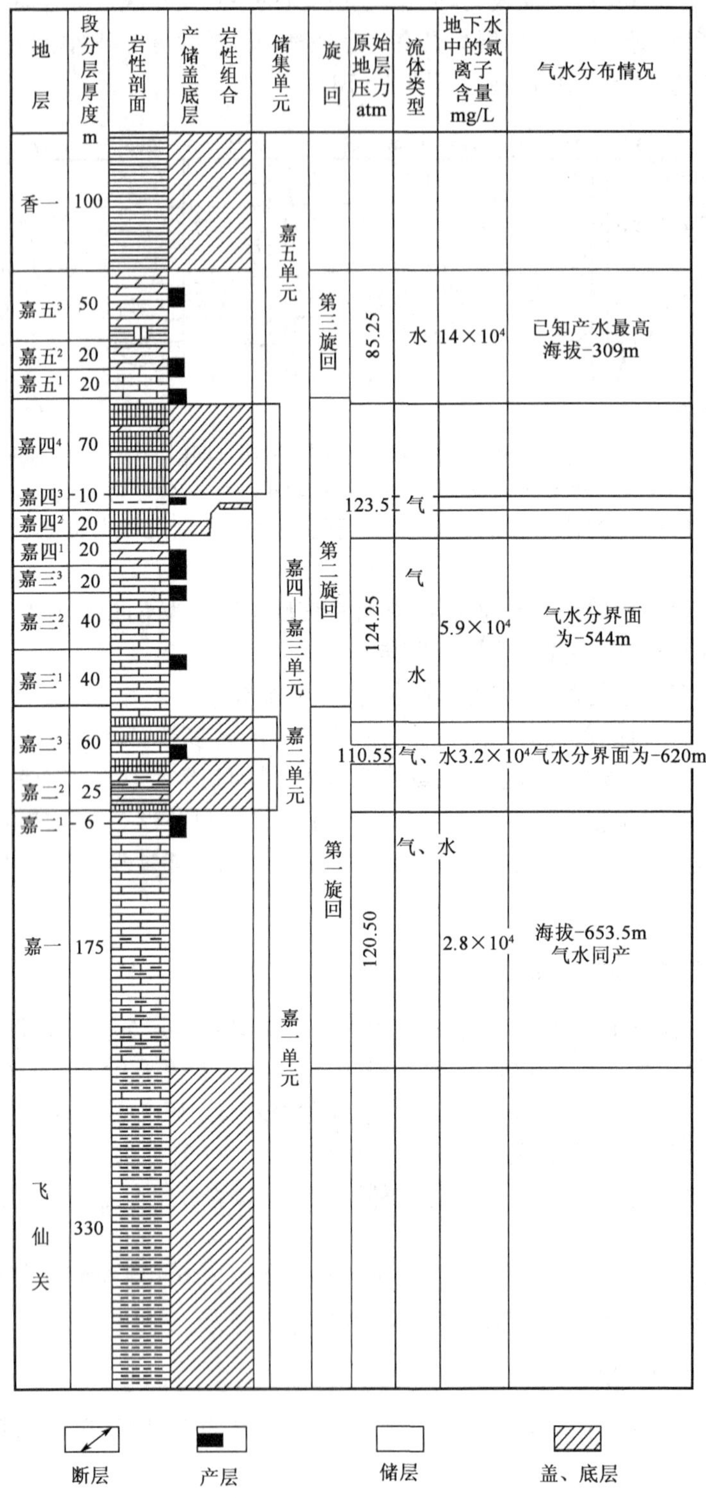

图 8-19　四川某气田三叠系嘉陵江组储集单元划分图

在储集单元的划分中，底、储、盖的上下界面不受地层单元界面的限制，既可和地层单元界面一致，也可与地层单元界面不一致。

(2)同一储集单元必须具有统一的水动力系统。同一储集单元中的流体应具有相似的流体性质。如因断层对盖、底层的破坏或盖底层尖灭而导致储集单元间水动力系统连通，则应将其合并而划为一个储集单元。

从图 8－20 中可以看出，根据岩类组合可将剖面划分为 TC_1（嘉一）、TC_2（嘉二）、TC_3（嘉三）、TC_4（嘉四）、TC_5（嘉五）共五个储集单元。但因 TC_4^2（嘉四^2）底层被断层切割，导致 TC_4 与 TC_3 储集单元在水动力系统上连通，故根据划分原则将其合并为一个储集单元。

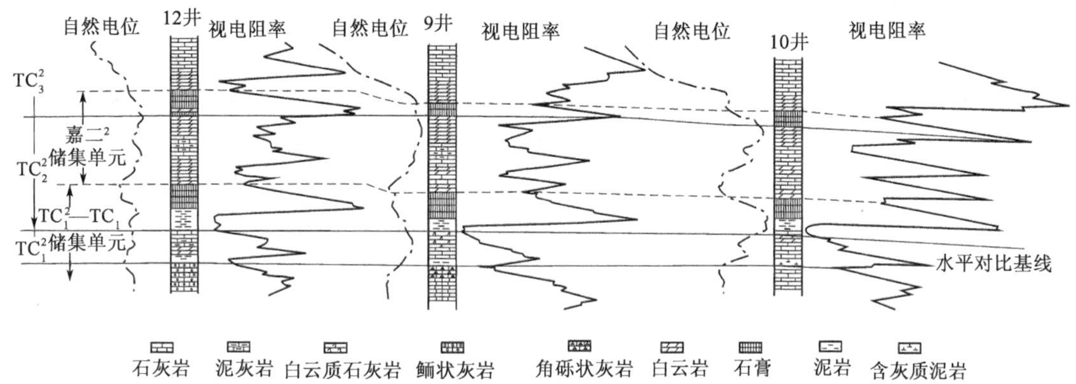

图 8－20　阳高寺气田嘉二^2 储集单元对比图

(二)储集单元的对比

储集单元的连续性与稳定性的研究是通过储集单元的井间对比来完成的。储集单元的对比是依据在标准层控制下的盖层、底层岩性对比来进行的。

储集单元对比与地层单元对比所依据的基本理论和方法都是相似的，但也存在两点差别：首先，储集单元对比的界面可以斜切几个地层单位的界面，不受地层层位关系的约束；其次，一个储集单元可以相当于若干个地层单元，一般都在一个小层以上，有些岩性均匀的白云岩块状油气藏，一个储集单元可以包含十几个小层，具有几百米高的油柱。

现以阳高寺气田三叠系嘉二^2 储集单元为例，储集单元的对比步骤如下：

(1)建立标准剖面，划分储集单元。

(2)选择标准层，确定水平对比基线。根据区域地层分析，选择 TC_2^3 底监灰色泥岩作标准层，将水平对比基线置于标准层底面上（图 8－20）。

(3)将各井置于水平对比基线的相应位置上，按比例绘制各井的岩性剖面及测井曲线，并划分出储集单元。

(4)连接对比线。逐井对比，用对比线连接相应的储集单元。

(5)动态资料验证。为了证实所划分与对比的储集单元是否合理，应引用油田所获得的油气层原始压力、油水（或气水）界面位置、流体性质资料加以验证。

第二节　沉积微相研究

沉积微相是沉积微环境的产物，是沉积微环境的物质表现。所谓"微环境"，是指控制成因单元砂体——具有独特储层性质的最小一级砂体的环境（裘怿楠，1990）。不同环境成因的砂体，其储层性质不同，流体在其中的运动规律不同，开发特征也不同。沉积微相分析有利于从成因上揭示储层的本质特征，进而了解砂体的几何形态、大小、展布、纵横向连通性及非均质性等。

一、沉积微相研究方法

沉积微相分析一般分为四个阶段，即划分大相和亚相(确定区域沉积环境)、沉积时间单元或储集单元的划分、单井相分析、剖面对比相分析和平面相分析。

(一)划分大相和亚相

储层沉积微相识别一般是在沉积相或亚相确定的前提下逐级划分的。若脱离大相的控制，直接进行微相划分，容易出现“串相”的现象。因此，在沉积微相划分之前，应进行区域沉积背景分析，确定大的沉积环境。地震相分析是划分大相和亚相的主要方法之一。

地震相分析是利用地震反射波的特征来识别沉积相。由于不同的沉积相具有不同的岩石组合及结构，它们就具有不同的地震波的反射特征；反过来，利用地震波特征的差异，就可以划分地震相，并转化为沉积相。随着地震分辨率的提高，还可以进一步用来识别微相。

(二)划分沉积时间单元

沉积微相的研究是以沉积时间单元为基础的。从油田开发的角度看，在每个沉积时间单元内应包括一个小层或一个独立的油水流动单元。不同的沉积环境下形成的沉积稳定性不同，划分沉积时间单元的方法也不同。

(1)对于湖相和三角洲前缘相等比较稳定的沉积环境下沉积的砂层，因其大多具有明显的多级次沉积旋回和多个清晰的标准层，岩性和厚度的变化均有一定的规律可循，所以常用“旋回对比、分级控制”的沉积旋回—厚度对比油层的方法。

(2)对于河流沉积环境下的不稳定沉积，由于沉积环境变化快，河流侧向摆动与下切剧烈导致砂层厚度与岩性变化大，一般采用等高程沉积时间单元对比法或切片对比法。

(3)应用层序地层学的理论和方法对比层序地层单元(层序、体系域、准层序组、准层序)和地层分布模式，可以有效地进行地层划分并实现地层等时对比。实际研究表明，应用层序地层学进行沉积时间单元的划分和对比有很大的优越性，研究成果在一些油田已见成效。

微相时间单元的划分具体步骤如下：(1)选择关键井，划分时间单元；(2)建立骨架剖面，对比时间单元；(3)在研究区范围内，作不同方向的时间单元对比剖面图，使分层数据在平面上闭合。

(三)各沉积时间单元微相分析

进行砂层沉积微相分析，首先必须依靠单井岩心资料，对取心井作出岩相柱状图，并依此定出各类微相的典型测井曲线，进而由测井相分析来确定砂体的微相类型和平面展布规律。

1. 相标志

(1)岩石学标志，包括颜色、成分、结构、构造等。黏土岩(泥岩和页岩)颜色是恢复古沉积环境水介质氧化还原强度的地球化学指标。碎屑颗粒的粒度、圆度、球度、沉积优选组构等结构特征均有一定的指相性。层理、波痕等层面构造，以及岩石组合及韵律性等沉积构造，具有指相意义。

(2)古生物标志。古生物和古生态资料可确定沉积环境，还可指示沉积时的水深、盐度、浊度等。

(3)地球化学标志。岩石或生物介壳中的微量元素(如硼钡比、锶钡比、溴等)、同位素(C、S、O)以及有机地球化学资料均为地球化学标志。

(4)测井相标志。

(5)地震相标志。

由于大部分相标志的环境解释有多解性,因此在环境分析中必须采取综合分析方法,用多种标志互相补充和验证,获得准确的古环境分析结论。

2. 相分析的基本方法

相分析一般是通过沉积过程的分析把相和环境联系起来,其具体步骤是:

(1)详细观察和描述露头或岩心剖面的岩石特征,并根据所采集的样品测得实验数据,综合分析岩性、粒度、沉积构造和古生物等岩石特征。

(2)分析沉积过程,查明可能的形成条件,如水流强度、方向、沉积速度以及可能的水化学性质等,说明它们是如何与所产生的沉积物相联系的。

(3)建立垂向层序,了解相邻岩石纵向和横向的相互关系以及地层接触关系,利用这些关系作为限制因素排除某些环境,减少选择项目。

(4)进行观察特征的比较,与现代环境或相模式进行分析对比,检验所得出的初步认识,最后作出环境解释的结论。

3. 一般分析步骤

1)系统取心井的单井相分析

以系统取心井为基础,并结合目的层段的零星取心资料,对取心井的岩心进行细致的观察描述、分析鉴定,提取各种指相信息,如岩性及其组合特征、原生沉积结构和构造、生物化石特征、粒度分析结果、相序特征等,进行综合分析,确定沉积相类型,建立起单井相分析柱状图。

2)剖面对比相分析

在单井相分析的基础上,建立各单井剖面之间的联系,通过对比确定沉积相在二维空间的展布特征。

3)平面相分析

通过绘制一系列剖面图和平面图等基础图件,分析全区沉积相类型和展布。

这些基础图件包括综合柱状图、单井相分析图、剖面相分析图、地层等厚图、砂层等厚图、砂泥比图、岩石类型或泥岩类型图等。

根据这些基础图件的综合分析,绘制出反映区域沉积相类型及其展布的平面相分析图及沉积相模式图。

二、测井相分析

“测井相”或“电相”是反映沉积物特征并识别沉积相的一组测井响应。测井相与沉积相相当,不同的沉积相因岩石的成分、结构、构造等不同而造成测井响应不同,但两者并不都是一一对应的,可能有两个或更多个测井相对应一个沉积相,也可能一个测井相对应几个沉积相,因此必须用已知沉积相对测井相进行标定。首先在取心井中用一系列测井曲线或参数划分为若干种“测井相”,将这些“测井相”与岩心分析的沉积相进行相关对比,将测井相赋予沉积相含义,然后反过来在没有取心的情况下用测井资料进行沉积相分析。总之,测井相分析的基础是建立测井相模式,并确定其岩相含义。

(一)测井的沉积相标志

能显示沉积相标志的测井曲线有电阻率、自然电位、自然伽马、自然伽马能谱、补偿中子、补偿地层密度、岩性密度、井眼补偿声波、中子伽马能谱、地球化学测井、井径、地层倾角(SHDT)、微扫描测井(FMS)、成像测井等。而各类测井曲线所反映沉积相标志的作用有所不同。

(1)岩石组分:岩石矿物组分可以由能谱测井、地球化学测井获得,也可以用孔隙度测井交会图来判断。

(2)沉积结构:粒径大小、分选好坏和粒序特征等相标志都反映沉积环境的能量大小。自然伽马、自然电位、电阻率曲线均可以反映粒序变化和韵律特征。颗粒的分选可以由自然电位及孔隙度测井来判断;颗粒的定向性可以用地层倾角测井资料所作的方位频率图来确定。微扫描测井图像可以清晰显示砾岩层性质,如颗粒支撑砾岩表现为高阻层,对比不连续;基质支撑砾岩表现为泥质部分低阻,砾石造成孤立的高阻,曲线对比性差。

(3)沉积构造:识别沉积构造的测井主要有地层倾角测井(SHDT)和微扫描测井(FMS)。其中,SHDT测井资料可以了解层面连续性、成层性、平整性及上下层面的平行性等,FMS图像可识别双向交错层理、递变层理、虫孔、生物扰动构造等。

(4)沉积层序:测井资料能提供全井段有关层序的多方信息,既可用自然电位、自然伽马测井的曲线形态、幅度及其在纵向上的组合变化,也可用测井多变量参数研究层序变化。

(二)测井相分析方法

1. 利用曲线形态进行相分析

测井曲线的形态可以定性地反映岩层的岩性、粒度和泥质含量的变化以及垂向序列,常用的测井曲线有自然电位、自然伽马、电阻率、地层倾角等。

自然电位曲线形态特征指单层曲线形态,可以反映粒度、分选及垂向变化,以及砂体沉积过程中水动力和物源供应的变化。主要有以下几个要素(图8-21)。

(1)幅度:指层中点自然电位值与纯泥岩基线的差值。渗透性砂岩一般为向左偏的负异常。幅度主要与岩性有关,另外还受地层厚度、饱含流体性质等影响。一般粒度粗、分选好、渗透性好的砂岩,幅度就高,反映较强的水动力条件。

(2)形态:这里指单层曲线形态,可以反映粒度和分选性垂向变化,反映砂体沉积过程中水动力和物源供应变化。单层较厚时,电然电位曲线常成箱形、钟形和漏斗形;地层厚度较小时,电然电位曲线常为齿形。

钟形曲线反映正粒序结构或水进层序,是曲流河点沙坝及河道沉积曲线特征。

漏斗形反映反粒序结构或水退层序,代表岸外沙坝或三角洲前积砂体。

箱形曲线反映沉积过程中物源供给和水动力条件稳定。

齿形曲线反映沉积过程中能量的快速变化,为辫状河、冲积扇和浊积扇所具有。齿形可分为:①具正粒序的正向齿形,反映水下冲刷充填沉积;②反粒序反向齿形,反映水道末梢前积式席状砂沉积;③具对称粒序的对称齿形,代表急流作用下的席状沉积;④指形,代表均匀粗粒沉积,如滩砂。

常见的复合形态有漏斗形—箱形和箱形—钟形曲线。前者的代表相为河口沙坝,后者为河道沉积。

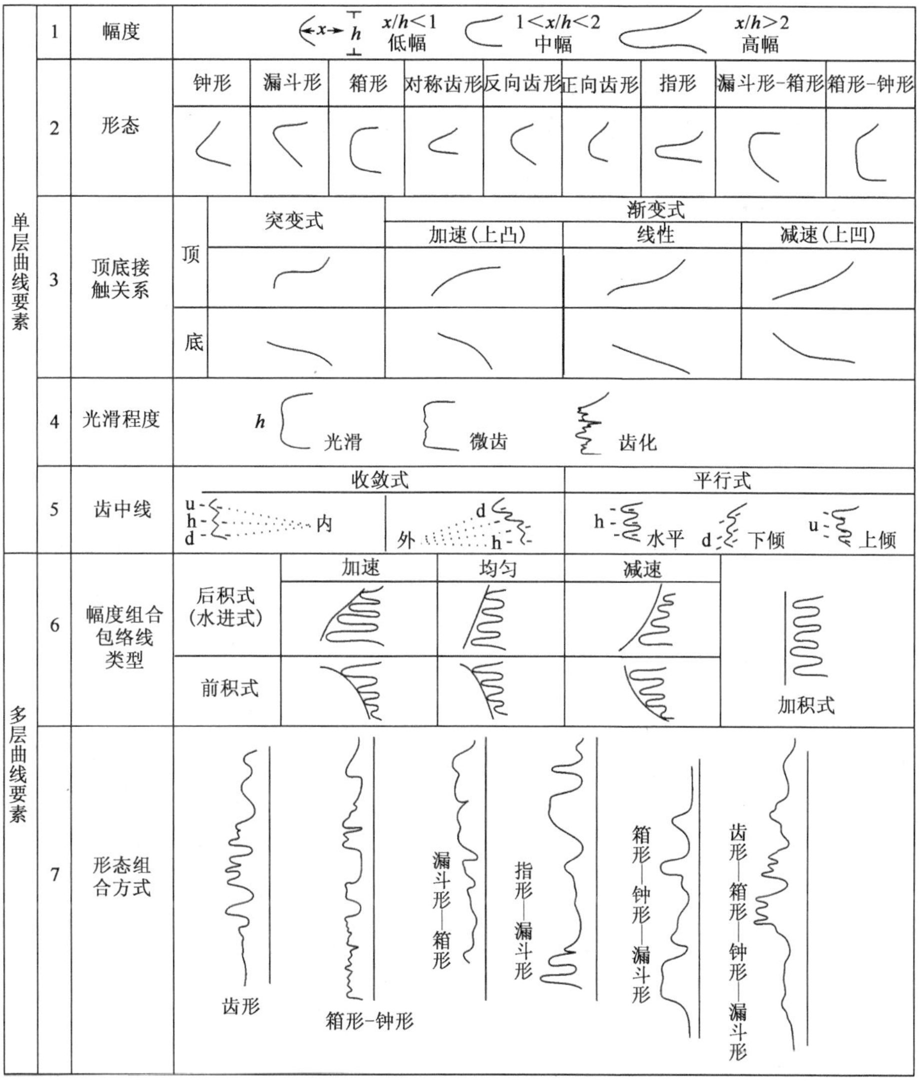

单层曲线要素	1	幅度	$x/h<1$ 低幅；$1<x/h<2$ 中幅；$x/h>2$ 高幅
	2	形态	钟形；漏斗形；箱形；对称齿形；反向齿形；正向齿形；指形；漏斗形-箱形；箱形-钟形
	3	顶底接触关系	顶、底：突变式；渐变式——加速(上凸)、线性、减速(上凹)
	4	光滑程度	h 光滑；微齿；齿化
	5	齿中线	收敛式：u h d 内；外 d h；平行式：h 水平；d 下倾；u 上倾
多层曲线要素	6	幅度组合包络线类型	后积式(水进式)：加速、均匀、减速；前积式：加速、均匀、减速；加积式
	7	形态组合方式	齿形；箱形-钟形；漏斗形—箱形；指形—漏斗形；箱形—钟形—漏斗形；齿形—箱形—钟形—漏斗形

图 8-21　曲线要素图(据马正,1981)

(3)顶、底接触关系:包括渐变和突变两大类,反映砂体沉积初期、末期水动力能量及物源供应的变化速度。

底部突变反映上、下层间的冲刷面。渐变式分加速、匀速和减速三种,水下河道底部常为加速渐变;底部匀速渐变代表季节性河道沉积或天然堤、漫滩沉积;底部减速渐变常反映物源不足,为岸外沙坝的特征。

顶部突变代表物源突然中断。顶部加速渐变代表沉积后期水流急剧减弱或物源供给迅速减少,如废弃河道砂;顶部匀速渐变代表匀速能量减退过程,如点沙坝顶部;顶部减速渐变代表能量和物源供应的缓慢减退,如水下河道砂的顶部。

(4)光滑程度:可分为光滑、微齿和齿化三级,光滑曲线代表强水动力淘洗后的均质沉积,如滩砂;微齿代表物源充分但改造不彻底,如河道,也可代表河流季节流量不同引起的粗细变化;齿化代表间歇性沉积的叠加,如辫状河道沉积。

(5)齿中线:指曲线上次级齿的中线,可分为平行与相交两大类。平行齿中线又可分为水平平行、上倾平行和下倾平行。相交可分为外收敛和内收敛两类。齿中线可反映沉积物加积的特点，如下倾平行是一组正向齿形组合，代表正粒序韵律沉积。

(6)多层组合形态：指多层曲线的包络线形态，可反映较大层段内垂向层序特征，反映多层砂岩在沉积过程中的能量变化。包络线形态可分为加积式、后积式和前积式三种。后积式与前积式又可分为加速、匀速和减速三个亚类。利用多层组合形态特征进行相分析，更利于使用各种已建立的标准相模式，比仅依据单层形态更可靠，更利于进行井间对比。

主要沉积相的测井曲线特征由于沉积微相不同，其沉积岩石的类型及组合等特征也存在差异，因此可以利用上述形态特征与岩心相进行分析和对比，划分沉积微相（图 8－22）。图 8－23 为主要砂岩环境自然电位曲线（SP）的典型响应。

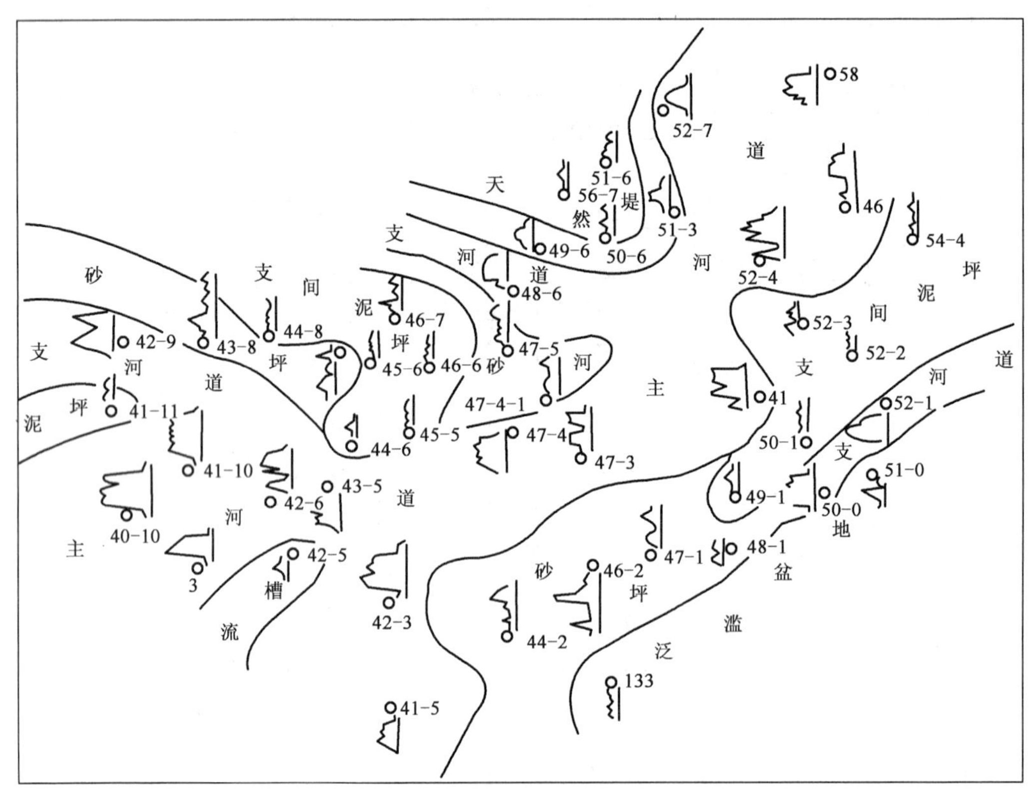

图 8－22　沉积微相平面图（据大港油田）

2. 利用梯形图或星形图进行相分析

可以用岩性、结构、沉积构造及古生物等一组相标志来识别和确定沉积相，同样可利用同一深度的一组测井参数来划分测井相，进一步判断沉积相，并将归纳出的测井相与相应的沉积相进行对比，用岩心资料对这些测井相进行标定。在一个地区应选择几口取心井进行上述分析，建立起区域性测井相模式。

上述过程用人工的方法实现比较费时，目前可在计算机上用专门的程序对各种测井曲线进行预分层，并进行深度和环境校正，将原曲线改造为“方形”曲线，绘出各层的星形图与梯形图（图 8－24），最后对这些成果图进行分析归类。

3. 利用地层倾角测井进行相分析

地层倾角测井是一种特殊的电阻率测井，它通过三个支撑臂（或四个、八个）上的微聚焦电

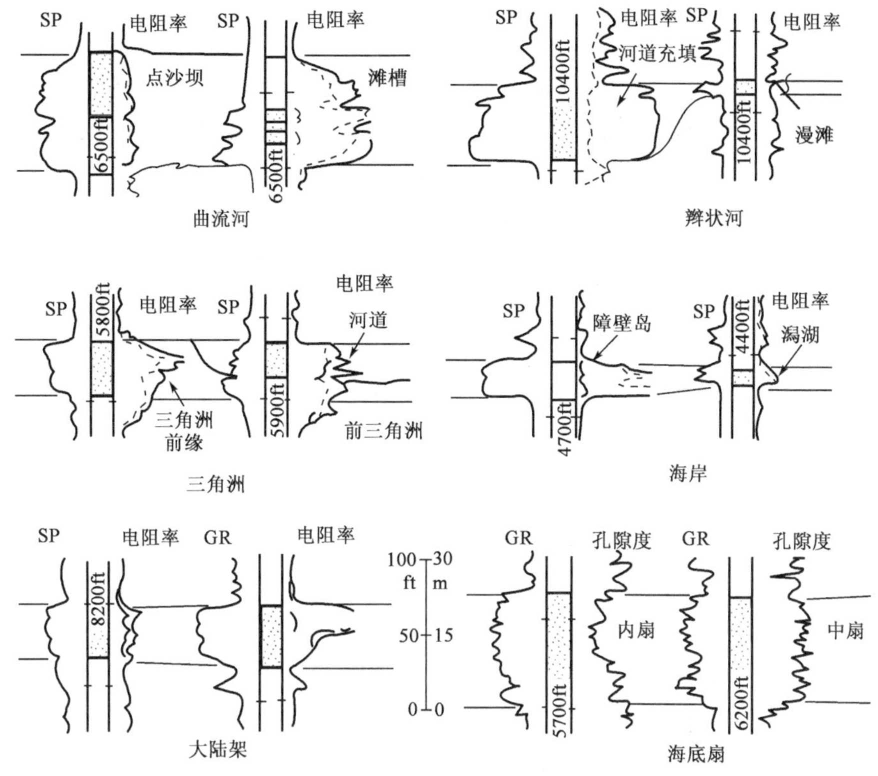

图 8-23 主要砂岩环境的自然电位曲线的典型响应(据 R. R. Berg,1986)

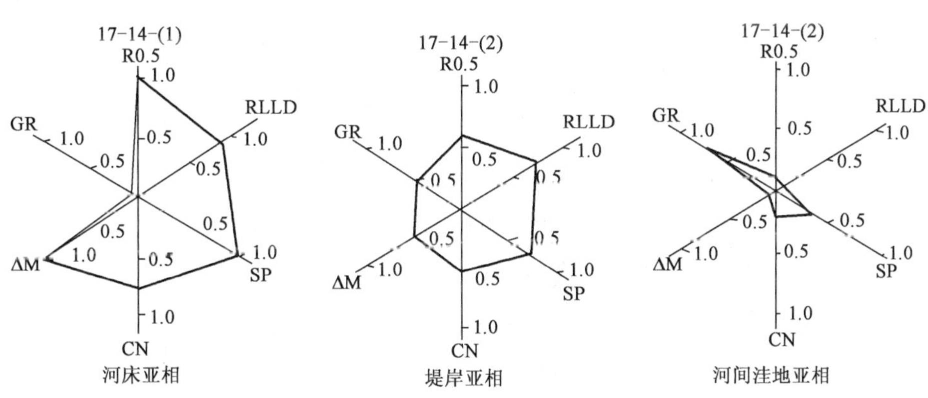

图 8-24 大港油田某区明Ⅲ₂ 小层电相星形图类型

极系紧贴井壁,测出三条(或四条、八条)电阻率曲线及电极所处的空间方位信息。通过对比同一岩层引起的电阻率的微小变化,可确定该岩层面上的三个(或四个、八个)点在井轴方向的高度,结合曲线的方位信息,进而计算岩层面的倾角和倾向。地层倾角测井既可用于构造解释,也可用于沉积学研究。高分辨率地层倾角测井仪 HDT 和 SHDT 为利用测井资料解释沉积环境提供了新的手段,有效地指出砂层的沉积环境、古水流方向、砂体延伸方向等,既适用于开发区井网加密研究及注水方向的选择,也适用于预探区沉积环境解释及砂体延伸展布情况的预测。

1)利用倾角矢量图识别层理类型

地层倾角资料能够反映出主要层理类型(图 8－25)。其特征为:水平层理倾角近于 0°,倾向不定,倾角稍大可为绿色模式;波状层理倾角在 10°内不定,倾向也不定;单向斜层理或板状层理为多组绿色(或蓝色)模式,倾角大;波状交错层理为红色(或蓝色)模式,倾角变化大;槽状交错层理为杂乱模式,倾角及倾向均变化大且杂乱。

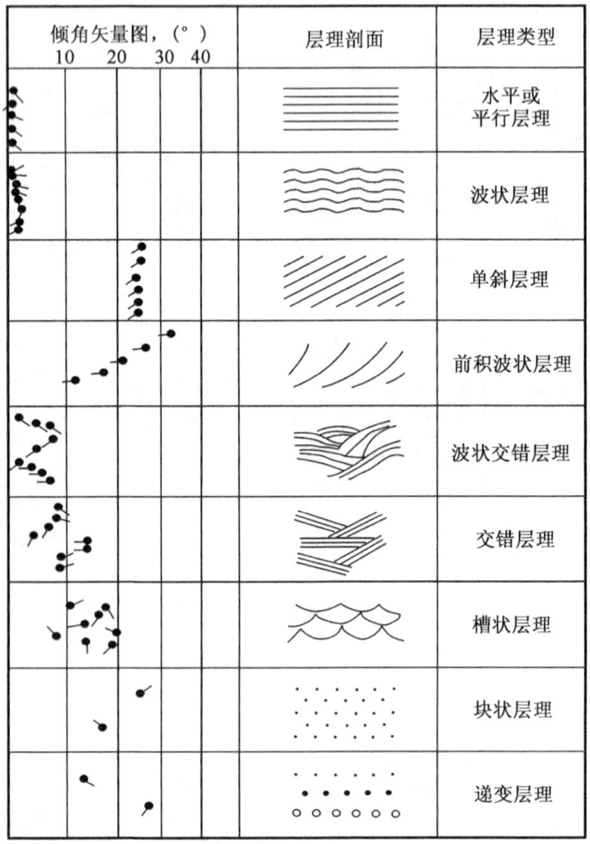

倾角矢量图,(°) 10 20 30 40	层理剖面	层理类型
		水平或 平行层理
		波状层理
		单斜层理
		前积波状层理
		波状交错层理
		交错层理
		槽状层理
		块状层理
		递变层理

图 8－25 主要层理的倾角模式(据吴元燕,1996)

2)利用矢量方位频率图判断古水流方向

通过测量单砂层内部反映斜层理的小蓝模式及小绿模式的倾角矢量方位,或砂岩段的矢量方位,作出矢量方位频率图。矢量方位频率图上频率集中的方向表示这段砂岩的主要古水流方向。

3)推断砂体延伸方向

在确定古水流方向之后,结合砂体成因类型即可判断砂体延伸方向。如河道成因砂体,其层理具单向水流特征,故砂体延伸方向与水流方向一致;沿岸沙坝砂体的层理具双向水流特点,其砂体延伸方向与水流方向相互垂直。

4. 成像测井

成像测井技术就是在井下采用传感器阵列扫描或旋转扫描测量,沿井纵向、周向、径向大量采集地层信息,传输到地面以后通过图像处理技术得到井壁的二维图像或井眼周围某一探测深度范围内的三维图像,包括电成像测井和超声波成像测井两大类型。目前,国外成像测井仪器主要是斯伦贝谢测井公司的 MAXIS－500 系统、阿特拉斯测井公司的 Eclips－5700 系统和哈里伯顿公司的 Excell－2000 系统。电成像测井方法主要指微电阻率扫描成像测井(如阿特拉斯 STAR－Ⅱ、哈里伯顿 EMI、斯伦贝谢 FMS 及 FMI)，超声波成像测井主要是超声波扫描成像测井仪(CBIL、CAST、USI、UBI 等)。

地层微电阻率扫描成像测井是利用按一定方式密集排列组合的电性传感器[即阵列电扣，FMI 采用了 192 个电扣(图 8－26)，STAR－Ⅰ采用了 144 个电扣，EMI 采用了 150 个电扣]，阵列测量井壁附近地层电导率，并进行高密度采样(2.5mm)，得到高分辨率(5mm)“似岩心”的地层岩石及结构图像，在 8in 井眼中，图像覆盖率达 50%～80%。

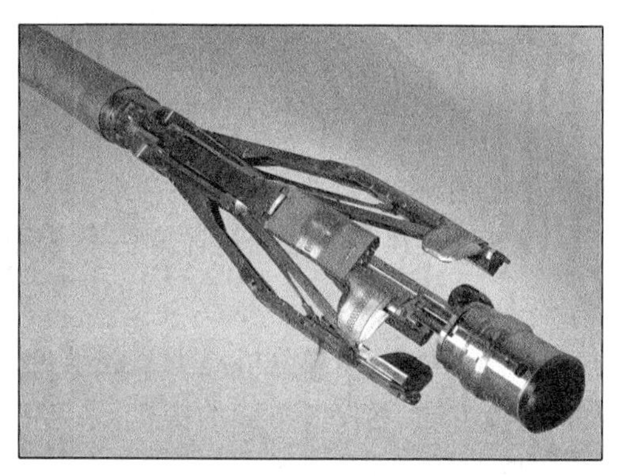

图 8－26　斯伦贝谢测井 FMI 测井仪

成像测井的图像特征主要表现在颜色变化和几何形态两个方面。成像测井图像是以不同色级的变化代替显示物理量(电阻率、声阻抗)的变化，像素色彩刻度为 42～256 个等级，按照白、黄、橙、黑的序列变化，总体上可划分出四个色调：亮、浅、暗和杂色，对应物理参数即为高阻(或声阻抗)、低阻(或声阻抗)、不均一变化电阻率(或声阻抗)，而同岩石本身的颜色没有关系。不同色调组成的测井图像构成的环井周形态又可分为块状、线状、斑状、杂乱及条带等不同模式(图 8－27)。图像色调及形态的组合均从不同侧面反映了某种地质现象在成像图上的直观映射特征，可用于沉积相、沉积构造以及储层评价等方面的研究。

成像测井模式		成像特征	地质成因解释
块、段状模式	亮段		致密砂岩、钙质砂岩、致密火成岩、致密碳酸盐岩等高阻高密度地层段
	暗段		泥岩、多孔缝碳酸盐岩、多孔缝火成岩等相对疏松的低阻低密度段
	亮、暗段截切		相对低阻低密度段与高阻高密度段截切，可能有断层等突变接触
条带状模式	连续的明暗条带		砂泥岩段互层、条带状碳酸盐岩、泥质条带灰岩
	不连续的明暗条带		砂岩成岩非均质变化
线状模式	单一亮线		充填高阻高密度物质的裂缝、缝合线、断层面、不整合面、冲刷面等
	单一暗线		高导裂缝，由相对低阻低密度物质构成的线状地质现象
	组合线状		岩层面、层理、火成岩流线构造等
	断续线状		断续状层理及其他非连续成因事件
斑状模式	暗斑		孔洞，低阻物质充填的孔洞，低阻砾石、结核、黄铁矿等斑块、岩石透镜体、断层角砾等
	亮斑		高阻物质充填的孔洞，高阻砾石、化石、结核等
杂乱模式	杂乱		变形、扰动、滑塌等地质现象
递变模式	色级逐渐递变		递变层理及密度递变层

图 8－27　常见沉积构造的井壁图像一般特征

1)成像测井主要的特点和用途

(1)具有很高的纵向、横向分辨能力。

(2)成像图具有直观的视觉功能,可对裂缝的分布特征、类型、地层的层理、砂泥薄互层、储层有效厚度、沉积粒序的变化、砾石颗粒的大小等作出正确的分析。

(3)具有原地层倾角测井的所有功能,同时可提供地层倾角矢量图,确定地层、断层、裂缝的产状、方位和走向。

(4)在一定的条件下,可以替代钻井取心对目的层进行岩心描述,并且具有录取资料时间短、费用低的特点。

(5)能够提供裂缝的矢量计算结果,如裂缝的开口度、方向、走向等。

2)沉积学解释

以 FMI 为例,图像分析提供了储层的岩石类型、砾石颗粒大小等结构特征,以及层理类型、古水流方向、粒序等方面的信息,来判断储层的沉积微相。

成像图亮度变化反映岩性的变化。在砂泥岩剖面中,致密砂岩较泥岩电阻高,电成像图上亮度较大;砾岩的电阻率比较高,为浅色图像,投影形如卵石;砂泥岩的电阻率较低,为较暗色图像;泥岩剖面电阻率较低,呈现出暗棕色、黑色的条带状分布。

(1)水平层理:纹层厚度稳定、互相平行,在 FMI 图上表现为平行的明暗条纹,泥岩纹层呈现较深的颜色,粉砂岩呈现淡黄色、亮黄色或亮色(图 8-28)。

(2)斜层理:在 FMI 图像上往往对应于一组有明暗条纹显示的正弦波曲线(图 8-28)。

(3)变形层理:在 FMI 图像上,层理面较为清晰,但变化异常,局部具有褶皱、弯曲等现象发生(图 8-28)。

(4)交错层理:在 FMI 图像上,层系内对应于波状、角度较高、互相平行,而层系界面角度较小,纹层与界面相切割。

(5)冲刷面:一般冲刷面为凹凸不平的界面,其下为低能的泥岩和泥质粉砂岩,其上为将下部地层冲刷起来形成的含泥砾砂岩。在 FMI 图像上,冲刷面上覆地层呈现为浅色,而下伏地层的颜色较深,接触面凹凸不平(图 8-28)。

(6)递变层理:自下而上表现为由粗至细的正韵律。粗岩性(如砾岩)在 FMI 图像上表现为亮色,细岩性(如泥岩)表现为暗色,总体呈现由亮色至暗色的颜色递变(图 8-28)。

5. 自动测井相分析

自动测井相分析是应用计算机手段对测井曲线进行自动分析,具有快速、简便、综合考虑多种测井信息的特点。自动测井相分析的效果取决于所用测井资料的类型、数量、质量、数学分类准则以及岩心的准确标定。自动测井相分析程序见图 8-29。一般自动测井相分析包括以下步骤。

1)测井资料的优选

针对自动测井相分析的目的,选择一组最能反映沉积物岩相特征的测井资料,如自然电位、自然伽马、中子、岩性密度、声波、电阻率(或感应)以及地层倾角测井资料。

2)深度校正和环境校正

用专门的校正程序对测井曲线进行深度和环境影响校正,使同一口井的所有测井曲线均

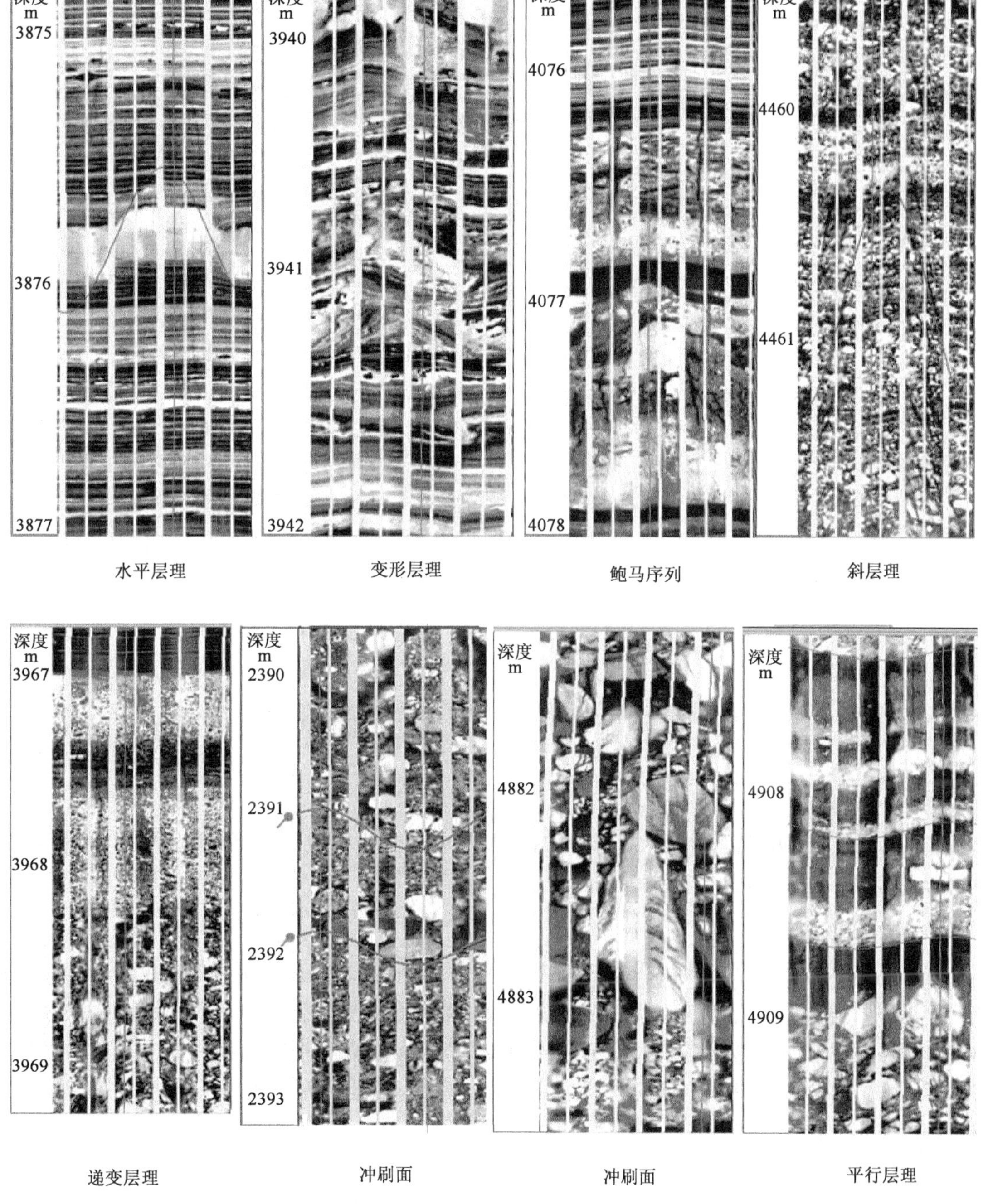

图 8-28　典型沉积构造

有准确的深度及对应关系，并减少或清除测量环境与统计起伏等各种非地层因素的影响，使校正后的测井曲线尽可能真实地反映实际地层及孔隙流体的性质。

3）自动分层

自动测井相分析是按层来划分测井相类型和鉴别岩性的，故需要用测井曲线在整个井剖面上划分出许多小层，同层具有相同的特征。这既可减小层内非均质与非地层因素的影响，又

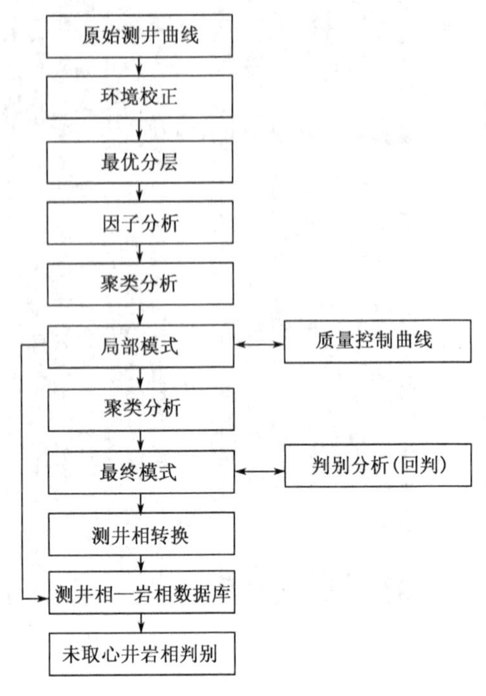

图 8-29 自动测井相分析程序

可大大减少数据量,节省计算时间。自动分层方法有平均值法和方差法两大类。现用一条曲线来说明自动分层:

若分层程序随深度采样读数为 X_i,据函数关系预计出非地层化引起的绝对误差为 $E(X_i)$,则 $X_{i\pm1}$ 与 X_i 为同一小层;

若 $X_{i\pm1}-X_i\leqslant E(X_i)$,则 $X_{i\pm1}$ 与 X_i 为同一小层;

若 $X_{i\pm2}-m_i\leqslant E(m_i)$,$m_i=(X_{i+1}+X_i+X_{i-1})/3$,则 X_{i+2} 与 X_i 为同一小层。

如此继续下去,满足此条件为同一小层,否则为另一小层,然后就可以确定地层的厚度。此方法可推广到用 1~5 条曲线来权衡分层,然后把分层结果用于同一口井的其他曲线中。每一层用其平均值构成矩形曲线,这样便把测井段分成一些主要的岩相段。

4)主因子分析

从多元的具有复杂相关关系的测井值中提取控制所有测井变量并最能反映岩相特征的主因子。这样,在保证原始信息不损失的条件下,形成一组反映岩相特征的新的变量。

5)聚类分析

应用聚类分析方法,将上述自动划分的各小层进行分析归类,划分若干个测井相,并应用判别分析方法建立测井相的判别模型。

6)建立测井相与岩相的转化关系

在关键井中,将测井相聚类分析的结果与岩心所反映的岩相进行精细的对比分析,并考虑地层与测井特征,可建立某油田或地区的测井相与岩相的对应关系,并赋予每个测井相以相应的岩相名称及地质描述,再将它们全部存入数据库,从而建立本地区的测井相—岩相数据库。在对其他井作测井相分析时,还应将新的测井相、岩相不断地补充到本地区的测井相—岩相数据库中,使其数据库得到不断完善。

7)自动岩相判别分析

利用判别模型和测井相—岩相的对应关系,对目的层的测井资料进行处理,得出一条连续的地层岩相剖面(图 8-30)。

应用测井曲线进行相分析存在它的局限性,如自然电位曲线中的“平直”未必表示无砂或渗透性不好,而可能是砂岩被完全胶结或钻井液的电阻率与渗透层内流体的电阻率几乎相等;在含油层内,SP 曲线的形状可能会发生改变。又如,一般砂岩中,自然伽马读数低,在泥岩中读数高,但如果砂岩中存在其他放射源(如海绿石、云母等),则会使数值升高。另外,各种测井均受井眼条件的影响。

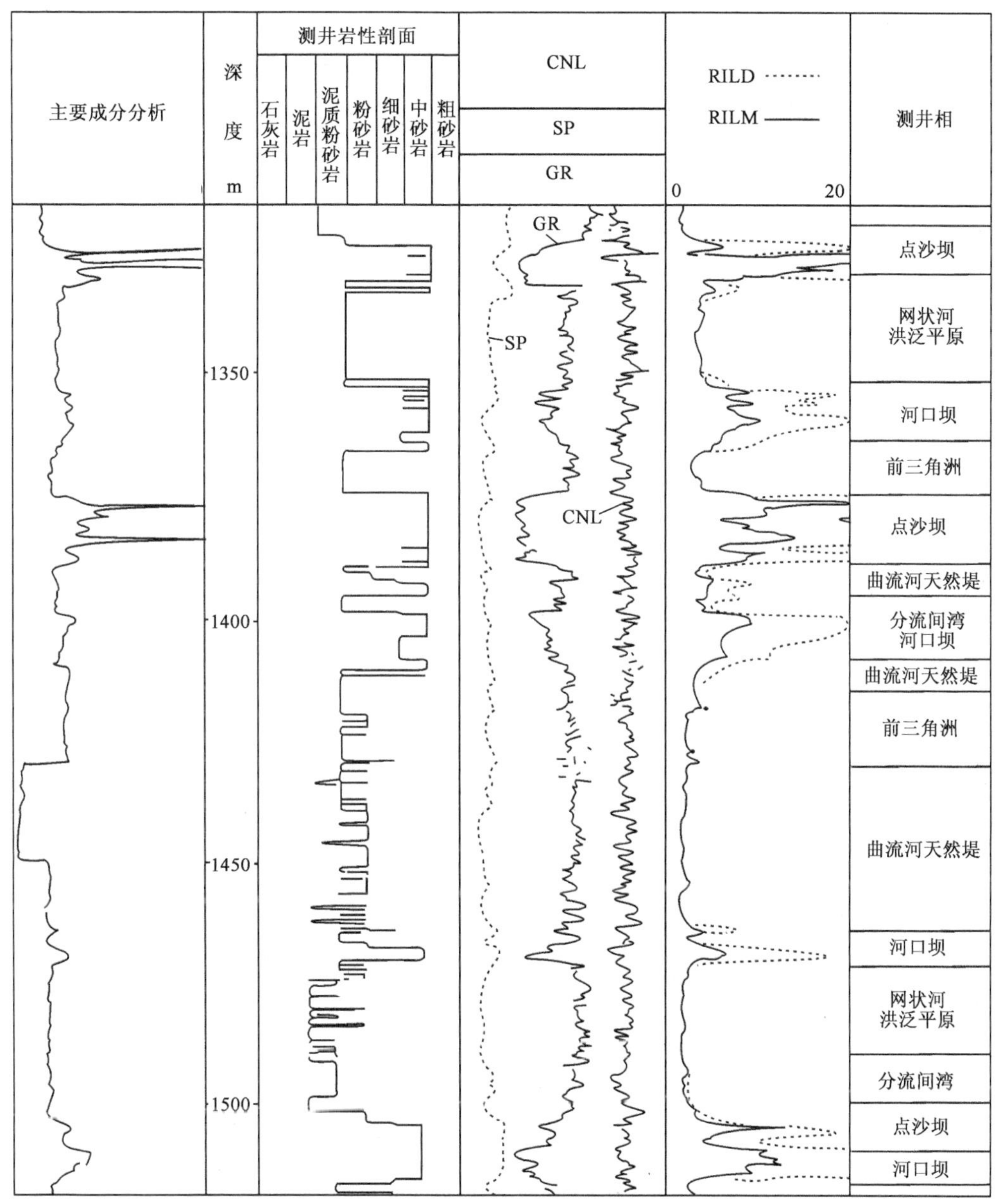

图 8-30　某井测井相分析图

思　考　题

1. 油层对比与地层对比有何不同？
2. 油层对比的单元有哪些？单元划分的主要依据是什么？
3. 油层对比的主要依据有哪些？
4. 油层对比的方法有哪些？各类方法的适用条件有何异同？
5. 何谓沉积旋回？陆相沉积盆地中沉积旋回可以分为哪几级？

6. 如何理解油层对比中的“分级控制”与“模式指导”？

7. 油层对比的一般流程(步骤)包括哪些具体环节？

8. 碳酸盐岩储集单元的含义是什么？储集单元划分的依据有哪些？

9. 简述沉积微相研究的基本思路。

10. 测井相分析的主要方法有哪些？

第九章 油气田地下构造研究

为了有效地勘探和合理地开发油气田，除了研究油气层外，还需要正确地、详细地认识油气田地下构造特征。对于已发现的油气田而言，油气田地下构造的研究成果是油气藏评价、油气储量计算、开发设计和动态分析的重要地质依据。因此，搞清地下构造的现状具有重要的现实意义。

第一节 油气田地下构造的研究内容及方法

一、油气田地下构造的研究内容

世界上所发现的油气田大多都与构造有关。在含油气盆地内，构造活动通过对沉积环境的控制，影响盆地内生储盖层的发育和演化、圈闭的形成和保存，为油气聚集提供场所和条件；古构造应力场则影响和控制着地质历史中油气的运移和聚集规律。油气藏局部构造形态及特征、断层的封闭性等还影响和控制着生产过程中的油气水分布。因此，无论是油气勘探还是开发，都离不开地质构造的研究。

油气田勘探阶段，油区构造分析是含油气盆地研究的重要内容，其研究内容包括环境背景分析、形态特征分析、盆地坳陷分析、岩浆地热分析、平衡转换分析、系统整体分析、应变应力分析、应力动力分析、发育演化分析和模拟数值分析等十个方面(王桂梁，1989)。

油气田勘探阶段早期，要初步搞清盆地基底结构、盆地基本格局和盆地内构造层序和构造样式，并通过盆地埋藏和沉降史分析，揭示盆地构造成因及其演化，建立构造模式。在此基础上，重点查明二级构造带构造形态和断层分布及其与油气运移聚集的关系。

盆地获得工业性油气流后，油气藏构造描述是地下构造研究的重要内容，主要包括构造位置及其与周围构造的关系、构造形态及构造高点的位置、圈闭范围及幅度、构造内的断层特征及其封闭性、圈闭构造发育史及其与油气聚集的关系等。

油气田投入开发之后，地下构造研究的重点是含油气层系内各细分层的构造形态和低级序断层的精细解释、断裂组合的合理性及断层封堵性、储层裂缝的分布和发育规律等，并建立精细的油气藏构造模型。

二、油气田地下构造的研究方法

在油气田勘探和开发过程中，积累了钻井、测井、地震及开发动态等丰富的基础资料，因资料来源不同，构造研究的手段和方法有所差异。

(一)利用钻井和测井资料研究构造

通过单井及其井间对比分析，能够得到各井的地层垂向层序及其分层数据、岩性特征、层位的重复和缺失、断层断点的位置等资料。利用这些资料不仅可以建立钻井地层剖面，还可以恢复地下构造。在油气田开发阶段，钻井资料较多的情况下，通过钻井剖面的地层对比，可获得油气层细分层系顶底界面的实际高程、起伏情况、岩性变化特征、油气水分布情况、断层落差及断失层位等资料(图 9－1)。

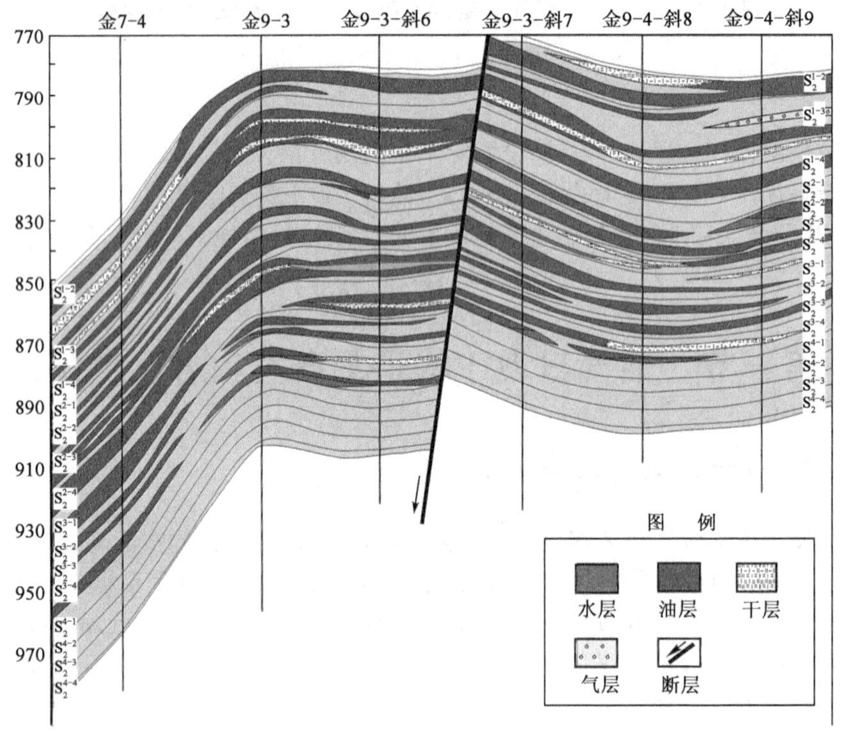

图 9－1　金 9 断块油藏剖面示意图

在地层倾角测井资料丰富的地区,还可以利用地层倾角测井矢量图,通过绘制倾角与倾斜方位关系图、倾角与深度关系图、方位角与深度关系图、施密特图和方位频率图等研究地下地质构造。在没有断层的情况下,可以认为存在七种基本构造,即水平层、低倾角单斜层、高倾角单斜层、无倾没褶皱、倾没褶皱、双倾没褶皱和圆形穹隆(图 9－2)。除水平层外,对每种构造都可以找出构造变动最大方向(T)和最小(L)方向,它们一般互相垂直。在有断层的情况下,可以认为在断面上、下分别有不同或相同的构造,而在断层面附近的则属于局部变形。

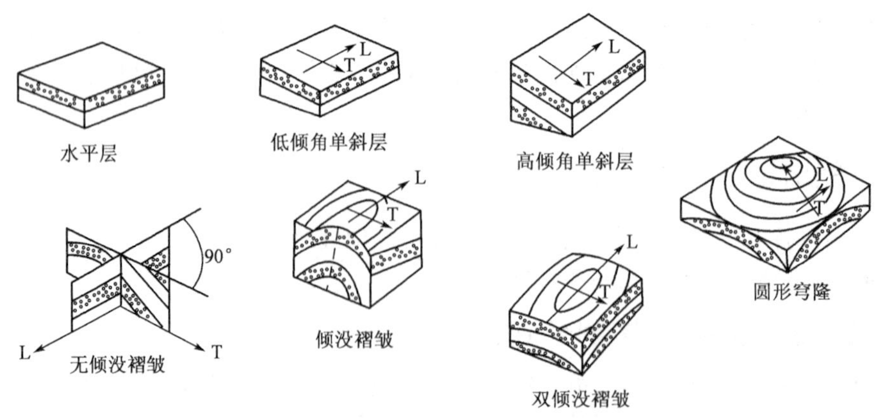

图 9－2　七种基本的构造类型(据 Bengson,1981)

(二)利用地震资料研究构造

地震勘探就是利用地下介质弹性和密度的差异,通过观测和分析大地对人工激发地震波的响应,推断地下岩层的性质和形态的地球物理勘探方法。地震勘探主要包括三个环节,即地震资料的野外采集、室内数字处理、地震资料解释。地震资料解释又可分为构造解释、地层岩性解释和开发地震解释(油藏精细描述、储层参数预测及油藏动态监测等)。其中,构造解释是整个地震资料解释工作中的重点和基础,地层与岩性解释、储层与含油气性预测等一般都是在构造解释工作之后进行的。

构造解释通常分为二维地震解释与三维地震解释。

二维地震解释是指面向地震测线的解释工作(图 9-3),通常在反射层位标定的基础上,进行层位追踪对比、断层和不整合等地质现象的解释,并通过各个方向剖面的闭合解释和综合分析,获得地下构造剖面图或构造图。二维地震解释广泛应用于油气勘探的早期。

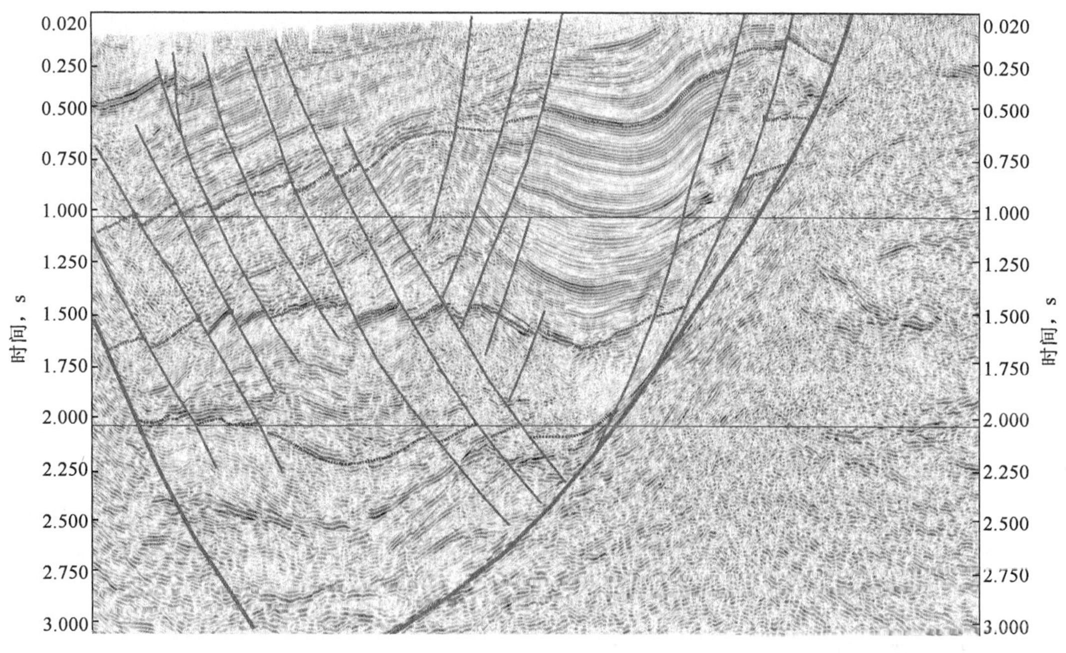

图 9-3　二维地震解释剖面

三维地震解释是面向三维数据体的解释工作,主要通过工作站的三维可视化技术、地震资料空间自动追踪技术和相干数据体断层自动解释技术实现三维空间的立体解释,并通过速度资料时深转换获得三维立体构造图(图 9-4)。它具有解释精度高、速度快、构造细节描述清楚等特点,在油气田评价、开发和生产中起着重要作用。

(三)利用动态资料研究构造

生产过程中可以获得井下地层的含油气水情况以及井间油水动态等资料。应用这些资料,既可以检验构造研究的成果,又可为构造研究提出问题,如断层连通与否、分层是否正确、构造形态有无局部变化等,以使配合其他资料精细准确地解释地下构造。这在注水开发的油田中作用尤为明显。

以上各种研究手段所获得的资料途径不同,其构造解释成果的精度就存在差异。地震资料具有完整、齐全及连续的特点,但准确性较差,必须通过实钻井的标定和校正,才能较真实地

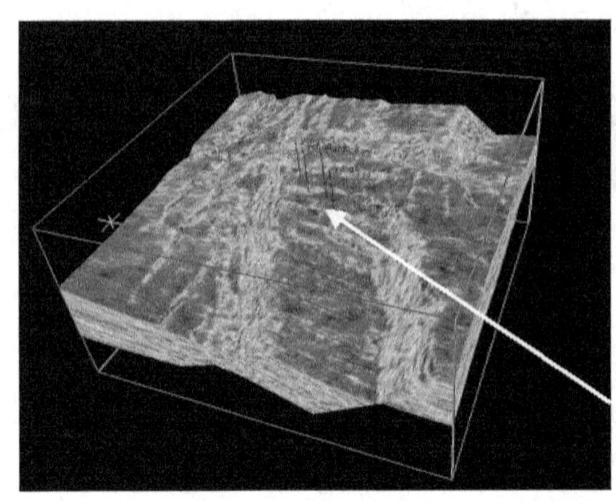

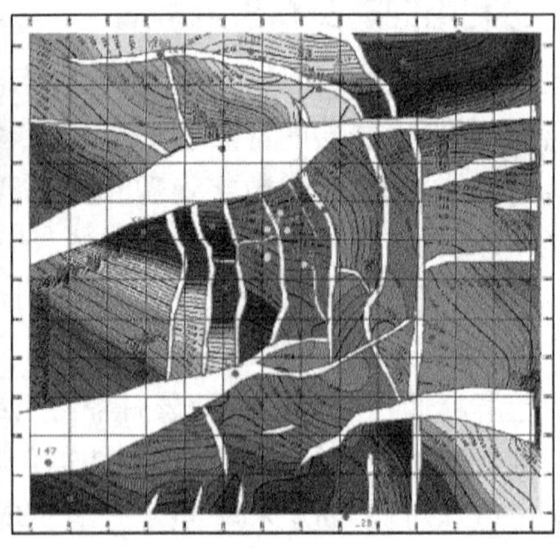

图 9-4　永辛水库三维资料精细全三维解释示意图(据李阳,2007)

反映地下构造特征。钻井资料准确可靠,但在勘探初期,因打井少,资料的控制点不足,常会降低井间构造的可信度。油藏动态资料能够反映井间构造的细微变化,但要求较高的井网控制程度和长期的开发实践积累。因此,油气田地下构造研究中,必须强调多种信息和手段的综合应用。通常在钻井资料较少的新盆地、新探区或详探区,采取以地震资料为主结合钻井资料的构造研究方法;在已投入生产的开发区,采用以密井网资料为主参考地震资料或动态资料的构造研究方法。

第二节　断 层 研 究

油气勘探和开发实践表明,国内外的许多油气田断层都非常发育,这些断层把油气田地下构造切割成若干断块,不同程度地控制和影响油气的富集、分布,使各断块间的油、气、水性质有所差异,油气田开发中地下油水运动规律也因断层的存在而不同。为了合理有效地开发油气田,必须详细研究地下断层性质、延伸状况、形成时期及其对流体的封闭性等问题。因此,断层研究是油气田地下构造研究的重要内容之一。

一、井下断层的识别

在油气田地下构造研究中,可以根据与断层共存的各种标志在钻井、地球物理测井及试采等资料中的反映,识别地下断层,并预测可能钻遇的断层。已投入开发的油气田,有大量的开发井资料(包括测井和动态资料),通过单井的构造现象与多井的横向对比追踪相结合,能够识别和精细解释断层,特别是低级序断层,为搞清断层性质、延伸状况及其对流体的封堵情况奠定基础。

(一)井下地层的重复与缺失

将单井的综合解释剖面与该区的综合柱状剖面对比,可以确定井剖面上地层的重复或缺失。在地层倾角小于断层面倾角的情况下,钻遇正断层地层缺失,钻遇逆断层地层重复;反之,当地层倾角大于断层面倾角且两者倾向一致时,钻遇正断层地层重复,钻遇逆断层则地层缺失。如图 9-5 所示,地层倾角小于断层面倾角,B 井是钻遇全部地层(1～8)的正常地层剖面;而 A 井与正常剖面相比,缺失 5 层中下部至 4 层,可以判断 A 井钻遇了正断层;C 井与正常剖面对比，5 层下部、4 层及 3 层上部重复出现，可以判断 C 井钻遇了逆断层。

依据井下地层重复与缺失识别断层时，必须特别注意区别下面几种情况：

(1)当地下构造为倒转背斜时，也可以造成单井剖面的地层重复，如图 9－6 所示，但它与逆断层引起的地层重复是有区别的。倒转背斜造成的重复地层的层位是由老到新、对称重复，而逆断层引起的地层重复是层位由新到老、不对称重复。

A
B
C
6
5
4
3
2
1
8
7
6
5
4
3
2
1
5
4
3
2
1

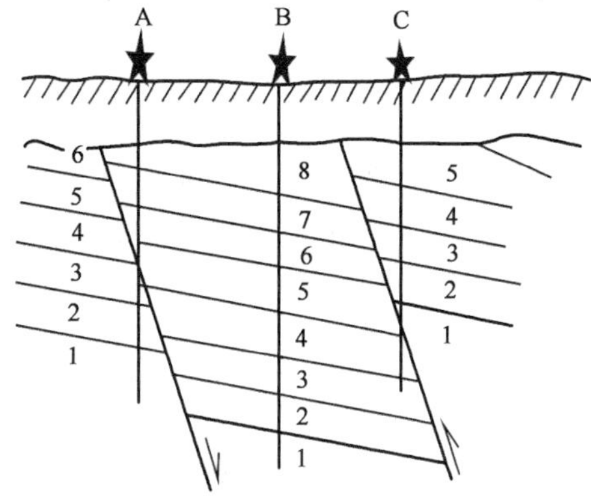

图 9－5　断层造成井下地层缺失及重复示意图
图中数字为地层编号

4
3
2
1
2
3
4
5

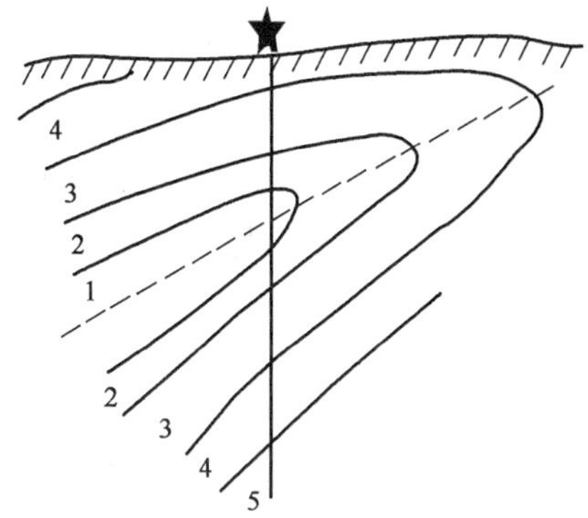

图 9－6　地层倒转在井剖面上的地层重复
图中数字为地层编号

(2)不整合也可以引起地层的缺失。沉积时地层超覆引起的不整合，在单井剖面的缺失层段以下出现比正常剖面更老的地层，由此可以与正断层造成的地层缺失相区别。

仅仅从一口井的地层缺失来区分是正断层还是不整合面是相当困难的，需要进行全面细致的对比分析，特别要研究区域地层剖面。不整合具有区域性，常伴有古风化壳、粗碎屑岩等特征；而断层则只是在钻遇断层的井才出现地层缺失，并且沿断层倾斜方向，各井钻遇断层的深度和缺失层位均不断变化，并伴随有牵引、摩擦、挤压等现象及破裂作用。

如图 9－7 所示，1 井地层正常，2～4 井缺失地层。由 A_2 到 C_2，逐渐变新，钻遇缺失地层的井深也是逐渐减小，表明是正断层造成的结果。

钻遇不整合时地层层序如图 9－8 所示，图中各井钻遇 E、D 层，1 井地层层序完整，2 井缺失 C 层，3 井缺失 B 和 C 层，4 井缺失 C 层，可见都缺失同一地层 C 或更老的 B 层，这是剥蚀强度不同所致。D 层则分别覆盖在 C、B、A 各不同层位之上。在区域性地震剖面或构造剖面上，断层与不整合是不难区别的。

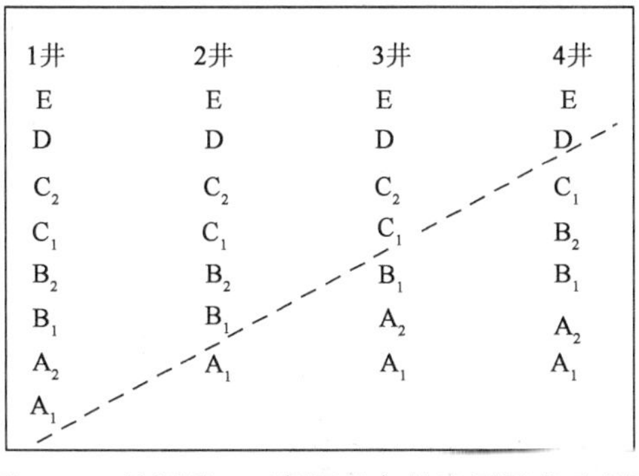

1井
E
D
C_2
C_1
B_2
B_1
A_2
A_1
2井
E
D
C_2
C_1
B_2
B_1
A_1
3井
E
D
C_2
C_1
B_1
A_2
A_1
4井
E
D
C_1
B_2
B_1
A_2
A_1

图 9－7　钻遇同一正断层的各井地层层序示意图

1井
E
D
C
B
A
2井
E
D
B
A
3井
E
D
A
4井
E
D
B
A

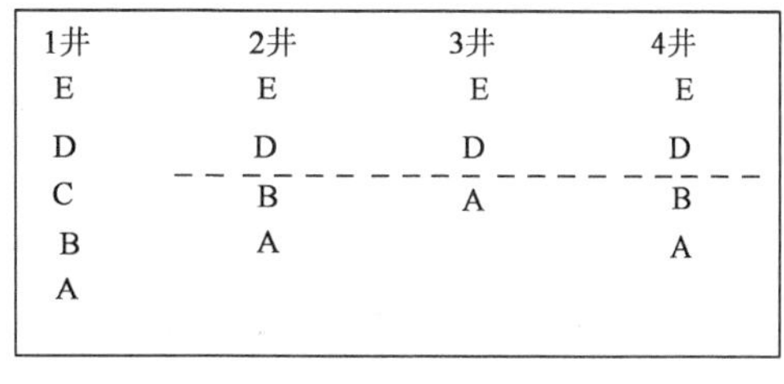

图 9－8　钻遇不整合面时各井地层层序示意图

(二)非漏失层发生钻井液漏失和意外的油气显示

钻井时，倘若在渗透性很差或致密的岩层中，突然发生钻井液漏失现象，或者在不该有油气显示的地层中出现了油气显示，都说明可能钻遇断层。

(三)近距离内标准层的标高相差悬殊

当近距离内相邻两口井并未钻遇断层，但发现标准层的标高相差悬殊，这种不正常的现象可能预示着相邻井间存在着未钻遇的断层，如图 9-9 所示。

值得注意的是，如钻遇单斜或背斜一翼的挠曲，构造产状剧变也会引起类似现象，应参考地震、区域地质构造特征等资料进行综合判断。

(四)近距离内同层厚度突变

单一岩性的层段，由于断层的影响，将会产生相邻井钻遇同层厚度突变。在钻遇断层的井中，同层厚度有增厚或减薄的现象，如图 9-10 所示。这种现象实际上是断层造成部分层段缺失或重复引起的，本质上与第一个标志相同，通过地层的细分和对比，可以判断出断层。

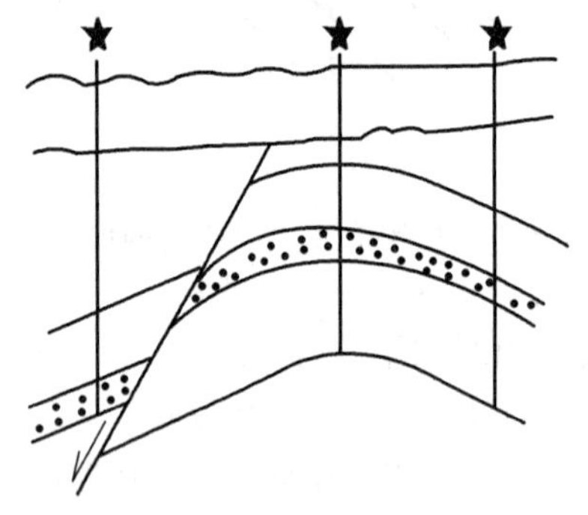

图 9-9　断层引起的标准层标高相差悬殊示意图

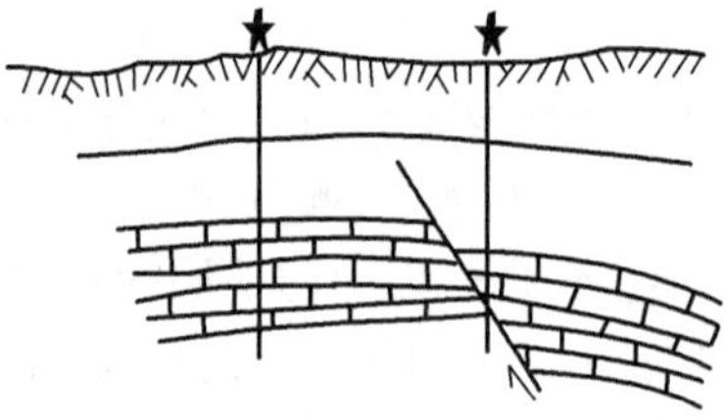

图 9-10　因断层而出现的同层厚度异常示意图

应当指出，沉积时的古地形起伏，也能引起同层厚度的突变，可通过古构造超覆特点的分析，把它们区别开来。在河流相沉积发育区，亦可以引起同层厚度突变现象。

(五)短距离内同一油气层内流体性质、折算压力和油(气)水界面有明显差异

断层把油层分割成为互不连通的断块，各断块的油气藏形成和保存条件不同，如图 9-11 所示，使同层流体处于不同的地球化学条件下，造成流体性质上的差异。或者，由于断层的切割作用，断层两侧的油层处于不同深度，互不连通，形成各自独立的压力系统，使断层两侧油气藏的折算压力和油(气)水界面有明显的差异(图 9-12)。

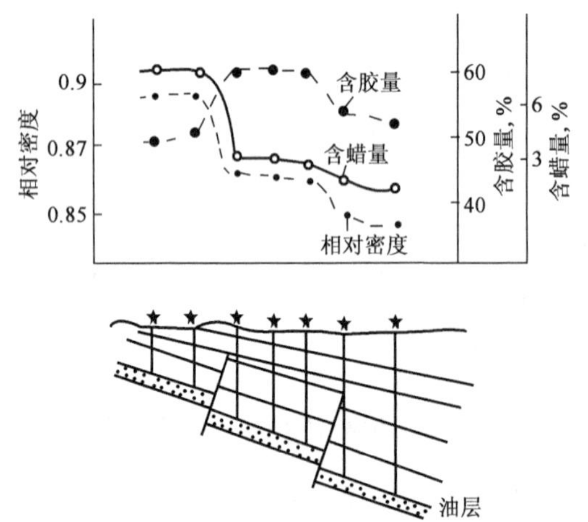

图 9-11　断层引起原油性质变异示意图

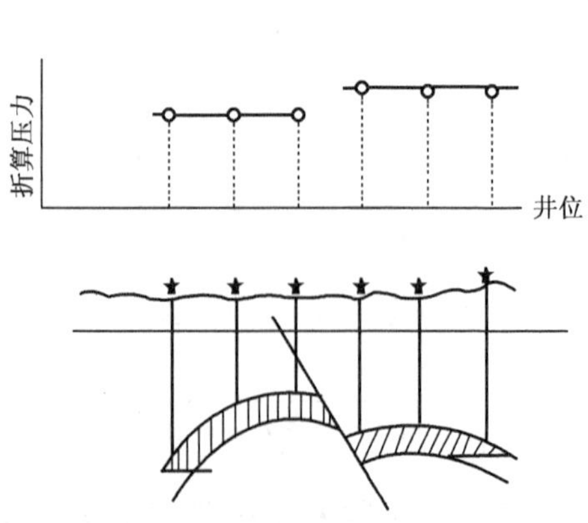

图 9-12　断层造成折算压力差异示意图

(六)地层倾角矢量图上有特殊显示

由于构造应力的作用，通常在断层带附近发生牵引现象，使局部地层变陡或变缓，在倾角矢量图上形成红色、蓝色模式；或者使岩石破裂，在断层面附近形成破碎带，在倾角矢量图上呈现杂乱模式或空白带。断层上下两盘地层产状的变异，在倾角矢量图上也有明显差异。因此，根据倾角矢量图的变化特征，可以比较准确地确定断点的位置。在资料完好的情况下，还可以确定断层的走向以及断层的产状，如图 9－13 所示。

利用地层倾角矢量图判断断层的最大优点是直观、简便，只需要一口井的资料即可，尤其是在测井曲线对比难以确定断点的具体位置时，它可以指出断点的确切位置，这对一个新探区的第一口井来讲更为重要；缺点是当断层两盘地层产状一致而又无牵引现象存在时，断层在倾角矢量图上无明显反映。

在油气田开发地质研究中，经常利用钻井信息和断层在地震剖面上的反射特征来解释并判断井下断层，以便准确、可靠地识别和解释断层。

二、井下断点的确定与井间断点的组合

(一)井下断点的确定

当确定地下存在断层之后，就要进一步确定断点在井剖面上的位置和断距大小。在钻井地质剖面上确定断点时，首先要将该井剖面反复地与正常剖面逐层进行对比，逐渐缩小断点可能出现的范围。最后在可能存在断点的范围内，根据对测井曲线、岩性变化、钻时录井等资料的仔细分析，确定出断点的具体位置及重复或缺失的地层厚度。

如图 9－14 所示，乙井是正常剖面，甲井剖面中的 D_1、D_2、E、F 重复出现，表明该井钻遇了逆断层。断点位置在第一次出现 F 层的底界，即地层开始重复处，井深为 851m。从断点处到重复出现 F 层底界之差便是重复地层厚度，为 27m，如果是铅直井，此厚度就是地层的铅直断距。正断层断点的确定方法与此相同，缺失层段的起始点即为断点，如果是铅直井，缺失层段的厚度为铅直断距。

(二)井间断点的组合

确定了单井剖面中的断点位置、断层性质及铅直地层断距之后，便可进一步对各井中的断点进行分析研究。找出各井中钻遇同一条断层的各个断点，把这些断点联系起来，全面地研究整条断层的特征，这项工作称为井间断点的组合。

1.断点组合的一般原则

在组合井间断点时，应遵循下列基本原则：(1)各井钻遇同一条断层的各个断点，其断层性质应该一致，断层面产状和垂直断距应大体一致或有规律地变化；(2)经组合后的断层，同一盘的地层厚度不能出现突然变化；(3)断点附近的地层界线，其升降幅度与铅直断距基本符合，各井钻遇断缺层位应大体一致或有规律地变化；(4)断层两盘的地层产状要符合构造变化的总趋势。

2.断点组合方法

(1)当有地层倾角测井资料时，用其确定各个断点断层面的走向和倾向后，就可以按上述原则对各个断点进行组合。

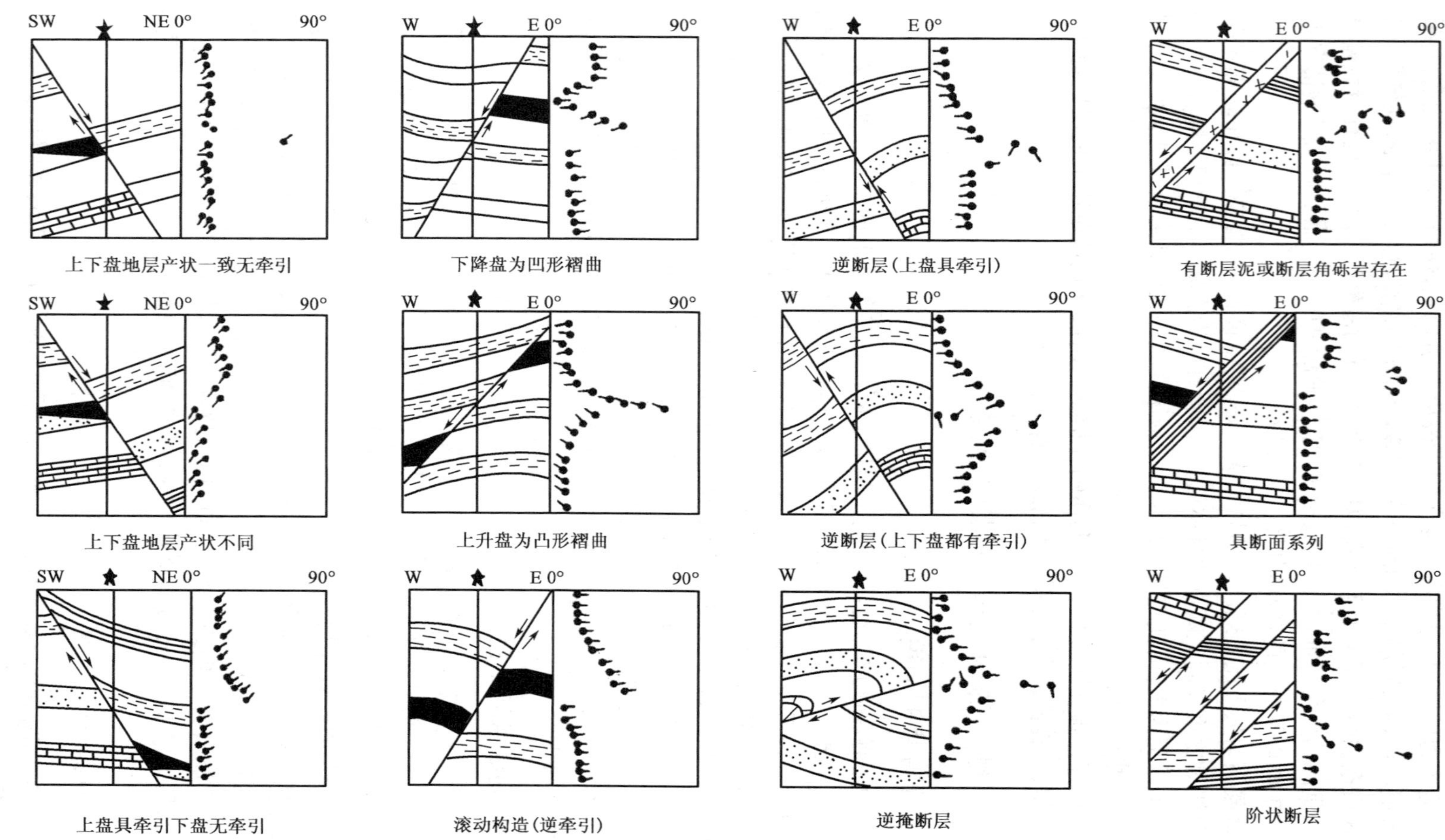

图9-13 不同类型断层的倾角矢量特征图(据Schlumberger,1970)

(2)如果没有倾角测井资料，为了避免将具有相同走向、倾向但又不属于同一条断层的诸断点错误地组合在一起，最好是通过尽量多的井，应用各井的分层数据和断点资料作一系列纵、横剖面图，使同一断点至少能通过两条剖面进行组合。在钻井较少的地区，可以利用地震资料，识别并组合断点。值得注意的是，同一条断层在不同方向剖面中的同一井点，其产状应该是不变的，不应出现在一条剖面上向东倾而在另一条剖面上向西倾的现象。

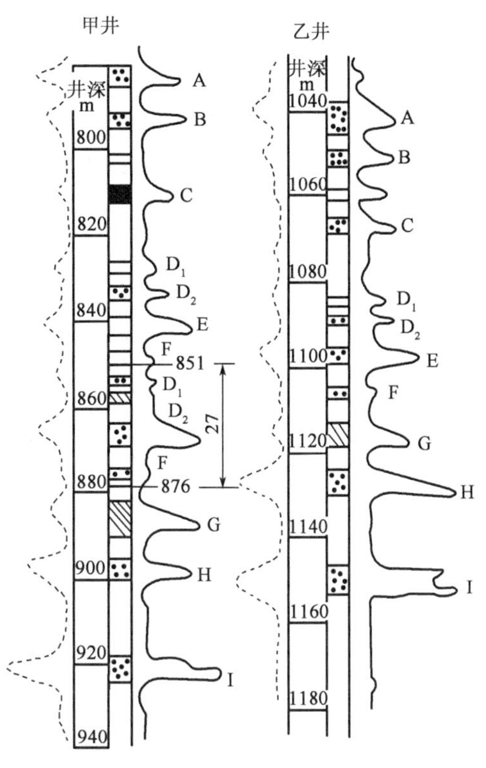

图 9-14 断点的确定

(3)在断层彼此交叉的复杂地区，一口井往往会钻遇多条断层，具有多个断点，这时应该绘制断面等值线图来组合断点。一般先从远离复杂区的单断点区编制断面等值线图，获得其产状要素后，再根据已知的走向、倾向、倾角和断距等资料向复杂区延伸，把多断点区分开来，进而作出各条断层的断面等值线图(图 9-15)。

在地下构造复杂的地区，井下断点多，断点组合往往具多解性，需要综合分析各项资料，互相验证，找出较合理的断点组合方案。为此，首先应将断面等值线图、构造剖面图和构造草图互相验证，同时还应参考地震资料、油气水分布情况及动态资料来验证断点组合是否正确。

三、断面构造图及断层线图的编制与应用

断面构造图又称断层面等高线图，它是以等高线表示断层面起伏形态的图件。断面构造图可以使人们直观形象地了解地下断层的产状要素及其变化情况、断层的延伸范围及断层对地层的切割关系等。此外，断面构造图还可以用来检验断点组合是否正确。

编制断面构造图的原始资料是各井钻遇同一条断层的断点标高和井位图。作图一般用三角网法，有时也用剖面法。

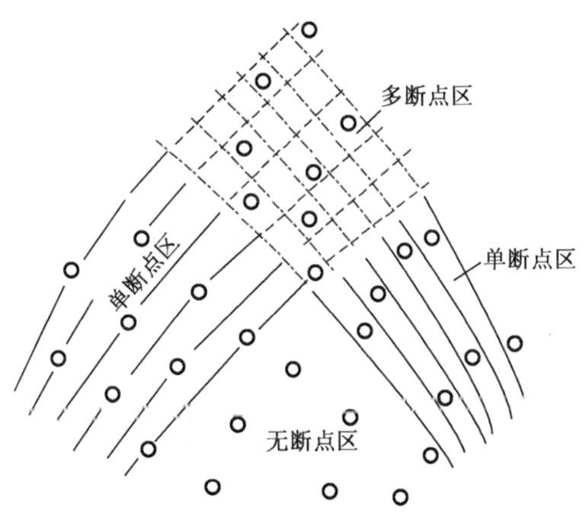

图 9-15 利用断面等值线组合断点示意图

图 9-16 是根据某区块中 29 口井的断点资料编制的断面构造图。从图上可以看出，这是一条正断层，其西段走向为北西—南东向，东段渐变为近东西向，总的断层面倾向南西方向。由断层面等高线疏密变化情况来看，断层西段断面倾角较缓，向东有变陡的趋势。与构造等高线图一样，从图中可求得断面的产状如走向、倾向、倾角。

将断面构造图与油层构造等值线图重叠，把相同数值的等高线的交点相连，即得到构造图上的断层线位置，如图 9-16 所示。图中四条粗线为断层面与上、下盘含油层系顶底界面的交线即断层线，它清楚地反映出整个含油层系顶、底面被断开的具体

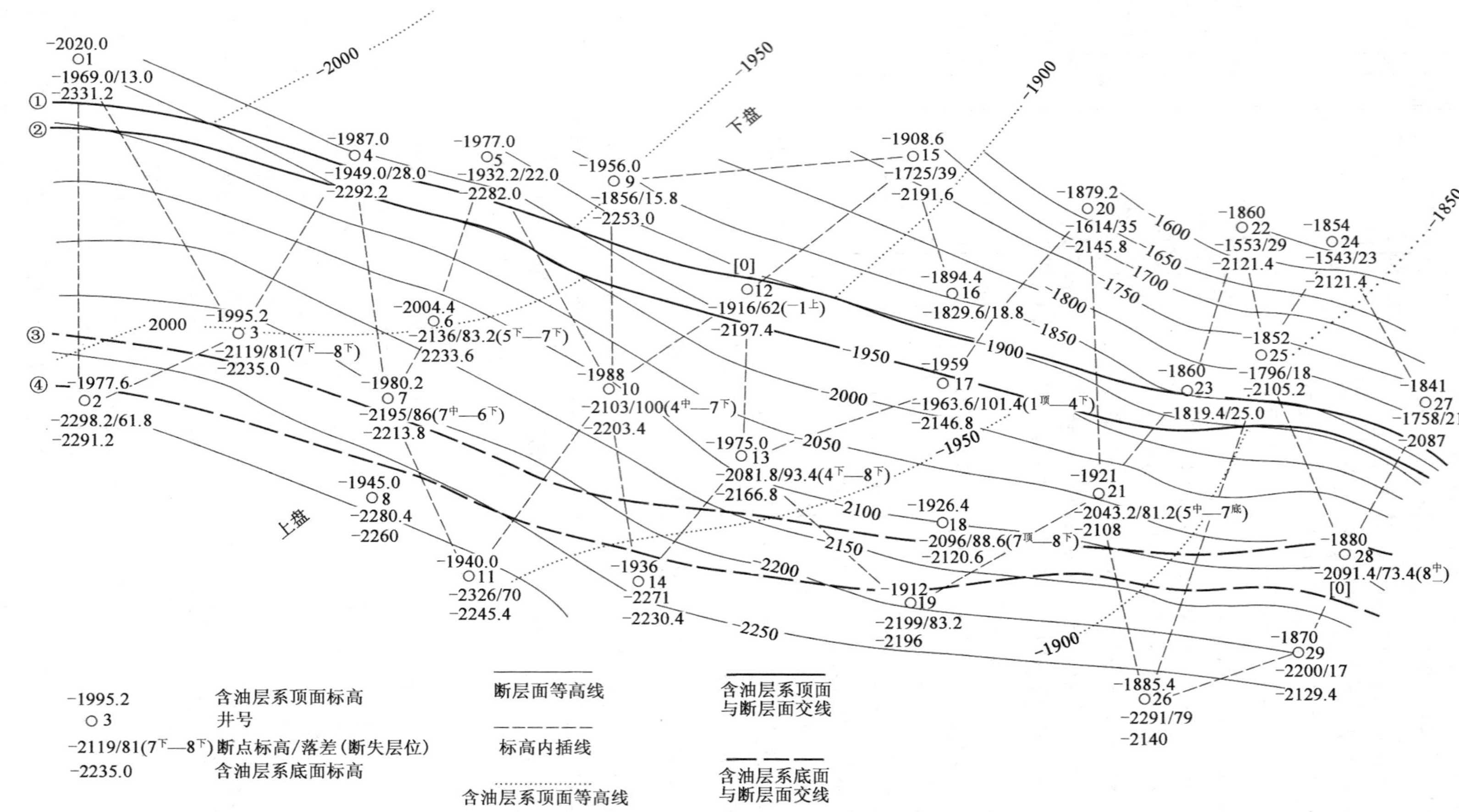

图9－16 编制断层面图及确定含油层系顶底界面与断层面交线图

位置、水平距离和断层带内油气层的缺失情况。断层线①以北下盘油层完整；断层线②～③的区域，下盘油层逐渐缺失完毕，而上盘油层从顶部到中部缺失减少；断层线④以南，上盘油层完整无缺。

在断层附近布置开发井时，还可单独编制断层线图，指出整个含油层系及其各个油层组的顶底界面被断层断开的具体位置，以及同一油层被断层断开的水平位移。断层面与含油层系内各个油层组的顶底界面的交线，根据各油层组的厚度分布，在含油层系顶底界面与断层面的交线之间进行内插获得。

四、断层形成时期和发育历史的研究

断层形成的相对时期是根据被它切割的地层、岩体的时代关系来确定的。断层总是形成于被错断的最新一套地层时代之后。这对于确定一次性断裂活动产生的断层的形成时期是适用的方法，但对于同生断层就显得太笼统了。同生断层是沉积盆地发育过程中边断裂、边沉降、边沉积形成的，因而，其发育与油气的生成、运移和聚集有密切关系。研究它的发育史有助于油气的勘探和开发。

同生断层在我国东部油区特别发育，虽然它的成因是多方面的，但其共同特征为：断层下降盘地层厚度明显增大，落差一般随深度增加而增大。同生断层的活动可根据断层两侧同层厚度的变化来研究。若断层两侧同层厚度发生明显变化，表明断层在该层沉积时期是活动的。地层沉积期间断层的垂直位移（古落差）大约等于断层两侧的地层厚度之差。

同生断层的活动强度通常用“生长指数”来表征：

$$\text{生长指数}=\frac{\text{下降盘地层厚度}}{\text{上升盘地层厚度}}$$

生长指数小于或等于1时，表明断层停止活动，或无断裂活动；生长指数大于1时，表明断层发生或有断裂活动。生长指数越大，断裂活动越强烈。对沉积盆地中同生断层发育史的研究，应首先研究一条断层的发育过程。在横切同一条断层的各个剖面上，统计各个时期的生长指数，将发现，断层的不同位置、开始断裂的层位及活动强度（生长指数的大小）是不同的。通常，一条大断层的发展是具方向性的，是多次活动完成的。这就是说，它是在受应力最大的部位开始破裂，然后逐渐延伸。随着应力的减小，开始断裂的层位变新，生长指数变小，直到逐渐消失。

在研究多条断层的发育过程和分布特征的基础上，便可以提高对沉积盆地构造运动规律的认识。这有助于阐明断块圈闭的形成及断块油气藏的成因与分布特征，从而指导勘探和开发油气富集的断块。

五、断层封闭性的研究

断层是控制油气分布的重要因素之一。有些开启性断层成为油气运移的通道或注水开发时的水窜通道；有些封闭性断层能阻挡油气运移，成为聚集油气的条件。换言之，封闭性断层是断层油气藏的重要组成部分，是控制断层油气藏含油范围和油气藏高度的重要因素，也是控制油气富集程度的主因。因此，从不同方面，利用不同资料，研究断层封闭性，对勘探和开发实践有着非常重要的意义。

从本质上来说，断层的封闭能力取决于断层面两侧岩层和断面物质的排驱压力。当断层两侧岩层的排驱压力相同或接近时，该处断层是不封闭的；反之，若断层两侧岩层的排驱压力差别很大，该处断层是封闭性的，且排驱压力差值越大，断层封闭性能越好。陆相碎屑岩中常见此类断层封闭形成的油气藏，断面两侧岩层呈“砂岩不见面”对置关系。如果断面物质的排驱压力大于断面两侧岩层的排驱压力，断层是封闭的；反之，断层就是开启的。断裂带内泥岩涂抹封闭、颗粒碎裂封闭及成岩封闭等，均属于断面物质具有高排驱压力而形成的封闭条件。

因断层封闭性受多种地质因素控制，其研究方法也较多，具体见表9-1。

表9-1　断层封闭性主要研究方法归纳表

研究内容及研究方法	适用条件
断面两侧的岩性条件：利用地震、测井及测试等资料，查明断层两侧岩性的对置情况及其渗透性	常用于资料少的新探区；定性判断断层封闭性
断层的力学性质：利用地应力大小、方向及地震数据等，分析断层面受力情况，比较分析断层面承受正应力与岩石强度的关系	有一定数量的探井，且有地应力测试数据；可定量评价，但其精度一般
断层面及两侧岩层的排驱压力：利用岩心、测井及地震资料，建立不同埋深、不同岩性的排驱压力图版，分析油气柱封闭高度	岩心较多的地区；可操作性不强
断裂带内充填物质：分析充填物的岩性、物性及成岩改造情况，求取泥岩沾污因子，判断泥岩沾污带的连续性及封闭能力	井资料较多的开发区块；定性、定量相结合评价
单井断点的测井信息特征：主要利用各类单井测井资料，分析断点附近的测井响应信息，判断断层的封闭性	单井钻遇断层的地区；可定性或定量评价
钻井过程中显示特征：利用钻井参数及油气显示等录井资料，判断断层的封闭性	正钻井的断层识别及封闭性分析
断层两盘的流体性质及分布特征：分析断层两盘流体性质及油水界面高度差异，判断断层的封闭性，其结果应受动态资料的检验	探明油水界面或已获得流体性质
井间动态监测：利用多井不稳定试井、井间示踪剂测试、产吸剖面联动分析、注采井收效分析等，判断井间断层连通情况，落实断层封闭性	已进入开发中后期的区块

第三节　油气田地质剖面图的编制

油气田地质剖面图是沿油气田某一方向切开的垂直剖面图，如图9-17所示。剖面方向垂直于油气田构造轴线的称横剖面图，平行于构造轴线的称为纵剖面图。它们可以反映油气田的构造情况、地层接触关系、岩性和厚度变化以及油气水的纵横向分布状况。

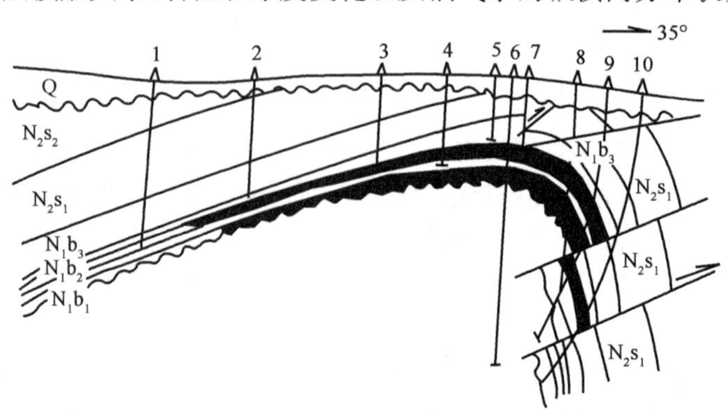

图9-17　油气田地质剖面示意图(据张万选等，1981)

一、资料的准备和比例尺的选择

编制油气田地质剖面图主要靠钻井获得的录井与测井资料，有时也参考地震资料。编图前需要准备的资料如下：

(1)井位图(或井距数据及井间相对位置的资料)；

(2)井口海拔数据(一般旋转钻指转盘补心海拔)；

(3)各井分层厚度、岩性、接触关系资料；

(4)各井含油气井段数据；

(5)各井断层数据，包括断点位置、断层落差、断失层位等。

在编制油气田地质剖面图之前，还要确定适当的作图比例尺。一般情况下，油气田地质剖面图的比例尺与油气田地质图、构造图的比例尺一致，特殊情况下也可以适当放大。

二、剖面位置的选择

为正确地反映地下地质构造情况并满足生产的需要，通常要在井位图上选择剖面方向和位置(图 9-18)，主要从以下四方面考虑：

(1)剖面线应尽可能垂直于地层走向，或垂直于(或平行于)构造轴向，以便真实地反映地下构造；否则，反映出来的地层倾角和厚度不真实，构造形态也将被歪曲。

(2)剖面线应尽可能穿过更多的井，以便提高剖面的精度。

(3)剖面线应尽可能均匀地分布，以便全面了解油气田构造情况。

(4)剖面线应选在需要了解构造细节的部位，并通过新拟定的探井井位。

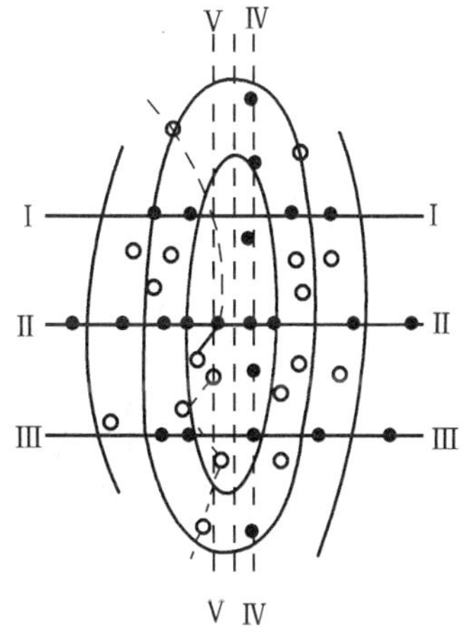

图 9-18　剖面方向选择示意图

三、井位校正

由于地形或不同井排的生产井彼此错开等因素的影响，无论剖面方向选取得怎样合理，也总会有一部分井不在剖面线上，而是分散丁剖面线附近。为了提高剖曲的精度，充分利用剖面线附近的井资料，就需要把剖面附近的井移到剖面线上，这就是所谓的剖面井位校正。实际工作中，根据不同情况，可采取以下两种不同的校正方法。

(1)当剖面线垂直于地层走向与地层走向斜交时，位于剖面附近的井，应沿地层走向线方向投影到剖面线上。如图 9-19 所示，2、3 井沿着地层走向线(构造等高线)移到剖面线上，校正前后井位标高不变，能正确反映地下构造形态[图 9-19(b)]；如果把 2、3 井垂直投影到剖面线，则 2、3 井的高程被歪曲，导致有断层存在的错误结论[图 9-19(a)]。

(2)当剖面方向与地层走向平行或近平行时，应垂直于走向线(倾向)移动井位[图 9-20(a)]并进行标高校正。校正公式为

$$x = L\tan\theta \qquad (9-1)$$

式中　x——投影后的标高校正值；

L——投影前后两井位之间的距离；

θ——地层倾角。

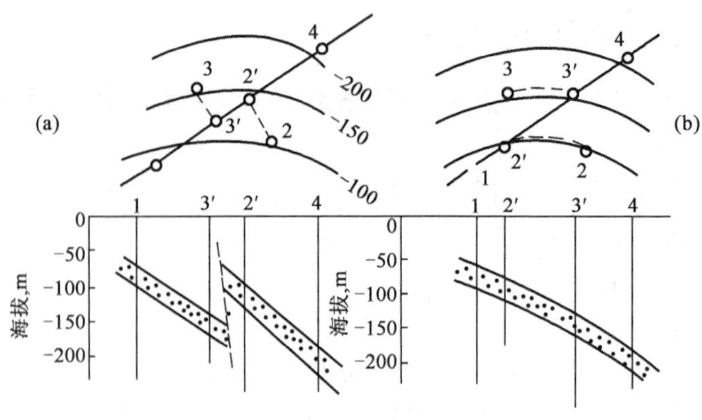

图 9-19 井位校正示意图

等值线单位为 m

如图 9-20(b)所示,2 井沿地层下倾方向垂直投影到剖面线上 2′井的位置,则 2′井的地层标高为

$$h' = h + x$$

相反,3 井沿地层上倾方向垂直投影到剖面线上 3′井的位置[图 9-20(c)],则投影后 3′井的地层标高为

$$h' = h - x$$

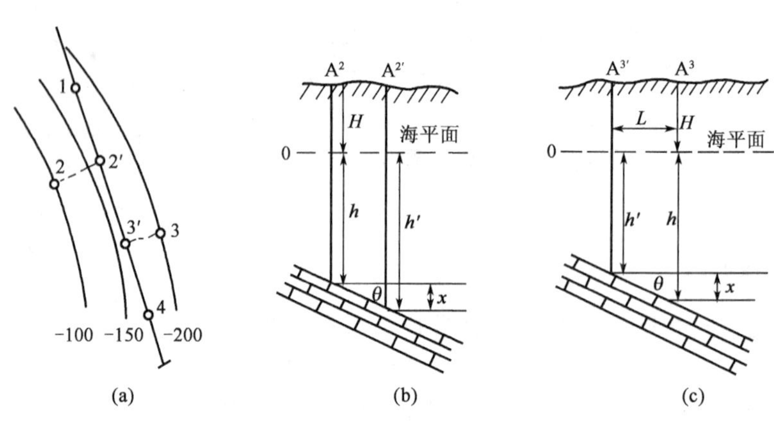

图 9-20 海拔标高校正示意图

等值线单位为 m

四、井斜校正

如果剖面上的井都是铅直井,经过上述准备就可以作剖面图了。但是,由于地层产状、岩石性质及钻井技术措施等的影响,钻井时井身常发生偏斜,有时为了某种特殊的需要钻定向井,如果把弯井当成直井来作剖面图,就会歪曲地下构造形态(图 9-21),因此,在作图之前必须对弯井进行井斜校正。校正法有计算法和作图法两种。

(一)计算法

如图 9-22 所示,L 为任一斜井段长度,L' 为校正到剖面上的斜井段长度,δ 为井斜角,δ' 为校正到剖面上斜井段的井斜角,γ 为剖面方向与井斜方向间的夹角,γ_1 为地层走向与井斜方向间的夹角,γ_2 为地层走向与剖面方向间的夹角。当已知 L、δ、γ、γ_1、γ_2 时,可以计算出 δ' 与 L'。

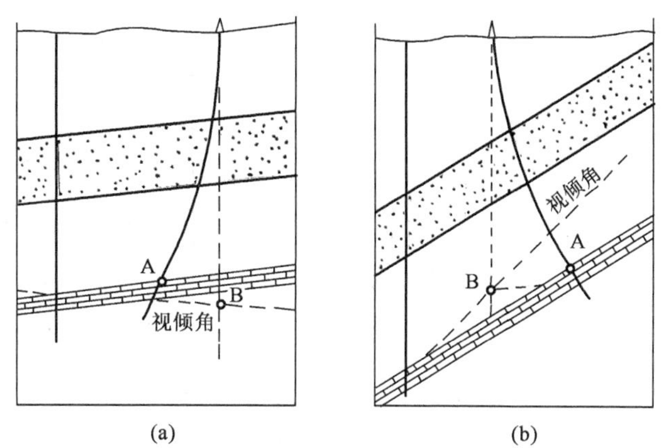

图 9-21　弯井对标准层海拔和地层产状的影响

在△ABD 中，　$BD = AD\tan\delta$

在△ACD 中，　$CD = AD\tan\delta'$

$$\frac{BC}{CD} = \frac{\tan\delta}{\tan\delta'} \quad (9-2)$$

在△BDC 中，　$$\frac{BC}{CD} = \frac{\sin\gamma_2}{\sin\gamma_1}$$

所以　$$\frac{\tan\delta}{\tan\delta'} = \frac{\sin\gamma_1}{\sin\gamma_2}$$

$$\tan\delta' = \tan\delta\,\frac{\sin\gamma_1}{\sin\gamma_2} \quad (9-3)$$

$$\delta' = \arctan\left(\tan\delta\,\frac{\sin\gamma_1}{\sin\gamma_2}\right) \quad (9-4)$$

在△ABD 中，　$AD = L\cos\delta$

在△ACD 中，　$$L' = \frac{L\cos\delta}{\cos\delta'} = L\,\frac{\cos\delta}{\cos\delta'} \quad (9-5)$$

当剖面线垂直于地层走向即 $\gamma_2 = 90°$时，$\sin\gamma_2 = \sin 90° = 1$，$\sin\gamma_1 = \cos\gamma$，所以式(9-3)式可简化为：

$$\tan\delta' = \tan\delta \times \sin\gamma_1 = \tan\delta \cdot \cos\gamma$$

求得 δ'和 L'后，便可在剖面上画出该斜井段的投影。用计算法求 δ'和 L'比较麻烦，目前多采用计算机处理并绘制剖面图。

(二)作图法

利用已知弯井井斜数据，求取斜井段的垂直投影和水平投影后，将斜井段长度直接画在剖面上。由图 9-22 可知，井段长度 $AD = L\cos\delta$，如果能求得 L'在水平方向上的投影 DC，因∠ADC 为直角，很容易算出 L'的长度。求 DC 时，先算出 $BD = L\sin\delta$，然后 D 点不动，将 B 点沿走向方向投影到剖面线上 C 点处，即得 DC。连接 AC 便是 L'。

作图步骤如下(图 9-23)：

(1)设水平线 DM 为剖面线，以 D 为斜井段的起点，过 D 作井斜方向线，并在其上截取 $BD = L\sin\delta$，即斜井段 L 的水平投影 S。

(2)过 B 点作地层走向线与剖面线 DM 相交于 C 点，过 C 点作剖面线 DM 的垂线，并截取

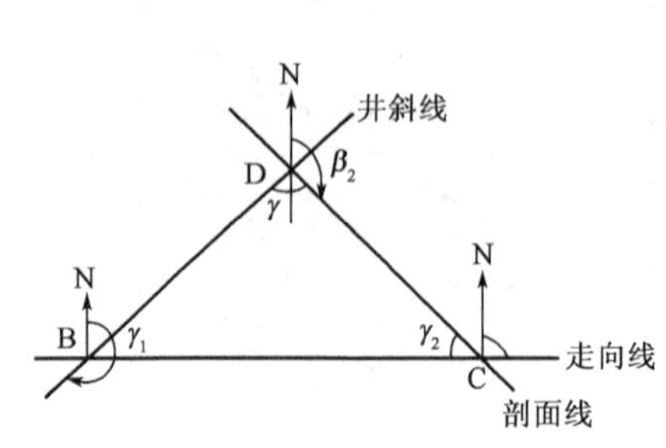

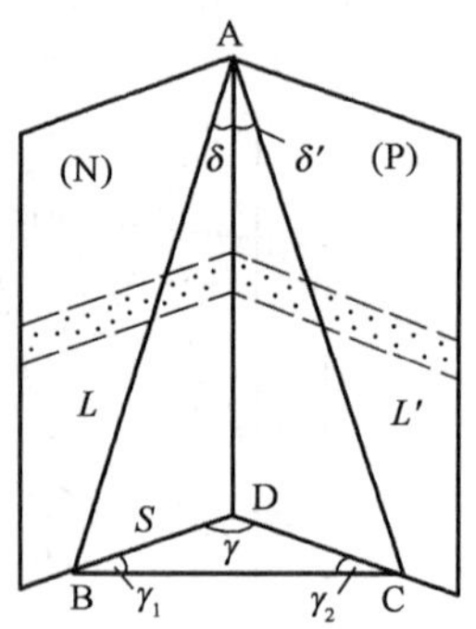

图 9-22 井斜投影示意图

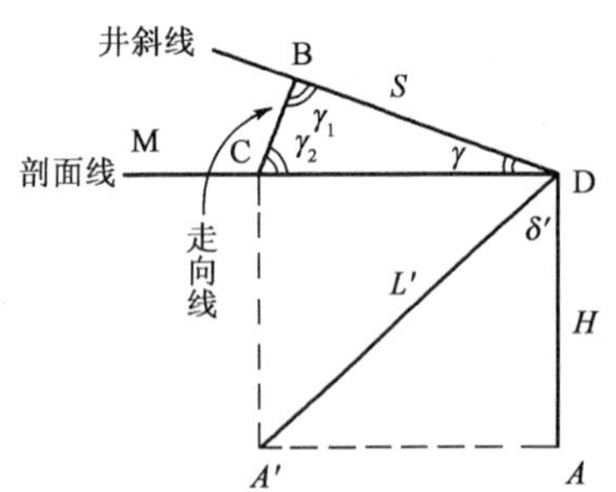

图 9-23 作图法求 δ' 和 L' 示意图

$CA'=L\cos\delta$，即斜井段 L 的垂直投影 H。

(3)连接 DA'，即为该斜井段在剖面上的投影 L'，L' 与 H 之间的夹角（$\angle ADA'$）为投影到剖面上的井斜角 δ'。

以上讨论的仅是一个斜井段的校正方法。一口弯曲井可以看成是由许多直线斜井段组成，从开始弯曲点依次作出各个斜井段在剖面上的投影，就可以把整个弯曲井身投影到剖面上，如图 9-24 所示。

作图步骤简述如下：引任意水平线作为剖面线，在其上找一点作为井点位置。由井点起，作第一斜井段的井斜方位线，并截取相应的水平投影 S_1。从 S_1 的端点起作第二斜井段的井斜方位线，在其上截取相应的水平投影 S_2。依此类推，首尾相接，作出各个斜井段的水平投影。然后，分别通过各水平投影的端点作相应的地层走向线，分别与剖面线相交，过各个交点作剖面线的垂直线，并在其上截取所对应斜井段的垂直投影长度，连接各垂直投影端点，便得到投影到剖面上的弯曲井身。

井孔所钻遇的地层界面、含油气井段、断点位置均可用上述方法投影到剖面上去。

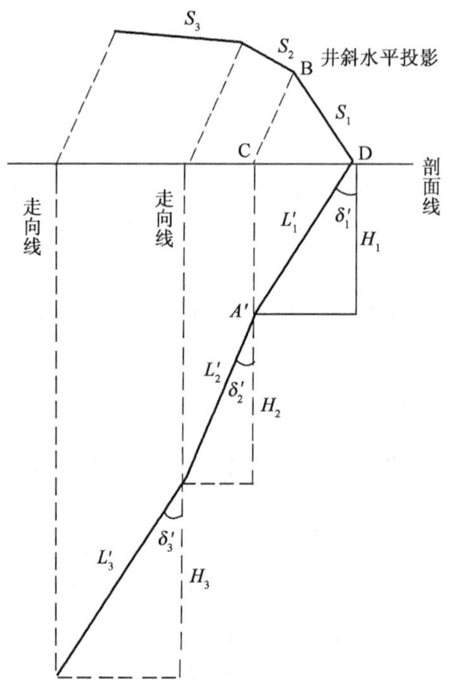

图 9-24 利用作图法将弯曲井身投影至剖面的示意图

五、油气田地质剖面图的绘制与应用

绘制油气田地质剖面图的步骤如下：

(1)把选好的剖面线按规定的比例尺画在绘图纸上的适当位置，并标出海拔零线及纵向比例尺。

(2)把各个井位点标在剖面线上，并按各井井口海拔标高，参照地形图，描绘出沿剖面线的地形线。

(3)通过各井位作剖面线的垂线（直井），或将校正后的斜井段长度画在剖面上，并按海拔高度和纵向比例尺标明各井的地层界线、标准层和断点等。

(4)将各井相同层的顶、底界面连成平滑曲线，把属于同一断层的各断点连成断层线。最后注明各项图件要素。

油气田地质剖面图是重点表征油气田地下构造、地层和含油气情况的基础图件。常根据不同的需要突出主要部分，省掉次要部分，从而编制成不同类型的剖面图，如构造剖面图、地层剖面图、油气层剖面图及岩相剖面图等。

油气田地质剖面图在油田上应用十分广泛。它对分析油气藏类型、油气层在纵向上的分布规律、断层产状、不整合，以及设计新井等都起着十分重要的作用。

第四节　油气田构造图的编制

油气田构造图是表示地下油气层顶、底面或标准层构造形态的等高线图。它是油气田地质研究的成果图，又是油气田勘探开发中新井设计、储量计算、拟定开发方案及动态分析等的重要底图。

一、编制油气田构造图的准备工作

(一)选择制图标准层

用来编制构造图的地层界面称为制图标准层，它应该在全区均有分布，易于从钻井剖面中被划分出来，是一个等时界面。通常选择油气层或油气层附近的标准层作为制图标准层，描绘其顶界面或底界面的起伏特征。除地层油气藏或生物礁块油气藏外，一般不选择不整合面或冲刷面为制图标准层。

(二)弯井地下井位的校正和标高换算

井身的弯曲产生两方面的影响，一是井位的水平位移，二是弯井的井深都大于它的铅直井深。因此，编制油气田构造图时，应该对弯井进行井位校正和标高换算，获得弯井钻达制图标准层时的地下井位和准确的海拔高度，以保证构造图的质量和精度。对弯井的处理，可采用计算法或作图法来完成。

1. 计算法

如图 9－25 所示，取一斜井段的水平位移来分析，它是一个具有长度和方向的矢量。设该矢量为 $\boldsymbol{S}$，在直角坐标中 X 轴上的投影为 x，Y 轴上的投影为 y，则

$$\begin{cases} y = S\cos\beta = L\sin\delta\cos\beta \\ x = S\sin\beta = L\sin\delta\sin\beta \end{cases}$$

式中　L——斜井段长度；

δ——斜井段井斜角；

β——斜井段方位角。

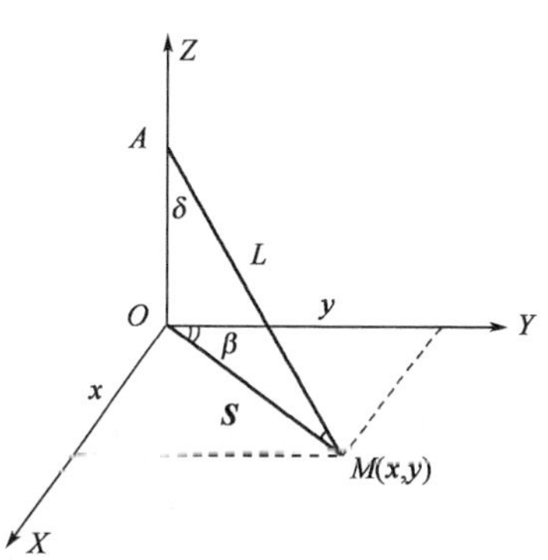

图 9－25　斜井段水平位移在直角坐标中的投影

当求一口弯井的总水平位移 $\sum\boldsymbol{S}$(仍是矢量)时，可根据投影定理，即多个矢量的和在坐标轴上的投影，等于各个矢量在该坐标轴上投影的和

$$x_1 + x_2 + \cdots + x_n = \sum_{i=1}^{n} x_i$$

$$y_1 + y_2 + \cdots + y_n = \sum_{i=1}^{n} y_i$$

由高斯定理求整个弯井的总水平位移

$$\sum S = \sqrt{(\sum x)^2 + (\sum y)^2}$$

由三角关系求弯井总水平位移的方位角

$$\beta = \arctan \frac{\sum x}{\sum y}$$

求得弯井的总水平位移$\sum S$及其方位角β，就可以根据地面井口位置（图 9－26），确定出该井在制图标准层上的位置，即根据地面井位图作出地下井位图。

计算制图标准层的海拔标高，对于铅直井十分简单，只需将补心海拔(k)减去制图标准层顶（或底）界面的井深(h')，就得到制图标准层顶（或底）界面的海拔标高，即 $h=k-h'$，如图 9－27中 1 井情况。

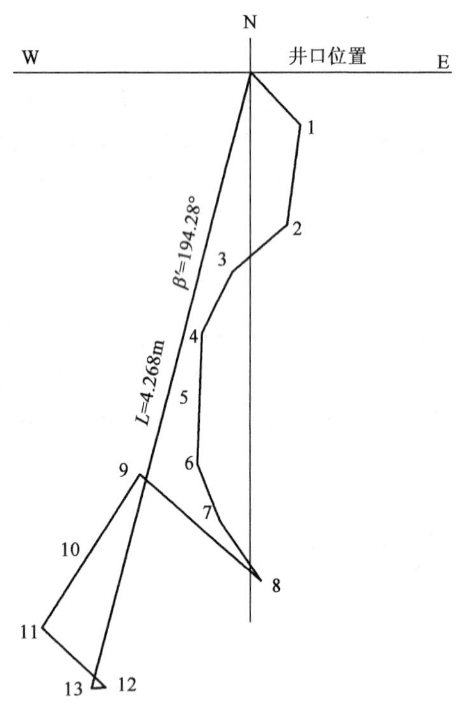

图 9－26　求斜井水平位移距离和方位

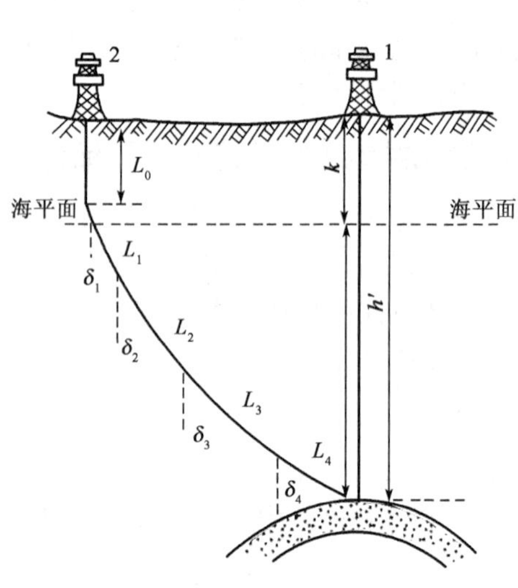

图 9－27　计算制图标准层海拔

对于如图 9－27 中 2 井所示的弯井，则首先求得各斜井段的铅直投影的和，即

$$h' = L_0 + L_1\cos\delta_1 + L_2\cos\delta_2 + \cdots + L_n\cos\delta_n \tag{9-6}$$

制图标准层顶（或底）界面的海拔标高为：

$$h = k - h' = k - (L_0 + L_1\cos\delta_1 + L_2\cos\delta_2 + \cdots + L_n\cos\delta_n) \tag{9-7}$$

式中　$L_1, L_2, \cdots, L_n$——各斜井段长度；

$\delta_1, \delta_2, \cdots, \delta_n$——各斜井段的井斜角。

2. 作图法

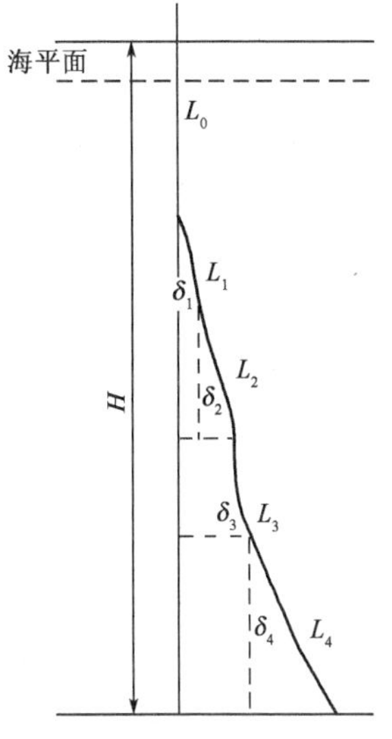

图 9－28　用作图法求弯曲井的铅直井深示意图

首先，求弯井的总水平位移$\sum S$及其方位角β。根据井斜资料先计算出各斜井段的水平位移 $S_i=L_i\sin\delta_i(i=1,2,3,\cdots,n)$，以直角坐标的原点作为井口，从井口依次逐段地根据 β_i 和 S_i 值，连续地画出各斜井段的水平位移，一直作到制图标准层深度为止。将井口与该尾点相连，即为井口到制图层总的水平位移$\sum S$，$\sum S$与正北方向的夹角就是其方位角β。有了$\sum S$和β'，就可以画出在制图标准层上的地下井位，见图 9－26。

其次，作剖面图求弯井的铅直投影井深。如图 9－28 所示，作任意水平线代表海平面，引它的垂直线。根据井口海拔，在垂直线上确定井口位置，并取铅直井段长 L_0，然后根据井斜资料 L_i 和 δ_i，从直井段末端起逐段连续地作出斜井段，直到制图标准层。从斜井段与制图标准层的交点，向通过井口的铅直线垂直投影，从井口到该投影点的长度即为弯井的铅直井深 h'，从海平面至该投影点的长度即为制图标准层的海拔标高。

二、油气田构造图的编制方法

编制构造图实质上是以等高线来描绘标准层界面相对于基准面的起伏特征。人工编制构造图的方法有以下三种。

（一）三角网法

这一方法适用于比较平缓而变化不大的构造。用此法编绘构造图时，首先在校正后的井位图上，将每口井制图标准层顶（或底）面的海拔标高分别注在各井位旁边，把相邻的井点连成三角形控制网，然后在三角形两顶点之间按给定的等高距进行等值内插，用平滑曲线连接等高程各点。因此，此法又称为内插法。

勾绘等高线的原则是：

（1）等高线从高部位井点到低部位井点间内插穿过。不同翼和不同断块之间等高线不能横穿。

（2）等高线一般彼此不能相交。倒转背斜及逆断层例外，但下盘被隐蔽部分一般不画出来或以虚线表示，以免混淆。

（3）当层面近于直立时，等高线重合。

图 9－29(a)就是按上述原则内插绘制的构造图，技术上虽没有错误，但是它未能反映协调的构造形态。图 9－29(b)虽然利用了同样的井点，但却勾绘出了两个鼻状构造，符合区域的构造特征。[图 9－29(c)]未用简单内插法，而是在充分研究区域构造性质和特点的基础上，根据井点提供的倾角和走向资料，发挥地质人员的想象力，经构造形态分析后编绘的。

当构造条件比较复杂、井点资料又比较多时，可以首先分析构造剖面图，弄清构造特点，并组合断点，在井位图上预先标明断层线和层面产状，以免在连三角网时发生错误。

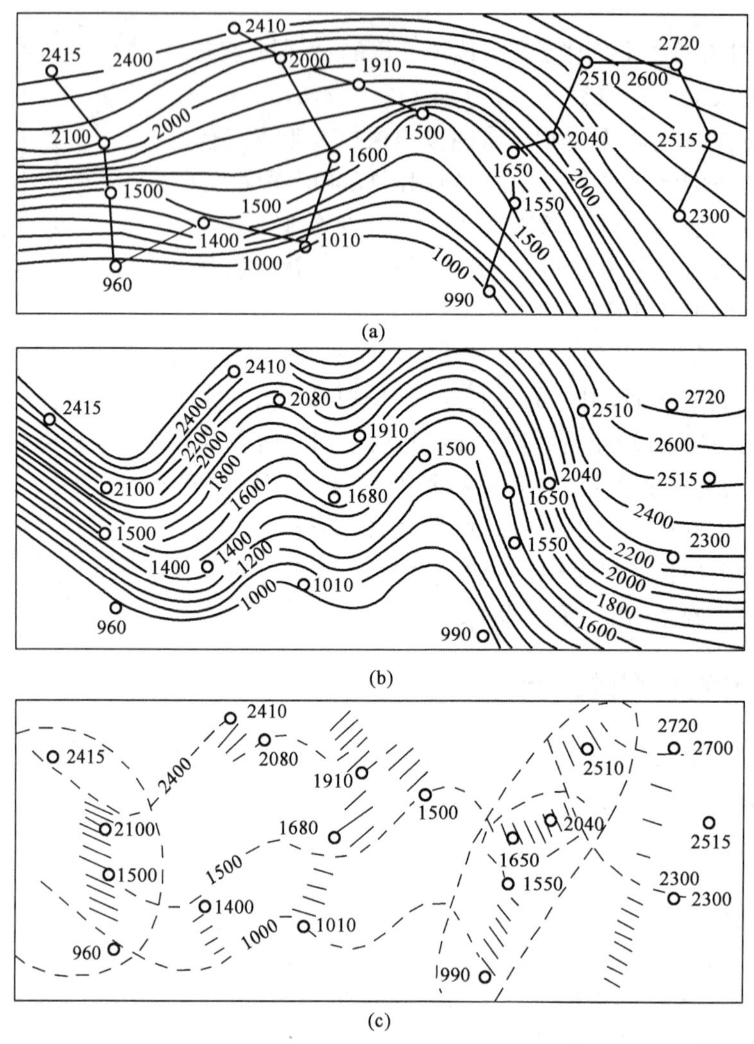

图 9-29 考虑地质因素用三角网法编制构造图

等值线单位为 m

(二)剖面法

用剖面法绘制构造图,适用于地层倾角较陡和被断层复杂化了的构造。作图的原始资料是制图标准层的若干个构造横剖面图,它们是根据钻井资料(有时参考地震剖面)编制的。

构造图上的等高线,可以看成一组等间距的水平面与该标准层的交线。因此,利用构造剖面图绘制构造图时,首先应在剖面上按选定的等高距作平行于海平面的若干平行线,把这些平行线与制图标准层的交点垂直投影到水平基线上,并注明各投影点的海拔标高。每个剖面都按这种方法进行投影,然后将各剖面水平基线上的投影点移到井位图上相应的剖面线上,再把同一翼相同标高的各点连成平滑曲线。图 9-30 就是根据五个已知剖面编绘的构造图,由于构造东翼地层倒转造成等高线交错,倒转部分的等高线以虚线表示。

对于有断层的构造,若剖面方向垂直于断层走向,剖面上标准层与断层面的交点也按上述方法投影。在勾绘构造图时,首先应将各条剖面上断层上、下盘与制图标准层交点的投影连接

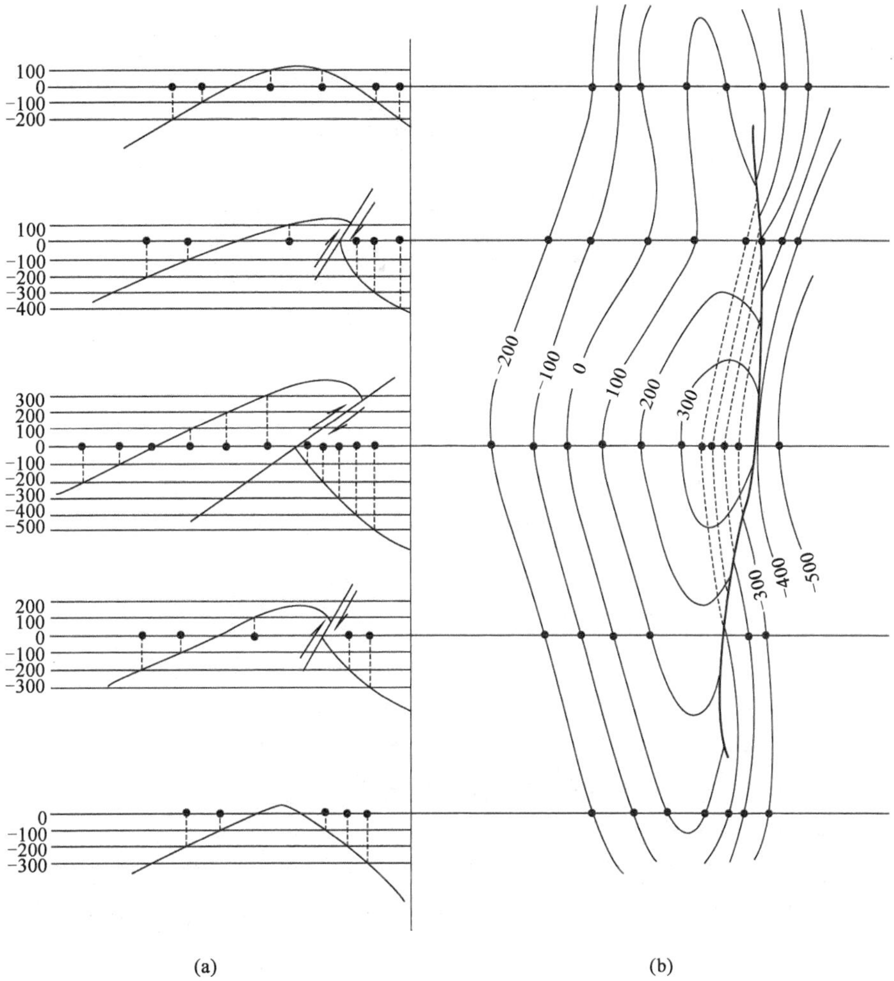

(a)　　(b)

图 9－30　用剖面法编制构造图

(a)剖面图；(b)构造图等值；等值线单位为 m

起来，得到表示同一条断层的两条断层线。当断面直立时，两条断层线才合二为一。在断层消失的地方，同一断层的两条断层线相交。如图 9－31 所示，1 号断层向北消失，2 号断层向南消失。画好断层线之后，再画等高线。把各剖面上制图标准层标高最大的点连接起来，便可得到背斜的轴线。

应当指出，当断层两盘的某些等高线不能从一个剖面延续到另一个剖面时，必然要与断层线相交。等高线与断层线相交的具体位置，可根据同一盘相邻两剖面间制图标准层与断面交点的标高内插而定。

对于横剖面无法控制的横断层或斜断层，可采用断面等高线与构造等高线交切法来绘制断层线，如图 9－32 所示。

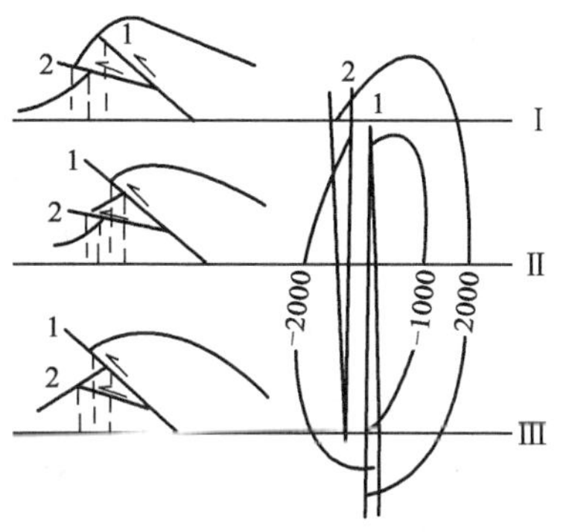

图 9－31　构造图上断层线的绘制

等值线单位为 m

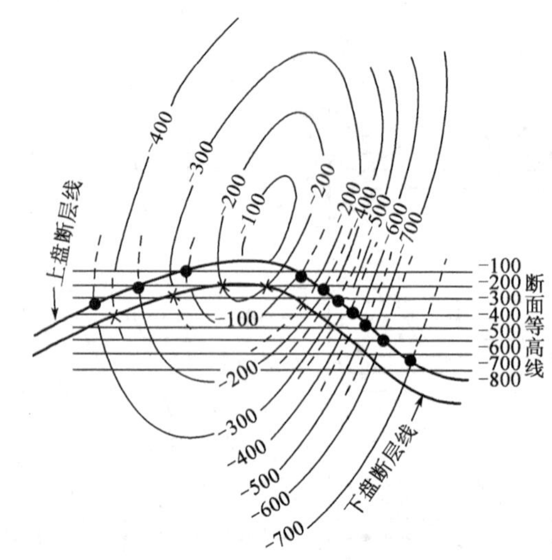

图 9-32 用断面等高线和构造等高线绘制断层线示意图

（据西南石油学院，1980）

等值线单位为 m

（三）地震构造图的深度校正法

在一个勘探程度不高、钻井不多的地区，主要依靠地震构造图进行深度校正，以便绘制构造图。此外，在老探区勘探深部油气层时，也可以应用仅有的少数钻井资料去校正地震构造图的深度，从而绘制出深层构造图。深度校正常采用等差值校正法，具体做法如下：

(1)经过井斜校正、井位校正，把井点投影到地震构造图上。

(2)计算各井点地震深度和实际钻井深度的差值，并标于井位旁。

(3)按内插法勾绘等差值曲线。如果区域大，就应分析等差值曲线的变化趋势，分区选出适当的深度校正差值，分别对各区地震深度进行校正；如果区域小，就对等差值曲线与地震构造等高线的交点逐一校正，交点上的实际标高等于地震标高减去差值。

(4)按校正后的标高勾绘等高线，即得到经钻井深度校正后的深部构造图。

图 9-33 是经校正后的构造图，与原地震构造图比较，高点向东偏移。

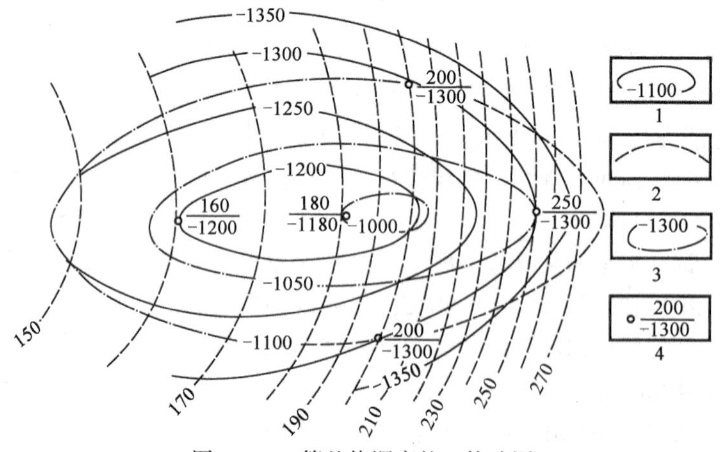

图 9-33 等差值深度校正构造图

1—地震构造图等值线(m)；2—等差值线；3—深度校正后等值线(m)；4—$\frac{\text{校正差值(m)}}{\text{地震构造图上的海拔高程(m)}}$

如果地震剖面上有井点，可直接校正剖面深度，或者通过井点从地震构造图上切取剖面，进行剖面深度校正。

利用校正后的剖面作出的构造图，就是经钻井深度校正后的构造图，此法适用于复杂的狭长构造。

三、油气田构造图的应用

油气田构造图是油气田勘探与开发中必不可少的基础图件之一。它能清楚地反映油气田地下构造特征，如构造类型、轴向、高点位置、各部位的地层产状、断层性质及其分布等，为研究油气藏类型奠定基础；能确定构造图上任一点制图标准层的深度，为新井设计提供深度依据；在构造图上还可以圈定含油气边界，为储量计算提供面积参数，为开发方案如切割注水、面积注水、边外注水等提供地质依据。此外，它还可以作为编制开发与开采现状图的背景图，进行动态分析。

思　考　题

1.井下断层的识别标志有哪些？利用这些标志时，应注意哪些问题？
2.如何解释井下地层重复和缺失的地质现象？
3.何谓断点组合？断点组合方法有哪些？
4.断面构造图如何编制？断面构造图有何用途？
5.如何理解断层封闭机理？如何判别断层的封闭性？
6.何谓油气田地质剖面图？如何编制油气田地质剖面图？油气田地质剖面图有何用途？
7.何谓油气田构造图？如何编制油气田构造图？油气田构造图有何用途？

第十章　地层温度和地层压力

地层温度和地层压力不仅在油气藏形成与分布中有着重要的控制作用，而且也是开发油气田的能量，是油气田开发中重要的基础参数。油气藏地层温度和地层压力的高低，不仅决定着油气等流体的性质，还决定着油气田开发的方式、油气开采的技术特点与经济成本以及油气的最终采收率。因此，对于一个油气田来说，在勘探阶段乃至整个开发过程中，都要十分重视地层温度和地层压力这两个基础参数的测试、计量及计算工作。

第一节　地 层 温 度

近些年来，关于地层温度（简称地温）及地温场的研究已引起了国内外地质工作者的广泛注意，原因在于：(1)现代油气成因理论认为，地温是决定有机质演化程度和生油气带埋藏深度的首要条件，无论是确定有机质的成熟度，还是进行区域含油气远景评价及预测，都必须了解和掌握地温的情况；(2)理论和实际资料研究证明，油气田上方往往存在地温的正异常显示，利用地温场区域背景上的局部地温正异常显示寻找油气田是一种新的勘探手段；(3)地热本身就是一种宝贵的热能资源，地热资源具有成本低、使用简便、污染问题小等优点，是理想的能源之一；(4)地层温度对地下流体的性质（如石油的黏度、天然气的物理状态及其在石油和水中的溶解度等）有着不可忽视的影响，影响或决定着油气田开发的方式、技术特点等。

含油气区地层温度的研究主要包括两个方面：古地温研究、地温场分布规律及影响因素研究。本节主要对地温场分布及影响因素进行分析和讨论。

一、有关地层温度的概念

地层温度随着深度的增加而增高。根据地下温度的变化，常把地壳划分为三个地温带：变温带、恒温带、增温带。

变温带又称外热层，是地壳最表层的温度场，主要受太阳辐射的影响，根据太阳辐射所引起变化的周期长短、变化幅度等可将其进一步划分为日变化带、月变化带、年变化带和多年变化带等。一般而言，日变化带底界的深度为 1～2m，其温度受每天气温的影响，在温度变化剧烈的沙漠地区，一天温度变化的幅度可达 50～70℃；年变化带底界的深度为 15～30m 左右，该带的温度受季节性气温变化的影响。

恒温带又称恒温层，是地球内热与太阳辐射热相互影响达到平衡的地带。恒温带一般很薄，可近似视为一个面，深度一般在 20～30m 以下，不受季节性气温变化的影响。

增温带又称内热层，在恒温带之下，受地球内部热力的影响，地层温度随埋深增加而升高。大约埋深每加深 33m，地温增高 1℃。

为了研究地层温度随深度的变化规律，常用地温梯度和地温级度这两个概念。

在恒温带之下，地层温度随深度增加而升高，其升高的速度常用地温梯度来表示。地温梯度又称作地热增温率，是指在恒温带之下埋藏深度每增加 100m 地温增高的度数。其计算公式为：

$$G = \frac{t - t_0}{H} \times 100 \qquad (10-1)$$

式中　G——地温梯度，℃/100m；

t——井深 H 处的温度，℃；

t_0——平均地面温度或恒温带温度，℃；

H——井下测温点与恒温带深度之差，m。

地温梯度的单位一般用℃/100m，也可用℃/km。

图 10-1 为根据东营凹陷 133 口预探井资料编绘的地温与深度关系图。从该图中可以看出地温随深度增大而不断增高的变化趋势，并可得出地温与深度的线性关系式：

$$t = 0.036H + 14 \qquad (10-2)$$

其中，0.036(℃/m)为本区区域地温梯度，14(℃)为该区平均地面温度。

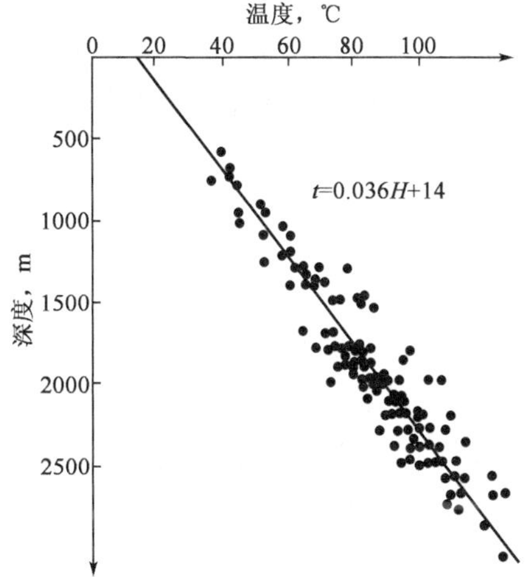

图 10-1　东营凹陷地温与深度关系图
(据杨绪充，1984)

统计分析和研究认为，地球的平均地温梯度为 3℃/100m。但是，由于地球热力场的非均质性，地温梯度在世界各地各不相同(表 10-1)。

表 10-1　国内外部分地区地温梯度资料(据西北大学)

油田或盆地		地温梯度，℃/100m	油田或盆地	地温梯度，℃/100m
准噶尔盆地(T—J)		2.2～2.3	加瓦尔	5.1
酒泉盆地(E+N)		2.3(2.6)		
四川盆地(J)		2.2～2.4(2.7)	布尔干	4.51
鄂尔多斯盆地(J)		2.75(2.8)	库姆(伊朗)	3.91
松辽盆地(K_1)		3.1～4.8(6.2)	萨拉捷	3.91
华北盆地	胜坨油田	3.3～3.5	尼日尔三角洲	3.85
	济阳坳陷(E+N)	3.1～3.9	洛杉矶盆地	4.77
	黄骅坳陷(E+N)	3.6～3.8(3.95)	艾伯塔盆地	4.00
	冀中坳陷(Z)	3.7(4.2)	撒哈拉盆地	4.00

注：括号中的数值为最大地温梯度值。

地球的平均地温梯度(3℃/100m)称为正常地温梯度。低于此值称为地温梯度的负异常，高于此值称为地温梯度的正异常。表 10－1 中所列的地温梯度大多为地温正异常。

除地温梯度外，也常用地温级度，即恒温带之下地层温度每增高 1℃时深度的增加值，它是地温梯度的倒数。如以 D_t 表示地温级度，则有：

$$D_t=\frac{H}{t-t_0} \tag{10-3}$$

因地质条件各异，不同地区的热力场变化大，地温梯度、地温级度差异明显。例如，我国玉门油田古近—新近系地温级度为 43～78m/℃，松辽盆地白垩系为 20～30m/℃，华北盆地为 20～32m/℃，四川南部的二叠系、三叠系为 37～45m/℃，苏联新格罗兹内区地温级度为 8～11m/℃，巴什基里亚和鞑靼为 50～60m/℃。据统计，世界上已知含油气区的地温梯度变化范围是 0.55～10.9℃/100m，常见的为 1.8～3.1℃/100m。

二、地温场研究

地温场是指地球内部热能通过不同热导率的岩石在某一地质空间内表现出的地温变化特征。通常主要用地温梯度或地温级度等参数来描述，地温场在地层中的直接反映就是地层温度。

(一)地温测量

1. 关井实测地温

为了获得真实而准确的地温资料，必须在打开油层的第一批探井中实测，原因在于油层尚未受后来采油和注水的影响，地温场基本保持原始状态。而且，在测温前，应将井关闭一段时间，待井内流体温度与围岩的原始温度达到平衡后，方可下入温度计到井底或某一井深，直接读取地温数据。关井时间的长短应根据研究区的具体情况而定。例如我国东部东营地区关井时间一般在 2～20 日左右。

2. 外推法求地层温度

对于难以实现关井实测地温的地区，可以采用外推法获取地温。Timko 和 Fertl(1972)提出了利用外推法求静止地层温度，经多次实践，获得了比较满意的结果。

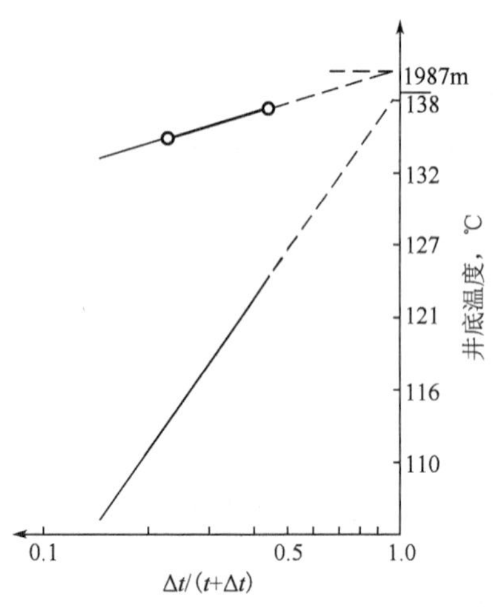

图 10－2　外推法求静止地层温度

利用外推法获取静止地层温度的大致步骤是：测温前，循环井内钻井液，并记录下循环钻井液所消耗的时间 t；待钻井液循环停止后，把温度计下入到井底或研究井深，再记录下钻井液循环停止后到温度计下至井底的时间 Δt；之后，起出温度计，读取所测温度。每隔一段时间重复上述操作，测量次数一般不少于三次。获得一系列测量数据后，以温度为纵坐标，以$\frac{\Delta t}{t+\Delta t}$的对数值为横坐标，将所测得之数据点标在图上，连接各点，并将直线外推到无限远的时间，即$\frac{\Delta t}{t+\Delta t}=1$ 的时间，直线与纵轴交点之温度即为井底或研究深度的静止地层温度。图 10－2 中的直线是根据中国南海一口井的资料绘制而成的，三次测量深度均为 1987m，所获得的静止地层温度为 138℃。

(二)地温场分布及其影响因素

前已述及，地温场可以用地温梯度来表示，地球的平均地温梯度为 3℃/100m 左右。但是，由于地球热力场的非均质性，地温梯度在不同区域、不同时期或不同深度区间各不相同，即无论在纵向上还是在平面上，地温梯度都具有明显的规律性变化。

就目前的研究状况而言，影响地温场分布的主要因素有大地构造性质、基底起伏、岩浆活动、岩性、盖层褶皱、断层、地下水活动及烃类生成与分布等。

1. 大地构造性质

影响地温场的因素很多，但是起主导作用和具全局性影响的是大地构造的性质，如地壳的活动性及地壳的厚度等。

从全球范围来看，板块构造的不同部位，反映了截然不同的地温特征。例如，大洋中脊呈高地温，海沟部位属低地温；稳定的古老地台区（板块部位）具有较低的地温，而中—新生代裂谷区则具有较高的地温。因此，大地构造性质及所处构造部位是决定区域地温场基本背景最重要的控制因素。此外，地壳厚度对地温也有重要影响。如我国东部地区地壳厚度普遍较西部薄，故东部各盆地的地温及地温梯度一般均高于西部，如图 10－3、表 10－2 所示。

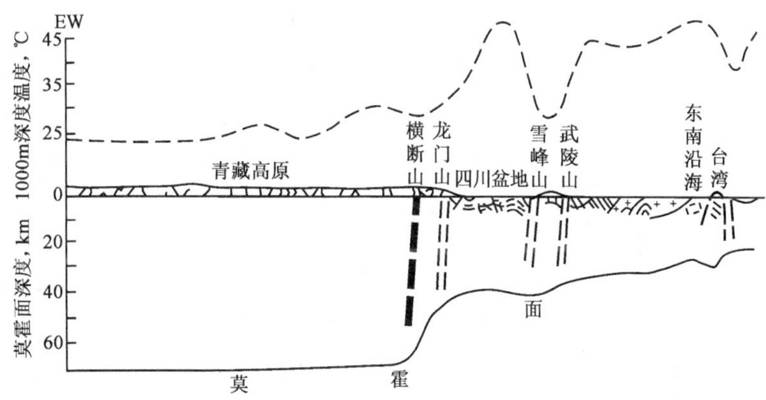

图 10－3　中国东西向地壳厚度变化与地温关系示意图(据王钧等，1990)

表 10－2　我国含油气盆地地温梯度比较表

地区	准噶尔盆地	柴达木盆地	酒泉盆地	鄂尔多斯盆地	四川盆地	江汉盆地	渤海湾盆地	松辽盆地
	克拉玛依	花土沟	老君庙	庆阳	龙女寺	王场	济阳坳陷	葡萄花
地温梯度，℃/100m	2.0	2.5	3.2	3.0	2.6	3.1	3.45	4.0
深度范围，m	200～2000	500～2500	100～3000	350～2000	100～6010	1500	100～5300	100～3900

2. 基底起伏

基底起伏形态对地温场的控制作用主要由岩石热物理性质侧向的不均一性所引起，其实质是将来自地球内部的均匀热流在地壳上部实行再分配的结果。基底的热导率一般高于盖层，故深部热流将向基底隆起处集中，使其具有高热流、高地温梯度特征；而坳陷或凹陷区基底埋藏较深，沉积盖层较厚，具有低地温（低地温梯度）特征。对比东营凹陷地温梯度等值线图（图 10－4）与布格重力异常图（图 10－5）可以看出，地温异常与重力异常相吻合。两者的低值区均处于凹陷内部，两者的高值区同处于凹陷边部和基岩埋藏较浅的潜山凸起带。而重力异常是基岩埋深的反映，由此可知本区的地温异常在平面上与基底起伏有密切关系。同时还发现，凹陷东南部的地温梯度等值线比较稀疏，构造上属于平缓斜坡区；凹陷北缘地温梯度等值线则相当密集，构造上属于陈南断裂带，表明东营凹陷“北断南超”的箕状构造特征在地温异常平面上具有明显反映。由此可见，地温场与基岩埋深、构造性质关系密切。

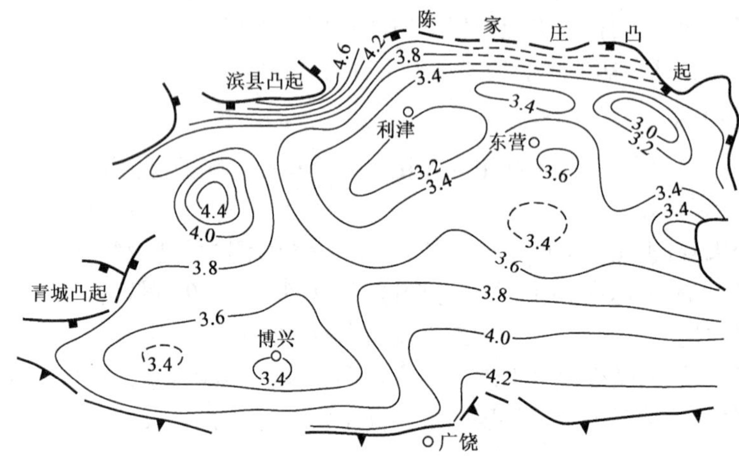

图 10-4　东营凹陷地温梯度(℃/100m)等值线图(据杨绪充，1984)

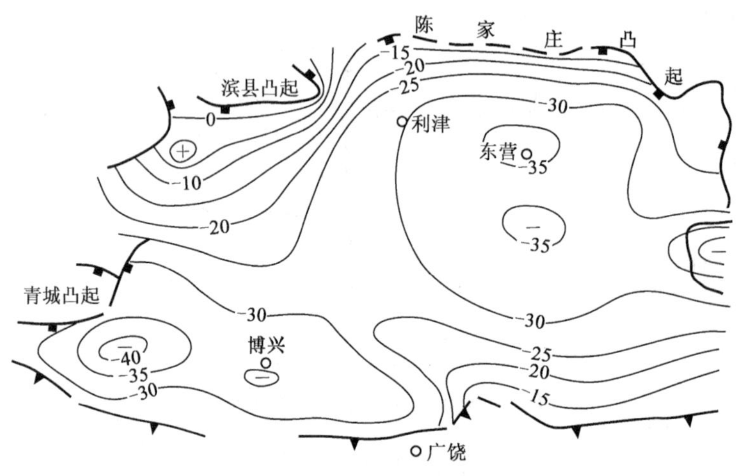

图 10-5　东营凹陷布格重力异常(mGal)图(据杨绪充，1984)

3. *岩浆活动*

岩浆活动对现今地温场的影响主要包括两个方面：一是岩浆侵入或喷出的地质年代，时代越新，所保留的余热就越多，对现今地温场的影响就越明显，可能形成地热高异常区；二是岩浆侵入体的规模、几何形状以及围岩的产状和热物理性质等，从岩浆侵入体的大小而言，冷却的速率与其半径的平方成反比，冷却的延续时间与岩体的半径平方成正比，即岩体半径增大一倍，冷却时间延长四倍(中国科学院地质研究所地热组，1981；杨文宽，1982)。

4. *岩性*

大量的井下测温资料表明，当井孔穿过岩性较均一的岩层时，井孔的深度与温度关系曲线是一条直线，即地温梯度为常值；当井孔穿过岩性差异较大的岩层剖面时，深度—温度曲线则成折线，地温梯度有明显变化，曲线转折处往往与不同岩性段的分界面相对应。一般来说，同一井中，高热阻率、导热性差的岩石具有较大的地温梯度；低热阻率、导热性良好的岩层具有较小的地温梯度。

以济阳坳陷内为例，由表10－3可知，济阳坳陷新近系(N)地温梯度偏高，平均为3.2～4.32℃/100m。古近系东营组至沙三段(Ed—Es_3)地温梯度更高，平均为4.05～5.73℃/100m，特别是沙三段(Es_3)大套泥岩分布带往往具有相当高的地温梯度，在滨试6井可高达6.7℃/100m。古近系沙四段至孔店组(Es_4—Ek)地温梯度明显下降，平均为2.55～3.0℃/100m。中生界只在桩11井侏罗系(J)有系统测温资料，地温梯度平均为3.47℃/100m。至寒武系、奥陶系(∈—O)，地温梯度又下降，平均为2.40～2.90℃/100m。前寒武系(An∈)花岗岩及花岗片麻岩只在东风2井有系统测温资料，其地温梯度平均为2.16℃/100m。

表10－3 济阳坳陷系统测温井平均地温梯度的纵向变化(据杨绪充，1984)

系统测温井	测温井段 m	平均地温梯度，℃/100m					
		N	Ed—Es_3	Es_4—Ek	Mz(J)	Pz(O—∈)	An∈
东风2	500～4900	3.32	4.08	2.25			2.16
新东风10	100～5300	3.20	4.05	2.74			
滨258	900～1500	3.87	5.02				
滨试6	950～1575	4.32	5.73	3.00			
单29	100～1300		5.30				
桩11	200～3800				3.47	2.40	
桩古6	500～5250	3.40	4.50			2.40～2.90	
渤108	700～1400	4.10					
车古8	200～1600	3.40	4.80				

由此可见，岩性差异导致了纵向上不同组段地温梯度的明显变化。另外还可看出，随地层埋藏深度和年龄增加，地温梯度总体呈下降趋势。这是由于岩石密度往往随埋深和年龄增加而加大，岩石的热导率也相应加大，反映了盆地中(特别是中—新生代疏松砂/泥岩层)地温梯度纵向变化的一般规律。

位于连云港市东海县的中国大陆科学钻探(CCSD)主孔，在四个井段范围内，地温梯度随深度降低或增加的趋势交替变化(表10－4)。导致这种变化的原因可能很多，其中之一就是热导率。由图10－6可以看出，四个井段范围内，无论是深度间隔50m还是100m，地温梯度变化与热导率之间在某些井段有较好的相关性，但并非完全一致，说明除了热导率影响地温梯度变化之外，影响地温梯度变化的其他因素(如放射性元素生热、构造运动、地下水活动、断裂等等)不容忽视。

表10－4 中国大陆科学钻探(CCSD)主孔地温梯度变化(据何丽娟等，2006)

深度段，m	地温梯度，℃/100m		
	变化范围	平均值	变化特征
0～500	2.09～2.48	2.31±0.2	最低
500～2700	2.09～2.85	2.52±0.2	随深度加大而上升
2700～3600	2.85～2.03	2.48±0.3	随深度加大而降低
>3600	最高2.87	2.43±0.29	随深度加大而上升

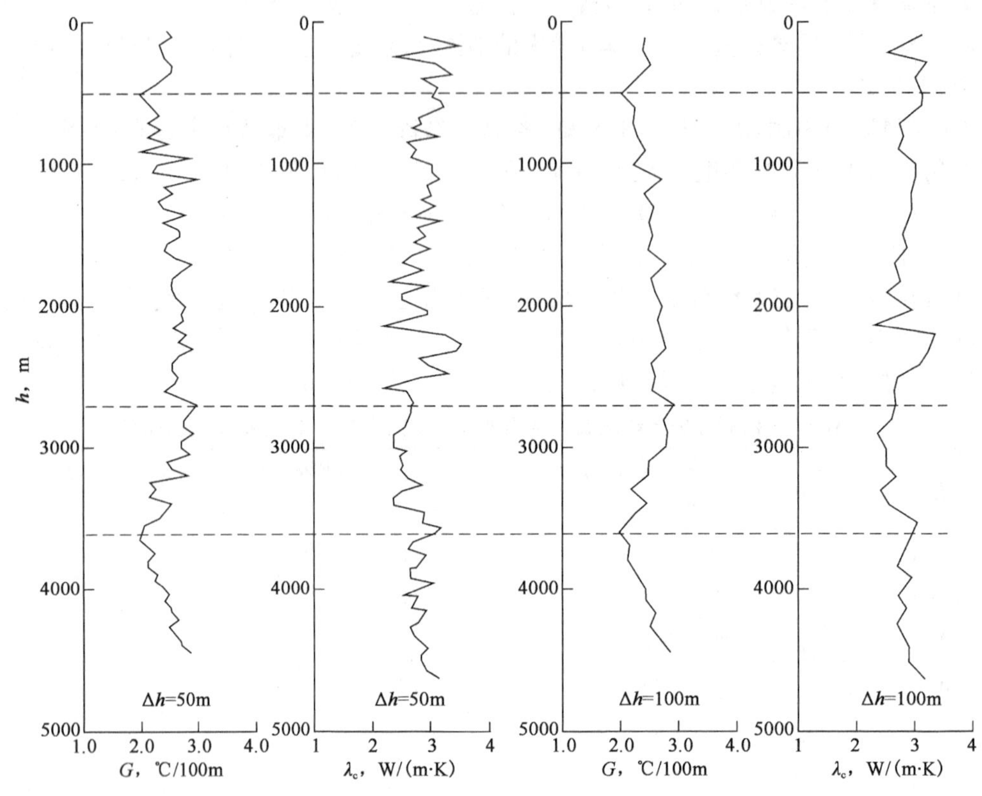

图 10-6　CCSD 主孔地温梯度、热导率随深度的变化

5. 盖层褶皱

基底之上沉积盖层中的褶皱构造对地温场具有明显的影响。大量测温资料表明，地温和地温梯度由背斜两翼向其轴部或核部呈增高趋势(图 10-7)。该现象可由热流传导的各向异性来解释，即热流顺层面比垂直层面更易于传播。当地层倾斜时，顺层面和垂直层面热流之和将偏向地层上倾方向，结果背斜使热流聚敛，向斜使热流分散，因此位于背斜构造顶部的井将比翼部、向斜内的井能记录到更大的热流密度。而且，地层倾角越陡，载热体就越容易沿层面把深部的热传导到浅部，故背斜构造顶部与两翼的温差也就更大。

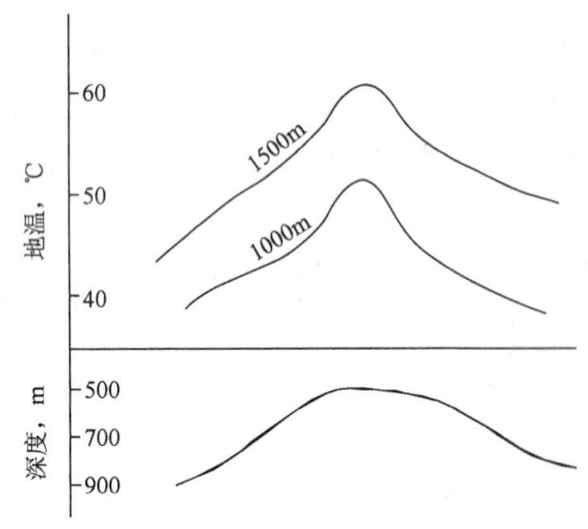

图 10-7　四川隆昌某气田构造剖面上 1000m 和 1500m 深度的地温变化

由油气聚集理论可知，石油与天然气的聚集往往受背斜构造的控制，而地温异常又能反映地下地质构造，所以，就该意义而言，地温法可通过寻找构造而间接寻找油气藏。

6. 断层

研究断层与地温场关系时应考虑两个方面，一是在主断层线上是否出现地温异常；二是沿断层走向是否存在热流变异。断层对地温场的影响有两个方面，可使地温升高，也可以使地温降低。一般而言，封闭性断层或压扭性断层不会成为地下水循环的通道，而往往因为压扭和摩擦产生热量，形成附加热源，使地温增高；开启性断层是地下水循环的通道，可以将近地表温度较低的地下水引至深部，从而使地温降低。另一方面，断层可使深部地下水沿断层上升，从而使地温增高。谢家声(1981)、陈墨香等(1982,1986)通过对华北地区多处实际资料统计分析证实，深部地下水沿开启性断层上涌至浅部而形成局部地温高异常。

7. 地下水活动

地下水在地壳浅层分布广泛，易于流动，且比热容较大，对地温场有较大影响。由于地质条件和水文地质条件的差异，地下水与围岩温度场的相互关系是较为复杂多变的。一般而言，在地下水侧向活动强烈、地下水的补给与径流条件良好的地区，地下水活动可引起围岩温度降低。华北盆地西部的山前部分在相当深度内呈低温状态，即是由此原因而造成的(中国科学院地质研究所地热组,1978)。

C. M. Woodruff(1985)指出，在得克萨斯中部，沿伯尔考斯—奥启塔地带存在高地温异常。该异常带的形成并非由传导热流引起，而是由地下水的对流循环作用造成，深部热水上升使该地带地温普遍增高。

8. 烃类生成与分布

长期观察与研究发现，温度状况对油气的生成和分布均具有极其重要的意义；同时，还发现烃类聚集(油气田)上方往往存在地温高异常。

1)地温与油气生成

众所周知，石油是干酪根在热力作用下转化而成的。温度太低，不足以使石油生成和运移；温度过高，又会使生成的石油遭到破坏。一般认为，石油生成的温度范围是 60～150℃。为了评价生油层的好坏，既要掌握生油层当今所处的温度环境，又要了解它在地质历史上所经受过的最高温度。如果过去和当今生油层所经历的温度都在 60～150℃之间，则认为油层分布的空间范围是有利的油气生成区。

苏联学者洛德尼科娃等对远东及东南亚(不包括中国和苏联)各含油气盆地的地温与含油气性的关系进行了统计研究，结果表明，中—新生代含油气盆地的高梯度值区(高于4℃/100m)单位面积上探明储量比地温梯度中值区(2～4℃/100m)高 9 倍，比地温梯度低值区(低于 2℃/100m)高 120 倍；天然气单位面积上的探明储量高值区比中值区高 5.6 倍，比低值区高 28 倍。济阳坳陷的地温梯度相当于上述中值区的上限，接近于高值区。上述资料表明，较高的地温对于油气的生成是很重要的。

2)油气分布与地温、地温梯度

研究显示，在烃类聚集(油气田)上方往往存在地温高异常。尽管这种地温异常幅度不是很大，一般为 0.2～4.5℃左右，但是却相当普遍地分布在油气田上方的浅层和地面。图 10-7 为苏联的什罗卡盆地内油田的地温剖面图，该油藏为一个在单斜背景之上的岩性尖灭油藏。油藏部分正上方 100m 深度的温度曲线显示出升高的趋势。

研究表明，导致烃类聚集上方地温异常的主要原因首先是油气藏本身提供了由现代仪器可以测出的附加热源(C. C. СардароВ 等,1981)。该附加热源主要来源于烃类需氧和乏氧化的放热反应，以及放射性元素铀、钍、钾等的集中和衰变等。另外，油气在向上渗逸时将油气藏中的过剩热量带至浅层和地表，平行或垂直于层面方向的导热性存在差异。这些因素的共同作用，使油气藏上方增加了一个微小的附加热流值。

由于油气藏(田)地温异常的普遍存在，便产生了利用地温异常寻找油气田的地温勘探法。

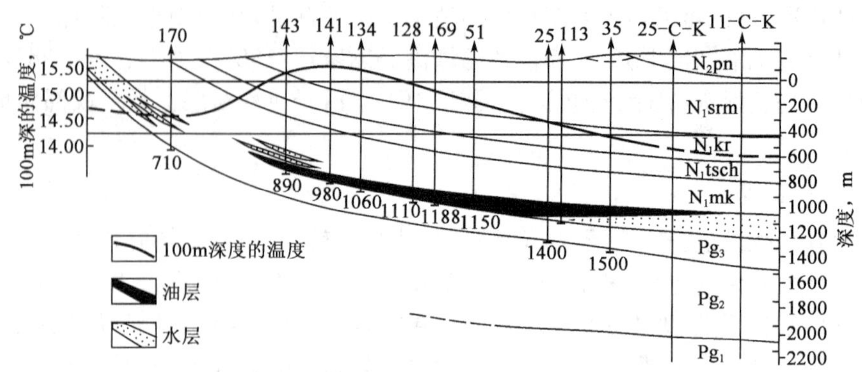

图 10-8　什罗卡盆地内一个尖灭油藏上的地温剖面

该勘探方法在 20 世纪 30 年代已经开始，后来则长期停滞不前；60 年代，特别是 70 年代以来，地温勘探法重新引起人们的重视，并逐渐发展成为一种重要的找油方法。

应该指出的是，影响地层温度分布的因素很多，对一个地区或者一个油气田来讲，到底是哪些因素在起作用，应该根据研究区或油气田的地质条件进行具体分析。另外，也正是由于影响地温的因素很多，有局部地温异常的地方不一定都有油气聚集，要综合各种条件来寻找油气田。

第二节　地层压力

一、有关地层压力的概念

(一)上覆岩层压力

上覆岩层压力又称地静压力或静岩压力，是指上覆岩石骨架和孔隙空间流体的总重量所引起的压力。上覆岩层压力随上覆岩层骨架的增厚而增大，同时也与岩层及其孔隙空间流体的密度大小有关。上覆岩层压力可用下式计算：

$$p_r = H\rho_r g \tag{10-4}$$

式中　p_r——上覆岩层压力，Pa；

H——上覆岩层的垂直高度，m；

ρ_r——上覆岩层的总平均密度，kg/m^3；

g——重力加速度，$9.8m/s^2$。

若将岩层骨架的重量和岩层孔隙间流体的重量分别加以考虑，上覆岩层压力又可表示为：

$$p_r = H[\phi\rho_f + (1-\phi)\rho_{ma}]g \tag{10-5}$$

式中　ϕ——上覆岩层平均孔隙度，小数；

ρ_f——上覆岩层孔隙中流体的平均密度，kg/m^3；

ρ_{ma}——上覆岩层骨架的平均密度，kg/m^3。

(二)静水压力

静水压力是指地层水液柱重量造成的压力。静水压力的大小与液体的密度和液柱的高度有关，而与液柱的形状和大小无关。静水压力的计算公式为：

$$p_H = H\rho_w g \quad (10-6)$$

式中 p_H——静水压力,Pa;

ρ_w——地层水的密度,kg/m^3;

h——液柱高度,m。

(三)地层压力

地层压力又称为孔隙流体压力,是指地层孔隙空间内流体所承受的压力,常用 p_f 表示。

如果地层中流体为油或天然气,地层压力则称作油层压力或气层压力。

由地层压力的定义可知,孔隙流体压力全部由流体本身所承担,这也意味着受到高压的地层流体具有潜在能量。在油气层未被钻开之前,油气层内各处的压力保持相对平衡状态;一旦油气层被钻开或投入开采,原有的相对平衡状态被打破,油气层压力与油气井井底压力之间产生压差,使油气层内的流体流向井底,甚至会强烈地喷出井口。

(四)压力梯度

压力梯度是指每增加单位深度压力的变化值,单位用 Pa/m、MPa/m 表示。

对上覆岩层压力梯度来说,如果取上覆岩层的平均总密度为 2.3g/cm^3,则上覆岩层压力梯度约为 0.023MPa/m。

水的密度一般为 1.0g/cm^3,其静水压力梯度约为 0.01MPa/m。

二、油层压力研究

油层压力研究,主要是研究原始油层压力,以及投入开发以后不同开发阶段的目前油层压力,这两个指标对于开发好一个油气田具有极为重要的意义。

(一)原始油层压力

1.原始油层压力及其分布

油(气)层在未被打开之前所具有的压力称为原始油层压力,即原始状态下的油层压力。事实上,原始油层压力是无法直接测量的,通常将第一口或第一批井打开油层之后关井,使油层压力恢复平衡,用井底压力计测量油层压力,该压力作为原始油层压力。

在正常的地质条件下,具有统一水动力系统的油气藏,其地层压力分布规律遵循连通器的原理,即可以用前面介绍的计算静水压力的基本关系式来进行计算。一般在实际计算时会发现,处于不同的海拔高度且井的深度也不同,特别是流体的密度不同时,这些井的原始油层压力是不一样的。

图 10-9 为带气顶和具边水的背斜构造油气藏的剖面图。油层一侧在海拔+100m 的地表出露,具供水区,并接受大气降水与其他地表水的补给;油层的另一侧,或因岩性尖灭或因断层的封隔未能出露地表,故无泄水区。在这种情况下,油气藏的测压面(位能面)是以供水露头海拔(+100m)为基准的水平面,在本剖面图上则为一水平线。

假设第一批探井在构造的不同部位钻开油气的含油、含气以及含水部分,则各井的原始油层压力可按静水压力公式(10-6)计算求得。

1 号井钻开油气的含水部分,井底海拔高度为-500m,若地层水密度为 10^{3}kg/m^3,则 1 号井原始油层压力为 5.88MPa。

图 10-9 中,油气藏的油水界面海拔高度为-700m,油水界面处的原始油层压力则应为

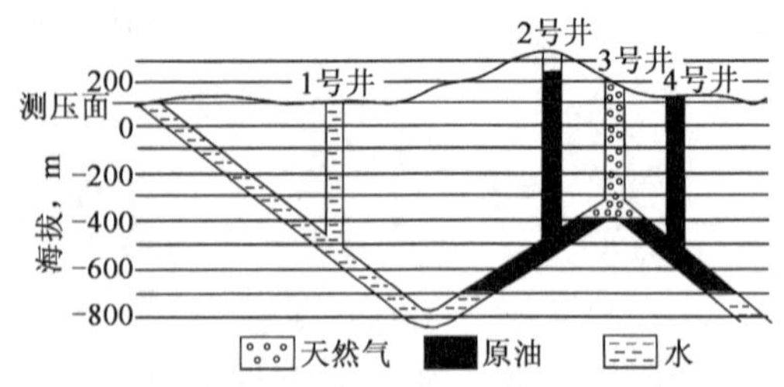

图 10-9　原始油层压力分布示意图

1 号井的原始油地层压力值加上 1 号井至油水界面这段水柱重量所产生的压力，为 7.84MPa。

2 号井钻开油气藏的含油部分，井底海拔高度为−500m。2 号井的原始油层压力应为油水界面的压力值减去油水界面至该井井底这段油柱重量产生的压力。若油的密度为 $0.85\times10^3\text{kg/m}^3$，则 2 号井原始油层压力为 6.17MPa，与 6.17MPa 相当的油柱高为 740.7m。该井井内液面海拔为 240.7m，因它低于井口海拔(+350m)，故 2 号井的原油不能自喷。

4 号井在油藏构造的另一翼钻开油层，井口海拔为+100m，而井底海拔却与 2 号井的相同，故原始油层压力也应为 6.17MPa，井内液面海拔也应为 240.7m，由于它高于该井井口海拔，故 4 号井为自喷井。

图 10-9 中，油气界面的海拔高度为−400m，同理，其界面上的原始油层压力为油水界面压力减去 300m 油柱产生的压力，为 5.34MPa。

3 号井正好钻开油藏的气顶部分，井底海拔高度为−350m，由于天然气的密度受温度和压力的影响，故 3 号井的压力值不能直接由油气界面上的压力导出，而是由下面的近似公式求出：

$$p_f = p_{max}e^{1.293\times10^{-4}d_gH} \tag{10-7}$$

式中　p_{max}——气井井口最大关井压力；

d_g——天然气对空气的相对密度；

H——井深或气柱高度；

e——自然对数的底。

若将油气界面上的压力看成 p_f，3 号井的原始油层压力看成 p_{max}，3 号井井底距油气界面这段气柱高为 50m，天然气对空气的相对密度为 0.8，利用式(10-7)便可求出 3 号井的原始油层压力 5.31MPa。计算结果表明，50m 的气柱高只产生 0.03MPa 的压力。

由上述分析可知，原始油层压力在背斜构造油气藏上的分布具有如下特点：

(1)原始油层压力随油层埋藏深度的增加而加大。

(2)流体性质对原始油层压力的分布有着极为重要的影响。井底海拔高度相同的各井，如果井内流体性质相同，则原始油层压力相等；如果井内流体性质不同，则流体密度大的，其原始油层压力小，反之，流体密度小的，其原始油层压力大。

(3)气柱高度变化对气井压力影响很小，因此，当油藏构造平缓、含气面积不大时，油气界面或气水界面上的原始油层压力可代表气顶(或气藏)内各处的压力。

由此可知，原始油层压力的基本来源是静水压头，但并非唯一来源。当油层中存在天然气特别是存在游离气顶甚至气层时，将使得地层压力高于相应深度下的静水压力。除此之外，还要考虑地静压力。在地静压力作用下，岩石的孔隙容积缩小，从而造成油层中原始油层压力的增加。

2. 原始油层压力的确定方法

为了准确确定原始油层压力，常对通过不同方法所求得的原始油层压力进行综合对比，以确定能真正代表实际情况的原始油层压力。常用方法如下。

1)实测法

油井完井后，关闭所要测压的井，观察井口压力表，待压力表上的压力达到稳定或不再上升后，把压力计下入井内油气层的中部，这时所测得的压力即为油气层的原始油层压力。

当今电子仪器和测试技术日趋先进，可在油井完井后下入直读式电子压力计，在地面可以直接读取并自动记录下井底压力变化的过程，待观察到记录的压力已经稳定后，这时的压力即为原始油层压力。

2)压力梯度法

一个具有统一水动力系统的油气藏，其压力梯度值应是一个常数，即地层压力随油气层埋深增大而呈线性增加，当实测获得某一油藏不同海拔高度的原始油层压力时，可以作出压力随海拔高度变化的关系曲线，此时即会发现，由不同井所测得的点呈直线变化，这条直线就是该油气藏原始油层压力所遵循的规律。对新钻的井，只要准确测得其深度，由压力梯度关系曲线便可查得该井或该深度所对应的原始油层压力。图 10－10 是俄罗斯地台某油田上泥盆统油藏原始油层压力与平均埋藏深度之间的关系曲线。我国有许多油气田均具有正常的压力系统，通过绘制这种关系曲线便可确定不同井的原始油层压力。

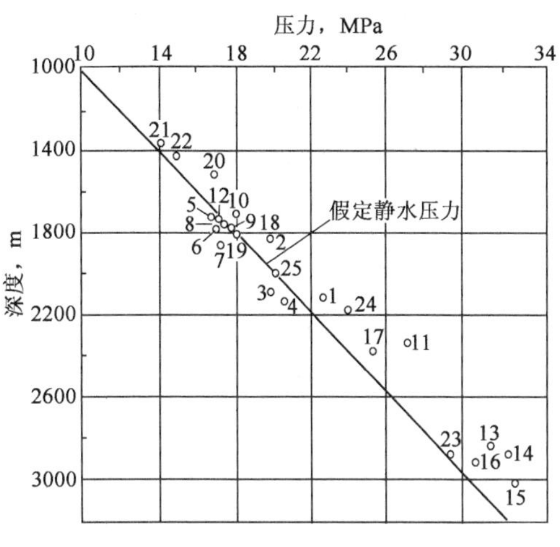

图 10－10　压力与深度关系曲线

（据 Ь. А. 特哈斯托维，1975）

3)计算法

对于新勘探或新开发的一个油气藏，如果钻井的海拔高度和深度已知，特别是已经准确地测定了原油、地层水或天然气的密度值，便可应用前述静水压力的基本公式（10－6）来进行原始油层压力的计算。对于高压气井，特别是在超高压气井中不能直接下入井底压力计测量，此时，可利用气井井口的最大关井压力资料，通过式（10－7）求得原始气层压力。

4)试井分析法

在测试仪器较为精密、试井分析软件相当先进的今天，用试井分析法确定原始油层压力已是一件比较容易的事。由试井分析法可知，确定油层原始油层压力的公式为：

$$p_W(t) = p_i + \frac{2.3q\mu}{4\pi Kh}\lg\frac{t}{T+t} \tag{10-8}$$

式中　$p_W(t)$——试井时测得的井底压力，Pa；

p_i——原始油层压力，Pa；

q——关井测压前的恒定产量，cm^3/s；

μ——地层原油的黏度，mPa・s；

K——地层渗透率，mD；

h——油层厚度，cm；

T——油井以恒定产量 q 开井生产时间，s；

t——下入压力计后关井测压时间，s。

根据式（10－8），以压力 p_W 为纵坐标，以 $\lg\frac{t}{T+t}$ 为横坐标作图，可以得到如图 10－11 所

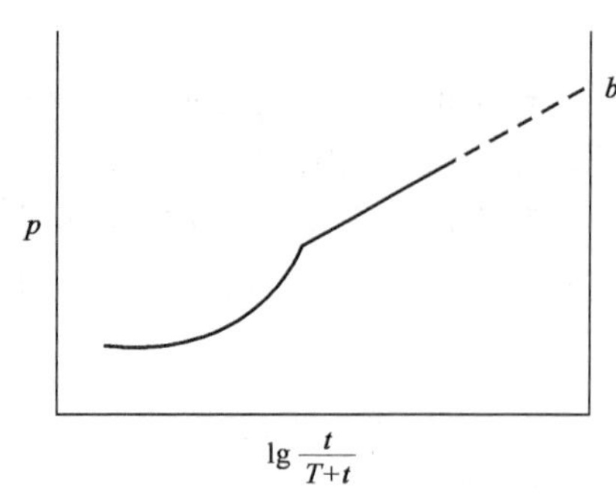

图 10-11　确定原始地层压力的试井分析法示意图

示的关系曲线。由该关系曲线可以求出其斜率 i：

$$i=\frac{2.3q\mu}{4\pi Kh} \tag{10-9}$$

由式(10-9)可求出地层流动系数：

$$\frac{Kh}{\mu}=\frac{0.183q}{i} \tag{10-10}$$

将直线外推到 p 轴，可得截距 b。截距 b 即为原始油层压力 p_i。

上述四种确定原始油层压力的方法，各有优缺点，可据具体条件使用，并可相互校正。

3. 原始油层压力等压图的编制与应用

原始油层压力在油藏上的分布情况可用原始油层压力等压图来描述。原始油层压力等压图绘制的方法与构造图相同。在研究目的层的构造等高线图上，将各井研究目的层的原始油层压力值分别标在井位旁，根据所选定的压力间隔值，在相邻两井之间进行线性内插，然后，用均匀、圆滑的曲线将压力值相同的各点连接起来便得原始油层压力等压图。

由于原始油层压力的分布主要受构造因素的影响，因此在油层厚度均匀的情况下，压力等值线应基本上平行于构造等高线。倘若绘制出的原始油层压力等值线的形态与构造等高线的形态差异较大，必须检查原因。若由地层厚度不均引起，是可以允许的，但如果是因压力没有完全稳定，或因测量、计算误差导致原始油层压力资料不准，就应重新测量或计算。

在油气藏勘探和开发过程中，原始油层压力等压图有着极为重要的用途：

(1)预测新井的原始油层压力。在探井设计中，为了确定新钻井的套管程序与钻井液密度，必须事先获得该井钻探目的层的原始油层压力值。如果绘制了该探区的原始油层压力等压图，即可直接在图上根据新钻井的井位查出该井的原始油层压力的预测值。

(2)计算油藏的平均原始油层压力。油藏原始油层压力的平均值是油藏天然能量大小的尺度。原始油层压力平均值越大，油藏储存的天然能量也就越大，越有利于油藏的开采。利用油藏原始油层压力等压图求平均原始油层压力常采用面积权衡法。

(3)判断水动力系统。判断油气藏是否为一个水动力系统，对制定开发方案、分析油气藏开发动态均有十分重要的意义。因为不同的水动力系统其特征不一，所采用的开发方案也各不相同。所谓水动力系统，是指在油气层内流体具有连续性流动的范围。在同一水动力系统内，流体压力可以互相传递，因此压力等值线的分布是连续的。如果油层因断层或岩性尖灭等因素被分割成几个互相独立的水动力系统，则原始地层压力等值线分布的连续性受到破坏。如图 10-12 所示，由于断层的分割，该油藏的原始油层压力等值线在断层两侧的分布是不连续的，该油藏应划分为两个独立的水动力系统。所以，根据原始油层压力等压图的不连续性，可以帮助人们发现或查明地下可能存在的断层或岩性尖灭，从而准确地划分油藏的水动力系统。

(4)计算油层的弹性能量。油层的弹性能量是指油层弹性膨胀时能排出的流体量。一个既无边水或底水，又无原生气顶，但原始油层压力远远超过饱和压力的油藏，当对其进行开采时，驱油动力是油层的弹性膨胀力。原始油层压力与饱和压力的差值越大，油层的弹性能量就越大，排出的流体量也就越多。若要了解油藏弹性能量的大小，只需将该油藏的原始油层压力

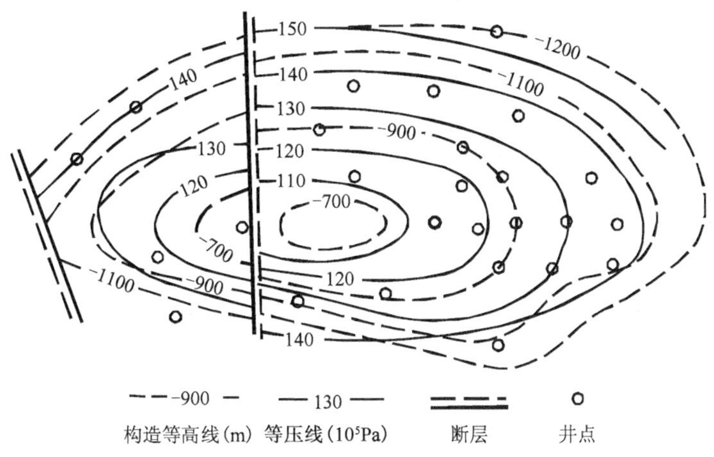

图 10-12　某油田原始油层压力等压图

等压图与饱和压力等压图相重叠，即可求出油藏不同部位的弹性压差，进而计算出相应的弹性能量。

除此之外，还可利用原始油层压力资料预测油藏的油水(或油气)边界。

(二)目前油层压力

1. 目前油层压力及其分布

目前油层压力是指油藏投入开发后某一时期的油层压力。因为油、水井生产和油层中发生的每一点变化都会改变油层压力，所以油层压力的分析就成为地下动态分析的中心工作之一。根据每一时期油层内部的压力分布及其变化，可以对油田地下的许多重大问题作出判断。

目前油层压力又分为油层静止压力和井底流动压力。在油田投入生产以后，关闭油井，待压力恢复到稳定状态之后，测得的井底压力称为该油井的油层静止压力。该压力在油层的各个地方不一样，在同一地方不同时间也是不一样的，故有人又称之为动地层压力，常用符号 p_S 表示。油层静止压力应每隔一段时间定期进行测量。

油井生产时测得的井底压力称为井底流动压力(简称井底流压)。它代表井口剩余压力与井筒内液柱重量对井底产生的回压，常用符号 p_b 表示。油井生产时，井底流压 p_b 小于油层静止压力 p_S，油层中的流体正是在该压差的作用下流入井筒。

研究生产过程中油层静止压力的分布，一般从假定油藏面积上只有一口生产井生产时的最简单的理想情况入手，然后扩大到多口井同时生产时的复杂情况。

1)单井生产时油层静止压力的分布

假定油层是均质、各向同性的，且只有一口井。当油井生产时，油层中的流体便从油井的供给边缘径向渗流入井底。在渗流过程中，流线呈径向分布，压力分布呈规则的同心圆形状，其渗流场如图 10-13 所示。

假设是刚性流动，则根据径向渗流公式可以计算出油井附近任意一点的压力值：

$$p_f = p_S - \frac{p_S - p_b}{\ln\dfrac{R}{r_n}}\ln\frac{R}{r} \tag{10-11}$$

或

$$p_f = p_S - \frac{Q\mu}{2\pi Kh}\ln\frac{R}{r} \tag{10-12}$$

式中 p_f——距井轴 r 处的地层压力，Pa；

p_S——油层静止压力，Pa；

p_b——油井井底流压，Pa；

R——油井供给半径，m；

r——研究点与井筒轴的距离，m；

r_n——井筒半径，m；

Q——油井产量(地层条件下)，m^3/s；

μ——地层原油黏度，Pa·s；

K——油层渗透率，D；

h——油层有效厚度，m。

从式(10－11)和式(10－12)可知，从供给边界到井底，地层中的压力降落过程呈对数关系分布(图10－14)。从空间形态看，它形似漏斗，所以习惯上称为"压降漏斗"。由图可知，平面径向流压消耗的特点是：压力主要消耗在井底附近。这是因为越靠近井底，渗流面积越小，而渗流阻力越大。

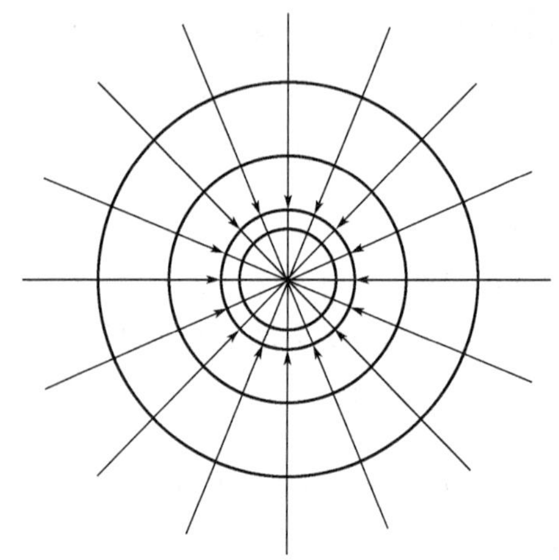

图10－13 平面径向流渗流场示意图

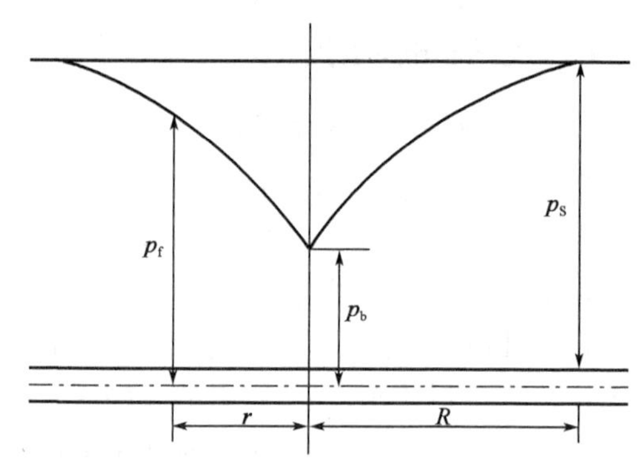

图10－14 压降漏斗示意图

2)多井生产时油层静止压力的分布

油田上总是有大批的井在同时生产，这些井同时工作时就会产生彼此干扰。一旦发生干扰，原有的渗流场就会发生变化，重新形成一个新的渗流场。此时，任意一点处的压力就是油层上各井(产油井、注水井)在该处所引起压力的叠加。

图10－15中的油藏有三口井同时进行生产，倘若地层是均质的，三口井的完善系数和采液量基本相同，在每口井的周围都形成了压降漏斗。油藏上任意点A的压力降落将是这三口井压力降落在这点的叠加，即 $\Delta p_A=\Delta p_1+\Delta p_2+\Delta p_3$。油藏上其他任意点的压力降落均可按此法进行叠加。叠加的结果是，在此三口井范围内形成一个总的压降漏斗，如图10－15(b)所示。

众所周知，油层的地质结构复杂且非均质，各油井的完善系数和采油速度也不尽相同，所以实际的油层静止压力分布是复杂的，而最有效的方法是编制油藏某一开采时期的油层静止压力等压图。

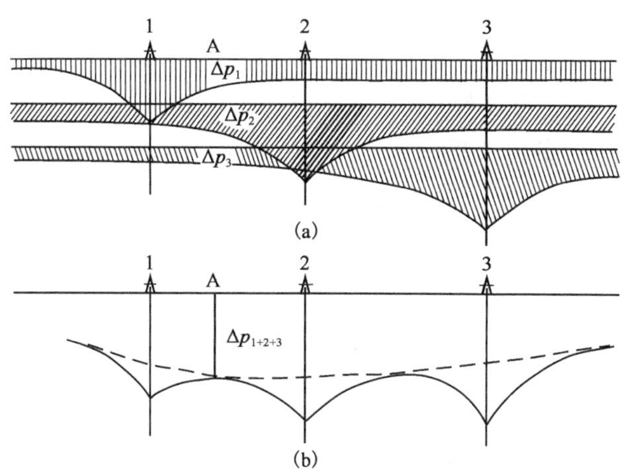

图 10-15　三口井同时生产油层压力分布示意图

2. 油层静止压力等压图的编制

油层的压力是反映油田驱动能力大小的重要指标，在油田开发过程中具有重要的作用。在油田开发过程中，既要掌握单层压力分布，也要研究全区和全油田的压力分布及各个时期的特点。研究油层压力分布的基本图件就是油层静止压力等压图。

为了准确地绘制油层静止压力等压图，需要定期测得油井和水井的油层静止压力。这些压力数据一般是在关井相当长一段时间以后，用深井压力计直接测得的。关井时间越长，测得的数据越接近于真实的油层静止压力。比较好的办法是在油井中定期测压力恢复曲线，而在水井中测压力降落曲线。

需要指出的是，要绘制的是某一时刻的等压图（如每季度末），然而，由于仪器和人力安排方面的限制，不可能同时在所有油井和水井中进行测试，而是分批次进行。因此，在实际应用这些压力数据时，应该将不同时期的压力值换算为同一作图时期的压力值。换算时多采用油藏平均压力递减曲线法。首先，将各油井在不同时期内测得的油层静止压力标在以压力与时间为坐标的图纸上，然后从所有的井点中引出一条具有代表性的曲线。可以认为，此曲线代表整个油藏的压力递减情况，故为油藏的平均压降曲线（图 10-16）。利用此曲线可以把各井的压力值换算到某一时间的压力值。首先，在油藏平均压降曲线图上，通过所确定的时期作时间轴的垂线，然后从需换算压力的井点（图 10-16 中 A、B）引出与压降曲线相平行的曲线。此平行曲线与时间垂线相交，其交点的纵坐标值便是该井换算到同一绘图时间的压力值。

在求取相邻两井之间某处的油层静止压力时，一般采用线性内插法。此时认为在两点之间压力是呈直线变化的。但是，位于油藏构造曲率较大处的油井，流体明显呈径向流动，故井间压力值的内插应采用对数法，如图 10-17 所示。对数内插关系式为：

$$p_x = p_A + \frac{\ln \dfrac{R_x}{R_A}}{\ln \dfrac{R_B}{R_A}}(p_B - p_A) \tag{10-13}$$

将 p_x 值代入下式，则有：

$$x = \exp\left(\frac{p_x - p_A}{p_B - p_A}\ln \frac{R_B}{R_A} + \ln R_A\right) - R_A \tag{10-14}$$

式中　p_A、p_B——A、B两点处的压力；
p_x——距A点x远处的压力；
R_A、R_B——A、B两点的曲率半径；
x——p_A与p_x两个压力点的距离。

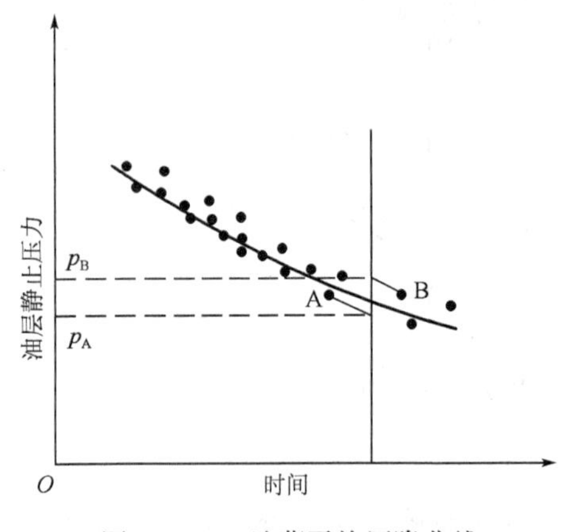

图10－16　油藏平均压降曲线

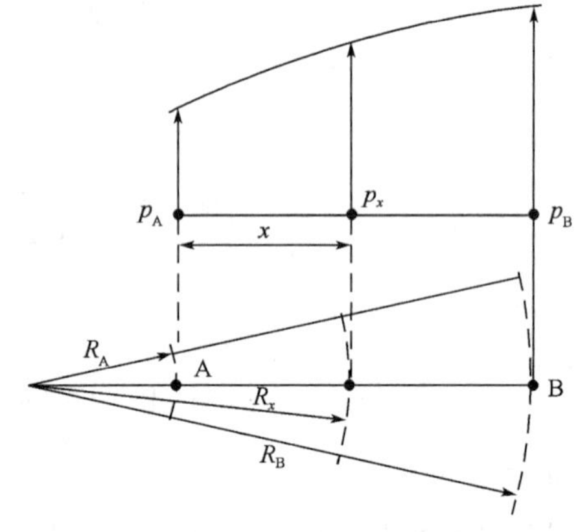

图10－17　对数法公式图解

在求出各内插点的压力以后，用均匀、圆滑的曲线将压力值相同的点连接起来，就得到了油层静止压力等压图。

图10－18就是我国某油藏某一时期的油层静止压力等压图。与该油藏的原始油层压力等压图(图10－12)比较后可以发现，油层压力的分布已发生了较大变化，油层静止压力等压图与构造等高线多呈相交关系。

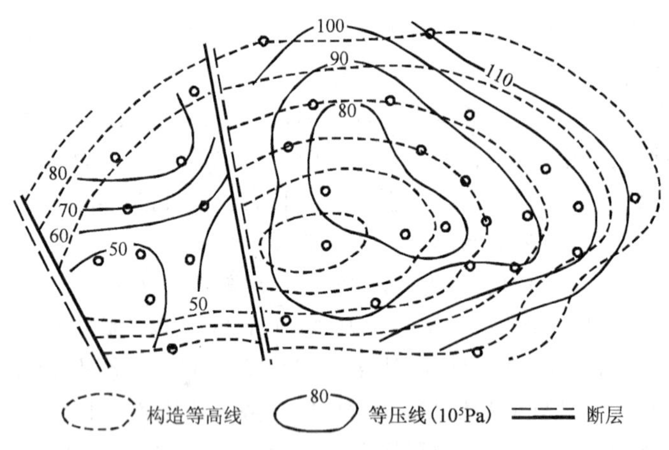

图10－18　油层静止压力等压图

以上所述是根据实测压力数据绘制等压图的方法。如此得到的等压图叫油层的实测等压图。另外，在某些情况下，还可以绘制一种理论等压图。绘制这种等压图的前提是假设油层各处的地层及流体参数(流动系数、弹性系数及流体性质等)是不变的，然后在已知各井点产量变化的情况下，计算出地层内各点的理论压力降落数值，绘制出理论等压图。将理论等压图和实测等压图对比，可以发现两者的差异，并获得有关地层地质特征的有价值判断，为进一步开发和调整好油田提供依据。

(三)油层折算压力

人们常常习惯性地认为地下流体是由地层压力高的部位流向地层压力低的部位。然而，实际情况是否如此呢？下面用一个例子来说明。

图 10－19 中有两口油井，所钻遇油层分别位于油藏顶部海拔－380m 与翼部海拔－470m 处。经过一段时期开采后，关井测得 1 号井的油层静止压力为 2.82MPa，2 号井油层静止压力为 3.25MPa。若油藏的原油密度为 0.85×10^3kg/m^3，经计算后得到 1 号井井内油柱静液面海拔高度为－33m，2 号井井内油柱静液面海拔高度却为－70m。就油层压力大小而论，2 号井的油层压力比 1 号井多 0.43MPa，但是，就压头而言，1 号井则比 2 号井高 37m。油藏内流体实际上是从 1 号井流向 2 号井，即流体是从压头高的地方流向压头低的地方，而不能说从压力大的地方流向压力小的地方。

在油藏开发过程中，为了正确地掌握油层压力大小、分布及其变化规律，必须消除构造因素，即油层埋藏深度对油层压力的影响，因而提出油层折算压力的概念。

1. 油层折算压力的概念

1)折算压头

折算压头是指井内静液面距某一折算基准面的垂直高度。折算基准面可以是海平面，也可以是原始油水(或油气)界面或任意水平面。如图 10－20 所示，假设折算基准面为海平面，利用下式便可将油井实测的油层压力换算为折算压头：

$$l = h - (L - H) \tag{10-15}$$

式中 l——折算压头，m；

h——静液柱高度，m；

L——井口至油层顶面(或中部)的垂直距离，m；

H——井口海拔高度，m。

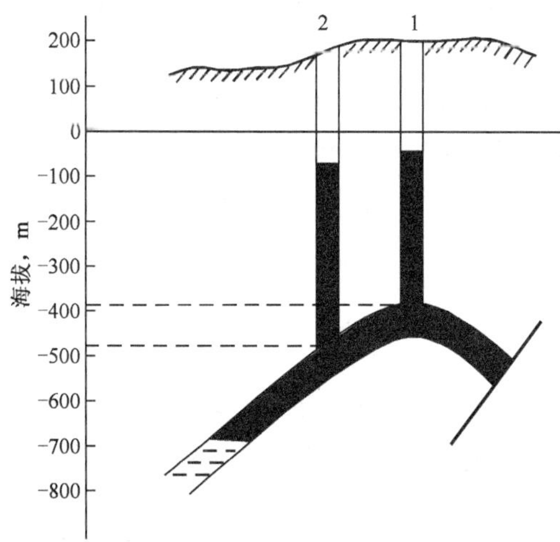

图 10－19 构造因素对油层压力的影响示意图

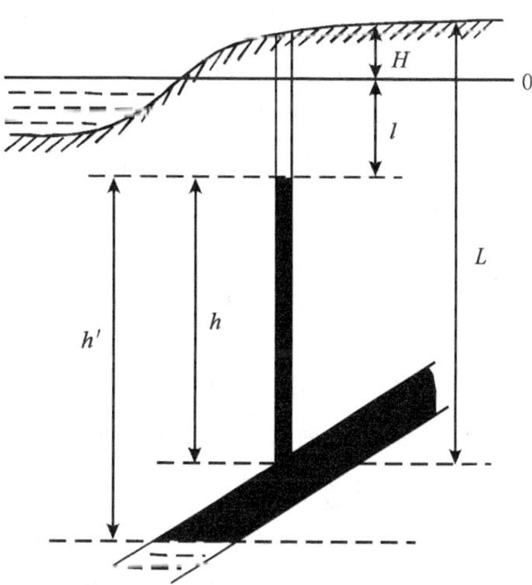

图 10－20 折算压头换算示意图

若假设折算基准面为油水界面，此时的折算压头即 h'。

当静液面在折算基准面之上时，折算压头取正值；当静液面在折算基准面下时，折算压头取负值。

2)折算压力

折算压力指折算压头产生的压力，可利用静水压力公式导出。为了对比油藏上各井压头的大小，应将所有的井都折算到同一个基准面上。

对于无泄水区、具统一水动力系统的油藏来讲，油藏未投入开采时，位于油藏不同部位的各油井，其原始油层压力折算到同一个基准面后的折算压力或折算压头相等；油藏一旦投入开发，由于各种因素的影响，油藏上各油井的折算压头或折算压力会发生较大变化，打破原始相等的状态。

2. 折算压力等压图

油层折算压力等压图的编制方法与油层静止压力等压图相同，在此不再重述。

图 10－21 为某油藏的折算压力等压图，其折算基准面为海平面。由该图可清楚地看到油藏构造东端与西南端为低折算压力区，而南翼与北翼则为高折算压力区，油藏中的流体无疑是从南、北两翼向轴部及东、西两端流动。

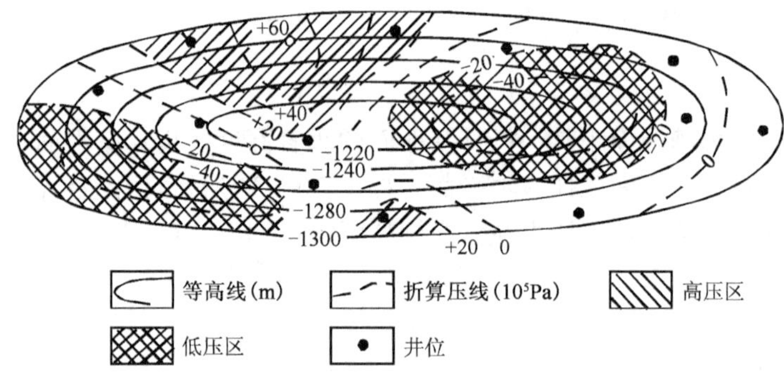

图 10－21 油藏折算压力等压图

油层折算压力等压图或油层折算压头等值线图比油层静止压力等压图更能直观、准确地反映油藏的开采动态及地下流体的流动状况，因而常常利用它来控制油藏均匀采油和水线均匀推进。利用油层折算压头或压力等压图上的压头或压力分布与变化特征，可拟定油藏分区的配产、配注方案和各井的技术措施。

此外，在判断水动力系统方面，油层折算压力或折算压头是不可缺少的资料之一。如前所述，若钻遇某油层(藏)各井原始油层压力的折算压头或折算压力相等，则该油藏应为一个统一的水动力系统；反之，则为多个水动力系统。

三、异常地层压力研究

(一)异常地层压力的概念

在正常压实条件下，作用于孔隙流体的压力即为静水柱的压力。但是，由于多种因素的影响，作用于地层孔隙流体的压力很少等于静水柱压力。通常把偏离静水柱压力的地层孔隙流体压力称为异常地层压力，或称为压力异常。

在油气田勘探开发过程中，国内外都非常重视油气藏压力异常情况的研究，认真找出异常地层压力变化的规律。

研究异常地层压力时，常用压力系数或压力梯度来表示异常地层压力的大小。国内常用的是压力系数。所谓压力系数(α_p)，是指实测地层压力(p_f)与同一深度静水压力 p_H 的比值：

$$\alpha_p = \frac{p_f}{p_H} \tag{10-16}$$

压力系数是衡量地层压力是否正常的一个指标。压力系数 $\alpha_p=0.8\sim1.2$ 为正常压力，$\alpha_p>1.2$称高压异常，$\alpha_p<0.8$ 为低压异常。

国外一些国家则常用压力梯度 G_p 来表示异常地层压力的大小。当 $G_p=0.008\sim0.012$MPa/m时，属正常地层压力；当 $G_p>0.012$MPa/m 时，属高异常地层压力；当 $G_p<0.008$MPa/m时，属低异常地层压力。

对国内外从新生界的更新统到古生界的寒武系中油气田的地层压力统计发现，不仅碎屑岩地区油田有异常压力地层，碳酸盐岩地区油田也有异常压力地层。表 10-5 列出了一些油气田的压力系数 α_p 值。由该表可以明显看出，不论是在中国还是在国外，也不论是油田还是气田，异常地层压力都是普遍存在的。

表 10-5　国内外典型油气田压力系数

油气田名称	油层深度，m	原始油层压力，MPa	压力系数
老君庙油田(L 油层)	700～1000	9.46	1.11
克拉玛依油田	417～566	8.61	1.4～1.7
大庆油田(葡萄花油层)	800～1200	10.51	1.05
东溪气田	915～1038	14.12	1.36～1.54
川中蓬莱镇油田	2222	32	1.44
布路介迪(罗马尼亚)	1681	8.9	0.53
基尔库克(伊拉克)	700～1400	17.5～20.0	1.5～2.5
帕宾那(加拿大)	1560	18.8	1.2
东得克萨斯(美国)	915～996	11.01	1.10～1.20
拉克气田(法国)	3500	63.0	1.8
苏拉罕(苏联)	350	2.5	0.71
杜依玛兹(苏联)	1650～1800	17.7	1

(二)异常地层压力的成因分析

研究和预测压力异常对认识油层能量特征、评价油气藏形成的基本条件、指导安全生产、保护油气层等方面是极为重要的。例如，在钻井过程中，当油气层的地层压力异常低时，易产生井漏；当地层压力异常高时，易产生井喷。

近年来，国内外有关专家对引起异常地层压力的原因及预测异常地层压力的方法都做了很多研究工作，取得了较大的进展。研究及分析认为，异常地层压力形成的原因是多种多样的，其中主要的是成岩作用、剥蚀作用、断裂作用、刺穿作用、热力及生物化学作用、测压水位影响、流体密度差异、油气开采、渗析作用等。

1. 成岩作用

在成岩作用的过程中，造成高压异常的主要因素又可分为欠平衡压实作用、黏土矿物的脱水作用以及硫酸盐岩的成岩作用等。

1)欠平衡压实作用

在埋藏过程中，随沉积负荷增加而不断得以增强的压实作用，疏松多孔的黏土沉积物孔隙中的流体不断被驱出，孔隙体积随之减小。通常，只有在泥质岩的渗透率、沉积及埋藏速率、排水效率达到平衡的情况下，才能产生正常压实。对于一定的沉积速率，当渗透率低于维持平衡压实所需的最小渗透率，或者对于一定的泥质岩渗透率，沉积速率过快，超过了维持平衡压实所能承受的最大沉积速率时，孔隙间的水体不能及时排出，导致孔隙压力增加(高压异常)，泥质岩得不到有效压实(欠压实)。由此可见，沉积速率和渗透率是泥质岩排水效率的主控因素，并制约欠压实所产生的超压强度。

2)黏土矿物的脱水作用

黏土沉积物中的蒙脱石含有大量的晶格层间水和吸附水，随着上覆沉积物的增加，黏土埋深也不断加大，地层温度也会不断升高。当温度升至蒙脱石的脱水门限值时，蒙脱石将释放出大量的晶格层间水和吸附水，并向伊利石转化。如果上述过程处于封闭的地质条件下，所释放出来的水就在黏土孔隙中蓄积起来，从而增加了孔隙流体的压力，使地层具有高压异常。

沉积物中，一些多层或混层矿物的转变伴随着结合水的释放，如蒙脱石脱水、蒙脱石向伊利石的转变等(Law 等，1983)。成岩作用过程中的脱水作用及矿物转变被认为是异常压力产生的机制之一。东营凹陷伊利石含量自 2700m 开始增高，指示了蒙脱石向伊利石大量转化的起始深度，伊利石含量的高峰分布深度(2500～3600m)与超压深度分布区(2250～3500m)一致；沾化凹陷伊利石主要分布深度(2700～4200m)，也与该凹陷的超压分布深度(2700～4000m)相一致，说明蒙伊转化的脱水作用增加了孔隙流体压力，从而形成超压。

另外，蒙脱石的脱水作用常与泥页岩的欠压实作用同时出现，原因在于泥页岩的欠压实作用不仅形成高的孔隙度和异常高的地层压力，而且也形成异常高的地温梯度，促进了蒙脱石的脱水及转化作用。Harrison 和 Summa(1991)在模拟实验的基础上，对美国海湾地区的该种作用进行了计算，结果表明，黏土矿物脱水对超压的贡献约为 1%。所以，蒙脱石的脱水作用不是超压产生的一个独立的、主要的因素，在欠压实引起的超压中，常起辅助作用。

3)硫酸盐岩的成岩作用

Hanshow 和 Bredehoeft(1968)曾经提出：石膏($CaSO_4 \cdot 2H_2O$)向无水石膏($CaSO_4$)转化时会析出大量的水，在封闭的地质条件下，这些水蓄积起来，会增加孔隙流体压力，从而使地层具高异常地层压力。

Louden(1972)则指出：无水石膏水化变为石膏时，体积将发生膨胀，在半水化物状态($CaSO_4 \cdot \frac{1}{2}H_2O$)，岩石体积将增大 15%～25%；在全水化物状态，体积将增加约 40%。因此，石膏水化作用如果在封闭的地质条件下进行，毫无疑问，它将促使高异常地层压力的形成。

2. 剥蚀作用

剥蚀作用易造成高压异常和低压异常。如图 10－22 中 A 层比 B 层埋藏深，按正常情况应该是 A 层的压力大于 B 层的压力，但由于剥蚀作用的结果，B 层压力大于 A 层压力，A 层为低压异常，B 层为高压异常。

3. 断裂作用

如图 10-23 所示，油层和地面供水区连通时属正常压力[图 10－23(a)]，后来发生了断裂，断层使油藏与供水区失去联系，并且剥蚀作用使油藏埋藏深度变小($H_1 < H$)，而油藏中仍然保持原来的压力值，故造成高压异常[图 10－23(b)]；相反，如果因断层作用而使油层变深($H_2 > H$)，就会造成低压异常[图 10－23(c)]。

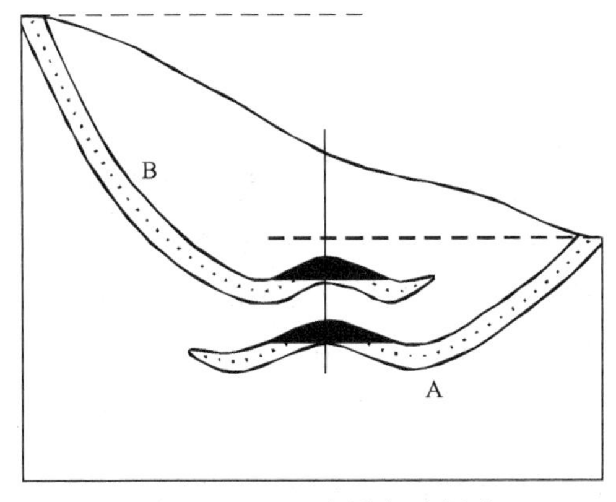

图 10－22　压力异常示意图

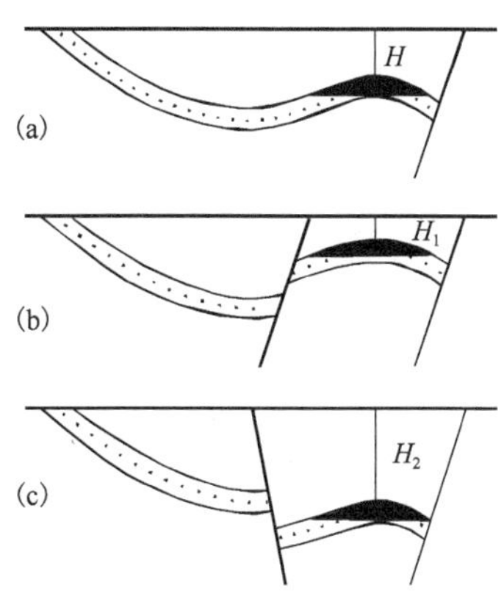

图 10－23　压力异常示意图

对于岩性遮挡油藏，原来埋藏较深，具有较大的压力，后因断裂作用上升，但保持其原始压力，故形成高压异常[图 10－24(a)]；与此相反，岩性油藏埋藏较浅，后因断层作用下沉，仍保持原来压力，结果造成低压异常[图 10－24(b)]。

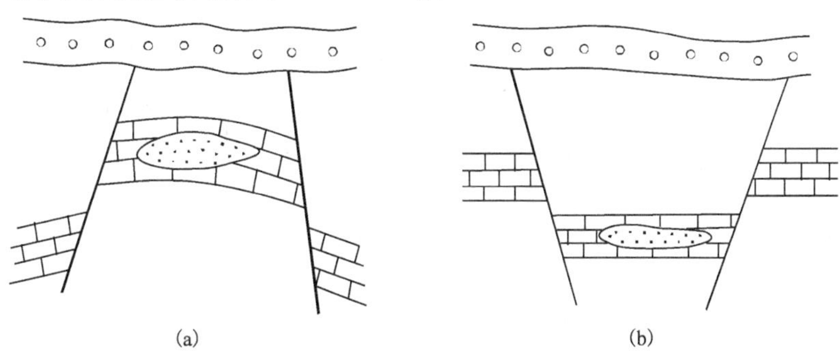

图 10－24　岩性遮挡作用与构造断裂造成的压力异常

此外，断裂作用还可以把深部的高压气层与浅层油藏连通，形成一个统一的压力系统。此时，浅层的油层压力将显著地高于按井深 H 计算出的静水压力，如图 10－25 所示。

4. 刺穿作用

在不均衡压力作用下，塑性岩层发生侵入刺穿作用，构成遮挡面；另一方面，刺穿作用使上覆一些地层发生挤压、变形甚至断裂，使这些地层中的孔隙体积减小，从而导致孔隙流体压力增大而形成高压异常。在对上覆地层造成挤压的同时，塑性岩层自身也由于反作用力而遭受挤压，从而导致孔隙体积的减小，引起异常高压。该作用是盐丘及泥火山发育区出现高压异常的常见原因。图 10－26 为盐丘构造，在其周围为高异常地层压力带。

5. 热力及生物化学作用

国内外钻探实践及经验表明，异常高压地带常伴随着异常高温地带出现，温度对压力的影响是不容忽视的。在一个封闭系统中，温度增加将引起岩石和岩石孔隙中流体的膨胀，从而使该系统的压力增大。温度增加还可引起岩石中流体相态的变化，析出二氧化碳等气相物质。高温能使油页岩中的干酪根热裂解，生成烃类气体。在封闭的地质环境中，这些气体将大大提高该系统的压力而促使高异常地层压力的形成。

另一方面，无论是热力作用，还是催化反应、放射性衰变、细菌作用等生物化学作用，不仅有助于有机质或干酪根生烃，生成的烃类体积大大超过原干酪根本身的体积，烃类进入孔隙后必然驱替原有流体向外排出，当原有流体不能及时排出或烃类产生速率大于原有流体排出速

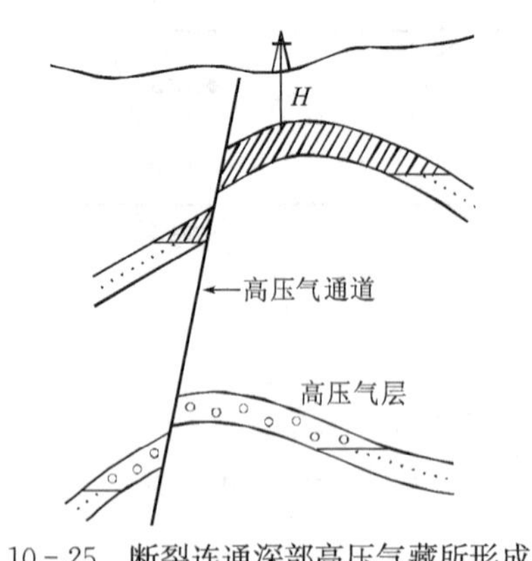

图 10-25　断裂连通深部高压气藏所形成的浅部油层高压异常示意图

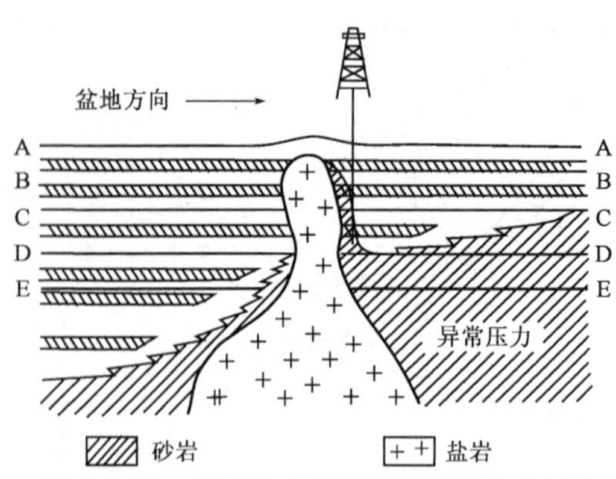

图 10-26　刺穿盐丘周围的异常地层压力带（据 Harkins 和 Baugher，1969）

率时，就会导致孔隙流体压力的增大；同时，热力作用还可以使石油转化为轻质油，使石油裂解为天然气并最终转化为甲烷，从而引起孔隙压力的急剧增高。

6. 测压水位影响

人们通常利用静水压力来代替地层压力，但这是以如下理想状况为前提的，即测压水位（供水区露头海拔高度）与研究井井口的海拔高度一致，换言之，供水区露头与研究井井口是处于同一水平面上。但是，剥蚀作用多是不均匀的，地壳表面总是凹凸不平的。若测压水位高于井口海拔高度，油井就显示出高异常地层压力，如图 10-27 的 2 号井；相反，若测压水位低于井口海拔高度，则油井就显示出低异常地层压力，如图 10-27 中的 1 号井。

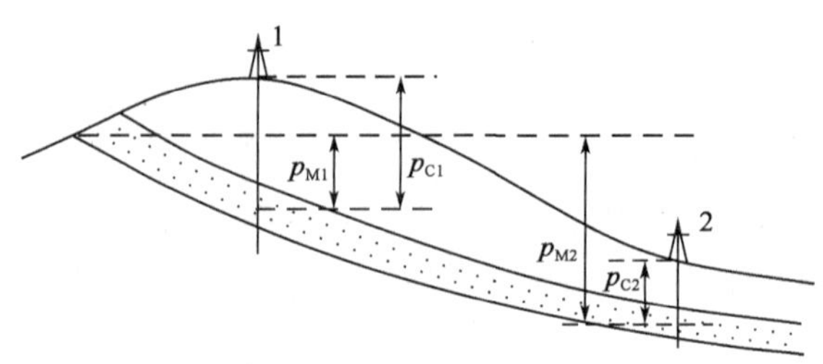

图 10-27　因测压水位不同而显示的异常地层压力

p_{M1}、p_{M2}—实测压力；p_{C1}、p_{C2}—计算压力

油气勘探已查明，因测压水位影响而形成的异常地层压力多半是中小型的，它不及前面所述的与封闭地质环境有关的异常地层压力那样重要。

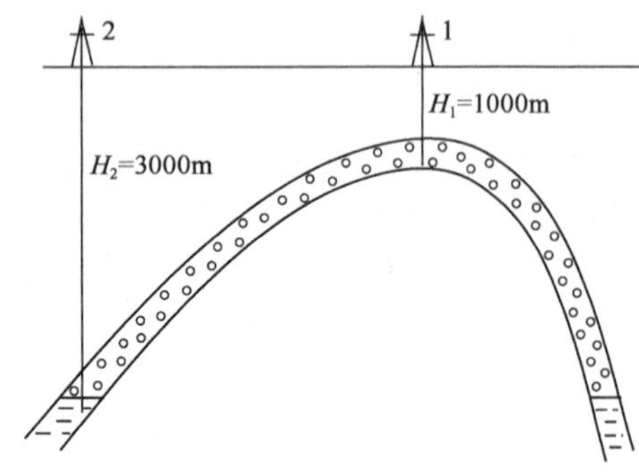

图 10-28　流体密度差形成异常地层压力

7. 流体密度差异

油气藏流体密度的差异会影响地层压力的分布，特别是对于气—水系统。如果地层倾斜较陡，气藏高度比较大时，这种影响就更加明显，位于气藏顶部的气井往往显示出特别高的异常地层压力（图 10-28）。

8. 油气开采

地下油气储层中的流体被采出可能导致压力降低甚至压力衰竭。特别是相对孤立的油砂体，油气被采出后，没有或很少有流体补充，即某一体系中没有流体的介入而只有大量流体的流出，从而形成异常低地层压力。同理，对于低渗储层，在油气采出的同时，因孔渗性差而导致流体补充不足，也可导致低压异常。实践表明，人为因素（油气开采等）是目前所发现的异常低压油气藏的主要诱因。

除此之外，油气井生产过程中，二次或三次开发过程中注入大量的水穿过断层或渗透性较好地层，形成注大于采的状况，从而形成高压区。同时，在油田开发过程中，采油井高含水后，往往采取机械、化学方法对高含水层位进行堵水，如果堵水无效，一般采取采油井关井停产的措施。而此时注水井持续注水，则使注采失衡，形成只注不采的状况，从而在高含水采油井（关井）附近形成异常高压。

9. 渗析作用

位于黏土或页岩地层两侧的液体含盐浓度不同时，浓度低的液体就会以黏土或页岩作为半渗透膜，向浓度高的液体中渗流，从而产生渗析压力。在封闭的地质环境中，这种渗析压力也是形成高压异常的原因。Jones 在 20 世纪 60 年代末通过试验研究指出，通过单一的黏土半渗透隔膜所产生的渗析压力差，最高可达 24. 6MPa。这种渗析作用的结果，必然会使高含盐度或浓度高的液体一侧地层中形成高压异常。

除上述诸多因素导致异常地层压力外，岩层的次生胶结作用、气藏气体的快速泄漏、温度降低、固态气体水合物的形成以及地震等，都会或多或少地影响着异常地层压力的形成。

由以上压力异常成因的简要分析可以看出，不论是高压异常还是低压异常，不仅形成的因素极为复杂、多变，而且形成时间可早可晚，可形成于油气藏形成过程中，也可形成于油气开发阶段。在遇有异常压力油气藏时，应认真收集资料，仔细加以分析，才能得出正确认识。

（三）异常地层压力的预测方法

预测异常地层压力的任务是确定异常地层压力带的层位及深度区间，计算出异常地层压力值的大小。

具有高压异常特别是超高压异常地层压力的油气层在地下并非孤立地存在。高压或超高压储油气层周围的泥页岩层，处于由正常地层压力到异常地层压力的过渡带上，该过渡带上的泥页岩也就具备了高压或超高压异常地层压力的特征。与正常压实的泥页岩相比，过渡带上的泥页岩由于是欠压实的，因此，其密度较小、孔隙度较大，地球物理特性为电阻率值低、声波时差大。在钻井过程中，当钻入过渡带时，还可能产生井喷、井漏、井涌以及钻井参数异常等现象。对过渡带的这些显示进行仔细的观察和研究，便可预测异常地层压力。

异常地层压力预测的方法很多，按照与钻井的先后关系可以分为三大类：(1)钻前压力预测，主要是以地震资料为主的地震勘探法；(2)钻进过程中的随钻压力监测，主要是以钻井工程与钻井液参数为主的钻井资料分析法；(3)钻后的地球物理测井法。

1. 地球物理测井法

利用地球物理测井预测异常地层压力的方法较多，例如声波测井、电阻率（或电导率）测井、密度测井、脉冲中子测井、核磁共振测井、伽马射线光谱分析等，目前国内外广泛采用的主要有电阻率测井、声波测井和体积密度测井。

1)电阻率测井

在预测异常地层压力时，应用较多的电阻率测井曲线是短电位电极系测井曲线。

由地层的电学性质可知，影响地层电阻率的因素有岩石性质、孔隙度、孔隙中所含流体的矿化度、地层温度等。如果岩石为纯页岩，且地层水矿化度为一定值，那么该地层（页岩）的电阻率主要受孔隙度的影响。在正常压实情况下，页岩或泥岩的孔隙度随埋深的增加而减小，而电阻率则随埋深的增加而加大。若钻遇高异常地层压力井段，由于孔隙度增加，其中所含地层水的数量增加，因而页岩电阻率必然朝着电阻率降低的方向而偏离正常趋势线。图 10－29 为墨西哥湾岸某井的页岩电阻率与深度的关系曲线，由图可以看出，该井的高异常地层压力过渡带的顶部大约在 4038.6m 处。

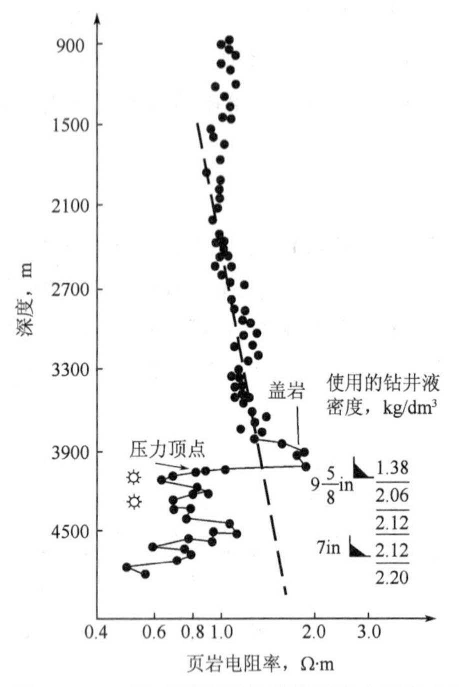

图 10－29　墨西哥湾岸某井的页岩电阻率曲线（据瓦尔特，1976）

借助页岩电阻率与深度的关系曲线可以计算相邻储层的地层压力，具体计算方法主要有以下两种：页岩电阻率比值—压力梯度关系曲线法和等效深度法。下面简单介绍第一种方法。

首先，根据研究区已钻井的资料，绘制该区页岩电阻率比值与储层压力梯度关系曲线。所谓页岩电阻率比值，是指正常压实的页岩电阻率 R_n 与实测的页岩电阻率 R_{ob} 之比，R_n 可由外推正常压实趋势线获得。图 10－30 就是根据某一研究区的实际资料绘制而成的，它可作为该区预测异常地层压力的图版。其次，在研究井的页岩电阻率曲线上，确定该井储层的外推正常趋势值 R_n 与外推偏离正常趋势的 R_{ob} 值，同时，求出它们的比值 R_n/R_{ob}。第三，在区域 $R_n/R_{ob}—G_p$ 图版上，用研究井已确定出的 R_n/R_{ob} 值求出相应的流体压力梯度 G_p 值。最后，用储层的井深乘以流体压力梯度值，即可获得该储层的预测压力值。

值得注意的是，影响电阻率测井的因素较多，在实际工作中不宜单独使用电阻率测井曲线，最好能与其他测井曲线相配合，方可获得更为可靠的结果。

2）声波测井

声波测井所记录的纵向传播速度主要与岩性和孔隙度相关。对页岩或泥岩而言，声波测井曲线基本上为一条反映孔隙度变化的曲线。在正常压实情况下，声波的传播速度随埋深的增加而增大，而声波传播时间将随埋深的增加而减少。若钻遇高异常地层压力过渡带，声波传播时间将朝着增加的方向偏离正常趋势线（图 10－31）。图 10－32 为我国东部某凹陷×井综合压实曲线，图中 2750m 以下有明显的“低声速（高时差）、低密度、高孔隙度”特征，反映存在明显的由欠压实作用导致的异常高压带。

同理，利用声波测井可确定高异常地层压力过渡带的顶部深度，计算储层压力。在利用声波测井求储层压力时，采用的是页岩声波时差的差值，即实际观测的页岩声波时差（Δt_{ob}）与正常趋势的声波时差（Δt_n）之差。绘制页岩声波时差差值与储层流体压力梯度关系曲线，以此作为研究区预测地层压力的图版。具体求取方法和步骤与电阻率法相同，在此不再赘述。

此外，也可以等效深度法为基础，通过公式计算获得欠压实泥页岩层压力及下伏储层的地层压力。利用测井声波时差资料计算泥岩地层压力的公式为：

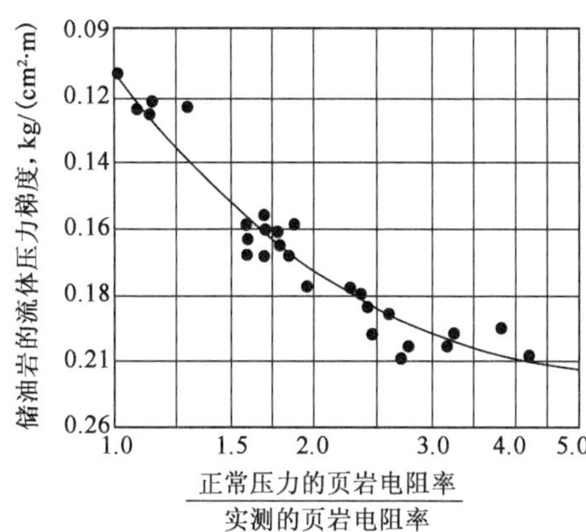

图 10－30　墨西哥湾岸地区页岩电阻率比值与储层压力梯度关系曲线
（据 Hottman 和 Johnson，1965）

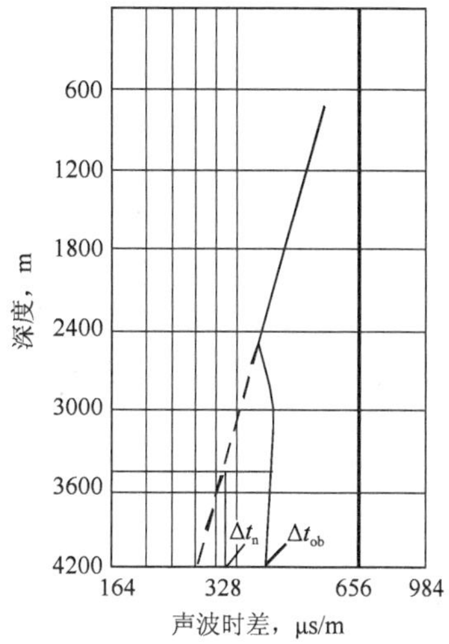

图 10－31　声波(时差)与深度关系曲线

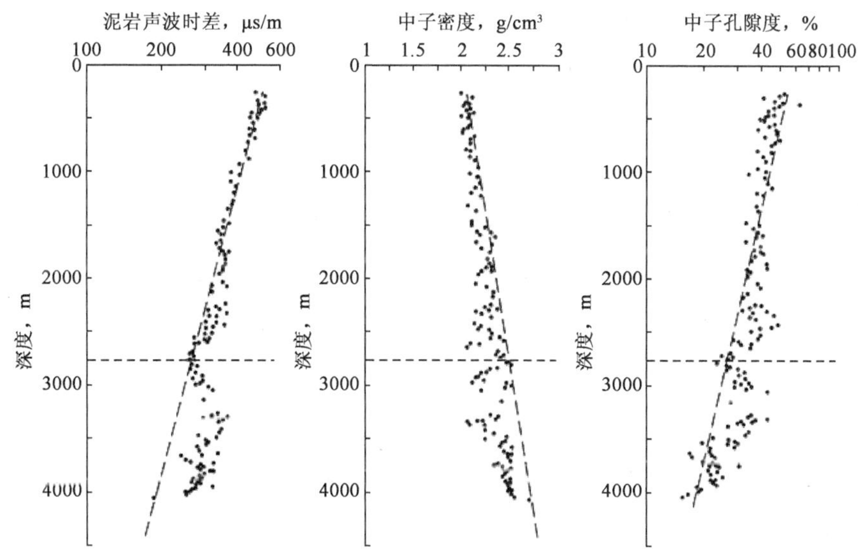

图 10－32　我国东部某凹陷×井综合压实曲线

$$p_H = \rho_r g H + \frac{(\rho_r - \rho_w) g}{C} \ln \frac{\Delta t}{\Delta t_0} \tag{10-17}$$

式中　H——欠压实泥岩的埋藏深度，m；

p_H——欠压实泥岩的孔隙流体压力或地层压力，Pa；

g——重力加速度，m/s^2；

ρ_w——地层孔隙水密度，kg/m^3；

ρ_r——沉积岩平均密度，kg/m^3；

Δt——欠压实泥岩的声波时差值，μs/m；

Δt_0——原始地表（埋深为零）的声波时差值，μs/m；

C——正常压实泥岩的压实系数，即声波时差（对数）与埋深关系中压实曲线斜率。

在欠压实泥岩的孔隙流体压力（p_{sh}）计算的基础上，通过近似换算，可计算出泥岩层下部砂岩层的地层孔隙压力 p_s。近似计算的公式如下：

$$p_s = p_{sh} + \rho_w g(H_s - H_{sh}) \tag{10-18}$$

式中 H_s——砂岩层埋深，m；

H_{sh}——砂岩层上部泥岩层埋深，m。

与电阻率测井相比，声波测井不受井眼大小、地层温度和地层水含盐量变化的影响，故精度较高、效果较好。

3）密度测井

利用页岩密度测井资料预测异常地层压力的基本原理与页岩岩屑录井相同，具体方法和步骤与电阻率测井或声波测井相同，不再重复。

图 10-33 为美国路易斯安那某井的资料，该井分别利用页岩岩屑密度资料与密度测井资料绘制了页岩密度与深度关系曲线。从图中可清楚地看出：两种资料所得结果吻合较好，两条曲线均较清晰地反映出高异常地层压力过渡带的顶面大约在 3352.8m 处。

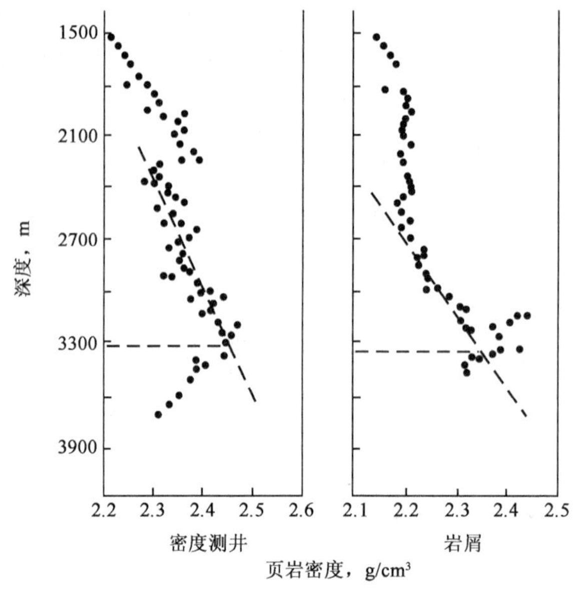

图 10-33 页岩密度资料分析对比（据 Fertl 和 Timko，1970）

值得注意的是，由于密度测井受井眼大小的影响，因此，在预测异常地层压力方面，密度测井的精度和效果不及电阻率测井和声波测井。

2. 地震勘探法

地球物理勘探中，常采用地震勘探来预测异常地层压力。该方法多限于压实理论基础，用于预测异常高压的存在，并估算压力的大小。

众所周知，地震波在地下的传播速度（即层速度）或传播的旅行时间与地层的岩石密度密切相关。Hottman 和 Jahnson（1965）提出，在正常压实条件下，对于砂泥岩剖面，地震层速度（v）随深度（H）增加，且满足下列方程：

$$\ln v = A + KH \tag{10-19}$$

$$A = \ln v_0$$

式中 v——层速度，m/s；

H——深度，m；

A——相对于地表速度 v_0 的对数；

K——相当于地层压实系数。

当存在由欠压实导致的高异常地层压力时，由于页岩是欠压实的，因此相应深度下页岩孔隙度增大、密度减少，地震波传播的层速度将偏离正常压实趋势线向着减小的方向变化，而地震波传播的旅行时间则向增加的方向变化，根据其偏离的幅度可估算地层压力。

图 10－34 为美国湾岸地区的深度与地震波传播旅行时间的关系曲线。旅行时间大约在深度为 3352.8m 的地方偏离正常压实趋势线而突然剧增，由此可断定，此深度乃是高异常地层压力过渡带的顶部位置。

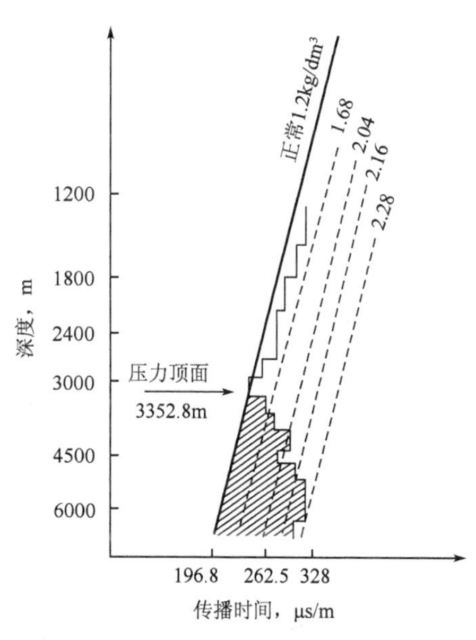

图 10－34 深度与地震波旅行时间关系曲线（据 Pennebaker，1968）

由此可见，在尚未进行钻探的地区，利用地震勘探法可确定异常地层压力过渡带的层位与顶部位置，获得钻探目的层的可靠的压力数据，为探井设计提供依据。

值得注意的是，如果地下存在着块状页岩段和（或者）巨大的盐岩体时，类似上述的异常情况也会出现。由于地震资料具有多解性，所以，在利用地震资料来预测异常地层压力时，应充分掌握研究区的地层层序和岩性特征，以避免产生错误的解释。

图 10－35 为北海一口井中预测压力和实际压力的对比。在图中的左侧部分为钻井前利用地震资料绘制的地震波旅行时间 深度关系曲线，曲线指出异常地层压力的顶部深度为 1130m，在 3100m 处预测的钻井液密度为 1.6kg/dm³；右侧部分则是钻井以后，利用地震测井资料绘制的地震波旅行时间与深度的关系曲线，曲线指出高压异常过渡带的顶部深度大约也在 1130m 左右，3010m 处实际采用的钻井液密度为 1.68kg/dm³。通过比较，两者符合较好，说明地震预测精度较高。

目前，根据地震层速度预测地层压力是比较流行也是比较有效的方法。W. R. Fillppone 通过对墨西哥湾等地区的测井、钻井、地震等多方面资料的综合研究，提出了不依赖正常压实趋势线的简单而实用的计算公式，并在墨西哥湾等地的实际应用中取得了良好的效果，具体公式如下：

$$p = \frac{v_{\max} - v_i}{v_{\max} - v_{\min}} \times 0.456 \times \bar{\rho} \times H \tag{10-20}$$

式中 p——地层压力，MPa；

$\bar{\rho}$——平均密度，kg/m³；

H——深度，m；

v_i——第 i 层的层速度，m/s；

v_{max}——最大层速度，m/s，是岩层有效孔隙度近于零时的纵波速度；

v_{min}——最小层速度，m/s，是岩层刚性近于零时的纵波速度。

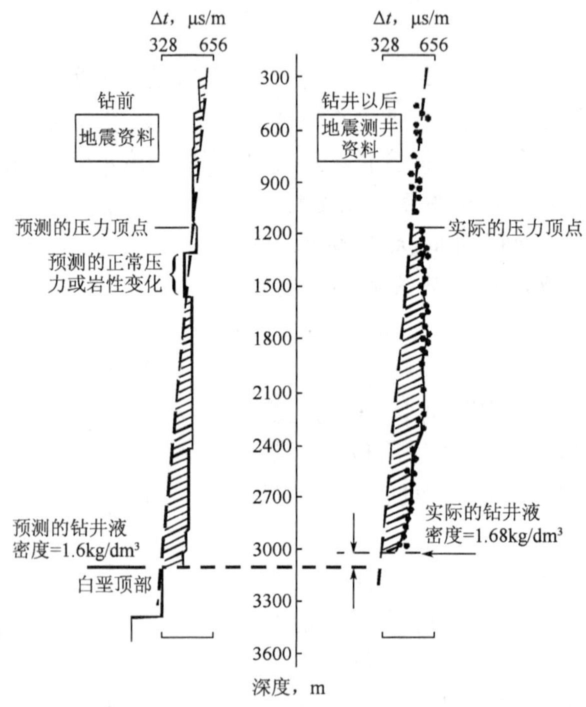

图 10-35　钻井前后地震资料对比(据 Herring,1973)

除地震勘探法外，重力勘探、磁法勘探以及电法勘探均可作为预测异常地层压力的一种辅助手段。但是，用磁法勘探与电法勘探预测异常地层压力只限于在深度相当浅的地区使用。

3. 钻井资料分析法

相对于正常压实层段，钻遇异常压力层段时，钻井工程参数(如钻速、d 指数、dc 指数、扭矩等)、钻井液参数(井涌、钻井液出口温度与密度、钻井液气侵等)会发生异常变化，为判断超压的存在提供现场响应。

1)钻井速度

在正常压实的砂岩、页岩剖面中，由于页岩密度随井深增加而加大，因此，当钻压、转速、钻头类型以及水力条件一定时，页岩的钻速随井深的增加而减小。但是，当钻入高异常地层压力过渡带，钻速会立即增大，有时钻速可超过正常压实页岩的两倍。根据钻速突然加大的现象，可判定地下是否存在高异常地层压力过渡带。

2)d 指数

影响钻速的因素较多，为了能够较准确地反映出钻速与高异常地层压力之间的关系，就必须消除其他因素对钻速的影响，于是 Jorden 和 Shirley(1966)提出了用标定钻进速度(即 d 指数)来代替钻井速度。d 指数的计算公式为：

$$d=\frac{\lg 0.0547\dfrac{v_m}{N}}{\lg 0.684\dfrac{p}{D}} \tag{10-21}$$

式中 v_m——钻速,m/h;

N——转速,r/min;

p——钻压,kN;

D——钻头直径,mm。

为了消除钻井液密度对 d 指数的影响,可用 dc 指数代替 d 指数,它们之间的关系为:

$$dc=d\cdot\frac{\rho_1}{\rho_2} \tag{10-22}$$

式中 ρ_1——正常地层压力下的钻井液密度;

ρ_2——实际使用的钻井液密度。

在正常压实的情况下,d 指数(或 dc 指数)随井深的增加而增大。当钻遇高异常地层压力过渡带时,d 指数(或 dc 指数)将向着减小的方向偏离正常压实趋势线。绘制研究井的 d 指数(或 dc 指数)与深度关系曲线,可用来预测过渡带的顶部位置和异常地层压力。

图 10-36 为同一口井的 d 指数—深度、dc 指数—深度关系曲线。由该图可以清楚地看出,高异常地层压力过渡带的顶面位置大约在 2652m 处。由于 dc 指数消除了钻井液密度的影响,因此比 d 指数更能清楚地反映出高异常地层压力过渡带的存在。

3)返出钻井液温度

前已述及,异常高压带常常伴随异常高温带出现,因此在钻遇高异常地层压力过渡带时,地层温度随深度增加而升高的速度远远超过了正常情况,使得从钻井液出口管返出来的钻井液温度有突然增高的现象,根据该现象可判断是否钻遇到了高异常地层压力过渡带。

图 10-37 为根据某井返出钻井液温度与相应的井深资料绘制的关系曲线。该曲线清楚地表明,在进入超高压井段前,返出钻井液的温度梯度突然增加到 18.2℃/100m。温度梯度突变处往往就是高压异常过渡带的顶部位置。

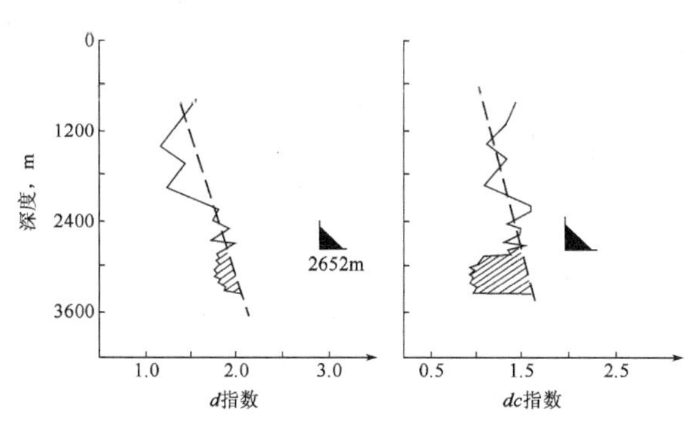

图 10-36 d 指数与 dc 指数曲线对比

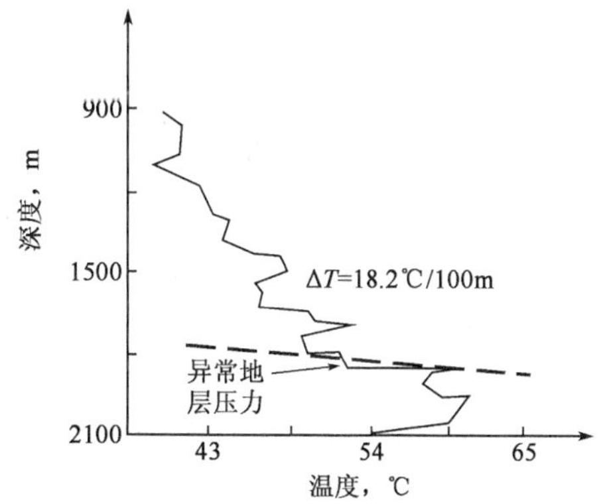

图 10-37 返出钻井液温度与井深关系曲线

(据 Wilson 和 Bush,1973)

4)页岩岩屑密度

如前所述,在高异常地层压力过渡带,页岩密度变小而偏离正常压实趋势线。因此,在钻进过程中,通过页岩岩屑密度分析可以有效地预测高异常地层压力过渡带。图 10-38 为页岩岩屑密度与井深的关系曲线，由曲线可知，高压异常过渡带的顶部大约在4114.8m处。

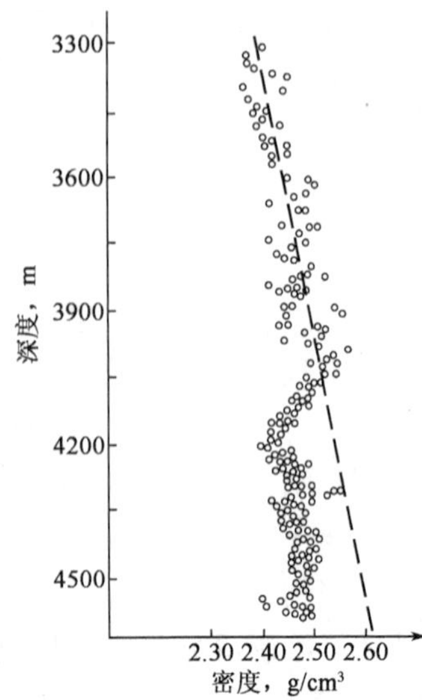

图10-38　页岩岩屑密度与井深关系曲线

利用页岩岩屑密度变化曲线来预测异常地层压力，不仅方法简便、见效快，而且精度高。但是，当页岩中含有大量的碳酸盐矿物和重矿物时，会影响解释精度，故应当对碳酸盐矿物和重矿物的含量进行校正。

4.异常地层压力预测方法的综合分析

需要强调的是，单独使用上述某一类方法预测地层压力都具有一定的局限性。一个地区或一口井，在进行异常地层压力预测时，应尽可能选用适合于本区的多种方法进行综合分析，相互验证，以便获得较为可靠的结果。

图10-39为美国路易斯安那某井的异常地层压力预测示意图，该井综合运用了地震层速度曲线、钻井液出口温度曲线、页岩中钻速曲线、页岩密度曲线，以及页岩电阻率曲线等来预测异常地层压力，从图上可以清楚地看到：这些曲线的吻合性好，均反映出该井的高异常地层压力过渡带顶部位置大约在3749m的地方。

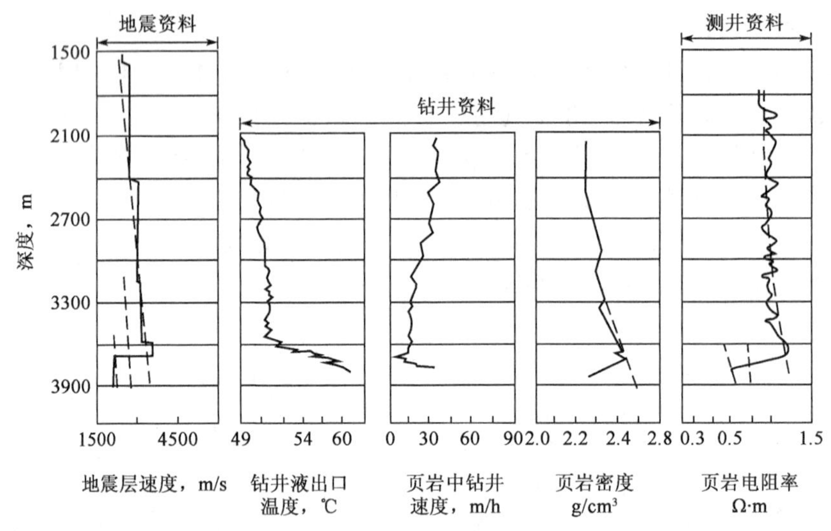

图10-39　综合利用各种资料预测异常地层压力(据Fertl和Timko，1970)

除上述方法以外，钻进过程中转盘扭矩突然增加、起钻时阻力加大、井喷、井涌等现象的发生，均可作为钻遇高异常地层压力的显示。

思考题

1.试分析影响地层温度分布的主要因素以及地层温度与油气之间的关系。

2.何谓地静压力、油层压力？试对比分析两者有何不同。

3. 何谓压力梯度、压力系数？两者有何不同？

4. 何谓目前油层压力及原始油层压力？试分析原始油层压力来源及分布特征。

5. 何谓折算压力？计算并分析折算压力分布特征有何意义？

6. 何谓异常地层压力？试分析异常地层压力的成因机制及预测方法。

第十一章　油气储量计算

油气储量计算是综合评价油气田勘探成果的一项重要工作，也是编制油气田开发方案、确定油气田建设规模和国家投资的依据。对油气储量感兴趣的人不仅限于石油工作者、政府决策人、经济学家，而且还有与油气建设工程有关的行业和利用油气产品加工的下游工业的工作者。

第一节　油气储量的分类和综合评价

一、油气资源和储量的相关术语

根据储量规范(GB/T 19492—2004)，对油气储量计算中相关术语和定义如下。

(1)原地量：是指地壳中由地质作用形成的油气自然聚集量，即在原始地层条件下，油气储层中储藏的石油和天然气及其伴生有用物质，换算到地面标准条件(20℃，0.101MPa)下的数量。在未发现的情况下，称为原地资源量；在已发现的情况下，称为原地储量，特称地质储量。未发现原地资源量和地质储量之和，称为总原地资源量。

(2)可采量：是指从油气的原地量中预计可采出的油气数量。在未发现的情况下，称为可采资源量；在已发现的情况下，称为可采储量。

(3)资源量：是原地资源量和可采资源量的统称。

(4)储量：是地质储量和可采储量的统称。可采储量又是技术可采储量和经济可采储量的统称。

(5)技术可采储量：是指在给定的技术条件下，经理论计算或类比估算的、最终可采出的油气数量。

(6)经济可采储量：是指在当前已实施的或肯定要实施的技术条件下，按当前的经济条件(如价格、成本等)估算的、可经济开采的油气数量。

(7)不可采量：是原地量与可采量的差值。

二、工业油(气)流标准

工业油(气)流标准包括油(气)井的工业油(气)流标准和储层的工业油(气)流标准。油(气)井的工业油(气)流标准是指油(气)井产油(气)下限。储层的工业油(气)流标准是指工业油(气)井内储层的产油(气)下限，也就是有效厚度的测试下限。它是储量计算的起点，它的高低往往造成整个储量计算的系统误差。确定储层产油气的标准界限，其方法是论证油藏开发经济上的合理最小采油指数值，即论证在开发期间单井具有的最低可采储量。

储层的采油指数标准界限值由规定的采油利润率、原油销售价格和平均单井原油可采储量综合确定。当评价原油储量是否有工业开采价值时，降低利润率、提高原油销售价格、增加原油可采储量三个条件中，实现其中一个，就可以使某些储量具有经济意义。

应该说明的是，如果采油利润率和原油销售价格属于经济范畴，单井可采储量则包含有很多的工艺技术内容。单井的可采储量不仅应当根据经济标准确定，而且还要考虑到储层的地质、物理特性，以及从一口井中采出这些可采储量在工艺技术条件和采油方法方面的可能性。

当单井的可采储量一定时，利润率不仅取决于原油销售价格，也取决于油藏的开发时间。因为油井生产时间越长，采油生产成本费用就越高。根据单井开采储量和开发时间，可以得出油井平均产量，即采油指数。因此，采油指数是单井应拥有的可采储量的标准和划分储层的界限标准。

由于各地区地理条件和储层的地质、采油条件不同，不同油区储层的采油指数标准界限值有很大的变化。因此，我国在确定油气井工业油（气）流标准时，没有直接采用采油指数值，而是采用与采油指数含义相同的产油（气）层不同深度、合理生产压差下的日产油（气）量作为探井工业油（气）流标准。它是进行储量计算的起算标准。不同地区及海域应根据当地价格和成本等测算求得只回收开发井投资的单井下限日产量，也可用平均的操作费和油价求得平均井深的单井下限日产量，再根据实际井深求得不同井深的单井下限日产量。表 11－1 是根据我国东部地区平均油（气）价格和成本测算的单井下限日产量。

表 11－1　东部地区工业油（气）流标准（据 DZ/T 0217—2005）

产油气层埋藏深度，m	工业油流下限，t/d	工业气流下限，$10^4m^3/d$
≤500	0.3	0.05
＞500～≤1000	0.5	0.1
＞1000～≤2000	1.0	0.3
＞2000～≤3000	3.0	0.5
＞3000～≤4000	5.0	1.0
＞4000	10.0	2.0

三、储量的经济意义

经济意义是指油气藏（田）开发在经济上所具有的合理性。经济意义是在不同勘探开发阶段，通过进行可行性评价所获得的，通常可以划分为经济的、次经济的和内蕴经济的三类。

（1）经济的储量：依据当时的市场条件，即按储量评估当时的油气产品价格和开发成本，油气藏（田）投入开采在技术上可行，环境等其他条件允许，经济上合理即储量收益能满足投资回报的要求。

（2）次经济的储量：依据当时的市场条件，油气藏（田）投入开采是不经济的，但在预计可行的或可能发生的推测市场条件下，或预计投资环境得到改善的情况下，其开采将是有效益的。

（3）内蕴经济的储量：对油气藏（田）只进行了概略研究评价，由于对储层复杂程度、储量规模大小、开采技术的应用和市场前景都只有初步的推测，不确定性因素多，无法区分是属于经济的还是次经济的。

四、油气资源和储量的分类

油气的勘探开发过程往往需要经历区域普查、圈闭预探、油气藏评价、产能建设和油气生产等五个阶段。油气资源和储量的分类，主要是依据油气藏（田）的勘探开发程度、地质可靠程度和产能证实程度而进行的。从一个油气藏（田）发现至勘探开发程度的不断提高，人们对地下油气田地质规律的认识程度逐步深化，所获取的各项地质参数更加丰富和完善，故油气储量计算的精度和级别也就越高。

我国20世纪50年代、60年代采用的是A、B、C级的油气储量分类系统，70年代末到80年代则采用一二三级油气储量分类系统，基本与苏联的油气储量属于同一分类系统。为了使我国储量分级、分类可与世界对比，我国的《石油天然气资源/储量规范》，在经历了多次修改、讨论和补充完善之后，于1988年由国家标准局正式发布，并于2004年又重新修订。新的分类与1988年规范相比，主要是将基本探明储量一类删除掉，突出了可采储量。我国新的储量分类和国际上的储量分类对比见表11-2。

表11-2 国内外储量分类对比表

<table>
<tr><td>国家或会议</td><td colspan="4">储　量</td><td colspan="2">资　源　量</td></tr>
<tr><td rowspan="2">第十一届世界石油会议推荐</td><td colspan="2">Proved　探明</td><td colspan="2">Unproved　未探明</td><td rowspan="2" colspan="2">Speculative
推测</td></tr>
<tr><td>Developed
已开发</td><td>Undeveloped
未开发</td><td>Probable
概算</td><td>Possible
可能</td></tr>
<tr><td rowspan="2">中国现规范
(2004)</td><td colspan="2">探明</td><td rowspan="2">控制</td><td rowspan="2">预测</td><td colspan="2">未发现资源量</td></tr>
<tr><td>已开发
(Ⅰ类)</td><td>未开发
(Ⅱ类)</td><td>潜在</td><td>推测</td></tr>
<tr><td rowspan="2">美国</td><td colspan="2">Proved　证明</td><td rowspan="2">Probable or
Indicated
概算或预示</td><td rowspan="2">Possible or
Inferred
可能或推测</td><td rowspan="2" colspan="2">Hypothetical+
Speculative
假定+推测</td></tr>
<tr><td>Developed
已开发</td><td>Undeveloped
未开发</td></tr>
<tr><td>苏联(1983)</td><td>A</td><td>B,C_1</td><td>部分C_1</td><td>C_2</td><td>C_3</td><td>D</td></tr>
</table>

我国现行的储量规范从盆地勘探工作开始，就要求进行资源评价，计算资源量。储量分级、分类贯穿于整个勘探过程，从区域勘探、预探、评价钻探以至油田开发各个阶段都有相应级别的储量。每一级储量既反映所处勘探阶段的工作成果，又是指导下一步勘探、开发部署的依据。我国资源和储量分类框架见图11-1。

(一)原地量分类

1. 总原地资源量

总原地资源量是指根据不同勘探开发阶段所提供的地质、地球物理与分析化验等资料，经过综合地质，选择运用具有针对性的方法所估算求得的已发现的和未发现的储集体中原始储藏的油气总量。

2. 未发现原地资源量

未发现原地资源量是指对未发现的储集体预测求得的原始储藏油气总量，分为潜在原地资源量和推测原地资源量。

潜在原地资源量是指在圈闭预探阶段前期，对已发现的、有利含油气的圈闭或油气田的邻近区块(层系)，根据石油地质条件分析和类比，采用圈闭法估算的原地油气总量。

推测原地资源量是指主要在区域普查阶段或其他勘探阶段，对有含油气远景的盆地、坳陷、凹陷或区带等推测的油气储集体，根据地质、物化探及区域探井等资料所估算的原地油气总量。推测原地资源量一般可用总原地资源量减去地质储量和潜在原地资源量的差值来求得。

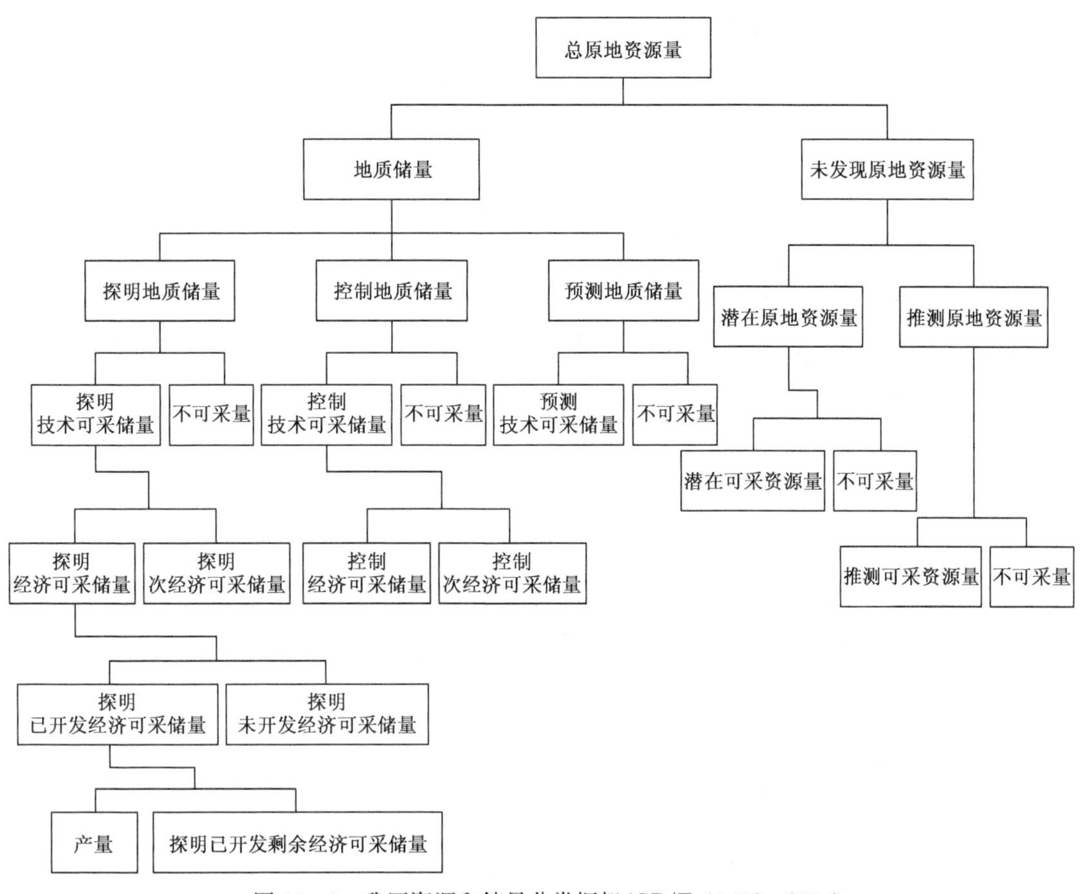

图 11-1　我国资源和储量分类框架(GB/T 19492—2004)

3. 地质储量

地质储量是指在钻探发现油气后，根据已发现油气藏(田)的地震、钻井、测井和测试等资料估算求得的已发现油气藏(田)中原始储藏的油气总量。地质储量分为探明地质储量、控制地质储量和预测地质储量。

1)预测地质储量

预测地质储量是指在圈闭预探阶段预探井获得了油气流或综合解释有油气层存在时，对有进一步勘探价值的、可能存在的油气藏(田)估算求得的、确定性很低的地质储量。

预测地质储量的估算，应初步查明了构造形态、储层情况，预探井已获得油气流或钻遇了油气层，或紧邻在探明储量(或控制储量)区并预测有油气层存在，经综合分析有进一步评价勘探的价值。预测地质储量的勘探程度和地质认识程度应符合表 11-3 中的要求。

2)控制地质储量

控制地质储量是指在圈闭预探阶段预探井获得工业油(气)流，并经过初步钻探认为可提供开采后估算求得的、确定性较大的地质储量，其相对误差不超过±50%。控制地质储量的估算，应初步查明了构造形态、储层变化、油气层分布、油气藏类型、流体性质及产能等，具有中等的地质可靠程度，可作为油气藏评价钻探、编制开发规划和开发设计的依据。

控制地质储量的勘探程度和地质认识程度应符合表 11-3 中的要求，含油(气)范围的单井试油(气)产量达到储量起算标准，或同一圈闭探明区(层)以外可能含油(气)范围。

表 11-3　各级地质储量的勘探程度和地质认识程度要求(DZ/T 0217—2005)

类别		探明地质储量	控制地质储量	预测地质储量
勘探程度	地震	已完成二维地震测网不大于 1km×1km,或有三维地震,复杂条件除外	已完成地震详查,主测线距一般 1～2km	已完成地震普查,主测线距一般 2～4km
	钻井	(1)已完成评价井钻探,满足编制开发方案的要求,能控制含油(气)边界或油(气)水界面 (2)小型以上油(气)藏的油气层段应有岩心资料,中型以上油(气)藏的油气层段至少有一个完整的取心剖面,岩心收获率应能满足对测井资料进行标定的需求 (3)大型以上油(气)田的主力油气层,应有合格的油基钻井液或密闭取心井 (4)疏松油气层采用冷冻方式钻取分析化验样品	(1)已有评价井 (2)主要含油气层段有代表性岩心	(1)已有预探井 (2)主要目的层有取心或井壁取心
	测井	(1)应有合适的测井系列,能满足解释储量计算参数的需要 (2)对裂缝、孔洞型储层进行了特殊项目测井,能有效地划分渗透层、裂缝段或其他特殊岩层	采用适合本探区特点的测井系列,解释了油、气、水层及其他特殊岩性段	采用本探区合适的测井系列,初步解释了油、气、水层
	测试	(1)所有预探井及评价井已完井测试,关键部位井已进行了油气层分层测试,取全取准产能、流体性质、温度和压力资料 (2)中型以上油(气)藏,已获得有效厚度下限层单层试油资料 (3)中型以上油(气)藏进行了试采或系统试井,稠油油藏进行了热采试验,低渗透储层采取了改造措施,取得了产能资料	已进行油气层完井测试,取得了产能、流体性质、温度和压力资料	油气显示层段及解释的油气层可有中途测试或完井测试
	分析化验	(1)已取得孔隙度、渗透率、毛细管压力、相渗透率和饱和度等岩心分析资料 (2)取得了流体分析及合格的高压物性分析资料 (3)中型以上油藏进行了确定采收率的岩心分析试验,中型以上气藏宜进行氦气法分析孔隙度 (4)稠油油藏已取得黏温曲线	(1)进行了常规的岩心分析及必要的特殊岩心分析 (2)取得了油、气、水性质及高压物性等分析资料	进行了常规的岩心分析
地质认识程度		(1)构造形态及主要断层分布落实清楚,提交了由钻井资料校正的 1∶10000～1∶25000 的油气层或储集体顶(底)面构造图。对于大型气田,目的层构造图的比例尺可为 1∶50000;对于小型断块油藏,目的层构造图的比例尺可为 1∶5000 (2)已查明储集类型、储层物性、储层厚度、非均质程度。对裂缝—孔洞型储层,已基本查明裂缝系统 (3)油气藏类型、驱动类型、温度及压力系统、流体性质及其分布、产能等清楚 (4)有效厚度下限标准和储量计算参数基本准确 (5)小型以上油田(藏)、中型以上气田(藏)已有以开发概念设计为依据的经济评价;其他已进行开发评价	(1)已基本查明圈闭形态,提交了由钻井资料校正的 1∶25000～1∶50000的油气层或储集体顶(底)面构造图 (2)已初步了解储层储集类型、岩性、物性及厚度变化趋势 (3)综合确定了储量计算参数 (4)已初步确定油气藏类型、流体性质及分布,并了解了产能	(1)证实圈闭存在,提交了 1∶50000～1∶100000 的构造图 (2)深入研究了构造部位的地震信息异常,并获得了与油气有关的相关结论 (3)已明确目的层层位及岩性 (4)可采用类比法确定储量计算参数

3)探明地质储量

探明地质储量是指在油气藏评价阶段，经评价钻探证实油气藏(田)可提供开采并能获得经济效益后估算求得的、确定性很大的地质储量，其相对误差不超过±20%。探明地质储量的估算，应查明了油气藏类型、储集类型、驱动类型、流体性质及分布、产能等；流体界面或油气层底界应是钻井、测井、测试或可靠压力资料证实的；应有合理的井控程度，或开发方案设计的一次开发井网；各项参数均具有较高的可靠程度。其勘探开发程度和地质认识程度应符合表 11-3 中的要求，单井稳定产量达到储量起算标准。

(二)可采量分类

可采量分为可采资源量和可采储量。

1. 可采资源量

可采资源量是指从原地资源量中可采出的油气数量，分为潜在可采资源量和推测可采资源量，其采收率是经验类比估算的。

潜在可采资源量是指从潜在原地资源量中可采出的油气数量。

推测可采资源量是指从推测原地资源量中可采出的油气数量。

2. 可采储量

可采储量是指从油气地质储量中可采出的油气数量，按其地质可靠程度和经济意义可分为七类(预测储量是内蕴经济的，不划分经济可采储量)。

(1)预测技术可采储量，是指满足下列条件所估算的技术可采储量：

①乐观推测可能实施的操作技术；

②将来实际采出量大于或等于估算的技术可采储量的概率至少为 10%。

(2)控制技术可采储量，是指满足下列条件所估算的技术可采储量：

①推测可能实施的操作技术；

②可行性评价为次经济以上。

(3)控制经济可采储量，是指满足下列条件所估算的经济可采储量：

①可行性评价为经济的；

②将来实际采出量大于或等于估算的经济可采储量的概率至少为 50%。

(4)控制次经济可采储量，是控制技术可采储量与控制经济可采储量的差值。

(5)探明技术可采储量，是指满足下列条件所估算的技术可采储量：

①已实施的操作技术和近期将采用的操作技术(包括采油气技术和提高采收率技术，下同)；

②已有开发概念设计或开发方案，并已列入或将列入中近期开发计划；

③以近期平均价格和成本为准，可行性评价为经济的和次经济的。

(6)探明经济可采储量，是指满足下列条件所估算的经济可采储量：

①依据不同要求采用评价基准日的或合同的价格和成本以及其他有关的经济条件；

②已实施的操作技术，或先导试验证实的并肯定付诸实施的操作技术，或本油气田同类油气藏实际应用成功的并可类比和肯定付诸实施的操作技术；

③已有开发方案，并已列入中近期开发计划，天然气储量还应已敷设天然气管道或已有管道建设协议，并有销售合同或协议；

④含油气边界是钻井或可靠的压力测试资料证实的流体界面，或者是钻遇井的油气层底界，并且含油气边界内达到了合理的井控程度；

⑤实际生产或测试证实了油气层的商业性生产能力，或目标储层与邻井同层位或本井邻层位已证实商业性生产能力的储层相似；

⑥可行性评价为经济的；

⑦将来实际采出量大于或等于估算的经济可采储量的概率至少为80%。

探明经济可采储量按其开发和生产状态进一步分为探明已开发经济可采储量和探明未开发经济可采储量两类。

探明已开发经济可采储量是指油气藏的开发井网钻探和配套设施建设完成后，已全面投入开采的可采储量。当提高采收率技术(如注水等)所需的设施已经建成并已投产后，相应增加的可采储量也属于探明已开发经济可采储量。探明已开发经济可采储量是开发分析、调整和管理的依据，也是各级可采储量精度对比的标准。探明已开发经济可采储量应在开发生产过程中定期进行复核。扣除了累计产量后的探明已开发经济可采储量称为探明已开发剩余经济可采储量。

探明未开发经济可采储量是指已完成评价钻探或已经开辟先导生产试验区的油气藏(田)尚未部署开发生产井网的经济可采储量。

(7)探明次经济可采储量，是指探明技术可采储量与探明经济可采储量的差值，包括如下两部分：

①可行性评价为次经济的技术可采储量；

②由于合同和提高采收率技术等原因，尚不能划为探明经济可采储量的技术可采储量。

五、油气储量的综合评价

油气储量开发利用的经济效果不仅与油气储量的数量有关，还取决于储量的质量和开发的难易程度。油层厚、产量高、原油性质好、储层埋藏浅、油田所处地区交通方便的油藏，比油层薄、产量低、油稠、含水高、储层埋藏深的油藏，建设同样产能所需开发的投资必然少，获得的经济效益必然高。因此，分析勘探的效果不仅要看探明多少储量，还要综合分析探明储量的质量。

我国颁发的油气储量计算规范(DZ/T 0217—2005)中，明确规定对油气田(藏)储量规模和品位等进行地质综合评价。

按可采储量规模大小，将油气田(藏)分为五类，见表11-4。

表11-4 储量规模分类

分类	原油可采储量，$10^4 m^3$	天然气可采储量，$10^8 m^3$
特大型	≥25000	≥2500
大型	≥2500～<25000	≥250～<2500
中型	≥250～<2500	≥25～<250
小型	≥25～<250	≥2.5～<25
特小型	<25	<2.5

按可采储量丰度大小，将油气田(藏)分为四类，见表11-5。

表 11-5　储量丰度分类

分类	原油可采储量丰度，$10^4m^3/km^2$	天然气可采储量丰度，$10^8m^3/km^2$
高	≥80	≥8
中	≥25～<80	≥2.5～<8
低	≥8～<25	≥0.8～<2.5
特低	<8	<0.8

按千米井深稳定产量大小，将油气藏(田)分为四类，见表 11-6。

表 11-6　产能分类

分类	油藏千米井深稳定产量，$m^3/(km \cdot d)$	气藏千米井深稳定产量，$10^4m^3/(km \cdot d)$
高产	≥15	≥10
中产	≥5～<15	≥3～<10
低产	≥1～<5	≥0.3～<3
特低产	<1	<0.3

按埋藏深度大小，将油气藏分为五类，见表 11-7。

表 11-7　埋藏深度分类

分类	油(气)藏中部埋藏深度，m
浅层	<500
中浅层	≥500～<2000
中深层	≥2000～<3500
深层	≥3500～<4500
超深层	≥4500

按储层孔隙度大小，将储层分为五类，见表 11-8。

表 11-8　储层孔隙度分类

分类	碎屑岩孔隙度，%	非碎屑岩基质孔隙度，%
特高	≥30	
高	≥25～<30	≥10
中	≥15～<25	≥5～<10
低	≥10～<15	≥2～<5
特低	<10	<2

按储层渗透率大小，将储层分为五类，见表 11-9。

表 11-9　储层渗透率分类

分类	油藏空气渗透率，mD	气藏空气渗透率，mD
特高	≥1000	≥500
高	≥500～<1000	≥100～<500
中	≥50～<500	≥10～<100
低	≥5～<50	≥1.0～<10
特低	<5	<1.0

按原油含硫量和天然气硫化氢含量大小，将油气藏分为四类，见表 11－10。

表 11－10　含硫量分类

分类	原油含硫量，%	天然气硫化氢含量，g/m^3
高含硫	≥2	≥30
中含硫	≥0.5～<2	≥5～<30
低含硫	≥0.01～<0.5	≥0.02～<5
微含硫	<0.01	<0.02

按原油密度大小，将原油分为四类，见表 11－11。

表 11－11　原油密度分类

分类	原油密度，g/cm^3
轻质	<0.87
中质	≥0.87～<0.92
重质	≥0.92～<1.0
超重	≥1.0

地层原油黏度大于等于 50mPa·s，称为稠油；原油凝点大于等于 40℃，称为高凝油；其余称为常规油。

第二节　容积法计算油气储量

用于油气储量计算的方法主要有容积法、物质平衡法、压降法、产量递减曲线法、水驱曲线法、矿场不稳定试井法及概率统计法等，而这些方法的适用条件和所需资料或参数存在差异。为了提供可靠的油气储量，不仅要充分、正确地认识地下油气田（藏）的地质规律，并获得大量、齐全的油气储量计算的参数外，还应从具体的地质条件出发，选择适合该油气田（藏）实际情况的油气储量计算方法。

容积法是计算油气田（藏）地质储量的主要方法，适用于不同的勘探开发阶段。它利用油气田（藏）的静态资料和参数来计算油气储量，故又称为计算油气储量的静态法。容积法适用于不同圈闭类型、储集类型和驱动类型的油气藏，裂缝性油气藏应考虑裂缝系统的连通性。

一、容积法基本公式

容积法计算油气储量的实质就是确定地下岩石孔隙中油气所占的体积，然后用地面的体积单位或重量单位表示。由于石油和天然气的性质不同，油气储量计算的公式也有区别。

（一）油藏地质储量计算公式

容积法计算石油地质储量的基本公式为：

$$N = 100A_o h\phi S_{oi}/B_{oi} \tag{11-1}$$

式中　N——原油地质储量，10^4m^3；

A_o——含油面积，km^2；

h——平均有效厚度，m；

ϕ——平均有效孔隙度，小数；

S_{oi}——平均原始含油饱和度，小数；

B_{oi}——平均地层原油体积系数，无因次。

若用质量单位表示原油地质储量，则式(11－1)可表示为：

$$N_z = N\rho_o \tag{11-2}$$

式中 N_z——原油地质储量，10^4 t；

ρ_o——平均地面原油密度，t/m^3。

溶解气地质储量大于 $0.1\times10^8 m^3$ 并可利用时，溶解气地质储量由下式计算：

$$G_s = 10^{-4}NR_{si} \tag{11-3}$$

式中 G_s——溶解气地质储量，$10^8 m^3$；

N——原油地质储量，由公式(11－1)计算获得，$10^4 m^3$；

R_{si}——原始溶解气油比，m^3/m^3。

当油藏有气顶时，气顶天然气地质储量按气藏或凝析气藏地质储量计算公式计算。

(二)纯气藏地质储量计算

容积法计算气藏和油藏气顶地质储量公式为：

$$G = 0.01A_g h\phi S_{gi}/B_{gi} \tag{11-4}$$

式中 G——天然气地质储量，$10^4 m^3$；

A_g——含气面积，km^2；

h——平均有效厚度，m；

ϕ——平均有效孔隙度，小数；

S_{oi}——平均原始含气饱和度，小数；

B_{gi}——平均地层天然气体积系数，无因次。

天然气体积系数为天然气在油藏条件下的体积与地面标准条件下的体积之比(我国地面标准条件指温度 20℃，绝对压力 0.101MPa)，其数值受压力、温度和原始天然气偏差系数的影响。式(11－4)中 B_{gi} 用下式求得：

$$B_{gi} = \frac{p_{sc}TZ_i}{T_{sc}p_i} \tag{11-5}$$

式中 p_{sc}——地面标准压力，MPa；

T_{sc}——地面标准温度，K；

p_i——气藏的原始地层压力，MPa；

T——地层温度，K；

Z_i——原始气体偏差系数，无因次。

天然气体积系数中原始地层压力和温度可通过井点资料获得。由于气体受重力分异作用的影响，其密度随气层埋藏深度的增加而增加，所以气藏的压力系数由构造顶部向边部逐渐减小。因此，计算天然气体积系数时，采用体积权衡法计算气藏平均地层压力，实际计算中采用气藏 1/2 体积折算深度的压力。

天然气的偏差系数是天然气在给定压力和温度下气体实际占有体积与相同条件下作为理想气体所占的体积之比，一般有三种确定方法：天然气样品测定偏差系数；根据气体组分确定偏差系数；利用气体相对密度确定偏差系数。

(三)凝析气藏天然气地质储量计算

凝析气藏是采出天然气和凝析油的气藏，在地层条件下天然气和凝析油呈单一气相状态，并符合逆凝析规律。

凝析气藏中凝析气总地质储量(G_c)可由式(11－4)计算，式中 Z_i 为凝析气的偏差系数。

当凝析气藏中凝析油含量大于等于 $100cm^3/m^3$ 或凝析油地质储量大于等于 $1\times10^4m^3$ 时，应分别计算干气和凝析油的地质储量。计算公式如下：

$$G_d = G_c f_d \tag{11-6}$$

其中

$$f_d = \frac{GOR}{GE_c + GOR} = \frac{GOR}{543.15(1.03-\gamma_c)+GOR} \tag{11-7}$$

式中 G_d——天然气(干气)的地质储量，10^8m^3；

G_c——凝析气藏的总地质储量，可由式(11—4)计算得到，10^8m^3；

f_d——天然气(干气)的摩尔分数，小数；

GOR——凝析气油比，m^3/m^3；

GE_c——凝析油的气体当量体积，m^3/m^3；

γ_c——凝析油相对密度，无因次；

凝析气藏中凝析油的原始地质储量计算公式如下：

$$N_c = 0.01G_c\sigma \tag{11-8}$$

$$\sigma = 10^6/(GE_c + GOR) \tag{11-9}$$

式中 N_c——凝析油的地质储量，10^4m^3；

σ——凝析油含量，cm^3/m^3。

若用质量单位表示凝析油地质储量，则有：

$$N_{cz} = N_c\rho_c \tag{11-10}$$

当气藏或凝析气藏中总非烃类气含量大于15%或单项非烃类气含量大于以下标准者，烃类气和非烃类气地质储量应分别计算：硫化氢含量大于0.5%，二氧化碳含量大于5%，氦含量大于0.1%。具有油环或底油时，原油地质储量按油藏地质储量计算公式计算。

(四)可采储量计算

由于技术条件的限制，人们还不可能从经济上合理地把地下全部的石油开采出来，而只能采出原始地质储量中的一部分，甚至是很少的一部分，能被采出来的那部分储量称为可采储量。我国现行储量规范从计算油田预测储量开始就要求计算技术可采储量。随着油田开发工作的进展、经济技术条件的改善，特别是新的开采工艺技术的应用，采收率会随之提高，所以应定期计算可采储量。

容积法计算技术可采储量公式为：

$$N_R = NE_R \tag{11-11}$$

$$G_R = GE_R \tag{11-12}$$

式中 N_R——原油可采储量，10^4t；

G_R——天然气可采储量，10^4m^3；

E_R——采收率，小数。

二、容积法公式中计算参数的确定

容积法计算油气储量的公式很简单，但要求准公式中各项参数却并不容易。各个参数的误差对储量计算结果的影响程度各不相同。一般来说，公式(11－1)右边的参数对储量精度的影响从左到右依次减弱。

(一)含油面积

含油面积是指具有工业性油气流地区的面积。容积法计算油气储量公式中，含油面积的精度对石油储量的可靠性有决定性的影响。所以，准确地圈定含油面积是储量计算的关键。

含油面积的大小，取决于产油层的圈闭类型、储层物性变化及油水分布规律。对于均质油层、岩性、物性稳定、构造简单的油藏来说，可根据油水边界确定含油面积。对于地质条件复杂的油藏，含油边界往往由多种边界构成，如油水边界、油气边界、岩性边界和断层边界等。对于这一类油藏，在查明圈闭形态、断层位置、岩性边界以及确定油藏油水分布规律之后，才能正确圈定含油面积。

下面以纯油藏为例，介绍含油边界的确定方法及不同油藏类型含油面积的圈定方法。

1.油水边界的确定

油水边界为油层顶、底面与油水界面的交线。油水界面是油藏垂直方向上油与水的分界面，通常认为该界面以上产油，该界面以下油水同出或产水。

实际油藏中，油水界面并非是整齐的、油与水截然分开的水平面，有时存在一个油水过渡带。如果含水区中存在着区域性的地下水流动，由于水动力梯度关系，油水界面就会沿着水流方向发生倾斜。如果油层岩性和物性极不均一，在岩性极差、孔喉变小的地方，由于界面毛细管压力的作用，油水界面就会在这些地方升高，因而形成参差不齐、凹凸不平的油水界面。但其总的趋势为，从油层的含水部分至油层的含油部分，含水饱和度由100%减少至束缚水饱和度，而含油饱和度则由零增加到最大值。这一油水含量渐变层段被称为油水过渡段。

油藏油水过渡段厚度的大小主要受油层渗透性好坏、均匀程度、油水密度差异大小的影响。油层渗透性越好、越均匀，油水密度差越大，则油水过渡段的厚度越薄；反之，油水过渡段就越厚。

此外，构造倾角的陡缓、油藏形成时间的早晚等对油水过渡段厚度大小的影响也是不可忽视的因素。一般而言，构造倾角越陡，则越有利于油水的垂向分异，因而形成的过渡段厚度也就越薄；油藏形成的时间越早，油水分异越完全，则油水过渡段的厚度也越薄。

油水过渡段较厚的油藏在圈定油水边界时，必须考虑段内油水饱和度的变化特点。

对于边水油藏，油水界面与油层顶面的交线为外含油边界，这是含油范围的外边界；油水界面与油层底面的交线为内含油边界，它控制了含油部分的纯含油区；内、外含油边界之间的含油部分称为油水过渡带。油水过渡带的宽窄主要取决于地层倾角，地层倾角大的油藏，过渡带窄，反之过渡带宽。对于底水油藏，由于底水存在，只有外含油边界。

如果油层组的厚度变化很小，则内外油水边界和构造线平行。如果油层厚度在平面上有明显变化，这时内外含油边界不平行，在相变情况下，它们在储油层尖灭位置上相合并(图11－2)。

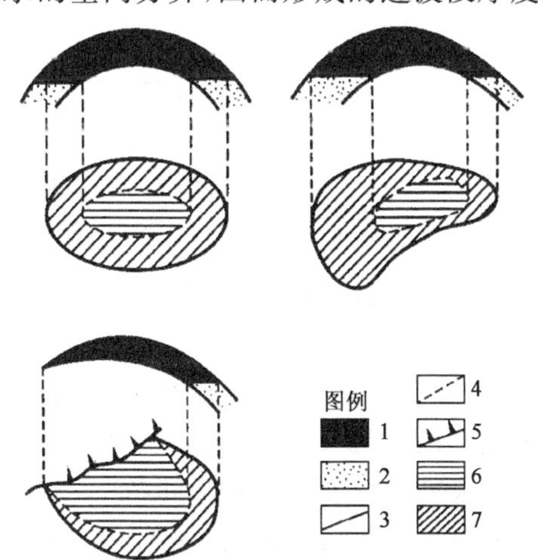

图11－2　油水边界特征图

1—地层产油部分；2—地层饱含水部分；3—外含油边界；4—内含油边界；5—尖灭线或油层相变线；6—油藏纯油带；7—油水过渡带

油水界面的确定方法有以下几种。

1)利用岩心、测井以及试油等资料来确定油水界面

油层部分的岩心是研究油水界面最直观的资料，根据人们的肉眼观察可大致确定油水界面。含水部分的岩心，一般颜色浅，多呈灰白色，为不含油或微含油；油层部分的岩心则颜色较深，多为黄褐色或棕褐色，含油饱满；气层岩心颜色虽浅，但具浓厚的芳香味。从水层至油层，岩心颜色由浅变深。

根据岩心中钻井液侵入带的颜色也可大致地判断油水界面。由于钻井液对岩心具有冲刷与侵入作用，致使纯含油及含水产油段的岩心，钻井液侵入环多呈外浅里深的色环；含油产水段的岩心，钻井液侵入环则常常呈里浅外深的反环带。

在实际工作中，对一个油藏来说，首先要以试油资料为依据，结合岩心资料的分析研究，制定判断油水层的测井标准，然后划分各井的油层、水层和油水同层。在此基础上按油、水系统，根据海拔高度作油底、水顶分布图。如图 11-3 所示，按剖面将井依次排列起来，在图上点出各井油底、水顶位置，并分析不同资料的可靠程度。在研究油藏油水分布规律的基础上，在油底与水顶之间划分油水界面。当井的资料较少、油底和水顶相距较远时，油水界面应偏向油底，以防止含油面积偏大(单层试油的油水同出资料有特殊意义，它指示油水界面就通过该层)。

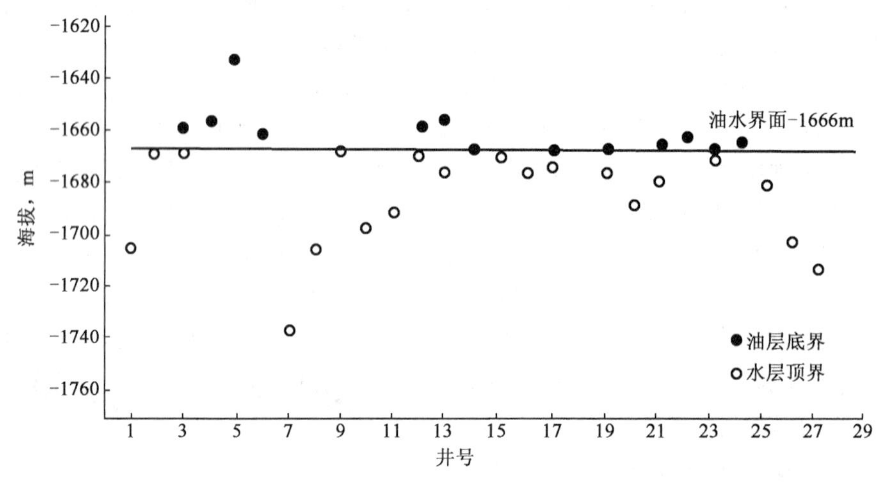

图 11-3　确定油水界面图(据韩定荣，1983)

2)应用毛细管压力曲线确定油水界面

应用油层岩心的毛细管压力曲线，再结合油水相对渗透率曲线，能够较准确地划分出油水界面。如图 11-4 所示，油层自上而下被划分为三个段。

产油段：此段只产油，不产水，水的相对渗透率为零。油层的含水饱和度由大约 8%(束缚水饱和度)变化到 30%左右。产油段的底面称为油底。

油水过渡段：此段内油水同产。从过渡段的顶至底，含水饱和度由 30%增至 78%左右。按含水饱和度变化的趋势，油水过渡段自上而下划分为两个亚段，即含水产油段与含油产水段。

产水段：此段只产水，不产油，油的相对渗透率为零。含水饱和度由 78%增加至 100%，产水段顶面称为水顶。

实验室测定的毛细管压力曲线可换算为油藏条件下的毛细管压力曲线，而且纵坐标上的毛细管压力可用油水接触面以上的高度表示。如果一个油田，通过岩心分析、测井解释或其他

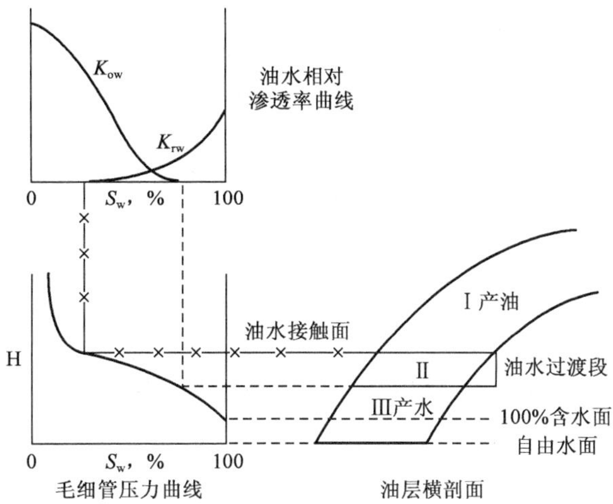

图 11－4　利用毛细管压力曲线与相对渗透率曲线划分油水界面示意图

间接方法取得含油饱和度数值时，就可直接作出含油饱和度随深度的变化图，即油藏毛细管压力曲线。若已知油层饱和度下限标准，就可在曲线上查得油水界面深度。

图 11－5 为埕北油田根据测井解释结果所作出的含水饱和度垂向分布图，并综合成一条油藏条件下的毛细管压力曲线。根据试采结果，确定油层含油饱和度下限为 50%，所以在油藏毛细管压力曲线上，含水饱和度 50%处所对应的海拔为－1684m，就是该油藏油水界面深度。

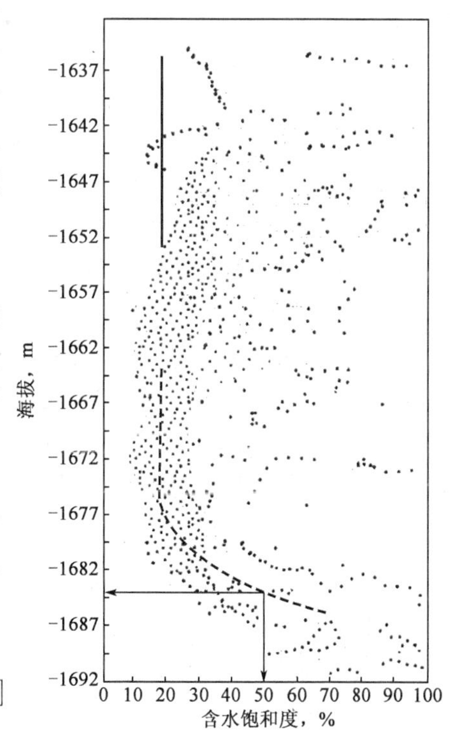

图 11－5　利用测井解释的油藏毛细管压力曲线确定油水界面(据范尚炯，1990)

3)利用原始地层压力资料确定油水界面

对于具有正常地层压力的油藏，只要有一口井获得工业性油流，而另一口井打在油层的含水部分，且这两口井通过测试获得了可靠的地层压力和流体密度的资料，就可以利用油井和水井的压力资料及油、水密度资料计算油水界面。

如图 11－6 所示，1 号井钻在油藏的顶部，测得的油层静止压力为 p_o；2 号井钻在油藏的含水部分，测得的水层静止压力为 p_w。在油藏内，水井地层静止压力 p_w 为：

$$p_w = p_o + \rho_o g(H_{ow} - H_o) + \rho_w g[\Delta H - (H_{ow} - H_o)] \tag{11-13}$$

式(11－13)经整理可得到油水界面的海拔高度为：

$$H_{ow} = H_o + \frac{\rho_w \Delta H - (p_w - p_o)/g}{\rho_w - \rho_o} \tag{11-14}$$

式中　H_o——油井井底海拔高度，m；

H_w——水井井底海拔高度，m；

H_{ow}——油水界面海拔高度，m；

ΔH——油井与水井海拔高度差，m；

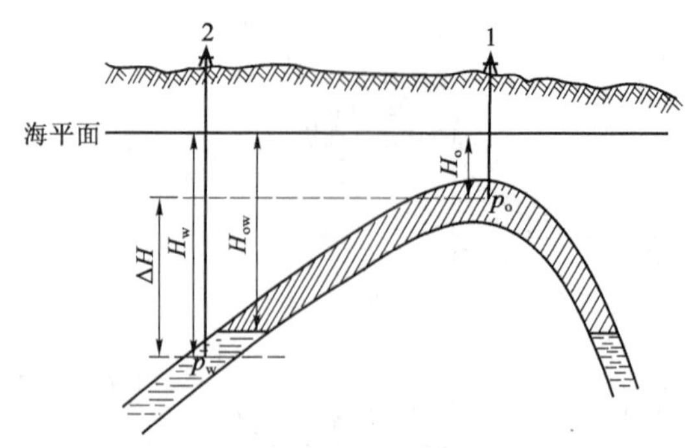

图 11-6　利用测压资料确定油水界面示意图

ρ_o——油的密度，g/cm³；

ρ_w——水的密度，g/cm³；

p_o——油井地层压力，MPa；

p_w——水井地层压力，MPa。

当构造圈闭上只有一口油井，而边部无水井时，可以利用区域的压力资料以及水的密度资料代替水井测压资料来计算油水界面。

用上述几类方法确定了油藏的油水界面位置与海拔高度以后，可将油水界面海拔高度分别投影到油层顶、底面构造图上，圈出外含油边界和内含油边界。所以，编制准确的构造图是保证含油面积精度的重要基础。如果油砂体连片分布，油层组(或砂层组)顶面图即可代表储层的形态；如果油层岩性变化很大，尖灭区多，油层组顶面构造图就不能反映油砂体形态的变化，需编制渗透性砂岩顶面构造图，油水界面投影在这种砂岩顶面构造图上才能反映出岩性油藏的油水边界。当圈定探明储量含油面积时，构造图必须是本储量计算单元的油层构造图，不能借用其他层构造图。

若油水界面是倾斜的或不规则的，就不能简单地按上述方法来圈定含油面积。应编制油水界面等值线图，将此图分别与油层顶、底面构造图叠合，确定同值等高线的交点，连接这些交点便分别获得油藏的外含油边界与内含油边界。如果油水分布非常复杂，这时只能以可靠的试油资料为依据，在构造图上分区圈定出含油边界。

2. 岩性边界的确定

这里所指的岩性边界是工业含油边界，边界以内钻的探井应具有工业油流，也就是说，岩性边界是油层有效厚度与非有效厚度的岩性边界。

确定岩性边界，首先要研究储层所处的沉积相带和分布形态。陆相砂岩体的形态大体可分为三类。第一类为大面积分布、厚度变化稳定的层状砂岩体，一般为湖相、三角洲相砂岩沉积。这类油层在油田范围内往往找不到岩性边界，含油边界按油水边界圈定。第二类为沿走向延伸长、侧向狭窄的条带状砂岩体，该类砂岩体主要为河流相沉积，具岩性变化大的特点，经常出现侧向岩性边界。第三类为面积小、岩性变化大的透镜状砂岩体，如河流沼泽相沉积或深湖相沉积，透镜体四周均为岩性边界。

含油范围的岩性边界是按储量计算单元内砂岩集合体的边界圈定的。常见的岩性边界主要发育在多油水系统构造—岩性油藏、透镜体砂岩岩性油藏和砂岩上倾尖灭的背斜油藏上。下面介绍几种圈定岩性边界的方法。

1)统计法

储量计算中的岩性边界也是有效厚度零线。我国油田开发中，还有一个砂岩与泥岩的界限，称砂岩尖灭线。20 世纪 60 年代，我国大庆油田的地质工作者根据砂层的延伸长度与厚度的关系，利用大量统计资料，建立尖灭距离公式计算砂岩尖灭位置(图 11－7)：

$$X=\frac{L}{h+1} \tag{11-15}$$

式中 X——砂层尖灭位置到相邻砂层已尖灭井的水平距离；

L——相邻两井的水平距离；

h——砂岩厚度。

式(11－15)是在井距较小的情况下采用的方法。

确定砂岩尖灭位置后，在尖灭线和有效厚度井之间将零线当作一条等值线来勾绘，确定岩性边界。

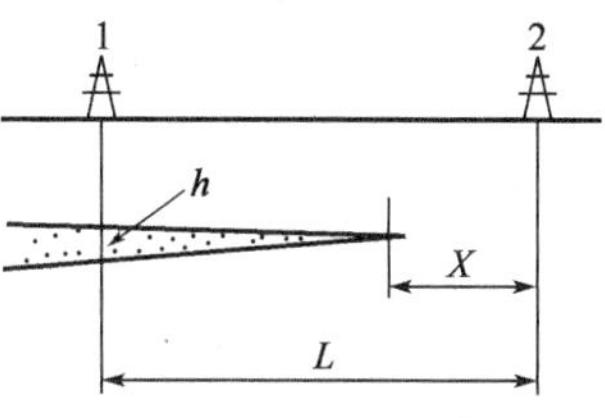

图 11－7 用公式计算岩层尖灭位置示意图

在切实地掌握了砂层区域性的尖灭规律以后，可直接勾绘砂层尖灭位置。勾绘时，应考虑两个因素，即砂层厚度和砂岩的渗透性。砂层厚度越大，砂岩渗透率越好，则尖灭位置就越远；反之，则越近。当井控制较好，井距是开发井距时，可取尖灭井点与有砂岩井点的距离之半，圈定砂岩尖灭线，然后，再由砂岩尖灭线距有效厚度井点的 1/3 处，或取砂岩井点与有效厚度井点之半，圈定有效厚度零线作为油气边界。当油气藏边界无控制井时，可按 1 个或 1/2 个开发井距圈定含油气边界。

2)统计砂岩体大小，确定井点外推距离

勘探初期探井井距很大，不能用井距之半的办法圈定岩性边界，必须预测本地区砂岩体的大小，确定井点外推距离。

在勘探成熟地区，可以通过统计已发现砂体的大小，确定平均外推井距。如我国长庆油田，以河流相和湖沼相沉积为主，曾对四个主要油田进行统计，发现 320 个油藏中以岩性圈闭为主的油藏占 83%，大部分为条带状或透镜状砂岩油藏。砂体平均宽度在 0.5～0.6km 之间，其两侧延伸宽度在 200～300m 的概率最高。所以，长庆地区土豆状或条带状油藏含油面积的岩性边界，以钻遇井外推距离 200～300m 较合适。

对于新探区，可采用与成熟地区类比法，确定一个外推距离。对于层状岩体，含油面积较大，形态不固定，详探阶段含油边界可外推 1～1.5km。在没有类比基础的情况下，一般外推不宜超过 500m。在地震地质条件有利的情况下，可采用砂体横向预测技术，预测砂体的大小和分布。此外，利用试井探边测试也有可能获得较可靠的边界位置。

含油边界除了油水边界、岩性边界外还有断层边界。断层边界的确定属于地下构造研究范畴，在第九章已详细介绍。

3. 依据油藏类型圈定含油面积

油藏类型在圈定含油面积中起着重要的作用。在圈定含油面积时，要初步掌握油藏类型，按油藏类型指引的规律圈定含油面积。以下介绍我国几种主要油藏类型确定含油边界的经验。

(1)简单背斜油藏。这类油藏包括简单背斜块状油藏和简单背斜层状油藏，如大庆长垣北部的喇、萨、杏油田。对这一类油藏，只要搞清构造形态，确定出油水界面，就可以较准确地圈定含油面积。

(2)断块油藏。这类油藏是被两三条断层切割成若干个小断块，断层对圈闭形态起控制作用。断块油藏的含油边界可由断层边界、油水(气)边界和岩性边界构成，在各个含油边界中，控油断层是最关键的边界，因而必须先确定断层在含油构造上的具体位置，然后依据断层与油水边界、岩性边界圈定含油面积。断块油藏圈定含油面积时常采用剖面投影法，如图 11-8 所示。

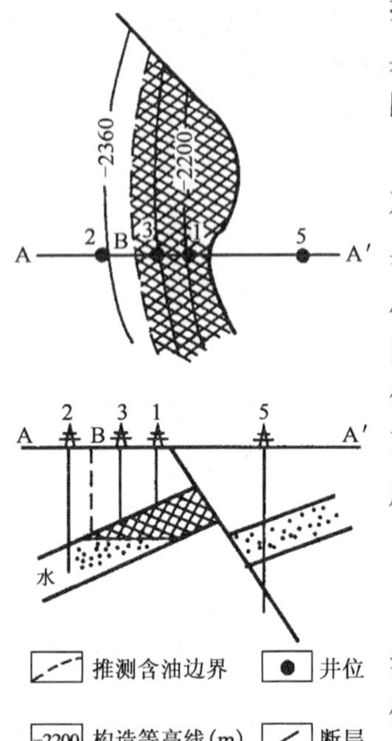

图 11-8 断块油藏含油面积圈定示意图

(3)构造岩性油藏和岩性油藏。这类油藏以岩性圈闭为主。对于这类油藏，关键在于早期识别，按确定岩性边界圈定含油边界。岩性油藏的特点：其一是探井剖面上水层多或泥质层多，油层分散，而且各井油层层位不同；其二是岩性油藏，尤其是泥岩包围的透镜状砂岩油藏，由于储层封闭性好，常具有压力系数高、单位压降产量小的特点。岩性油藏的含油面积仅受岩性边界控制，而构造岩性油藏往往受岩性边界和油水边界控制，如图 11-9 所示。

(二)油层有效厚度

油层有效厚度是指油层中具有产油能力部分的厚度，即工业油井内具有可动油的储层厚度。划分有效厚度的井，不能理解为任意打开一个单层，产量都能达到工业油流标准，而是要求该层产量在全井达到工业油井标准中有可动油流出即可。因此，作为油层有效厚度必须具备两个条件：一是油层内具有可动油；二是在现有工艺技术条件下可供开采。所以，在工业油流井中无贡献的储层厚度不是有效厚度，不是工业油流的井不能圈在含油面积内，不划分有效厚度。

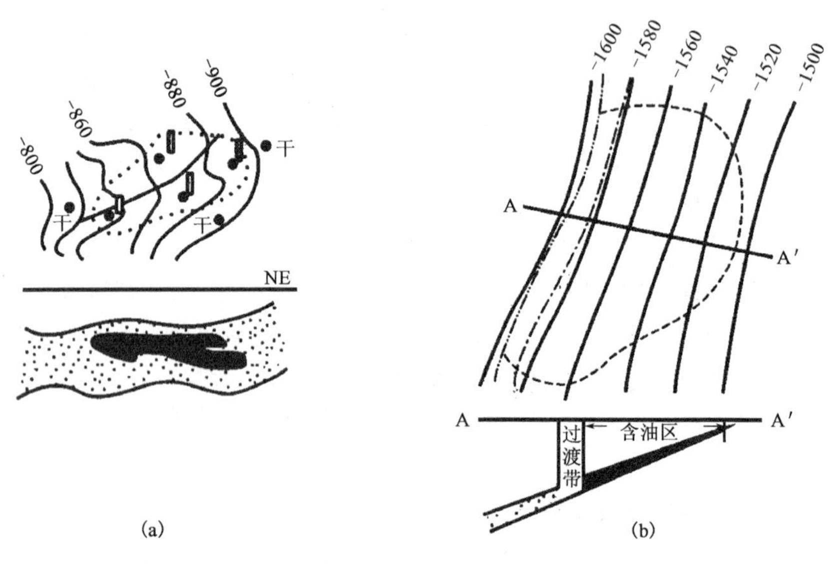

图 11-9 岩性油藏含油面积圈定示意图

(a)透镜状油藏；(b)尖灭油藏；1—构造等高线(m)；2—内油水边界；3—外油水边界；4—含油边界线；5—含油面积；6—试油结果

有效厚度的概念，国内外大体一致，在美国称有效厚度为生产层净厚度，有效厚度下限称截止值(cut off)，而且更强调净厚度的商业价值。根据美国储量分类标准，只有目前开采有经济价值的厚度才能估算储量，目前无经济价值的接近边际的或低于边际的厚度，只能算是资源，待油价上涨或开采工艺提高或成本下降后才能升为储量。

苏联将储层界限分为三级：一级称标准界限，界限以上的储层厚度中存在可流动的石油，开采时经济上盈利；二级界限称为下限，下限以上的储层厚度中存在可流动的石油，若开采在经济上不合算；三级界限称绝对界限，界限以上的储层厚度中存在石油，但不能流动，界限以下的储层厚度中不存在石油。因此，只有标准界限以上的储层厚度才称有效厚度。

研究有效厚度的基础资料有岩心录井、地层测试和试油资料、地球物理测井资料，三者均有局限性，必须综合利用。岩心是认识储集空间的直接资料，可以直观地观察含油部位及含油情况，但岩心提供的是静态资料，不能说明原油是否能产出。试油是了解油层产油能力的直接资料，但仅有试油资料，即使单层试油也分不清单层内出油的确切部位。油田上取心井和试油井毕竟为数不多，它们不能确定所有井的有效厚度。而地球物理测井资料每口井都能取得，它能从油层的地球物理性质间接地反映储层的储油能力和产油能力，但需要第一性资料的验证。所以，我国总结了一套地质和地球物理的综合研究方法：以单层试油资料为依据，对岩心资料进行充分试验和研究，制定出有效厚度的岩性、物性、含油性下限标准，并以测井解释为手段，应用测井定性、定量解释方法，制定出油气层划分标准，包括油层标准、水层标准、干层标准和夹层扣除标准，用测井曲线及其解释参数确定油气层有效厚度。

1. 有效厚度的物性标准

一个油层的工业产油能力主要受油层物性(油层的有效孔隙度和渗透率)和油层的含油性(含油饱和度)等因素的影响。在这些因素中，有效孔隙度和含油饱和度的乘积反映了油层的“储油能力”，而渗透率则反映了油层的“产油能力”。当油层的有效孔隙度、渗透率和含油饱和度达到一定界限时，油层便具有工业产油能力，这样的界限称为有效厚度的物性标准，即下限值。由于一般岩心资料难以求准油层原始含油饱和度，通常用孔隙度和渗透率参数反映物性下限。

确定有效厚度物性下限的方法有测试法、经验统计法、含油产状法和钻井液侵入法等。

1)测试法

测试法是根据试油成果来确定有效厚度物性下限的方法。对于原油性质变化不大、单层试油资料较多的大油田，可直接作每米采油指数和空气渗透率的关系曲线。平均关系曲线与渗透率坐标轴的交点所对应的空气渗透率值，即为油层有效厚度的渗透率下限(图 11-10)。

利用单层试油资料与岩心测定的孔隙度、渗透率资料交会图来确定有效厚度的物性下限，如图 11-11 所示，图中指出产气层渗透率 18mD，孔隙度为 17%。

2)经验统计法

美国通常使用经验统计法确定有效厚度的下限。对于中低渗透性油田，将全油田的平均渗透率乘以 5%，就可作为该油田的渗透率下限；对于高渗透性油田，或者远离油水界面的含油层段，则应乘以比 5%更小的数字作为渗透率下限。他们认为，渗透率下限值以下的砂层丢失的产油能力很小，可以忽略。

3)含油产状法

我国普遍存在的陆相碎屑岩储层“四性”关系的一致性较好，即岩性粗、物性好、含油性好的储油层，储油能力强，产油能力高；反之，则储油能力差，产油能力低甚至没有可动的油流出。此外，储油层中原油性质普遍具有黏度高、凝点高、含蜡高、颜色深等特点，饱含这种原油的岩心在受钻井液冲刷和取至地面压降过程中，所含原油不可能大量溢出，即地面岩心的含油产状能很好地反映地下油层的含油产状。因此，我国许多油田常用含油产状法确定油层物性下限。对于那些原油黏度小、挥发性强、颜色浅的轻质原油，岩心的含油产状已不能代表地下油层的含油产状，因而不能用含油产状法确定有效厚度下限。

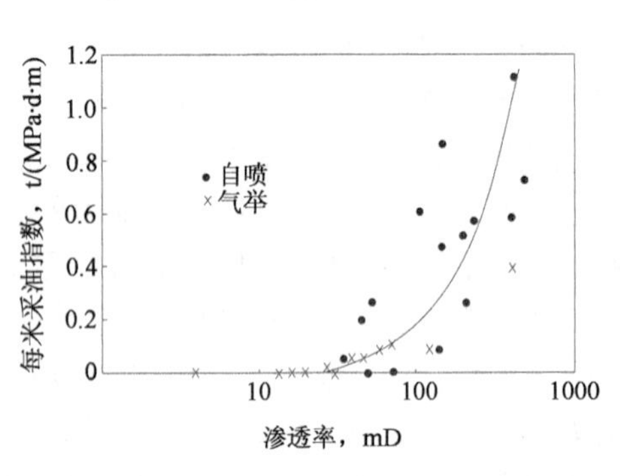

图 11－10　单位厚度采油指数与渗透率关系曲线
（据大庆油区储量组，1985）

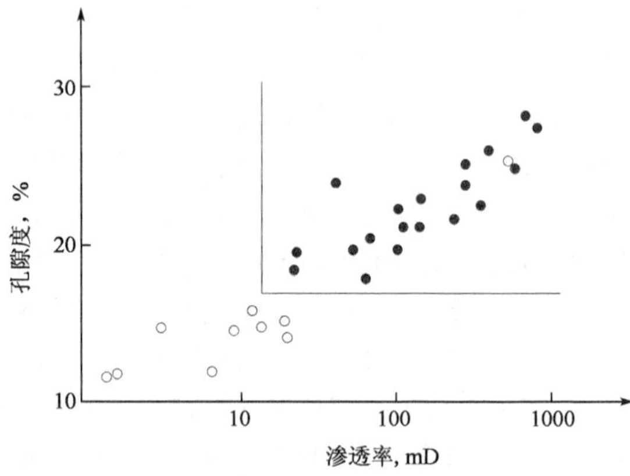

图 11－11　试油结果与物性关系图

首先，确定岩心岩性与含油级别的关系。大量的取心分析和观察表明，砂岩储层其颗粒越粗，分选越好，岩性越均匀，则岩心的含油面积越大，含油越饱满；反之，岩心的含油情况变差。例如，大庆油田储层岩性为细—粉砂级，含油产状为油砂和含油级的岩性一般在粉砂级以上，油浸、油斑级则为泥质粉砂岩。岩心含油产状的级别随着有效孔隙度和空气渗透率的增加而有规律地升高，即油层有效孔隙度和空气渗透率越好，油层含油产状级别越高；反之，则越低。

其次，通过试油确定岩性和含油产状的出油下限。在取心井中，选择一定数量的岩心收获率高，岩性、含油性较均匀，孔隙度、渗透率具有代表性的层，进行单层试油。通过试油搞清岩性、含油性、物性和产油能力的关系。例如，大庆油田大量试油资料表明，岩心描述为粉砂级、含油产状为油浸级及其以上的储油层，试油结果出油，但油浸和油斑级泥质粉砂岩很少有可动油，即使有也是薄层粉砂岩条带在起作用。所以，大庆油田目前出油下限定在油浸粉砂岩。油浸和油斑泥质粉砂岩为非有效层。

最后，在查明含油产状与含油性和物性关系的基础上，用数理统计方法统计有效油层物性下限，如图 11－12 所示。我国陆相碎屑岩储层含油产状与物性具有一致变化的规律。

含油产状法控制物性界限最基本的宏观因素是试油确定的有效层的岩性和含油产状。如果有效层的含油产状定得过高，统计的物性下限就偏高；反之，则下限偏低。

4）钻井液侵入法

在储层渗透率与原始含油饱和度有一致关系的油田，利用水基钻井液取心测定的含水饱和度可以确定有效厚度物性下限。水基钻井液取心中，钻井液对储油岩层产生不同程度的侵入现象。渗透率较高的储油砂岩，钻井液驱替出原油，使取出岩样测定的含水饱和度增高；渗透率较低的储油岩，钻井液驱替出原油较少；当渗透率降低到一定程度，钻井液不能侵入，取出岩样测定的含水饱和度仍然是原始含水饱和度。因此，含水饱和度与空气渗透率关系曲线上出现两条直线，如图 11－13 所示，其交点的渗透率就是钻井液侵入与不侵入的界限。钻井液

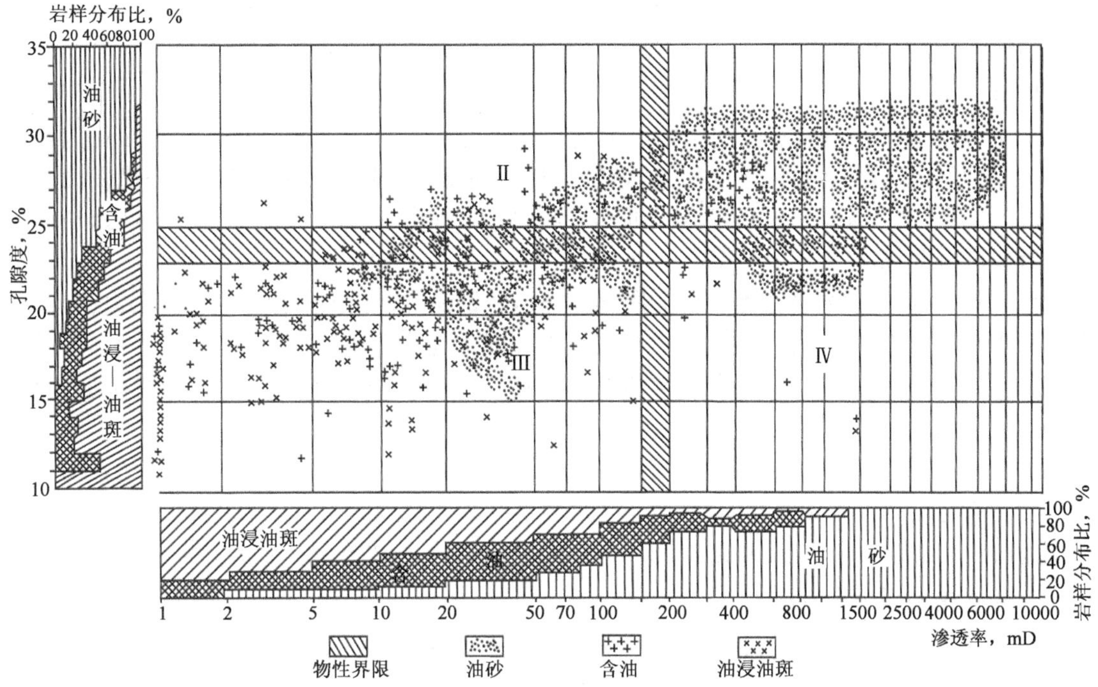

图 11-12 油层物性界限岩样分布图据大庆油田出两组

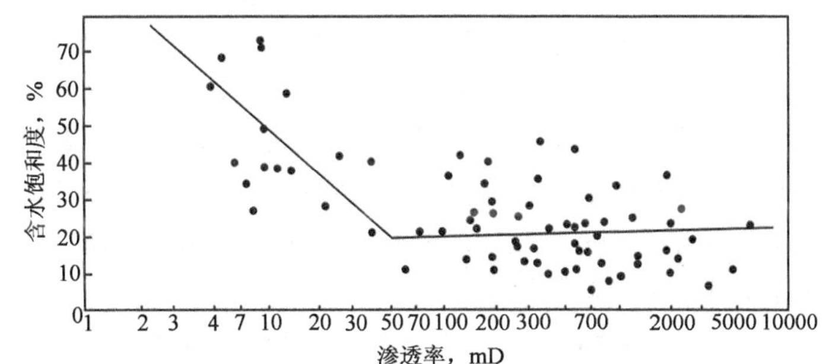

图 11-13 钻井液侵入法确定渗透率下限图(据大庆油区储量组,1985)

侵入的储层,反映原油可以从其中流出,因此为有效厚度;钻井液未侵入的储层,反映原油不能从其中流出,因此为非有效厚度。交点处的渗透率就是有效厚度下限。用相同方法也可以定出孔隙度下限。

2.有效厚度的测井标准

对于一个油田,取心井是有限的,大量探井和开发井只有测井资料,要划分非取心井的有效厚度,必须研究反映储层岩性、物性和含油性的有效厚度测井标准。

油层的地球物理性质是油层的岩性、物性与含油性的综合反映。因此,它也能间接地反映油层的"储油能力"和"产油能力"。显然,当油层的地球物理参数达到一定界限时,油层便具有工业产油能力,这一界限就是有效厚度的测井标准。有效厚度的测井标准一般是在研究区岩性、物性、含油性与电性关系基础上,以正确反映有效厚度物性标准为目的,进行测井资料的定性、定量解释研究工作,制定判断油、气、水层和划分油、干层及扣除夹层的测井标准。当物性标准未能准确得出时,也可直接利用测试资料制定测井的解释标准。

西方国家对钻井测井条件要求严格,仪器已标准化,可利用测井响应方程,经过计算机数字处理，定量解释各项地质参数。将孔隙度、含油饱和度和渗透率大于某个截止值的井段划分出来，得到该井有效厚度。但是，当地质条件复杂、测井响应方程也不能包括所有地质因素时，也会解释不准。

20 世纪 80 年代中期以前，在我国由于钻井液性能多变、测井仪器未标准化等多种因素影响，再加上陆相储层岩性、物性变化大，定量解释有困难，一般直接利用测井参数代表油层的“储油能力”和“产油能力”，分析对比试油结果或岩心物性参数与测井参数之间的关系，从而确定有效厚度测井标准。

而近年来，由于测井方法增多，测井仪器改进，特别是计算机的广泛应用，使测井资料处理和解释水平有了很大的提高，因此可以根据油田不同的地质条件，选择不同的测井系列，建立相应的测井响应方程，定量解释各项地质参数，使确定有效厚度的测井标准可靠性增加，能较准确地划分油层有效厚度。

目前，我国陆相碎屑岩储层确定有效厚度的测井系列有以下几种：主要反映储层含油（气）饱和度的有感应测井和深浅侧向测井；主要反映岩性和孔隙度的有声波测井和中子测井；反映储层渗透性和泥质含量的有自然伽马测井、自然电位测井、微电极测井及井径曲线。

3. 油层有效厚度的划分

划分油层有效厚度时，先根据物性与测井标准确定出有效层，然后划分出产油层的顶、底界限，量取总厚度，并从总厚度中扣除夹层的厚度，从而得到油层有效厚度。

在油层岩心收获率很高（大于 90%）的情况下，可直接依据岩心资料划分有效厚度。对于一个油田，多数井未取心，主要利用地球物理测井资料划分油层有效厚度。

利用测井资料划分油层顶、底界限，量取油层总厚度时，应当综合考虑能清晰地反映油层界面的多种测井曲线，各种曲线解释结果不一致时，则以反映油层特征最佳的测井曲线为准。例如，我国东北部某大油田，采用微电极、自然电位、视电阻率三条曲线来量取产层总厚度。一般利用收获率高的岩心，确定各类油层相应的测井曲线典型特征，编制油层特征明显的典型测井曲线图版，以此为样本划分油层有效厚度，如图 11－14 所示。

对层内岩性、物性变化不大，含油均匀，顶、底界面清晰可分，具稳定沉积特征，测井曲线形态与理论曲线形态相符，且分层界限较清晰的均匀层，各种曲线解释结果基本一致，可同时利用多种测井曲线如自然电位、视电阻率和微电极曲线划分油层有效厚度。

我国陆相碎屑岩储油层非均质性强，常出现由砂层到泥层的过渡岩性，油层内还夹有泥岩、粉砂质泥岩、钙质层条带。这些渐变层或夹层在工业油气流中不起作用，应予扣除。对于泥质含量增加而形成的顶底渐变层，测井曲线形态明显地失去对称性，由于不同测井曲线对油层顶、底过渡性岩类的鉴别能力不同，故所量取的厚度也各异，一般以不同曲线中所量取的厚度最小为准，如图 11－15 所示。

对于泥质夹层，在视电阻率和微电极曲线上表现为低阻异常，微电极无幅度差，自然电位较邻层低或与基线一致，故常以自然电位曲线作为泥质夹层判别标志。对于钙质夹层，视电阻率曲线上为高值，在微电极曲线上为明显的尖刀状异常，无幅度差，以后者的尖刀状异常作为判别标志，如图 11－16 所示。

量取夹层厚度一般在微电极曲线上进行。在油层总厚度中扣除夹层厚度即为油层有效厚度。

我国某油田利用 28 口井的取心资料与测井资料分别量取油层有效厚度，并将所得结果进行比较，平均误差为 2.4%左右。此结果表明，在岩心收获率较高的基础上，研究油层的岩性、物性、含油性和电性四性之间的关系，进而利用测井资料量取油层有效厚度，可以收到良好的结果。

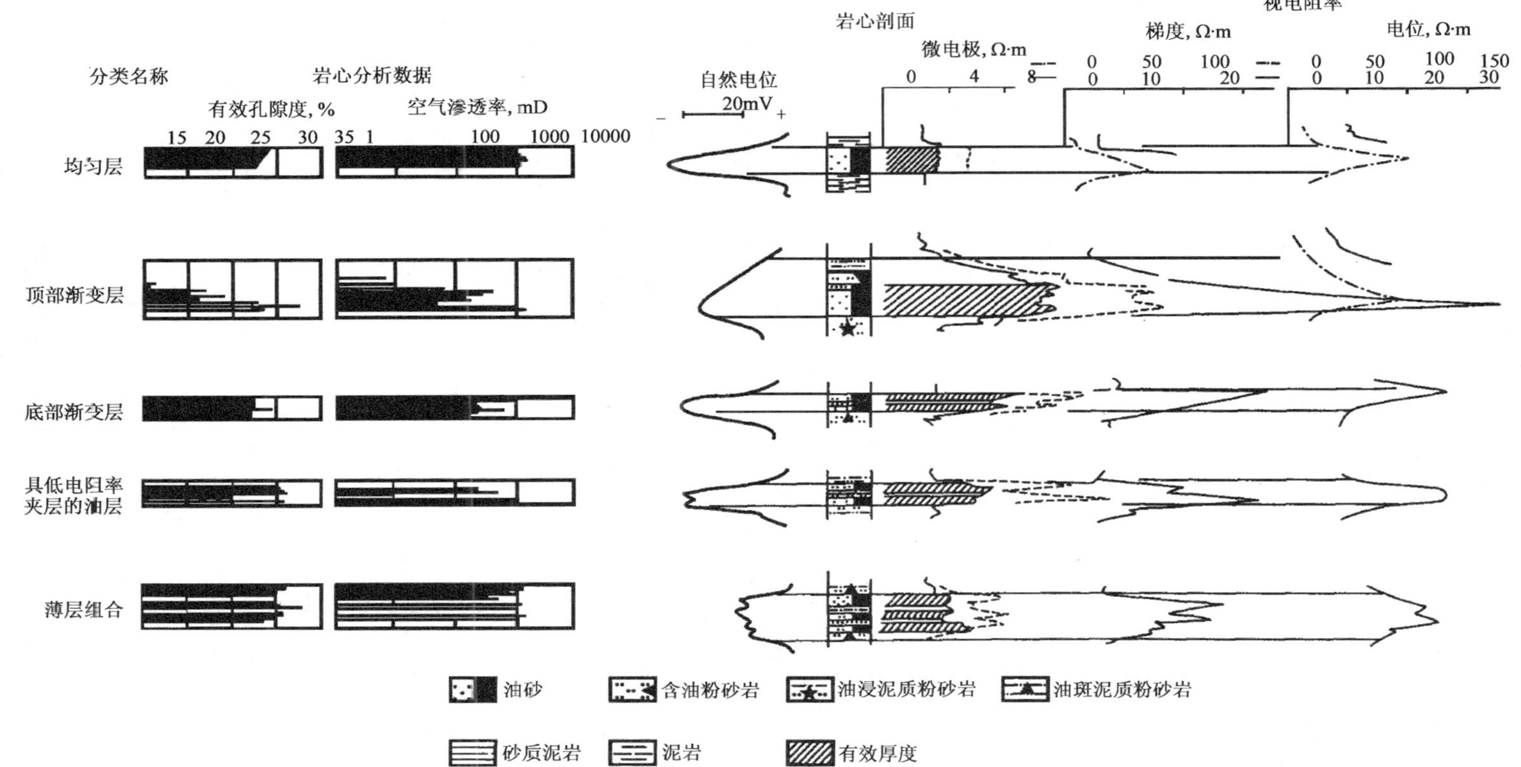

图 11－14油层有效厚度典型测井曲线图版(据大庆油田储量组)

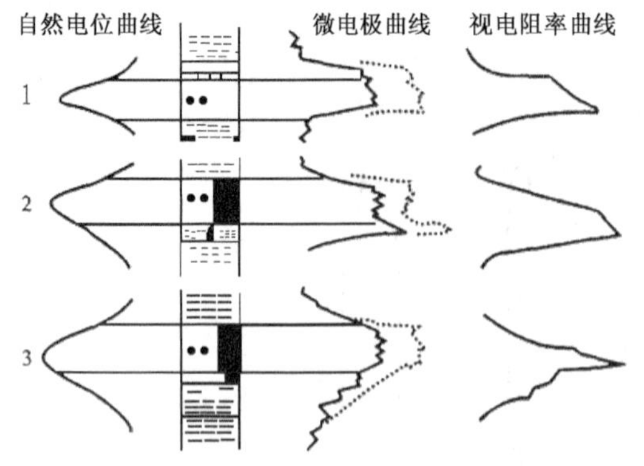

图 11－15　油层有效厚度量取方法示量图

1—自然电位量取厚度最小；2—视电阻率量取厚度最小；

3—微电极量取厚度最小

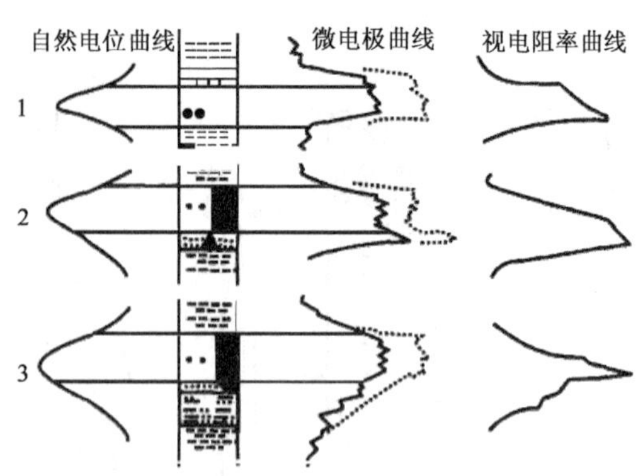

图 11－16　扣除夹层示意图

1—低阻夹层；2—高阻夹层；3—高、低阻互层

上述讨论的划分油层有效厚度的方法仅适用于孔隙性的砂岩油层。对渗透率低、泥质含量高的油层，特别是裂缝、孔洞性的碳酸盐岩油层来讲，油层有效厚度的确定非常困难，应当借助新技术、新手段如井下电视、倾角测井、毛细管压力曲线分析、铸体以及扫描电镜等来确定油层有效厚度。

4. *油层起算厚度和夹层起扣厚度的确定*

起算厚度是用以计算油气储量的最小厚度。起扣厚度则指扣除夹层的起始厚度。起算厚度与起扣厚度标准是由射孔精度、地球物理测井资料解释的准确程度，以及薄油层在油气田开采中的价值和作用等因素来确定。射孔精度采用磁性定位跟踪射孔技术后，精度可达到 0.2m。测井解释精度与地质条件有关，一般地区可准确解释到 0.4～0.6m 的油层，沉积稳定的地区可解释到 0.2m 薄油层。所以，国内起算厚度定为 0.2～0.5m，层内起扣厚度为 0.2m。

有效厚度测井标准的精度评价，一般用岩心划分的有效厚度来检验，具体采用指标有标准误差和划分误差。

标准误差是指有效厚度电性标准确定后，误入界限的非有效层点数和漏在界限外的有效层点数之和与总点数之比。

划分误差也称平衡误差，指在取心井按测井标准划分的测井有效厚度和按物性标准划分的岩心有效厚度之差与岩心划分的有效厚度之比。储量规范要求各油田平衡误差必须在±5%以内。

(三)油层有效孔隙度

油层有效孔隙度的确定以实验室直接测定的岩心分析数据为基础。对于未取岩心的井，采用测井资料求取有效孔隙度，测井解释孔隙度与岩心分析孔隙度的相对误差不超过±8%。储量计算中所用的有效孔隙度是指有效厚度段的地下有效孔隙度。因此，采用地面岩心分析资料时，应将地面孔隙度校正为地层条件下的孔隙度。

1. *岩心分析孔隙度*

岩心分析孔隙度的精度与其测定方法有关，不同地层的岩样应选择合适的测量方法。

由于岩石总体积是岩石颗粒体积和孔隙体积之和，所以只要测得上述三个变量中的任意两个，就可计算出该岩样的有效孔隙度。

测量岩样总体积的方法有水银泵法、煤油法、游标卡尺测量法等。

测量岩石颗粒体积的方法有氦孔隙度仪法、密度瓶法、浸泡法等。

测量孔隙体积的方法有饱和法、流体加和法等。

上述方法所测定的为岩样的有效孔隙度。测定岩样总孔隙度时，先用上述任一方法确定岩样的总体积，然后将岩样碾成细粒，求出颗粒体积，两者之差再除以总体积，即为岩样总孔隙度。

目前各种分析孔隙度方法的允许误差在±0.5％以内，国内氦孔隙仪测量结果比煤油法大0.2％～0.3％。从误差分析观点来看，小岩样和小孔隙度岩样产生的误差大，所以低孔隙储层除了采用最先进的分析仪器和最好的操作技术外，还应尽量选择大岩样测定孔隙度。

2.测井解释孔隙度

声波测井、中子测井和密度测井的读数是地层的岩性和孔隙度的综合反映，目前常用这三种测井参数建立孔隙度解释方程，定量解释油层有效孔隙度。

3.地面孔隙度压缩校正

通过钻井取心，将砂岩储层取到地面后，由于压力释放、弹性膨胀，孔隙度有所恢复，所以一般在地面常压下测量的岩心孔隙度大于地层条件下的孔隙度。计算储量时，应将地面孔隙度校正为地层条件下的孔隙度。

目前广泛应用的流体静力压缩实验仪，可提供不同有效上覆压力下的三轴孔隙度。利用三轴孔隙度数据、人造岩心模型的理论计算值和实际岩心测试数据，制定所研究地区关系图版或建立相关经验公式，可将大量常规岩心分析的地面孔隙度校正为地层孔隙度。

(四)油层原始含油饱和度

原始含油饱和度是指油层在未开采时的含油饱和度 S_{oi}。一般先确定油层束缚水饱和度 S_{wi}，然后通过 $1-S_{wi}$ 求得原始含油饱和度。

确定含油饱和度的方法有岩心直接测定、测井资料解释、毛细管压力资料计算等方法。

1.岩心直接测定原始含油饱和度

使用油基钻井液取心，测定束缚水饱和度，然后计算出原始含油饱和度。油基钻井液取心井成本高，钻井工艺复杂，工人劳动条件差，因此我国一般用密闭取心代替油基钻井液取心。密闭取心采用的是水基钻井液，利用双筒取心加密闭液的办法，以避免岩心在取心过程中受到水基钻井液的冲刷。尽管如此，钻井液仍会短时间接触岩心，故在钻井液中加入适量的酚酞指示剂，对取心部位进行监测化验。凡岩心中的钻井液侵入水量小于含水饱和度绝对值1％的样品为无浸样品，侵入水量小于含水饱和度绝对值2％的样品为微浸样品，凡大于此界限的样品为全浸样品。无浸样品、微浸样品可用来分析原始含水饱和度。

油基钻井液取心和密闭取心都不能避免岩心从井底取至地面后降压脱气对束缚水的微小影响，也无法克服地面岩心暴露在空气中的挥发作用。美国的高压密闭冷冻取心工艺是在取心筒内割心至岩心起出井口前，岩心筒始终保持高压密封的条件。岩心到井口后立即放在干冰中冷冻，使油、气、水量保持原始状态。此方法价格高昂，取心收获率仅在60％左右。

苏联采用井底蜡封岩心的取心方法取得较好的效果，具体做法是在地面用石蜡充满取心筒，在取心过程中，岩心进入熔化的石蜡中，阻止钻井液与岩心接触，多数情况下，地面可取得蜡封好的岩心。

对于低渗透油层，采用大直径的水基钻井液取心，钻井液不能侵入到岩心中心部分，仍可取得原始含水饱和度数据。

2. 测井资料解释原始含油饱和度

由于油基钻井液取心和密闭取心成本高，一般一个油区只有几口代表性井，它的饱和度数据不能代表整个油田，因此经常用测井资料解释原始含油饱和度。为了提高测井解释精度，采用油基钻井液取心或密闭取心的岩心资料标定测井资料，寻求测井参数和岩心直接测定的原始含油饱和度的关系，建立测井解释模型，进而求取原始含油饱和度。我国现行储量计算规范要求，大型以上油藏用测井解释资料确定探明储量含油饱和度时，应有油基钻井液取心或密闭取心分析验证，绝对误差不超过±5 个百分点；中型以上油藏用测井解释资料确定含油饱和度时，应有实测的岩电实验数据及合理的地层水电阻率资料。

3. 利用实验室毛细管压力资料计算原始含油饱和度

实验室的毛细管压力曲线是用井壁取心、钻井取心的岩样测定的，而每一块岩样只能代表油藏某一点的特征，只有将油藏上许多毛细管压力曲线平均为一条毛细管压力曲线，才能代表油藏的特征，才有利于确定油藏的原始含油饱和度。

J 函数(Leverett，1941)处理是获得平均毛细管压力资料的经典方法。对于给定的储层(孔隙度、渗透率、界面张力和润湿接触角一定)而言，J 函数为含水饱和度的函数。通常应用 J 函数对多个毛细管压力资料进行分类和平均，求得不同岩类的平均毛细管压力曲线，并将室内平均毛细管压力曲线换算为油藏毛细管压力曲线，进而确定油层原始含油饱和度。

确定油藏原始含油饱和度的方法较多，必须使用多种方法相互补充，综合选取采用值。大油田一般以油基钻井液或密闭取心井岩心分析的束缚水饱和度为依据，制定空气渗透率与含水饱和度关系图版和测井解释图版。一方面，通过渗透率查出各取心井的束缚水饱和度，从而算出取心井的原始含油饱和度平均值；另一方面，用测井图版解释所有生产井的原始含油饱和度，并计算平均值。然后将两种方法计算的结果列在同一张表内，根据本油田地质情况、测井条件以及井所处的构造位置等因素，分析各自的精度和代表性，以一种方法为主选取采用值。

对于没有油基钻井液或密闭取心井的中小油田，或勘探程度较低的基本探明储量和控制储量的区块，应在毛细管压力曲线计算、测井解释等间接方法上下功夫，与邻近油田类比确定。

(五)地层原油体积系数

地层原油体积系数是指原始地层条件下原油体积与地面标准条件下脱气原油体积的比值。凡产油的预探井和部分评价井，都应在试油阶段经井下取样或地面配样获得准确的地层流体高压物性分析数据。

(六)地面原油密度

地面原油密度应根据一定数量有代表性的地面样品分析结果确定。原油性质变化较大的油田(藏)，应分别取得不同性质的油样进行高压性分析求得。

(七)原油采收率

原油采收率是容积法计算可采储量的一项必不可少的参数，然而也是较难确定的参数。

影响原油采收率的因素很多，如油藏地质因素主要有油藏类型、储层性质、天然能量及驱油机理、原油性质等，开发因素则有开发方案、油井工作制度、采油的工艺技术水平以及增产措施等。因此，在确定一个油藏的原油采收率时，往往需要用不同的方法进行估算，然后将各种方法获得的值进行分析、对比，从中选出较为合理的原油采收率值。

确定原油采收率的基本方法主要有：

1. 根据油藏驱动类型确定原油采收率

在勘探阶段，资料很少的情况下，根据油藏的地质条件和原油性质，以及油藏驱动类型，根据已开发油田的经验值，用类比法初步估计采收率值。

国内外不同驱动类型油藏原油最终采收率的经验值为：水压驱动 30%～50%；气顶驱动 0%～40%；溶解气驱 10%～20%；重力驱动 10%～20%。

2. 相关经验公式法

相关经验公式法是油田还没投入开发，或者在油田开发初期，利用油藏地质参数和开发参数评价油藏采收率的简易方法。应用该法时，重要的是了解经验公式所依据的油田地质和开发特征以及参数确定方法和适用范围。

3. 岩心分析法确定采收率

可以用岩心水驱油实验法和分析常规岩心残余油含量法确定采收率。

岩心水驱油实验法是测定油藏水驱油效率的基本方法之一，可直接应用从油层中取出的岩心做实验，也可以用人造岩心做实验。具体方法是：将岩心洗净烘干后，用地层水饱和；然后用模拟油驱水，直到岩心中仅有束缚水为止；最后用注入水进行水驱油实验，模拟注水开发油藏的过程，直到岩心中仅有残余油为止。水驱油效率为：

$$E_{\mathrm{D}} = 1 - \frac{S_{\mathrm{or}}}{S_{\mathrm{oi}}} \tag{11-16}$$

式中 E_{D}——水驱油效率，小数；

S_{or}——残余油饱和度，小数；

S_{oi}——原始含油饱和度，小数。

取心过程中，钻井液对岩心的冲洗作用，与注水开发油田时注入水的驱油过程相似，可以认为钻井液冲洗后的岩心残余油饱和度，与水驱后油藏的残余油饱和度相当。因此，只需要分析常规取心的残余油饱和度就能求出油藏注水开发时的驱油效率，即：

$$E_{\mathrm{D}} = \frac{S_{\mathrm{oi}} - S_{\mathrm{or}}}{S_{\mathrm{oi}}} - \beta \tag{11-17}$$

式中 β——校正系数。

除以上方法外，尚可利用相渗透率曲线法来确定水驱油藏采收率。

三、储量计算单元和参数平均方法

(一)储量计算单元

储量计算单元指计算一次储量的地层单元。储量计算单元划分得是否合理，将影响储量计算精度。我国现行石油储量规范规定，原则上以油藏(即一个油水系统)为计算单元。

纵向上一般按油(气)层组划分储量计算单元。已查明为统一油(气)水界面的一般划为一个计算单元，含油(气)高度很大时可细分亚组或小层；不同岩性、储集特征的储层应划分独立的计算单元；同一岩性的块状油（气）藏，含油（气）高度很大时可按水平段细划计算单元；尚不能断定为统一油（气）水界面的层状油（气）藏，当油（气）层跨度大于 50m 时，视情况细划计算单元。

在平面上一般应以圈闭为储量计算单元。大型构造油田应分开发区计算；断块油田按断块计算；复杂的小断块油田，当含油（气）连片或叠置时，可合并计算。

（二）储量参数的平均方法

在我国用容积法计算储量一般先确定计算单元内各参数的平均值，然后将各参数相乘得储量。平均参数不仅可计算储量，而且也是说明油田大小、储层性质和原油性质的重要特征参数。

1. 油层有效厚度平均值

油层有效厚度平均值代表整个油田或区块的油层平均有效厚度。选择有效厚度平均值的方法与油田地质条件和井点分布情况有关。

1)算术平均法

对于已开发油田，在开发井网较均匀、油层厚度变化不大的情况下，油层有效厚度平均值可采用算术平均法，即各井油层组有效厚度累加值除以总井数：

$$\bar{h} = \frac{\sum_{i=1}^{n} h_i}{n} \tag{11-18}$$

式中 $\bar{h}$——平均有效厚度，m；

h_i——单井油层组有效厚度，m；

n——计算单元内具有有效厚度的总井数。

2)井点面积权衡法

目前在油层有效厚度平均值计算中越来越多地采用井点面积权衡法。具体做法如下（图 11-17）：

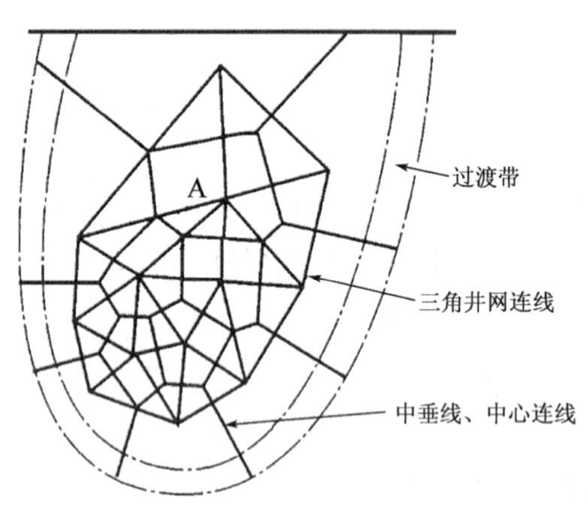

图 11-17 井点面积权衡法示意图
（据张志松，1983）

第一步，将最邻近的井点依次连接成三角网。

第二步，按中垂线划分单井控制面积（A_i）。若中垂线之交点落在三角形之外，则以三角形之中点连线，划分单井控制面积。油水过渡带（内、外含油边界之间）取邻井有效厚度之半。

第三步，按下式计算纯含油区平均有效厚度：

$$\bar{h} = \frac{\sum_{i=1}^{n} h_i A_i}{\sum_{i=1}^{n} A_i} \tag{11-19}$$

式中 A_i——各井点的单井控制面积，km^2。

在油水过渡带，将过渡带各邻井有效厚度之半（若过渡带内有井可用该井全厚度）与对应的过渡带面积相乘累加在纯含油区的各单井控制体积之中，用全油田总面积去除，可获得全油田平均有效厚度。

3）等值线面积权衡法

油层有效厚度平均值计算也可采用等值线面积权衡法。它以相邻两条等厚线的面积为权，对计算单元内的有效厚度进行加权平均，公式如下：

$$\bar{h}=\frac{\sum_{i=1}^{n}\frac{h_i+h_{i+1}}{2}A_i}{\sum_{i=1}^{n}A_i} \tag{11-20}$$

式中 h_i——第 i 块有效厚度等值线值，m；

A_i——相邻两条等值线间第 i 块面积，km^2；

n——等厚线间隔数。

由于有效厚度等值线按线性变化规律构图，该方法在厚度突变或零线较多的透镜体油藏中，致使平均值系统偏小。

对于复杂断块油藏或小透镜体岩性油藏或钻井很少的油水过渡带地区，由于平面上计算单元小，井点资料少，算术平均值又无代表性，可根据油藏地质特征，采用经验估算值作为该块的平均有效厚度。

2. 油层平均孔隙度

计算油层平均孔隙度，应当用油层有效厚度范围内的分析样品数据或测井解释数值。

平均有效孔隙度应采用岩石体积权衡法来求取，一般先用厚度权衡法计算单井平均孔隙度，计算公式为：

$$\bar{\phi}=\frac{\sum_{i=1}^{n}\phi_i h_i}{\sum_{i=1}^{n}h_i} \tag{11-21}$$

式中 $\bar{\phi}$——单井平均孔隙度，小数；

ϕ_i——每块岩样分析孔隙度，小数；

h_i——每块岩样控制的厚度，m；

n——样品块数。

然后用岩石体积权衡法，计算区块或油田平均孔隙度，计算公式为：

$$\bar{\phi}=\frac{\sum_{i=1}^{n}A_i h_i \phi_i}{\sum_{i=1}^{n}A_i h_i} \tag{11-22}$$

式中 $\bar{\phi}$——区块或油田平均孔隙度，小数；

A_i——单井控制面积，km^2；

ϕ_i——单井平均孔隙度，小数；

h_i——单井有效厚度，m；

n——井数。

3. 油层平均原始含油饱和度

油层平均原始含油饱和度计算应采用孔隙体积权衡法，只限于应用油层有效厚度范围内的岩样分析数据和测井解释值，其公式为：

$$\overline{S_o} = \frac{\sum_{i=1}^{n} A_i h_i \phi_i S_{oi}}{\sum_{i=1}^{n} A_i h_i \phi_i} \tag{11-23}$$

式中 $\overline{S}_o$——单层(或油层组或区块或油藏)的含油饱和度平均值，小数；

A_i——单井含油面积，km^2；

h_i——有效厚度，m；

ϕ_i——有效孔隙度，小数；

S_{oi}——原始含油饱和度，小数。

含油面积为单井控制面积，其他参数为一块样品或一个测井解释值，也可为单井、单层或单井油层组平均值。

4. 平均原油体积系数和平均原油密度

计算平均原油体积系数可采用地下含油体积权衡，平均原油密度可采用地面原油体积权衡，其计算公式分别为：

$$\frac{1}{\overline{B}_o} = \frac{\sum_{i=1}^{n} A_i h_i \phi_i S_{oi} \frac{1}{B_{oi}}}{\sum_{i=1}^{n} A_i h_i \phi_i S_{oi}} \tag{11-24}$$

$$\overline{\rho_o} = \frac{\sum_{i=1}^{n} A_i h_i \phi_i S_{oi} \frac{1}{B_{oi}} \rho_{oi}}{\sum_{i=1}^{n} A_i h_i \phi_i S_{oi} \frac{1}{B_{oi}}} \tag{11-25}$$

式中 $\overline{B}_o$——平均原油地层体积系数，小数；

S_{oi}——单井原油地层体积系数，小数；

$\overline{\rho}_o$——平均原油地面密度，g/cm^3；

ρ_{oi}——单井原油地面密度，g/cm^3。

实际上，一个储量计算单元内，体积系数和原油密度变化不大。体积系数采用高压物性取样，原油密度采用地面原油样品分析的算术平均值，即可达到储量计算的精度。

第三节 压力降落法计算天然气储量

压力降落法是计算天然气储量的常用方法，特别适用于容积法难以计算地质储量的缝洞型气藏，也适用于碎屑岩气藏的储量计算。

一、压力降落法的基本原理

压力降落法又可称为“压力图解法”“压降法”，它利用气藏压力与累计产气量所构成的“压降图”来确定气藏的储量。利用压降法确定的储量又称为“压降储量”。实际上，“压降图”是封闭型气藏物质平衡方程式的图解，而封闭型气藏的物质平衡式则是“压降图”的解析式。

由封闭型气藏的物质平衡方程式可知，封闭型气藏的天然气地质储量为：

$$G=\frac{G_pB_g}{B_g-B_{gi}} \tag{11-26}$$

根据体积系数的定义有：

$$B_g=\frac{p_sZT}{pT_s},B_{gi}=\frac{p_sZ_iT_i}{p_iT_s} \tag{11-27}$$

代入式(11-26)得：

$$G=\frac{G_p\frac{p_i}{Z_i}}{\frac{p_i}{Z_i}-\frac{p}{Z}} \tag{11-28}$$

即

$$\frac{p}{Z}=\frac{p_i}{Z_i}\left(1-\frac{G_p}{G}\right) \tag{11-29}$$

式中 G——天然气地质储量，10^4m^3；

G_p——地层压力降至 p 时的累计产气量，10^4m^3；

p_i——原始地层压力，MPa；

p——目前地层压力，MPa；

p_s——地面标准压力，MPa；

Z_i——地层压力为 p_i 时天然气的压缩因子，无因次；

Z——地层压力为 p 时天然气的压缩因子，无因次；

B_{gi}——原始地层压力下天然气的体积系数，无因次；

B_g——目前地层压力下天然气的体积系数，无因次；

T_i——原始地层温度，K；

T——目前地层温度，K；

T_s——地面标准温度，K；

式(11-29)表明，对于一个具正常压力的封闭型气藏来讲，视地层压力 p/Z 与累计产气量 G_p 成直线关系，其中 p_i/Z_i 为直线的截距，$-p_i/(Z_iG)$为直线的斜率，如图 11-18 所示。

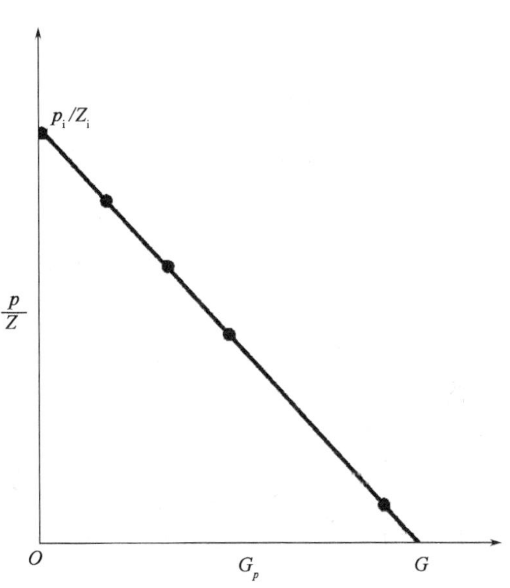

图 11-18 封闭型气藏压降储量曲线图

式(11-29)中，当 $p/Z=0$ 时，$G_p=G$，故将压降图上的直线外推至 $p/Z=0$ 处，直线与 G_p 轴相交，此交点之值便为气藏的原始地质储量，即压降储量。

利用压降法还可以求气藏的可采储量。气藏的开采程度应充分考虑合理的经济效益。当气藏开采的最终地层压力取一合理经济的最低极限值时，此地层压力便是废弃压力。将压降曲线外推至与废弃压力线(p_a/Z_a)相交时，其值便为气藏的天然气可采储量。

图 11-19 为压降法外推某气田储量关系图，

使外推压降曲线与 p/Z 为零的横轴相交，可得地质储量 $270\times10^8\mathrm{m}^3$；使外推压降曲线与废弃压力 p_a/Z_a（为 2.5MPa）的横轴相交，便得可采储量 $245\times10^8\mathrm{m}^3$。

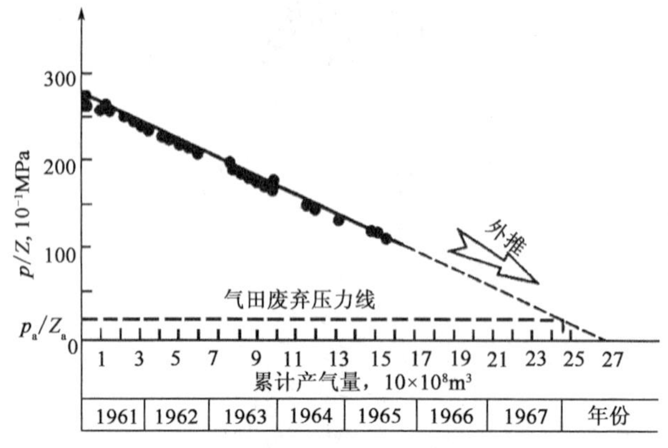

图 11－19　由压降法外推某气田储量关系图

（据陈元千，1979）

二、压力降落法参数的确定

目前地层压力 p 与相应的累计采气量 G_p 是压降法中的两个关键参数，压降储量是否可靠与这两个参数的准确程度密切相关。

（一）地层压力

地层压力 p 代表气藏或气藏某一压力系统在某一开采时期的平衡压力，关闭气井，待压力恢复平稳后，下入井底压力计直接测量，或根据气井井口压力计算求得。为了准确、可靠地取得压力资料，要求做到：(1)测压时井内无积液；(2)关井时井内无窜失和漏失现象；(3)压力表与压力计必须经过校验，达到准确无误。

（二）累计产气量

累计产气量 G_p 是气藏或气藏某一压力系统在关井求压时各井点的累计产气量之和，它既包括了正常生产情况下的产气量，又包括了气井投入开采前的放空量。实际上，放空量的估计往往存在较大的误差，故在一定程度上影响了压降储量的精度。

三、压力降落法的影响因素

在理想情况下，$p/Z—G_p$ 关系曲线应为一条直线，但因种种因素的影响，$p/Z—G_p$ 并非一直线，大体上由三段组成，如图 11－20 所示。

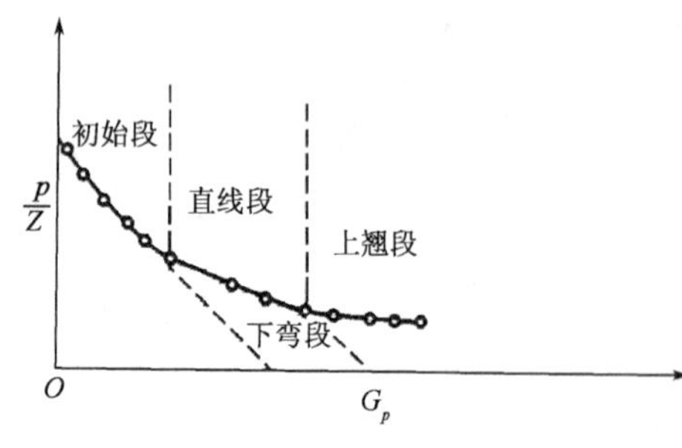

图 11－20　实际的压降曲线图

第一段称为初始段，一般出现在开采初期，能量主要来源于井底附近气体的弹性膨胀，压力下降多集中在井底附近。在相当长的时间内，气藏压力不能达到平衡，因此，压力下降速度快，每下降单位地层压力采出之气量急速减小，压降曲线呈弯曲状。

第二段为直线段。这期间，压力下降较前期缓慢，下降单位地层压力采出之气量较初始段增大，并保持为常数。将本段外推至横坐标轴，便可得气藏的储量。

第三段为上翘段或下弯段，造成曲线上翘或下弯的因素很多，主要有以下四种情况：

(1)边水或底水供给。具有边水或底水的气藏，即不封闭气藏，在气藏开采初期，边水与底水的作用不甚明显。随着气藏的不断开采，地层压力不断地下降，边水或底水逐渐侵入气藏，气藏的压降速度将随着水的侵入而减小，压降曲线向上翘，如图 11－21 所示。

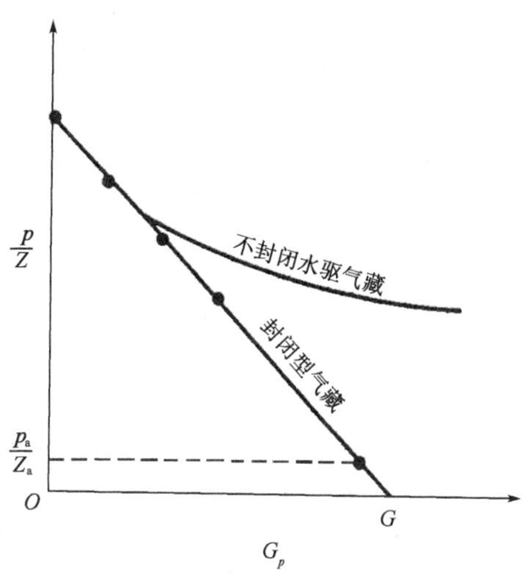

图 11－21 边水侵入的气藏压降曲线图

在这种情况下，不能直接用外推法求气藏储量。

(2)低渗透率带的补给。在缝缝洞洞发育不均匀的裂缝性碳酸盐岩气藏中，往往出现以下的情况：在气藏开采初期，采出的天然气主要来自渗透性好的大缝、大洞；但是，到气藏开采的中后期，压力降落已传递到微缝、微洞，以及基岩孔隙中，于是，这些缝、洞、孔中之气体将起补给作用，导致压力降落的速度减慢，而单位压降的产气量提高。与弹性水压驱动气藏出现的情况一样，压降曲线将偏离直线而向上翘。

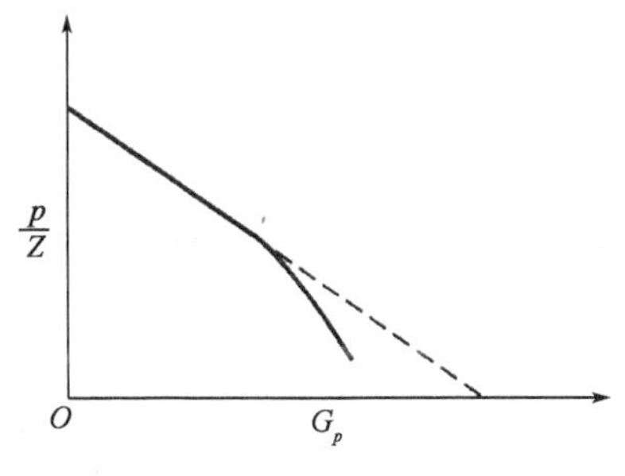

图 11－22 异常高压气藏的压降曲线图

(3)异常高压气藏。在异常高压气藏中，$p/Z—G_p$ 关系曲线具有两个明显不同的斜率段，如图 11－22 所示。

第一曲线段的斜率较平缓，它出现在压力为高异常的区域内，这种现象可解释为：在上覆岩层的压力作用下，储层岩石和束缚水具有较大的弹性能量，当地层压力降低时，岩石和束缚水的弹性膨胀产生了附加压力，从而使压力降落迅速减慢。

第二曲线段的斜率较大，它出现在正常地层压力区域内。这是因为一旦气藏压力达到正常值，气体膨胀就超过岩石和束缚水的膨胀，故压力迅速下降。

(4)反凝析作用。如果气藏中的天然气接近于它的露点，将出现反凝析现象。这是因为液体密度大于天然气密度，故压降速度加快，$p/Z—G_p$ 曲线的斜率变陡，曲线与异常高压气藏(图 11－22)相似。

除上述因素外，井身质量不符合要求，测压、求产不准等人为因素也会严重地影响压降曲线的形态。在上述诸种情况下，如利用 $p/Z—G_p$ 曲线外推天然气储量，定会得到不准确的结果。

此外，在气藏开发初期，有无边水或底水活动尚不清楚，根据压降图上的点分布计算储量时，有可能因边水或底水侵入气藏，使所推算的储量偏高。

四、压力降落法的应用条件

压力降落法是利用气藏压力和产量间的相互变化规律求储量的，它是物质平衡法在封闭性气藏中应用的特例。压降法不需要任何地质参数，故对于那些地质结构复杂而无法求准储气空间的气藏，例如碳酸盐岩裂缝性气藏，最好采用压降法计算天然气储量。

一般情况下，应用压力降落法计算天然气储量应满足下列条件：

(1)压力降落法适用于开采期间气藏容积不变的那些气藏，也就是纯气驱气藏，不能用于水压驱动气藏。如果边水不甚活跃，在气藏开采初期，边水还来不及大量侵入气藏，这时就可以计算出单位压降的采气量。然后，根据气藏原始平均压力计算气藏的原始储量。在水驱动不活跃即气层的进水量不大时，虽然可以应用压力降落法计算天然气储量，但需要从计算出的总量中减掉计算时的压力情况下被水侵占的裂缝容积中的气量。

(2)气藏经过一段时间的开采(大约采出10%左右)，获得了大量的产量、压力资料后，可以用压力降落法计算天然气储量。

对于活跃的水压驱动气藏，由于在开采过程中压力不下降(或下降不明显)，因此不能使用压降法。

(3)对边缘有含油气带的气藏，随着压力降低，溶在油中的气体大量析出，加入到气藏中。因此，采用压力降落法计算这类气藏储量，就得不到准确的结果。

(4)用压力降落法计算气藏储量时，要求整个气藏是互相连通的。如果气藏因断层或岩性尖灭被分割成几个互不连通的水动力系统，就应分别对各个水动力系统单独进行储量计算；否则，就会得出错误的结果。

第四节　油气储量计算的其他方法

一、物质平衡法

物质平衡法是利用油气藏动态资料来计算油气储量的一种方法，又称储量计算的动态法。其计算结果的精度取决于油气藏地质、开发动态和油藏物理等各项参数的充分和可靠性。

物质平衡法是物质守恒定律在油气田开发工作中的具体运用。据油藏的体积平衡原理推算，以地下条件表示的地面累计产量应等于油藏中因压力下降引起的流体膨胀率。若一个油藏，其原始压力低于油藏的饱和压力，且有气顶和边水的作用，在开发过程中，随着油藏地层压力的下降，就会引起边水的入侵、气顶膨胀、溶解气的分离和膨胀，这些就是驱油过程中的各种能量。然而，不同的油藏，因其饱和类型和原始边外条件(如有无边水及底水和气顶的存在以及作用于油气层渗流的驱动力情况等)的差异，油气藏驱动类型不同，其物质平衡方程式也不同。因此，应用此法时，建立合适的物质平衡方程式是关键。只有在认真查明油藏饱和类型、水动力系统和驱动类型之后，选择合理的物质平衡方程式，并取全取准各项参数，才能计算出有效可靠的储量。前述压力降落法即为封闭型气藏的物质平衡方程式计算储量的方法。

二、产量递减曲线法

不同驱动类型的油气田在开发全过程中，产量随开采年限或采出程度的变化特征，大体上都可划分为三个大的阶段，即建设阶段、稳定阶段和递减阶段。当油气田进入递减阶段之后，其产量将按照一定的规律随时间而连续递减，将产量和相应的时间数据绘制成关系曲线，可获得产量递减曲线。外推产量递减曲线，以计算一口井未来的产油量和最大的累计产油量即石油可采储量的方法，称产量递减曲线法。

油井产量递减曲线的应用范围较广，既可以计算单井的储量，又可以用来计算一块开发面积上的储量；既适用于水驱油藏，又适用于溶解气驱油藏。产量递减曲线法一般是在油田开采的中期，当油田产量已开始递减，采出程度为15%时采用。与前述的计算油气储量方法比较，产量递减曲线法的精度和可靠性较差。产量递减曲线法计算储量的关键是取得真实可靠的递减率参数。

三、驱替特征曲线法

利用油藏的累计采水量 W_p 和累计采油量 N_p 在半对数坐标上存在明显的直线关系，将其外推至经济上合理的极限含水率 f_w，求取油藏可采储量的方法称为驱替特征曲线法。该方法适用于天然水驱和人工注水的各类油藏。

应用驱替特征曲线法要求油藏较单一，且油藏已进入全面开发阶段，开发方案基本保持不变。只有满足这些条件以后，驱替特征曲线法才能收到比较理想的结果。

四、概率法

概率法是利用油气藏储量参数具有不确定性的特点，将其视为以一定的概率在实数域上随机取值的随机变量或随机参数模型，提供储量分布函数，指出各种储量计算结果出现的可能性即概率的方法。

概率法计算储量可以有两种方式，即基于随机储量参数的概率法和基于随机油藏地质模型的概率法。

基于随机储量参数的概率法，主要应用蒙特卡洛模拟法进行储量计算，它将参与油气储量计算的各地质参数看成是服从某种分布的随机变量，油气储量也不再是一个确定的值，而是随机变量的分布函数。如果在油气储量分布函数曲线上取某一储量值，就会有某一确定的概率与之相联系。因此，储量计算公式有别于传统的容积法，各地质参数之间是随机变量分布函数之间的乘积。

基于随机油藏地质模型的概率法，则通过随机建模方法，首先建立各储量参数的二维或三维随机地质模型，然后直接应用模型计算储量，并构建储量样本及储量分布函数。这样便充分考虑了各储量参数的空间不确定性，因而能够更客观地反映储量的不确定性。该储量分布函数与基于随机储量参数的概率法的函数形式是一样的，只是计算储量的方法有差别，它是以模型网格为单元进行计算的。

概率法可用于勘探阶段对预测地质储量、控制地质储量和探明地质储量的计算。进入油气田开发阶段，随着资料的不断增多，油藏的不确定性逐渐减小，但是人们对地下油气藏的认识仍存在不确定性。因此，概率法仍不失为计算储量的好方法。

五、矿床不稳定试井法

矿床不稳定试井法应用于确定油气井控制的断块或岩性地层的地质储量，国外常称为油藏范围测试。这种测试方法要求在保持产量稳定的条件下，连续地测量井底流动压力随时间的变化关系。对于一个有限封闭油气藏，在某一稳定产量生产的条件下，当油气井控制范围之内的压力动态达到拟稳定时，压降曲线就会出现直线下降关系。通过求取油气井压降曲线直线段的斜率和截距，可以确定油气地质储量。这种方法求出的是压力波波及区域的单井控制地质储量。

六、各种方法的对比

综上所述，不同的油气储量计算方法在使用时间、条件、所需的资料和数据以及最终计算的油气储量级别上均有差别，其差异可用表 11－12 对比说明。

表 11－12　几种计算油气储量方法对比表

方法名称	应用时间	适用条件	计算储量类别	所需资料
容积法	油气田勘探与开发早期和中期	适用于不同驱动方式的砂岩油、气田；对裂缝性石灰岩油气田的可靠性较差	地质储量与可采储量	油气田的面积、油层有效厚度、有效孔隙度、含油气饱和度、油气体积系数和原油密度等
物质平衡法	油气田采出地质储量约10％的时期	适用于不同驱动方式的砂岩和裂缝性石灰岩油气田	地质储量	油气田的油气水累计产量、压力、体积系数、压缩系数、侵入水量、气油比
压降法	气田采出地质储量约10％的时期	仅适用于封闭型消耗式开发的砂岩或裂缝性石灰岩油气田	地质储量	气田的累计产气量、地层压力降和相应的气体偏差系数
产量递减曲线法	油气田开发的后期	适用于不同驱动方式的砂岩和石灰岩油、气田	可采储量	油气田的产量和累计产量
概率法	油气田勘探与开发的各时期	适用于不同驱动方式的砂岩油气田	地质储量	油气田的面积、油层有效厚度、有效孔隙度、含油气饱和度、气体积系数和原油密度等
矿床不稳定试井法	油气田勘探与开发早期	适用于不同驱动方式的砂岩与石灰岩油气田	单井控制的地质储量	油气井的压力恢复曲线或压降曲线，以及油气井的产量和流体物性参数

注：据陈元千资料。

从表 11－12 可清楚地看到，容积法是计算油气储量的基本方法；物质平衡法是国内外通常采用的方法之一，它可以利用油气田生产动态资料去检验容积法计算储量的可靠程度，而且可预测地层压力变化及天然水侵量；压降法是封闭型裂缝性气田进行储量计算的有效方法；产量递减曲线法仅在油气田开发后期才能采用，它可以预测油气田的可采储量及最终采收率；概率法是以容积法为基础，体现了地下储量的随机性特点，适用于地质储量的计算；矿床不稳定试井法在油气田的详探阶段采用，仅能提供单井控制的地质储量。

思　考　题

1. 原地资源量与地质储量有何区别？
2. 可采储量和技术可采储量、经济可采储量有何区别？
3. 我国的油气储量是如何分类的？各级储量有何差异？
4. 油气储量综合评价应考虑哪些内容？
5. 容积法计算油气储量的基本原理是什么？
6. 容积法计算油气储量的所需参数有哪些？这些参数如何求取？
7. 压力降落法计算天然气储量的基本原理是什么？有何应用条件？

第十二章　油藏描述简介

油藏描述是20世纪30年代萌芽、70年代兴起、80—90年代蓬勃发展的一项优化全油田多学科相关信息来研究与定量表征、评价和预测油气藏的方法技术体系。

实践证明，勘探成效与开发成败的关键在于对油藏认识是否全面、是否符合客观实际，油藏评价是否正确。油藏描述作为勘探开发工业的技术支柱，受到世界各石油公司、企业的重视，至今仍不断深化发展。

第一节　油藏描述的任务及研究内容

一、油藏描述的含义

油藏描述，简称RDS(Reservoir Description Service)，就是对油气藏各种特征进行三维空间的定量描述和表征、评价和预测。油藏描述的最终成果是建立反映油藏圈闭几何形态及其边界条件、储集及渗流特征、流体性质及分布特征的三维或四维油藏地质模型。

二、油藏描述的任务及研究内容

不同的勘探开发阶段，由于具有的资料信息不同、所要研究和解决的开发任务不同，因而油藏描述的重点内容和精度也有所不同。

(一)油藏评价阶段

油藏一经发现工业油气流之后即进入油藏评价阶段。此阶段的主要任务是提高勘探程度，提交探明储量，进行开发可行性研究。

油藏评价阶段的油藏描述主要任务是利用少量探井、评价井和地震信息，搞清油藏的主要圈闭条件及圈闭形态及产状、宏观的油气水系统划分及其控制条件、油气性质及其表征的油藏类型、储层的宏观展布及其岩石物理参数，最终建立初步的油藏地质概念模型，计算未开发探明储量。具体描述与表征的主要内容如下：

(1)构造格架：主要利用地震资料通过探井、评价井的严格层位标定编制油层组(段)顶面及邻近标准层构造图(比例尺不小于1∶25000)；确定一至三级断层的性质、产状、规模(断距及延伸长度)等，分析断层对油气水分布的控制作用。存在地层圈闭、岩性圈闭条件时，要综合地震、沉积相分析预测地层圈闭、岩性圈闭边界。

(2)油气水系统及流体性质：主要依靠录井、取心、钻杆测试、试油、试井及测井资料，划分油气水系统及其形成和控制条件，查明压力系统及各套油气水系统的压力系数，初步确定油藏类型及流体性质、流体分布及含油(气)面积。早期可参考地震横向预测及模式识别结果。

(3)储层分布及岩石物理参数：建立地层层序，确定储集体类型及分布、储集岩岩性及厚度、储集物性参数，描述其空间变化趋势。

(4)建立油藏地质概念模型：在描述构造、油气水系统及储层基本面貌的基础上，为储量计算和开发可行性研究提供一个油藏整体地质模型和一些低级次的概念模型。油藏模型可由均一化储层模型，即以全油藏或分区块的平均厚度连续分布代表储层骨架，以分层平均参数反映储层质量和流动特征为基础，加上构造形态、断层和流体分布建立，也可用随机储层模型，即选择以小尺寸(密井网)描述的同沉积类型储层作为原型模型，用随机建模方法，建立评价对象的概念模型。

(二)开发设计阶段

油田经过钻评价井落实一定的探明储量，通过开发可行性研究被确认具有开发价值后，进入开发设计阶段。本阶段的主要任务是编制油田开发方案，交付钻开发井的工程实施。

开发设计阶段的资料数量和质量都有较大提高，除了评价井和探井之外，还增补了部分开发资料井，并开展各种室内实验以及试采或开辟现场先导试验区，已完成地震细测或三维地震采集及必要的处理，为进一步提高对油藏的认识程度奠定了基础。

本阶段油藏描述的主要任务是保证开发设计的正确性，油藏描述和表征的主要内容有：

(1)构造格架：落实构造形态，较准确地确定和组合四级以上断层，提交比例尺为1∶10000的油气层顶面及标准层顶面构造图和主断层的断面图。

(2)油气水研究：进一步验证并落实油气水系统及流体性质，作出各套油气水系统的平面油气水边界图和油藏剖面图(纵向比例尺 1∶500 或 1∶1000)。

(3)储层描述内容：进行储层层组划分；开展储层微相分析，确定微相类型；通过“四性”关系分析，确定各种测井解释方法及解释模型，划分储层和非储层界限；预测各类储层成因单元几何形态及规模；以层组和单层为单元，综合储油物性、渗流特性、连续性、微观孔隙结构及储量丰度，逐级作出储层评价，特别是各种伤害源和保护措施的评估；建立油藏和储层地质模型。这一阶段仍以储层概念模型为主，但必须反映单层内、层间和平面上的变化，有时根据数值模拟需要还可建立代表性的单井、井组精细的地质模型。

(三)方案实施阶段

油田根据开发方案设计，钻成第一期开发井网(或基础井网)后，即进入方案实施阶段。本阶段油藏描述的主要任务是搞清油藏中油气富集规律，指明高产区、段，模拟油藏中流体流动规律，预测可能发生的暴性水淹及储层敏感性，以便进行合理的现代油藏管理，为提高无水采收率及可采储量动用程度服务。

方案实施阶段开发井网已钻成，每口开发井的信息(测井资料为主)加密了资料控制点，油藏描述以储层连通状况为重点内容，应精细到每个井层。已完全具备条件对本开发区油藏作出详细的静态模型。

油藏描述的重点内容如下：

(1)油田构造：以钻井资料为主，参考地震成果，通过油层对比，逐井落实断点，组合断层，重新核实构造图，并结合生产动态资料及油气水系统等核实断块划分。

(2)油气水系统：根据测井解释结果确定每口井的油、气、水层分布，作出油层组或单层的含油气分布图。

(3)储层描述重点内容：完成油层细分和对比，建立分井分层的储层参数数据库，揭示储层非均质及渗流地质特征，重新作出储层分类评价，最终建立储层静态模型，计算开发探明储量。

(四)管理调整阶段

油田投入开发以后，即进入管理调整阶段。在注入驱替剂未作改变以前，即提高采收率的三次采油措施之前的整个注水开发全过程都属于这一阶段。

这一阶段除前述大量静态资料外，还积累了大量动态资料，如分层测试和试井、开发测井、检查井取心及加密钻井资料。静动态资料相结合，对油藏进行反复再认识，是这一阶段的特点。

由于储层的非均质性及开发井网的不完善性造成油田开发中的“层间矛盾”、“平面矛盾”和“层内矛盾”，进一步导致油层动用程度的差异及剩余油分布的复杂，同时，长期的水驱过程中，储层及流体性质也会发生一系列的变化，因此，管理调整阶段的油藏描述的主要任务是以储层、油藏的定量评价为目的，重点揭示储层非均质成因机制综合效应和剩余油形成机理、分布规律及其控制因素。

油藏描述与表征的重点内容是储层描述及断层封闭性的核实，具体如下：

(1)储层属性参数的变化及表征；

(2)井间非均质参数的随机模拟及预测；

(3)储层在水驱或注水开发后的变化及非均质特征；

(4)剩余油饱和度、分布特征及储量复算；

(5)开发过程中流体性质的动态变化特征；

(6)根据注、采响应情况，分析每条断层的封闭性与开启性，修正断块划分。

第二节　油藏描述基础资料

油藏描述的基础资料主要有四大类，包括地震、岩心、测井和测试资料，它们从各个侧面反映油藏特征，各有优势和不足。只有通过这些基础资料信息的综合分析，互相补充，互相印证，才能得出对油藏地质特征的全面整体的认识，完成油藏描述的任务。因此，油藏描述的成败，首先取决于反映油藏开发地质特征的原始资料信息是否齐全、准确。

一、岩心资料

岩心资料是认识油藏(特别是储层)最直接的地质信息。它是评价储层岩性、物性和含油性最直接的第一性资料，也是进行沉积史、成岩史、孔隙(包括裂隙、洞隙)演化史、热演化史研究的物质基础，是刻度测井进而刻度地震处理解释的客观依据。因此，岩心资料是进行油藏描述必不可少的最基础的资料。

从岩心中录取的油藏地质信息可分为岩心观察描述和岩心分析鉴定两大部分，所录取资料应分井建立数据库。岩心观察描述可以提供各种地下地质现象，主要包括沉积现象、对比标准层、油气水产状及流体性质、四性关系的感性描述，以及裂缝、断层、地层产状等构造现象。岩心分析鉴定是从岩心中采取岩样后，在实验室内分析鉴定所录取的地质数据信息。常规的岩心分析鉴定项目如下：

(1)岩石物性：孔隙度，包括常规有效孔隙度及不同压力下孔隙度变化、岩石压缩系数；渗透率，包括常规水平渗透率及各向异性、水平和垂直渗透率比值、流体饱和度等。

(2)岩矿鉴定：矿物鉴定，薄片、电子探针、阴极发光；黏土矿物鉴定，X 射线衍射和扫描电镜；黏度分析。

(3)孔隙和喉道测定：压汞毛细管压力曲线、铸体薄片、扫描电镜和图像分析。

(4)流体性质：沥青抽提物，包括总含烃量、热解色谱、全烃色谱和其他有机地球化学分析；

地层水含盐量及荧光薄片。

(5)黏土岩地球化学:微量元素、氧化还原电位、其他地球化学分析。

(6)古生物:微古生物、大古生物。

(7)渗流特征:相渗透率曲线和润湿性。

(8)其他特殊分析,如包裹体、CT或核磁共振成像、X射线透射、古地磁、全直径岩心分析等。

二、测井资料

测井是现阶段油藏描述所依赖的最基本的手段。它纵向分辨率高,能够给出全井身的连续记录;通过岩心刻度建立解释模型和图版,可以在允许精度范围内取得必要的油藏地质参数。测井资料的主要弱点是探测范围小,只能获取井筒周围的地层信息,这需要通过与地震结合来解决,但由于它花费较少,每口井都可进行测井,因此成为油藏描述必不可少的资料。

选择好测井系列,是保证应用测井资料成功进行油藏描述的基础。不同地质特征的油藏适用的测井系列会有所不同,同一油藏内储层段与钻遇的其他地层对测井系列要求也不同,不同开发阶段油藏描述的重点和精细程度不同,也应采用不同测井系列。选择测井系列同样要贯彻实用、经济的原则,油藏描述前,地质人员必须会同测井人员选择好测井系列。

我国油田使用的测井系列一般分两大部分:全井段测井系列和储层测井系列。

全井段测井系列是指全井段(从井口到完钻井深)必须进行的测井内容,主要用于大层段判别岩性组合和地层层序、进行地层划分和对比,油田通称标准测井。目前,国内通用的全井段测井系列包括自然电位或自然伽马测井、梯度电极电阻率测井(1m或2.5m电极距),有时加测0.5m电位电极电阻率测井或声波时差测井。标准测井曲线成图一般采用1∶500深度比例尺。

储层段测井系列一般内容较多,油田通称组合测井。在现有技术条件下,常规组合测井包括自然电位或自然伽马测井、微电阻(微球形聚焦或微侧向或微电极)测井、浅深探测电阻率测井(双侧向或双感应)、三孔隙度测井(声波测井、中子测井、密度测井)、井温测井、钻井液电阻率测井、工程测井(井径、井斜等)。除常规组合测井外,一个油田一般选择少量重点井或根据特殊地质解释需要,加测一些特殊内容,这些测井项目一般花费较大,不在每口井中进行,如倾角测井、自然伽马能谱测井、地层重复测试、长源距声波测井、光电吸附指数测井、电磁波传播测井、电阻率扫描测井等。组合测井成图一般采用1∶200深度比例尺,个别项目可放大为1∶100或1∶50。

测井资料应同时收集测井图和数字磁带,前者供地质对比分析应用,后者供定量处理解释应用。

油田开发早期,油藏地质特点认识较粗,应尽可能多采用较先进的测井手段。随着油田开发过程的深入,油藏主要地质特征认识比较清楚,各种测井手段的有效性日益明确,则应固定测井系列,作为常规应用方法。关键取心井和一般开发井也应区别对待,前者要尽可能多采集测井信息,以指导后者常规测井的处理解释。

三、开发地震资料

近年来,随着高分辨率二维地震、三维地震、多波地震和地震层析成像技术的发展,以及对地震资料进行各种特殊处理,通过钻井和测井等资料的标定刻定进行综合研究,使地震技术在油气田开发领域得到了越来越多的应用，成为油田开发中油藏描述的一项重要手段。

(一)资料收集

(1)描述区地震测线井位图(1∶25000 或 1∶10000)；

(2)三维地震剖面、水平切片及连井剖面；

(3)高分辨率二维地震剖面；

(4)垂直地震剖面；

(5)合成地震剖面(波阻抗剖面，地震测井剖面等)；

(6)有关测井、录井资料。

(二)开发地震方法

(1)三维地震，是当前开发中应用最广泛、最有效的技术，是研究复杂断块构造必不可少的手段，也是进行储层描述效果较佳的地震方法。

(2)高分辨率地震，是提高薄层分辨率的一种方法。

(3)垂直地震剖面，在油藏描述中，是标定层位、研究速度剖面的重要手段。

(4)多波地震，同时采集纵横波，利用纵横波的速度、频率、振幅等差异提高储层参数解释精度、判断裂缝等。

(5)井间地震，通过提高频率、井间层析成像，以达到开发储层描述所需的分辨率。

上述开发地震技术用来研究如下内容：(1)详细描述构造形态、断层、裂缝分布；(2)描述储层厚度、岩性、物性的空间变化；(3)描述储层内油气分布，估算饱和度；(4)进行开采动态监测。

开发地震最主要的优点就是可以小尺度(数十米级)地详细描述井间油藏特征。但是，由于地震分辨率的限制和参数解释还存在一定的多解性，目前只能针对具体油藏的具体特点，与测井、取心等其他资料配合，解决油藏描述中的一些特定问题。

四、测试资料

测试资料是指钻井过程中的随钻测试(钻杆测试)、完井试油、试井、试采、注示踪剂以及开发过程中的各种分层测试所取得的油藏静动态数据。它是直接了解储层内所含流体性质、产出能力、压力分布的主要手段，据此可取得储层物性、油藏边界等重要参数。

各种测试方法的录取数量都有限，一般是在利用其他资料进行油藏初步描述的基础上，针对某些关键问题进行测试，取得必要的资料以作出判别验证，提高其他手段的描述水平。

油藏描述中常用的测试资料有以下几种：

(1)钻杆测试：主要可取油气水分布资料，油气水性质资料，产能及压力恢复曲线，求得储层有效渗透率。

(2)单层试油：用于确定油(气)水界面，建立和验证测井解释标准、储层及有效厚度截取值，求取各类储层产能及有效渗透率值，研究流体性质空间变化。

(3)试井：包括各种稳定试井、不稳定试井、脉冲等干扰试井，以求取储层有效渗透率，确定验证砂体连续性和边界等。

(4)示踪剂测试：注示踪剂观察流向，通过定性、定量分析和正反演模拟，确定砂体连续性及井间储层物性的空间分布。

(5)各种分层测试资料：包括产吸剖面，分层测压及堵层、换层过程中的测试，都可取得砂体连续性及物性参数的定性或定量资料。

第三节　油藏描述方法技术

一、油藏构造描述技术

油藏构造描述的首要任务是对油藏构造形态和基本特征进行识别、描述，并建立目的层三维空间形态的概念。

识别与描述油藏构造是在研究区总体构造特征基本明了的基础上，首先以构造物理模拟实验、构造应力场数学模拟为手段，根据构造的运动学、几何学、动力学和构造应力场特征，建立油藏构造模式，指导和预测油藏构造的细节。如油田(或油藏)四、五级断层的发育受更高一级断层的控制，在同一区域应力场控制下，通过力学成因机制分析，能够阐明低级序断层的发育方向和组系。

其次，通过三维地震资料高分辨率目标处理、地震数据体叠后处理、三维地震数据拼接，为识别和描述油藏构造特别是低级序断层提供可靠的资料基础，并以多井井间对比为主要手段，利用全三维解释技术、断层、层位统一解释技术来识别和组合不同级序断层；应用相干数据体技术和多尺度边缘检测技术识别低级序断层，完成空间组合。

最后，利用密井网资料，同时综合生产动态资料，分析、验证低级序断层及其对油藏的分割作用，提高构造解释精度。

(一)构造物理模拟实验研究

构造物理模拟是选用相似的物理材料，按照相似的构造形成模式，模拟岩石的构造形态、变形过程及各种物理量与几何量的一种实验方法。依据物理模拟对象和模拟条件不同，构造物理模拟可分高温高压构造物理模型和常温常压构造物理模拟两种。

前者是采用天然或人工岩石试件为模型材料，用人为的高温高压条件，模拟地壳岩石的变形过程或构造现象，优点是采用的试件为真实岩石，缺点是从目前的技术水平来看，用的试件尺寸局限性大，同时应变速率不能达到一般构造变形过程那么低。

后者是通常条件下的物理模拟，是以相似理论为依据，采用相似材料，构成相似的力学模型，用以模拟地壳岩石构造现象的形成条件和力学过程。因地质模型是按比例制作，故也可称为比例模型。这种方法容易再造构造变形现象，容易调整试件的力学性状与边界条件，能在短期内重现地质年代长期的宏观构造变形过程，不需要真实岩石试件那样按慢应变速率进行变形实验。比例模型与数学模拟相比，具有能直接观察构造形态与演化过程的显著优点。

目前比例模型应力、变形定量测量方法已实现，故比例模拟在构造地质和石油构造中的作用将会迅速发展，比例模型物理模拟方法将越来越重要。

图12-1为应用构造物理模拟实验研究的低级序断层与三级断层的关系、力学机制及组合样式。图中显示两条相互平行的三级断层在右行剪应力作用下，形成的低级序断裂与三级断裂之间的夹角大约为40°～50°。

(二)构造应力场数值模拟研究

构造应力场数值模拟方法是在建立构造地质模型的基础上，利用有限元法模拟计算构造应力场及其分布，研究构造体系和构造形式，并根据岩石的破裂极限或应变能来预测断层或裂

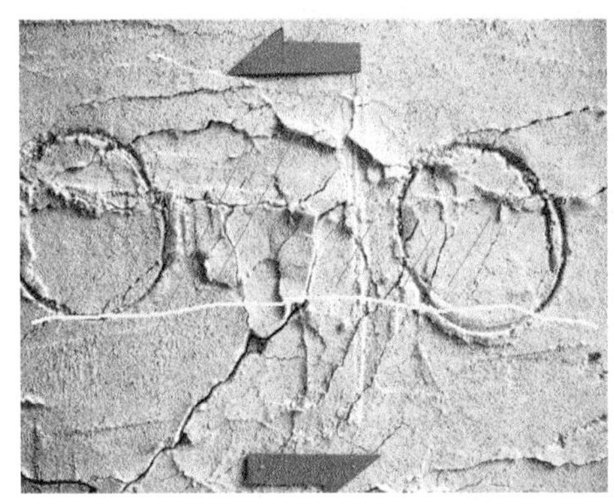

图 12－1　右行剪应力作用下形成与主断裂斜交的雁式剪切低级序断层物理模拟

缝的发育程度、位置和延伸方向。

构造应力场数值模拟中，地质模型为模拟计算提供地质构造方面的基本资料，包括地层特征、构造形态、断层活动信息、构造演化历史、可能的力源等。计算模型包括了模拟范围、单元划分、边界条件和作用力、力学模型和力学参数等内容。岩石力学参数由钻孔崩落法和声发射法测量地应力测得。应力场数值模拟的平面和剖面组合特征和分布，能够指导断裂的组合。图 12－2 是帚状复杂断块数值模拟研究成果。

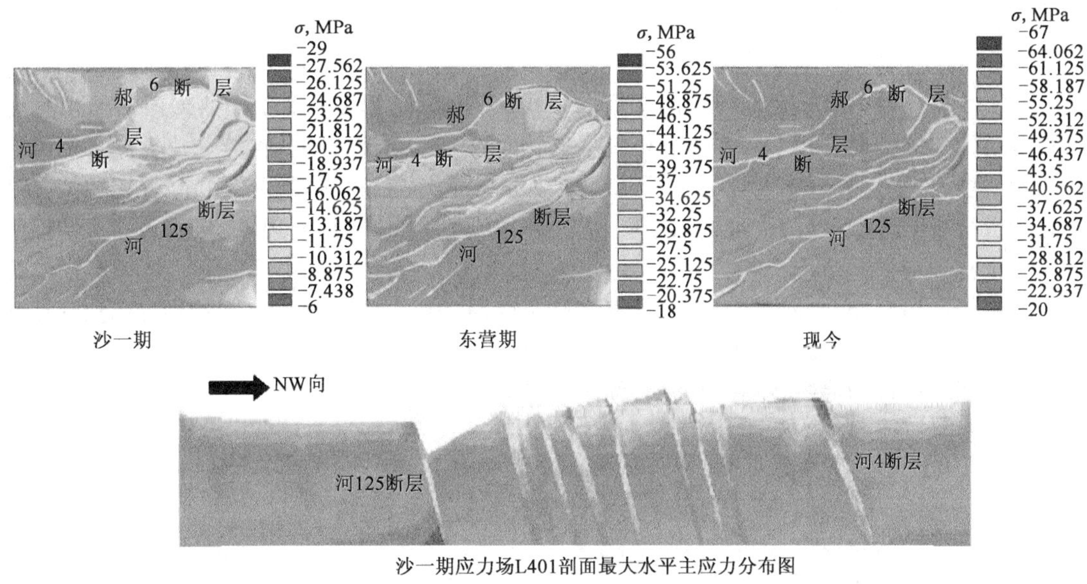

图 12－2　现河地区最大水平主应力数值模拟图

(三)三维地震资料目标处理与精细解释技术

三维地震资料目标处理技术是对三维地震资料进行目标处理，使目的层信噪比和分辨率都有所改善。偏移成像后，断点准确，断层清晰，并保持波的动力学特征。如田家三维资料处理后，信噪比提高了 1～2 倍，主频比老资料提高 10～15Hz，断点显示更为清晰(图 12－3)。

全三维解释技术是将井孔信息、地震信息在三维空间上准确解释，对地下构造形态和查明某些特殊地质现象有独特优点，能够保证纵横向上断裂体系的准确描述和合理组合，减少多解

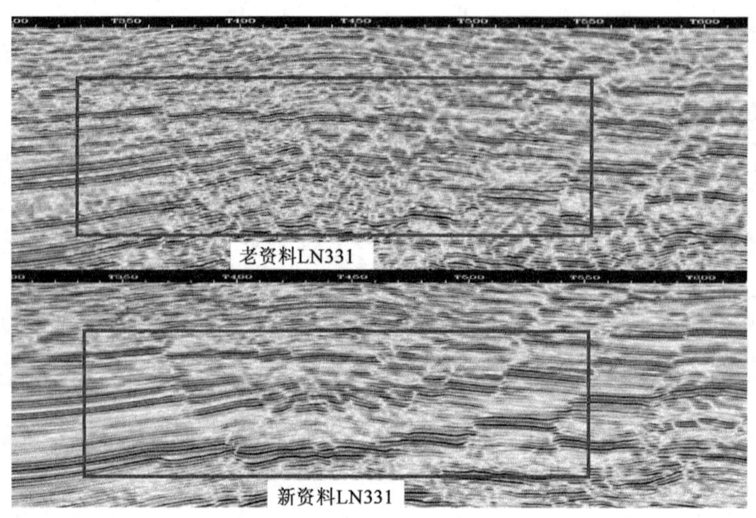

图 12-3　三维地震资料目标处理后低级序断层更清晰

性。通过全三维地震精细解释，可以定量描述四、五级低级序断层空间展布，对落差 8～10m 左右的小断层较常规方法更易描述与组合。

利用小波变换的多尺度边缘检测技术，能够达到提高地震记录分辨率的目的，有利于识别常规地震记录上很难发现的低级序断层。

(四)相干数据体分析技术

相干数据体分析技术是通过道间相似性等属性的计算，实现三维振幅数据体向三维相似系数等属性体的转换。相干数据体分析技术的特有算法是通过三维数据体来比较局部地震波形的相似性，相干值较低的点与地质不连续性(如断层和地层、特殊岩性体边界)密切相关。沿层切片进行相干数据体分析，可揭示断层、岩性体边缘、不整合等地质现象，从而为油藏特征的识别提供有利证据。

在东营油田辛 25 块沙二段，通过反复实验选取最佳相干道数和时窗，采用了正交 9 道、时窗 32ms 的地震相干数据体对断裂系统解释，其中目的层沿层相干切片效果最好(图 12-4)，主要断层清晰可见，对低级序断裂的组合起到很好的指导作用。

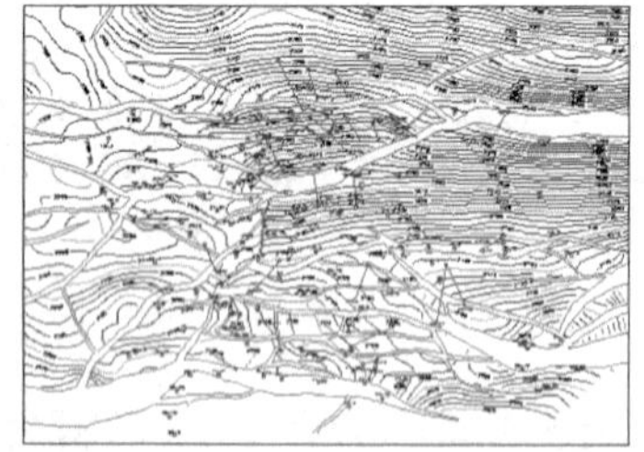

图 12-4　辛 25 块沙二段顶面地震相干切片(据李阳，2002)

(五)井间地震技术

井间地震技术是近几年来发展起来的一项新技术，其资料的频率可达 300Hz 以上(可分辨 2～3m）。它是在一口井内放置震源，激发地震波，在另一口井或几口井中用检波器接收，是井孔地震技术的一种。井间层析的原理产生于 20 世纪 80 年代初，之后在井间层析的基础上，吸收 VSP 和地面地震反射法的思想以及数字处理方法，于 90 年代初建立了井间高分辨率地震波成像方法。

井间地震通过地震波的走时、振幅、频率等参数，描述井间储层的分布规律及非均质特征、井间可能存在的微小断层或裂缝，以及用于油藏监测时采油引起的地震响应等。

在广利油田，根据三维地震剖面解释结果认为 1、2 两个小层在莱 1－194 井、莱 1－193 井之间无断层；而井间地震资料则显示两井之间存在一"Y"形断层。莱 1－194 井 1、2 两个小层注水，相距 270m 的莱 1－193 井 1、2 两个小层不见效，动态资料验证了井间地震资料的准确性(图 12－5)。

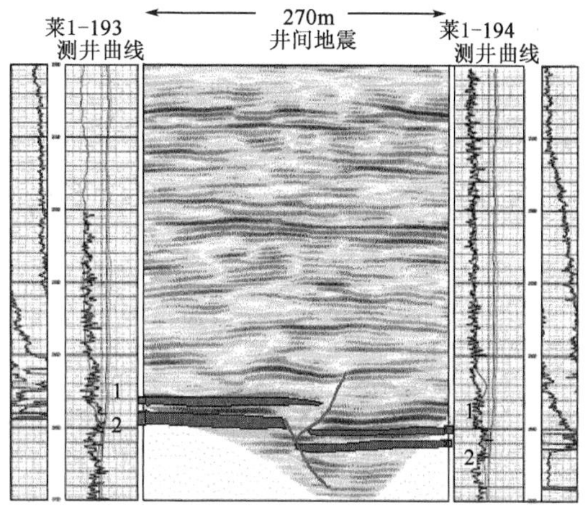

图 12－5　广利油田井间地震解释出低级序断层
(据李阳)

此外，在井网密度大的开发后期老油田，多井精细对比是油藏精细构造识别，特别是确定低级序小断层最有效、最直接的方法。具体研究方法见第八、九章内容。

二、储层描述技术

储层是油气赋存和流动的载体，是勘探开发的直接对象。因此，油藏描述的重点和核心就是储层。储层研究内容主要包括储层的几何形态、岩性岩相的类型和分布，储层微观特征，流体性质与分布，储层非均质性及渗流地质特征，储层敏感性，储层地质模型的建立及综合评价等。其中，储层非均质性的研究和评价是核心。通过深入细致地描述储层岩性、物性和含油性等，研究储层空间展布和连通程度、储层参数分布的非均质性，能够揭示流体在储层中的运动规律和演化规律，为合理划分开发层系、预测产能与生产动态及改善开发效果提供地质依据和保障。

这里仅介绍储层非均质性研究和表征的方法技术。

(一)储层非均质性概念

储层非均质性是指储层的基本性质在三维空间上的不均匀变化，具体地表现在储层岩性、物性、含油性及微观孔隙结构等内部属性特征和储层空间分布等方面。无论是海相储层还是陆相储层，无论是碎屑岩储层还是碳酸盐岩储层，非均质性是普遍存在的，它是影响地下油气水的运动和分布、油气采收率的重要因素。

(二)储层非均质性的分类

储层的非均质性的分类方案很多，不同的学者根据不同的研究目的和研究对象，对非均质性的分类也不同。Pettijohn 等(1973)对河流沉积储层按非均质规模的大小，提出了一个由大到小的非均质分类谱系图，划分了五种规模的储层非均质性。此后，不同学者从不同的角度考虑，提出了多种分类方案，主要分类方案见表 12－1。以下主要介绍裘怿楠的分类方案。

表 12－1　常见储层非均质性分类方案统计表

作者	年份	分类依据	分类方案
Pettijohn、Poter 和 Siever	1973	按河流沉积储层非均质规模的大小	(1)层系规模：(1～10)km×100m (2)砂体规模：100～10m (3)层理系规模：1～10m (4)层理规模：1～10m (5)孔隙规模：10～100mm
Weber	1986	主要考虑非均质性的规模及其对流体渗流的影响	(1)封闭、半封闭、未封闭断层 (2)成因单元边界 (3)成因单元内渗透层 (4)成因单元内隔夹层 (5)纹层和交错层理 (6)微观非均质性 (7)封闭、开启裂缝
Haldorsen	1983	根据储层地质建模需要，按孔隙体积分布	(1)微观非均质性——孔隙和砂粒规模 (2)宏观非均质性——岩心规模 (3)大型非均质性——模拟模型中的网格规模 (4)巨型非均质性——地层或区域规模
Tayler	1988，1993	按曲流河道、河控/潮控扇三角洲储层非均质规模的大小	(1)油层组规模(巨型尺度) (2)建筑块模型(较大的网格单元，大尺度) (3)岩相规模(较小的网格单元，中尺度) (4)纹层规模(小尺度) (5)孔隙规模(微尺度)
裘怿楠	1987，1989，1992	按陆相碎屑岩储层的描述规模	(1)层间非均质性 (2)平面非均质性 (3)层内非均质性 (4)微观非均质性

1. 层内非均质性

层内非均质性是指一个单砂层规模内垂向上的储层性质变化，包括层内粒度韵律、渗透率韵律及最高渗透率段所处的位置、层内不连续夹层、压实及滑动引起的微裂缝、渗透率非均质程度。它是直接控制和影响一个单砂层层内垂向上的注入剂波及体积的关键地质因素。

1)层内粒度韵律

单砂层内碎屑颗粒的粒度大小在垂向上的变化称为层内粒度韵律，它受沉积环境和沉积方式的控制。具有不同韵律的单砂层的渗透率在单砂层剖面上的变化特征不一样。

正韵律：颗粒粒度自下而上由粗变细，常常导致物性自下而上变差。曲流河点沙坝、三角洲分流河道砂、浊积岩等常具有典型的正韵律。

反韵律：颗粒粒度自下而上由细变粗，往往导致岩石物性自下而上变好。三角洲前缘河口沙坝、湖相滩坝等常具有典型的正韵律。

复合韵律：即正韵律与反韵律的组合。正韵律的叠置称为复合正韵律，反韵律的叠置称为复合反韵律。上下粗、中间细者称为正反复合韵律，上下细、中间粗者称为复合反正韵律。

均质韵律：颗粒粒度在垂向上变化无韵律。

2)渗透率韵律及最高渗透率段所处的位置

同层内粒度韵律一样，渗透率大小在纵向上的变化构成渗透率韵律。渗透率韵律主要有正韵律、反韵律、复合韵律等，相应的层内最高渗透率段处于底部、顶部或中部。

3)层内不连续夹层

夹层是指分散在单层内横向不稳定的相对低渗透层或非渗透层。层内夹层作为渗流屏障，对流体流动可起到不渗透隔层作用或极低渗透的高阻层作用，因而对驱油过程影响极大，也是直接影响一个单砂层从顶部到底部宏观规模的垂直渗透率和水平渗透率比值的重要因素。层内夹层的研究内容包括不连续薄夹层的类型，各类夹层的厚度、分布范围和产状，夹层出现的频率和密度，各类夹(隔)层的分布规律及成因分析等。

4)压实及滑动引起的微裂缝

各种层内规模(不窜层)的微裂缝会扩大某一方向的渗透率，改变流体在层内的渗流特征。微裂缝一般指宽度为 10μm 以下的裂缝。通过显微镜下观察，研究描述微裂缝大小，如裂缝的宽度、长度和开启程度(裂缝张开的宽度)，微裂缝产状及组合方式，微裂缝的密度(用单位面积内裂缝的条数表示，条/cm^2)。

5)渗透率非均质程度

层内渗透率非均质程度通常用一些统计指标来反映。在取心资料较多的地区，应尽量利用岩心分析数据进行统计。取心井取样比较均匀、样品密度>5 块/m 时，一般用单样品值计算。若岩心资料不具代表性，可用测井连续解释(≥5 点/m)的渗透率值进行统计。

定量表征层内非均质程度的参数指标如下：

(1)渗透率变异系数(V_K)，计算公式如下：

$$V_K = \frac{\sqrt{\sum_{i=1}^{n}(K_i - \overline{K}^2)/n}}{\overline{K}} \tag{12-1}$$

其中

$$\overline{K} = \frac{\sum_{i=1}^{n} h_i K_i}{\sum_{i=1}^{n} h_i} \tag{12-2}$$

式中 V_K——渗透率变异系数；

K_i——层内单个样品或各种相对均质段渗透率值($i=1,2,3,\cdots,n$)，mD；

$\overline{K}$——层内平均渗透率值，mD；

h_i——各段厚度值，m；

n——层内样品个数。

V_K 值越大，非均质性越严重。一般，当 $V_K<0.5$ 时为均匀型，表示非均质程度弱；当 $0.5\leqslant V_K\leqslant 0.7$时为较均匀型，表示非均质程度中等；当 $V_K>0.7$ 时为不均匀型，表示非均质程度强。

(2)渗透率突进系数(T_K)，表示砂层中最大渗透率与砂层平均渗透率的比值：

$$T_K = \frac{K_{max}}{\overline{K}} \tag{12-3}$$

式中 T_K——渗透率突进系数；

K_{max}——层内最大渗透率，mD。

当 $T_K<2$ 为均匀型，当 T_K 为 2～3 时为较均匀型，当 $T_K>3$ 时为不均匀型。

(3)渗透率级差(J_K)，为砂层内最大渗透率与最小渗透率的比值：

$$J_K=\frac{K_{\max}}{K_{\min}} \tag{12-4}$$

式中 J_K——渗透率级差；

$K_{\min}$——层内最小渗透率值，mD。

一般以渗透率最低的相对均质段的渗透率表示。渗透率级差越大，反映渗透率的非均质性越强；反之，非均质性越弱。

(4)渗透率均质系数(K_p)，表示砂层中平均渗透率与最大渗透率的比值：

$$K_p=\frac{\overline{K}}{K_{\max}} \tag{12-5}$$

K_p 值在 0～1 之间变化，K_p 越接近 1，均质性越好。

(5)垂直渗透率与水平渗透率的比值(K_e/K_L)，对油层注水开发中的水洗效果有较大的影响。K_e/K_L 小，说明流体垂向渗透能力相对较低，层内水洗波及厚度可能较小。

2. 平面非均质性

平面非均质性是指一个储层砂体的几何形态、规模、连续性，以及砂体内孔隙度、渗透率的平面变化所引起的非均质性。这些因素直接关系到注入剂的平面波及程度。

1)砂体几何形态

各种环境下沉积的砂体一般都有其相应的几何形态。砂体几何形态是砂体各向大小的相对反映，一般以长宽比进行分类。通常，砂体越不规则，其非均质性越强。

席状砂体：长宽比近似于 1∶1，平面上呈等轴状，宽厚比>1000。

土豆状砂体：长宽比小于 3∶1，宽厚比>100。分布面积小，多呈透镜体形式出现。

带状砂体：长宽比为 3∶1～20∶1，宽度比>30。

条带状砂体：长宽比大于 20∶1，宽厚比>30。

不规则砂体：形态不规则，一般有一个主要延伸方向。

实际工作中可同时辅以成因意义的几何形态命名，如叶状体、扇体、水道型等。

砂体几何形态受沉积相控制，一般在沉积相和微相研究基础上，通过编制砂体厚度等值线来表达砂体几何形态及其非均质性的差异。

2)砂体规模及各向连续性

这是定量描述砂体规模并与开发工程直接关联的主要内容，其中重点又是侧向连续性。一般砂体规模大，连续性强，则非均质性较弱。一般描述：

(1)砂体各向长度。按延伸长度可将砂体分为五级：

一级：砂体延伸大于 2000m，连续性极好。

二级：砂体延伸 1600～2000m，连续性好。

三级：砂体延伸 600～1600m 连续性中等。

四级：砂体延伸 300～600m，连续性差。

五级：砂体延伸小于 300m，连续性极差。

(2)一定井网下的控制程度(两口井同时钻遇砂体的厚度百分数)。

(3)钻遇率,即钻遇砂体井数占总井数的百分率。

当突出侧向连续性时,要描述砂体宽度或宽厚比、砂体实际宽度与既定井距之比。实际工作中,当砂体连续性达千米级规模时,井网控制程度已不是开发中主要矛盾,描述可以简化,应重点转向渗透率方向性。

3)砂体的连通性

砂体的连通性指不同砂体之间的相互接触连通关系。各种成因单元砂体在垂向上和平面上相互接触连通而形成的复合砂体称为"连通体",连通体进一步扩大了储层的连续性,这是研究储层平面非均质性的一个重要内容。

砂体根据连通形式分为三类:(1)多边式,侧向上相互连通为主;(2)多层式,又称叠加式,垂向上相互连通为主;(3)孤立式,未与其他砂体连通者。

砂体连通性的描述内容有:

(1)砂体配位数:与一个砂体接触连通的砂体数。

(2)连通程度:砂体与另一个砂体连通部分的面积占砂体总面积的百分数,或以连通井数占砂体控制井数百分率表示。

(3)连通体大小:一个连通体内包含的成因单元砂体的个数、连通体的总面积或总宽度及厚度。

(4)砂体接触处的渗透能力。近年来,随着储层地质学的深入,人们发现砂体间相互接触连接,包括切割冲刷式的接触连接,并不一定是流体流动的连通道,这主要决定于接触面的渗透能力,目前还没有定量描述方法。实际工作中,若发现上覆冲刷面上富集泥砾或钙砾,或存在泥岩披覆层,应通过干扰试井加以验证,以定性分类方法加以描述。

(1)砂体物性的平面变化及方向性

通常编制孔隙度、渗透率及渗透率非均质程度指标的平面等值线图,表征其平面变化,重点是渗透率的方向性。储层存在裂缝时,将会导致严重的渗透率方向性,应研究各种裂缝的产状,尤其是其走向。

砂体平面非均质性描述指标有井点渗透率的变异系数、不同等级渗透率的面积(或井点,或体积)的分布频率、注采井网确定条件下注入井向各采出井之间连通渗透率的差异程度。

3. 层间非均质性

层间非均质性是对一套砂泥岩间互的含油气层系的总体描述,属于层系规模的储层非均质性研究,包括各种沉积环境的砂体在剖面上交互出现的规律性,以及作为隔层的泥质岩类的发育和分布规律等,是决定开发层系、分层开采工艺技术等重大开发战略的依据。

1)层间差异

(1)分层系数(A_n)是指被描述层系内砂层的层数,以平均单井钻遇砂层层数表示(钻遇砂层总层数/统计井):

$$A_n = \sum N_{bi}/n \tag{12-6}$$

式中 N_{bi}——某井的砂层层数;

n——统计井数。

对一定层段,当砂岩总厚度一定时,垂向砂层数越多,则分层越多,隔层越多,越易产生层间差异，即分层系数越大，层间非均质性越严重。

(2)垂向砂岩密度(K_n)指油层剖面中砂岩总厚度与地层总厚度之比，以百分数表示：

$$K_n = (H_s / H_l) \times 100\% \qquad K_n \in [0,1] \tag{12-7}$$

(3)各砂层间渗透率的非均质程度，研究内容与层内非均质性中的层内渗透率非均质程度相似，重点分析各小层间平均渗透率的变化及差异。评价指标主要有渗透率分布的统计形式、各砂层间渗透率变异系数、渗透率级差和单层突进系数。统计计算非均质程度指标时，应考虑厚度权衡值。

(4)主力油层与非主力油层的识别及垂向配置关系。

主力油层与非主力油层的识别、划分、位置确定、相互关系及地质成因是层间非均质性研究的重要内容。因为主力油层产能大、注入剂注入量也大，又是开发生产与研究的重点，非主力油层是开发后期的重要接替资源和挖潜对象。

主力油层与非主力油层识别是在各砂层平面及层内非均质性研究后，掌握各砂层特征，分析垂向各砂层层间差异，再通过各砂层间的分布面积、厚度、储油物性、含油饱和度、产能等指标比较后而确定的。

2)层间隔层

层间隔层是层间非均质性研究的另一重要方面，它对流体运动能起隔挡作用。主要研究内容包括隔层的岩石类型、隔层在剖面上的分布(位置)、隔层厚度及其在平面上的变化、隔层级别等。隔层可分为油层组间隔层、砂层组间隔层、砂层间隔层和砂层内薄夹层四个级别。一般通过水驱实验研究及试油确定隔层的界限及级别。

3)裂缝

裂缝对隔层也有较大影响，即使岩性上封隔能力很强的隔层，当其存在裂缝时，也可降低甚至失去其封隔能力。裂缝研究主要包括：

(1)裂缝在不同岩性、不同厚度储层中的产状；

(2)裂缝在不同岩性、不同厚度储层中的密度、规模、开启程度及充填物等；

(3)裂缝与泥质隔层的关系，即构造裂缝的穿层程度；

(4)潜在裂缝的特点和分布规律。

4. 微观非均质性

储层微观非均质性是指微观孔道内影响流体流动的地质因素的非均质性，主要包括孔隙与喉道的大小、分布、配置及连通性，以及岩石的组分、颗粒排列方式、基质含量及胶结物的类型等。油层微观非均质性的研究是了解水驱油效果及剩余油分布的基础。

1)孔隙非均质性

孔隙非均质性主要研究孔隙形状的非均质性、孔喉大小分布的非均质性及孔喉连通性的非均质性。

通常利用孔隙结构参数来定性、定量描述孔隙非均质性。如最大连通孔喉半径、孔喉半径中值、孔喉半径均值、主要流动孔喉半径均值、孔喉分选系数、相对分选系数、均质系数、孔隙结构系数等参数，表征孔喉大小分布的非均质程度；孔喉配位数、孔喉直径比、孔喉体积比等参数，表征孔喉连通性的非均质性。此外，毛细管压力曲线的形态也能定性反映孔喉大小和分布状况。

2)颗粒非均质性

颗粒非均质性指颗粒大小、形状、分选、排列及接触关系。它既影响着孔隙非均质性，也可造成渗透率的各向异性，同时还影响着注水开发过程中储层自身的动态变化。

颗粒排列的方向性是造成储层渗透率各向异性的重要因素，它主要受沉积水流方向的控制。沿古水流方向，矿物颗粒定向排列，孔隙畅通，水流阻力较小、速度较高，而沿其他方向有较多的细粒沉积物质或黏土物质，孔隙畅通程度存在差异，导致渗透率的各向异性。河道砂体开发过程中，注入水沿古河道下游方向推进速度快，向上游方向推进速度慢且驱油效果也有差异。

3)填隙物非均质性

碎屑岩中杂基和胶结物都可作为碎屑颗粒间的填隙物，它们对岩石的微观非均质程度具有重要意义。

杂基是碎屑岩中细小的机械成因组分，最常见的是各类黏土矿物，有时见有灰泥和云泥。充填于碎屑岩储层孔隙内的黏土矿物类型较多，常见的有蒙脱石、高岭石、绿泥石、伊利石，以及它们的混层黏土。不同物源、不同沉积环境储层中出现的黏土矿物类型和含量不同，对流体的敏感性也不同。黏土矿物具有很大的表面积和极强的活性(如吸附能力、对外来流体的敏感性等)，对各种注入剂的注入能力、注入剂的吸附及改性都有较大影响，加上在孔隙中的分布产状及其自身的变化，往往增强了已开发油气层的非均质程度，极大地影响油气层驱替效果。因此，黏土矿物是油藏微观规模描述的重点内容之一。

胶结物是沉淀于粒间孔隙的自生矿物。胶结物的含量、分布及产状也是影响孔隙发育及其非均质程度的重要因素。方解石胶结物常呈嵌晶式充填于颗粒之间，改变沉积储层的原始面貌，若后期发生溶解作用，孔隙性可以变好，但储层的非均质程度反而增强。

一般通过一些特殊分析方法，如 X 射线衍射、差热、红外光谱、电子显微镜等分析方法对填隙物进行分析。国内各油田常采用 X 射线衍射法分析填隙物的类型及含量，用扫描电镜观察分析填隙物的成分及产状。填隙物的产状一般分为三类：分散状(充填式)，即填隙物在孔隙中以散在的形式分布，充当孔隙填充物；薄层状(衬垫式)，填隙物黏附于孔壁，形成一个相对连续的和薄的黏土矿物披盖，又称薄膜式；搭桥状，黏土矿物黏附于孔壁表面伸长很远，整个横跨孔隙，像搭桥一样，把粒间孔分隔为大量微孔。它对孔隙非均质性影响最大，直接影响油水微观运动规律。

(三)储层流动单元

流动单元(flow unit)研究是在 20 世纪 80 年代中后期提出的一种油气田地质研究的新理论和表征方法。国内自 20 世纪 90 年代开始对流动单元进行探索性研究，并得到快速发展，目前，流动单元研究成果已广泛应用于油田开发生产中，为复杂储层精细描述与预测、动静表征奠定了坚实基础。

流动单元的概念最先是由 C. L. Hearn 于 1984 年提出的。Hearn 在研究美国怀俄明州 Hartzog Draw 油田 Shannon 砂岩储层时，将流动单元定义为横向上和垂向上连续的具有相似的渗透率、孔隙度和层理特征的储集带。他指出，流动单元的确定不仅取决于其在垂向层序中的地质特征和位置，也取决于其岩石物理性质，尤其是孔隙度和渗透率，并强调了各流动单元的相互连通性和非均质性。之后，许多学者用这一概念开展油气藏地质表征研究，但不同学者对流动单元概念的理解不同(表 12-2)。

表 12-2　国内外学者提出的流动单元概念简表

作者		年份	定义
国外	C. L. Hearn	1984	流动单元是横向上和垂向上连续的具有相似的渗透率、孔隙度和层理特征的储集带
	Weber 等	1986	流动单元是由储层的连续性、渗透率非均质性、各种隔挡条件以及各种窜流条件等构成流体在储层内流动的通道
	W. J. Ebank 等	1987	流动单元是根据影响流体在岩石中流动的地质和岩石物理性质的变化而进一步细分出的岩体
	John W. Kramers, A. Rodriguez	1988	流动单元是横向上和垂向上连续的，影响流体流动的岩石特征相近的储集岩体，这里的岩石特征包括岩性特征和物性特征
	BARR DC 等	1992	流动单元是给定岩石中水力特征相似的岩体
	Amaefule	1993	水力单元是总的油藏岩石体积中影响流体流动的地质和岩层物理性能恒定不变且可与其他岩石体积区分开来的有代表性的基本体积，流动分层指标 FZI 是最好的划分参数
	Lucia 等	1995	流动单元是具均一 R_{35} 值的，在注入流体类型不变的情况下具有相似和一致注入动态性能的储层段
国内	裘怿楠等	1994	流动单元是指由储层的非均质性、隔挡和窜流旁通条件、注入水沿着地质结构引起的一定途径驱油、自然形成的流体流动通道
	焦养泉等	1995	流动单元是指沉积体内部按水动力条件划分的建筑块（building blocks），它和构成单元（结构要素）应属类似的概念
	穆龙新	1996	流动单元是指一个油砂体及其内部因受边界限制、不连续薄隔挡层、各种沉积微界面、小断层及渗透率差异等造成的渗流特征一致的储层单元

本质上，流动单元是从宏观到微观的不同级次上的、垂向及侧向上连续的、影响流体流动的岩相特征和流体本身渗流特征相似的相对均质储集单元。它具有两个特点：一是流动单元界面为不连续或连续的岩性或物性隔挡层所限制；二是流动单元储集体的岩石物理及渗流特征均相似。因此，同一流动单元应具有相似的水动力学特征和剩余油分布特征。

目前，有代表性的流动单元划分方法主要有精细沉积学方法，应用孔隙几何学研究流动单元方法，渗透系数、存储系数、净毛厚度比三参数法，水力单元流动分层指标 FZI 法，储层层次综合分析法和生产动态资料法等。按基本思路和方法，这些方法可分为两类。一类是以数学手段为主的储层参数分析法，广泛应用储层中的各种地质参数，通过单井中密集取样的聚类分析，寻找划分流动单元的有效参数和定量界限，然后直接在整套储层中定量划分流动单元，最终建立以流动单元为基础的三维定量地质模型。划分流动单元的有效参数很多，可分为岩相及宏观岩石物理参数，根据不同地区地质特点和资料状况，所选用的储层参数也不相同。另一类是以地质研究为手段为主，在精细上下功夫，建立储层结构模型及渗流屏障模型，在成因砂体或成因单元内定量划分流动单元，建立储层流动单元分布模型及其三维定量地质模型。

三、油藏地质模型及建模技术

（一）油藏地质模型

油藏地质模型是油藏描述的最终结果，是对油藏的形态、储层性质和规模大小及展布、流体性质及其空间分布等的高度概括。它是油藏综合评价的基础，同时也是油藏数值模拟的重要基础及开发方案优化的依据。

一个完整的油藏地质模型应包括：表现油藏构造形态及断层分布的构造模型、揭示储层建筑结构及储层各种属性的空间分布的储层模型、展现储层内油气水分布即各种流体饱和度分布和流体性质的空间变化的流体模型。而储层模型是油藏地质模型的核心。

油藏地质模型分为三大类，即油藏概念模型、油藏静态模型和油藏预测模型。

1. 油藏概念模型

油藏概念模型是对油气藏类型、规模大小，储层岩性、物性、含油性、渗流参数及流体性质及分布等的高度抽象与概括。

针对某一种类型的油藏，把它代表性的油藏特征(构造特征、储层特征、流体特征及渗流特征等)抽象结果加以典型化和概念化，建立一个对这类油藏在研究区内具有普遍意义的地质模型，即为油藏概念模型。它不是一个具体油藏的地质模型，而是某一地区(油田)某一类油藏的基本面貌。

2. 油藏静态模型

油藏静态模型是针对某一具体的一个油藏，将其油藏特征在三维空间的变化和分布如实地加以描述而建立的油藏地质模型。这一模型通常是把油藏网格化，给每个网格赋以各自的参数值，来反映油藏参数的三维空间变化。网格的尺寸越小，表明模型越细；每个网格的参数值与实际值误差越小，表明模型的精度越高。因此，油藏静态模型也是一个三维数据体，包括三维的构造展布、三维层序格架、沉积微相或砂体的三维展布、油藏参数的三维分布等。

为了真实地再现油藏非均质特点，将油藏静态地质模型划分为油田规模、油藏规模、小层规模、砂体规模、岩心规模、孔隙规模等。

3. 油藏预测模型

在油藏静态模型基础上，建立描述井网数十米级或甚至数米级规模的油藏变化的地质模型即为油藏预测模型。油藏预测模型要求对控制井点间及以外的参数作一定的内插和外推预测。

油藏预测模型的建立是目前世界性攻关的难题。由于掌握的地下信息有限，而油藏的非均质性是绝对的，因而模型中不同程度地存在不确定性，即随机性。由此，人们广泛应用地质统计学中的随机模拟技术、井间地震技术和水平井技术相结合的方法建立油藏预测模型。

值得注意的是，长期的注水开发致使油藏特征与注水开发之前有较大的差异，这种差异又对注水开发效果及今后的三次采油效果有较大的影响。这是目前对注水开发过程中油藏特征特别是储层性质动态变化方面的研究备受关注的重要原因。动态演化的最终成果亦用油藏动态模型表征。油藏动态模型即是研究油藏各种参数(包括孔隙度、渗透率等)随油田开发过程而发生变化的动态过程和规律，并建立描述油藏参数动态变化的数学模型。

能否准确建立油藏动态模型，直接取决于储层参数的求取。参数选取原则如下：

(1)能反映长期开发过程中储层性质的变化；

(2)能反映开发过程中剩余油形成与分布的控制作用；

(3)时间和空间上具有可对比性；

(4)所选择的宏观、微观及渗流参数间有一定的对应关系。

(二)油藏建模技术

利用井资料开展的油藏地质模型建模技术中的关键点，是如何根据已知的控制点资料内插、外推资料点间及以外的油藏特性。根据这一特点，建立油藏地质模型方法技术可分两大类：确定性建模方法和随机建模方法。

1.确定性建模方法

确定性建模方法认为资料控制点间的插值是唯一解，是确定性的。传统地质工作方法的内插编图，就属于这一类。克里金作图和一些数学地质方法作图也属这一类建模方法。开发地震的储层解释成果和水平井沿层直接取得的数据或测井解释成果，都是确定性建模的重要依据。

1)地震方法

三维地震是建立油藏构造模型的最有效方法技术，此方面的方法技术和软件已很成熟，但是对精细查明井间微小的低级序断层仍需要攻关。

利用资料预测岩性和砂体展布也是确定性建模的重要方面，除早期的蒙特卡洛法外，发展了大量约束反演方法，有效地预测了井间砂体，特别是河道砂的展布。如胜利油区海上埕岛油田，利用各种地震资料和井资料联合表征，准确地预测出了浅层的馆上段河道砂体分布，并有效地指导了开发部署。但是，地震方法对埋藏较深的砂体预测、井间变化复杂砂体的预测还有很多技术难点。

目前国内外正在发展的井间地震，由于采用井下震源和多道接收排列，因而比地面地震具有更多的优点，能较大地提高井间储层展布和储层参数的预测精度，尤其对高度非均质、厚度薄和砂泥岩互层的油藏，井间地震技术可望解决用常规地面地震方法建立确定性储层模型所遇到的难题。

2)水平井方法

水平井沿储层走向或沿倾向钻井，直接取得储层侧向或沿层变化的参数，借此可建立确定性的储层模型。水平井的钻井技术和经济可行性已解决，但作为一种技术手段应用于地质建模还需继续深化。此外，水平井很难进行连续取心，主要依赖测井信息，因而仍然存在一些不确定性。

3)井间对比与插值方法

井间对比与插值的主要方法是传统的克里金方法，它是一种光滑内插方法，可以体现不同成因类型砂体变异函数特征，但难于表征井间参数的细微变化和离散性，同时作为局部估值方法，克里金方法对参数分布整体结构性考虑不够，当储层连续性差、井距较大且分布不均匀时，则估值误差较大。

2.随机建模方法

地下油藏本身是确定的，具有确定的性质和特征。但是，在现有资料不完备的条件下，由于油藏的复杂非均质性，人们难于精确表征任一尺度下的油藏特征，使油藏的描述结果具有不确定性，即随机性。因此，人们广泛应用随机建模方法进行油藏模拟和预测。

随机建模是指以已知信息为基础，应用随机模拟方法，产生可选的等概率的油藏模型的方法。这种方法承认地质参数的分布有一定的随机性。因此，建立地质模型时考虑这些随机性引起的模拟实现，供地质人员选择。

随机模拟的目的一是使开发方案最佳化，二是把地质描述的不确定性转化为经济指标的不确定性。随机模拟可以超越地震分辨率，它可以模拟岩石参数三维厘米级的变化。因此，随机模拟是建立与观察一致、有大量合适地质特征的多维综合地质结构或特征场数据。这种定量化的意义在于，查明地质描述中各种不确定性对油藏成因、现在和将来的状态的影响。

当前地质统计学的重点是发展随机建模方法，已有不少模型和相应软件问世。但是，如何提高地质效果，还有待地质工作者大量实践的检验。

3. 油藏地质建模流程

不管是确定性建模还是随机建模，建立油藏地质模型的过程都要包括以下三大步：

(1)建立井模型：把井筒中得到的各种信息转换为开发地质特征参数，建立每口井显示各种开发地质特征的一维柱状剖面；建立把各种储层信息转换成开发地质特征参数的测井二次解释模型；井筒一维剖面中最基本的九个参数为渗透(砂岩)层、有效层、隔层，含油层、含气层、含水层，孔隙度、渗透率、饱和度；把井筒的基本储层参数的连续柱状剖面，连同井位坐标、高程等井位数据输入，即完成了井模型的建立。

(2)建立层模型：把每口井中的每个地质单元通过井间等时对比连接起来，即把井筒的一维柱状剖面变成三维的地质体，建成储集体的空间格架；正确地进行小单元的等时对比，对比单元越小，建立储集体格架越细；现行的建模软件，一般仍是依赖地质人员手工对比到某一个单元(如单砂层或砂组)，再输入计算机；单元内的进一步细分层，则按一定地质规律给定指令，由计算机机械劈分，如垂向加积、侧向加积、超复、等厚对比、均匀加厚减薄对比等。

(3)建立参数模型：把储集体内空间各点的各种储层属性参数定量地给出；根据上述层模型，按层用已知井点(控制点)的参数值内插(外推)井间未钻井区域储层的各种属性参数，内插误差越小，地质模型精度就越高；目前由于直接解释渗透率的地球物理方法还未成熟，一般先建立孔隙度模型，然后利用岩心分析测得的孔隙度—渗透率关系，由孔隙度模型转换成渗透率模型；现已发展一些建立连续参数场的随机建模方法及相应软件，地质人员应慎重选用，不同沉积类型砂体应采用适用于本类砂体的方法，并应作相应的检验。

四、剩余油分布研究技术

经一定程度开采后滞留在油层内的原油即为剩余油，按其存在方式分为不可动的残余油和可动剩余油两部分。认识和掌握剩余油分布规律，即搞清经弹性和水驱开采后剩余油的所在空间位置与数量及其与储层特征、注采状况等之间的关系，是提高驱油效率及原油采收率的前提和基础。

剩余油分布研究是油田开发中后期的重要研究内容，是高含水期精细油藏描述的根本目的和落脚点。它以油藏描述为基础，以寻找剩余油富集区为核心内容，综合应用地质、测井、数值模拟、油藏工程等多种手段，预测地下流体在储层空间的分布及变化特征，指导开发决策。

(一)宏观剩余油分布研究技术

1. 非数值模拟法

(1)驱油效率与波及体积计算：根据测井资料计算水淹层的驱油效率与波及体积，以提供剩余油的宏观分布特征，为挖潜方向的决策提供依据。

(2)开发地质分析：国内外的研究在分析思路和基本步骤方面大同小异，自 1985 年油藏表征技术会议以来，国外以强大的地质、地球物理和试采资料及各种模型数据库为基础，用多学科技术手段，以研究流动单元为特点，以建立精细地质模型为目标，形成了海相油藏的油藏表征技术；国内则在精细地层对比基础上，以微构造和细分沉积微相为主线，以水淹层测井解释为特点，以储层非均性研究为核心，以建立研究剩余油的精细地质模型为目的，逐步形成了陆相精细油藏描述技术。

(3)动态分析方法：是国内定性地研究剩余油分布的重要方法，主要利用生产动态资料、测试资料和检查井资料综合分析各套层系、各个小层在平面、层间、层内井点的水淹状况及剩余油分布特征，其结果可用来分析和约束数值模拟、流线模型及其他方法的研究精度，为调整挖潜提供直接依据。测试资料和检查井资料虽然在井点可获得较准确剩余油饱和度，但由于井点数量有限，通过插值获得的井间剩余油饱和度数据精度降低。

(4)开发地震技术：国内外利用该方法研究剩余油主要包括两方面，一是通过提高复杂油藏描述的精度间接研究剩余油；二是采用四维地震直接研究剩余油饱和度分布，主要集中在热采油藏和 CO_2 驱油藏研究剩余油，在水驱油藏中也开展了研究。

(5)检查井和观察井岩心分析法：常用的是密闭取心技术。通过检查井和观察井的密闭取心，检查注水开发效果、油水界面及油层水洗情况，综合分析剩余油饱和度及驱油效率的分布规律与变化规律，为增产挖潜、提高水驱油效率提供地质依据。我国大庆、胜利等油田的实践证明，油田开发中后期，即油田中含水和高含水期，密闭取心研究剩余油不失为一种有效方法。

2. 数理统计方法

尽管国外一直在研究井间剩余油测试技术，如井间地震和井间低频电磁技术，但直接测量井间剩余油饱和度技术还不够成熟或难以大规模应用。20 世纪 90 年代以后，国外提出了几种数理统计理论，试图研究剩余油分布类型甚至是位置。近年来，我国对这些理论进行了研究和深化，先后使用流管模型、流线模型、现代干扰试井解释、井间示踪剂解释和虚拟井预测方法，运用一系列计算公式，计算各种类型油藏的剩余油分布，在一些油藏小范围内进行应用。该类方法尽量回避油藏数值模拟的复杂性和庞大的工作量，虽然结果与实际油藏有时有一定差距，但速度快、投入少。

3. 精细油藏数值模拟技术

精细油藏数值模拟技术是国内外唯一定量研究剩余油分布必不可少的方法，在国内各油田普遍使用。近年来，油藏数值模拟取得重大进展，形成了不规则网格及网格自动生成、历史拟合实时跟踪、三维可视化、窗口及并行计算等新技术；在历史拟合中强调步长优化等四项调参约束机制，大大提高了数值模拟的研究水平。油藏数值模拟研究突出“精”“细”特点。“精”主要体现在拟合的高精度、后处理技术的高精度及动静态资料的高精度；“细”主要体现在地质模型纵向上细到流动单元，平面上网格步长进一步细化，动态模型细到月度数据，油层物理参数细到与流动单元一一对应。该技术必须以精细油藏模型为基础。

(二)微观剩余油分布研究方法

微观剩余油分布研究主要是根据油层的孔隙结构、润湿性以及渗流特性进行微观剩余油分布规律和机理研究，为测井精细解释、储层模型建立、精细数值模拟、油藏工程研究提供基础参数和分析依据，从而为搞清剩余油分布、实施挖潜措施提供技术支持。

微观物理模型研究方法是国内外在几微米到几毫米的孔隙尺寸级别研究剩余油分布的常规方法，主要有两个方面：一是利用理想的孔隙模型进行剩余油驱替机理及影响因素研究；二是根据实际油藏的岩性及孔隙结构建立微观仿真模型，进行驱替实验。

在20世纪90年代，国内外开始用实际岩样借助CT扫描技术研究剩余油饱和度及其分布。这种方法不仅能清晰、直观地反映岩样内部结构密度的变化，而且能定量地给出饱和度分布的准确结果，获得饱和度的分布图像，这是其他方法难以实现的。

实验室模拟是研究一切地质开发问题的基础。如长短岩心长期水冲刷模拟、密闭取心井分析技术、含油薄片分析技术等，能够探讨流场差异对流体流动的影响。国内大庆、胜利、南阳等油田及石油学院、科研院所均做过大量的室内实验，并获得了一些有价值的结论。

此外，我国开始研究剩余油物理化学及组分，为开采剩余油的对策提供依据。

思考题

1. 勘探开发不同阶段油藏描述的研究内容有何差异？
2. 油藏描述研究需要哪些资料？各类资料能解决哪些问题？
3. 油藏描述的方法技术有哪些？
4. 我国储层非均质性的研究内容有哪些？
5. 何谓油藏地质模型？油藏地质模型分哪几类，有何差异？
6. 何谓剩余油？研究剩余油分布的方法有哪些？

参考文献

艾池,冯福平,李洪伟. 2007. 地层压力预测技术现状及发展趋势[J]. 石油地质与工程, 21(6):71-73,76

卞从胜,柳广弟. 2009. 异常地层压力的综合预测方法及其在营尔凹陷的应用[J]. 地质科技情报, 28(4):1-6

蔡春芳,梅博文,马亭塔,等. 1997. 塔里木盆地油田水的成因与演化[J]. 地质论评,43(6):650-657

查普曼 R E. 1989. 石油地质学[M]. 李明诚,周明鉴,译. 北京:石油工业出版社

陈发景,田世澄. 1989. 压实与油气运移[M]. 武汉:中国地质大学出版社

陈恭洋,王允诚. 2007 油气田地下地质学[M]. 北京:石油工业出版社

陈荷立. 1995. 油气运移研究有效途径[J]. 石油与天然气地质,16(2):126-131

陈建平,黄第藩,陈建军,等. 1996. 酒东盆地油气生成和运移[M]. 北京:石油工业出版社

陈立官. 1983. 油气田地下地质学[M]. 北京:地质出版社

陈丽华,姜在兴. 1994. 储层实验测试技术[M]. 东营:石油大学出版社

陈丽华,许怀先,万玉金,等. 1999. 生储盖层评价[M]. 北京:石油工业出版社

陈荣书. 1991. 石油及天然气地质学[M]. 武汉:中国地质大学出版社

陈永生. 1993. 油田非均质对策论[M]. 北京:石油工业出版社

陈元千. 1990. 油气藏工程计算方法[M]. 北京:石油工业出版社

崔杰. 2010. 川东北地区深部地层异常压力成因与定量预测[D]. 青岛:中国石油大学(华东)

戴俊生,李理. 2002. 油区构造分析[M]. 东营:石油大学出版社

戴启德,纪友亮. 1996. 油气储层地质学[M]. 东营:石油大学出版社

戴启德. 1999. 油田开发地质学[M]. 东营:石油大学出版社

《地质监督与录井手册》编辑委员会. 2001. 地质监督与录井手册[M]. 北京:石油工业出版社

DZ/T 0217—2005 石油天然气储量计算规范[S]

费琪. 2001. 成油体系分析与模拟[M]. 2 版. 北京:高等教育出版社

付广,史集建,吕延防. 2012. 断层侧向封闭性定量研究方法的改进[J]. 石油学报,33(3):414-417

GB/T 19492—2004 石油天然气资源/储量分类[S]

高志华,翟香云,王建东. 2005. 大庆油田注水开发后异常地层压力分布规律研究[J]. 大庆石油地质与开发, 24(1):51-53

耿会聚,王贵文,等. 2002. 成像测井图像解释模式及典型解释图版研究[J]. 江汉石油学院学报,34(1): 26-30

管红. 2008. 井约束地震反演预测地层压力的方法:以渤海湾盆地某凹陷为例[J]. 天然气地球科学, 19(2):276-279

郭海敏. 2003. 生产测井导论[M]. 北京:石油工业出版社

国景星,王纪祥,张立强,等. 2008. 油气田开发地质学[M]. 东营:石油大学出版社

郝石生,陈章明,高耀斌. 1995. 天然气藏的形成和保存[M]. 北京:石油工业出版社

何丽娟,胡圣标,杨文采,等. 2006. 中国大陆科学钻探主孔动态地温测量[J]. 地球物理学报, 49(3):745-752

胡朝元,张一伟,查全衡,等. 1985. 油气田勘探及实例分析[M]. 北京:石油工业出版社

胡见义. 2003. 石油地质学前缘[M]. 北京:石油工业出版社

霍布森 G D,泰拉茨乌 E N. 1984. 石油地质学导论[M]. 陈荷立,汤锡元,译. 北京:石油工业出版社

纪友亮，张立强. 2006. 油气田地下地质学[M]. 上海：同济大学出版社
纪友亮. 2005. 层序地层学[M]. 上海：同济大学出版社
纪友亮. 2015. 油气储层地质学[M]. 东营：石油大学出版社
贾文玉，田素月，等. 2000. 成像测井技术与应用[M]. 北京：石油工业出版社
贾忠伟. 2002. 水驱油微观物理模拟实验研究[J]. 大庆石油地质与开发，21(1)：46－49
江汉桥，姚军，姜瑞忠. 2004. 油藏工程原理与方法[M]. 东营：石油大学出版社
蒋有录，查明. 2016. 石油天然气地质与勘探[M]. 2 版. 北京：石油工业出版社
蒋有录，刘华，张乐，等. 2005. 东营凹陷含油气系统的划分及评价[J]. 石油学报，26(5)：33－37
蒋有录，张煜. 1999. 控制复杂断块区油气富集的主要地质因素：以渤海湾盆地东辛地区为例[J]. 石油勘探与开发，26(5)：39－42
焦养泉，李思田，李桢，等. 1998. 碎屑岩储集层物性非均质性的层次结构[J]. 石油与天然气地质，19(2)：89－92，98
金之钧，张一伟，王捷，等. 2003. 油气成藏机理与分布规律[M]. 北京：石油工业出版社
《勘探监督手册》编委会. 2002. 勘探监督手册：地质分册[M]. 北京：石油工业出版社
莱复生 A I. 1975. 石油地质学[M]. 张更，等译. 北京：地质出版社
黎文清. 1999. 油气田开发地质基础[M]. 北京：石油工业出版社
李德生. 1989. 石油勘探地下地质学[M]. 北京：石油工业出版社
李国荟. 1992. 罐装岩屑轻烃录井在油气勘探中的应用[J]. 石油勘探与开发，19(3)：26－32
李国玉，唐养吾. 1991. 世界油田图集[M]. 北京：石油工业出版社
李健，布志虹. 1998. 国外录井新技术文集[M]. 北京：石油工业出版社
李明诚. 2004. 石油与天然气运移[M]. 北京：石油工业出版社
李丕龙. 2003. 陆相断陷盆地油气地质与勘探[M]. 北京：石油工业出版社，地质出版社
李新宁，李留中，徐向阳，等. 2006. 异常地层压力的形成原因及预测方法[J]. 吐哈油气，11(2)：120－126
李阳，刘建民. 2005. 流动单元研究的原理和方法[M]. 北京：地质出版社
李阳. 2007. 油藏开发地质学[M]. 北京：石油工业出版社
梁晓伟，牛小兵，李卫成，等. 2012. 鄂尔多斯盆地油田水化学特征及地质意义[J]. 成都理工大学学报：自然科学版，39(5)：502－509
林承焰. 2000. 剩余油形成与分布[M]. 东营：石油大学出版社
刘德华，刘志森. 2004. 油藏工程基础[M]. 北京：石油工业出版社
刘丁曾，王启民，李伯虎. 1994. 大庆多层砂岩油田开发[M]. 北京：石油工业出版社
刘和甫. 1993. 沉积盆地地球动力学分类及构造样式分析[J]. 地球科学，18(6)：699－724
刘建民，李阳，毕研鹏，等. 2000. 应用驱油微观模拟实验技术研究储层剩余油微观分布特征[J]. 中国海上油气（地质），14(1)：51－54
刘应忠，吕文起，张宏艳，等. 2003. 气测录井在辽河油区特种油气藏中的应用[J]. 特种油气藏，10(14)：14－17
刘泽容，信荃麟，王伟锋，等. 1993. 油藏描述原理与方法技术[M]. 北京：石油工业出版社
刘泽容. 1998. 断块群油气藏形成机制和构造模式[M]. 北京：石油工业出版社
刘宗林，翟慎德. 2008. 录井工程与管理[M]. 北京：石油工业出版社
柳广弟，高先志. 2009 石油地质学[M]. 北京：石油工业出版社
陆克政，朱筱敏，漆家福. 2004. 含油气盆地分析[M]. 东营：石油大学出版社

罗宪婴，赵宗举，孟元林. 2007. 正构烷烃奇偶优势在油源对比中的应用：以塔里木盆地下古生界为例[J]. 石油实验地质，29(1)：74－77.
罗蛰潭，王允诚. 1986. 油气储集层的孔隙结构[M]. 北京：科学出版社
马建国. 2006. 电缆地层测试新技术[M]. 北京：石油工业出版社
马永生，田海芹. 1999. 碳酸盐岩油气勘探[M]. 东营：石油大学出版社
纳尔逊 R A. 1991. 天然裂缝储层的地质分析[M]. 柳广弟，朱筱敏，译. 北京：石油工业出版社
诺斯 F K. 1994. 石油地质学[M]. 高纪清，等译. 北京：石油工业出版社
潘钟祥. 1986. 石油地质学[M]. 北京：地质出版社
强子同. 1998. 碳酸盐岩储层地质学[M]. 东营：石油大学出版社
裘亦楠. 1991. 储层地质模型[J]. 石油学报，12(4)：55－62
裘亦楠. 1996. 石油开发地质方法论[J]. 石油勘探与开发，23(2)：43－47
裘亦楠，薛叔浩. 1997. 油气储集层评价技术[M]. 北京：石油工业出版社
裘怿楠，陈子琪. 1996. 油藏描述[M]. 北京：石油工业出版社
曲志浩，孔令荣. 2002. 低渗透油层微观水驱油特征[J]. 西北大学学报：自然科学版，32(4)：329－334
冉启佑. 2003. 剩余油研究现状与发展趋势[J]. 油气地质与采收率，10(5)：49－51
Roger W Macqueen，Dale A Lechie. 2001. 前陆盆地和褶皱带[M]. 黄忠范，等译. 北京：石油工业出版社
沈平平，宋新民，曹宏. 2003. 现代油藏描述新方法[M]. 北京：石油工业出版社
胜利油田钻井指挥部《钻井地质》编写组. 1978. 钻井地质[M]. 北京：化学工业出版社
宋吉水，王岩楼，廖广志，等. 2003. 井间示踪技术[M]. 北京：石油工业出版社
孙焕泉. 2002. 油藏动态模型与剩余油预测[M]. 北京：石油工业出版社
SY/T 5477—2003　碎屑岩成岩阶段划分规范[S]
唐泽尧. 1997. 气田开发地质[M]. 北京：石油工业出版社
陶洪兴，张荫本，唐泽尧. 1994. 中国油气储层研究图集(卷二)·碳酸盐岩[M]. 北京：石油工业出版社
田世澄，毕研鹏. 2000. 论成藏动力学系统[M]. 北京：地震出版社
王秉海，钱凯. 1992. 胜利油区地质研究与勘探实践[M]. 东营：石油大学出版社
王守君，刘振江，谭忠健，等. 2012. 勘探监督手册[M]. 北京：石油工业出版社
王永刚. 2007. 地震资料综合解释方法[M]. 东营：中国石油大学出版社
王永祥，张君峰，毕海滨，等. 2012. 油气储量评估方法[M]. 北京：石油工业出版社
王志战，许小琼，甄建. 2009. 济阳坳陷异常压力成因研究[J]. 录井工程，20(2)：29－33
吴胜和. 1998. 油气储层地质学[M]. 北京：石油工业出版社
吴胜和，金振奎，黄沧钿，等. 1999. 储层建模[M]. 北京：石油工业出版社
吴胜和，王仲林. 1999. 陆相储层流动单元研究的新思路[J]. 沉积学报，17(2)：252－257
吴胜和，蔡正旗，施尚明. 2011. 油矿地质学[M]. 4 版. 北京：石油工业出版社
吴欣松，张一伟. 2000. 油气田勘探[M]. 北京：石油工业出版社
吴元燕，陈碧钰. 1996. 油矿地质学[M]. 2 版. 北京：石油工业出版社
伍友佳. 2004. 油藏地质学[M]. 北京：石油工业出版社
夏位荣，张占峰，程时清. 2000. 油气田开发地质学[M]. 北京：石油工业出版社
信荃麟. 1995. 油藏描述与油藏模型[M]. 东营：石油大学出版社
杨通佑，陈元千. 1998. 石油天然气储量计算方法[M]. 北京：石油工业出版社

叶庆全,袁敏.2002.油气田开发常用名词解释[M].北京:石油工业出版社

应凤祥,王衍琦,王克玉.1994.中国油气储层研究图集(卷一)·碎屑岩[M].北京:石油工业出版社

游秀玲.1991.天然气盖层评价方法探讨[J].石油与天然气地质,12(3):261-275

于兰兄.1997.确定剩余油分布技术[J].西安地质学院学报,19(4):69-75

云美厚.1996.地震地层压力预测[J].石油地球物理勘探,31(4):575-586

查明,张一伟,邱楠生,等.2003.油气成藏条件与主要控制因素[M].北京:石油工业出版社

翟光明,等.1989-1996.中国石油地质志(卷一、卷六、卷十)[M].北京:石油工业出版社

张厚福,等.1999.石油地质学[M].北京:石油工业出版社

张辉.2013.综合录井技术概论[M].东营:中国石油大学出版社

张继德,张永刚,韩国生,等.2010.钻井液录井参数在钻井工程异常预报中的应用[J].录井工程,21(3):39-44

张金川,唐玄,边瑞康,等. 2014.塔河地区奥陶系油田水分布与运动学特征研究[J]. 地质学报,81(8):1135-1142

张水昌,梁狄刚,张宝民,等.2004.塔里木盆地海相油气的生成[M].北京:石油工业出版社

张文昭.1997.中国陆相大油田[M].北京:石油工业出版社

张文昭.1999.石油天然气储量管理[M].北京:石油工业出版社

张新顺,王建平,李亚晶,等. 2013.断层封闭性研究方法评述[J].岩性油气藏,25(2):123-128

张亚范,邢志贵,杜蕴华. 1994.中国油气储层研究图集(卷三)·岩浆岩与变质岩[M].北京:石油工业出版社

张一伟.1997.陆相油藏描述[M].东营:石油大学出版社

张子枢.1995.水溶气浅论[J].天然气地球科学,31(6):29-34

赵文智.2003.中国含油气系统基本特征与评价方法[M].北京:科学出版社

赵永胜.1996.剩余油分布研究中的几个问题[J].大庆石油地质与开发,15(4):72-74

中国石油天然气总公司勘探局.1998.石油地质学新进展[M].北京:石油工业出版社

中国石油天然气总公司科技发展部.1994.储层评价研究进展[M].北京:石油工业出版社

中国石油天然气总公司人事教育局.1992.钻井工程[M].北京:石油工业出版社

朱九成.1997.指进和剩余油分布的实验研究[J].石油大学学报:自然科学版,21(3):40-42

庄惠农.2004.气藏动态描述与试井[M].北京:石油工业出版社

邹才能,翟光明,张光亚,等.2015.全球常规-非常规油气形成分布、资源潜力及趋势预测[J].石油勘探与开发,42(1):13-25

Allen P A, Allen J R. 1990. Basin analysis: Principle and Application[M]. Blackwell Scientific Publications: 282-305

Amaefule J O, Altunbay M, Tiab D, et al. 1993. Enhanced Reservoir Description: Using Core and Log Data to Identify Hydraulic(Flow) Units and Predict Permeability in Uncored Interval/Wells[J]. SPE 26436:205-220

Canas J A, Ecopetrol, Wu C H. 1994. Characterization of Flow Units in Sandstone Reservoirs: La Cira Field, Colombia, South America[J]. SPE 27732:883-892

Dow W G. 1974. Application of oil correlation and source rock data to exploration in Williston basin[J]. AAPG Bull, 58(7):1253-1262

Ebanks W J. 1987. Flow unit concept-integrated approach to reservoir description for engineering projects (abs)[J]. AAPG Bulletion, 71(5):551-552

Guangming Ti，Ogbe D O，et al. 1995. Use of Flow Units as a Tool for Reservoir Description：A Case Study[J]. SPE Formation Evaluation，10(2)：122－128

Haldorsen H H. 1983. Reservoir characterization procedures for numerical simulation[D]. Austin：University of Texas

Hamlim H S，Dutton S P，Seggie D，et al. 1996. Depositional Controls on Reservoir Properties in a Braid－Delta Sandstone，Tirrawarra Oil Field，South Australia[J]. AAPG Bulletin，80(2)：139－156

Hearn C L，Ebanks W J，Ranganathan V，et al. 1984. Geological factors influencing reservoir performance of the Hartzog Draw field，Wyoming[J]. JPT，36：1335－1344

Le Roy L W，Le Roy D O，Rase J W . 1977. Subsurface Geology[M]. 4th Ed. Golden：Colorado School of Mines Press

Louden I. 1972. Origin and maintenance of abnormal pressure 3rd Symp Abnormal Subsurface fore Pressure[J]. Soc Pet Eng，AIME：23－27

Lucia F J. 1995. Rock－fabric/petrophysical classification of carbonate pore space for reservoir characterization. AAPG Bulletin，79(9)：1275－1300

Magoon L B，Dow W G. 1994. The petroleum system：from source to trap[J]. AAPG Memoir，60：3－24

Rodriguez A，Maraven S A. 1989. Facies Modeling and the Flow Unit Concept as a Sedimentological Tool in Reservoir Description：A Case Study[J]. SPE 18154：253－325

Weber K J. 1986. How heterogeneity affects oil recovery [C]//Lake L W，Carroll H B. Reservoir characterization. Orlando：Academic Press：487－543